반도체 설비보전 기능사 필기시험문제

이 책을 펴내면서…

외환위기 이후 경제의 구조적 불황을 극복하고 반도체 산업이 성장을 도모해야 한다는 인식이 고조됨에 따라 중앙정부를 중심으로 1999년부터 전략산업클러스터 육성·발전을 위한 지원정책을 추진해 오고 있습니다.

반도체 집적화가 점점 증가함에 따라 미세 패턴 형성이 관건이며, 이에 대한 장비 개발과 운영 그리고 이를 유지 보수할 수 있는 반도체산업분야의 현장 실무형 전문 인력의 배출이 증가하고 있습니다. 주력산업인 반도체산업, 이와 관련된 LCD 및 태양광 산업 분야의 고용효과를 극대화하여 반도체설비보전 전문가 양성을 더욱 공고히 하고, 기업체의 다양한 니즈에 맞는 인증된 인력이 현장에서 필요하게 되었습니다.

반도체설비보전기능사는 반도체 제조현장에서 운영되고 있는 반도체 제조 장비를 제조현장에서 설치부터 가동 시 상시 최적의 운영상태가 되도록 반도체 장비를 점검하고, 고장을 방지하기 위한 사전 예방활동, 나아가 장비를 직접 조립하는 업무 등을 수행하는 직무를 수행합니다.

이 책은 반도체설비보전기능사의 직무모형인 반도체공정개론, 공정신규설비, 공정설비 예방보전, 공정설비 사후 보전, 공정설비 개량보전, 반도체 안전관리의 직무 중심으로 구성되었습니다. 그리고 이 직무에 따라 반도체 칩(Chip) 제조공정, 반도체 조립공정, 자동화기초, 공유압 일반, 안전관리 중심으로 10단원으로 구성하여 반도체설비보전기능사 자격증 취득을 대비하는 참고서입니다.

이번 개정판에서는 첫 시행 후 두 번의 기출문제와 주제별 모의고사를 수록하였고, 이론 및 출제예상문제에서도 각 문제마다 상세한 해설을 곁들여 독자의 이해를 도왔습니다.

이 책을 통해 반도체 산업분야의 설비보전 전문인으로서 반도체 산업발전에 기여하기를 기대합니다. 또한 이 반도체설비보전기능사 필기시험문제가 나오기까지 수고해 주신 크라운출판사 이상원 회장님을 비롯한 편집부 임직원 여러분께 깊은 감사를 드립니다.

저자 드림

출제기준 (필기)

직무분야	기계	중직무분야	기계장비 설비·설치	자격종목	반도체설비보전 기능사	적용기간	2024.1.1.~2028.12.31.
직무내용	반도체설비에 관한 지식, 기술을 바탕으로 반도체설비를 운영·점검하고, 최적의 상태로 설비를 보전하는 직무이다.							
필기검정방법	객관식			문제수	60문제	시험시간	1시간

필기과목명	출제문제수	주요항목	세부항목	세세항목
반도체설비 보전, 운영 및 요소기술	60	1. 반도체장비 기구전장 조립	1. 기구 유닛별 조립 및 기본 배선준비	1. 반도체장비 조립의 개요
			2. 공정사양에 따른 조립	1. 쏘잉(Sawing)/다이본딩(Die Bonding) 장비의 작동 환경
			3. 기구 정밀도와 양산정밀도에 따른 조립	1. 쏘잉(Sawing)/다이본딩(Die Bonding) 장비의 구조 및 작동
		2. 반도체장비 기구와 전장 조립 검증	1. 기구 유닛별 조립 검증	1. 쏘잉(Sawing)/다이본딩(Die Bonding) 장비의 정비
			2. 장비 동작 검증	1. 쏘잉(Sawing)/다이본딩(Die Bonding) 장비의 조작
		3. 반도체 진공 플라즈마 장비 유지보수	1. 진공장비 원리 파악	1. Photo, Etch 장비의 작동환경
			2. 플라즈마장비 원리 파악	1. Photo, Etch 장비의 구조 및 작동이해
			3. 진공·플라즈마 장비 Set-Up	1. Photo, Etch 장비의 조작
			4. 진공·플라즈마 장비 유지보수	1. Photo, Etch 장비의 정비
		4. 반도체 케미칼 가스 장비 유지보수	1. 케미칼 장비 원리 파악	1. 박막/확산장비의 작동환경
			2. 가스 장비 원리 파악	1. 박막/확산장비의 구조 및 작동이해
			3. 케미칼·가스 장비 셋업	1. 박막/확산장비의 조작
			4. 케미칼·가스 장비 유지보수	1. 박막/확산장비의 정비

필기과목명	출제 문제수	주요항목	세부항목	세세항목
반도체설비 보전, 운영 및 요소기술	60	5. Photo, Etch 장비 운영	1. Photo, Etch 장비 Set-Up	1. 노광, 트랙, Etch, Ashing 공정
			2. Photo, Etch 장비 유지 · 개선	1. 노광, 트랙, Etch, Ashing 장비 운영
		6. 박막/확산 장비 운영	1. 박막/확산 장비 Set-Up	1. 박막, 확산, 이온주입 공정
			2. 박막/확산 장비 유지 · 개선	1. 박막, 확산, 이온주입 장비 운영
		7. 반도체 패키 징 공정장비 운영	1. 반도체 패키징 전 공정장비 운영	1. 쏘잉(Sawing) 등 장비 구조 2. 쏘잉(Sawing) 등 장비 조작 3. 쏘잉(Sawing) 등 장비 유지 · 관리
			2. 반도체 패키징 후 공정장비 운영	1. 다이본딩(Die Bonding) 등 장비 구조 2. 다이본딩(Die Bonding) 등 장비 조작 3. 다이본딩(Die Bonding) 등 장비 유지 · 관리
		8. 반도체장비 안전관리	1. 안전표준 파악	1. 기계안전 2. 전기안전
			2. 안전관리 방법 파악	1. 가스안전 2. 주요가스의 종류
			3. 안전 관리 활동	1. 주요가스 취급방법
		9. PLC제어 기본 모듈 프로그램 개발	1. 자동화 일반	1. 자동제어의 기초 및 종류 2. 제어계의 구성 및 특성
			2. PLC 기본 프로그래밍 준비	1. PLC 구성과 원리
			3. PLC 기본 프로그래밍	1. 논리회로 2. PLC 프로그램
			4. 시뮬레이션 및 수정 보완	1. PLC 프로그램 디버깅

필기과목명	출제문제수	주요항목	세부항목	세세항목
반도체설비 보전, 운영 및 요소기술	60	10. 센서활용 기술	1. 센서 선정	1. 센서 종류와 특성
			2. 센서 신호	1. 센서 신호 처리
			3. 센서 관리	1. 센서 관리
		11. 모터 제어	1. 제어방식 설계	1. 모터 종류와 특성
			2. 제어회로 구성	1. 모터 제어회로
		12. 공기압 제어	1. 공기압제어 방식설계	1. 공기압 기초
			2. 공기압제어 회로구성	1. 공기압 제어회로
			3. 시험 운전	1. 공기압기기 관리
		13. 공기압 장치조립	1. 공기압 회로도면 파악	1. 공기압 회로기호
			2. 공기압 장치 조립 및 장치기능	1. 공기압축기 2. 공기압 밸브 3. 공기압 액추에이터 4. 공기압 기타 기기

 CBT 시험 시행 안내

국가기술자격 상시 및 정기 시험에 응시하는 수험생들에게 편의를 제공하고자 2017년부터 시행되는 기능사 필기시험이 CBT 방식으로 시행됨을 알려드립니다.

- **합격 예정자 발표** : 시험 종료 후 개별 발표
- **CBT 방식 원서접수 방법**
  원서접수 시 장소 선택에서 ○○상설시험장(컴퓨터실) 또는 시험장(CBT) 선택
  ※ 일반시험장(○○시험장)을 선택할 경우 기존 방식(지필식)으로 시행
- **CBT(Computer Based Test)란?**
  - 일반 필기시험과 같이 시험지와 답안카드를 받고 문제에 맞는 답을 답안카드에 기재(싸인펜 등을 사용)하는 것이 아니라 컴퓨터 화면으로 시험문제를 인식하고 그에 따른 정답을 클릭하면 네트워크를 통하여 감독자 PC에 자동으로 수험자의 답안이 저장되는 방식
- **관련 문의** : 기술자격국 필기시험팀(02-2137-0503)
- **자격검정 CBT 웹체험 프로그램**
  한국산업인력공단 홈페이지(http://www.q-net.or.kr/)

01 Q-Net 홈페이지에서 CBT 체험하기 클릭

CBT 시험 시행 안내

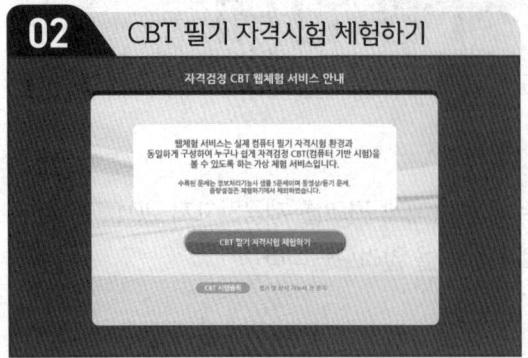

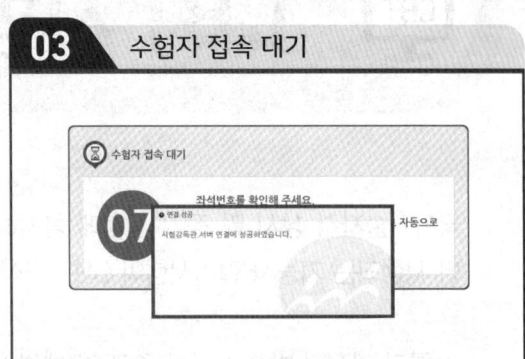

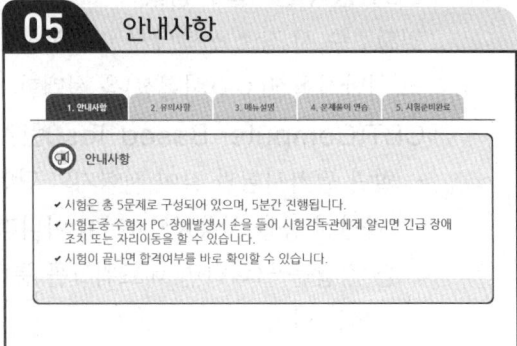

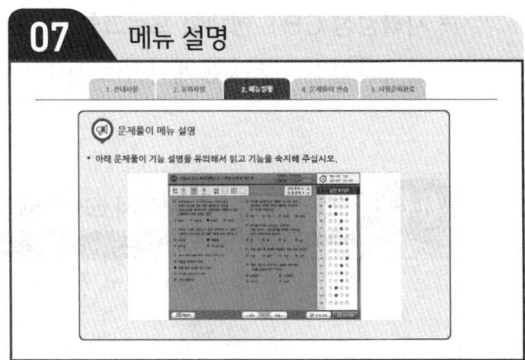

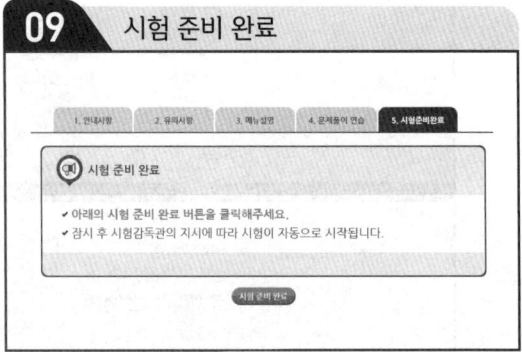

10 잠시 후 시험 시작

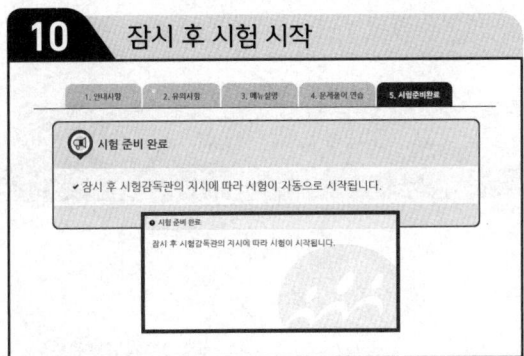

11 문제 풀어보기

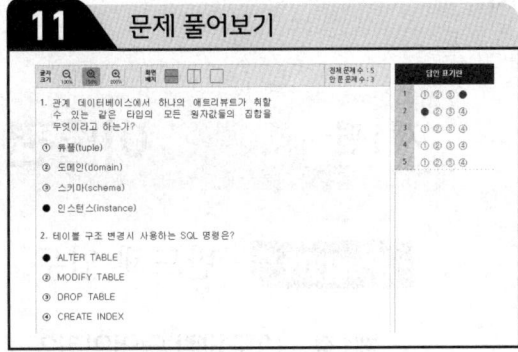

12 답안 제출

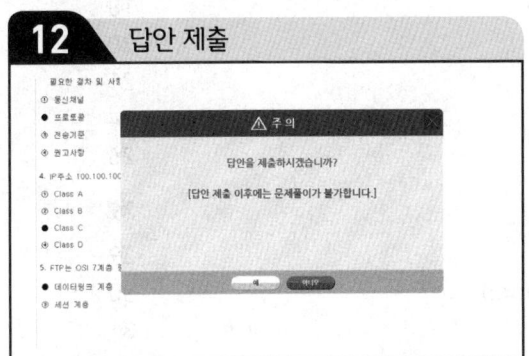

13 최종 확인

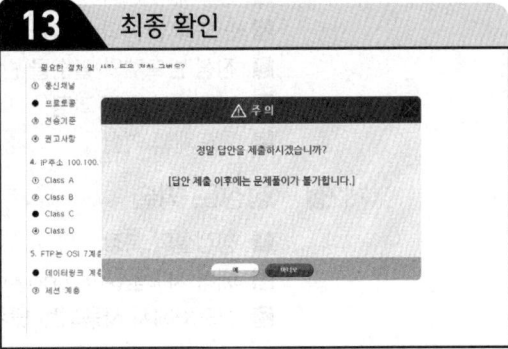

14 시험 완료

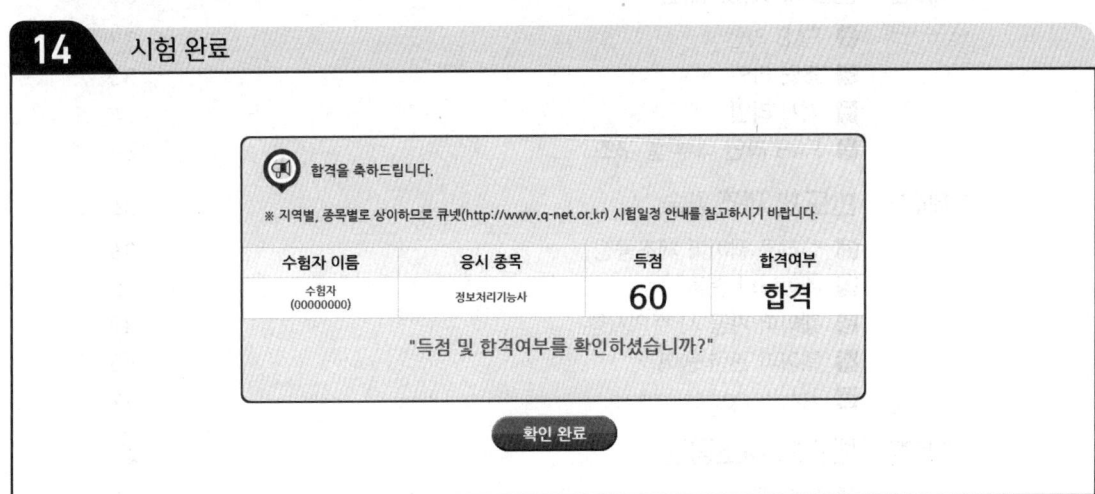

차례

제1편 이론편

Part 01 반도체 입문

제1절 반도체란 무엇인가? — 18
1. 반도체의 정의 — 18
2. 반도체 물질의 특성과 기능 — 20
3. 진성 반도체와 불순물 반도체 — 21
4. 반도체의 발전 과정 — 24
5. 반도체의 역할 — 26

제2절 청정도 기술 — 29
1. 청정실의 복장 — 29
2. 에어 샤워룸(Air Shower Room) — 30
3. 반도체에서 사용되는 단위들 — 31

제3절 반도체 제조 라인 — 33
1. FAB 라인 — 33
2. 조립 라인 — 33
3. 검사 라인 — 34
4. FAB 라인 내부 룸 구조 — 34

제4절 반도체 제조기술 — 36
1. 실리콘 웨이퍼 제조공정 — 36
2. 웨이퍼의 종류 — 38
3. 웨이퍼 가공 시 주의사항 — 39
4. 웨이퍼 관련 용어 — 40
5. 검사(Inspection) — 41

제5절 반도체 제조공정 — 42
1. 반도체는 어떻게 만드는가? — 42
2. 웨이퍼 제조 및 회로 설계 — 43
3. 직접회로 웨이퍼 가공(Fabrication) — 44
4. 조립 및 검사 — 46

Part 02   사진공정기술

제1절	**사진(Photo)공정**	**48**
	1 사진(Photo)공정의 정의	48
	2 사진(Photo)공정의 구성	49
제2절	**감광물질 도포(PR Coating) 공정기술**	**50**
	1 감광물질 도포공정(PR Coating 공정)	50
제3절	**노광공정기술**	**53**
	1 노광공정(Exposure)	53
	2 노광 장비 소개	58
제4절	**현상제조공정기술**	**60**
	1 현상공정(Develop)	60
제5절	**검사공정기술**	**61**
	1 검사단계(Inspection)	61
제6절	**리소 장비기술**	**65**
	1 사진공정장비 소개	65

Part 03   식각공정기술

제1절	**식각공정 정의 및 종류**	**68**
	1 식각공정의 정의	68
	2 식각 방법의 종류	68
제2절	**식각공정의 원리**	**71**
	1 건식 식각(Dry Etch)의 원리	71
제3절	**식각공정의 용어**	**74**
	1 식각공정 주요용어	74
제4절	**건식 식각공정의 기술**	**78**
	1 건식 식각(Dry Etch)	78
제5절	**식각공정장비의 이해**	**80**
	1 건식 식각(Dry Etch) 장비의 이해	80
	2 플라즈마 소스의 종류	82

제6절	애싱(Ashing) 공정장비	89
	1 애싱(Ashing) 공정개요	89
	2 애싱 공정의 다른 응용 분야들	92
	3 애싱 공정에 주로 이용되는 하드웨어	94

Part 04 확산공정기술

제1절	확산공정(Furnace Process)	104
	1 서론	104
	2 산화공정(Oxidation)	104
	3 확산공정	109
	4 LP-CVD 공정	110
제2절	이온주입 공정기술	114
	1 이온주입 공정의 정의 및 개념	114
	2 이온주입 장비	117
	3 이온주입 장비의 구성요소	118
	4 Implant 응용	121
	5 Rapid Thermal Annealing	122
	6 Plasma Doping의 개요	123

Part 05 CVD, PVD, RTS, ALD 공정기술

제1절	화학기상증착(CVD) 공정기술	127
	1 화학기상증착(CVD) 공정의 정의	127
제2절	PVD(Physical Vapor Deposition) 공정기술	144
	1 금속배선(Metal Interconnect)의 목적 및 역할	144
	2 금속공정의 종류 및 역할	145
	3 스퍼터링(Sputtering)의 원리 및 이해	146
	4 스퍼터링의 종류	149
	5 금속막의 종류 및 역할	154
	6 Metal Film의 특성 평가(Parameter, 불량)	161
제3절	RTS(Rapid Thermal Process for Salicide)	171
	1 개요	171
	2 적용 목적	171
	3 장비의 구조 및 원리	171
제4절	ALD 공정장비기술	172
	1 ALD 공정 원리	173
	2 ALD 공정 메카니즘	174
	3 ALD 공정의 장점	175

Part 06 　세정과 CMP 공정기술

제1절　세정(Cleaning) **177**
 ① 세정의 개요 177
 ② 세정액의 종류와 세정 방법 178
 ③ 건조기(Dryer)의 종류와 건조 방법 181
 ④ 새로운 개념의 세정 183
 ⑤ 세정 장비의 종류와 분류 185

제2절　CMP(Chemical Mechanical Polishing) **187**
 ① CMP 공정의 정의 및 목적 187
 ② CMP 기본원리 189
 ③ CMP 공정 및 장비 192
 ④ CMP 소모품(Consumable) 196
 ⑤ CMP의 미래 199

Part 07 　반도체 조립공정기술

제1절　웨이퍼 백 그라인딩 공정 **202**
 ① 레미네이션 공정소개 203
 ② 웨이퍼 백 그라인딩 공정장비 205

제2절　웨이퍼 쏘잉(Wafer Sawing) 공정 **206**
 ① 장비의 개요 및 동작원리 206
 ② 쏘잉 공정소개 208
 ③ 장비 구조 및 모듈별 기능 213

제3절　다이 본더(Die Bonder) **214**
 ① 장비의 개요 및 동작원리 214
 ② 다이 본딩(Die Bonding)의 공정소개 216
 ③ 다이 본더(Die Bonder)의 구성 219

제4절　와이어 본딩(Wire Bonding) **221**
 ① 와이어 본딩 공정소개 221
 ② 와이어 본딩 장비 구조 및 모듈별 기능 ... 233

제5절　몰딩(Molding) 공정 **234**
 ① 장비의 개요 및 동작원리 234
 ② 공정순서 236
 ③ 장비 구조 및 모듈별 기능 238

제6절　마킹(Marking) 공정 **239**
 ① 장비의 개요 및 동작원리 239
 ② 마킹 공정순서 242
 ③ 장비구조 및 모듈별 기능 242

제7절　소우 앤 소터(Saw & Sorter) **243**
 ① 공정개요 및 동작원리 243
 ② 장비의 구성 244

Part 08   자동화 공정기술

제1절   공장자동화의 개요   **245**
     1. FA의 정의와 개요   245
     2. 생산 시스템의 구성 기능   245

제2절   자동화시스템의 구성 및 특성   **247**
     1. 자동화의 형태   247
     2. FMS의 종류 및 구성요소   247

제3절   자동 제어의 기초 및 종류   **249**
     1. 자동 제어의 개요   249
     2. 제어계의 종류와 특성   249
     3. 자동 제어의 용어   249

제4절   제어계의 구성 및 특성   **250**
     1. 시퀀스 제어계의 구성   250
     2. 시퀀스 제어방식의 특징   250

제5절   센서의 원리와 종류 및 특성   **251**
     1. 센서의 정의와 기능   251
     2. 자동화용 센서의 분류   253

제6절   모터의 종류와 특성   **261**
     1. 모터의 정의   261

제7절   PLC의 구성과 특성   **265**
     1. PLC의 개요와 특징   265
     2. PLC의 처리방법   265
     3. PLC에 관한 용어   268

제8절   PLC 프로그래밍   **269**
     1. PLC 프로그래밍 방법   269
     2. 코딩의 개요 및 방법   272
     3. 논리 회로   279

제9절   산업용 로봇의 종류 및 특성과 용도   **284**
     1. 로봇의 구조   284
     2. 로봇의 제어   286

Part 09   공유압 일반

제1절   공유압의 원리 및 특성   **289**
     1. 공유압의 개요   289
     2. 공유압의 원리   289
     3. 공유압의 특성   292

제2절	유압 발생장치와 부속기기	**294**
	1 기어 펌프의 종류 및 특성	294
	2 베인 펌프의 종류 및 특성	296
	3 피스톤 펌프의 종류 및 특징	299
	4 유압 부속 기기	301
제3절	공압 발생장치와 부속기기	**305**
	1 공압 발생장치의 분류	305
	2 공압부속기기	308
제4절	공유압 액추에이터	**315**
	1 공압 실린더의 구조와 분류	315
	2 유압 실린더의 구조와 분류	319
제5절	공유압 제어 밸브	**321**
	1 공압 제어 밸브의 기능과 종류	321
	2 유압 제어 밸브의 기능과 종류	332
제6절	공유압 기본회로	**339**
	1 공유압 회로의 구성	339
	2 공압 회로	339
	3 유압 회로	342

Part 10 안전관리

제1장 | 반도체 산업안전

제1절	산업안전	346
제2절	산업위생	353
제3절	FAB 내의 안전	360
제4절	방재 및 SCS	365
제5절	비상사태 발생 시 행동요령	369

제2장 | 반도체 전기설비

제1절	전력설비	374
제2절	전압의 종류	376
제3절	전기적 장애와 위험성	378

제3장 | 반도체 화공설비

제1절　가스 중앙공급 시스템(CGSS) ... 381
제2절　케미컬 중앙공급 시스템(CCSS) ... 388

제4장 | 반도체 환경

1. ISO 14001이란? ... 394
2. ISO 14000 형성배경 ... 394
3. ISO 14000 시리즈 ... 394
4. EMS(Environmental Management System)란 무엇인가? ... 395
5. EMS(환경경영시스템) 조임의 필요성 ... 395
6. 환경친화적 경영 체계 ... 396
7. 주요 환경 영향 ... 397
8. 오염물질 처리공정 ... 398
9. 대기처리공정(Exhaust Treatment System) ... 399
10. 환경인식 및 환경보호활동 ... 399

제2편　문제편

01　반도체 입문 ... 402
02　사진공정 ... 410
03　식각공정 ... 420
04　산화확산공정 ... 428
05　이온주입공정 ... 434
06　CVD / PVD 공정 ... 437
07　CMP / 세정(Cleaning) ... 446
08　반도체 조립 ... 455
09　자동화기초, 공유압 일반 ... 462
10　안전관리 ... 490

2014년도 기출문제 ... 503
2015년도 기출문제 ... 511
실전모의고사문제 ... 517

제1편

이론편

Part 01 반도체 입문
Part 02 사진공정기술
Part 03 식각공정기술
Part 04 확산공정기술
Part 05 CVD, PVD, RTS, ALD 공정기술
Part 06 세정과 CMP 공정기술
Part 07 반도체 조립공정기술
Part 08 자동화 공정기술
Part 09 공유압 일반
Part 10 안전관리

Part 01 반도체 입문

제1절 반도체란 무엇인가?

1 반도체의 정의

우리는 "전기가 통한다", "전기가 안 통한다" 라는 말을 자주 쓰게 된다. 보다 정확하게 말한다면 "전류가 흐른다", "전류가 흐르지 않는다"라고 할 수 있다. 초등학교 자연시간에 했던 실험을 떠올려 보자. 그 실험장치를 그려보면 다음 그림과 같다.

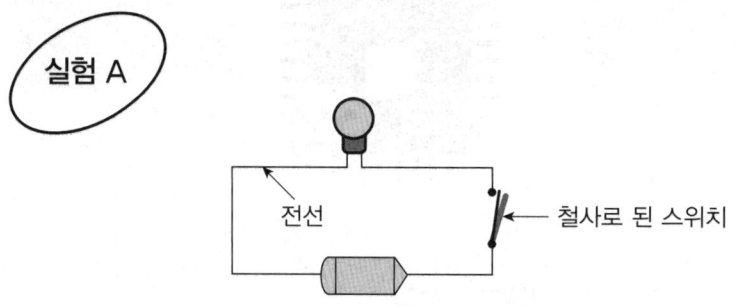

[그림 1-1 도체 스위치 실험장치]

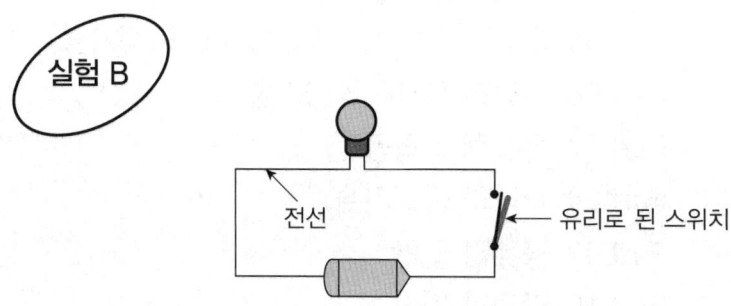

[그림 1-2 부도체 스위치 실험장치]

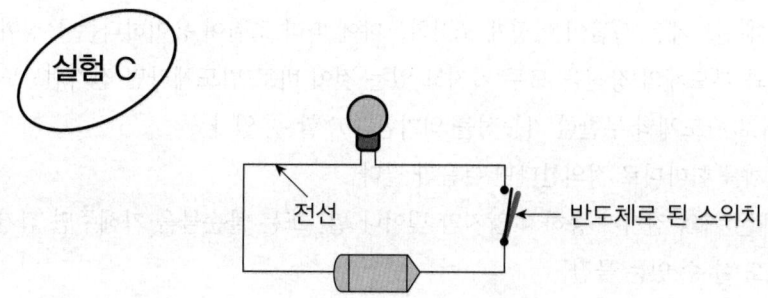

[그림 1-3 반도체 스위치 실험장치]

① 그림 1-1과 같이 실험에서 스위치를 켜면 전구에 불이 들어온다.
   = 전기가 통한다.
   = 전류가 흐른다.
   = 철사는 도체(導體)
② 그림 1-2와 같이 실험에서 스위치를 켜도 전구에 불이 안 들어온다.
   = 전기가 안 통한다.
   = 전류가 흐르지 않는다.
   = 유리는 부도체(不導體)
③ 그림 1-1에서처럼 철사로 된 스위치는 전기가 통하기 때문에 끊어진 전선을 연결해 줄 수 있다. 그러나 그림 1-2에서처럼 유리로 된 스위치는 전기가 통하지 않기 때문에 끊어진 전선을 연결해 줄 수 없다.
④ 철사처럼 전류가 흐르는 물질을 도체라고 하고, 유리처럼 전류가 흐르지 않는 물질을 부도체라고 한다. 전기공학에서는 전기가 흐르는 정도를 "전기전도도"라고 한다. 따라서 도체는 전기전도도가 아주 크고 부도체는 전기전도도가 거의 0(제로)라고 할 수 있다.
⑤ 일반적으로 전기전도도가 도체와 부도체의 중간 정도 되는 물질을 반도체라고 한다. 사실 순수한 반도체는 부도체나 마찬가지다.

$$\frac{半}{반} + \frac{導體}{도체} \text{ 또는 } \frac{\text{SEMI}}{\text{절반}} + \frac{\text{CONDUCTOR}}{\text{도체}}$$

⑥ 반도체는 전기가 거의 통하지 않는다. 하지만 부도체와는 달리 어떤 인공적인 조작을 가하면 도체처럼 전기가 흐르기 시작한다. 빛을 비춰준다거나 열을 가한다거나 특정 불순물을 넣

어주면 도체처럼 전기가 흐르는 것이다. 도체는 전기가 잘 통하지만 사람이 조절하기 어려운 반면에 반도체는 사람이 어떻게 조작하느냐에 따라 조절이 용이하다는 특징이 있다.
⑦ 도체와 부도체의 장점을 모두 가지고 있는 것이 바로 반도체라면 전기전도도의 조절 용이성이 바로 반도체의 무한한 가능성을 의미한다고 할 수 있다.
⑧ 반도체를 한마디로 정의한다면 다음과 같다.
"원래는 거의 전기가 통하지 않지만 빛이나 열, 또는 불순물을 가해주면 전기가 통하고 또한 조절도 할 수 있는 물질"

❷ 반도체 물질의 특성과 기능

반도체의 전기전도도를 어떻게 조절할 수 있는지 알아보자. 현재 가장 많이 사용되는 방법은 반도체 물질에 불순물을 집어넣는 방법으로서, 집어넣어주는 불순물의 양을 조절함으로써 반도체 물질의 전기전도도를 조절하는 방법이다.

반도체 물질을 이해하기 위해서는 원소와 원자의 구조에 대한 기본적인 지식이 필요하다. 지금부터 대표적인 반도체 물질인 실리콘(Silicon)의 특성에 대해 알아보기로 한다.

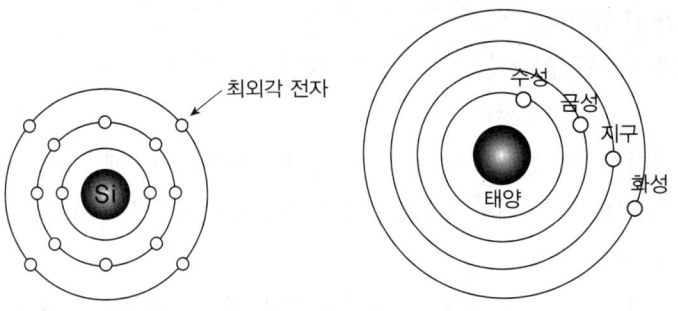

[그림 1-4 실리콘 원자 구조와 태양계의 모양]

① 그림 1-4와 같이 원자핵 주변을 돌고 있는 전자들은 일정한 궤도를 돌게 되는데 가장 바깥쪽 궤도를 돌고 있는 전자를 최외각전자라고 한다. 특히 가장 바깥에 있는 최외각전자들은 8개를 채우려 하는 성질이 있는데 이것이 원자와 원자를 서로 결합시키는 원동력이 되고 이렇게 해서 분자도 되고 또 분자들이 모여서 물질이 되는 것이다.
② 최외각전자의 갯수는 원자핵의 양성자 갯수와 일치하는데, 1개에서부터 8개까지 존재할 수 있으며 최외각전자의 갯수가 같은 원자들끼리는 유사한 성질을 갖게 된다. 이처럼 원자들을 최외각전자의 갯수에 따라 분류해놓은 표를 주기율표라고 한다. 그림 1-5와 같이 주기율표에 따라 원자들은 I족에서부터 VIII족(또는 0족)으로 구분되며, 실리콘의 경우 최외각전자가 4개이므로 IV족 원소임을 알 수 있다. 또한 붕소(B)원자는 주기율표상에서 보면 III족 원소

이며 따라서 최외각전자가 3개임을 알 수 있다. 마찬가지로 인(P)이나 비소(As)는 V족 원소이며 따라서 최외각전자의 갯수는 5개가 되는 것이다.

		비금속 원소			
		제 3 족	제 4 족	제 5 족	제 6 족
원자번호 원소기호 원 소 명 원 자 량		5 B 붕소 10.811			8 O 산소 15.9994
금속 원소		13 Al 알루미늄 26.98154	14 Si 실리콘 28.0855	15 P 인 30.97376	16 S 유황 32.066
제 1 족	제 2 족				
29 Cu 구리 63.546	30 Zn 아연 65.39	31 Ga 갈륨 69.73	32 Ge 게르마늄 72.59	33 As 비소 74.9216	34 Se 셀렌 78.96
	48 Cd 카드뮴 112.42	49 In 인듐 114.82		51 Sb 안티몬 121.75	

[그림 1-5 주기율표]

❸ 진성 반도체와 불순물 반도체

반도체가 만들어지는 실리콘 단결정이란 어떤 성질을 갖는 것일까?

(1) 단결정

① 결정(Crystal)은 형성방법에 따라 단결정과 다결정으로 분류된다. 단결정이란 시료(試料)의 어느 부분을 보아도 결정축의 방향이 같은 것이고, 다결정이란 이런 많은 단결정들이 여러 방향으로 모여 있는 것이다.

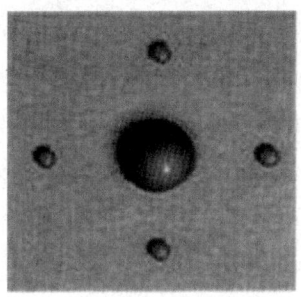

[그림 1-6 IV족인 실리콘 원자의 모형]

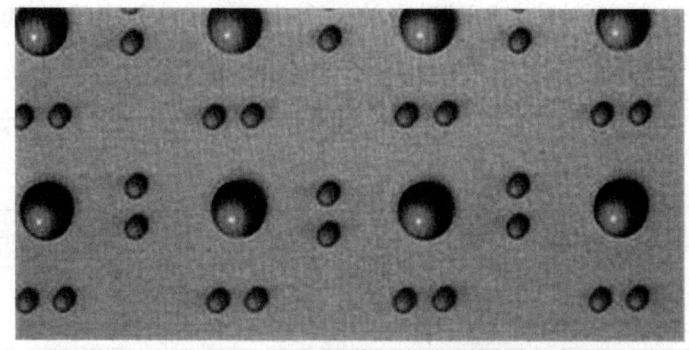

[그림 1-7 공유결합의 모형]

② 그림 1-6처럼 실리콘 단결정은 실리콘 원자가 규칙적으로 늘어서 있다. 1개의 실리콘 원자는 최외각에 4개의 전자를 가지는 주기율표상의 IV족 원소이며, 서로 이웃하는 전자끼리 굳게 결합함으로써 결정을 이루게 된다. 그림 1-7처럼 이러한 결합을 공유결합이라고 한다.

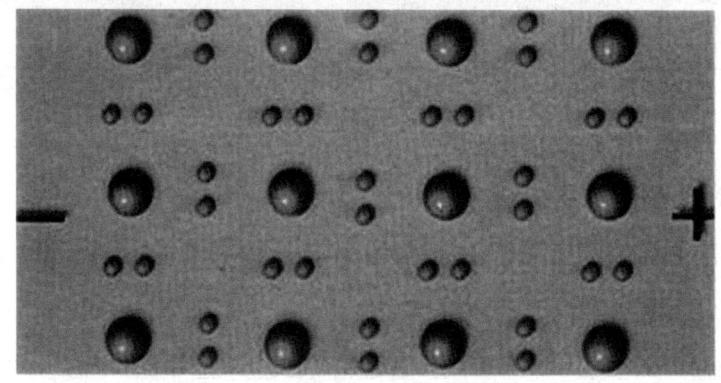

[그림 1-8 진성 반도체 모형]

③ 순수한 실리콘에서는 원자핵에 결합되어 있는 전자가 움직일 수 없기 때문에 실리콘 외부에서 전압을 걸어도 전류는 흐르지 않으며 이를 진성(Intrin-Sic) 반도체라고 한다.
이처럼 부도체나 다를 바 없는 진성 반도체에 특정 불순물을 집어넣어 주면 전류가 흐르기 시작한다. 여기서 불순물은 전류의 근원, 즉 전류라고 할 수 있으며 이렇게 불순물로 자신의 전기전도도를 조절할 수 있는 반도체를 불순물(Extrinsic) 반도체라고 한다. 불순물 반도체에는 P-type과 N-type 두 가지가 있다.

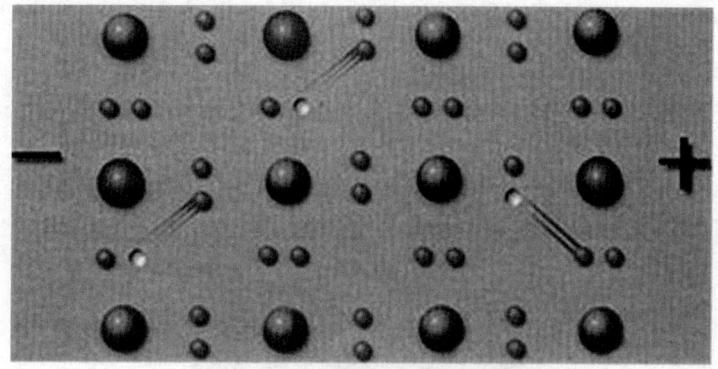

[그림 1-9 P-type 반도체 모형]

④ 그림 1-10처럼 순수한 실리콘, 즉 진성 반도체에 주기율표상의 III족 원소를 소량 넣어주면 전자가 비어 있는 상태로 정공(Hole)이 생긴다. 이 상태에서 그림 1-9처럼 실리콘에 전압을 걸어주면 전류가 흐르게 되는 것이다. 이를 P-type 반도체 또는 P-type 실리콘이라고 한다.

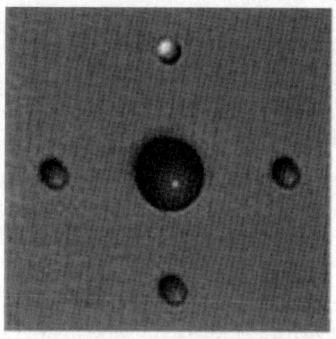

[그림 1-10 III족인 붕소원자의 모형]

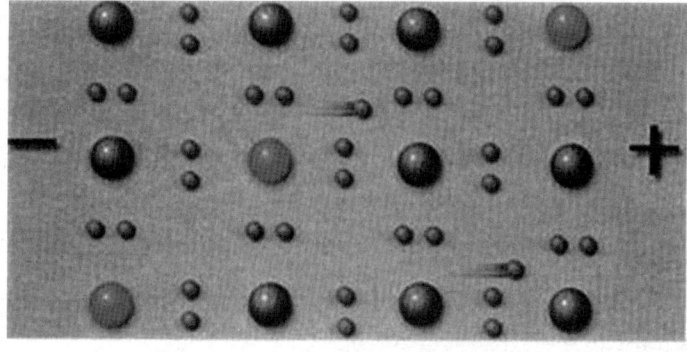

[그림 1-11 N-type 반도체 모형]

⑤ 반면에 그림 1-12처럼 주기율표상의 V족 원소를 소량 넣어주면 전자가 남는 상태, 즉 잉여전자가 생긴다. 이 상태에서 그림 1-11처럼 실리콘에 전압을 걸어주면 제자리를 못 찾은 잉여전자가 자유전자가 되면서 전류가 흐르게 되는 것이다. 이를 N-type 반도체 또는 N-type 실리콘이라고 한다.

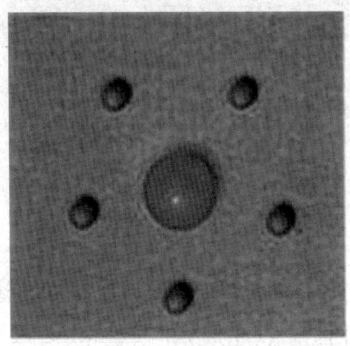

[그림 1-12 V족인 비소원자의 모형]

④ 반도체의 발전 과정

반도체 회로를 통하여, 수천, 수만 개의 트랜지스터, 저항, 캐패시터가 집적되어 기계를 제어하거나 정보를 기억하는 일을 수행한다. 이러한 반도체집적회로, 즉 IC(Integrated Circuit)는 실리콘(Silicon)이라는 반도체 물질로 만들어진다.

진공관 → 트랜지스터 → 집적회로

(1) 진공관

반도체를 왜 사용하게 되었을까? 이는 통신기술과 계산능력의 발달에 밀접한 관련이 있다.
① "멀리 떨어져 있는 사람끼리 대화를 주고받을 수는 없을까?" 하는 생각이 통신기술을 발전시키는 동기가 되었으며 그 발전과정에서 전기신호를 사용하게 되었다. 그런데 장거리를 이동하는 도중에 전기신호가 약해지는 현상이 나타났고 따라서 중간 중간에 이를 증폭시켜 주어야만 했다. 바로 이 증폭 기능을 위해 최초로 개발된 것이 "진공관"이다.
② 작열하는 필라멘트에서 생긴 전자빔이 전극에서 전극으로 전류를 운반하는 구조로 되어 있는 진공관은 최초로 나온 것이 20세기 초인 1904년 영국의 과학자 존 앰브로우즈 플레밍(John Ambrose Flemming)이 발명한 2극관이다. 이것에 이어서 1906년 미국의 리드 포레스트가 전극이 3개 부착된 3극관을 만들었다. 2극관은 교류를 직류신호로 바꾸는 다이오드 작용을 하고 3극관은 신호를 증폭한다. 이것들이 라디오와 텔레비전과 녹음기술의 발달에 결정적인 역할을 해냈다.
③ 진공관은 꽤 부피가 컸고 사용하는 필라멘트도 언젠가는 타서 끊어져 버리는 단점이 있었다.

이러한 단점들은 진공관을 안심하고 사용하지 못하는 요인이 되었으며, 진공관으로 작은 전자장치를 만드는 것은 불가능했다. 따라서 열을 받지 않도록 고체로 만들어진 새로운 증폭장치의 개발이 절실하게 필요했다. 이 문제를 해결해낸 과학자들이 벨전화연구소에서 일하던 3명의 과학자 윌리엄 쇼클리, 존 바딘과 월터 브래튼이었다. 1948년 드디어 세 사람은 전자공학분야에 결정적인 영향을 미친 두 가지 반도체로 된 다이오드와 "트랜지스터"를 발명하였던 것이다. 조그마한 반도체가 필라멘트와 전극을 대신하였으므로 작으면서도 신뢰성이 매우 높은 새로운 고체증폭장치가 탄생된 것이다.

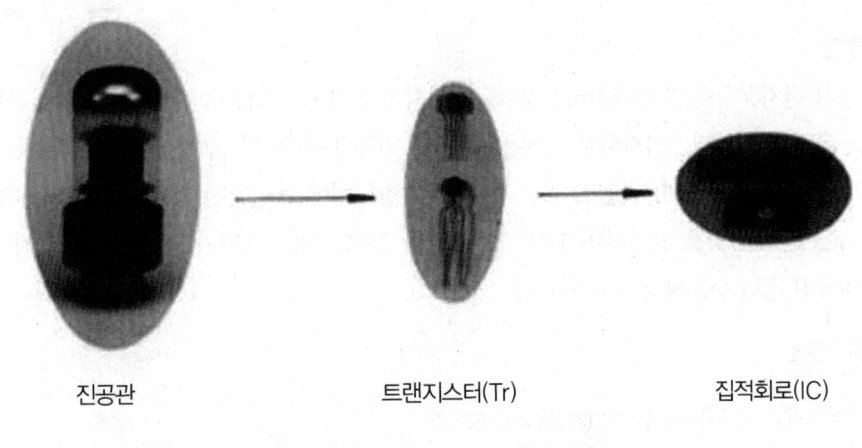

진공관　　　　　트랜지스터(Tr)　　　　　집적회로(IC)

[그림 1-13 반도체의 발전 과정]

④ 과학기술의 발전은 빠르고 정확하게 계산할 수 있느냐 하는 계산능력에 비례해 왔다. 이러한 계산능력의 발전이 계산기를 발명해냈고 1930년대에 와서는 기계/전기 스위치를 쓰는 정도로 발전하게 된다.

　제2차 세계대전은 더 빠르고 용량이 더 큰 계산기의 개발에 박차를 가했다. 그 결과 1947년 미국의 Moore대학에서 세계 최초의 전자 계산기인 ENIAC을 개발하게 되었는데 이 시스템은 진공관을 사용하였다. 그 무게가 50톤이었으며 280평방미터나 되는 면적을 차지하였다. 또한 19,000개나 되는 진공관이 소요되었기 때문에 작은 발전소 정도의 엄청난 열이 발생하였고, 가격만 해도 1940년대 시가로 백만 달러를 호가했다.

⑤ ENIAC은 수많은 진공관 외에도 수천 개의 저항과 콘덴서를 필요로 했는데 이러한 저항과 캐패시터들이 신뢰성이 높고 열을 거의 내지 않는데 비해, 진공관은 덩치가 크고 깨지기도 쉬우며 열을 많이 낸다는 단점이 있었다. 또한 진공관 속의 필라멘트는 점점 마모되기 때문에 수명이 짧다는 신뢰성의 문제도 있었다. 결국 진공관이라는 부품 때문에 ENIAC이라는 계산 장치는 결정적인 문제점을 가질 수밖에 없었다.

(2) 트랜지스터

진공관의 단점을 개선하려는 노력이 계속되었고 결국 트랜지스터의 발명으로 이어지게 되었다. ENIAC과 같은 거대한 장치도 2.42㎠의 작은 실리콘 위에 만들 수 있게 되었고, 전구보다도 적은 전력 손실과 20달러 이하의 가격으로 실현시킬 수 있게 되었다.

그러나 트랜지스터도 단점은 있었다. 트랜지스터 자체의 문제라기보다는, 많은 트랜지스터와 전자 부품들을 서로 연결해 주어야 다양한 기능을 가진 하나의 제품을 만들 수 있는데 제품이 복잡해질수록 서로 연결해야 하는 부분이 기하급수적으로 증가하게 되고 바로 이 연결점들이 제품 고장의 주요 원인이 되었던 것이다.

(3) 집적회로

여러 개의 전자부품들(트랜지스터, 저항, 캐패시터)을 1개의 작은 반도체 속에 집어넣는 방법을 연구한 사람이 있었다. 집적회로(IC)는 1958년 미국 TI社의 기술자인 잭 킬비(Jack Kilby)에 의해 발명되었다. 기술이 발전함에 따라 하나의 반도체에 들어가는 회로의 집적도 SSI, MSI, LSI, VLSI, ULSI로 발전하여 16M DRAM과 같이 트랜지스터와 캐패시터가 각각 1,600만 개씩 내장된 첨단 반도체제품이 되었다.

> **참고 사항**
>
> IC(인티크레이티드 써키드, Integrated Circuit)
>
> 트랜지스터나 다이오드 등 개개의 반도체를 하나씩 따로따로 사용하지 않고 몇천 개 몇만 개로 모아서 1개로 된 덩어리를 말한다.
>
> 물론 덩어리라고는 해도 구슬처럼 둥글게 빚어서 만든 것은 아니고 실리콘의 평면상에 차곡차곡 필름을 인화한 것처럼 쌓아놓은 것이다. 이것을 '모아서 쌓는다', 즉 "집적한다"고 한다.
>
> 그래서 IC라는 이름이 붙게 된 것이다. IC는 집적회로(Integrated Circuit)의 약칭이다. 처음의 "인티그레이트"란, 수학의 적분을 말하기도 하고 뒤의 "써키트"는 전기의 회로란 뜻이다. 써키트라면 자동차경기의 경기도로를 말하기도 하지만 여기서는 전기회로임을 명심하자!
>
> 이처럼 IC와 같이 영어단어의 머리글자만으로 표시하는 것을 주변에서 자주 볼 수 있다.

5 반도체의 역할

(1) 정류(整流)

전기신호의 흐름에는 직선처럼 생긴 직류와 파동처럼 생긴 교류 두 가지가 있다. 전기신호를 처리하다 보면 직류를 교류로 또는 교류를 직류로 바꿔주어야 할 경우가 있다. 그림 1-14처럼 이런 작업을 전기신호의 흐름(전류)을 정리해주는 의미에서 정류라고 한다. 정류작용을 하는 반도체를 일반적으로 "다이오드"라고 한다.

[그림 1-14 반도체의 정류작용]

(2) 증폭(增幅)

전기신호를 이동시키다 보면 점점 약해진다. 따라서 전기신호를 정상적으로 전달하기 위해서는 이동 중에 원상태로 또는 보다 크게 해주어야 한다. 그림 1-15와 같이 약한 신호를 강한 신호로 키워주는 것을 증폭이라 하며, 증폭작용을 하는 반도체로 "트랜지스터"가 있다.

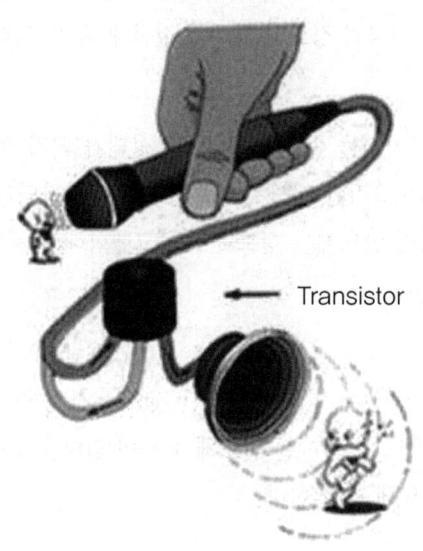

[그림 1-15 반도체의 증폭작용]

(3) 변환(變換)

전기신호는 필요에 따라 빛(光)이나 소리(音) 등으로 바꿔줄 필요가 있다. 그림 1-16과 같이 지하철이나 고속도로에서 볼 수 있는 전광판에 쓰이는 반도체는 전기신호를 빛으로 바꿔주는 역할을 하며 이러한 반도체를 "발광소자"라고 한다. 반대로 빛을 전기신호로 바꿔줄 수도 있는데 CCD 반도체는 카메라로 읽어들이는 빛을 전기신호로 바꿔 저장하는 역할을 한다.

[그림 1-16 반도체의 변환작용]

(4) 전환(轉換)
정보(데이터)에는 연속적인 상태의 아날로그와 불연속적, 즉 1(ON)과 0(OFF)만의 상태인 디지털이 있다. 정보를 처리하다 보면 아날로그를 디지털로 또는 디지털을 아날로그로 바꿔주어야 할 경우가 있다. 반도체는 이처럼 정보의 상태를 전환해 줄 수 있다.

(5) 저장, 기억
컴퓨터의 전원을 켜주면 모니터를 통해 C:₩ 같은 상태가 되기 전에 여러 가지 메시지가 나타나는 것을 볼 수 있다. 이것은 그러한 메시지 정보가 프로그램화되어 컴퓨터 메모리에 저장되어 있기 때문에 가능하다. 이처럼 반도체는 정보를 프로그램화해서 저장할 수 있으며, 이러한 반도체를 "메모리 반도체"라고 한다.

(6) 계산, 연산
PC(퍼스널컴퓨터)가 나오기 전에 널리 사용되던 것으로 전자계산기가 있다. 사용하기도 편하고 속도도 빠른 이 전자계산기도 그 속에는 반도체가 들어 있다. 이처럼 수치정보를 계산하는 데 사용되는 반도체를 "논리 반도체"라고 한다.

(7) 제어
기계나 설비가 정해진 순서에 따라 동작하도록 해주는 것을 "제어"라고 한다. 이런 작동 순서를 프로그램화하여 반도체IC에 기억시켜 두면 그 순서에 따라 장비나 작업을 자동으로 제어할 수 있게 되는데, 이러한 반도체를 "마이크로 프로세서"라고 한다.

> **참고 사항**
>
> 마이컴(Micom) : 마이크로 컴퓨터의 약자
> 마이컴은 작은 컴퓨터로서 마이크로 프로세서를 CPU(중앙처리장치)로 하면서 정보를 저장하는 메모리부분과 외부와의 정보창구인 입출력부분으로 구성되어 있다. 따라서 마이컴은 외부에서 들어온 정보를 마이크로 프로세서로 처리한 후 이를 메모리부분에 저장하거나 외부로 내보내는 기능을 한다. 최근에는 이러한 마이컴장치를 하나의 반도체IC로 만들 수 있게 되었는데, 이를 원칩 마이컴이라 한다.

제2절 청정도 기술

1 청정실의 복장

방진복의 바른 착용 : 방진복, 방진모자, 방진마스크, 방진화, 방진장갑, 보안경, 비닐장갑

(1) 마스크 착용상태 검사기준

① 마스크를 정확하게 펴서 착용한다.
② 알루미늄 부위를 위로 착용한다.
③ 콧등을 눌러 주었는지 확인한다.

(2) 방진복 착용상태 검사기준

① 개인 방진복을 착용하며, 없을 경우 공용 방진복을 착용한다.
② 지퍼 불량, 손목부위 고무줄상태를 확인한다.
③ 반드시 자신에게 맞는 크기의 방진복을 착용한다.

[그림 1-17 청정실의 복장]

(3) 방진화 착용상태 검사기준
① 지퍼상태가 바른지 확인한다.
② 약품, 더러움, 낙서 등 오염상태를 확인한다.

(4) 방진모자 착용상태 검사기준
① 눈썹이 보이지 않게 착용한다.
② 마스크의 양 끝을 방진모자 속으로 넣는다.
③ 목끈을 알맞게 조여서 착용한다.
④ 속살이 보이지 않게 접착 부위상태를 확인한다.
⑤ 방진복 위로 방진모자의 밑부분이 나오지 않도록 한다.
⑥ 각자 크기에 맞는 방진모자를 착용한다.
⑦ 착용 전에 낡은 정도, 보푸라기 등을 확인한다.
⑧ 찢어졌는지, 바느질상태는 양호한지 확인한다.

(5) 방진장갑 착용상태 검사기준
① 속장갑을 먼저 착용한 후, 비닐장갑을 착용한다.
② 장갑 목 부위가 반드시 방진복 소매 끝으로 들어가도록 착용한다.

(6) 방진화 착용상태 검사기준
① 무릎 밑까지 올렸는지 확인한다.
② 고무줄 조임상태, 청결상태를 확인한다.
③ 반드시 자신의 크기에 맞는 방진화를 착용한다.

❷ 에어 샤워룸(Air Shower Room)
① FAB 라인 출입 시 방진복, 방진화 등에 부착된 먼지나 이물질을 제거하기 위한 장치로서, 밀폐된 에어 샤워룸에 사람이 들어가면 양벽에서 강한 공기가 불어나와 먼지를 제거하도록 되어 있다.

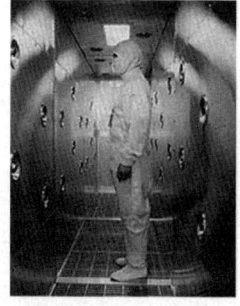

[그림 1-18 반도체의 FAB 라인의 에어 샤워룸]

② 반도체산업을 청정산업이라고 하는 것처럼 웨이퍼가 가공되는 청정실은 먼지입자가 최대의 적이다.

[그림 1-19 반도체의 FAB 라인]

③ 그림 1-19의 사진을 보면 투명한 판이 일렬로 두 줄이 걸려 있는데 이를 파티션이라고 한다. 이 파티션을 기준으로 하여 안쪽을 워킹 에어리어(Working Area)라고 하여 작업자(오퍼레이터)가 작업 활동을 하게 되고, 바깥쪽을 프로세스 에어리어(Process Area)라고 하여 장비들이 놓여 있으며 제반공정이 진행된다. 물론 두 공간 간의 청정도도 차별관리 된다.
④ 라인 바닥을 보면 구멍이 많이 있는 모습이 보이는데 이는 라인 공조를 위한 것으로, 라인 내부의 공기가 바닥으로 흡입되면 천정 위의 필터로 보내서 정화된 공기가 다시 라인 안으로 유입되도록 되어 있다.

3 반도체에서 사용되는 단위들

(1) Bit
2진수로 표시된 개개의 숫자로 "1" 또는 "0" 중의 하나를 의미하며 디지털의 가장 작은 단위이다.

(2) Byte
보통 8개의 Bit를 1Byte라고 하며, 컴퓨터에서 1개의 숫자나 문자를 나타낸다.
Word의 한 단위로 사용된다(단, 한글은 한 글자에 2Byte씩 사용된다).

> Kilo + Bit = 천 비트
> Mega + Bit = 백만 비트
> Giga + Bit = 십억 비트

(3) 2진법 체계

2⁰ = 1 → 0(이진수)
2¹ = 2 → 1(이진수)
2² = 4 → 2 → 10(이진수)
2³ = 8 → 3 → 11(이진수)

2¹⁰ = 1,024(천) → 킬로(이진수)
2²⁰ = 1,048,576(백만) → 메가(이진수)
2³⁰ = 1,073,741,824(십억) → 기가(이진수)

4K = 64 × 1,024 = 65,536 → 64 × 천 = 6만 4천
4M = 4 × 1,048,576 = 4,194,304 → 4 × 백만 = 4백만
16M = ?
64M = ?
16M DRAM = 16Mega - Bit Dynamic Random Access Memory
            = 천육백만 개의 기억소자가 집적된 메모리 반도체
            = 신문지 128페이지 분량의 정보를 저장할 수 있다.
            = 신문지 128페이지를 쭉 펼쳐놓으면 잠실 주경기장을 덮을 수 있다.

(4) Sec

Second(초)의 단위
Ms = 밀리세크 = Milisecond = 천분의 1초
Ns = 나노세크 = Nanosecond = 백만분의 1초

(5) Inch

보통 웨이퍼(Wafer)의 직경을 나타내는 단위
1inch = 1″ = 2.54cm = 25.4mm
6″웨이퍼 = 6 × 2.54cm = 15.24cm → 면적은 약 730㎠
8″웨이퍼 = 8 × 2.54cm = 2.54cm = 20.32cm → 면적은 약 1,297㎠ = 6″ 웨이퍼의 1.8배

(6) Class

청정실의 청정도를 나타내는 단위. 통상 1입방피트(ft³)의 공간 내에 0.5μm 이상의 먼지입자 수를 의미
1class = 입방피트(ft³)의 공간 내에 0.5μm 이상의 먼지입자가 1개
       = 잠실야구장 안에 야구공이 1개 있는 정도

> **참고 사항**
>
> 컴퓨터는 Byte, 반도체는 Bit
>
> 컴퓨터 광고를 보면, "메인메모리 4M, HDD 용량 250M"라는 문구가 있는데 여기서 M는 메가 바이트(Mega-Byte)를 의미한다. 그러나 메모리 반도체에서 4M, 16라고 표시할 때, 여기서 M는 메가 비트(Mega-Bit)를 의미한다.

제3절 반도체 제조 라인

1 FAB 라인

웨이퍼 제조(FAB Rication) 공정이 진행되는 라인

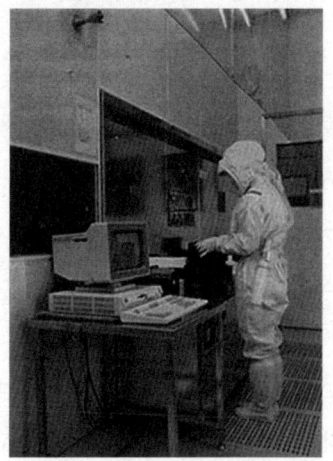

[그림 1-20 반도체 웨이퍼 제조 라인]

2 조립 라인

웨이퍼상의 칩을 낱개로 잘라서 리드프레임과 결합하여 완제품으로 조립하는 라인

[그림 1-21 조립 라인]

❸ 검사 라인

완성된 제품이 제대로 동작하는지를 검사하는 라인

[그림 1-22 검사 라인]

❹ FAB 라인 내부 룸 구조

(1) 베이

베이(Bay)란 원래 만(灣)이란 뜻인데, 라인 내부의 각 룸(Room)들이 마치 해안의 만처럼 생겼기 때문에 이런 이름으로 불리게 되었다. 베이의 양벽을 기준으로 설비의 조작부분은 베이 안에, 나머지 부분은 베이 밖에 놓이도록 설치되어 있다.

(2) 서비스 에어리어

베이 밖으로 설비가 돌출된 부분이나 외곽의 복도를 말하는데, 이곳에서 공정작업이 아닌 설비 수리나 공구 이동이 이루어진다. 베이보다는 조금 낮은 청정도로 관리된다.

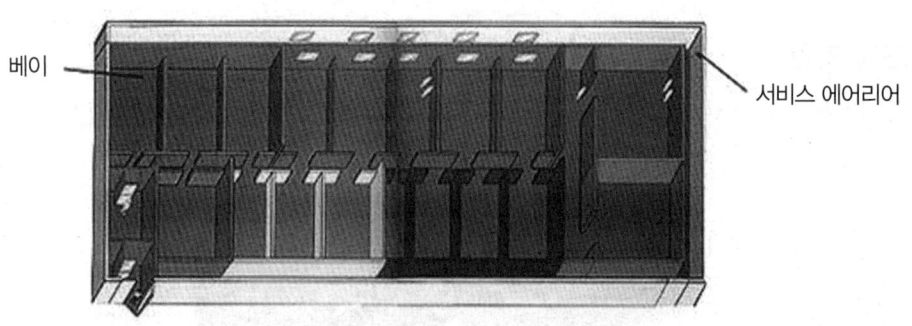

[그림 1-23 FAB 라인 내부 룸 구조]

[그림 1-24 웨이퍼 제조공정의 모습]

제4절 반도체 제조 기술

1 실리콘 웨이퍼 제조공정

[그림 1-25 실리콘 웨이퍼 제조공정 흐름도]

(1) 단결정 실리콘 성장(Silicon Growing)

실리콘 웨이퍼(Silicon Wafer) 제조를 위한 공정은 실리콘(Silicon) 용액에 실리콘 종자(Silicon Seed)를 접촉하면서, 회전시켜 성장시킨 규소봉인 잉곳(Ingot)을 만든다. 성장 방법에는 용융 대역 용해(Floating Zone)과 인상(Pulling) 방법인 쵸크랄스키(Czochralski) 방법이 있다. 우선 용융 대역 용해(Floating Zone) 방법은 다결정 실리콘(Ploy Silicon)봉을 척(Chuck)으로 고정하고 그에 종자(Seed)를 접촉시킨다. 그리고 그 부분을 고주파 유도로 가열하여 용융부분을 다결정 실리콘(Ploy Silicon) 방향으로 서서히 이동시키면 종자(Seed) 위에 새로운 단결정 실리콘 결정이 생성된다. 이렇게 성장시키는 방법을 용융 대역 용해(Floating Zone) 방법이라 한다. 그리고 쵸크랄스키(Czochralski) 방법은 가장 많이 쓰이는 방법으로 다결정 실리콘을 석영관(Quartz Furnace) 속에서 고주파 유도로 가열하여 1500℃에서 용융시킨다. 그 다음 종자를 용액에 담가 서서히 회전시켜 끌어올리면 동일한 단결정이 성장하게 되는 방법을 말한다.

[그림 1-26 300mm의 잉곳(Ingot)의 실제 사진]

(2) 잉곳 절단(Ingot Slicing)

실리콘 잉곳(Silicon Ingot)을 얇은 판으로 만드는 공정이며 단결정 조직이 정확히 정렬되도록 잉곳(Ingot)을 고도의 절삭기로 절단하여 웨이퍼(Wafer)로 만들게 된다. 아울러 웨이퍼의 가장자리(Edge) 부분은 매우 날카롭고 깨지기 쉽게 되어 있어서 가공하고 세척과정을 거친 다음 손상이 덜 받도록 한다. 그 후 이 웨이퍼(Wafer)는 연마(Polishing) 과정을 거쳐 거친 표면을 평탄하고 두께가 일정하게 만들어 표면의 질이 높아지도록 한다.

[그림 1-27 잉곳의 절단(Ingot Slicing)]

(3) 연마(Polishing)

웨이퍼(Wafer)를 평편하게 하고 결함이 없이 깨끗하게 만드는 일은 집적회로에 있어서 매우 중요한 일이다. 웨이퍼 표면을 거울처럼 만들기 위해서는 반드시 연마(Polishing) 작업이 필요하다. 요즘에는 CMP(Chemicla Mechanical Polishing)를 하여 표면의 질을 한층 더 높여 놓았다.

[그림 1-28 웨이퍼 CMP(Chemical Mechanical Polishing) 공정]

(4) 웨이퍼 세정(Wafer Cleaning)

웨이퍼(Wafer) 표면에 미립자(Particle) 오염물, 중금속, 유기 오염물 등을 제거하기 위하여 청정실의 습식(Wet Station)으로 강산 용액에 넣어 세정(Cleaning)하고 초순수(DI Water)로 헹구기(Rinse)를 하여 웨이퍼 표면을 아주 깨끗하게 만든다.

[그림 1-29 연마(Polishing) 작업을 마친 후 웨이퍼]

❷ 웨이퍼의 종류

웨이퍼는 불순물 종류에 따라 N형 반도체와 P형 반도체로 나눈다. N형 반도체는 5가 원소 P, Sb를 불순물로 사용하며, 도우너(Donor) 불순물인 전자가 발생한다. 그리고 P형 반도체는 3가 원소 B를 불순물로 사용하고 억셉터(Acceptor) 불순물인 정공이 발생한다. 또한 결정성장 방향에 따라 (100), (111) 등의 웨이퍼를 사용한다. 그리고 웨이퍼 크기에 따라 4inch, 5inch, 6inch(150mm), 8inch(200mm), 12inch(300mm)로 나눈다.

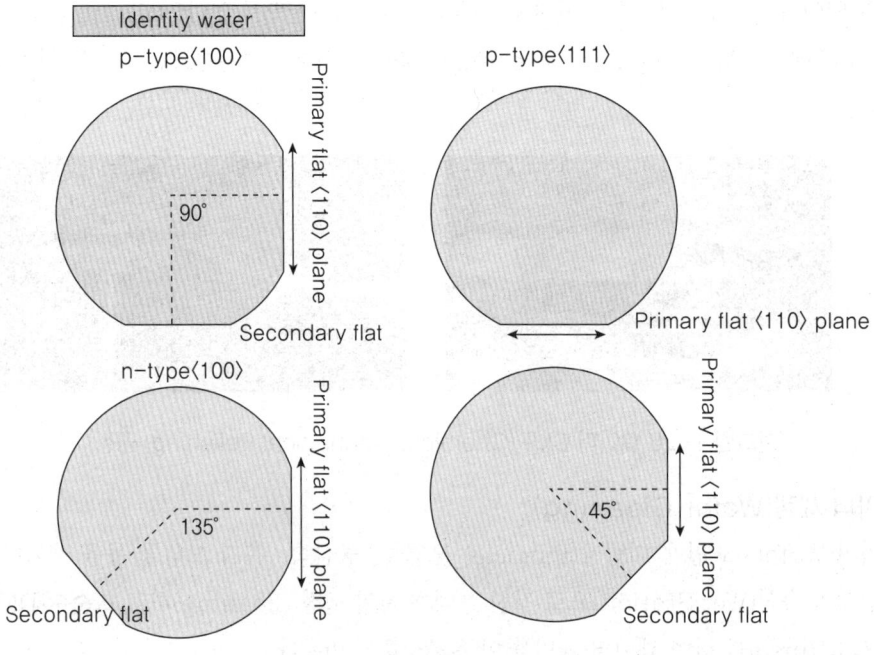

[그림 1-30 웨이퍼 결정방향에 따른 종류 및 표시방법]

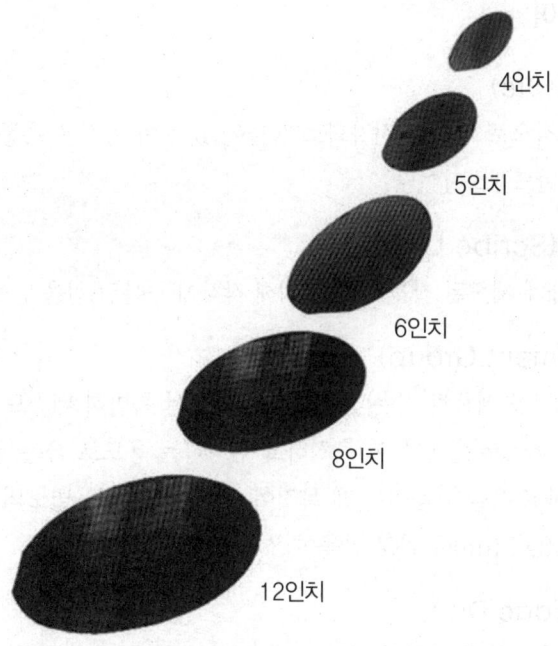

[그림 1-31 웨이퍼 대구경화]

③ 웨이퍼 가공 시 주의사항

웨이퍼 표면은 집적회로 제작 시 소자의 제조공정의 정밀성과 고품질 회로를 구성하기 위해 치명적인 영향을 주는 표면손상(Scratch), 적은 양의 화학적 성분이 표면에 남아 있어서도 안 된다. 또, 고도의 평탄화가 요구된다. 그러므로 절단(Slicing), 래핑(Lapping), 연마(Polishing)의 표면 처리 작업을 할 때 미세한 진동도 없어야 하며, 웨이퍼(Wafer)를 운반할 때도 조심스럽게 이동해야 한다. 세정(Cleaning)할 때 전기적 극성이 없는 초순수한 물(Deionized Water)를 사용하며, 표면의 정전기를 방지하고 청정실(Clean Room)에서 작업해야 한다.

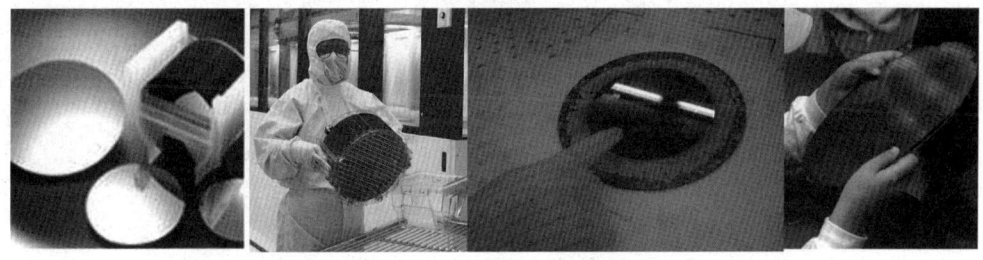

[그림 1-32 웨이퍼의 실제 사진]

4 웨이퍼 관련 용어

(1) 칩(Chip), 다이(Die)
사각형 반도체 조각으로 가공된 전자회로가 들어 있는 아주 작은 수동소자, 능동소자 또는 집적회로가 만들어진 반도체소자이다.

(2) 스크라이브 라인(Scribe Line)
웨이퍼(Wafer) 내에 제작된 칩을 자르기 위해 각각에 구분된 선을 만들어 놓았다.

(3) TEG(Test Element Group)
웨이퍼 내에 정상적인 제품과 같은 공정을 진행하면서 특별히 테스트 패턴(Test Pattern), 테스트 소자(Test Device)를 만들어 측정하고 검사하는 용도로 쓰는 칩(Chip)이나 다이(Die)이다. 품질을 관리하고 수율을 높이는 데 목적이 있다. 요즘에는 별도의 TEG를 만들지 않고 스크라이브 라인(Scribe Line)에 바로 만들어 쓰기도 한다.

(4) 가장자리 다이(Edge Die)
웨이퍼의 가장자리 부분의 미완성 다이(Die)를 말한다. 이것은 미완성 칩이기 때문에 웨이퍼의 손실이 된다. 작은 웨이퍼에 큰 다이(Die)를 만든다면 손실률이 크다. 그러므로 큰 직경을 같은 웨이퍼를 생산하는 요인으로 작용한다.

(5) 플랫존(Flat Zone)
웨이퍼의 결정 구조를 사람의 눈으로 알 수 있게 하기 위하여 결정에 기본을 둔 플랫존(Flat Zone)을 만들었다. 전단선 중에서 하나는 평탄영역에 수직이고 다른 하나는 수평하게 만든다.

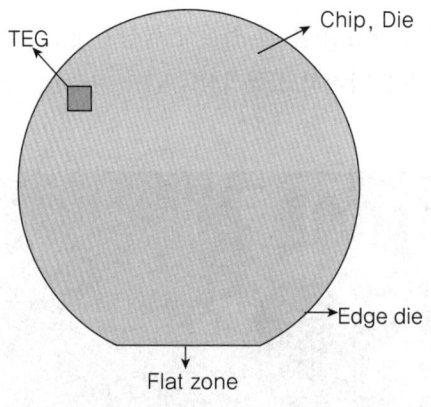

[그림 1-33 웨이퍼 용어]

(6) 캐리어(Carrier)
웨이퍼를 담는 용기로 25장을 담을 수 있는 홈이 있다. 종류로는 청색캐리어, 백색캐리어, 흑색캐리어, 금속캐리어가 있다.

① **청색캐리어** : 폴리프로필렌 재질로 되어 있으며 색은 청색, 화공약품에는 강하나 열에 약함
② **백색캐리어** : 테프론 재질로 되어 있으며 색은 백색, 화공약품과 열에 모두 강하나 가격이 비싸고 무거움

(7) 런(Run)
웨이퍼를 가공하기 위해서 25장을 1묶음으로 구성하는 것이다. 웨이퍼 가공(FAB)은 이런 런(Run) 단위로 진행된다.

(8) 랏(Lot)
웨이퍼의 한 묶음

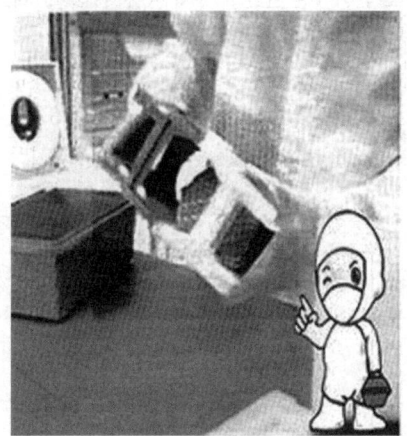 

[그림 1-34 웨이퍼 캐리어와 랏(LOT)]

5 검사(Inspection)

공정이 진행되면서 웨이퍼 위에는 전자회로의 미세한 패턴(문양)이 형성된다. 다음 공정으로 보내기 전에 공정이 진행된 웨이퍼의 상태를 현미경을 이용하여 정상여부를 검사하게 된다.

[그림 1-35 SAW Inspection]

제5절 반도체 제조공정

1 반도체는 어떻게 만드는가?

반도체 집적회로는 손톱만큼이나 작고 얇은 실리콘칩에 지나지 않지만 그 안에는 수만 개 이상의 전자부품들(트랜지스터, 다이오드, 저항, 캐패시터)이 가득 들어 있다. 이러한 전자부품들이 서로 정확하게 연결되어 논리게이트와 기억소자 역할을 하게 되는 것이다. 칩 속의 작은 부품들은 하나하나 따로 만들어서 조립되는 것이 아니다. 그것은 불가능하다. 대신 부품과 그 접속부분들을 모두 미세하고 복잡한 패턴(문양)으로 만들어서 여러 층의 재료 속에 그려 넣는 방식을 사용한다. 그러기 위해서는 문양을 사진으로 찍어 축소한 마스크를 마치 사진인화할 때의 필름처럼 사용한다.

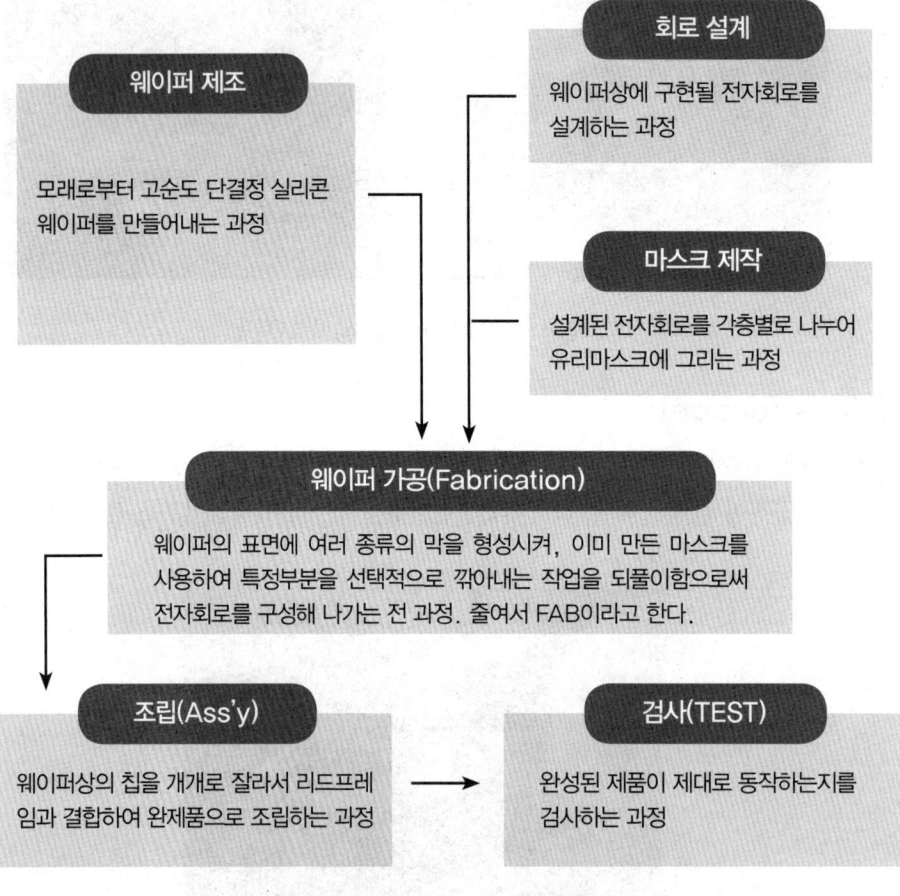

[그림 1-36 집적회로 제조 과정 흐름도]

❷ 웨이퍼 제조 및 회로 설계

[그림 1-37 웨이퍼 제조 과정]

(1) 단결정 성장
고순도로 정제된 실리콘용 융액에 SEED 결정을 접촉하여 얇은 웨이퍼로 잘라낸다. 회전시키면서 단결정 규소봉(Ingot)을 성장시킨다.

(2) 규소봉 절단
성장된 규소봉을 균일한 두께의 얇은 웨이퍼로 잘라낸다. 웨이퍼의 크기는 규소봉의 구경에 따라 3", 4", 6",8",12"로 만들어지며 생산성 향상을 위해 점점 대구경화되는 경향을 보이고 있다.

(3) 웨이퍼 표면연마
웨이퍼의 한쪽 면을 연마하여 거울면처럼 만들어 주며, 이 연마된 면에 회로 패턴을 그려넣게 된다.

 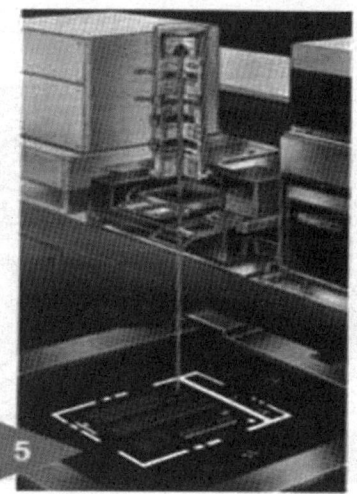

[그림 1-38 반도체 회로 설계 과정]

(4) 회로 설계 : CAD(Com-puter Aided Design) 시스템을 사용하여 전자회로와 실제 웨이퍼 위에 그려질 회로패턴을 설계한다.

(5) Mask(Reticle) 제작 : 설계된 회로패턴을 E-beam 서리로 유리판 위에 그려 Mask (Reticle)를 만든다.

❸ 직접회로 웨이퍼 가공(Fabrication)

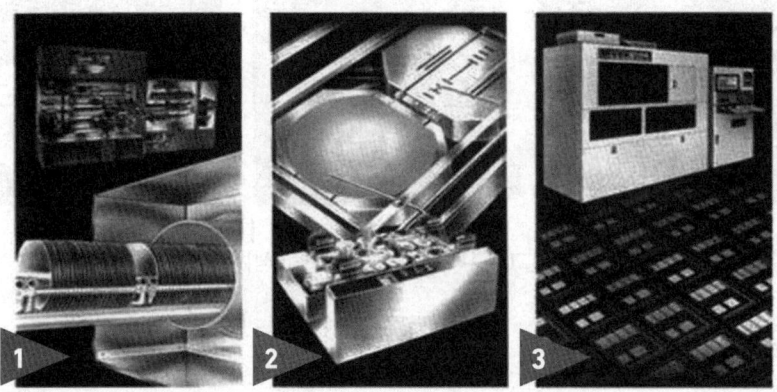

[그림 1-39 반도체 직접회로 제조 과정 1]

(1) 산화(Oxidation)공정 : 고온(800~1200℃)에서 산소나 수증기를 실리콘 웨이퍼 표면과 화학반응시켜 얇고 균일한 실리콘 산화막(SiO_2)를 형성시키는 공정

(2) 감광액(PR ; Photo Resist) 도포 : 빛에 민감한 물질인 PR을 웨이퍼 표면에 고르게 도포시킨다.

(3) 노광(Exposure) : STE-PPER를 사용하여 Mask에 그려진 회로패턴에 빛을 통과시켜 PR 막이 형성된 웨이퍼 위에 회로패턴을 사진 찍는 공정

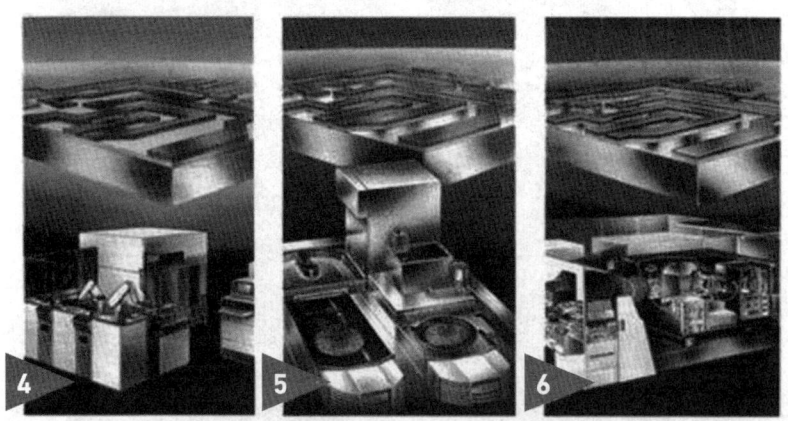

[그림 1-40 반도체 직접회로 제조 과정 2]

(4) **현상(Development)** : 웨이퍼 표면에서 빛을 받은 부분의 막을 현상시키는 공정이다 (일반 사진현상과 동일).

(5) **식각(Etching)** : 회로패턴을 형성시켜 주기 위해 화학물질이나 반응성 가스를 사용하여 필요없는 부분을 선택적으로 제거시키는 공정이다. 이러한 패턴형성과정은 각 패턴층에 대해 계속적으로 반복된다.

(6) **이온주입(Ion Implantation)공정** : 회로패턴과 연결된 부분에 불순물을 미세한 가스 입자 형태로 가속하여 웨이퍼의 내부에 침투시킴으로써 전자 소자의 특성을 만들어준다. 이러한 불순물 주입은 공온의 전기로 속에서 불순물 입자를 웨이퍼 내부로 확산시켜 주입하는 확산(Diffusion)공정에 의해서도 이루어진다.

[그림 1-41 반도체 직접회로 제조 과정 3]

(7) **화학기상증착(CVD ; Chemical Vapor Deposition)공정** : Gas 간의 화학반응으로 형성된 입자들을 웨이퍼 표면에 증착(蒸着)하여 절연막이나 전도성막을 형성시키는 공정이다.

(8) **금속배선(Metallization)** : 웨이퍼 표면에 형성된 각 회로를 알루미늄선을 연결시키는 공정이다.

4 조립 및 검사

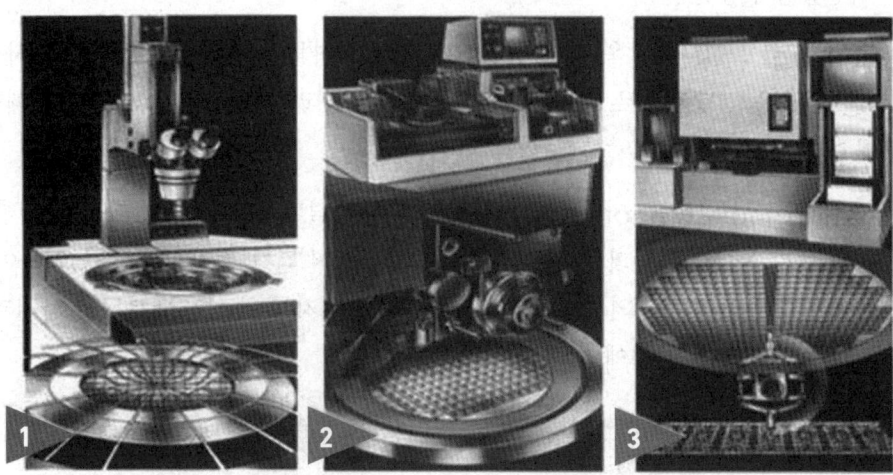

[그림 1-42 반도체 직접회로 조립 과정]

(1) **웨이퍼 자동선별(EDS Test)** : 웨이퍼에 형성된 IC칩들의 전기적 동작 여부를 컴퓨터로 검사하여 불량품을 자동선별하는 공정이다.

(2) **웨이퍼 절단(Sawing)** : 웨이퍼상의 수많은 칩들을 분리하기 위해 다이아몬드 톱을 사용하여 웨이퍼를 절단하는 공정이다.

(3) **웨이퍼 표면연마** : 웨이퍼의 한쪽 면을 연마하여 거울면처럼 만들어주며, 이 연마된 면에 회로 패턴을 그려넣게 된다.

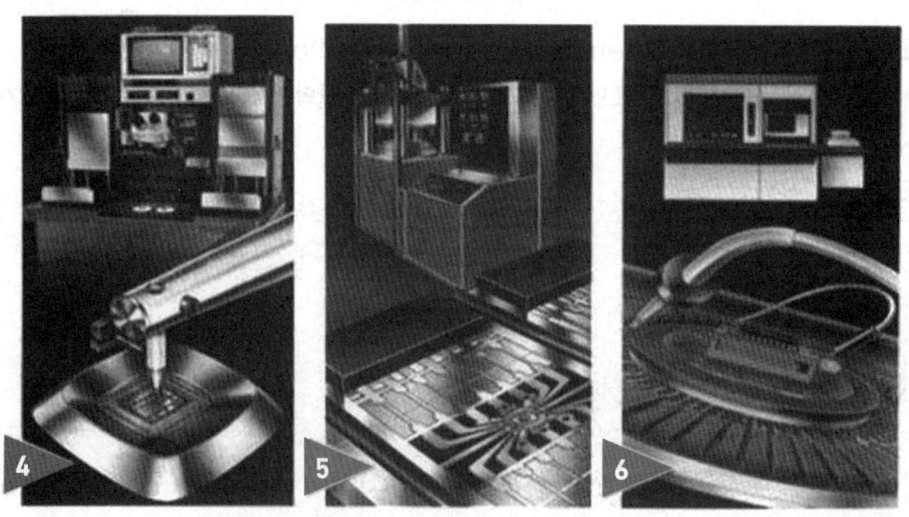

[그림 1-43 반도체 직접회로 조립 및 검사 과정]

(4) **금속 연결(Wire Bonding)** : 칩 내부의 외부연결단자와 리드프레임을 가는 금선으로 연결하여 주는 공정이다.

(5) **성형(Molding)** : 칩과 연결금선부분을 보호하기 위해 화학수지로 밀봉해주는 공정이다.

(6) **최종 검사(Final Test)** : 성형된 칩의 전기적 특성 및 기능을 컴퓨터로 최종 검사하는 공정으로 최종 합격된 제품들은 제품명과 회사명을 Marking한 후 입고검사를 거쳐 최종 소비자에게 판매된다.

학습정리

1. 반도체공정에 대한 전반적인 이해에 대한 내용이 포함된다.
2. 반도체 청정도에 대한 내용이 포함된다.
3. 반도체 제조 라인의 구조와 각 목적들에 대한 내용이 포함된다.
4. FAB 구조에 대한 내용이 포함된다.
5. 반도체 장비관리측면에 대한 내용이 포함된다.

총괄평가

1. 청정도란 무엇인지 간략하게 설명하시오.
2. 반도체 제조 라인의 구조와 역할을 간략하게 논하시오.
3. 반도체에 사용되는 제조공정들을 분류하고 설명하시오.
4. 실리콘 제조에 대해 설명하시오.
5. 방진복 착용 시 순서대로 나열하고 설명하시오.
6. 반도체 산업에서 청정도의 중요성을 설명하고 유지방안에 대해 설명하시오.
7. 반도체 용량을 나타내는 단위를 설명하시오.

Part 02 사진공정기술

제1절 사진(Photo)공정

1 사진(Photo)공정의 정의

사진(Photo)공정을 이해하기 위해서는 우선 반도체 칩(Chip) 위에 배선을 어떻게 그리는지에 대해 의문을 가져볼 필요가 있다. 눈에 보이지 않는 미세한 배선을 실수 없이 반복적으로 그리는 방법이 무엇일까?

현존하는 최적의 방법이 바로 리소그라피(Lithography)이다. 리소그라피(Lithography)는 라틴어의 Lithos(돌) + Graphy(그림, 글자)의 합성어로 원래는 석판화 기술을 의미하였으나, 현재는 반도체 용어로도 쓰이고 있다. 이는 웨이퍼 위에 복잡한 패턴을 반복적으로 복사해내는 공정을 일컫는다. 이것을 다른 말로 사진(Photo)공정이라고 한다.

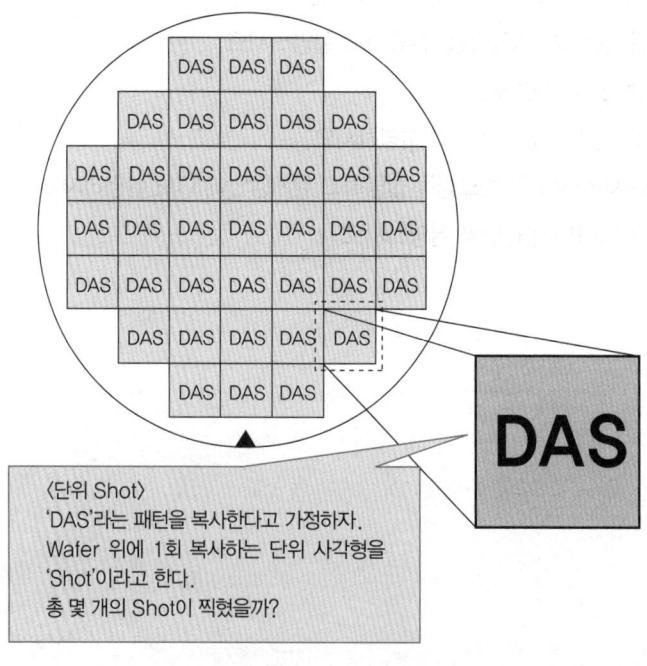

〈단위 Shot〉
'DAS'라는 패턴을 복사한다고 가정하자.
Wafer 위에 1회 복사하는 단위 사각형을
'Shot'이라고 한다.
총 몇 개의 Shot이 찍혔을까?

[그림 2-1 사진공정]

❷ 사진(Photo)공정의 구성

사진공정은 크게 그림 2-2와 같은 단계를 거친다.

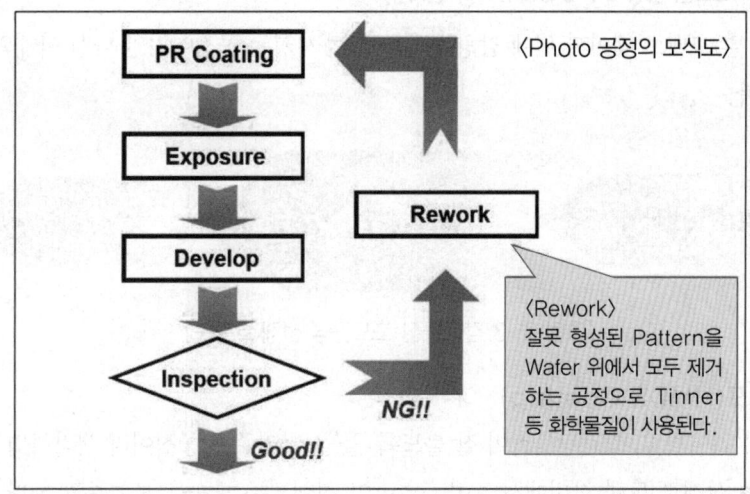

[그림 2-2 사진공정 전체 흐름도]

각각의 단계에 대해 간략히 설명하면 아래와 같다.

(1) 감광물질 도포(PR Coating)

다른 말로 '도포단계'라고도 한다. PR(Photo Resist, 감광물질)을 웨이퍼의 전면에 고르게 덮는 공정으로 트랙(Track) 장비에서 이루어진다.

(2) 노광(Exposure)

다른 말로 '노광단계'라고도 한다. 도포단계에서 도포(Coating)된 PR(Photo Resist, 감광물질) 위에 패턴(Pattern) 형태의 빛을 쪼여서 감광물질을 반응시키는 공정으로 스탭퍼(Stepper) 혹은 스캐너(Scanner) 장비에서 이루어진다.

(3) 현상(Develop)

다른 말로 '현상단계'라고도 한다. 노광단계에서 반응한 감광물질 중 필요 없는 부분을 녹여서 제거하는 공정으로 트랙 장비에서 이루어진다.

(4) 검사(Inspection)

다른 말로 '검사단계'라고도 한다. 현상공정까지 마친 웨이퍼 위에 패턴이 올바르게 형성되었는지를 검사하는 공정이다. 다시 육안(Visual), 오버레이(Overlay), 씨디(CD ; Critical Dimension) 측정의 단계로 구분된다. 장비 역시 측정에 따라 달라진다.

제2절 감광물질 도포(PR Coating) 공정기술

1 감광물질 도포공정(PR Coating 공정)

도포공정은 말 그대로 웨이퍼 위에 감광물질을 '코팅'시키는 공정이지만 다시 아래와 같이 세분화시킬 수 있다.

[그림 2-3 감광물질 도포공정 전체 흐름도]

(1) HMDS 도포(HMDS Coating)

쉽게 말해서 웨이퍼 위에 감광물질이 잘 붙도록 '풀'을 발라주는 공정이라 생각하면 된다.
그림 2-4는 실제로 트랙 장비에서 Adhesion이 진행되는 모습을 보여주고 있다. 이는 가압시킨 N_2 가스가 '풀'역할을 하는 'HMDS(Hexa Methylene Disilazane)'를 이동시키는 기상도포방식이다. HMDS의 이동 경로를 눈여겨 보도록 하자.

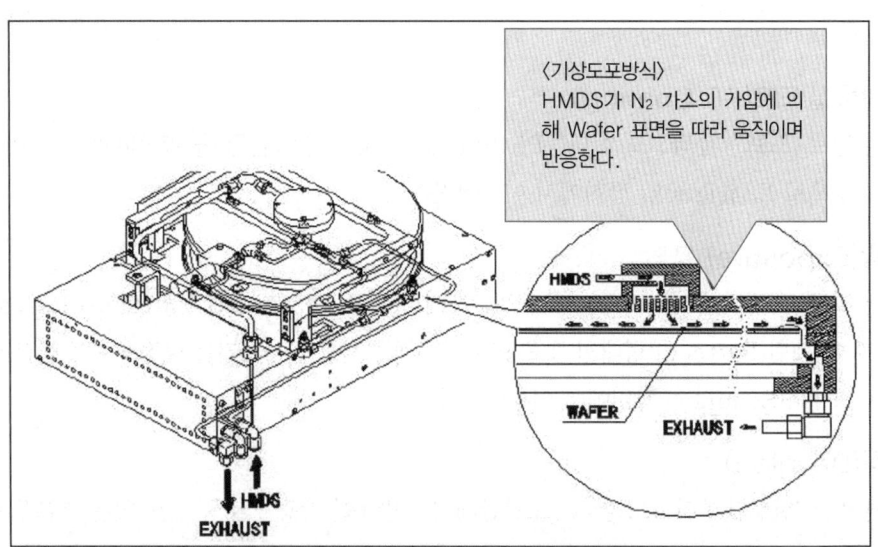

*여기서 HMDS란?
- Hexamethyldisilozane의 약자로서 실리콘 Wafer SiO_2와 화학반응을 일으켜 반응성을 향상시키는 역할을 한다.

[그림 2-4 HMDS 도포공정]

(2) 감광물질 도포(PR Coating)

도포공정의 중심단계로서, 감광물질(PR : Photo Resist)을 반도체 위에 고르게 발라주는 공정이다. 우선 감광물질에 대하여 알아보자.

① **감광물질(PR)의 종류** : 감광물질은 크게 양성 감광액(Positive PR)과 음성 감광액(Negative PR)로 나눌 수 있다.
  ㉠ 양성 감광액(Positive PR) : 빛을 받은 부분의 조직이 붕괴되는 성질이 있다.
  ㉡ 음성 감광액(Negative PR) : 빛을 받은 부분의 조직이 강화됨으로써 Develop 후에 남게 된다.

그림 2-5는 양성 감광액(Positive PR)과 음성 감광액(Negative PR)의 상반되는 반응을 보여준다.

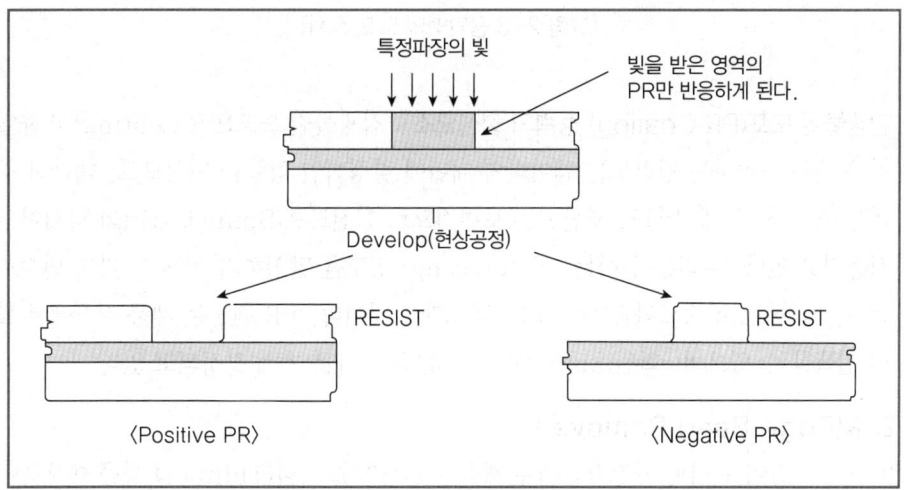

[그림 2-5 감광액의 종류에 따른 반응 도식도]

② **PR의 구성성분** : 우리나라는 특성상의 우수함 때문에 양성 감광액(Positive PR)을 사용하고 있으며, 양성 감광액(Positive PR)의 성분은 아래와 같다.
  ㉠ PAC(Photo Active Compound) : 빛과 반응하여 폴리머(Polymer) 결합을 끊어주는 이온물질을 생성시킨다.
  ㉡ 수지(Resin) : 폴리머 합성물질로 체인(Chain) 형태로 결합되어 있다.
  ㉢ 솔벤트(Solvent) : PAC와 Resin의 점도를 결정한다.

③ **감광물질 도포(PR Coating)의 방법** : 감광물질 도포(PR Coating)는 트랙(Track) 장비에서 이루어지며, 그림 2-6과 같이 회전하는 웨이퍼(Wafer) 위에 직접 분사하는 방식으로 이루어진다.

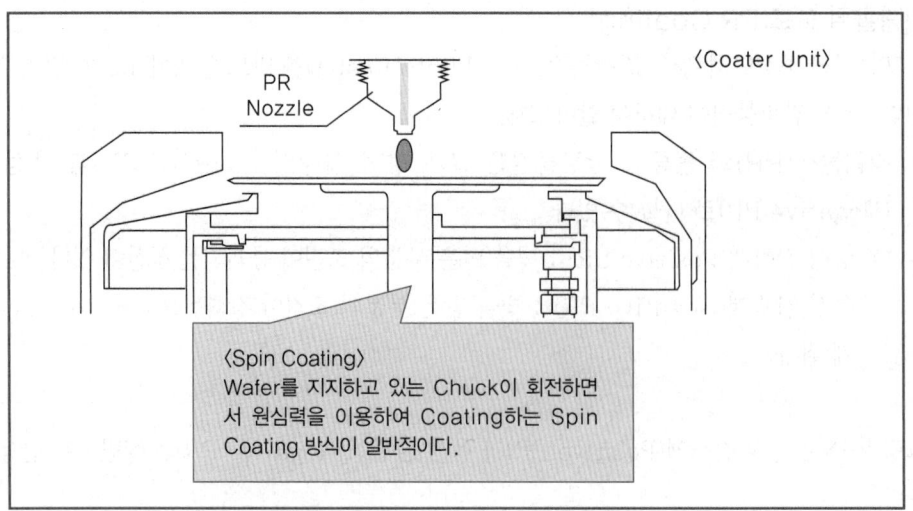

[그림 2-6 광막액의 도포 장치]

④ **감광물질 도포(PR Coating) 능력의 결정요소** : 감광물질 도포(PR Coating)의 균일도와 특정 두께를 구현하는 정확도는 웨이퍼의 패턴에 결정적인 영향을 미치므로, 대단히 중요한 의미를 가진다. 현재 반도체 생산에는 보편적으로 회전도포(Spin Coating) 방식이 채택되어 사용되고 있다. 우리는 원하는 도포(Coating) 정도를 달성하기 위해 두 가지 변수로 통제하는데, 회전(Spin)속도와 감광액(PR) 점도가 그것이다. PR 점도는 제품 시장에서 필요에 따라 선택할 수 있으며, 회전(Spin)속도는 수많은 평가를 통해 결정되고 있다.

(3) E.B.R(Edge Bead Removal)

그림 2-7과 같이 웨이퍼 가장자리에 존재하는 감광액을 시너(Thinner) 등을 이용하여 제거하는 공정으로서 도포와 동시에 진행되는 것이 일반적이다. 에지(Edge)의 PR은 오염원이 될 수 있다.

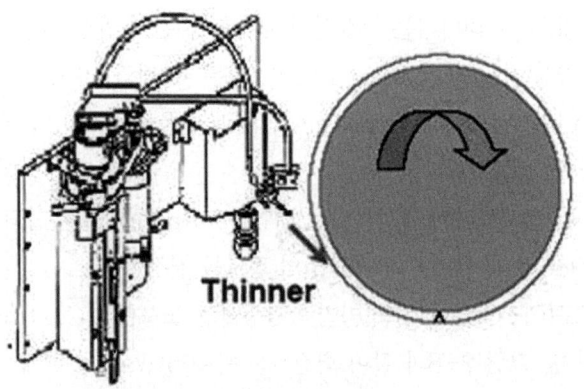

[그림 2-7 EBR 장치]

(4) 소프트 베이크(Soft Bake)

베이크(Bake)라는 말에서 상상할 수 있듯이 감광액(PR)이 도포된 웨이퍼를 트랙(Track) 장비의 오븐(Oven)에서 일정한 온도로 구워내는 공정이다. 비교적 낮은 온도이기 때문에 소프트 베이크(Soft Bake)라고 하며, PR의 점성을 향상시켜 웨이퍼 표면과의 결합력을 증가시키고, 구조를 견고하게 한다.

제3절 노광공정기술

1 노광공정(Exposure)

노광공정(Exposure)은 빛과 그림자를 이용해 패턴(Pattern)을 복사하는 공정이다. 쉬운 말처럼 들리지만, 노광공정(Exposure) 능력은 반도체의 선폭, 즉 얼마나 미세한 패턴이 가능한지를 결정하므로, 반도체 업계에서 핵심적인 기술이다.

> Pattern Size를 줄일 수 있다면, Shot의 크기를 줄일 수 있을 것이고, 결과적으로 한정된 Water 안에 더 많은 제품을 생산할 수 있게 된다. 그렇다면 가격 경쟁력을 확보할 수 있게 되지 않겠는가?

(1) 노광공정(Exposure)의 인쇄 기술

중요한 역할을 하는 노광공정(Exposure)답게 다양한 방식으로 진화해 왔으며, 그 단계는 아래와 같다.

① 접촉인쇄(Contact printing)형 : 그림 2-8과 같이 마스크(Mask)와 웨이퍼(Wafer)가 직접 접촉한 상태에서 1:1로 노광하는 방식이다. 이 방식은 장비상에 단가가 싼 장점은 있으나, 접촉으로 인해 발생하는 PR의 손상, 불순물의 발생, Mask 오염 가능성 등의 단점을 안고 있다.

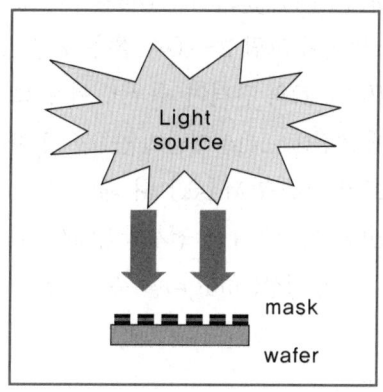

[그림 2-8 접촉인쇄형 노광장치]

> **참고 사항**
>
> **Mask란?**
>
>  Reticle이라고도 부르며, Pattern을 형성시키는 원판이라고 할 수 있다. 투명한 유리판 위에 Shot에 해당하는 Pattern이 Chrome으로 그려져 있다. 노광 시 어두운 크롬 부분은 그림자를 만들고 투명한 부분은 빛을 투과시키게 된다.

② **근접인쇄(Proximity Printing)형** : 접촉인쇄(Contact Printing)형이 접촉 시에 발생하는 마스크(Mask)와 웨이퍼(Wafer)의 손상이라는 문제를 야기시키자, 마스크(Mask)와 웨이퍼(Wafer) 사이에 일정 간격을 유지함으로써 이를 극복하고자 했던 방식이다.

그러나 그림 2-9와 같이 렌즈(Lens)를 사용하지 않고 마스크(Mask)의 상을 웨이퍼(Wafer)에 전달할 경우 광의 회절과 발산이 발생하게 된다. 회절과 발산은 패턴(Pattern)의 형성에 원치 않은 변화를 일으키게 된다.

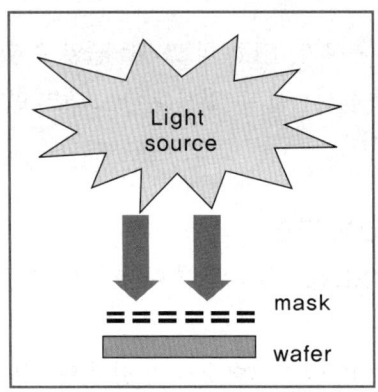

[그림 2-9 근접인쇄형 노광장치]

③ **투영전사 인쇄(Projection Printing) 방식** : 접촉형(Contact) 및 근접형(Proximity) 방식의 문제점을 해결 보완한 방식이 그림 2-10과 같은 투영전사(Projection) 방식이다. 이는 웨이퍼(Wafer)와 마스크(Mask)의 간격이 수 cm 이상으로, 렌즈(Lens)를 사용하기 때문에 형상(Image)의 전달에 초점(Focus) 개념이 중요한 인자가 된다.

렌즈(Lens)를 사용함으로써 마스크(Mask) 대 패턴(Pattern)의 비율 조정이 가능해졌는데, 이는 획기적인 일이었다. 기존의 1:1 전사방식에서 탈피하여 5:1, 4:1, 10:1 등 웨이퍼(Wafer)에 마스크(Mask)의 형상(Image)을 축소투영할 수 있게 된 것이다.

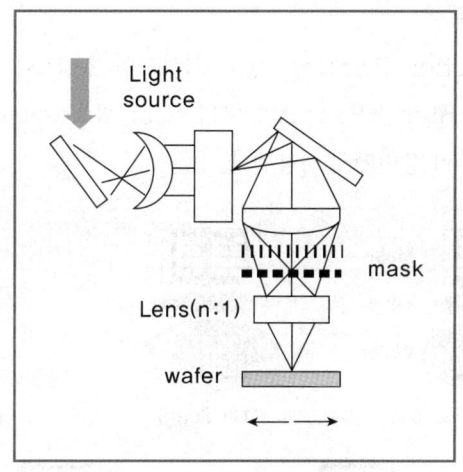

[그림 2-10 투영전사 인쇄형 노광장치]

마스크(Mask)상 크기에 비해 웨이퍼에 전달되는 형상의 크기가 축소될수록 마스크 제작이 용이하며, 마스크의 제조오차 또한 축소 배율만큼 감소시킬 수 있는 것이다. 그림 2-11과 같이 5:1, 4:1 축소 투영 노광장치가 보편적으로 사용되고 있다.

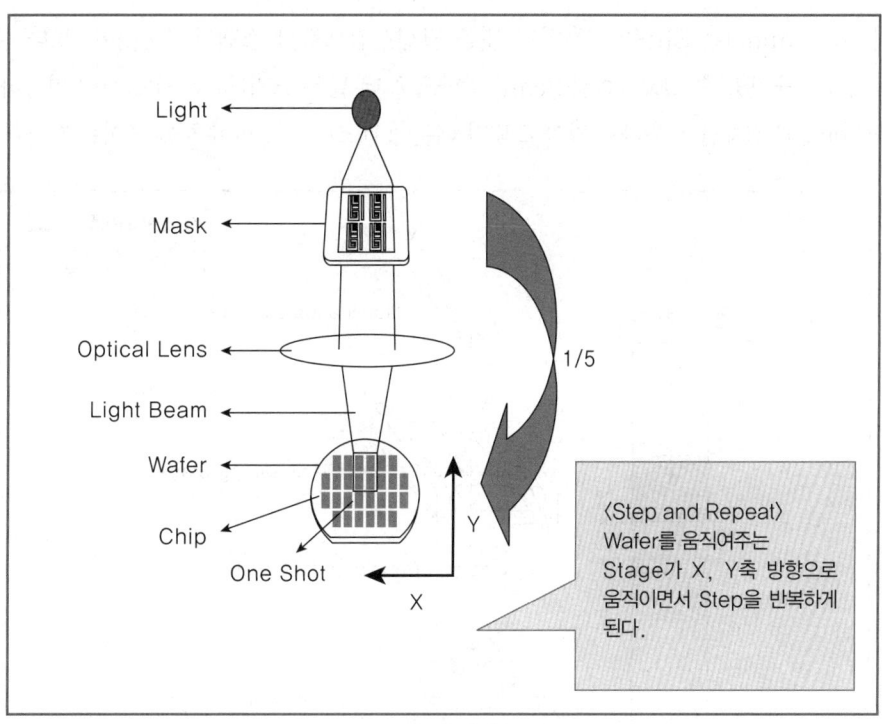

[그림 2-11 투영전사 인쇄형의 축소투영 노광장치]

(2) 투영 전사 방식의 종류

투영 전사 인쇄(Projection Printing) 방식에는 그림 2-12와 같이 여러가지가 있으나 주로 사용되는 방식은 M:1 Step &Repeat와 M:1 Scan & Repeat이며 각각 스탭퍼(Stepper) 장비와 스캐너(Scanner) 장비에서 사용된다.

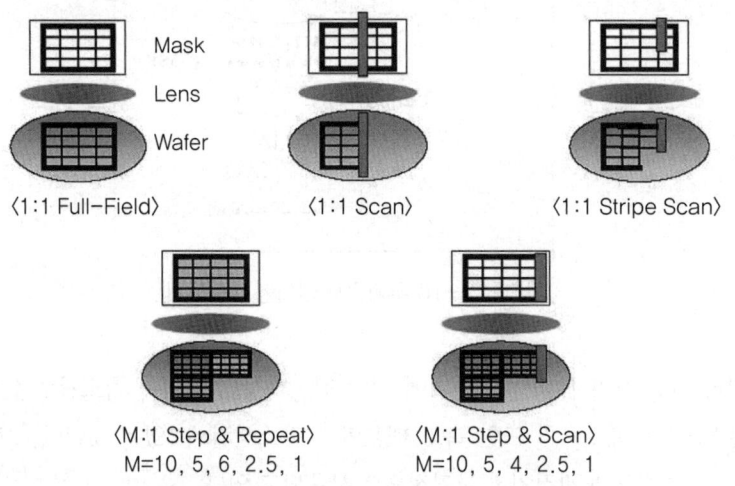

[그림 2-12 투영전사 인쇄형 다양한 방식]

스캐너(Scanner)는 Slit을 이용하여 빛을 간섭시킴으로써 스탭퍼(Stepper)보다 좋은 형상(Image)을 구현할 수 있고, 스캔(Scan) 방향으로 더 넓은 크기(Size)의 노광이 가능하다. 또한 렌즈(Lens)의 전체를 사용하지 않아도 되기 때문에 렌즈(Lens)의 수차를 줄이는 효과가 있다.

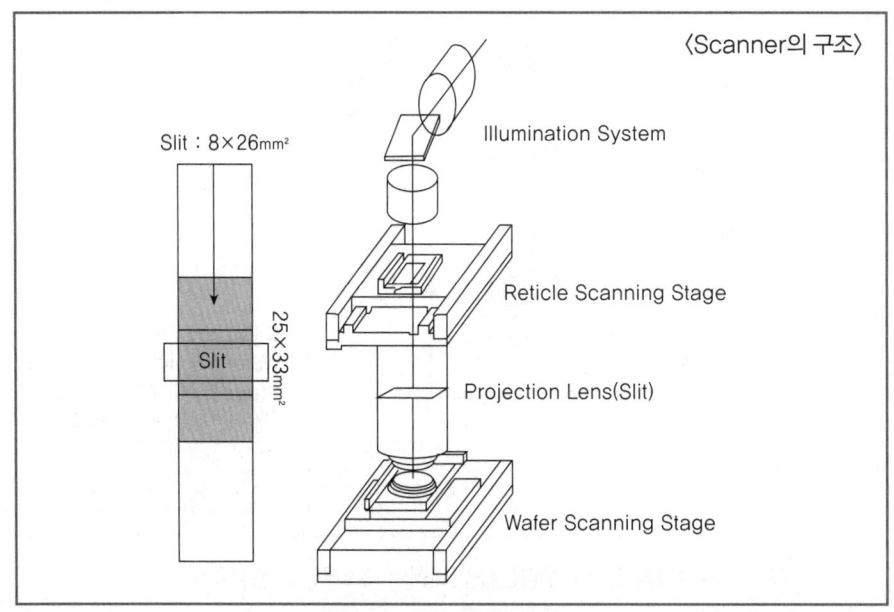

[그림 2-13 스캐너의 구조]

(3) 광원(Light Source)

노광 시에 사용되는 광원은 무엇일까? 여러 파장의 빛을 사용하게 되면 간섭과 회절 때문에 정교한 패턴(Pattern) 형성이 어렵게 된다. 그러므로 노광 시에는 특정 파장의 빛을 사용하게 되고, 그에 따른 노광능력은 아래의 두 가지 식으로 정의된다.

① $ReSolution = K_1 \dfrac{\lambda}{NA}$

  * ReSolution(해상력)은 작을수록 좋다.

② $DOF = K_2 \dfrac{\lambda}{NA^2}$

  * DOF(Depth of Focus)는 클수록 좋다.

NA는 렌즈(Lens)에 의해 좌우되는 성분이며, λ는 빛의 파장이다. 그렇다면 파장은 커야 할까? 작아야 할까? 결론부터 말하자면, 더 미세한 패턴(Pattern)을 구현하기 위해서는 해상력(Resolution)이 중요하고 파장은 계속 작아져야만 한다.

아래의 그림 2-14는 패턴의 디자인 룰(Design Rule)에 따라 구현 가능한 파장이 표시되어 있다.

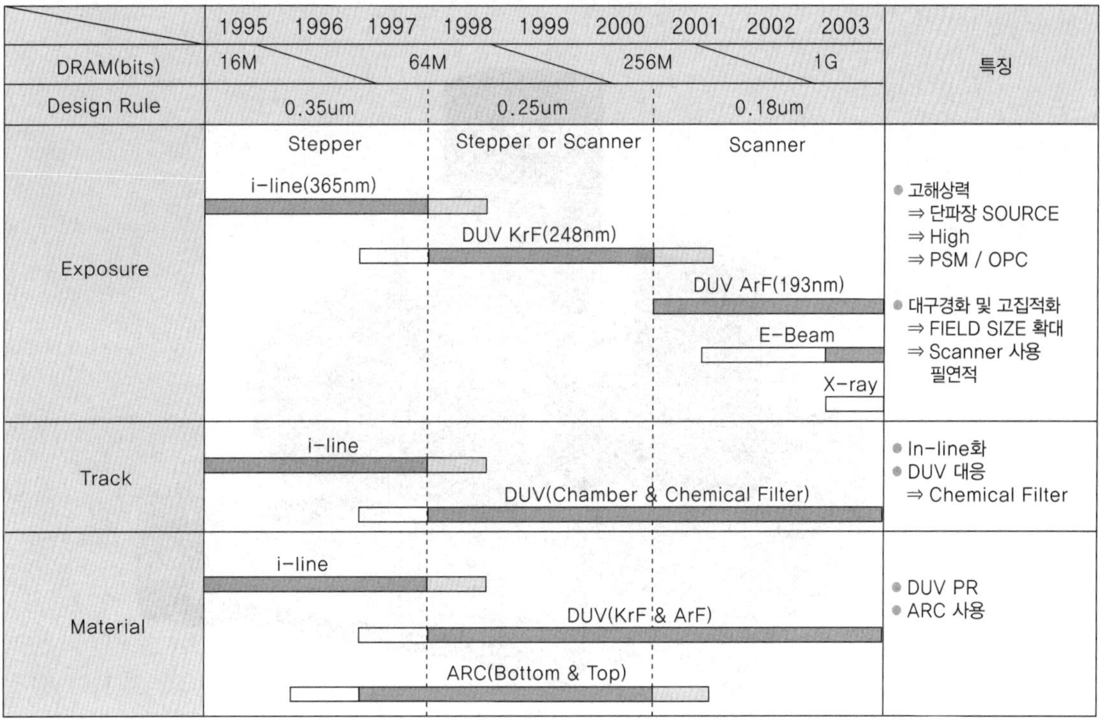

	1995 1996 1997 1998 1999 2000 2001 2002 2003	특징
DRAM(bits)	16M　　　　　64M　　　　　256M　　　　1G	
Design Rule	0.35um　　　　0.25um　　　　0.18um	
Exposure	Stepper ｜ Stepper or Scanner ｜ Scanner i-line(365nm) DUV KrF(248nm) DUV ArF(193nm) E-Beam X-ray	● 고해상력 ⇒ 단파장 SOURCE ⇒ High ⇒ PSM / OPC ● 대구경화 및 고집적화 ⇒ FIELD SIZE 확대 ⇒ Scanner 사용 　 필연적
Track	i-line DUV(Chamber & Chemical Filter)	● In-line화 ● DUV 대응 ⇒ Chemical Filter
Material	i-line DUV(KrF & ArF) ARC(Bottom & Top)	● DUV PR ● ARC 사용

[그림 2-14 패턴의 디자인 룰에 따른 광원]

❷ 노광 장비 소개

노광(Exposure)은 Light Source 및 광학계를 이용하여 빛을 Pattern을 Design한 Mask (Reticle)을 통과시켜 원하는 현상을 노광하는 장치이다.

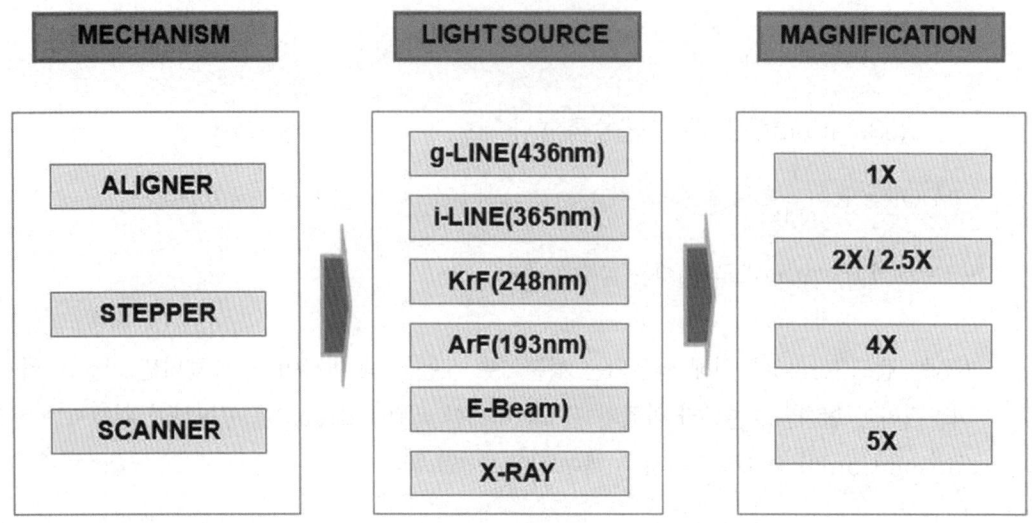

[그림 2-15 패턴의 디자인 룰에 따른 광원 장치]

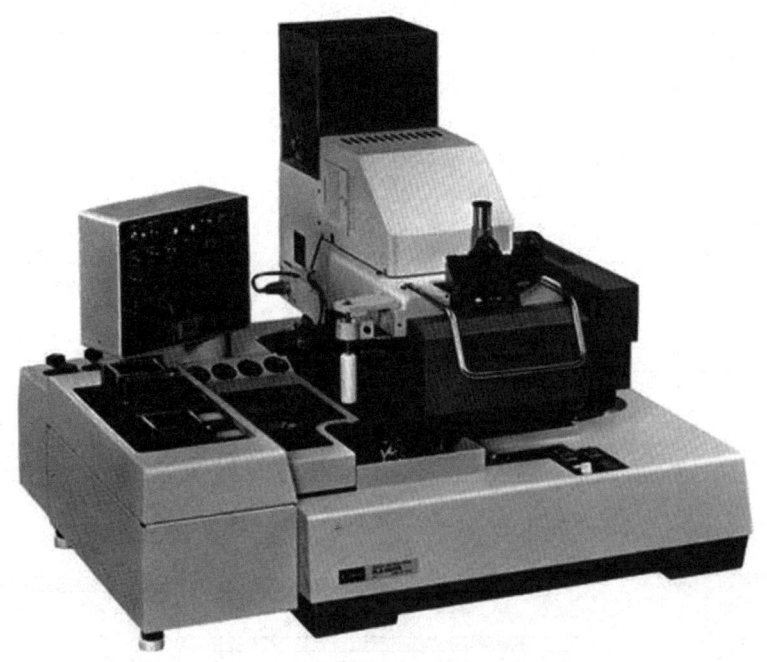

[그림 2-16 Contact/Proximity Aligner 장비사진]

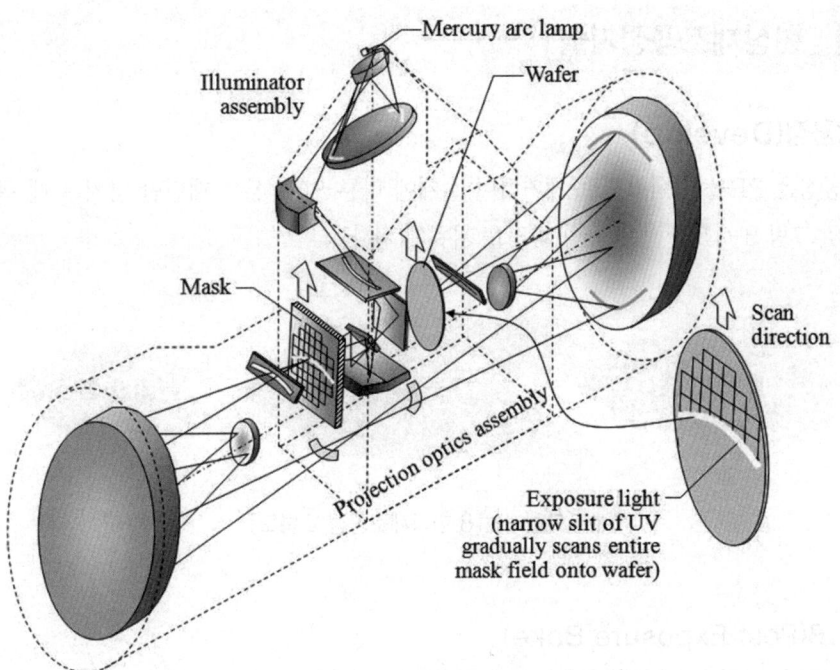

[그림 2-17 Mirror Projection Aligner 장치 구성도]

제4절 현상제조공정기술

1 현상공정(Develop)

현상공정은 PR을 선택적으로 제거하여 설계에 따른 얻고 싶은 패턴만 남기는 데 목적이 있다. 아래의 그림 2-15와 같은 공정 과정을 거치게 된다.

[그림 2-18 현상제조공정 흐름도]

(1) P.E.B(Post Exposure Bake)

노광공정을 거친 PR은 빛의 간섭으로 인해 단면에 파장형태의 굴곡을 남기게 된다. P.E.B는 노광(Exposure) 직후에 일정 온도로 가열해 줌으로써 단면에 생긴 굴곡을 완만하게 해주는 역할을 한다.

[그림 2-18 PEB 공정]

(2) 현상공정(Develop)

현상공정(Develop)은 웨이퍼를 회전시키면서 현상액(Developer)을 분사하는 회전분사 현상(Spin Spray Develop) 방식이 보편화되었으며, 분사 노즐(Nozzle)에 따라 그림 2-17과 같이 나뉜다.

현상액(Developer)이 분사된 후에 일정 시간 반응이 일어나면, 반응 잔여물을 씻어내는 린스(Rinse) 단계를 거치는데 탈이온수(DI Water)를 분사시키면서 회전하는 방법이 쓰인다.

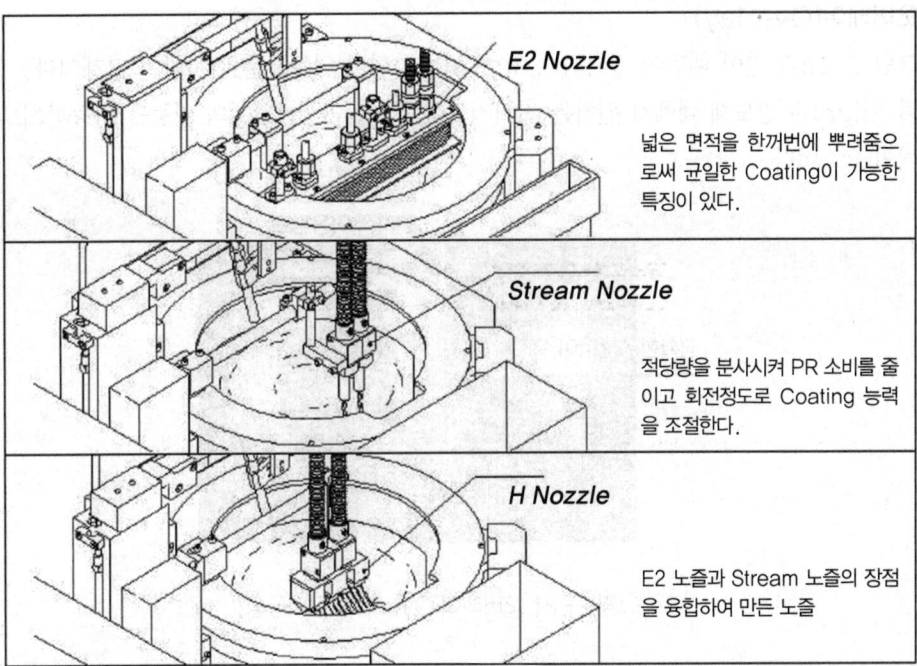

*Nozzle은 달라도 기본적으로 Wafer의 회전에 의한 Spin Develop 방식이 사용된다.

[그림 2-20 회전 분사 현상(Spin Spray Develop) 방식]

(3) 하드 베이크(Hard Bake)

웨이퍼 위에 남아 있는 PR이 웨이퍼 표면에서 떨어지지 않도록 고정시키는 역할을 하는 동시에, 적당한 온도로 열을 가해 PR의 조직을 견고히 한다.

제5절 검사공정기술

1 검사단계(Inspection)

검사단계(Inspection)는 육안으로 웨이퍼의 코팅 불량 등을 검사하는 육안검사(Visual Inspection), 패턴이 이전 박막층 위에 정확히 찍혔는가를 검사하는 오버레이(Overlay), 패턴의 크기 및 형성된 상태를 검사하는 CD 측정으로 이루어진다. 패턴마다 검사기준이 다르므로 요구되는 정도에 부합하는지를 검사하게 된다.

(1) 육안검사(Visual Inspection)

육안으로 미세한 패턴의 상태를 검사하기는 힘들어도, 디포커스(Defocus)나 도포(Coating) 불량 등은 일정시간 연습을 거치면 판별해 낼 수 있다. 눈으로 보는 검사와 광학 현미경을 이용한 검사 단계가 있다.

(2) 오버레이(Overlay)

그림 2-18과 같이 패턴이 정확하게 정렬(Align)되어 있는지를 검사하는 단계이다. 정확한 정렬(Align)은 반도체 내에서 원하는 전기적 흐름을 만들어 반도체의 기능을 가능하게 하는 필수적인 요소이다.

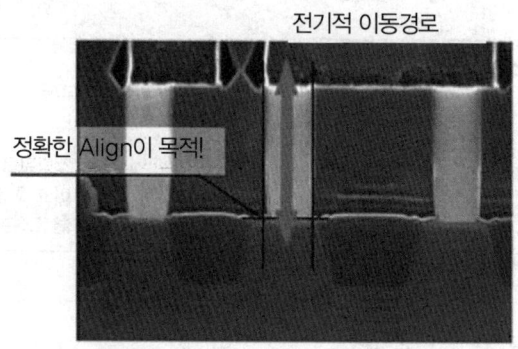

[그림 2-21 오버레이(Overlay) 검사공정]

오버레이(Overlay)를 측정하기 위해서 그림 2-19와 같이 Shot의 귀퉁이에 존재하는 오버레이 키(Overlay Key)를 이용한다.

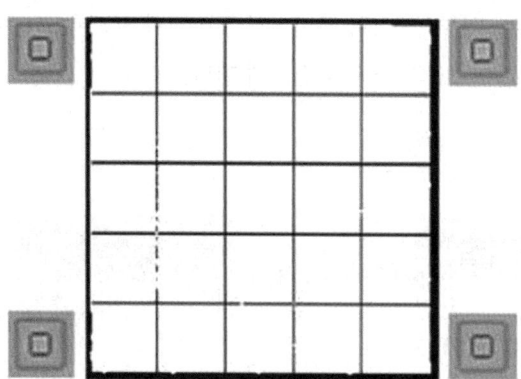

[그림 2-22 Shot의 오버레이 키(Overlay Key)]

오버레이 키(Overlay Key)는 그림 2-20과 같이 2개의 박스가 정렬된 형태이며, 하지박막(Under Layer)은 외부박스(Out Box)로, 현재 박막(Layer)은 내부박스(Inner Box)로 표시된다.

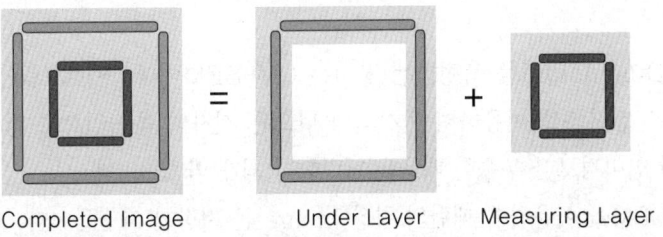

[그림 2-23 BOX의 오버레이 키(Overlay Key)]

박막(Layer) 간에 어긋난 정도는 그림 2-21에서 보이는 간단한 식으로 계산되며, 하지박막(Under Layer)을 기준으로 한 상대적인 값이다.

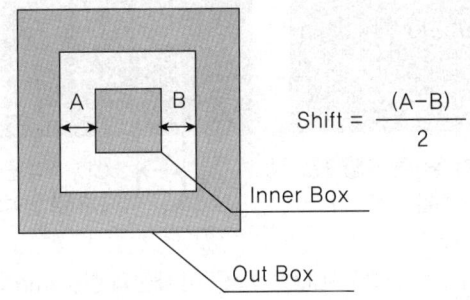

$$\text{Shift} = \frac{(A-B)}{2}$$

[그림 2-24 BOX의 오버레이 키(Overlay Key)에 의한 정렬 검사]

그림 2-22는 오버레이 검사에서 불량 요소들을 보여준다.

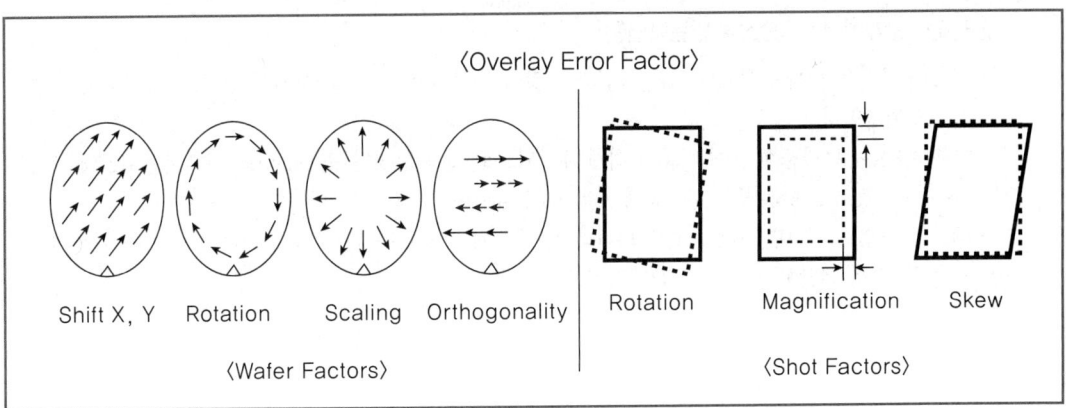

[그림 2-25 오버레이 불량 요소]

(3) CD 측정

CD(Critical Dimension)를 측정하는 장비는 CD-SEM이다. SEM(Scanning Electron Microscope)은 전자총을 이용하여 반사되어 나오는 전자의 움직임으로 형상(Image)을 읽는 장비로서, 광학 현미경보다 우수한 배율을 자랑한다(최대 약 20만 배).

그림 2-23은 SEM을 이용하여 패턴의 형상(Image)을 저장한 사진들이다.

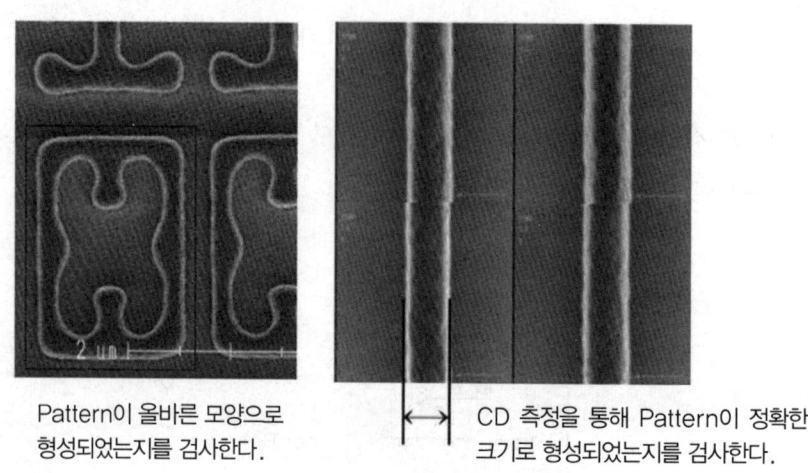

[그림 2-26 SEM을 이용하여 패턴의 형상(Image)]

그림 2-23에서 알 수 있듯이 CD 측정은 실제 패턴의 모양과 크기를 확인할 수 있다는 점에서 큰 의미를 가지며, SEM 장비 역시 반도체 업무를 하는 데 있어서 필수적이다.

> **참고 사항**
>
> 만약 검사단계에서 NG판정을 받는다면?
> - Photo 공정은 원하는 Pattern을 구현하는 것이 목적이며, 그런 과정에서 원치 않는 결과를 얻는 경우도 발생한다.
> - 다행히 PR이 유기용제 등에 비교적 쉽게 제거되므로 잘못 형성된 Pattern에 대해서는 Rework가 가능하다. Rework 과정은 유기용제 처리나 Cleaning 과정으로 이루어진다.
> - Photo 공정을 지나면 Pattern을 되돌리는 것이 거의 불가능하므로 올바른 Pattern을 형성시켜 후속공정으로 전달하는 것은 중요한 일이다.

제6절 리소 장비기술

1 포토공정 및 장비의 전체구성 및 역할

(1) 포토공정 및 장비의 전체구성

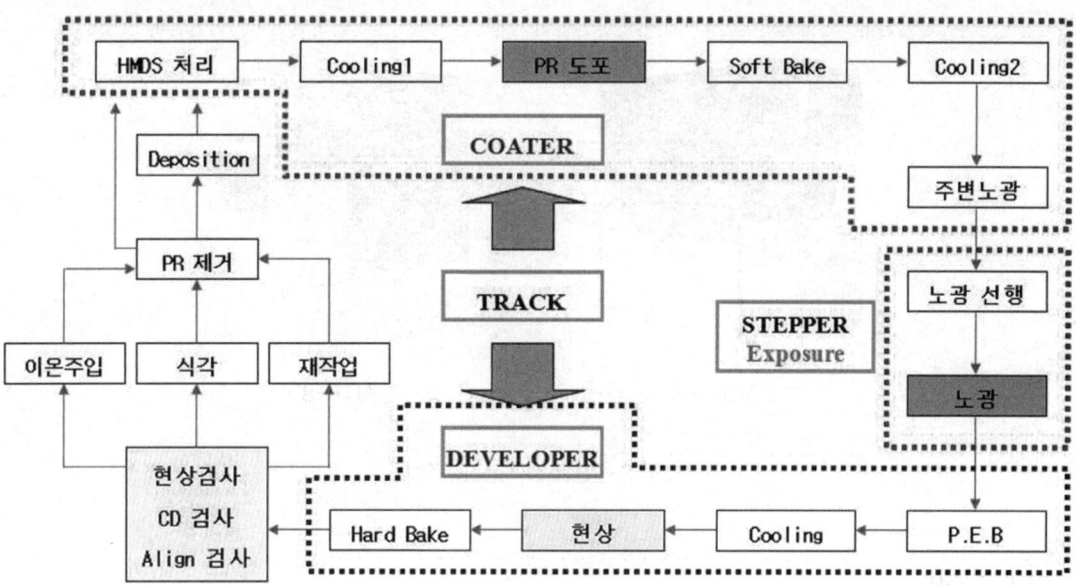

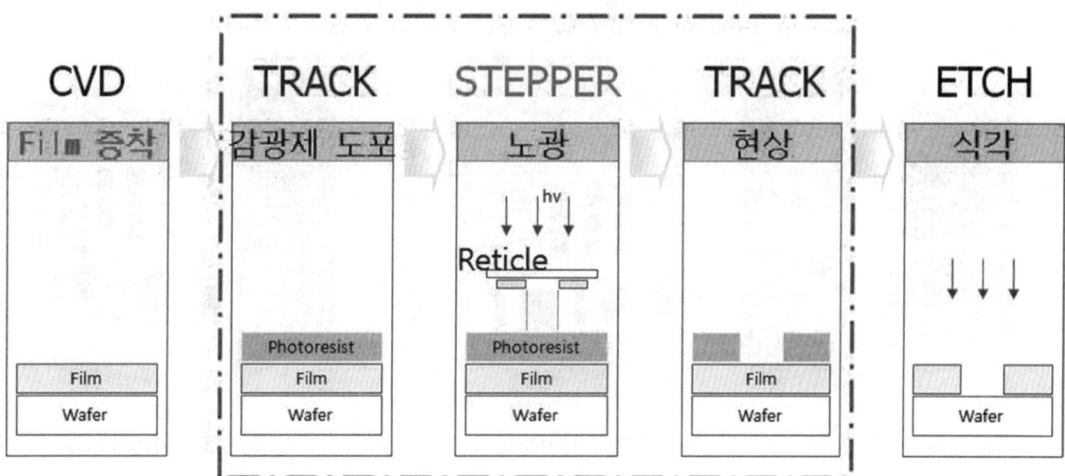

[그림 2-27 포토공정 전체 과정도]

❷ 사진공정장비 소개

(1) 트랙(Track) 장비

도포(Coating) 및 현상(Develop) 공정에 쓰이는 다양한 유니트(Unit)이 장착되어 있고, 노광장비와도 연결하여 쓰인다.

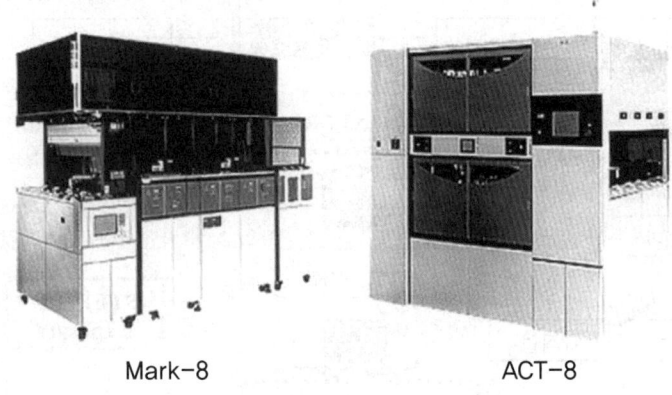

Mark-8   ACT-8

[그림 2-28 트랙(Track) 장비]

(2) 노광장비

노광(Exposure) 공정에 쓰이며 트랙(Track) 장비와 연결되어 있다.

NSR-2205i14E(Stepper) NSR-S203B(Scanner) NSR-S204B(Scanner)

[그림 2-29 노광(Exposure) 장비]

(3) 검사(Inspection) 장비

오버레이(Overlay), CD-SEM 검사(inspection) 장비는 아래와 같다.

KLA-5200XP(KLA-TENCOR)
Overlay

Hitachi-S8000&9000 Series
CD-SEM

[그림 2-30 검사(Inspection) 장비]

학습정리

1. 패턴 형성을 위한 리소 공정 전반에 대한 내용이 포함된다.
2. 리소 공정에 사용되는 각종 감광액의 종류 파악에 대한 내용이 포함된다.
3. 감광액 도포에 사용되는 감광액 도포 장비에 대한 내용이 포함된다.
4. 노광공정에 사용되는 Stepper 장비의 종류 및 특성에 대한 내용이 포함된다.
5. 현상공정에 사용되는 현상공정 및 장비 운영 기술에 대한 내용이 포함된다.
6. 현상공정 후 현상된 패턴 검사 및 검사 방법 개발 능력에 대한 내용이 포함된다.

총괄평가

1. 사진공정의 도포공정 과정을 설명하시오.
2. 사진공정의 노광단계에 대한 내용을 요약 정리하여 설명하시오.
3. 사진공정의 현상단계를 정리하여 설명하시오.
4. 사진공정 후 검사단계를 간략하게 요약하여 설명하시오.
5. 사진공정은 다른 공정과 달리 작업이 잘못되었을 경우 재작업(Rework)이 가능하지만, 재작업 시 발생되는 문제점을 설명하시오.
6. 반도체 제조공정에서 왜 먼지(Particle)를 최대의 적이라고 하는지 아는 대로 기술하시오.
7. 반도체 용량을 나타내는 단위를 설명하시오.

Part 03 식각공정기술

제1절 식각공정 정의 및 종류

1 식각공정의 정의

사진공정에서 감광액(Photo Resist)를 이용하여 형성된 Mask 지역 이외의 드러난 막질(Poly, Oxide, Metal)을 식각물질(Gas, Chemical 용액 등)을 이용하여 제거하는 것이다.

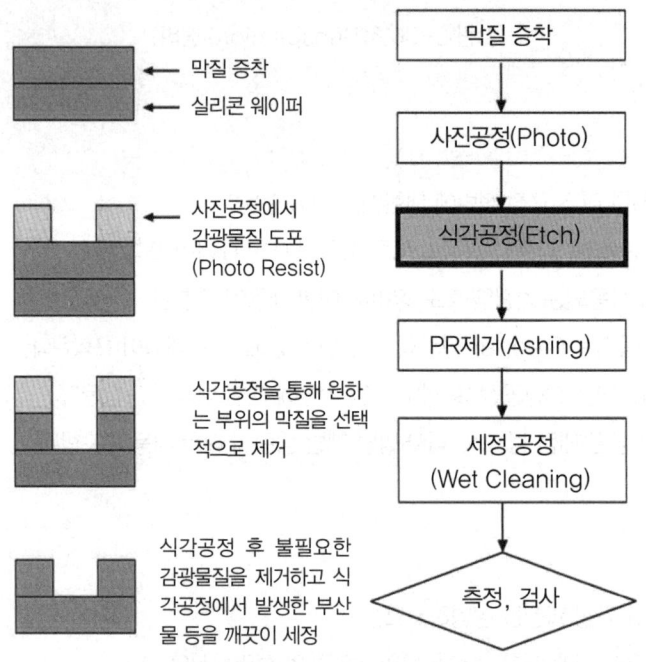

[그림 3-1 식각(Etch)공정의 흐름도]

2 식각 방법의 종류

(1) 건식 식각(Dry Etch)

식각하고자 하는 막질의 종류에 따라 가스(Gas)를 사용하여 플라즈마 반응을 발생시켜 식각하는 것을 말한다. 예로 산화막(Oxide)일 경우 주로 탄소-불소(C-F) 계열의 가스를 사용하여 식각(Etch)하고 금속막질(Metal 혹은 Poly)인 경우 염기성(Cl) 가스가 주로 쓰인다.

(2) 습식 식각(Wet Etch)
화학 용액(Chemical)에 웨이퍼를 일정시간 담가 식각하고자 하는 막질을 필요한 만큼 제거하는 방법이다. 원하는 막질만 선택적으로 제거하는데 선택비가 높은 것이 장점이다.

(3) 식각의 특성
① 등방성 식각(Isotropic Etch) : 주로 화학 용액 등으로 습식 식각을 할 경우 식각하고자 하는 막질이 드러난 부분에는 모두 용액이 침투하여 식각되는 특성을 갖는다.

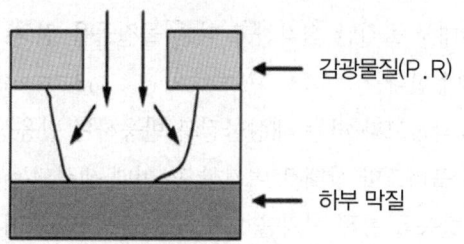

[그림 3-2 등방성 식각 특성]

② 이방성 식각(Anisotropic Etch) : 주로 가스를 이용한 건식 식각의 경우 필요한 부분만 선택적으로 식각(Etch)하는 특성이 우수하다. 그림 3-3과 같이 식각하고자 하는 막질에 수직으로 직진성을 가지며 식각되는 특성을 말한다. 따라서 식각 후의 모양(Profile)을 비교적 정교하게 조절하기 쉽다. 반도체의 집적도가 높아질수록 점점 더 사이즈가 미세한 패턴을 가공해야 함으로 오늘날 널리 사용되는 식각 방법이다. 그러나 하부 막질에 손상을 주게 되어 선택비는 떨어지는 단점이 있다.

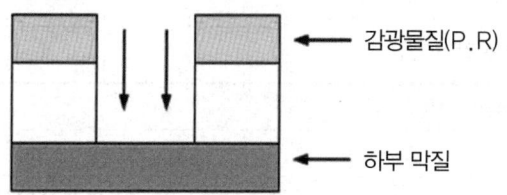

[그림 3-3 이방성 식각 특성]

② 습식 식각 : 식각하고자 하는 물질을 식각할 수 있는 화학용액을 사용하여 화학적인 반응을 통해 식각하는 방법이다. 그 방식은 수조(Wet Bath)에 식각액(Etchant)을 넣고 사진공정이 이루어진 기판을 넣어서 식각하고자 하는 물질을 식각하게 되며, 식각 용액 속에서 식각이 이루어지게 되므로, 등방성 식각이 이루어지게 된다. 여기서 등방성 식각이란 수직방향과

수평방향 등 모든 방향으로 식각이 이루어지는 것을 의미한다. 따라서 사진공정에 의해서 정의된 식각 패턴의 크기에 변화(CD Bias)가 생기게 된다. 습식 식각의 이런 특성으로 인해서 패턴을 형성하여야 하는 반도체공정에서는 현재 사용되지 않는 식각법이다.

하지만 습식 식각은 좋은 장점을 하나 가지고 있다. 습식 식각은 건식 식각과 비교해서 선택성(Selectivity)이 아주 탁월하다. 선택성은 식각하고자 하는 물질만 식각하는 특성이다. 이런 장점을 이용해서 반도체공정상에서 패턴 형성과 무관하게 불필요한 박막을 제거하는데에는 습식 식각을 행함으로써 불필요한 박막만을 제거할 수 있다. 물론 이런 선택성을 가지기 위해서는 식각대상 물질만 식각하고 다른 물질들을 전혀 식각하지 않는 식각액의 선택이 반드시 수반되어야 한다.

④ **건식 식각** : 식각하고자 하는 대상물질과 반응하는 반응성 가스를 주입하고, 전기적인 에너지로 분해하여 플라즈마 상태로 여기한 후 이때 생성되는 이온과 중성입자 등을 이용하여 물리적, 화학적 반응을 통해 박막을 식각하는 공정이다. 이온의 직진성을 이용하기 때문에 이방성 식각이 이루어진다. 이방성 식각은 한 방향, 즉 반도체공정에서는 수직방향으로만 식각이 이루어지는 것을 의미하며, 이런 특성으로 인하여 사진공정에서 형성된 패턴의 크기와 같은 패턴이 식각을 통해서 형성된다. 이러한 특성이 건식 식각의 가장 큰 장점이라고 할 수 있다. 따라서 미세한 소자를 제조하는 현재의 반도체공정에서는 패턴 형성과 관련된 모든 식각은 건식 식각을 통해서 이루어진다.

하지만 건식 식각은 많은 장점에도 불구하고 단점을 가지고 있다. 습식 식각에 비해서 선택성이 좋지 않다. 반도체공정에서 건식 식각공정은 반드시 식각 대상 물질 이외에도 그 대상 물질 하부에 있는 물질도 반드시 식각이 이루어지게 된다. 이 과정은 종말점 검출기(End Point Detector)를 통하여 제어할 수 있으나, 하부 식각이 전혀 이루어지지 않게 할 수는 없어 식각 시에 하부 물질 식각이 최대한 적게 발생할 수 있는 공정 조건의 확립이 필요하다.

[표 3-1 습식 식각과 건식 식각 비교]

습식 식각	건식 식각
화학 용액을 이용한다.	가스를 이용(Plasma 이용)한다.
등방성 식각 특성을 갖는다.	이방성 식각 특성을 갖는다.
Profile(또는 CD) 조절이 어렵다.	Profile(또는 CD) 조절이 쉽다.
하부 막질에 대한 Damage가 없다.	하부 막질에 대한 Damage가 발생한다.
Polymer 찌꺼기 등이 발생하지 않는 Clean 특성을 갖는다.	Polymer 찌꺼기 등이 발생한다.
대부분 Cleaning(세정) 공정으로 이용한다.	대부분의 Etch(식각) 공정에 사용한다.

제2절 식각공정의 원리

1 건식 식각(Dry Etch)의 원리

(1) 플라즈마(Plasma) Etch

흔히 건식 식각(Dry Etch)이라고 하면 플라즈마(Plasma) Etch를 의미한다. 플라즈마 반응을 이용하여 산화막, 금속막질 등을 식각하는 것을 말한다.

① **플라즈마(Plasma)** : 기체상태의 Gas 분자에 전기적 에너지를 가하면 Gas 분자들은 이온화, 분해 과정을 거쳐 활성화된 이온(Ion), 라디칼(Radical), 전자 등이 생성되게 된다. 즉, 물질 고유의 중성 상태에서 이온화된 제4의 물질상태를 말한다.

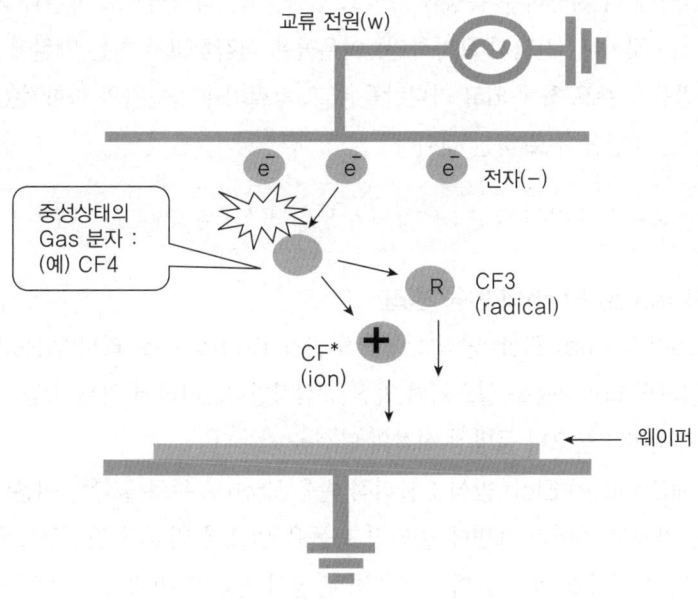

[그림 3-4 플라즈마 식각]

그림 3-4와 같이 교류 전원의 전력을 전극판 사이에 인가해 주고 그 안에 Etch용 Gas(여기서는 예로 CF_4 gas)을 일정량 주입하면 극판 사이에 인가된 전력으로 인해 전자가 발생하게 되고 Gas 중성입자와 충돌하게 되는 반응이 일어난다. 통상 중성입자보다 2000배 이상 빠르게 운동하는 전자들은 무수히 많은 크고 작은 충돌 반응을 이끌어 내면서 Gas 중성입자들을 이온화시킨다. 이렇게 이온화 과정을 거쳐 생성된 Gas 이온(ion)들과 불완전한 분자구조의 상태를 지니는 라디칼(Radical)들은 전기장 내에서 받은 에너지에 의해 웨이퍼면에 방향성을 가지고 충돌하게 됨으로써 Etch 반응이 일어나게 되는 것이다.

② 이온(Ion)과 라디칼(Radical) : 중성상태의 Gas입자들에 강한 에너지의 외부전자가 충돌하면 중성입자의 최외각전자는 조그만 충격에도 이탈하기 쉽다. 그래서 중성입자가 이 최외각전자 하나를 잃게 되면 전자보다 양자수가 더 많아져서 중성이 깨어지게 되고 양성(+)으로 대전되게 되는 것이다. 이것이 곧 +이온이다.

이러한 이온들은 플라즈마 전기장 내에서 전기장을 따라 직진성 있는 운동을 함으로써 웨이퍼에 충돌하게 되는데 웨이퍼상의 막질과 반응하여 Etch를 촉진시키게 된다. 라디칼 또한 같은 성질의 것이라 볼 수 있는데 이온과 다른 점은 분자단위에서 불완전하게 분해된 상태이다. 가령 예를 들어 CF_4라는 하나의 완전한 Gas분자 입자가 전자와 충돌 반응하면서 CF_3 형태나 CF_2 형태로 떨어져 나가게 된다. 이렇게 불완전한 구조로 분해된 입자들은 화학적으로 매우 반응성 성질을 띠게 되어 플라즈마 전기장 내에서 직진성이 있는 운동을 하기보다는 화학적인 반응에 더 치중하는 특성을 가지고 있다. 즉, 직접적으로 막질과 화학반응을 하여 식각하게 되는 것이다. 간단히 요약하면, 이온들은 식각하고자 하는 막질에 물리적(Physical)인 충돌 반응을 주로 하게 되고 라디칼들은 그 막질의 분자입자와 화학적(Chemical) 반응을 이끌어 내는 역할을 주로 하는 것이다.

> 라디칼의 형성 : $CF_4 + e^- \rightarrow CF_3 + F^* + e^-$ or $CF_2 + F^* + e^-$

(2) 플라즈마(Plasma) Etch의 반응 원리

① Chemical(Plasma) Etch 방식 : 화학적 반응 Etch로 주로 라디칼(Radical)에 의한 반응으로 막질과의 화학반응을 일으키며 막질을 식각한다. 따라서 하부 막질의 물리적 손상이 거의 없고 선택비가 높으나 등방성 식각의 단점을 갖는다.

② Physical(Sputter) Etch 방식 : 물리적 반응 Etch로 주로 불활성 이온이 외부에서 인가된 에너지를 가지고 웨이퍼 표면에 물리적 충돌을 일으켜 막질의 결정구조를 깨트리며 식각을 한다. 따라서 식각할 막질에 대한 물리적 손상이 심하고 선택비가 낮으나 강한 이방성 식각 특성을 갖는다.

③ RIE(Reactive Ion Etch) 방식 : 물리적, 화학적 반응 Etch로 주로 라디칼(Radical)과 반응성 이온에 의한 식각 방법으로 물리적 반응과 화학반응의 효과를 동시에 이용한다. 즉, 이온의 물리적 충돌로 막질의 결정구조를 깨트리면서 라디칼(Radical) 성분의 화학반응으로 식각함으로써 물리적 손상을 최소화하면서 이방성 식각이 가능하다.

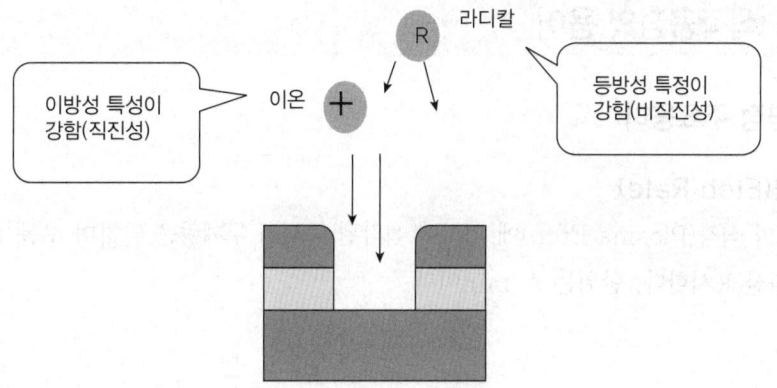

[그림 3-5 플라즈마 식각의 반응 원리]

(3) 플라즈마(Plasma) Etch의 반응 과정

산화막(SiO_2) Etch의 예 : $SiO_2 + CF_4 \rightarrow SiF_4 + CO + CO_2$

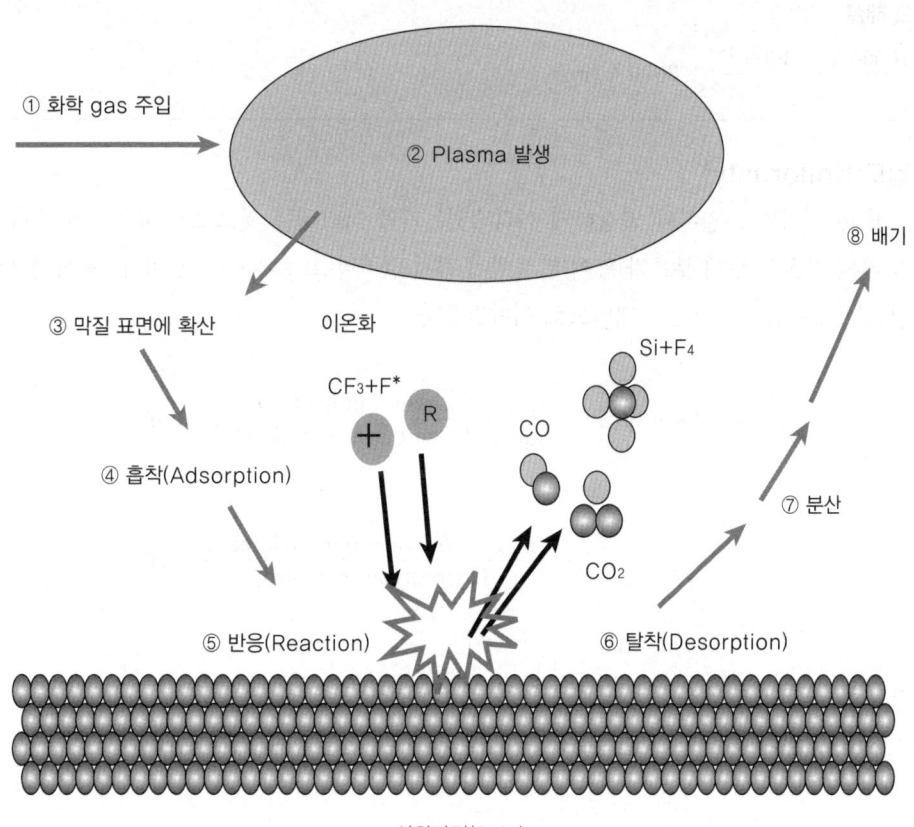

[그림 3-6 플라즈마 식각의 반응 과정]

제3절 식각공정의 용어

1 식각공정 주요용어

(1) 식각률(Etch Rate)

플라즈마 식각(Plasma Etch)에 의하여 식각된 막질의 두께량을 말하며 보통 1분간 식각된 양으로 환산 표시한다. 단위는 Å/min이다.

$$etch\ rate(E/R) = \frac{x}{t}$$

ex 1

A라는 막질의 초기 두께가 10000Å인 경우, 2분간 식각을 실시한 후 두께를 측정한 결과 4000Å이었다. 그렇다면 이 막질의 식각률(Etch Rate)은 다음과 같다.

> **해설**
> $$\frac{10000\text{Å} - 4000\text{Å}}{2} = 3000\text{Å/min}$$

(2) 균일도(Uniformity)

웨이퍼 내 위치별로 얼마나 일정하게 식각되었는가를 나타내는 것으로서 균일도가 좋다는 말은 식각 후의 막질의 두께 분포가 웨이퍼 전체에 걸쳐 얼마나 고르냐 하는 것이다. 통상적으로는 비균일도(Non-uniformity) 개념으로 이야기한다.

$$Uniformity(\%) = \frac{(\max.etch\ rate - \min.etch\ rate)}{(\max.etch\ rate + \min.etch\ rate)} \times 100\%$$

or

$$= \frac{(\max.etch\ rate - \min.etch\ rate)}{(2 \times average\ etch\ rate)} \times 100\%$$

다음의 식각 후의 균일도 구하는 방법을 예로 들어 보자.
웨이퍼상의 5군데를 측정한 데이타이며 식각 전/후 균일도를 계산해 보았다.

[표 3-2 비 균일도 계산법]

Etch 전 두께	Etch 후 두께	전/후 두께차	전/후 두께차 평균과의 Δ
10074	4590	5484	-17
10073	4572	5501	-40
10073	4643	5430	31
10072	4606	5466	-5
10070	4584	5427	34
Avg.=10072	Avg.=4555	Avg.=5461	Max.=5501　Min=5427

$$\text{Average Uniformity} = \frac{(5501-5427)}{2\times 5461} \times 100 = \pm 0.677\%$$

상기의 0.677%는 실제로는 비균일도이다. 통상 균일도로 칭한다.

(3) 선택비(Selectivity)

두 막질 사이의 식각 비율을 말한다. 예를 들어 동일한 조건에서 식각을 할 경우 산화막(Oxide)의 식각률이 5000Å/min이고 질화막(Nitride)의 식각률이 1000Å/min이면 이 두 막질 간의 선택비는 5 : 1이 된다. 반도체의 집적화가 높을수록 높은 선택비의 공정조건이 요구된다.

$$S_{A/B} = \frac{E_A}{E_B}$$

(4) 과도식각(Over Etch)

식각될 막질의 두께를 식각하는데 필요한 시간이나 두께치보다 더 많이 식각하는 것이다. 주로 웨이퍼상의 균일도가 완전히 고르지 않기 때문에 식각공정 조건에 따라서는 적정량의 과도식각(Over Etch)이 기본적으로 필요하며, 그러지 않아야 할 경우는 문제가 되기도 한다.

(5) Under Etch

식각될 막질의 두께가 필요치보다 적게 식각하는 것이다. 식각되어야 할 부분이 충분히 식각되지 않음으로 분명히 문제가 된다. 이런 경우 보통 남은 양만큼 과도식각(Over Etch)을 실시한다.

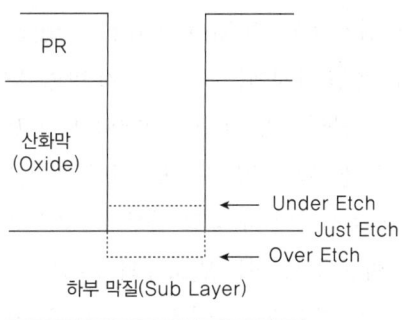

[그림 3-7 과도식각(Over Etch)와 Under Etch]

(6) 애스펙트 비율(Aspect Ratio)

식각되는 막질의 폭(x) 대비 깊이(y)의 비를 말한다. 즉, 얼마나 사이즈가 좁으면서도 깊게 식각할 수 있느냐는 척도를 의미한다.

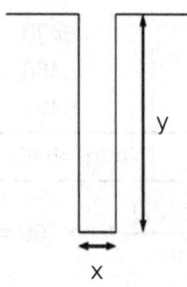

[그림 3-8 애스펙트 비율(Aspect Ratio)]

(7) 측면 식각비율(Lateral Etch Ratio)

건식 식각, 즉 플라즈마 식각(Plasma Etch)의 경우 이방성 특성이 강하게 작용하여 식각하고자 하는 면에 수직으로 파고들지만 측면으로도 어느 정도 식각되는 양이 있다. 이러한 측면 식각비율을 말한다.

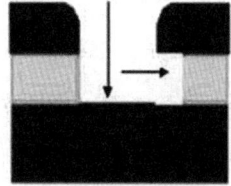

[그림 3-9 측면 식각비율(Lateral Etch Ratio)]

(8) 종말점(EOP ; End of Point)

말 그대로 종점을 뜻한다. 식각되어 질 막질이 모두 식각되고 나면 하부의 다른 막질이 드러난다. 이때 플라즈마의 조도(Flux) 변화를 통해 감지하는 방법으로 식각의 종료점을 정확히 읽어 낼 수 있다. 이러한 종점 감지를 EPD(End Point Detection)라고 한다. 식각공정에서 가장 중요한 요소 중 하나이다. 종점 감지에는 크게 2가지 방법이 있는데 하나는 레이저(Laser)의 간섭 현상을 이용한 방법이다. 플라즈마 에칭이 진행되고 있고 식각되는 막질에 레이저를 주사하면 레이저 빛의 일부는 막질을 투과하겠지만 또 일부는 반사된다. 막질마다 이러한 반사파의 파장이 다르므로 A라는 막질이 식각이 다 되고 하부에 B라는 막질이 드러났을 때 파장의 변화가 생김으로 이를 감지하는 방법이다. 이는 반도체의 집적도가 증가하여 미세 선폭을 가공함에 따라 현재는 거의 사용하지 않는 방법이다. 이유는 레이저의 크기(Beam Size)는 한정되어 있지만 웨이퍼상의 미세 회로 선폭은 점점 작아짐으로 불필요한 부위에서의 발생신호까지 감지하게 되는 문제가 있기 때문이다. 오늘날 널리 쓰이는 방법은 광발산 감지법(Optical Emission Method)이다. 이는 플라즈마가 식각하고자 하는 막질과의 반응에 의해 발생되는 반응 부산물(By-products)의 광신호(Optic Signal)를 추적하는 것이다. 즉, 식각하고자 하는 막질이 다 식각이 끝나게 되면 하층 박막이 드러나며 발생되는 반응 부산물도 달라진다. 이러한 달라진 반응 부산물의 신호를 감지하는 방법이 광발산 감지법(Optical Emission Method)이다.

(9) 임계 치수(CD : Critical Dimension)

사진 및 식각공정에서 가장 중요한 요소 중의 하나가 바로 CD이다. CD란 말 그대로 형성되어지는 선폭이나 홀(Hole)의 치수를 의미한다. 원하는 선폭의 사이즈를 가공할 때 사진공정에서의 치수도 중요하지만 식각 후의 CD 또한 중요하다. Photo / Etch 공정 간의 CD 차이를 CD Bias라 부른다.

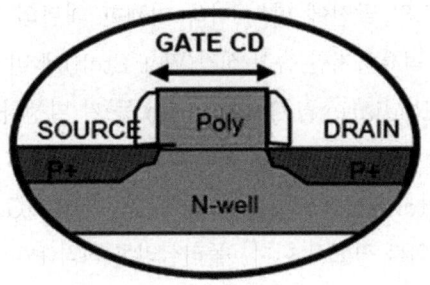

(10) Loading Effect

Loading Effect는 식각공정 시 발생하는 문제로서 패턴 밀도(Pattern Density)에 따라 식각속도가 달라지는 현상을 말한다. 이는 웨이퍼상에서 패턴 밀도가 부위별로 다를 때는 식각해야 하는 면적이 차이가 난다. 따라서 동일한 플라즈마 밀도(Plasma Density)로 식각을 하게 되면 부분적으로 공급되는 Etch용 Gas(=Etchant)가 반응 면적에 따라 달라진다. 이러한 현상이 식각속도의 차이를 직접 가져 오게 되면 Loading Effect가 발생했다고 표현한다.

(11) 폴리머(Polymer) & 잔류물(Residue)

식각 시에는 가스를 사용하여 플라즈마 상태에서 이루어짐으로 식각 중이나 식각 후에 반응 부산물(By-product)들이 생성되게 된다. 이러한 가스와 막질과의 반응생성물을 폴리머(Polymer)라고 부른다. 일반적으로 어떤 공정이든 잔류물이라는 뜻으로 Residue라고 한다.

(12) 프로파일(Profile)

막질 증착, 사진공정, 식각공정 등을 진행하고 난 후의 모양을 말한다. 식각 후의 프로파일(Profile)은 등방성 프로파일이냐 아니면 이방성 프로파일이냐에 크게 촛점을 맞춘다.

제4절 건식 식각공정의 기술

1 건식 식각(Dry Etch)

공정반도체공정에서 식각공정은 막질의 종류에 따라 크게 Poly, Oxide, Metal 3가지로 나눌 수 있다.

(1) 폴리 실리콘 식각(Poly Etch)

① 해당 공정 : 반도체 제조 시 폴리실리콘(Poly-Silicon)은 전극 부분으로 쓰이는 게이트(Gate)에 주로 쓰인다. 게이트 식각(Gate Etch)이라고도 한다. 또한 STI(Shallow Trench Isolation)라는 절연 영역 형성 공정에서 실리콘 식각(Silicon Etch)도 포함된다.

② 식각반응원리 및 특성 : 건식 식각(Dry Etching)이란 앞서 기술한 바와 같이 플라즈마 식각(Plasma Etching)이라고도 불리우며 이방성 식각(An-isotropic Etching)을 하는 공정이다. 집적도의 발전에 따라 더욱 미세한 패턴의 형성이 필요해 건식 식각(Dry Etching)은 반드시 필요하지만 습식 식각(Wet Etch)에 비해 선택비가 나쁘고 여러 종류의 Damage(Plasma Radiation, Charge-up 등)가 발생하는 단점이 있다. 그러나 이방성 식각(An-isotropic Etching)은 특성이 우수하고 정교한 CD 제어가 가능하다. 특히 폴리실리콘 식각(Poly Etch)은 반도체 소자의 핵심인 게이트(Gate) 부위를 가공하는 것임으로 그 어느 공정보다 주의를 필요로 한다. 폴리실리콘 식각(Poly-Si Etching) 시에 주로 사용되는 Gas는 Cl_2 등의 Chlorine계이다. 주요 반응은 다음과 같다.

$$Si + 4Cl \rightarrow SiCl_4 (or\ SiCl_2)$$

Chlorine 계통의 가스는 이방성 식각(An-isotropic Etching) 특성이 우수하고 산화막에 대한 식각 선택비가 매우 높은 편이지만(고선택비 : High Selectivity) 폴리머(Polymer)를 많이 발생시키는 단점도 가지고 있다. 그래서 폴리 실리콘 식각(Poly-Si Etching) 후 생기는 폴리머(Polymer)는 적절한 추가 공정으로 제거해야 한다.

[그림 3-11 STI Etch & Gate Etch]

(2) Oxide Etch

① 해당 공정 : 게이트 소자 형성 시 사용되는 스페이스 식각(Spacer Etch), 게이트(Gate)와 금속배선(Metal) 사이, 또한 금속배선(Metal)과 금속배선(Metal) 사이에 들어가는 산화막 식각인 컨택 식각(Contact Etch)과 비아 식각(Via Etch), 제조공정 마지막 단계에 해당하는 패드 식각(Pad Etch) 등이 있다.

② 식각반응 원리 및 특성 : 산화막 식각에 주로 사용되는 가스는 CHF_3, CF_4, C_4F_8, SF_6 등의 Fluorine계이다. 주요 반응은 다음과 같다.

$$SiO_2 + CF_4 \rightarrow SiF_4 + CO + CO_2$$

위의 화학반응(Chemical Reaction)은 플라즈마 내에서 높은 인가 전압(고주파 전력 : RF Power)에 의해 가속되는 이온(Ion)의 충격력(Bombardment)에 도움을 받아 식각이 진행된다. 그리고 식각 시 C-F계 폴리머가 발생하여 이방성(An-isotropic) 식각 프로파일(Profile) 형성에 기여한다.

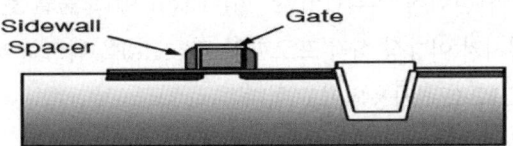

[그림 3-12 스페이스 식각(Spacer Etch)]

[그림 3-13 컨택 식각(Contact Etch)]

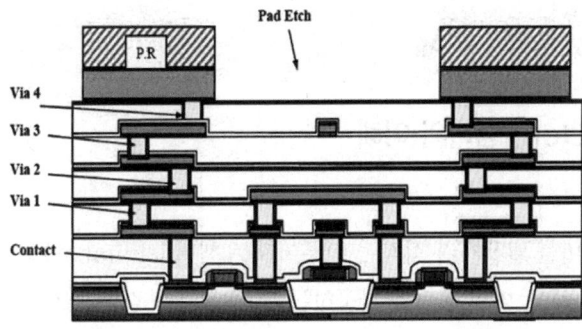

[그림 3-14 비아 식각(Via Etch) & 패드 식각(Pad Etch)]

(3) 금속 식각(Metal Etch)

① **해당 공정** : 금속 식각(Metal Etch)은 금속배선층을 형성하기 위해 금속(Metal) 막질을 식각하는 것이다. 반도체 배선층으로 알루미늄(Al)이 전기 전도도가 좋고 가공이 용이하기 때문에 널리 사용된다. 최근에는 알루미늄 대신 구리(Cu)를 이용한 다마신(Damascene) 공정기술도 상용화되고 있다.

② **식각반응 원리 및 특성** : 단결정 실리콘(Single Silicon)이나 다결정 실리콘(Poly Silicon) 식각 때와 마찬가지로 알루미늄 또한 금속 막질이기 때문에 유사한 화학 Gas 반응 조합(Gas Chemistry)을 사용한다. 즉 Cl_2, BCl_3 같은 Chlorine계를 주 식각제(Etchant)로 사용한다. 주요 반응은 다음과 같다.

$$Al + Cl_2 \rightarrow AlCl_3$$

염기성 계통인 Cl_2, BCl_3 Gas는 알루미늄과 직접적으로 반응하는 성질이 강하여 알루미늄 식각에 직접 기여하고 BCl_3의 붕소(B)는 플라즈마 내에서 B+ 이온의 충격력(Ion Bombardment)이 물리적 식각(Physical Etch)에 도움을 준다. 또한 적당히 폴리머(Polymer)를 발생시켜 이방성 식각 프로파일(Profile)을 확고히 하기 위해 때에 따라 N_2 혹은 CHF_3 등의 가스도 소량 사용되기도 한다.

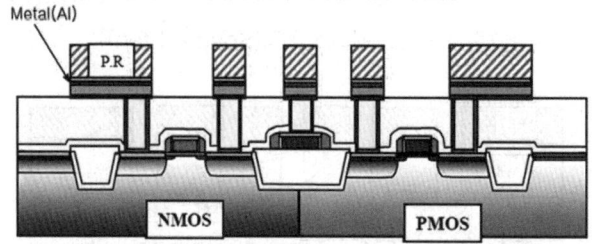

[그림 3-15 금속 식각(Metal Etch)]

제5절 식각공정장비의 이해

1 건식 식각(Dry Etch) 장비의 이해

(1) 장비의 기본 구조

식각 장비는 플라즈마를 발생시켜 식각이 이루어지는 챔버(Chamber) 관련 부분이 가장 중요하다고 볼 수 있다. 점점 더 미세 패턴을 가공하는 추세에 따라 같은 공간 내(여기서는 식각 챔버를 말함)에서도 플라즈마 밀도(Plasma Density)를 얼마나 높일 수 있느냐가 관건이며 실제로 이러한 개념이 반영되어 식각 장비가 개발, 발전되어 왔다.

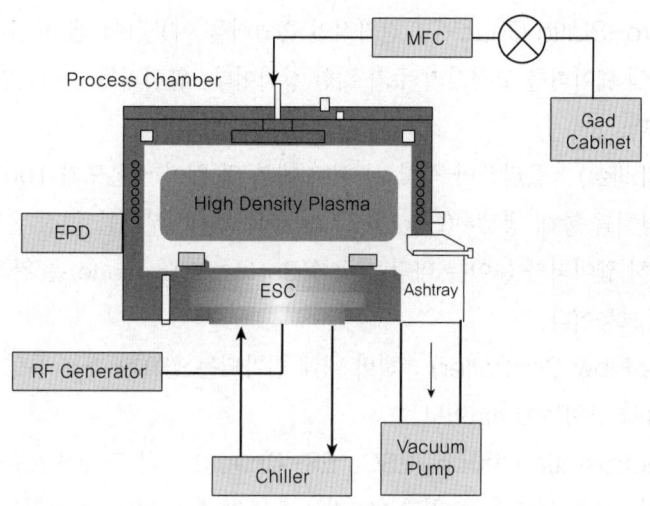

[그림 3-16 식각 장비 구조]

그림 3-16은 식각용 챔버의 단면을 중심으로 부대 장치가 연결되어 있는 식으로 이해하기 쉬운 구조로 나타내었다. 각 부분 설명은 다음과 같다.

① **진공 펌프(Vacuum Pump)** : 먼저 웨이퍼가 들어가서 식각이 이루어지는 챔버 내부는 진공 상태를 유지해야 하기 때문에 펌프를 통해 공정에 필요한 고진공 상태를 만든다. 대기상태의 압력은 760Torr이며 식각이 이루어지는 공정 챔버(Process Chamber) 내부는 보통 100mTorr 이하인 것을 보면 얼마 만큼 저압력(Low Pressure)인지 짐작이 갈 것이다.

② **압력(Pressure)** : 반도체 제조 장비의 대부분이 대기압(Atmosphere)보다 훨씬 낮은 저압력(Low Pressure)에서 이루어진다. 그 이유는 Etch용 혹은 증착용으로 특정한 가스를 사용하여 반응을 일으킴으로 대기 상태일 때의 다른 불필요한 기체들이 존재하면 안 되기 때문이다. 그래서 가공 공간인 챔버 내부는 될 수 있으면 고진공(High Vacuum) 상태(=저압력)를 필요로 한다.

③ **고주파 전력 장치(R.F Generator)** : 플라즈마를 발생시키기 위한 전력 공급원으로 고주파수의 교류 전력이 쓰인다. R.F란 Radio Frequency의 약어로 고주파를 의미한다. 주파수는 13.56MHz를 사용하고 전력 단위는 와트(W)이다. 이 사용 주파수에 대해 챔버로 인가되는 전력이 손실분 없이 최대로 전달되게 하기 위해 고주파 전력장치(R.F Generator)와 챔버(Chamber) 사이에 정합기(R.F Matching System)가 달려 있다.

④ **Electrode** : R.F Power가 인가되는 전극이다. 웨이퍼가 놓이는 아래쪽 전극을 하부전극(Lower or Bottom Electrode)이라 하고 위쪽은 상부 전극(Upper or Top Electrode)이라 한다.

⑤ **EPD(End Point Detector)** : 챔버(Chamber) 내부의 플라즈마 시그널을 감지하고 EOP를 검출하기 위한 장치이다.

⑥ ESC(Electro-Static Chuck) : 전기적인 흡인력을 이용하여 챔버(Chamber) 내부의 스테이지 바닥에 웨이퍼를 고정시켜 주기 위한 장치이다. 웨이퍼가 놓이는 면 전체가 ESC라고 봐도 무방하다.

⑦ 냉각 장치(Chiller) : 플라즈마 식각 시 챔버 내부 및 웨이퍼 온도가 100℃ 이상으로 올라감으로 냉각 장치를 통해 냉각수(Cooling Water)가 챔버 부위를 일정 온도로 유지시키게 되어 있다. 특히 웨이퍼가 놓이는 바닥 전극쪽(Bottom Electrode)은 위쪽보다 더 차갑게 유지하는 것이 보통이다.

⑧ MFC(Mass Flow Controller) : 챔버 내에 인가되는 필요한 가스 유량을 정밀하게 조절하는 장치로 유량 단위는 sccm이다.

⑨ 정전 척(Electrostatic Chuck, ESC, ES-Chuck) : 척(Chuck)은 공정진행 동안 웨이퍼를 잡아주는 장치로 크게 E-척과 M-척으로 나눌 수 있는데, M-척은 기구적으로 웨이퍼를 누르기 때문에 파티클(Particle) 및 웨이퍼 에지부를 쓸모없이 만든다. ES-척의 개발로 이런 문제점은 사라졌다. ES-척은 말 그대로 정전력(Electrostatic Force)에 의해 웨이퍼를 잡는 방법으로 기존의 M-척에서의 문제점을 제거했다. ES-척에는 Uni-Polar, Bi-Polar, Tri-Polar Type 등이 있는데, Uni-Polar Type은 척에 + 전압만을 인가하고 플라즈마 발생에 의해 그라운드와 연결되어 Chucking을 한다.

이 방식의 단점은 웨이퍼에 Charge가 되어 플라즈마에 의해 Dechucking을 해야 한다. 이런 단점을 개선한 방식이 Bi-Polar Type인데, 이것은 척에 +/- DC 전압이 인가됨으로써 척 자체만으로 Chucking, Dechucking이 가능하며, 플라즈마에 의한 Dechucking이 필요없다. Tri-Polar Type은 Bi-Polar Type과 비슷한데, 한 가지 다른 것은 플라즈마에서 발생한 DC Self Bias를 Reading하여 +/- 전압을 Vdc만큼 보상해 줌으로써 웨이퍼와 척 사이의 Net Charge를 '0'으로 한다.

② 플라즈마 소스의 종류

(1) 바렐(Barrel) Type

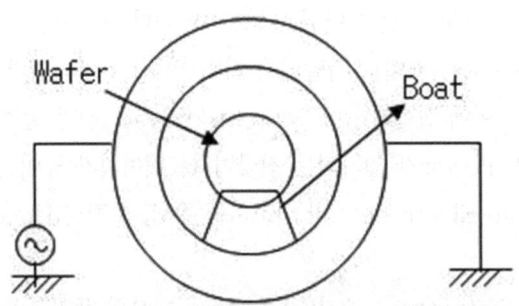

[그림 3-17 바렐 타입(Barrel Type)]

바렐타입에서는 Neutral species들이 비교적 긴 Life time을 가지고 있기 때문에 등방성 (Isotropic) 식각이 된다.
- 적용공정 : PR Stripping

(2) 바렐(Barrel) Type

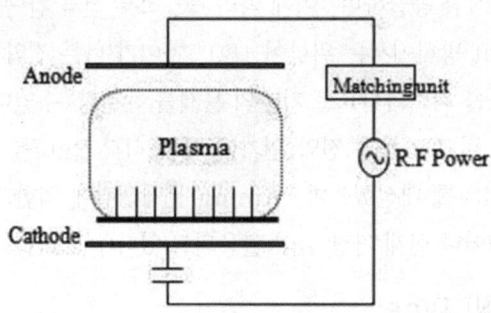

[그림 3-18 플래너(Planar) Type]

초기 개념의 플라즈마 생성방식으로 Glow 방전에 의해 플라즈마를 형성시키며, R.F주파수는 Glow 방전이 한 Cycle 동안 유지될 수 있도록 Charging Time (10μs)보다 작게 될 수 있는 최소의 주파수인 100K ~ 13.56MHz의 범위에서 사용하나 일반적으로 400KHz, 2MHz, 13.56MHz, 27.12MHz의 주파수를 사용한다.
구조적 특징으로는 Anode(+)와 Cathode(-)의 크기가 동일하며, Anode와 Cathode의 간격을 가능한 좁게 구성한다.
특징으로 DC Bias가 적으므로 이온의 에너지가 적어 식각 Rate가 낮고, Anode와 Cathode의 전압차가 커서 아크 현상이 자주 발생하여 균일한 플라즈마가 형성되지 못한다. 비교적 가공 정밀도가 낮다. 등방성 식각 특성이 있다.

(3) Split RF Power 인가 Type

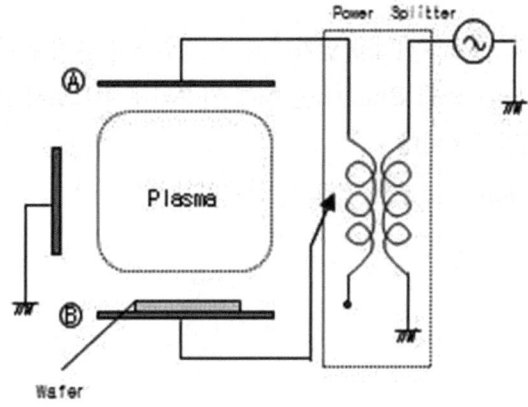

[그림 3-19 Split RF Power 인가 Type]

기존의 R.F 플라즈마 방식의 개선형으로, 기존방식의 경우 높은 전압인가에 따라 전극과 그라운드 사이에서 Arcing과 Stray Discharge 현상이 발생되는 문제점을 개선하기 위하여 고안된 장치이다.

식각율 향상을 위해서는 높은 전압을 인가하는 것이 필요한데, R.F 플라즈마 방식에서는 필요한 전압을 상, 하부 전극에 직접 공급하며, 이에 따라 상, 하부 전극 간 높은 전압차가 발생하게 되어 문제를 유발하며, Split 방식에서는 위상이 180° 차이가 나는 전압을 상하부에 나누어 공급함으로써, 목표 된 전압차를 최소화함으로 기존의 문제를 해결할 수 있다.

이 방식의 특징은 안정되게 비교적 높은 전압 인가에 따른 식각 Rate를 개선하고, 플라즈마의 연속성 향상으로 Uniformity를 개선했으며, Arcing 문제해결에 의한 장비 Damage를 개선했다. 현장적용 안정도가 뛰어나 현재 가장 널리 활용되고 있다.

(4) RIE (Reactive 이온 에칭) Type

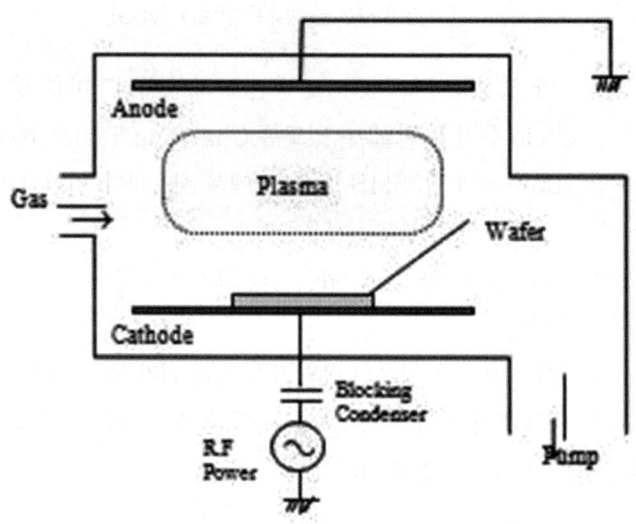

[그림 3-20 RIE (Reactive 이온 에칭) Type]

웨이퍼가 놓이는 전극에 R.F전압을 인가하고, 공정압력을 낮게 유지(< 100mTorr)하여 플라즈마 중의 양이온이 플라즈마 Sheath를 통해 가속되게 함으로서 Planar 방식에 비해 이방성 식각 특성을 향상시킨 구조이다.

단점으로는 Radiation Damage가 크고, 선택비가 빈약하다.

(5) MERIE (Magnetically Enhanced RIE) Type

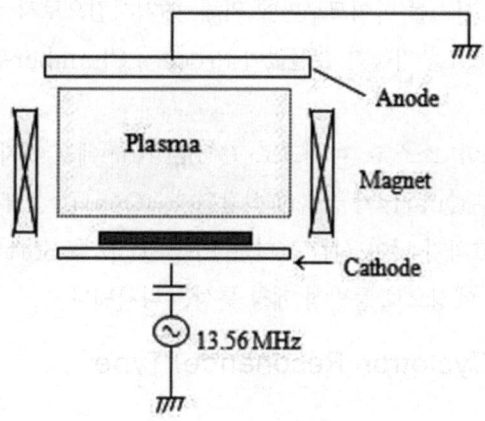

[그림 3-21 MERIE (Magnetically Enhanced RIE) Type]

Cathode 측면에 자성을 띤 물질을 설치함으로서 자장(Magnetic Field)을 형성하여 electron을 목표된 Area (공정하고자 하는 웨이퍼 주변)에 가둬 둠 으로서
① 필요한 부분의 플라즈마 밀도가 높아 지고 (Ionization Efficiency 향상)
② 이에 따라 사용압력을 낮출 수 있어 Neutral Atom의 Scattering이 적어져 불필요한 발열 현상을 줄일 수 있고
③ 이온이 충분한 에너지를 얻어 Surface Diffusion이 잘되어 공정성능(식각 Rate) 효율이 높아진다.

Electron이 자장에 따라 원운동을 함으로서, 분자나 원자와의 충돌 횟수가 증가되어 이온화 효율을 증가시키면서도, 에칭에 관여하는 이온은 거의 영향을 받지 않아 직선운동을 한다.
이 방식의 문제점은 자석 설치등에 따라 장비가 대형화 되고, 장비의 구조가 비교적 복잡하다.

(6) CDE (Chemical Downstream 에칭) Type

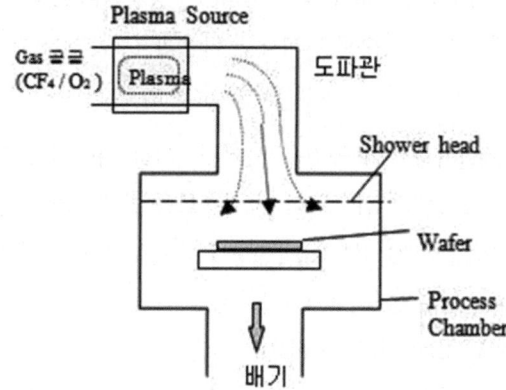

[그림 3-22 CDE (Chemical Downstream 에칭) Type]

플라즈마 발생부와 공정부를 분리시켜 공정 중 웨이퍼 내의 Damage를 최소화 하기위해 개발된 방식으로 공급된 가스를 마이크로파에 의해 여기시킴으로서 플라즈마 상태로 만들고, 이때 생성된 이온과 Radical을 가능한 손실없이 Process Chamber부로 이송 시켜 에칭 공정이 이루어지도록 한다.

문제점으로는 플라즈마 소스부(마이크로 Generator)에서 전자의 강한 energy에 의한 여기 작용의 영향으로 내부 Quartz가 급속히 식각된다. (Quartz Life Time이 짧다)

공정부에서의 에칭 효과가 낮아 식각 보다는 PR-Strip 등 Soft 한 공정에의 적용만이 가능하다. 화학반응에 의한 에칭으로 등방성 에칭 특성을 나타낸다.

(7) ECR (Electron Cyclotron Resonance) Type

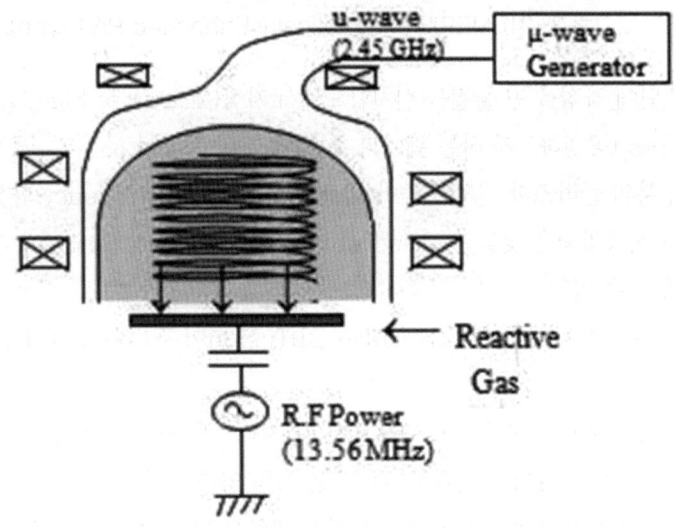

[그림 3-23 ECR (Electron Cyclotron Resonance) Type]

플라즈마에 자장을 걸어주면 B Field와 E Field가 생성되며 E field를 따라 전자는 회전운동을 하게 되는데 이 회전운동을 주파수로 나타내면 다음과 같다.

$$W = eB / m$$

여기에 마이크로파를 인가해주어 공진을 시켜서 (이를 싸이클로트론(Cyclotron) 공진이라고 함) 전자의 운동에너지를 증가시킴으로서 많은 충돌을 발생시켜 고밀도 플라즈마를 얻는다.

ex) 전자의 $m = 9.109 \times 10^{-31}$ Kg, $e = 1.6021 \times 10^{-19}$ C

B를 875 Gauss로 한다면 (0.0875 W/㎡)

공진 주파수 $f = W/2\pi = 1/2\pi \times eB/m$

$= (1.6021 \times 10^{-19} C \times 0.0875 W/㎡) \div (2 \times 3.14 \times 9.109 \times 10^{-31} Kg)$

$= 2.49$ GHz

따라서 ECR에서는 875 Gauss의 자장과 2.45GHz의 μ-wave를 사용한다.

문제점으로는 자장의 형성을 위한 장치가 복잡하고, 큰 면적을 요하므로 장치 크기가 커진다. 전자가 E-Field에 따라 운동함으로서 제한된 확산 운동을 한다.

(8) Helicon Type

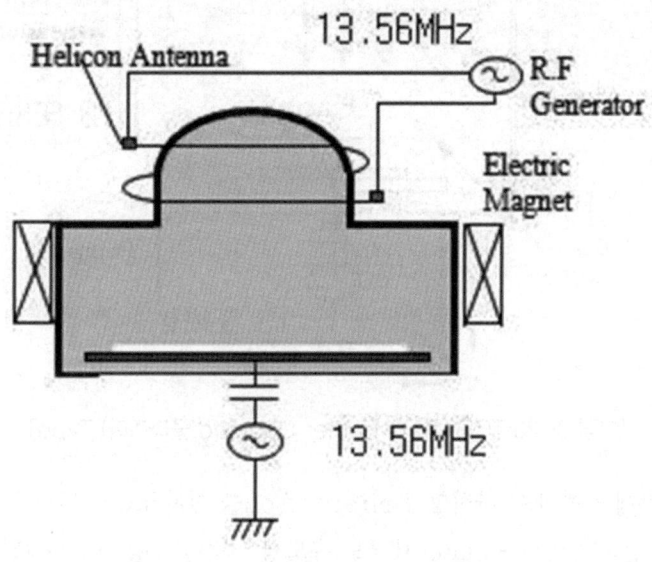

[그림 3-24 Helicon Type]

이온화 확률이 최대가 되는 전자 에너지를 생성할 수 있도록 Antenna와 Coil을 Chamber 외부에 구성하고 전자의 속도와 일치되는 파동(Helicon wave)를 가 함으로서 파동의 에너지가 전자에 전달되어 특정 전자의 에너지를 높임으로서 (Landau Damping) 전체적으로 전자의 에너지를 높여, 충돌횟수를 증가시켜 고밀도의 플라즈마를 형성할수 있게 된다.

Antenna의 Coil 방향에 따라 Helicon wave의 교란상수(m)가 결정되며 일반적으로 교란이 없는 m=0 (정지교란)인 경우 MORI라 부르고, m>0 (시계방향), m<0 (반시계 방향)인 경우 일반적으로 Helicon 이라 부른다. 외부에 전자장을 인가하여 형성된 전계 내에 전자를 구속 함으로서 고밀도의 플라즈마를 형성한다.

문제점으로는 아직 반도체 제조용으로 상용화 되어 있지 않으며 플라즈마가 불균일 하게 형성될 수 있어 Uniformity가 저하된다.

(9) TCP (Transformer Coupled 플라즈마) Type

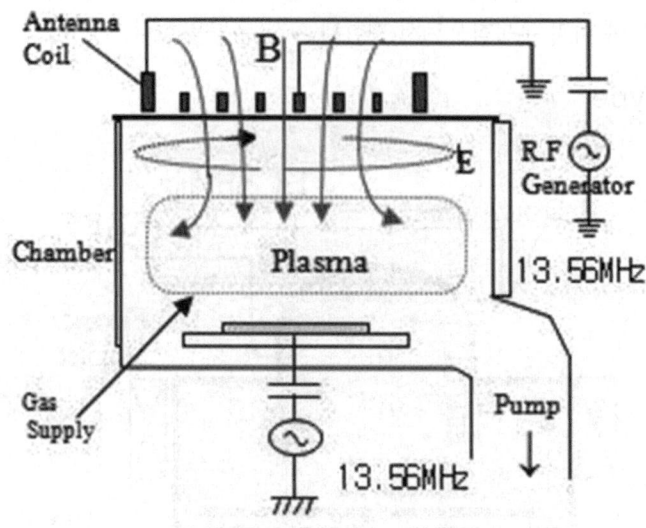

[그림 3-25 TCP (Transformer Coupled 플라즈마) Type]

Chamber 상부에 원형 또는 나선형 (Spiral)의 Coil을 설치하고 RF Power를 가한다.
Coil을 흐르는 전류에 의해 Plsama 내에도 유도성 인덕턴스 성분이 유기된다. 즉, 전기적으로 결합된 변압기-Transformer- 형태가 형성된다.
플레밍의 왼손법칙에 따라 수직방향의 자계(B-Field)나 수평방향의 전계(E-Field)가 형성되고, Skin Depth 내에 형성된 전계를라 전자가 회전운동을 함으로서 가속되어 에너지를 얻는다. 가속된 전자가 가스 입자와 충돌하여 플라즈마를 형성한다.
이 방식의 특징은 10^{12} EA/cm^2 이상의 고밀도 플라즈마를 얻을 수 있다. 낮은 압력에서도 안정된 플라즈마가 형성 (10mTorr 이하)되며, 구조가 간단하다. 대구경에서도 균일한 플라즈마가 형성된다. 플라즈마 밀도와 이온 Energy를 개별적으로 조절할 수 있다.
문제점으로는 반응 가스가 고속으로 해리되어 Radical 조성이 기존 방식들과 다르며, Selectivity 저하, 반응 부산물 (Polymer)이 재분해, 재 축적됨에 의한 이물이 발생되며, 높은 전자온도로 자외선이 발생되고, 이것은 Film에 Damage를 줄 수 있다.

(10) ICP (Inductively Coupled 플라즈마) Type

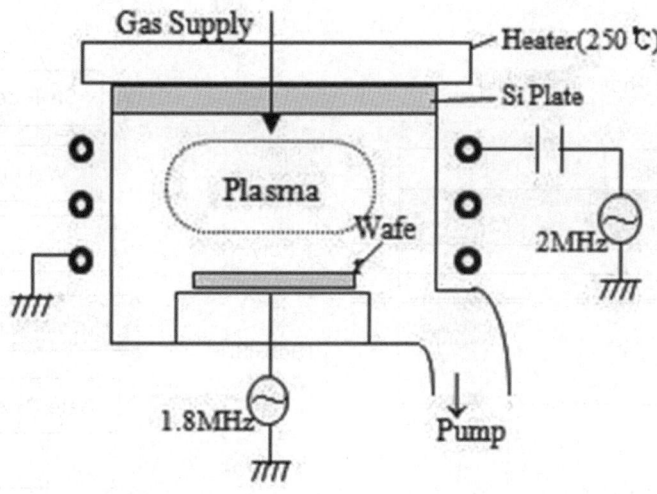

[그림 3-26 ICP (Inductively Coupled 플라즈마) Type]

Chamber의 측면에 Coil을 감고 2MHz의 RF Power를 인가한다. 척 하부에서 Reactive 가스를 공급한다. 공정압력은 10mTorr 이하로 유지한다. E-척을 사용하여 Chamber 내부구조를 단순화하고 웨이퍼 표면의 온도 Unit. 를 개선한다. 상부에 Si Plate를 두고, Heating하여 Si를 발생시켜 공정 중 과다하게 발생하는 F+를 SiF4 형태로 처리한다.

이 방식의 특징은 10^{12} EA/cm^3 이상의 고밀도 플라즈마가 형성됨으로써 식각율이 9,000 Å/min이상으로 탁월하며, Chamber의 구조가 간단하고, Compact해서 Cluster 화에 적합하다. 플라즈마가 넓고, Uniform하게 형성되어 대구경화에 적절하고, 이온을 가속시키지 않음으로서 이온 충격에 의한 Damage가 없다.

문제점으로는 반응 가스가 고속으로 분해되어 Radical 조성이 기존 플라즈마방식과 다르게 나타날 수 있다. 반응 부산물 (Polymer)가 재분해, 재 축적되는 현상이 나타날 수 있으며, Coil에 의해 Wall 쪽으로 끌리는 이온과 전자의 영향에 의해 Chamber벽에 생성물이 퇴적되고, 이에 의해 플라즈마 Source의 성능을 변화시킬 수 있다.

제6절 애싱(Ashing) 공정장비

1 애싱(Ashing) 공정개요

① 반도체공정 중에서 가장 많이 반복되는 단위공정들 중 하나가 애싱 공정이라 할 수 있다. 반도체공정은 웨이퍼 위에 구성 물질을 순서대로 쌓고(증착공정) 필요한 부분만 남기고 나머지

부분을 제거(식각공정)해서 최종적으로 전압을 인가했을 때, 전류가 흐를 수 있게 되는 반도체 성질을 이용해서 트랜지스터를 만드는 것이다.

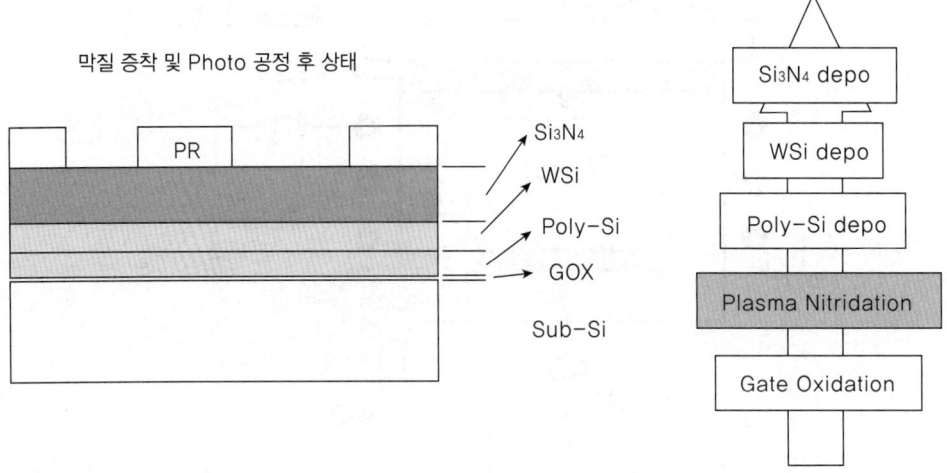

[그림 3-27 트랜지스터 형성 공정 1]

② 그림 3-17과 같이 트랜지스터를 만들기 위해서는 도체, 부도체, 전극 등의 막이 순차적으로 증착한 후 원하는 부분은 남기고 불필요한 부분만 선택적으로 제거하기 위해 노광공정을 통해서 감광막(Photo Resist)을 형성한다.

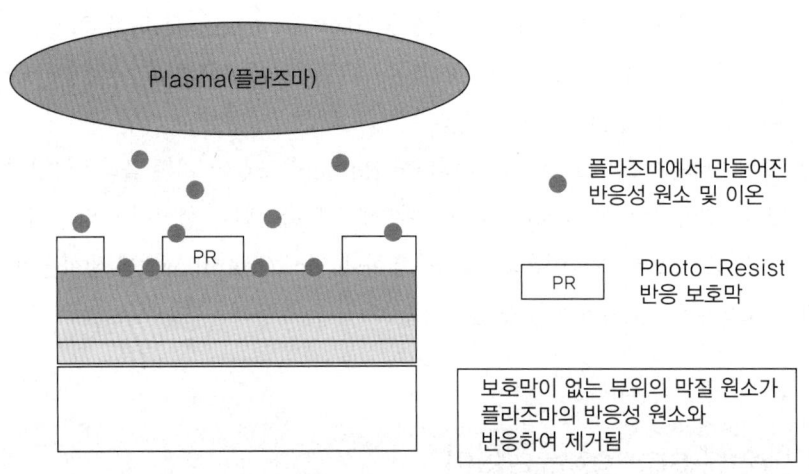

[그림 3-28 건식 식각공정]

③ 그림 3-18에서 같이 건식 식각(Dry Etch) 설비 내에서 플라즈마를 발생시켜 반응성 원소(Radical)와 이온을 이용하여 감광막이 없는 부위의 막질을 제거한다.

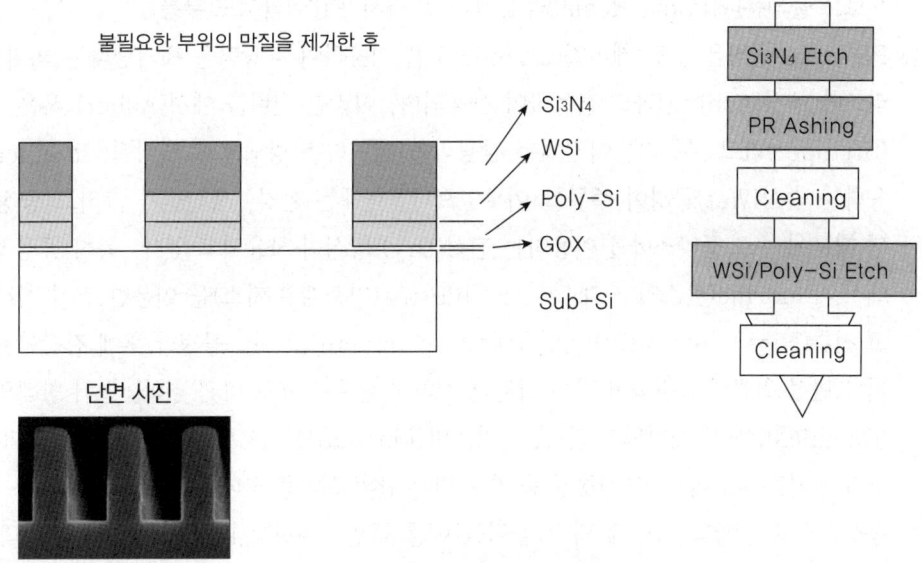

[그림 3-29 트랜지스터 형성 공정 2]

④ 그림 3-19는 불필요한 부위의 막질이 모두 제거된 이후의 그림이며, 하단의 단면 사진은 SEM(scanning electron microscope, 주사(走査) 전자 현미경)을 이용하여 촬영한 건식 식각이 완료된 단면 사진이다. 앞에서 언급한 바와 같이 반도체공정은 구성물질을 순서대로 쌓고, 필요한 부분만 남기고 나머지 부분을 제거하는 공정의 반복이라고 할 수 있다.

반도체공정중에서 애싱(Ashing) 공정이란 그림 3-19에서 보이는 바와 같이 노광공정으로 만들어진 감광막(Photo-resist)이 식각공정 시 식각 보호막(Barrier)으로 사용된 후 남게 되는 감광막을 제거하는 공정이다.

⑤ "Plasma Ashing"은 일종의 플라즈마(Plasma) 에칭(Etching)의 응용 분야 중 하나라고 할 수 있으며, 아래와 같이 산소 플라즈마에서 만들어지는 산소 라디칼(Radical)을 이용하는 등방성(Isotropic) 에칭이다.

$$e + O_2 \rightarrow 2O + e \rightarrow O^* + O^* + e$$

여기에서 e는 전자, O^*는 산소 라디칼이다.

⑥ 감광막(Photo Resist)은 주로 탄소 성분(C-H)으로 구성된 폴리머 재료로서, 플라즈마 내에 산소 라디칼과 감광막이 반응하여 CO, CO_2 그리고 OH와 같이 휘발성(Volatile) 성분이 되어 제거되는 방식이다.

애싱(Ashing)이란 사전적인 의미로 '태운다', "재로 만든다"는 의미이며, 앞에서 언급한 바와 같이 산소 라디칼(Radical)과 감광막이 반응되어 이산화탄소가 만들어진다는 점에서는 사전적인 의미와 잘 부합이 된다고 할 수 있다. 또한 애싱(Ashing) 공정은 "PR strip"공정으로도 불리운다(Photo Resist의 Initial만 따서 'PR'이라고도 부름).
⑦ PR strip 공정은 주로 케미컬(Chemical)을 이용하여 감광막을 벗겨낸다는 의미이나, 플라즈마 애싱(Ashing)과도 혼용하여 사용되며, 이러한 설비를 애셔(Asher) 혹은 스트리퍼(Stripper)라고 부른다. 이전에는 감광막을 제거하는 방법으로 케미컬(Chemical)을 사용하는 습식(Wet)공정이 주류를 이루었으나, 현재는 환경, 생산원가 그리고 공정적인 측면 때문에 주로 플라즈마를 이용하는 건식(Dry) 방식이 사용되고 있다. 특히 공정적인 측면에서, Fluorine(불소계열 가스)이나 Chlorine(염소계열 가스)을 이용한 건식 식각 그리고 고 전류(High-current) 이온임플랜트(Ion Implantation) 공정한 후에 감광막은 경화되거나 변성(원래의 감광막이 갖는 성질과 전혀 다른 특성으로 바뀜)된다. 습식 방식의 케미컬(Chemical)에 잘 제거되지 않아, 플라즈마(Plasma)를 이용한 Ashing 공정이 더욱 더 중요하게 되고 있으며, 반도체공정 중 가장 많은 단위공정 중 하나이다.
⑧ 통상적으로 감광막 아래에 박막 물질들[예를 들면, 유전막(Dielectric)과 금속막(Metal Film) 등]의 경우 산소 플라즈마에 거의 반응을 하지 아니하여, 충분한 오버 에칭(식각이 완료된 이후에 추가 식각하는 것을 "Over Etch"라고 함)을 하여 감광막 잔류물(Residue)이 남지 않도록 공정을 한다.

2 애싱 공정의 다른 응용 분야들

최근에는 단순히 PR를 제거하는 전형적인 애싱(Ashing) 공정 외에도, 반도체공정개선을 목적으로 하는 애싱(Ashing) 공정들이 있어서 몇 가지 공정에 대해 소개한다.

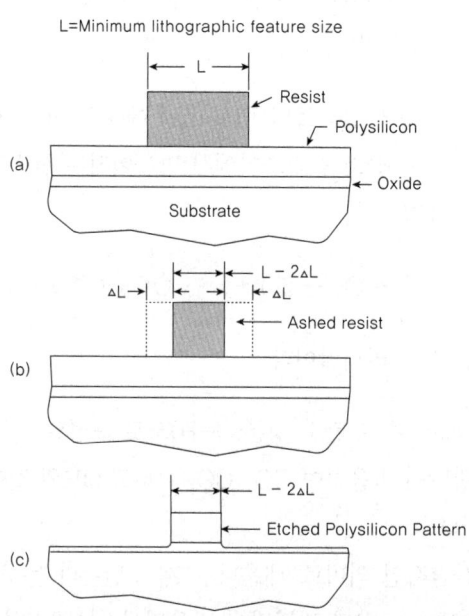

[그림 3-30 Photo Lithography 공정의 Capability 이하의 선폭 패턴 구현]

① 통상적인 g-line(436nm) 노광설비(Lithography Tool)로 구현 가능한 선폭은 ~0.7㎛이지만, h-line(405nm) 혹은 i-line(365nm)을 사용하지 않고도, 이보다 작은 미세 선폭을 구현할 수 있는데, 이때 애싱(Ashing) 공정의 도움을 받는다.

② 예를 들면, 그림 3-20과 같이 (a) 0.7㎛의 패턴을 g-line 노광설비로 구현하고, (b) 산소 플라즈마를 이용한 부분 애싱(Partial Ashing: PR을 전부 제거하는 것이 아니라 일정 두께의 PR을 남기고 애싱하는 것)을 실시하여 감광막의 선폭을 줄인다. (c) 그 다음 건식 식각(Dry Etching) 공정을 하여 0.2㎛ 이하의 CD(Critical Dimension)를 구현하였다.

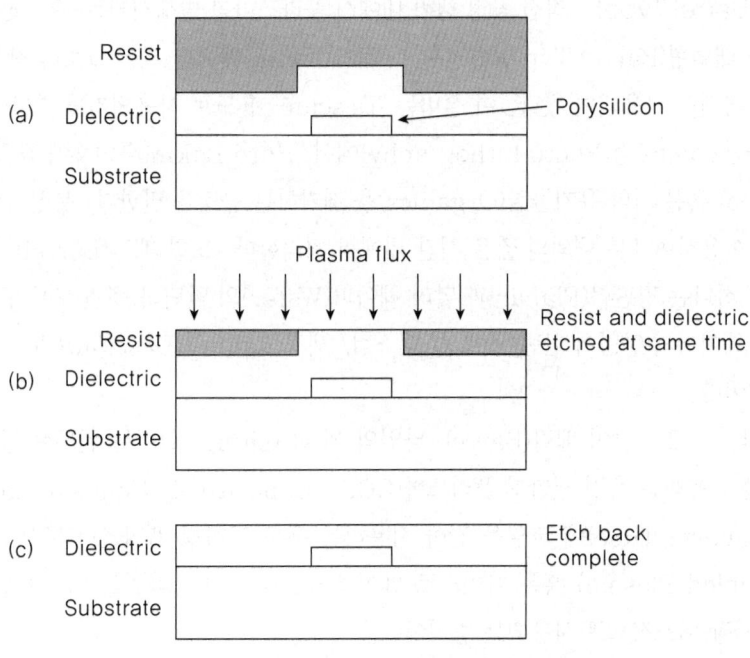

[그림 3-31 건식 식각방식의 Planarization 공정 흐름도]

③ 평탄화(Planarization)작업은 반도체가 집적화됨에 따라 더 많은 요구가 있으며, 통상적으로 CMP(Chemical Mechanical Polishing)를 이용하지만, 건식 식각(Dry Etching)을 이용하는 평탄화(Planarization)공정도 있다.

④ 평탄화(Planarization)공정은 그림 3-21에서와 같이, (a) 우선 Poly-silicon(다결정 실리콘)위에 유전막(Dielectric Film)을 증착하면서 시작된다. 이때 유전막은 산화막(Oxide)과 포스포실리케이트 글래스(PhosphoSilicate Glass) 혹은 보로 포스포실리케이트 글래스(Boro-PhosphoSilicate Glass)이다. 그 다음 감광막(Photo Resist)을 코팅하여 뾰족한 모서리 패턴 없이 먼저 평탄화를 이룬다. (b) 플라즈마 식각을 한다. 이때 감광막(Photo Resist)과 유전막(Dielectric Film)의 선택비(Selectivity)가 동일한 식각공정을 사용한다는 것이 중요하다. (c) 마지막으로 평탄화가 완료된다.

③ 애싱 공정에 주로 이용되는 하드웨어

현재 주로 애싱 공정에서 주로 사용되고 있는 플라즈마 장치의 종류와 챔버 내에서의 설치 위치에 따라 다음과 같이 구분할 수 있다.

(1) 다이렉트 플라즈마 소스(Direct Plasma Source)

다이렉트 플라즈마 방식은 웨이퍼가 놓이는 공정챔버에서 직접 플라즈마를 발생시켜 공정하는 방식으로 건식 식각(Dry Etch), 플라즈마 화학기상증착기(PECVD) 등에서 주로 사용되는 방식이다.

① **영통형(Barrel Type)** : 직접 공정 챔버 내에서 플라즈마를 발생시키는(즉, Direct Plasma) 방식 중 배럴형(Barrel Type)의 경우, 주로 150mm 웨이퍼 혹은 그보다 작은 소구경의 웨이퍼 공정에서 사용되어 왔다. 이 설비는 "Descum" 용도로 사용되기도 한다. "Descum"이라고 하면, 노광공정(Photo Lithography)에서 "Hard Baking" 이후에 감광막 찌꺼기(PR Residue) 혹은 기타 유기물질(Organics)을 제거하는 공정을 말한다. 통상적으로 산소 플라즈마를 이용하여 1분 내외의 짧은 시간 내에서 처리한다. 또한 배럴(Barrel) 타입의 가장 큰 특징 중 하나는 평판형(Planar)과 달리 웨이퍼(Wafer)의 앞면과 뒷면 모두가 플라즈마에 노출되어 웨이퍼의 양면이 한번에 애싱/ 디스컴/ 세정(Ashing/Descum/Cleaning) 할 수 있다는 것이다.

　㉠ 그림 3-22와 같이 배럴(Barrel) 타입의 애싱(Ashing) 설비는 원통형 챔버에 2개의 전극을 이용하는 축전 결합형 플라즈마(CCP ; Capacitively Coupled Plasma), 석영튜브(Quartz Tube)에 코일을 감아 사용하는 유도 결합형 플라즈마(ICP ; Inductively Coupled Plasma) 혹은 마이크로 웨이브(Microwave) 파워를 이용하는 세 가지 방식이 가장 대표적으로 사용되는 방식이다.

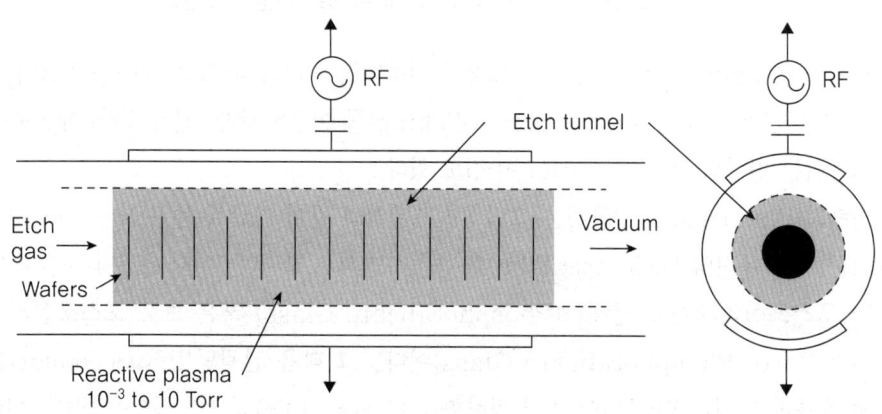

[그림 3-32 일반적인 Barrel Type System 형태]

통상적으로 사용되는 Ashing 공정조건은 공정압력이 주로 Torr(토르 ; 압력단위 중 하나로서, 대기압은 760Torr이다) 부근의 압력에서 이루어지므로, O_2와 N_2를 10대 1 비율로 사용하며, 가스 공급(Gas Flow)은 분당 수 리터에서 수십 리터까지 공급된다. 따라서 일반적인 건식 식각설비와는 달리 고진공 펌프[예를 들면 터보 분자 펌프(Turbo Molecular Pump), 확산 펌프(Diffusion Pump) 초저온 펌프(Cryogenic Pump) 등]를 사용하지 않고, 일차 펌프(예를 들면 Rotary Oil Pump, Dry Pump)를 사용한다.

ⓒ 참고로 펌프는 일차 펌프와 이차 펌프로 구분된다. 일차 펌프는 대략 대기압에서부터 ~10-3 mTorr 정도의 진공압력까지 동작하는 펌프이며, 그 이상의 진공을 뽑기 위해서는 고진공 펌프(즉, 이차 펌프)와 함께 사용해야 한다. 또한 고진공 펌프는 단독적으로 사용되지 않고 일차 펌프의 도움이 필요한데, 그 이유는 대기압~저진공에서는 동작이 되지 않고 일정 진공압력 이후에서부터 동작이 되기 때문이다.

ⓒ 배럴형(Barrel Type)의 설비 중 하나를 소개해 보도록 하겠다. 그림 3-23의 설비는 PVA Tepla(독일)사에서 제작된 반자동(Semi-Automatic) 모델이다. 구성된 주요 하드웨어(Hardware) 구성품으로는 석영(Quartz) 재질의 공정챔버, 진공 펌프(Rotary Pump), 1~2 slm(Standard Liter Per Minute) O_2, N_2 gas MFC(Mass Flow Controller), 2.45GHz주파수를 사용하는 1KW급 마이크로웨이브 파워 그리고 도파관(Waveguide)이다.

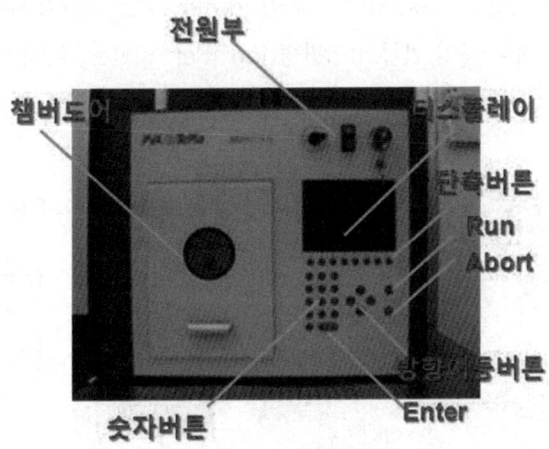

[그림 3-33 배럴(Barrel)형 Asher 전경]

ⓔ 그림 3-23의 제품의 가지고 있는 특이사항에 대해 간단히 살펴보면 다음과 같다.
- 4", 6" Wafer 혼용이 가능하다.
- 웨이퍼의 Loading은 전기로(Furnace)공정에서처럼 석영 보트(Quartz Boat)에 웨이퍼를 수직으로(Vertical) 꽂아서 석영 보트 통째로 넣는다.

- 4"웨이퍼는 50장 석영 보트, 6"웨이퍼는 25장 석영 보트에 넣어 배치(Batch) 공정이 가능하다. 하지만 효과적인 애싱을 위해서는 웨이퍼 Loading 간격을 3슬롯(Slot) 이상 띄우도록 권장한다. 그 이유는 웨이퍼 간의 간격이 좁을 경우 플라즈마의 침투공간이 적어서 상대적으로 식각율(Ash Rate)이 떨어질 뿐만 아니라, 식각율은 감광막의 Loading Area(전체 면적당 감광막이 도포되어 있는 면적의 비)와도 비례하기 때문이다.
- PLC(Programmable Logic Controller) 방식이며, 10개의 프로그램을 저장할 수 있고 연속해서 공정이 가능하다.

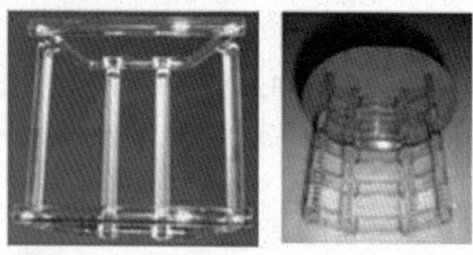

[그림 3-34 석영 보트(Quartz Boat) 전경]

② **평판형(Planar Type)** : 애싱(Ashing)에 사용되는 평판형(Planar)의 경우 원통형(Barrel)과 마찬가지로, 축전결합형 플라즈마(Capacitively Coupled Plasma)와 유도결합형 플라즈마(Inductively Coupled Plasma)가 주류를 이룬다. 다만 원통형(Barrel)과의 차이점은 그림 3-25에 보이는 바와 같이 전극이 평판형(Parallel-plate), 다시 말해 Surface Loaded라는 점이며, 주로 낱장공정(Single Wafer Process)용으로 사용된다는 점이다.

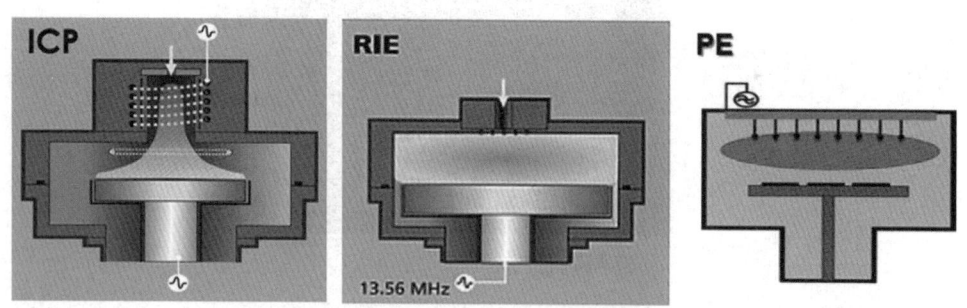

[그림 3-35 평판형 플라즈마 소스의 형태들]

㉠ 현재 평판형(Planar) Asher에서 가장 많이 사용되는 플라즈마 소스는 ICP 형태이다. ICP 플라즈마 소스에서 인덕터 코일(Inductor Coil)의 형태에 따라 다시 평판형(Planar)과 원통형(Cylindric) 타입 두 가지로 나뉜다. 하지만 코일의 형태와 관계없이

RF(Radio Frequency) 파워가 코일(Coil)에 인가되었을 때, 코일에 흐르는 전류에 의해 플라즈마(Plasma) 내에도 인덕턴스(Inductance) 성분이 유기된다. 그리고 플레밍의 왼손법칙에 따라 수직방향의 자계(B-Field)나 수평방향의 전계(E-Field)가 형성되고, 형성된 전계를 따라 전자가 회전운동을 함으로써, 전자는 더 크게 가속되어 더 큰 에너지를 얻게 된다. 결과적으로 더 많은 이온화가 일어나 고밀도의 플라즈마가 형성된다. 최근 대부분의 고밀도 플라즈마 설비에서 ICP를 이용하고 있다.

ⓛ ICP의 경우, 소스 코일과 척(Chuck) 전극에 각각 파워(Power)가 연결된다. 즉, 2개의 파워(Power)가 사용되는데, 이때 사용되는 주파수는 각각의 파워(Power)별로 이종의 주파수를 사용하는 경우가 많다. 아래는 반도체에서 주로 사용되는 플라즈마 발생장치의 사용주파수별 분류이다.

- LF(Low Frequency) : 40~800KHz
- MF(Middle Frequency) : 1~3MHz
- RF(Radio Frequency) : 13.56~40MHz
- VHF(Very High Frequency) : 40MHz 이상

ⓒ 일반적으로 다이렉트(Direct) 플라즈마를 이용하는 에셔(Asher)의 경우 식각공정만큼 심각한 문제를 야기시키지는 않지만, 플라즈마 내에 Ion Bombardment(이온이 식각막과의 물리적 충돌에 의해 식각되는 메카니즘을 말함)에 의해 유전막(Dielectric Layer) 혹은 산화막, 반도체막의 계면(Interface Layer) 그리고 특히 아주 얇은 게이트 유전막에서 전하(Electric Charge)가 축적(Build-Up)되어 디바이스(Device)의 회로에 손상(Damage)을 줄 수 있다. 따라서 이런 문제를 최소화하기 위해 다운스트림 방식의 플라즈마(Downstream Plasma)를 이용한 애싱(Ashing) 설비가 각광받고 있다.

(2) 리모트 플라즈마 소스(Remote Plasma Source)

리모트 플라즈마 소스(Remote Plasma Source)는 흔히 RPS라고 줄여서 불리우며, 웨이퍼가 놓이는 공정 챔버 위에 별도의 플라즈마 소스를 설치하여 애싱(Ashing)하는 방식이다. 그림 3-26에서 상단의 사각형 부분이 RPS에 해당되는 부분이다. 그리고 이 RPS에서 플라즈마를 발생시키기 위해 사용되는 전원이 마이크로웨이브(Microwave) 혹은 RF주파수인지에 따라 다시 마이크로웨이브 플라즈마 소스와 원환체형(Toroidal) RF 플라즈마 소스로 구분된다.

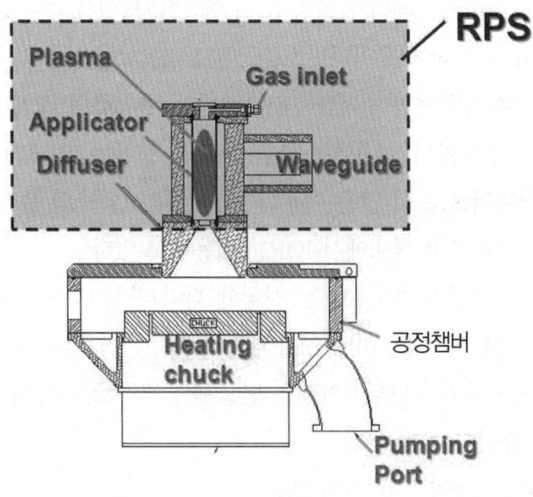

[그림 3-36 리모트 플라즈마 소스 전경]

리모트 플라즈마 소스는 별도의 플라즈마 어플리케이터(Applicator)에서 플라즈마를 발생시킨 후, 플라즈마를 공정챔버로 Downstream시켜 공정을 하는 방식이다. 통상 이용되는 어플리케이터(Applicator)는 소구경이면서 높은 파워가 인가됨으로써, 다이렉트(Direct) 플라즈마 장치에 비해 단위면적당 고밀도의 플라즈마 얻을 수 있는 장점이 있다. 그러나 공정 균일도(Uniformity) 측면에서는 떨어지는 문제점이 있어, 애싱(Ashing) 공정이나 건식 세정(Cleaning) 공정과 같이 크게 균일도(Uniformity)가 중요하지 않은 공정에서 주로 사용되는 방식이다.

그림 3-27에서 보이는 바와 같이 리모트 플라즈마 소스의 경우, 플라즈마 균일성(Uniformity)을 개선시키기 위해 "플라즈마를 확산시키기 위한 디자인(Diffuser)" 혹은 배플(Baffle)을 사용한다.

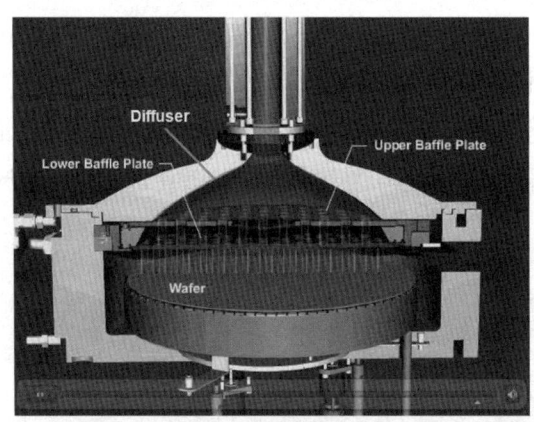

[그림 3-37 Baffle를 이용한 챔버 구조]

하지만 디퓨져(Diffuser)의 길이가 길어지면[혹은 다수의 배플(Baffle) 사용 시] 플라즈마 확산이 잘되어 균일성 측면에서는 개선이 되지만, 라디칼(Radical)과 이온(Ion)이 어플리케이터(Applicator)로부터 공정 챔버로 이동하는 과정에서 대부분 재결합(Recombination)이 일어나서 식각율(Ash Rate)이 줄어드는 단점이 있다.

앞에서 언급한 바와 같이 애싱(Ashing) 공정 시 라디칼(Radical)의 역할이 매우 중요한데, 어플리케이터(Applicator)에서 생성되었던 라디칼(Radical)과 이온(Ion)이 시간이 지남에 따라, 혹은 공정챔버로 다운스트림(Downstream, 아랫방향으로 확산하는 것)하는 과정에서 공정 챔버의 벽(Wall)으로 재결합되어 반응성을 잃어버린다. 라디칼이 웨이퍼의 감광막과 반응 전에 재결합되는 비율이 높다는 것은 식각율(Ash Rate)이 낮아진다는 의미이다. 따라서 대부분의 Asher에서는 석영(Quartz) 재질의 공정챔버를 사용하는데, 그 이유는 석영재질(Quartz)이 금속 혹은 다른 재질의 공정챔버 재질에 비해 100~1000배 재결합율(Recombination Rate)을 낮출 수 있기 때문이다.

일반적으로 마이크로웨이브 플라즈마의 경우 웨이퍼가 상온에 있을 경우, PR과 반응성이 아주 낮아 별도의 웨이퍼를 히팅(Heating)할 수 있는 램프(Lamp)를 사용하거나 히팅 척(Heating Chuck)을 사용한다.

일반적인 공정온도는 그림 3-28에서 보이는 바와 같이 200~250도이며, 이 부근에서 식각율(Strip Rate)이 최고조에 이르게 된다.

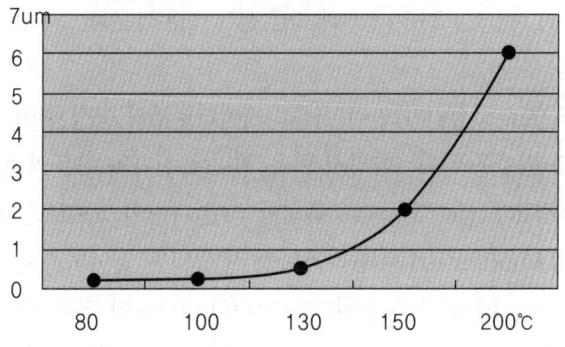

[그림 3-38 공정온도와 Ash Rate의 관계]

① 마이크로웨이브(Microwave) 플라즈마 소스 : 리모트 플라즈마(Remote Plasma) 중에서도 마이크로웨이브 파워 플라즈마(Microwave Powered Plasma)에 대해 알아보겠다. 일반적으로 20~40mm 직경의 어플리케이터(Applicator)에 마이크로웨이브(주파수 : 2.45GHz) 파워를 인가하여 플라즈마를 발생시킨 후, 플라즈마 내에 라디칼(Radical)과 웨이퍼의 감광막(PR)과 반응시키는 방식이다.

㉠ 마이크로웨이브 플라즈마는 일명 "다운스트림(Downstream) 플라즈마"라고도 불리우는데, 이는 주로 플라즈마 내에 라디칼(Radical)이 확산(Downstream)하여 공정이 이루어지기 때문이다.

㉡ 마이크로웨이브 플라즈마는 이온과 전자의 운동성(Mobility)이 사용주파수에 비해 느리기 때문에 극성입자들(Charged Particles - Ion & Electron)이 어플리케이터(Applicator) 내에 갇히게 된다. 그림 3-29과 같이 전계(Electric Field)에 따라 전자와 이온은 서로 반대방향으로 움직이게 된다. 입력파워의 주파수가 높아질수록 전자와 이온의 평균자유행로(Mean Free Path)는 더욱 짧아지게 된다. 가장 많이 사용되는 주파수인 13.56MHz에서 전자(Electron)의 평균자유행로(MFP)는 ~5cm이며, 이온(Ion)은 ~수 마이크론 정도이다. 따라서 마이크로웨이브 플라즈마에서의 전자와 이온의 평균자유행로(MPF)는 더욱 짧아져서 대다수 어플리케이터에 갇히게 된다.

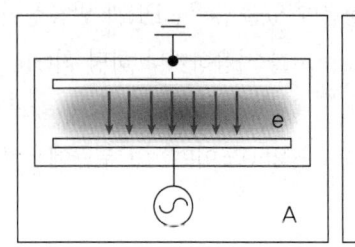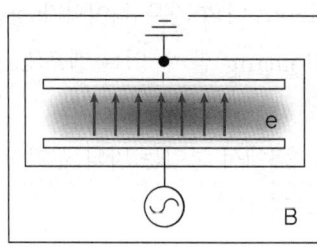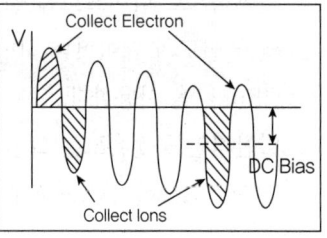

[그림 3-39 전계에 따른 전자, 이온의 운동]

㉢ 라디칼(전기적으로 중성인자)만이 어플리케이터로부터 공정 챔버로 확산(Downstream)되어 감광막과 반응을 한다. 따라서 반응 챔버에 전자와 이온의 반응이 거의 없기 때문에 웨이퍼에 전하(Electric Charge) 축적에 의한 디바이스 회로손상을 최소할 수 있다.

㉣ 어플리케이터(Applicator)는 플라즈마가 발생되는 곳이며, 재질로는 석영(Quartz)이나 사파이어(Sapphire)가 사용된다. 석영(Quartz)의 경우 사파이어(Sapphire)에 비해 가격이 저렴하나, 불소계열(Fluorine) 가스를 사용하는 경우 석영관이 식각되기 때문에 사파이어 재질의 어플리케이터를 사용해야 한다.

㉤ 그림 3-30은 일반적인 마이크로웨이브 플라즈마 소스의 전경(MSK Instruments사 제품)이며, 마그네트론에서 발생한 마이크로웨이브 파워는 표면파로 전달되다 보니, RF 파워에서 일반적으로 사용하는 동축케이블 대신에 도파관(Waveguide)을 사용하여 파워를 전달한다.

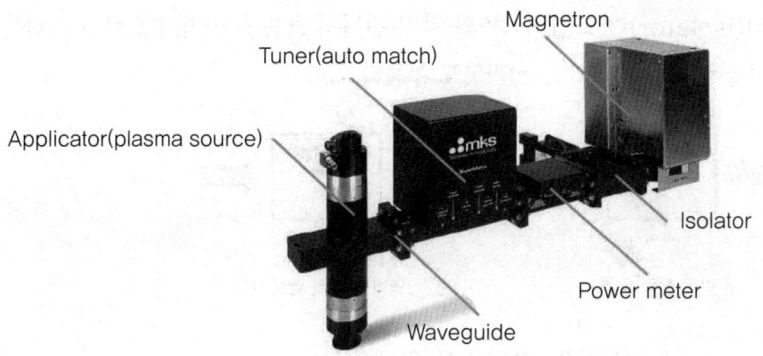

[그림 3-40 마이크로웨이브 플라즈마 Source 구성도]

ⓗ 그림 3-31은 마이크로웨이브 파워의 전달순서를 보여주고 있다. 그림 3-31에서 보이는 바와 같이, 마그네트론(Magnetron)을 동작시키기 위해서는 고전압(High Voltage)을 발생시키는 별도의 직류(DC) 전원 발생장치(Power Supply)가 필요하다. 마그네트론(Magnetron)에서 발생된 마이크로웨이브(Microwave) 파워는 도파관(Waveguide)을 통해 어플리케이터로 전달된다. 입력된 마이크로 웨이브 파워가 플라즈마 내에서 모두 소진되지 않고 일부가 다시 반사되어 올 수 있는데 이를 부정합(Mismatch)이라고 한다. 이 반사된 마이크로웨이브 파워가 클 경우 마그네트론에 손상(Damage)을 줄 수 있으며, 이를 방지하기 위해 반사된 마이크로웨이브를 흡수하는 기능을 하는 아이솔레이터(Isolator, 격리기)를 사용한다.

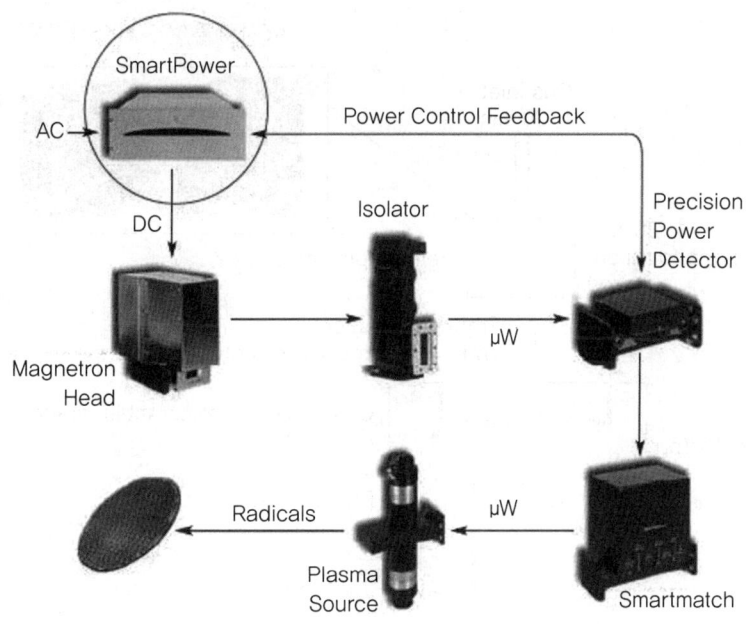

[그림 3-41 마이크로웨이브 파워 전달 순서도]

ⓐ 아이솔레이터(Isolator)란 그림 3-32와 같이 전력의 흐름을 한 방향으로 고정하는 수동소자이며, 써큘레이터(Circulator)라고도 부른다.

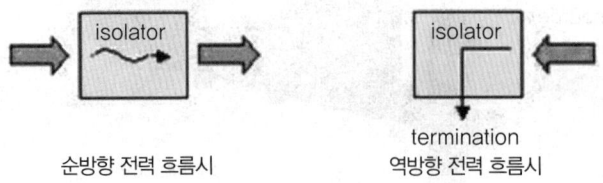

[그림 3-42 Isolator의 개념도]

ⓔ 파워미터(Power Detector)는 마이크로웨이브 출력파워(Forward Power)와 반사파워(Reflective Power)를 측정하는 장치이며, SmartMatch(보통 "Three Stubs Waveguide Tuner"라고 부름)는 마이크로웨이브 파워가 잘 정합(Match)되도록 조정(Tuning)하는 장치이며, 마지막으로 플라즈마 소스(Applicator)에는 공정가스와 마이크로 웨이브 파워가 입력되어 플라즈마 발생되는 장소이다.

② 원환체형 RF 플라즈마 소스(Toroidal RF Powered Plasma) : 최근에는 원환형(Toroidal) RF 플라즈마 소스가 마이크로웨이브 플라즈마 소스에 비해 장치가 간단하고, 사이즈가 작으면서, 식각율(Ash Rate)이 더 높아서 많은 각광을 받고 있는 추세이다. 하지만 아직도 전통적으로 주류를 이루고 있는 에셔(Asher)는 마이크로웨이브 플라즈마 방식이다.

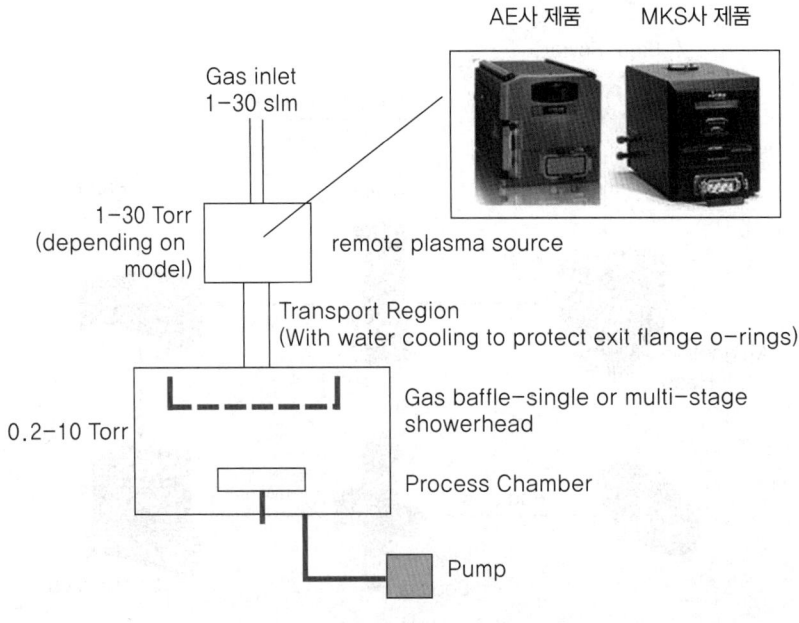

[그림 3-43 Toroidal RPS 구성도]

학습정리

1. 필요하지 않은 부분을 선택적으로 제거해 내는 식각공정 전반에 대한 내용이 포함된다.
2. Etchant를 사용하여 식각공정을 진행하는 건식 식각의 특성에 대한 내용이 포함된다.
3. 식각 대상 박막에 따른 건식 식각공정용 Etchant의 특성에 대한 내용이 포함된다.
4. Etchant를 사용하여 식각공정을 진행하는 건식 식각 장비의 종류 및 특성에 대한 내용이 포함된다.
5. 식각공정을 진행하는 건식 식각, 습식 식각의 특성에 대한 내용이 포함된다.

총괄평가

1. 식각 방법에 의한 두 가지로 구분하고 장단점을 설명하시오.
2. Wafer 내 식각된 균일성의 정도를 무엇이라고 하는지 설명하시오.
3. ACI CD를 간단하게 설명하시오.
4. PR ASHING 공정 시 주로 사용되는 GAS는 무엇인가?
5. 고주파 전력에 의해 GAS 분자들이 활성화 상태의 이온들의 분위기(방전의 꽃)를 무엇이라고 하는가?

Part 04 확산공정기술

제1절 확산공정(Furnace Process)

1 서론

확산(Furnace)공정은 크게 산화공정, 확산공정 및 LP-CVD 공정으로 나누어지는데, 반도체 제조공정에서 금속공정 이전의 산화공정, 열처리 공정 및 필름 증착 공정을 주로 담당하고 있다.

2 산화공정(Oxidation)

고온(800~1200℃)에서 산소나 수증기를 실리콘 웨이퍼 표면과 화학반응을 시켜 얇고 균일한 실리콘 산화막(SiO_2)을 형성시키는 공정이다. 산화막 형성은 실리콘 집적회로제작에서 가장 기본적이며 자주 사용된다. 산화막은 웨이퍼 위에 그려질 배선끼리 합선되지 않도록 서로를 구분해 준다. 배선 간의 간격이 미세하기 때문에 합선이 될 경우가 많다. 실리콘 공정에서는 열산화막이 많이 사용되고, 그 외 실리콘 기판 위에 산화막을 형성하는 방법은 산화막을 형성하는 온도에 따라 다양하다.

(1) 산화(Oxidation)

실리콘 웨이퍼의 표면을 산소(또는 수증기)와 반응시켜 실리콘 산화막을 형성하는 것으로 산화막의 두께 조절이 쉽고, 실리콘과 산화막(SiO_2) 사이의 계면 특성이 우수하여 반도체공정에서 주로 사용하고 있다. 산화는 사용하는 산화제에 따라 건식 산화(Dry Oxidation)와 습식 산화(Wet Oxidation)로 나누어진다.

① 건식 산화(Dry Oxidation) : 산소(O_2)를 반응로 내부로 주입하여 산소와 실리콘을 반응시켜 실리콘 산화막(SiO_2)을 형성하는 방법이다.

$$Si(Wafer, Solid) + O_2(Gas) \rightarrow SiO_2(Solid)$$

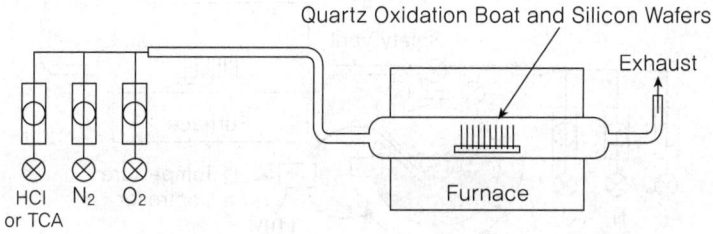

[그림 4-1 건식 산화 장치도]

② **습식 산화(Wet Oxidation)** : Pyro 수증기(H_2O)를 반응로 내부로 주입하여 수증기와 실리콘을 반응시켜 실리콘 산화막(SiO_2)을 형성하는 방법이다.

$$Si(Wafer,\ Solid) + 2H_2O(Vapor) \rightarrow SiO_2(Solid) + 2H_2(\uparrow)$$

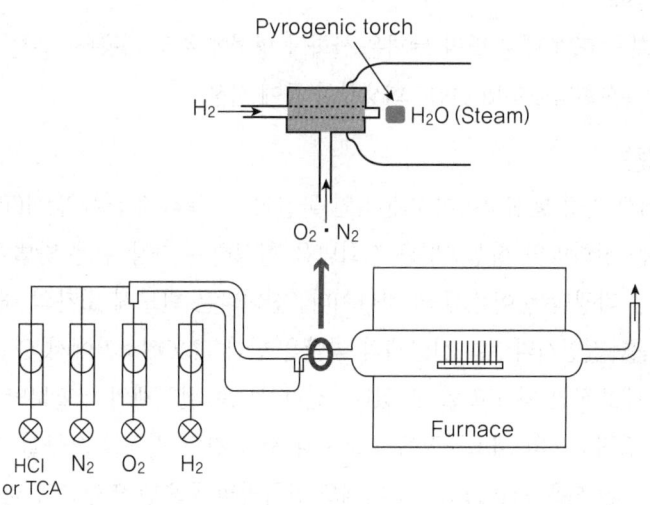

[그림 4-2 Pyrogenic을 이용한 습식 산화 장치도]

습식 산화는 수증기를 고온의 전기로에 주입하는 방식으로 예전에는 수증기를 불어 넣기 위해서 맨틀(Mentle)을 이용하여 수조 안에 들어있는 DI Water를 가열하고, 캐리어(Carrier) 가스로 N_2를 사용하여 DI water를 버블링시킴으로써, 전기로로 수증기를 불어 넣어서 산화막을 형성하였다. 그림 4-3에 Heating Mantle과 Bubbling을 활용한 습식 산화 장치를 나타내었다.

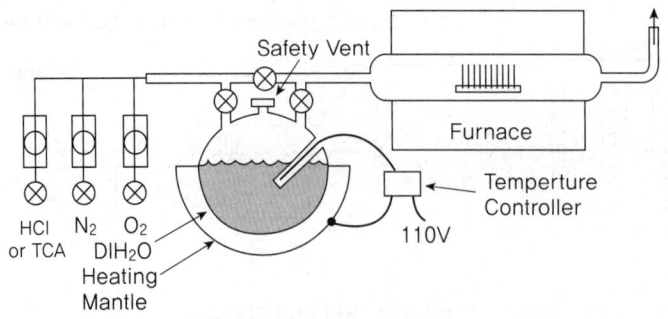

[그림 4-3 Heating Mantle과 Bubbling을 이용한 습식 산화 장치도]

③ 산화 방법에 따른 산화막 비교
  ㉠ 건식 산화
    • 산화 속도가 느려서 얇은 산화막 형성에 사용(~200Å)
    • 패드 산화막(Pad Ox), 게이트 산화막(Gate Ox), STI Liner Ox 등에 사용
  ㉡ 습식 산화
    • 산화 속도가 매우 빨라 두꺼운 산화막 형성에 주로 사용(~ 수천 Å)
    • 필드 산화막(Field Ox), 희생산화 등에 사용

(2) 산화막의 이용

반도체공정에서 가장 핵심적이며 기본적인 물질이다. 특히 열산화 방식(Thermal Oxidation) 으로 형성되는 산화막의 형성방법은 산화막을 형성하는 가장 쉬운 방법이며, 실리콘이 반도체 재료로써 가장 각광받는 이유 중의 하나이다. 산화막은 반도체 소자의 내부에 캐리어들의 이동을 막고 전기를 절연시켜주는 절연체의 역할을 한다. MOS소자에서 Gate 절연막으로 사용되는 산화막이 대표적인 예라고 할 수 있다. 전기적으로 절연체의 역할뿐만 아니라 수많은 소자들로 구성되는 집적회로의 제조공정에서 소자와 소자 간의 격리를 요구할 때, 산화막이 사용되기도 한다(LOCOS 혹은 Trench). 그 외에도 산화막의 중요한 역할은 실리콘 기판상에 원하는 불순물을 도핑하는 공정(Diffusion, Ion Implatation 등)에서 도핑이 되면 안 되는 영역의 확산 방지막의 역할을 하기도 한다. 또한 산화막은 알칼리용액, 불소가 첨가되지 않은 산성용액 그리고 일부 건식 식각용 반응기체 등과 잘 반응하지 않는 안정적인 성질을 띠고 있어서 실리콘 기판 혹은 박막의 건식 식각(Dry Etching)이나 습식 식각(Wet Etching) 시에 식각(Etching) 방지막으로도 사용된다.

① **표면 보호** : 외부의 물리적인 오염(긁힘, 먼지, 오염 등)으로부터 웨이퍼 표면을 보호해 준다.

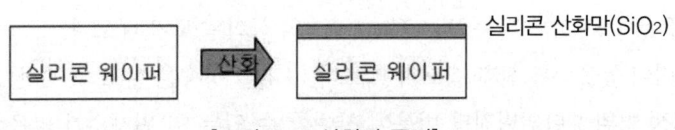

[그림 4-4 산화막 공정]

② **소자 간의 절연(Isolation)** : 소자들을 서로 전기적으로 절연, 격리시키는 역할을 한다.

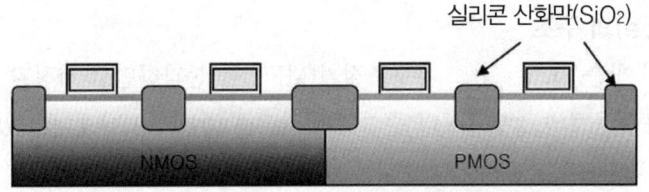

[그림 4-5 소자 간의 산화막 절연]

③ **이온주입 시의 마스크** : 웨이퍼에 이온주입 시 원하지 않는 부분을 산화막으로 막고, 산화막이 없는 부분에만 이온주입하는 이온주입 시의 마스크 역할을 한다.

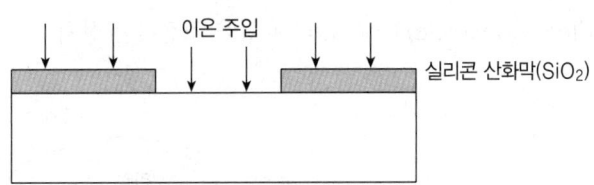

[그림 4-6 산화막을 이용한 이온주입 시의 마스크]

④ **유전체** : 트랜지스터에서의 Gate 유전체 물질 및 Capacitor에서의 유전체 물질로 사용한다.

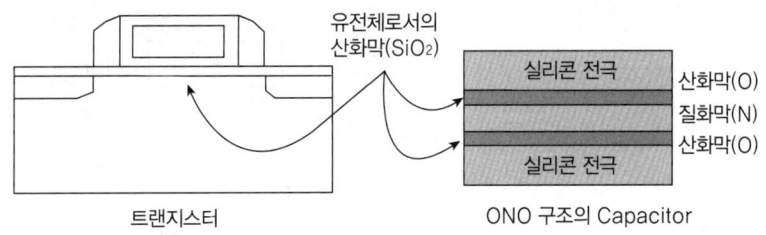

[그림 4-7 산화막을 이용한 유전체]

(3) 산화 속도에 영향을 주는 요소

① 산화 온도 : 고온일수록 산화 속도가 빠르다.

② 산화제 : Dry Ox(O_2)보다는 Wet Ox(H_2O)의 산화 속도가 빠르다.

③ 압력 : 압력이 높을수록 산화 속도가 빠르다. 1기압 상승은 온도 30℃ 상승과 동등하다.

④ 실리콘 결정 방위 : 단위면적당 반응에 참여할 수 있는 Si 원자수가 많을수록 산화 속도가 빠르다. {110} > {111} > {100}

⑤ 불순물(도펀트) : 3족이나 5족의 불순물은 산화 속도를 증가시킨다.

⑥ Cl : HCl 혹은 Cl을 포함한 유기물질 Vapor에 의해 산화 속도는 증가한다.

(4) 반응로(Furnace)의 구조

그림 4-8과 같이 반응 가스는 가스 유량조절기(MFC)를 통과하면서 지정된 양만큼 공급되며, 이들 반응 가스는 반응로의 상부로부터 주입되어 실리콘 웨이퍼가 탑재되어 있는 영역을 거쳐서 반응로의 하부로 배기된다.

건식 산화일 경우에는 O_2만 공급되며, 습식 산화일 때에는 O_2와 H_2가 같이 공급되는데, Torch에서 O_2와 H_2가 반응하여 수증기 상태가 되어서 반응로 내부로 공급된다.

- Boat : 실리콘 웨이퍼를 탑재하는 장치
- Torch : H_2와 O_2를 반응시켜 수증기를 발생시키는 장치
- MFC(Mass Flow Controller) : Gas의 유량을 조절하는 장치

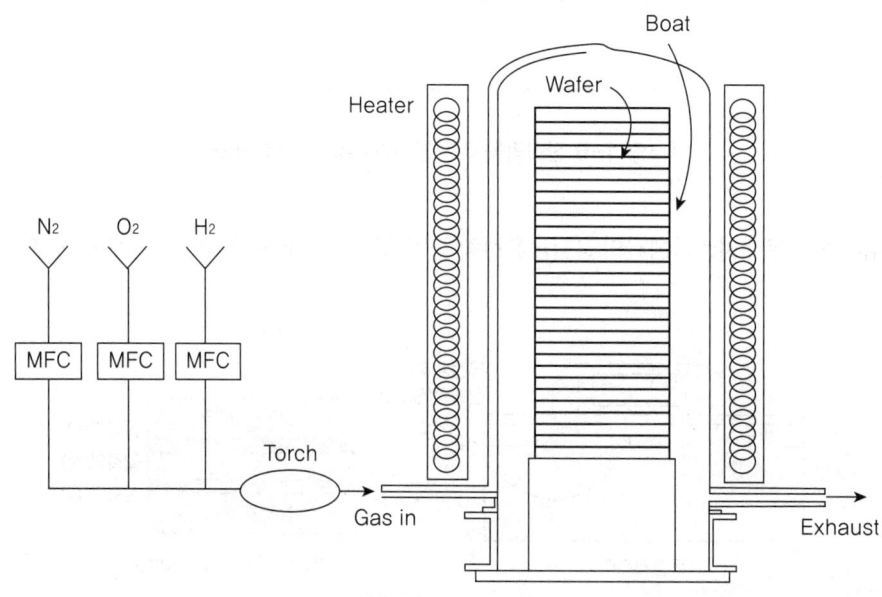

[그림 4-8 Furnace 장비의 구조]

산화로는 산화로의 형태에 따라서 수직(Vertical)형과 수평(Horizontal)형으로 나눌 수 있다. 말 그대로 수평형은 전기로가 수평으로 존재하며, 수직형은 전기로가 수직으로 존재한다. 현재 산화로는 수직형을 사용하고 있다. 그림 4-9에 수평형 전기로를, 그림 4-10에 수직형 전기로를 나타내었다. 전기로의 온도 증가 및 일정 온도 유지를 위해서 5-zone 히터를 사용하고 있다.

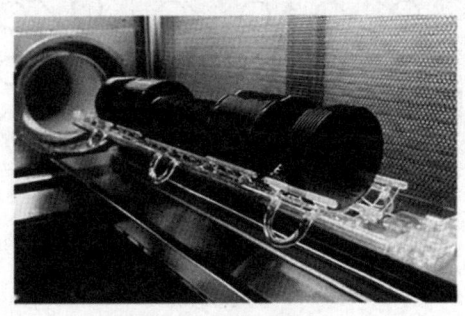

[그림 4-9 수평형 전기로]

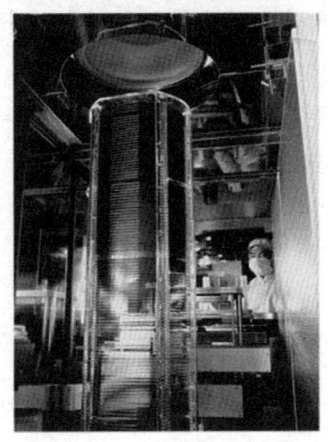

[그림 4-10 수직형 전기로]

❸ 확산공정

(1) 확산의 정의

확산은 매질을 통해 고농도에서 저농도로 물질이 이동하는 물리적인 현상으로 반도체 제조에서의 확산은 고체인 실리콘 웨이퍼에 불순물 원자(도펀트)를 도핑하고, 또 원하는 깊이만큼 불순물 원자(도펀트)를 이동시키는 것을 말한다.

고체에서의 물질 이동 방식으로는, 실리콘 결정격자가 비어 있는 공격자(Vacancy Lattice)로 도펀트 원자(불순물 원자)가 이동하거나(Vacancy Mechanism) 또는 도펀트 원자(불순물 원자)가 격자들 사이를 이동하는 것으로 이해되고 있다(Interstitial Mechanism).

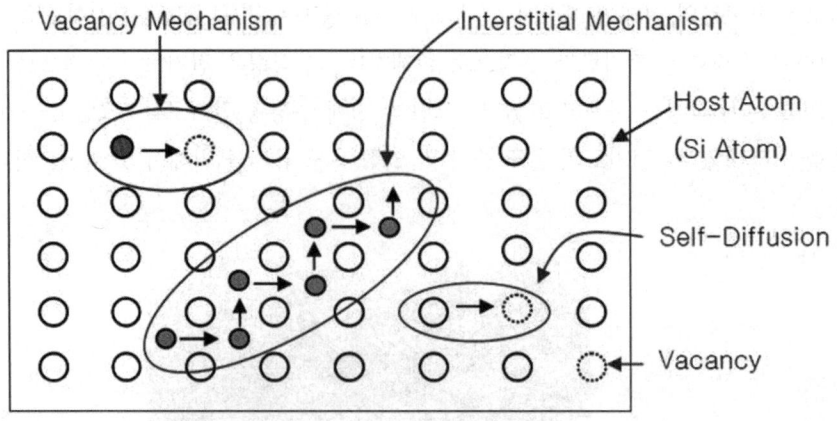

[그림 4-11 확산의 원리의 메카니즘]

(2) 확산의 방법
① **열처리에 의한 방법** : 웨이퍼가 적재되어 있는 반응로에 불순물 원자(도펀트)를 포함하는 가스를 주입하여 실리콘 표면에 불순물 원자(도펀트)를 얇게 증착한 다음, 반응로에서 1,100℃ 이상의 고온 열처리를 하여 불순물 원자(도펀트)를 실리콘 웨이퍼 내부로 원하는 깊이만큼 확산시키는 방법이다.

② **이온주입 + 열처리** : 이온주입기를 이용하여 또는 원하는 불순물 원자(Dopant)를 실리콘 웨이퍼에 주입한 다음, 반응로에서 1,100℃ 이상의 고온 열처리를 하여 불순물 원자(도펀트)를 실리콘 웨이퍼 내부로 원하는 깊이만큼 확산시키는 방법이다.

④ LP-CVD 공정

(1) LP-CVD의 정의
반응 Gas를 반응로 내로 주입하여 650~800C℃ 온도의 저압(수백 mtorr) 상태에서 여러 가지 종류의 막질을 실리콘 웨이퍼 표면에 증착하는 공정이다.

(2) LP-CVD 반응로의 구조
Furnace 반응로와는 달리 LP-CVD 반응로의 배기구는 반응로 내부를 저압 상태로 유지하기 위한 진공 펌프가 설치되어 있으며, 펌프와 반응로 사이에는 압력을 조절하기 위한 압력조절장치(APC)가 설치되어 있다. 그리고 Tube는 진공을 유지하기 위한 Outer Tube, 반응 Gas의 흐름을 구분하기 위한 Inner Tube로 구성되어 있다. 반응 Gas는 MFC를 거쳐서 반응로의 하부로 주입되어 실리콘 웨이퍼가 탑재되어 있는 영역을 거쳐서 반응로의 상부로 이동한 다음 내부 튜브(Inner Tube)와 외부 튜브(Outer Tube) 사이를 거쳐 다시 하부로 이동한 다음 펌프 쪽으로 배기된다.

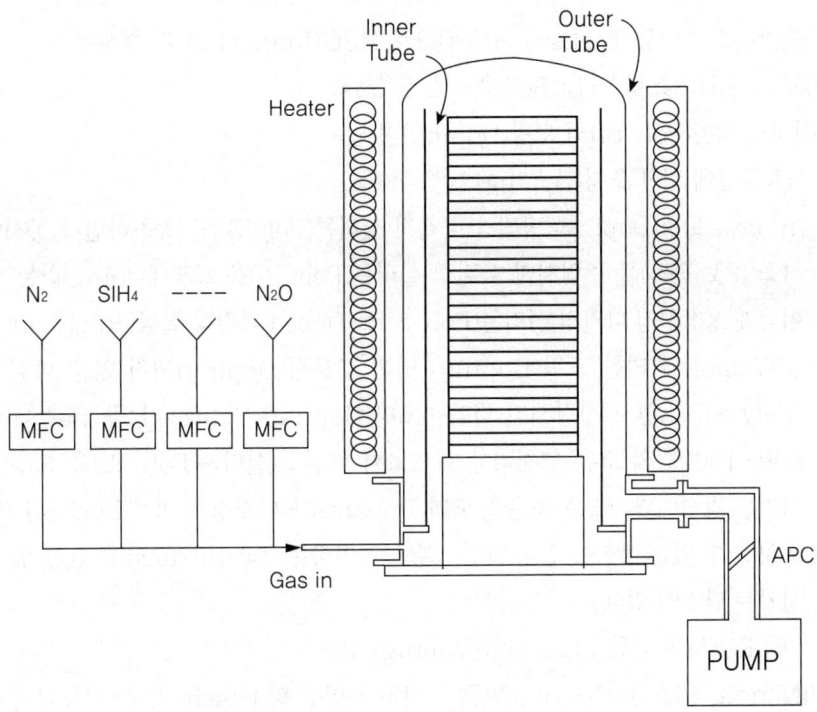

[그림 4-12 LP-CVD 반응로의 구조]

① APC(Auto Pressure Controller) : Tube 내의 압력을 조절하는 장치로, 공정에 따라 Butterfly 방식과 N_2 Ballast 방식이 있다.
② Inner Tube : 반응 가스의 흐름을 구분하기 위한 석영관으로 위가 개방(Open)되어 있다.
③ Outer Tube : 반응로 내부의 진공을 유지하고, 반응로 내부를 외부 환경과 격리시키기 위한 석영관이다.

(3) LP-CVD 막의 종류 및 특성
LP-CVD 공정은 반응에 사용되는 가스원(Gas Source) 및 증착 조건에 따라 Poly-Si, Amorphous-Si, Nitride, Oxide 등을 증착시킬 수가 있다.
① Poly Si
  ㉠ 용도 : 게이트(Gate)나 캐패시터(Capacitor) 전극, 저항, 배선(Inter Connection) 물질로 사용한다. 특히 다결정 실리콘(Poly Si)은 금속에 비해 저항은 높지만 고온공정에 적합하고 불순물 원자(도펀트)의 도핑에 의해 저항 조절이 용이하다. 또한 열 산화막과의 계면 특성이 우수하며, 고른 덮힘층(Step Coverage)이 매우 양호하다.
  ㉡ 결정구
    • Below 580℃ : 비결정 실리콘(Amorphous Si)
    • Above 620℃ : 다결정 실리콘(Poly Si)

- 중간 온도 : 이동(Transition)구간으로 HSG(Rugged Si)가 형성됨
ⓒ 반응식 : SiH$_4$(Gas) → Si(Solid) + 2H$_2$(Gas)
ⓔ 다결정 실리콘(Poly Si)의 도핑(Doping) 방법
- 이온주입에 의한 도핑(Doping) 방법
- In-situ 도핑(Doping) 방법 : 다결정 실리콘(Poly Si)을 증착하면서 동시에 도펀트 가스(주로 PH$_3$)를 주입시켜 다결정 실리콘(Poly Si)을 도핑(Doping)하는 방법이다. 이렇게 성장시킨 다결정 실리콘(Poly Si)을 Doped 다결정 실리콘(Poly Si)이라 한다.
- Diffusion에 의한 도핑(Doping) 방법 : 도핑(Doping)되지 않은 다결정 실리콘(Poly Si)을 먼저 성장시킨 다음, 도핑(Doping) Source가 공급되는 반응로에서 900~1000℃의 고온 열처리를 함으로써 다결정 실리콘(Poly Si)을 도핑(Doping)시키는 방법이다. 매우 높은 농도의 Dopants를 다결정 실리콘(Poly Si) Film에 침투시킬 수 있는 장점이 있는 반면 고온공정이라는 점과 Surface Roughness를 증가시키는 단점이 있다.
(예) POCl$_3$에 의한 Phos 도핑(Doping) 징조

② **질화막(Nitride, Si$_3$N$_4$)** : Nitride 막은 전기적 절연성 및 Passivation 기능이 우수하고 유전율이 높아서 다음의 용도로 많이 사용된다.
ⓐ 보호막(Passivation) : 불순물의 확산을 저지하는 기능이 우수하여, 공정 완료 후 소자의 보호막(Passivation Layer)으로 사용한다.
ⓑ 산화막 마스크(Oxidation Mask) : 산소가 질화막(Nitride) 막을 침투하기 어렵기 때문에, 산화공정 시 질화막(Nitride)이 있는 부분의 산화를 방지할 수 있다.
(예) LOCOS 구조에서의 Field Oxide 형성
ⓒ 캐패시터(Capacitor)에서의 유전체로 사용 : 캐패시터(Capacitor)에서 정전 용량을 높이기 위하여 산화막(Oxide)와 같이 샌드위치 구조로 사용한다(Oxide/Nitride/Oxide).
ⓓ 반응식 : 3SiH$_2$Cl$_2$ + 4NH$_3$ → Si$_3$N$_4$ + 6HCl + 6H$_2$
⟨3SiH$_2$Cl$_2$⟩ : ⟨4NH$_3$⟩의 Gas 비는 1:10을 사용한다.
ⓔ 반응 온도 : 700~800℃

③ **HTO / MTO(High/Middle Temperature Oxide)** : 증착 온도 및 반응 가스의 종류에 따라 HTO 및 MTO로 분류되며, 캐패시터(Capacitor) 구조에서의 유전 물질, 그리고 고압(High Voltage)에서 동작하는 MOS 구조에서의 게이트 산화막(Gate Oxide) 물질로 사용된다(Gate Oxide 두께 : 수백~천Å 대역).
ⓐ HTO
- 반응식 : SiH$_2$Cl$_2$ + 2N$_2$O → SiO$_2$ + 2N$_2$ + 2HCl
- 반응온도: 760℃

ⓒ MTO
- 반응식 : $SiH_4 + 2N_2O \rightarrow SiO_2 + 2N_2 + 2H_2$
- 반응온도: 740

④ LP-TEOS Oxide : 액화원(Liquid Source)인 TEOS[$Si(OC_2H_5)_4$]의 열분해에 의해 산화막이 증착된다. 막질이 HTO나 MTO보다 나쁘기 때문에 게이트(Gate) 산화막이나 캐패시터(Capacitor)의 유전물질로 사용하기에는 부적합하다.
- 공정온도: 640~680℃

⑤ 에피(EPI) 공정 : Si Epitaxial Film
  ㉠ Si Epitaxial 공정 : Si Epitaxial 공정은 실리콘기판과 동일한 결정구조를 유지하면서 단결정 실리콘을 증착시키는 것을 말한다.
  ㉡ Si Epitaxial 공정의 장점 : 에피(EPI) 실리콘 내의 불순물 농도 조절이 용이하여 실리콘 기판과는 다른 불순물 농도(비저항)를 갖는 에피(EPI) 실리콘을 성장시킬 수가 있다. 또한 일반 실리콘 웨이퍼에 산소나 탄소가 포함되어 있지만 에피(EPI) 공정에서는 이들이 전혀 포함되지 않는 에피(EPI) 실리콘을 증착시킬 수 있으며, 이런 장점들로 인하여 소자의 특성을 향상시킬 수가 있다.
  ㉢ 에피(EPI) 공정의 활용 : 최근에는 트랜지스터의 소스/드레인(Source/Drain) 영역에 에피(EPI) 실리콘을 증착하여 소자의 특성(속도)을 향상시키는 쪽으로 활용 범위를 넓혀가고 있다(Strained Si CMOS). 제조 공정에서는 에피(EPI) 실리콘 공정을 BiCMOS에서 NBL(N Type Buried Layer)을 형성하는 용도로 주로 사용하고 있다.

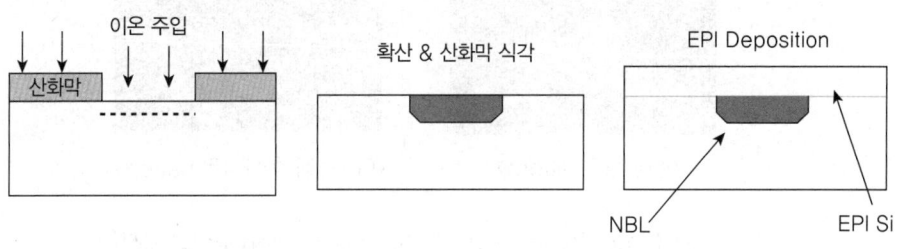

[그림 4-13 Epi 공정]

  ㉣ 에피(EPI) 공정의 문제점
  - Autodoping & OutDiffusion : 에피(EPI) 실리콘을 증착하면서 발생하는 원하지 않는 불순물 원자의 오염으로, Autodoping은 고농도 실리콘 기판의 불순물 원자(도펀트)가 반응로 내의 공기 중으로 확산되었다가 다시 에피(EPI) 실리콘 층으로 오염되는 것이다. 그리고 OutDiffusion은 실리콘 기판에 고농도로 도핑(Doping)되어 있던 불순물 원자(도펀트)가 고체 상태의 확산(Diffusion)에 의해 실리콘 기판으로부터 에피(EPI) 실리콘 층으로 Doping되는 것을 말한다.

- Pattern Shift : 실리콘 기판 위에 형성되었던 원래의 패턴(Pattern)이 에피(EPI) 실리콘이 성장하면서 패턴(Pattern)이 이동하여 에피(EPI) 실리콘 표면에서는 원래와는 다른 위치에 형성되는 문제 → 실리콘 기판의 방위(Orientation)에 의해 나타나는 현상

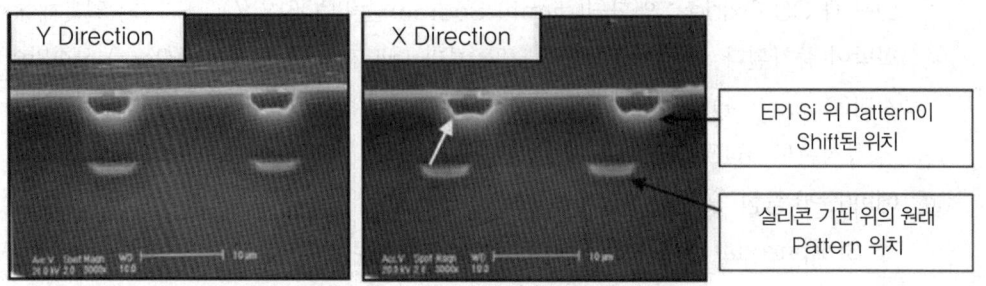

[그림 4-14 Pattern Shift가 없는 SEM 사진(좌)과 Pattern Shift가 있는 SEM 사진(우)]

- 패턴 왜곡(Pattern Distortion) : 실리콘 기판 위에 형성되었던 원래의 패턴(Pattern)이 에피(EPI) 실리콘이 성장하면서 왜곡되어 에피(EPI) 실리콘 표면에서는 왜곡된 형상의 패턴(Pattern)이 형성되는 문제 → 실리콘 기판의 방위(Orientation)에 의해 나타나는 현상

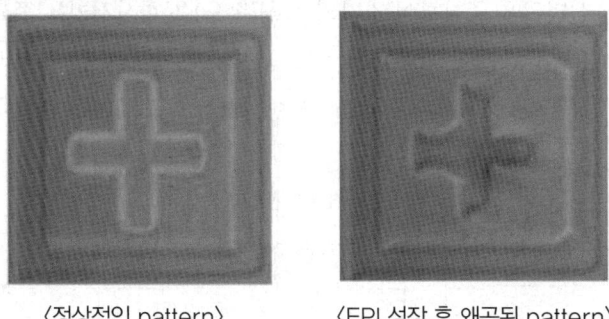

〈정상적인 pattern〉   〈EPI 성장 후 왜곡된 pattern〉

[그림 4-15 정상패턴과 왜곡(Pattern Distortion)패턴의 사진]

제2절 이온주입 공정기술

1 이온주입 공정의 정의 및 개념

Ion(불순물 Dopant)을 생성시킨 후 일정한 Energy로 가속시켜서 Wafer에 균일하게 주입하는 공정이다.

가스 형태로 존재하는 불순물을 장치 내에서 이온화시키고 고전압을 이용하여 이온화된 Ion을

가속시켜 Ion Beam의 형태로 기판에 주입하는 방법을 의미한다. 불순물이 주입되는 깊이는 이온의 가속 에너지에 따라 조절되므로 사용 목적에 따라 적당한 깊이를 선택할 수 있다. 그림 4-16에 불순물 원자의 이온화에 대해 나타내었다.

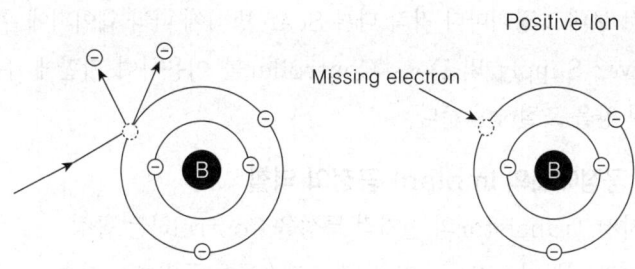

[그림 4-16 불순물 원자의 이온화]

(1) Ion Implanter(이온주입기)의 원리

고진공 상태에서 Arc Chamber에 있는 Filament에 전류를 흘려줌으로써 Filament에서 열전자가 발출되고 이 방출된 열전자는 Filament와 Arc Chamber 간의 전압에 의해 Arc Chamber 쪽으로 끌려가는 도중에 내부에 공급된 Process Gas와 충돌하게 됨으로써 Gas가 최외각전자를 잃게 되어 이온화가 된다. 이때 Arc Chamber 주위에 있는 Source Magnet에 전류를 흘려주면 Filament에서 발생되는 열전자를 나선운동을 시킴으로써 Process Gas와의 충돌 횟수를 증가시켜 이온화의 양을 증대시켜 준다. 그림 4-17에 이온주입 장치의 구성을 나타내었다.

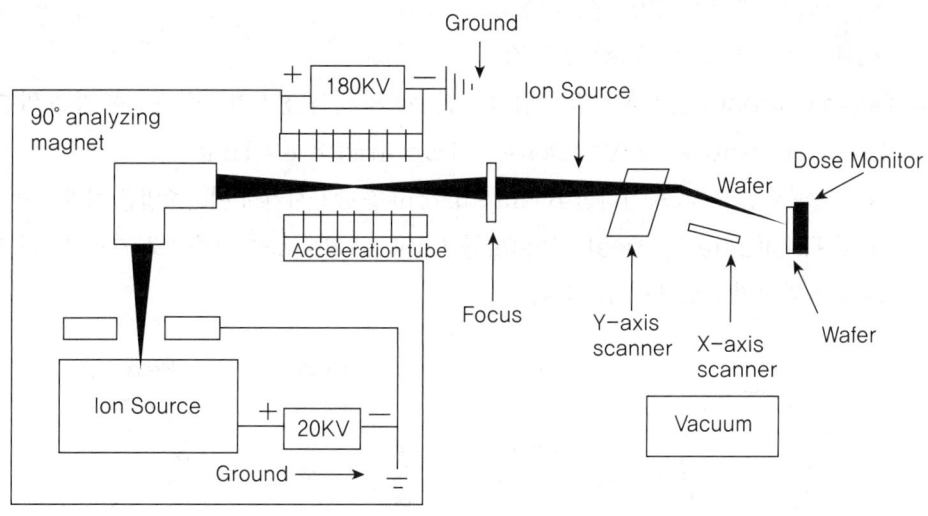

[그림 4-17 이온주입 장치의 구성]

이렇게 형성된 Ion Beam들을 Arc Chamber 앞에 위치한 Extraction Electrode에 Negative 전압을 걸어 Arc Chamber 내부로부터 밖으로 나오게 한다. 방출된 Ion Beam들은 Extraction 전압에 의해 높은 Energy를 가지고 Analyzer Magnet에 전류를 흘려줌으로써 플레밍의 왼손법칙에 의해 질량이 각기 다른 이온들 중에서 필요한 Ion만을 분석하여 웨이퍼가 있는 쪽으로 보내고 장비마다 각각 다른 Scan 방식에 따라 웨이퍼에 주입된다. 그리고 High Voltage Power Supply 및 Dose Controller를 이용하여 기판에 주입하고자 하는 불순물 Ion의 깊이 및 양을 조절하여 준다.

(2) 반도체 FAB 공정에서의 Implant 공정의 역할
① 반도체 소자인 Transistor의 전기적 특성을 Control하는 공정
② 열확산 기술과 더불어 Silicon 기판 내로 불순물을 주입하는 기술
③ LSI의 고집적화, 고밀도화에 대응하여 점점 더 정밀한 불순물의 제어가 요구되며, 이에 따라 Implant 기술은 그 중요성이 날로 더해가고 있다.

(3) Implant 용어
① **AMU** : Atomic Mass Unit의 약자로 고유 질량을 의미한다.
② **Energy** : Energy의 크기에 의해서 Dopant가 Wafer에 들어가는 깊이를 조절해준다. Implant 장비에서는 보통 Extraction(추출에너지)와 Accel(가속에너지)의 합이 Energy를 의미한다. 이온주입에 사용되는 Energy는 보통 10~800keV이다.
③ **Dose** : 단위 면적당 주입되는 이온의 개수(IONS/cm^2)를 말한다. 보통 1E11~1E16 정도가 사용된다.
④ **Dopant** : Species라고도 하며 이온주입에 사용되는 불순물을 말한다.
- P-type : 11B$^+$, 49BF$_2^+$, 115In$^+$
- N-type : 31P$^+$, 75As$^+$, 121Sb$^+$

⑤ **Beam Current** : 단위 시간당 주입되는 불순물의 양을 전기적으로 표현한 값을 말한다.
Beam Current(μA, mA) = Dose × Scan Area × e / Time
다시 말해서 Dose가 증가하면 Beam Current를 증가시켜서 이온주입을 하게 되는 것이다.
⑥ **Tilt / Twist(Beta / Alpha)** : Wafer를 Implant Beam을 기준으로 기울이거나 회전시키는 것을 말하며 그림 4-18과 같다.

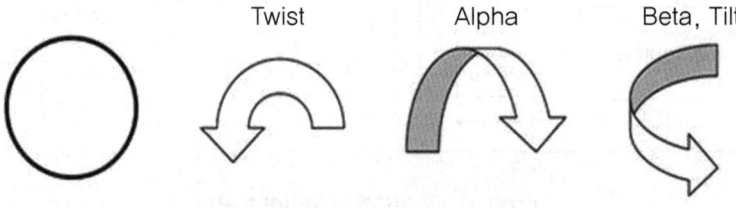

[그림 4-18 Tilt, Twist(Beta, Alpha)]

(4) Implant 공정의 특징
① 이온주입 공정의 장점
- ㉠ 단위 이온주입량의 조절이 용이하다. 즉, 필요한 양만큼 정확하게 주입이 가능하다.
- ㉡ 수평적 확산이 적다. 즉, 이온의 직진성 때문에 불필요한 부분까지 이온이 들어가는 현상을 막는다.
- ㉢ 저온 공정, 즉 상온에서 공정이 가능하며 고온에서의 Wafer의 열적인 손실을 방지할 수 있다.
- ㉣ 불순물 Doping의 정밀도, 제어능력, 재현성이 우수하다.

② 이온주입 공정의 단점
- ㉠ 이온주입 장비는 반도체 장비 중에 가장 복잡하며 고가이다(고전압, 고전류, 고진공).
- ㉡ 실리콘(Silicon) 격자에 손상을 준다. 에너지에 의한 물리적 강제 주입 방식이므로 이온주입 후 열처리가 반드시 필요하다.

❷ 이온주입장비

이온주입장비는 이온주입 공정의 주요 Parameter인 Dose와 Beam Current에 따라 두 종류(Medium Current Implanter와 Hi Current Implanter)로 분류된다. 특히, Energy가 상당히 높은(보통 500keV~2MeV) 공정을 주로 진행하는 High Energy Implanter까지 세 종류로 구분된다.

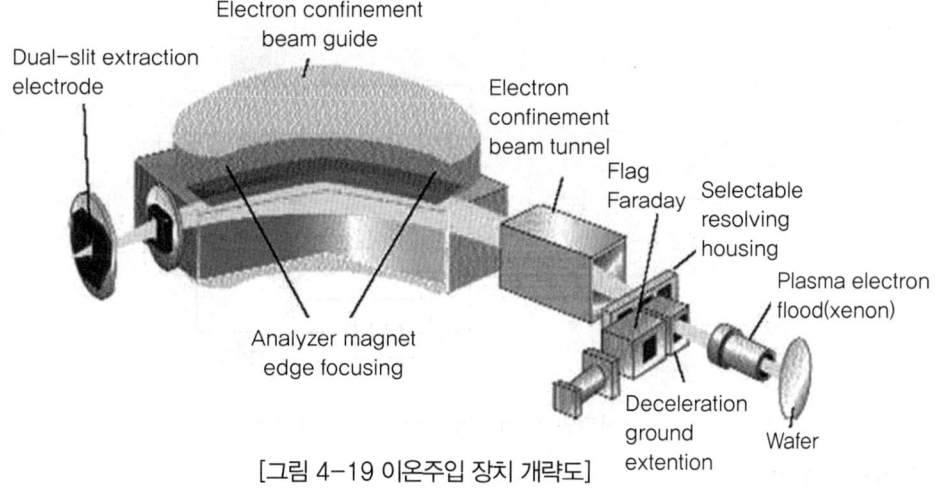

[그림 4-19 이온주입 장치 개략도]

(1) 이온주입 장비의 종류
① Mid Current Implanter : Beam 전류가 보통 1mA 이내 수십~수백 μA로 사용하고 Dose량은 보통 1E11~1E14 ions/cm² 범위를 사용한다.
(예) EHP-500(Varian社), NV-8200P(Axcellis社)

② **High Current Implanter** : Beam 전류가 보통 1~6mA 정도에서 사용하고 Dose량은 보통 1E13~1E16 ions/cm² 범위를 사용한다.
(예) GSD/200E(Axcellis社), GSD/200E²(Axcellis社), VIIsta80(Varian社)
③ **High Energy Implanter** : Beam 전류가 보통 1mA 이내 수십~수백 μA로 사용하고 Dose량은 보통 1E11~1E14 ions/cm² 범위를 사용하나 이온주입 Energy가 보통 500keV~2MeV 정도의 높은 대역에서 사용하게 된다.
(예) GSD/HE(Axcellis社), GSD/VHE(Axcellis社), Genus-1510, 1520(Varian社)

3 이온주입 장비의 구성요소

이온주입장비는 크게 Source, Beamline, Endstation으로 크게 세 부분으로 나눌 수 있다. Source에서 Ion을 형성하고 Beamline에서는 생성된 Ion을 Focusing하며 Endstation에서 Wafer에 전달되는 Beam을 최종적으로 Check 후 이온주입을 실시한다.

(1) Source

Silicon에 이온주입되는 불순물 Dopant는 확산용 As, P, B 등과 같으며 보통 Gas로부터 추출된다(In, Sb의 경우 Solid로부터 추출된다). 즉, AsH_3, PH_3, BF_3 분자로부터 이온이 생성되는 것이다. 물론 N이나 Ge, Si도 Ion화시켜서 이온주입할 수 있으나 양산 Line에 가장 널리 사용되는 Dopant는 As, P, B이다. 즉, 불순물 Source는 Arc Chamber 내에 주입시켜 양이온을 생성하는 장치이다. Source의 대략적인 도면을 그림 4-20에 나타내었다.

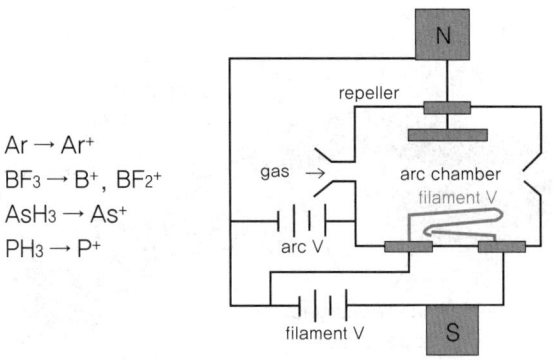

[그림 4-20 Source region의 구조]

(2) Beam Line

Beam Line은 Source에서 생성된 Ion을 추출해내고, Focus하여 가속시켜서 주사(Scanning)하는 장치이다. 보통 Beam Line은 Mass Analyzer, Beam Focusing, Scan & Uniformity Control, Post AcceleRation 등으로 구성되어 있다.
① **Mass Analyzer** : Ion Source로부터 추출되는 Ion들은 Single Charge Atomic & Molecular Ion, Double Charged Atomic & Molecular Ion 등 여러 종류의 Ion

Species들로 구성되어 있다. 이들 중 필요로 하는 이온만을 골라내는 일이 필요한데, 이를 Mass Analyzing이라 한다. 예를 들어 BF3gas를 Ionize시키면 그림 4-21과 같이 여러 종류의 Ion이 생성된다.

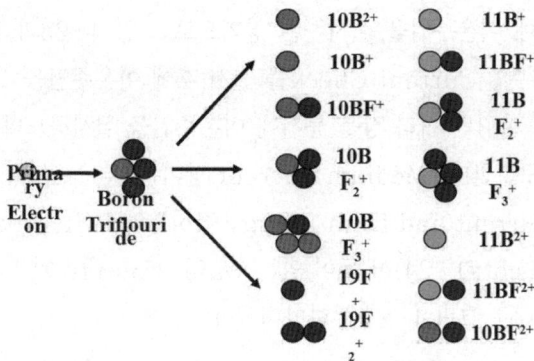

[그림 4-21 Example : Boron Trifluoride]

그림 4-21과 같은 여러 가지 이온들이 Energy를 가지고 자장을 통과하게 되면 이온이 가지고 있는 고유질량에 따라 자장 속에서 휘어지는 양상이 달라지게 된다. 이 원리를 이용하여 원하는 이온을 추출해 내는 일을 하는 곳이 Mass Analyzer이다.

② **Focusing** : Positive Ion들의 다발인 Ion Beam은 Positive Ion들 상호 간의 척력(Repulsive Force)으로 인해 Beam Line을 통과하면서 Beam Blow Up(빔의 퍼짐) 현상이 발생하게 된다. 이와 같은 현상을 방지하기 위하여 Beam Focusing의 역할을 수행하는 곳이 Quadrupole Lens이다.

Quadrupole Lens는 그림 4-22에서와 같이 등간격의 4개의 Magnetic Pole로 구성되어 있다. 그리고 이온빔이 지나가는 위치에 따라 이온들이 인접한 Magnetic Pole들로부터 형성되는 자기장의 영향을 받아 Focusing되는 것이다.

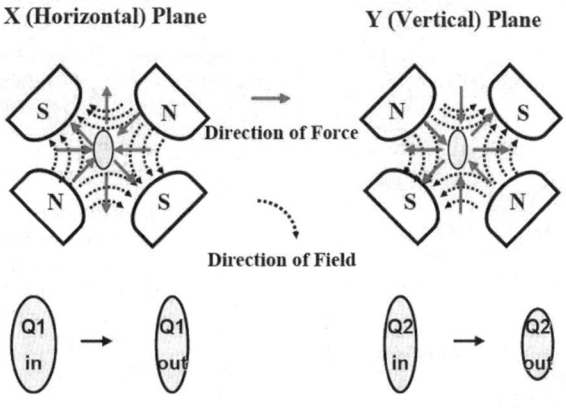

[그림 4-22 Magnetic Forces in Quadrupole Lens]

③ SCAN : Ion Beam을 Wafer 표면에 균일하게 주사하는 장치를 말한다. 이온 빔의 균일한 Doping을 위해서는 Scan 방식이 중요한데 장치에 따라 여러 가지 Scan 방식으로 구분된다.

(3) End Station

최종적으로 Wafer에 이온주입을 실시하는 영역으로 그림 4-23과 같은 Faraday Cup을 통해 최종적으로 이온주입 Current Check를 실시 후에 이온주입을 실시한다. 또한 이온주입을 한 장씩 실시하느냐 아니면 여러 장을 동시에 이온주입을 실시하느냐에 따라 장비를 Serial & Batch Type으로 구분한다. Medium Current 장비는 Serial Type으로 한 장씩 이온주입을 실시하며, High Current and High Energy 장비는 Batch Type 장비로 13장씩 이온주입을 실시한다. 24장(slot#1~24)이 들어 있는 Wafer Cassette가 Loading될 경우를 예로 들어 Type별 장비 형태를 그림 4-24에 나타내었다.

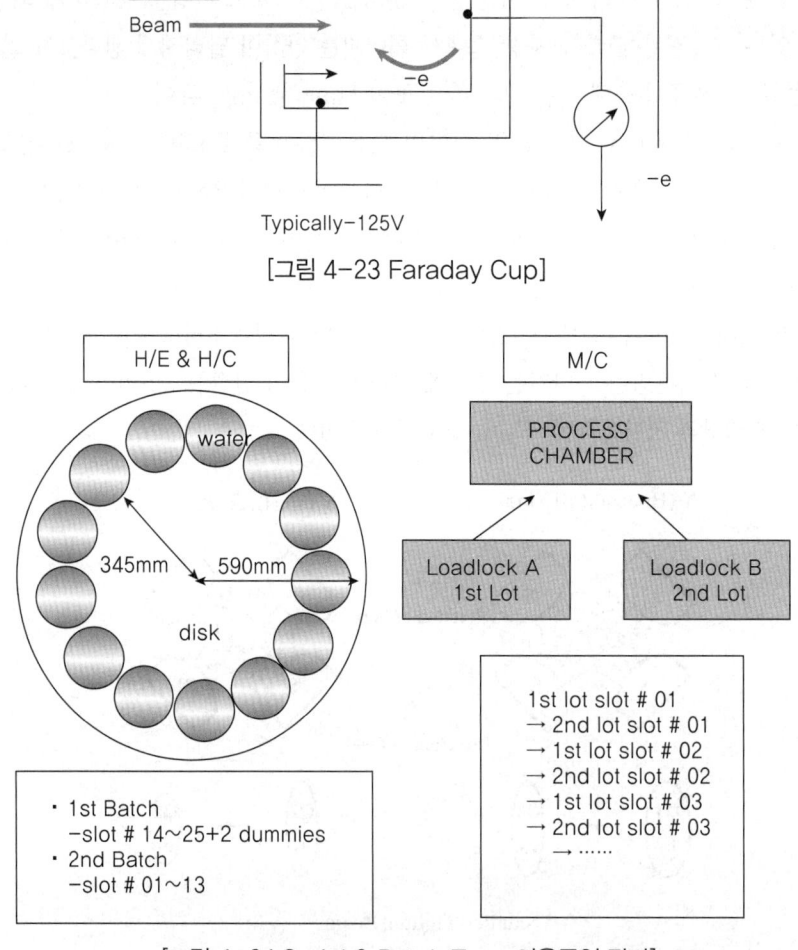

[그림 4-23 Faraday Cup]

[그림 4-24 Serial & Batch Type 이온주입 장비]

4 Implant 응용

(1) CMOS Transistor에서의 Implant Technology

CMOS Transistor에서의 이온주입공정 중 대표적인 공정을 아래에 3개의 Process로 구분하여 간단하게 설명하였다.

① Implant Process 1

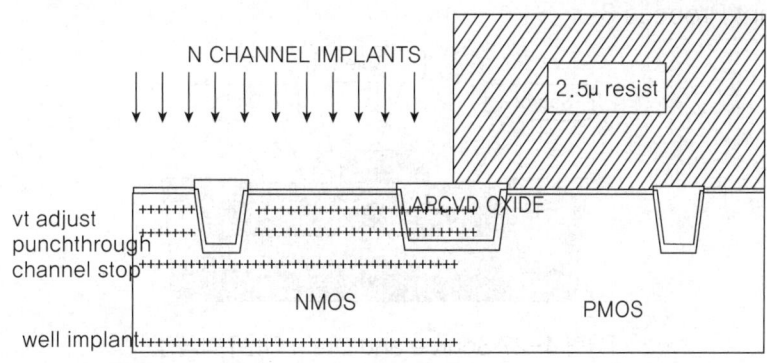

[그림 4-25 Nmos VT, P/T, C/S, WELL 이온주입공정]

㉠ VT Implant : Mos Transistor의 NMOS Gate 전극에 Positive Voltage를 인가하면 정공들이 기판 속으로 밀려나서 Channel이 N-type 영역으로 바뀌는데 이와 같이 Channel 영역이 반대 Type의 반도체로 변하는데 필요한 최소의 Gate 전압을 Threshold Voltage(문턱전압)이라 하고, 이 전압을 조절하는 역할을 수행하는 것이 VT 이온주입공정이다.

㉡ Punchthrough Implant : Drain의 Depletion 영역의 확대를 방지하기 위하여 Puntchthrough-stop Doping Layer를 형성시키는 이온주입공정이다.

㉢ Channel Stop Implant : Moat-to-Moat and Moat-to-Well의 Isolation을 위하여 Field Oxide Layer의 아래에 Implanting을 하여 Channel-stop Doping Layer를 형성시키는 이온주입공정이다.

㉣ Well Implant : Well 형성을 위한 이온주입공정이다.

② Implant Process 2

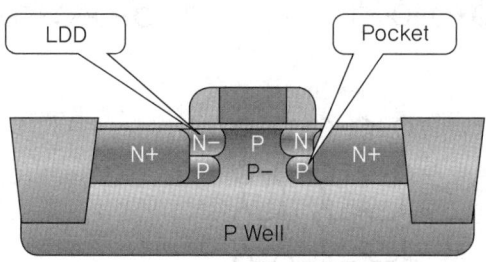

[그림 4-26 LDD and Pocker 이온주입공정]

㉠ LDD Implant : Short Channel에 의해 발생되는 Electric Field로 인해 가속된 Carrier들의 연쇄적인 충돌로 발생된 보다 높은 에너지를 가진 Hot Carrier들의 발생을 방지하기 위해 사용하는 Implant 공정이다.

㉡ Pocket Implant : Source and Drain 영역의 Punchthrough Stop 역할을 수행해 주는 이온주입공정이다.

③ Implant Process 3

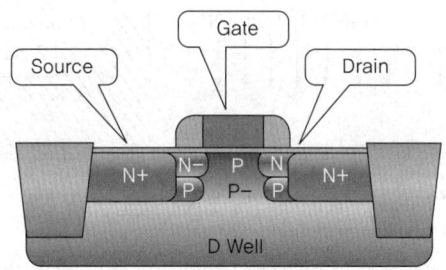

[그림 4-27 Source and Drain 이온주입공정]

㉠ S/D Implant : Source and Drain 전극을 형성시켜 주는 Implant 공정이다.

❺ Rapid Thermal Annealing

(1) RTA 공정의 정의 및 역할

RTA란 Rapid Thermal Annealing의 줄임말이다. 그 역할은 그림 4-28에서와 같이 Silicon Wafer에 이온주입을 실시하게 되면 이온주입된 Si 결정에 손상(Damage)이 발생하고, 이로 인하여 전기적으로 불활성이 되는데 이를 전기적으로 활성화시키기 위해 800~1,100℃에서 행해지는 열처리를 RTA 공정이라 한다.

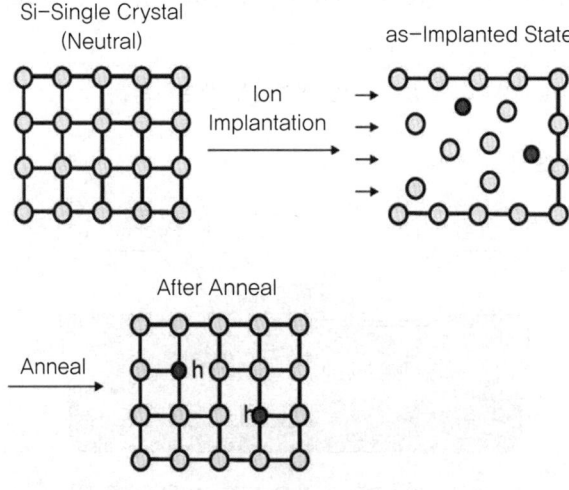

[그림 4-28 RTA 공정]

(2) Annealing의 종류
① Furnace Anneal : 가장 Standard한 방법이며 Vertical Furnace의 Tube를 사용한다. Uniformity가 우수하며 Anneal 시간이 보통 4~5시간 소요된다.
② RTA : 최근에 개발된 기술이며 급속 열처리라고 한다. Halogen Lamp를 사용하고 Uniformity가 Furnace와 거의 유사하며 공정시간은 수십 초 이내이다. Implant 후 Anneal은 RTA를 거의 사용하고 있다.

(3) RTA의 장단점
① 장점
  ㉠ Thermal Budget을 최소한 줄일 수 있다.
  ㉡ Serial Type(Wafer 1장씩 진행)이며 환경의 여러 변수(예를 들면 가공 챔버 속의 여러 Gas들의 압력, 온도의 급변 등)들을 제어하기 쉽기 때문에 Titanium Nitride나 Silicide 형성, BPSG Reflow, CMOS 전극 Gate 형성 등을 위한 열처리 효과가 Furnace에 비해서 우수하다.
  ㉢ Multi-Chamber를 사용함으로써 한 System 내에서 여러 단위 공정을 수행할 수 있다.
② 단점 : 급속 열처리로서 온도가 상승될 때 Temperature 불균형이 발생하면 Wafer에 전달되는 Stress가 강하여 Wafer Broken 현상 등이 일어날 수 있다.

6 Plasma Doping의 개요

(1) Plasma Doping의 정의
Ion Implantation과 마찬가지로 Dopant Gas를 Plasma를 통해 이온화시키고 그 이온들을 웨이퍼로 주입시키는 공정을 말한다. Ion Implantation은 이온을 가속시켜서 웨이퍼에 주입을 하지만 Plasma Doping은 웨이퍼에 음의 전압(Bias)을 걸어 이온(+)을 끌어 당겨 주입한다는 점이 다르다. 그림 4-29에 Plasma Immersion Ion Implantation 장치의 이온주입 Chamber의 내부 구조를 나타내었다.

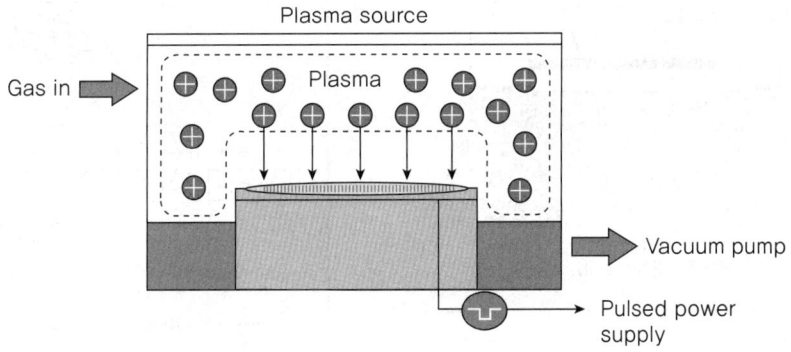

[그림 4-29 Plasma Immersion Ion Implantation 장치]

(2) Plasma Doping의 목적

최근 반도체 소자의 집적도가 증가함에 따라 MOSFET(Metal Oxide Semiconductor Field Effect Transistor) 소자에 나타나는 단채널 효과(Short Channel Effect)에 의해 여러 가지 문제들이 대두되고 있다. 따라서 이들 문제들을 해결하기 위해서는 접합 깊이(Junction Depth), 게이트 산화막의 두께와 소스/드레인 영역의 공핍층 넓이를 감소시켜야 하는데, 이러한 방법 중 가장 효과적인 것이 소스/드레인 영역을 고농도로 도핑하고 접합 깊이를 감소시키는 것이다.

접합 깊이를 감소시키는 공정으로는 저 에너지 이온주입법(Low Energy Ion Implantation)이 가장 널리 알려져 있다. 그러나 공정 중에 발생하는 기판 손상으로 인해 누설 전류의 증가와 더불어 소자 적용 시 표면 저항과 Metal Contact 저항이 증가하는 문제점이 발생하여 얕은 접합을 형성하는 데 적합하지 않다. 또한 생산성 측면에서 볼 때 12인치 이상의 웨이퍼에 적용하는 공정의 양산성에 있어 빔 라인 저 에너지 이온주입 방법은 한계를 보인다. 이 외의 방안으로 실리콘 자가 이온주입(Si-self Implantation), 플루오린(Fluorine: F)이나 안티몬(Antimony: Sb) 등을 이용한 Pre-amorphization 공정을 추가하여 불순물의 확산을 감소시키는 방법 등을 시도하였다. 그러나 이 경우에도 실리콘 표면의 잔류 손상 문제, 누설 전류의 증가, 생산성 저하 문제, 소자에서의 게이트 절연막 손상과 같은 단점들이 나타난다. 이로 인해 대두된 도핑 방법이 플라즈마를 통한 이온주입 방식이다.

(3) Short Channel Effect

① MOSFET의 구동 원리 : n-channel MOSFET의 경우 Gate에 양의 전압을 걸어주면 기판 내에 있던 전자들이 Gate 아래로 몰려들게 된다. 이 전자들의 집합체가 통로를 형성하여 소스에서 드레인으로 전자가 이동(전류는 반대 방향)할 수 있게 된다. 전류의 세기 조절은 Gate 전압(수도꼭지의 개폐 정도)을 변화시킴으로써 가능해진다. 그림 4-30에 MOSFET의 구동 원리를 나타내었다.

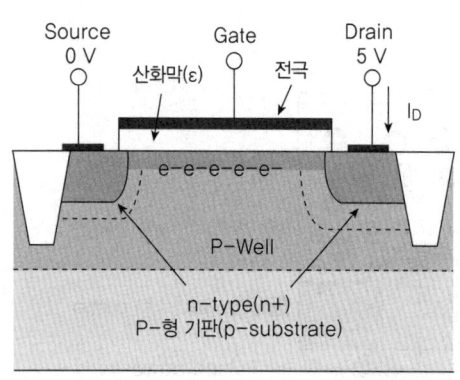
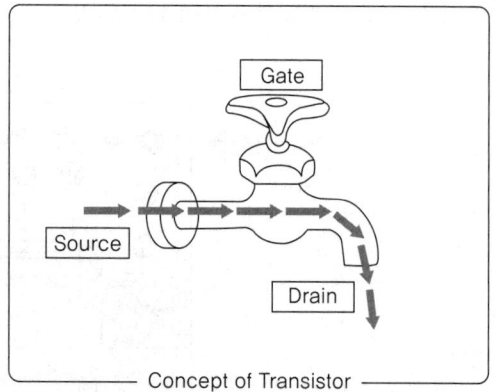

[그림 4-30 MOSFET의 동작 개념도]

② 단채널 효과(Short Channel Effect) : MOSFET 소자의 Scaling Down에 의해서 Channel Length가 짧아지고 Width가 줄어듦에 따라 나타난 효과이다. Channel Length가 짧아짐에 따라서 문턱전압이 낮아지며, 드레인 전압에 의해 형성되는 채널의 공핍 영역이 채널을 가로질러 소스 영역에까지 직접 영향을 줄 수 있는 상태가 되면 게이트에 의한 채널 제어가 불가능해져서 포화전류(SatuRation Current) 특성을 보이지 않고 드레인 전압에 따라서 전류가 계속 증가하는 현상, 즉 Punch-through 현상이 발생하게 된다. 이러한 것들이 단채널 효과의 대표적인 특성이라고 할 수 있다. 그림 4-31에 단채널 효과를 나타내었다.

- Ideal : Inversion layer는 Vgs에 의해서만 형성
- Real : Inversion layer(전하량)가 Vd의 영향을 받게 됨

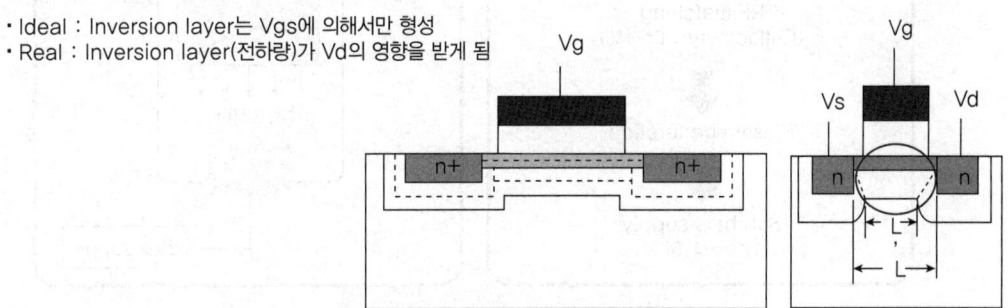

[그림 4-31 단채널 효과에 의한 영향]

(4) Plasma Doping의 특성

① 플라즈마 도핑의 장점 : 최대 가속 전압이 5Kev 이하로 빔 타입의 이온주입 방식과 비교하여 아주 낮아 Ultra Shallow Junction(아주 얇은 접합) 형성이 가능하여 Nano Size의 소자 제조에 유리하고, 플라즈마 파워에 따라 이온의 밀도를 조절할 수 있어 원하는 양의 이온을 주입할 수 있다.
이온주입에서 발생될 수 있는 문제점 중의 하나였던 Shadow Effect가 발생하지 않는다. 즉, FinFET 제조 등에서의 3차원적인 이온주입이 이루어질 수 있다.
또한 이온주입과는 달리 고 에너지를 사용하지 않으므로 표면 결함이 거의 나타나지 않고, 채널링 현상도 거의 없으며, 장치가 이온주입 장치에 비해서 아주 규모가 작고 비용도 저렴하다.

② 플라즈마 도핑의 단점 : 이온주입 장치는 자장을 걸어서 불필요한 이온들이 이온주입 경로를 이탈하도록 함으로써, 불필요한 이온들이 주입되는 것을 방지할 수 있지만, 플라즈마 이온주입은 플라즈마에 의해 이온화되고 남은 음이온이나 라디칼이 혼재되어 있어 원하지 않은 불순물들이 주입될 수 있다. 또한 이온주입량을 카운트 할 수 없어 정확한 양의 이온주입을 실시할 수 없다.

(5) Plasma Doping System의 원리

플라즈마 도핑 장비는 그 원리가 플라즈마 에칭 장비와 유사하다. 플라즈마 에칭 장비는 식각을

할 수 있는 가스를 이온화시켜서 그 이온들을 기판으로 끌어당겨 식각에 이용하는 장비라고 한다면, 플라즈마 도핑 장비는 도핑을 할 수 있는 가스를 이온화시켜서 그 이온들을 기판으로 끌어당겨 주입하는 장비라고 할 수 있다. 그림 4-32에 플라즈마 도핑의 원리를 나타내었다.

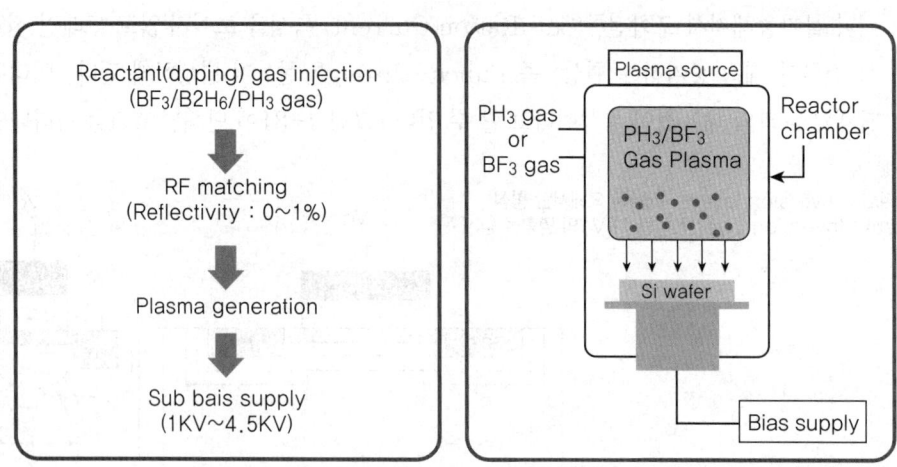

[그림 4-32 플라즈마 도핑 장비의 원리]

맨 처음 도핑 가스를 이온화시키기 위해 가스를 주입하고 챔버 내부의 압력을 일정하게 유지시킨 다음 RF Power를 챔버 상부에 있는 전극에 인가한다. 전극은 ICP(Inductively Coupled Plasma) 타입으로 Quartz(석영)로 된 챔버 외벽에 코일 형태로 감겨져 있어서 RF Power를 인가하면 유도기 전력에 의해 챔버 내부에 플라즈마가 발생한다. N형으로 도핑을 하려면 PH_3나 AsH_3 가스를, P형으로 도핑을 하려면 BF_3나 B_2H_6 가스를 주입시켜서 공정을 진행한다. 플라즈마를 발생시키기 위해서는 챔버 내부의 조건이 플라즈마 발생에 적합하도록 임피던스(Impedance, Ω)를 맞추어 주어야 하는데, 이러한 작업을 매칭(Matching)이라고 한다. 매칭을 위해서 가스를 일정량 흘려주고 압력조절기를 이용하여 챔버 내부의 압력을 일정하게 맞춘 상태에서 RF Matching Controller가 임피던스를 50Ω으로 맞추기 위해 가변 콘덴서를 동작시켜 매칭을 잡게 된다.

플라즈마가 안정하게 발생하면 그 다음으로 기판에 강한 음의 전압(Bias)을 가한다. 기판이 음(-)으로 대전되므로 이온화된 P+이나 B+과 같은 양이온들이 기판으로 끌어당겨져 충돌하게 된다. Bias 전압은 1kV에서 최대 4.5kV까지 가변이 가능하므로 도핑 깊이를 조절할 수 있다.

Part 05 CVD, PVD, RTS, ALD 공정기술

제1절 화학기상증착(CVD) 공정기술

1 화학기상증착(CVD) 공정의 정의

CVD는 Chemical Vapor Deposition의 약어로, 화학물질을 기화시켜 화학반응에 의한 증착막을 구현하는 반도체 제조공정 중 하나이다. 또한 기체 상태를 취급하는 관계로 온도와 압력, 부피가 가장 큰 공정 제어 요소이다. 박막(Film)이 형성되는 과정에는 동종(Homogeneous) 반응과 이종(Heterogeneous) 반응이 있다. 동종(Homogeneous) 반응의 경우는 기체상(Gas Phase)에서 일어나며 이때 형성된 박막(Film)은 박막의 질 측면에서 나쁜 특성과 불량입자(Particle)가 많은 반면에 이종(Heterogeneous) 반응은 웨이퍼 표면에서 일어나는 반응으로 고순도 박막(High Quality Film)을 얻을 수 있기 때문에 이종(Heterogeneous) 반응 위주로의 공정 조건을 유도해야 한다.

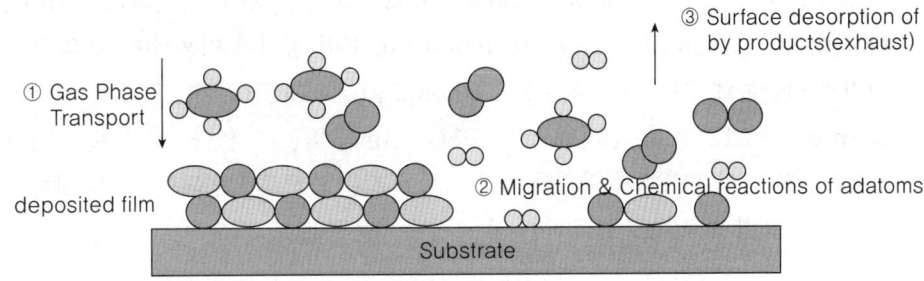

[그림 5-1 CVD에 의한 박막 형성기술]

(1) CVD 공정 및 장비 종류

CVD 장비유형은 크게 AP(Atmosphere Pressure ; 대기압) CVD, LP(Low Pressure ; 저압) CVD, PE(Plasma Enhanced ; 플라즈마) CVD로 나눌 수 있다. 현재 AP CVD의 단점을 보완한 SA(Sub Atmosphere ; 200Torr ~600Torr) CVD, PE CVD와 Sputter Etch를 일체화시킨 HDP CVD가 주력 장비로 많은 반도체 제조공정에 보급되어 사용되고 있다. Cu 다마신(Damascene)과 관련 저유전율(Low K Material) 증착용 장비로 각광을 받을 장비 역시 현재 사용 중인 PE CVD 방식과는 차이가 없다.

[표 5-1 CVD 장비유형별 공정적용]

Process	Pressure	Dep Temp	Energy	Type	Film
AP CVD	760T	500~550℃	Thermal	Belt	SiO_2/BPSG
LP CVD	10T~100T	400~900℃	Thermal	Single Furnace	W SiO_2/SiN/Poly-Si
PE CVD	3T~15T	350~400℃	Plasma	Single Batch	SiO_2/SiON/SiN SiOF/SiOC/SiC
HDP CVD	5.5mT	350~600℃	Plasma	Single	SiO_2/SiOF/SiN/BPSG
SA CVD	200~600T	500~550℃	Thermal	Single	SiO_2/BPSG

① 대기압 화학 기상 증착 : AP(Atmosphere Pressure) CVD

㉠ AP CVD는 상압(대기압)하에서 TEOS(Tetra Ethyl Ortho Silicate ; $(C_2H_5O)_4Si$)와 오존(O_3)을 반응물질로 산화막(SiO_2)를 형성시키는 공정으로, 오존(O_3)을 사용함으로써 저온에서도 박막 증착이 가능하다. AP CVD의 가장 큰 장점은 대기압에서 반응이 일어나도록 설계되었기 때문에 반응이 단순하며, 압력이 높은 상태에서 가스의 평균자유이동 경로(Mean Free Path)가 짧기 때문에 공극 채움(Gap Fill) 능력이 우수하다.

㉡ 그림 5-2는 AP CVD 장비의 WJ 1000 sires의 기본구성을 나타냈다. 본 공정의 원리는 상압인(760 Torr) 챔버를 일정 압력으로 분사되는 N_2 막에 의해 외부와 차단된 상태에서 그 밑을 켄버이어 벨트(Conveyor Belt)를 따라 웨이퍼가 지나가면서 주입구(Injector)로 주입되는 가스가 열(500~550℃)에 의한 반응으로 증착되는 방식이다.

㉢ 반응 물질로 TEOS와 O_3에 의해 생성된 산화막(SiO_2)을 불순물(Doping)이 첨가되어 있지 않다고 하여 NSG(Nondoped Silica Glass) 또는 USG(Undoped Silica Glass)라고 한다. STI(Shallow Trench Isolation) Fill 공정에 이용되며, 위의 반응물질 이외에 불순물로 TMP(Tri Methyl Phosphate ; $P(CH_3O)_3$), TMB(Tri Methyl Borate ; $B(CH_3O)_3$)를 첨가함으로 BPSG Film을 얻을 수 있다. 최근에는 Ethyl기가 함유된 TEPO와 TEBO가 안정한 박막 특성을 갖는 것으로 확인되어, 점차 대체되는 추세이며 PMD(Pre Metal Dielectric) 공정에 이용된다.

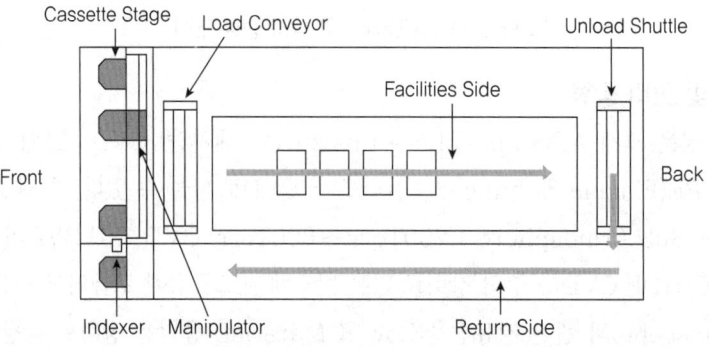

[그림 5-2 ASML사의 WJ 1000/1500 AP CVD 장비 구조]

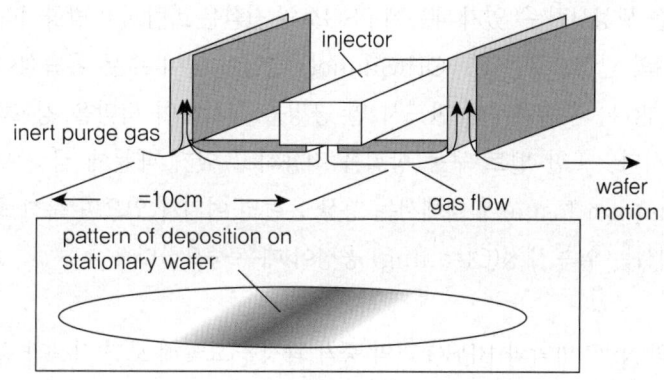

[그림 5-3 WJ 1000/1500 AP CVD 장비 Injector 형태 증착 방법]

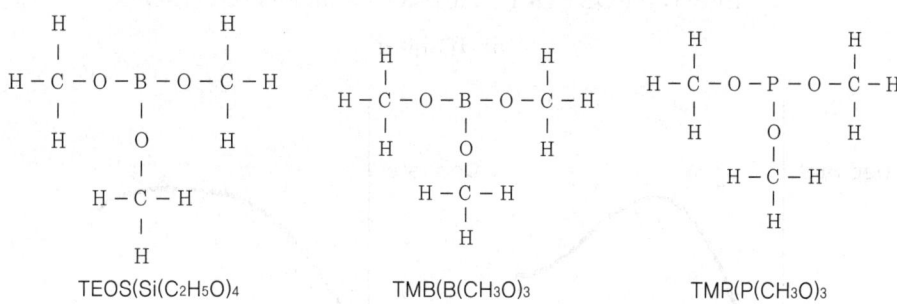

[그림 5-4 화학 구조(Liquid Source)]

ⓔ AP CVD 방식으로 NSG 박막을 증착할 때 하층(Sub Layer) 막질(Surface Sensitivity)에 따른 성장 속도가 큰 차이를 나타내어 이를 보완하기 위해 NSG 박막 증착 전에 열 산화막(Thermal Oxide)을 미리 증착하여 일정한 성장률을 유지하도록 공정 조건을 보완한다. 그리고 PMD 박막층으로 사용되는 BPSG 박막에서 보론(Boron)과 인(Phosphorus)을 산화막(SiO_2)에 첨가하는 이유는 보론(Boron)의 경우 산화막이 완만한 단차의 성질을 갖게 하여 850℃ 고온에서 열처리를 실시하면 산화막이 완만하게 되어 하층막 패턴에 의한 단차를 평탄화가 일어나도록 하는 역할을 하기 때문이다. 인(Phosphorus)의 경우 알카리 이온(Na + ion, K+ ion)을 포획하여 트랜지스터 형성층으로 침투를 막는 역할을 하여 소자 특성에 나쁜 영향을 배제하기 위해 적용되고 있다.

ⓕ 메모리 소자에서는 PMD 박막에 CMP 공정을 적용하여 평탄화시키는 공정을 적용하지 않고 있기 때문에 BPSG 박막을 현재까지 적용하는 경우가 많다. 그러나 비메모리 Device의 경우 CMP 공정를 PMD 박막층까지 적용하고 있으므로 최근에는 박막이 완만하게 하는 특성을 배제시킨 PSG 박막이 적용되고 있는 추세이다. 특히 보론(Boron)이 함유되어 있을 경우 간혹 수분과 반응하여 BPO_4라는 크리스탈 모형의 결점(Crystal Defect

Particle)을 생성시킬 수 있기 때문에 PSG로의 전환은 바람직한 방향이라고 할 수 있다.
ⓑ O_3-TEOS의 단점으로는 Si-OH(Silanol) 결합이 많아 수분 흡습성이 다른 CVD 박막에 비해 많다. 후속공정에 반드시 열 공정을 실시하여 박막을 경고하게 해 주는 공정이 필요하다. 또한 벨트 구동 방식을 적용하고 있기 때문에 금속오염 문제(Metal Contamination Issue)에 대해서는 항상 논란의 여지가 있으며 특히 초기 공정인 STI fill 증착에서는 후속 세정(Cleaning) 공정이 매우 중요하다.

ⓐ AP CVD의 NSG 박막과 BPSG 박막 증착 과정을 요약해 보면 다음과 같다.
NSG: TEOS: $Si(C_2H_5O)_4) + O_3 \rightarrow SiOH + CH_3CHO + O_2$
550℃ heat
BPSG: $TEOS + TMP + TMB + O_3 \rightarrow SiO_2 + P_2O_5 + B_2O_3$
550℃ heat

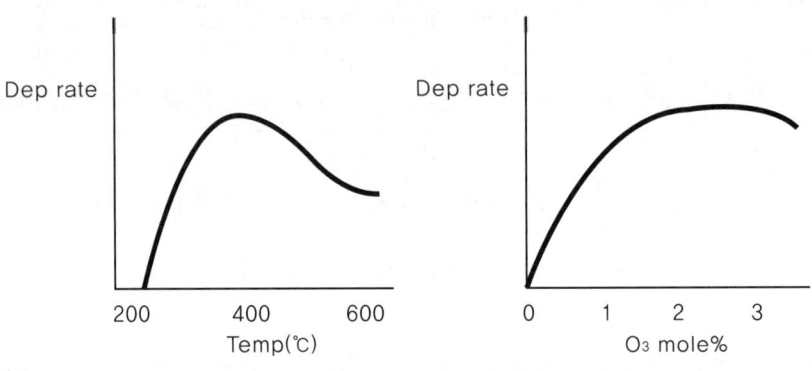

[그림 5-5 공정 변수에 대한 박막 성장율]

② 준 대기압 화학 기상 증착 : SA(Sub Atmosphere Pressure) CVD
벨트구동 방식인 AP CVD WJ 999/1000/1500 시리즈는 금속 오염의 문제(Metal Contamination Issue)로 인해 등장된 공정이 AMAT社의 SA CVD 공정이며 단독 챔버(Single Chamber)를 적용하기 때문에 반응 챔버와 대기를 격리시키기 위해 대기압 보다 낮은(200Torr~650Torr) 준 대기압(Sub Atmosphere)를 유지 하며, WJ 1000/1500에서는 각각 반응 가스의 인입구가 다른 주입기를 사용하여 미리 혼합된 가스가 챔버로 유입되지 않으나, SA CVD는 Shower Head를 사용하는 관계로 챔버 내부로 가스가 인입되기 전 부터 혼합되어지기 때문에 동종(Homogeneous) 반응이 일어나기 쉽다는 단점이 있으나 히터(Heater) 방식의 Ceramic Chuck(CxZ)을 적용하고 있기 때문에 웨이퍼 후면(Wafer Back Side)의 금속오염 문제(Metal Contamination Issue)에 관한한 AP 방식인 WJ 1000/15000 시스템보다는 유리하며 두께 균일도 측면에서도 Shower Head Type인 SA CVD가 우수하다.

SA CVD의 응용은 AP CVD 적용분야와 동일하며 단독 챔버 형식으로 이루어져 있으나 시간당 생산량(Through-put)이 낮아 이중 챔버(Twin Chamber) 본체 구조로 전환되어 사용되고 있다.

③ 플라즈마 화학 기상 증착 : PE CVD(Plasma Enhanced CVD)

금속 박막층(Al)이 형성된 이후 공정에서는 알루미늄의 녹는점(Melting Point)이 낮기 때문에 온도에 의한 금속 박막층 변화에 세심한 주의가 요구된다. 과거 단층 금속층 구조였던 4M DRAM 제작 당시에는 금속 보호막만이 낮은 온도에서의 증착막이 요구되었으나, 금속층 구조가 2층, 3층, 4층, 5층 그 이상으로 높게 쌓이면서 금속막과 금속막 사이의 절연막으로 낮은 온도에서도 양질의 박막을 얻기 위한 노력의 결과 플라즈마(Plasma) 에너지를 이용, 낮은 온도에서도 반응 가스를 분해하여 증착할 수 있는 기술이 응용되고 있다. 이를 PE CVD라 하며 플라즈마(Plasma)를 발생시키기 위한 전원으로는 주로 13.56Mhz(1초에 +와 - 극을 135,600,000회 진동)의 주파수를 갖는 RF(Radio Frequency) 전원을 사용하며, 300~400℃에서 SiO_2, SiN, SiON Low K(SiC, SiOC, SiOF)막을 형성하는 데 사용되며 금속막과 금속막 사이의 절연막 또는 Metal 상부층의 보호막으로 주로 사용된다.

[표 5-2 공정에 따른 박막 형성 조건]

필름	Precursors	Thermal Deposition	Plasma-Enhanced
Silicon Nitride	SiH_4 or SiH_2Cl_2 and NH_3	750℃	200~500℃
Silicon DiOxide	SiH_4 O_2[or often N_3O]	350~550℃	200~400℃
	TEOS and O_2	700~900℃	300~500℃
Amorphous Silicon	SiH_4	550~600℃	300~400℃

표 5-2는 플라즈마 에너지(Plasma Energy)를 사용함으로써 열에너지만을 사용할 때보다 낮은 온도에서 박막을 증착할 수 있다는 것을 보여 주고 있다.

최근에는 플라즈마 공정 기술을 응용 발전시켜 ICP(Inductively Coupled Plasma ; 유도쌍 플라즈마)를 이용하여 HDP(High Density Plasma ; 고밀도 플라즈마, 일반 PE CVD 공정에 비해 이온의 개수가 E1 order 가량 많음, 약 $1.0E12ea/cm^3$) 공정이 CVD 전 공정을 응용할 수 있는 수준까지 이르고 있다. 또한 비메모리 소자의 게이트 산화막(Gate Oxide)의 두께가 계속 얇아지는 추세로 PE CVD공정 시 금속 패턴의 안테나(Antenna) 효과에 의한 플라즈마 악영향으로(Plasma Damage) 게이트 산화막(Gate Oxide)이 파괴되어 불량률이 발생되는 문제가 있다.

그림 5-6과 그림 5-7은 각각 AMAT와 Novellus사의 대표적인 PE CVD 주요 장비 구조 시스템을 나타냈다.

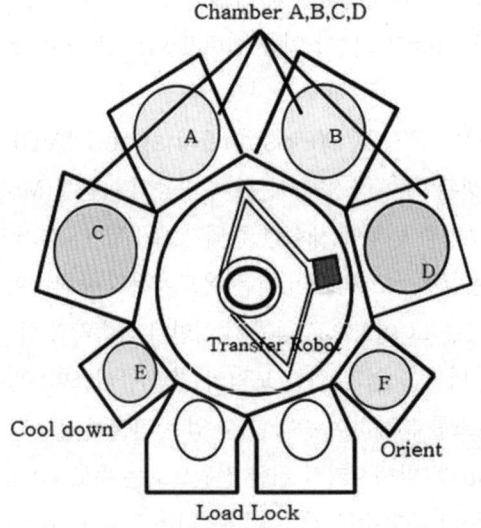

[그림 5-6 AMAT Centura 5200 시스템]

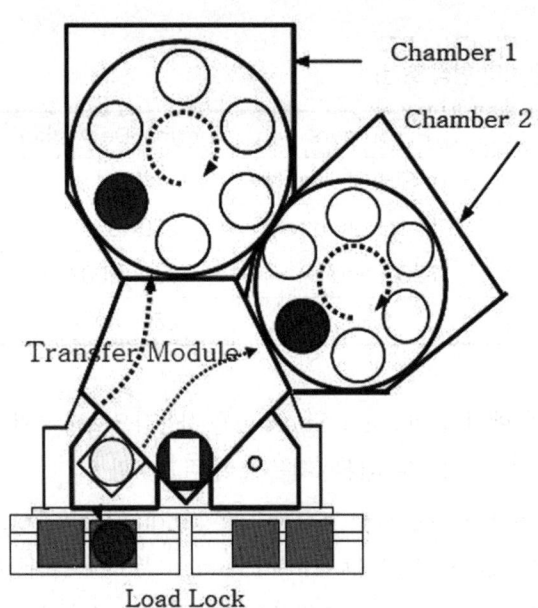

[그림 5-7 Novellus Concept 2 Sequal 시스템]

㉠ AMAT PE CVD

AMAT社의 PE CVD 장비 변천사를 살펴보면 1980년대 말 6인치 웨이퍼 공정 적용 시 Precision 5000 MARK series라 불리는 제품으로 소개되기 시작했다. 이동 전환모듈(Transfer Module)에 8장의 웨이퍼를 적재할 수 있는 엘리베이터(Elevator) 와 이중 카셋트(Dual Cassette)를 수용하지만 Load Lock 통로는 하나로 되어 있는 주요 구조를 가지고 적용하였다. 이어 8인치 웨이퍼 도입과 공장 자동화가 도입되면서 Dual Load Lock에 E에 해당하는 냉각(Cool Down) 챔버, F에 해당하는 웨이퍼 정렬(Orient Chamber)을 갖춘 centura 5200 주요 구조로 발전하게 되었다. 시간당 생산량(Through-put)을 극대화시킨 PRODUCER라는 제품이 12인치 세대가 도입된 2000년 초부터 보급되기 시작하였다. 이와 더불어 절연막 CVD 챔버(Dielectric CVD Chamber)에 해당하는 부분의 변천은 초기 램프 히터(Lamp Heated) 방식의 웨이터 CHUCK인 DLH에서 Resist Heated 방식인 DxZ로의 전환 이후 오랫동안 공존해왔으며 점차 DxZ로의 추세로 가고 있다.

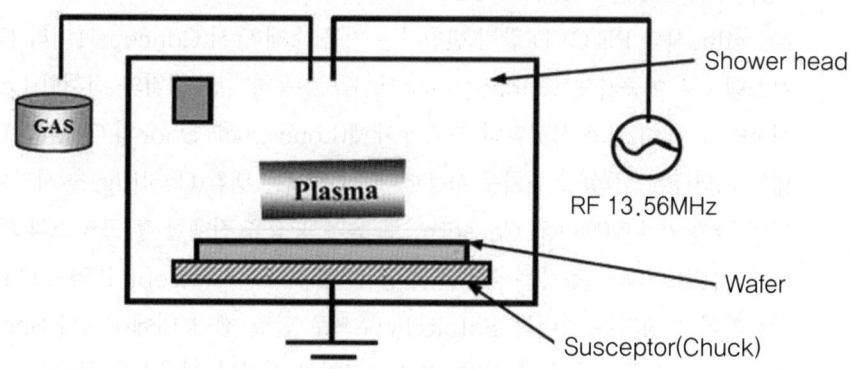

[그림 5-8 AMAT CENTURA DLH/DxZ 챔버 구조]

그림 5-8에서와 같이 AMAT PE CVD 장비의 대표적인 Centura 5200에 장착된 챔버 형태를 간단하게 나타냈다. 앞서 언급했듯이 Lamp Heated(Halogen Lamp에 의한 복사열) 방식의 DLH(Dielectric Lamp Heated의 약어) 챔버와 Resist Heated 방식의 DxZ, 두 종류의 챔버 종류가 있다. 이 둘은 구성품의 차이는 있으나 기본 원리는 동일하며 챔버 크기는 DxZ가 조금 크다. 현재 거의 대부분 DxZ가 신규수요를 소화해 내고 있으며 Low K 증착 역시 DxZ 챔버를 이용하고 있다.

[표 5-3 공정에 따른 박막 형성 조건]

공정	공정 가스, 화학물	공정온도	공정압력	필름
ARC SiON	$SiH_4+N_2O+N_2$	350~400℃	4~9 torr	SiON
IMD/PO Oxide	$SiH_4+N_2O+N_2$	350~400℃	4~9 torr	SiO_2
	$TEOS+O_2+He$	350~400℃	8~13 torr	SiO_2
PO NIT	$SiH_4+NH_3+N_2$	350~400℃	4~9 torr	SiN
FTEOS	$TEOS+SiH_4+O_2+N_2$	350~400℃	8~13 torr	SIOF

AMAT사의 PE CVD 장비가 주로 이용되는 공정은 표 5-3과 같으며 이때 사용되는 가스와 화학용액도 정리해 놓았다. Novellus 장비와의 큰 차이점은 단일 챔버 방식이며 단일 HF(High Frequency : 고주파 13.56MHZ) RF(Radio Frequency)를 사용한다는 것이다. 절연체 박막 특성의 지표인 굴절률과 스트레스(Stress)의 조절은 Shower Head와 웨이퍼가 놓인 수직 거리인 공간 간격(Space Gap)과 RF Power를 소프트웨어를 통해 입력값을 변경하여 원하는 목표값에 일치시킬 수 있다. AMAT사 장비의 가장 큰 장점은 장비를 제어하는 소프트웨어가 타 회사 장비들에 비해 체계적이고 세세한 부분까지 소프터 웨어로 조절이 가능하다는 점으로 엔지니어들에게 친밀감을 준다.

ⓒ Novellus Concept 2 SEQUEL

Novellus사의 PE CVD 장비 변천사는 처음 소개 당시 Concept 1이라 불리는 6인치용 시스템으로 이중카셋트(Dual Cassette)를 수용하지만 챔버와 적재함(Load Lock) 역시 하나로 되어 있고 적재함의 통로의 개폐(Load Lock Door의 Open과 Close)를 발로 밟는 페달(Pedal)형 스위치를 사용했다. 초기에는 냉각(Cooling)을 시키는 기능이 따로 없어 금속 카셋트(Metal Cassette)로 옮겨 공정을 진행한 후 프라스틱 카셋트(Plastic Cassette)로 재차 옮기는 작업을 병행하기도 했다. Concept 1 역시 Concetp 2와 박막증착이 수행되는 챔버는 Batch Type으로 단일 챔버 내에 6개의 Shower Head와 Station으로 동일하게 구성되어 있다. 그리고 시간당 생산량을 극대화시키기 위해 2개의 챔버를 집약시켰으며 2개의 Robot Blade를 적용하였다.

Novellus사 SEQUEL 챔버의 경우 앞서 언급한 것처럼 단일 챔버(8인치 기준) 내에 6장의 웨이퍼를 동시에 수용할 수 있도록 6개의 Shower Head가 설치되어 있어 용량 면에서 AMAT사의 DLH나 DxZ(4,800CC~5,300CC)에 비해 무려 34배 정도 (175,000CC) 큰 용량을 지니고 있다.

또한 특징적인 것은 HF RF와 LF RF(Low Frequency ; 450KHZ)를 동시에 적용시키는 공정을 택하고 있다는 것이다. 즉, Shower Head에는 HF RF를 인가해 플라즈마에 의한 가스 해리 에너지 원(Energy Source)으로 작용하고 LF RF는 웨이퍼가 놓이는 히터 블럭(Heater Block)에 인가해 약한 교류 바이어스(DC Bias)가 생기게 하여 웨이퍼에 박막 증착 시 챔버 내 일부 이온이 박막 속으로 주입되도록 하여 박막의 스트레스 등을 조절할 수 있는 역할을 수행한다. 증착 방식은 6개의 Shower Head 밑을 웨이퍼가 차례대로 시계방향으로 돌아가면서 누적되도록 하는 방식으로 1/6 두께에 해당하는 만큼 한 스테이션(Station)에서 증착하여 원하는 두께는 6회에 걸쳐서 형성되도록 한다. 이러한 방식은 시간당 웨이퍼 처리량 면에서는 잇점가가 크지만 반면 챔버 내에서 문제 발생 시 웨이퍼 손실이 클 수 있다는 단점이 있다.

또한 인가된 HF RF Power는 6개의 Shower Head로 분배되어 플라즈마를 발생하게 곱 되어 있다. 즉, 500W가 인가되면 각각의 Shower Head에 82.6W씩 나뉘어 인가되게 되어 있어 실질적으로 각각의 웨이퍼에 노출되는 RF Power는 약한 상태이다. 각각의 웨이퍼당 6회에 걸쳐 플라즈마 인가가 반복되므로 이때 가스와 HF RF 사이에 어느 것을 먼저 인가와 단락(on/off)하는 것과 그들 사이에 시간 지연(Time Delay)을 얼마나 줄 것인가에 따라 공정 변수로서 크게 작용할 수 있다. 잔류 가스 배출(Gas Pumping) 시간 역시 웨이퍼 잔유물(Wafer Particle) 발생과 관련된 중요한 공정 변수로 작용한다.

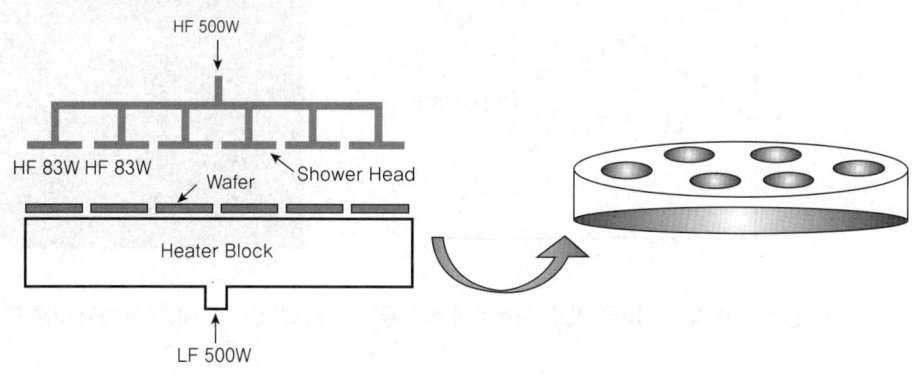

[그림 5-9 Novellus Concept 2 SEQUEL Batch Type 챔버 구조]

④ 고밀도 플라즈마 화학기상 증착 : HDP(High Density Plsama) CVD

HDP CVD의 등장은 기존 증착(Deposition)과 스퍼터 전면 식각(Sputter Etch Back)을 각각 다른 챔버에서 분리해서 진행하던 방식을 동일 챔버에서 증착과 식각을 동시에 수행하게끔 설계된 방식이다.

증착과 스퍼터 식각(Sputter Etch)이 반복되므로, 좁은 금속막과 금속막 사이 공극을 메울(Gap Fill) 수 있어 기존 SOG를 이용한 평탄화 공정을 대신할 수 있게 되었다. 그리고 STI 트랜치(Trench)를 채우는 공정은 물론, 거의 모든 절연막 CVD 공정을 수행할 수 있는 기능을 구비하고 있어 제조공정에서 적용이 늘고 있는 추세이다.

증착과 스퍼터 식각을 동시에 수행할 수 있다는 것이 HDP 공정의 가장 큰 장점인데, 이는 아르곤 스퍼터(Ar Sputter)가 아르곤 이온(Ar Ion)의 직진성을 이용하여 박막 표면과 충돌에 의해 식각을 하는 물리적 반응이다. 이때 수반되어야 할 가장 중요한 조건으로는 낮은 압력인데(수 m Torr), 낮은 압력이 필요한 이유는 아르곤 이온(Ar Ion)이 다른 화학물질이나 이온들과 충돌할 확률을 줄여 직진성을 확보하기 위함이다. 즉, 아르곤 스퍼터 식각(Ar Sputter Etch)을 수행하기 위해 낮은 압력이 필요하기 때문에 Turbo Pump를 사용해야 한다. 그리고 낮은 압력하에서 증착 막을 형성시키기 위해서는 기존의 PE CVD Shower Head 방식으로는 불가능하여 ICP(Inductively Coupled Plasma ; 유도쌍 플라즈마)를 이용하여 HDP(High Density Plasma)를 생성하여 증착과 식각을 가동 시에 수행이 가능한 HDP 공정이 등장하게 되었다. 그림 5-10은 HDP 공정의 특성상 패턴상 45°가 되는 부분에서 스퍼터 식각(Sputter Etch)이 가장 극대화되어 증착 비율과 식각되는 비율이 1:1이 되는 것을 나타낸 것이다. 그래서 그림 5-11과 같이 HDP 공정이 진행된 뒤 단면 SEM 사진을 촬영하여 보면 좁은 금속막 위에는 삼각형 형태의 HDP 박막이 형성되고 폭이 넓은 금속 막 위에는 윗변이 밑변보다 작은 사다리꼴 형태의 HDP 모형을 가지게 된다.

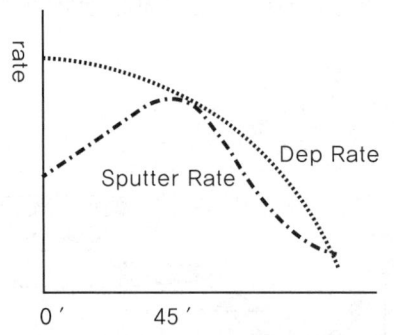 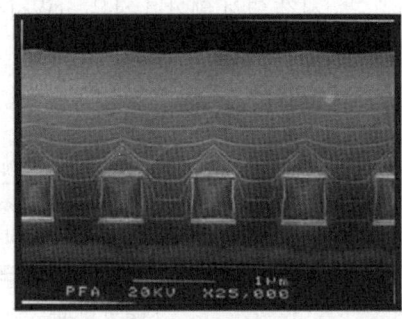

[그림 5-10 각도에 따른 HDP 증착률과 식각율]   [그림 5-11 HDP 두께에 따른 모형의 변화]

HDP 공정은 위에서 언급한 HDP(High Density Plasma)를 생성시키기 위해 ICP를 이용하는데, 이는 반구형 Ceramic Dome 재질에 LF RF가 인가될 구리 코일이 감겨져 있으며 이는 프레밍(Fleming)의 오른손 법칙을 응용한 것이다. 또한 아르곤 스퍼터 식각(Ar Sputter Etch)과 연관되어 아르곤 이온들의 직진성을 배가시키기 위해 DC 바이어스를 발생시키려고 HF RF를 인가해 주는 ESC(Electro Static Chuck)가 매우 중요하다. ESC가 필요한 가장 큰 이유는 ESC의 역할이 정전기를 이용하여 웨이퍼를 움직이지 않게 Chuck에 고정시키는 것인데 이는 아르곤 스퍼터 식각이 수행되면 아르곤 이온의 충돌에 의해 웨이퍼의 온도가 100~150℃ 가량 상승하는데, 원래 증착 시 400℃ 가량 온도가 조성되어 있기 때문에 이 온도가 추가될 경우 금속박막(Al)이 녹는 현상이 나타나므로 웨이퍼 뒷면으로 헬륨 가스(He Gas) 압력에 의한 Chuck에 차가운 열을 웨이퍼에 전달하여 식히는 절차가 필요하다. 이를 위해서 정전기를 이용한 웨이퍼 고정(Clamping)이 필요하게 된다.

웨이퍼 냉각(Wafer Cooling)을 하기 위해 적용되는 웨이퍼 뒷면 가스(Back Side Gas)로 고가임에도 불구하고 He을 사용하는 이유는 열전도율이 가장 좋기 때문에 냉각효율을 극대화시키기 위해서이다. 그림 5-12 그래프는 불활성 기체인 He, Ar, Ne의 웨이퍼 냉각 효과를 비교한 데이터이다. ESC 종류는 크게 단일 극성(Mono Polar)을 가짐과 양극성(Bi Polar)이 있는데 이에 대한 설명은 HDP 장비 업체인 AMAT社와 Novellus社가 각기 달리 사용하기 때문에 장비 특성 소개 시 간단하게 언급하기로 하겠다.

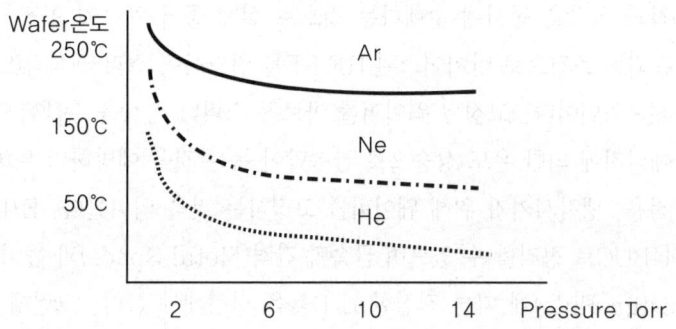

[그림 5-12 불활성 기체별 압력에 따른 웨이퍼 냉각 효과]

㉠ Novellus HDP CVD Concept 2 SPEED
Novellus HDP CVD의 가장 큰 특징은 공정 진행을 하지 않을 때도 항상 이상적인 플라즈마(Idle Plasma)를 인가시켜 놓는 것이다. 이는 항상 이상적인 플라즈마를 인가하는 분위기를 유지함으로써 챔버 내부의 보온을 유지할 수 있으며 플라즈마를 인가와 단락할 때 발생될 수 있는 오염원 생성을 줄일 수 있다는 논리이다. 이는 AMAT社의 HDP 시스템과는 차별되는 요소로 이로 인해 Novellus에서는 양극성 ESC를 사용하고 있다. 양극성 ESC는 어원 그대로 양극을 가지고, 즉 ESC 1/2에 해당되는 부위는 음전하(Minus Charge)로 대전시키고 나머지 부위는 양전하(Plus Charge)로 대전시켜 웨이퍼를 고정(Clamping)했다. 비고정(UnClamping)하는 방식으로 ESC 자체적으로 방전과 정전기 발생을 수행할 수 있는 반면 단점으로 ESC 표면 재료 사용에 제약이 따르므로 아직까지는 단일극성(Mono Polar) ESC에 비해 수명이 짧다는 단점이 있다. 8개의 주입구(Injector)를 사용하여 반응 가스를 주입하기 때문에 두께 변동 폭이 다소 큰 것이 단점이다.

HDP 공정의 공극을 채우기(Gap Fill) 여부를 확인하기 위해 항시 단면 SEM 촬영이 불가능하기 때문에 보조 수단으로 식각/증착률을 구해 간접적인 수치 지표로 삼고 있다.

삭각/증착률(Etch Dep Ratio)을 구하는 방법은 우선 동일 조건에서 HF RF에 의한 아르곤 스퍼터 식각(Ar Sputter Etch)을 배제한 순수한 증착만 이루어지게 HF RF를 '0'으로 고정한 상태에서 공정을 진행한다.

이를 UBUC(UnBiased UnClamped)라 하는데, 여기서 UnBiased란 아르곤 스퍼터 식각(Ar Sputter Etch)을 수행하지 않도록 HF RF를 '0'으로 고정함으로써 교류 바이어스(DC Bias)를 생성하지 않게 한다는 의미이다. 그리고 UnClamped란 아르곤 스퍼터 식각(Ar Sputter Etch)을 수행하지 않으므로 웨이퍼 뒷면에 He을 통한 웨이퍼 냉각을 시키지 않아도 되므로 웨이퍼를 고정하지 않는다는 의미이다. BC(Biased Clamped)

는 증착과 식각을 동시에 수행하는 것으로 실제 공극 채우기 공정(Gap Fill Process)에 적용되는 조건으로 바이어스된 HF RF를 인가하여 스퍼터 식각(Sputter Etch)을 수행한다는 의미이다. 고정된 웨이퍼를 아르곤 스퍼터 식각을 수행함으로써 아르곤 이온의 충돌 에너지에 의한 온도 상승으로 금속막이 녹는 것을 예방하기 위해 웨이퍼 뒷면에 He 압을 적용, 냉각시키기 위해 웨이퍼를 고정하는 것을 의미한다. E/D Ratio는(UBUC-BC)/UBUC로 정리할 수 있으며 금속막 간격(Metal Space)과 높이(Height) 등 디자인 룰(Design Rule)에 따른 적절한 E/D율을 선정해야 한다. 그런데 E/D율이 크면 공극 채우기(Gap Fill)는 충실한 데 반해 금속 박막의 위쪽 모서리가 아르곤 스퍼터 식각(Ar Sputter Etch) 시 충격을 받아 금속막의 깨짐이 발생될 수 있다. 반면 E/D율이 작으면 공극 채우기(Gap Fill)가 제대로 되지 않아 공핍(Void)이 발생될 확률이 크다. 이를 고려하여 적절한 E/D율이 선정되어야 한다.

Novellus HDP Process의 응용은 IMD Gap Fill, Passivation, STI Fill, IMD FSG Gap Fill, BPSG, Cu Damascene FSG Low K에 적용되고 있다. 특이한 점은 STI Fill 시 스퍼터 식각 가스로 아르곤(Ar) 대신 헬륨(He)을 대신 적용하고 있다는 것이다.

HDP 장비 구조는 PE CVD와 동일하며 SPEED 챔버는 고밀도 플라즈마를 생성시키는 Ceramic Dome, 가스를 주입하는 8개의 주입구(Injector), 아르곤 스퍼터 식각(Ar Sputter Etch)을 수행하기 위한 ESC, Turbo Pump, HF RF, LF RF가 주요 구성품이다.

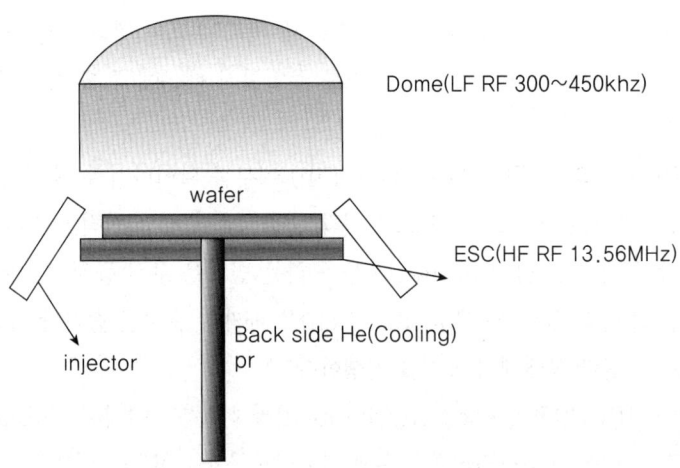

[그림 5-13 Novellus HDP SPEED Chamber 구성도]

ⓒ AMAT HDP CVD Ultima

기본적인 원리는 Novellus HDP CVD와 동일하다. 가장 큰 차이는 단일극성(Mono

Polar) ESC를 사용하는 것인데, 단일극성(Mono Polar)은 수명이 긴 반면 웨이퍼를 고정(Clamping)하거나 비고정(Unclamping)할 때 챔버 내의 플라즈마를 이용해야 한다. 따라서 Novellus와는 달리 매 웨이퍼마다 플라즈마를 개폐시켜야 하는 방식을 취하고 있으며, 웨이퍼 두께 균일도를 좋게 하기 위해서 Dome의 천장 부위에 주입구(Injector)가 추가로 달려 있으며 측면에도 18개의 주입구가 설치되어 있다. 또한 고밀도 플라즈마를 형성시키는 ICP도 다소 높은 2Mhz로 Dome의 천정(Top)과 측면(Side)에 설치되어 두께 균일도 측면에서 유리한 방식을 취하고 있다.

또한 공극 채우기(Gap Fill) 여부를 간접적으로 확인하는 방식이 Novellus와는 달리 증착/스퍼터 식각이라는 규칙을 적용하기 때문에 기본 개념은 같지만 수치적으로는 차이를 나타낸다. D/S를 구하는 방식은 우선 증착과 스퍼터 식각이 동시에 수행된 웨이퍼의 증착률을 구한 다음, 스퍼터 식각율(Sputter Etch Rate)을 구한 후 다음 식에 적용 D/S Ratio를 구한다.

> D/S =(Dep Rate + Sputter Etch Rate)/ Sputter Etch Rate

여기서 나오는 수치는 Novellus E/D Ratio 수치와는 반대로 D/S율이 목표치보다 크면 공핍(Void)이 생길 가능성이 있으며, D/S율이 작으면 공핍(Void) 발생 확률은 적으나 금속 막의 깨짐(Metal Line Clipping) 현상이 우려될 수도 있다.

AMAT HDP 공정의 응용은 IMD Gap Fill, Passivation, STI Fill, IMD FSG Gap Fill, BPSG, Cu Damascene FSG Low K에 적용되고 있다.

⑤ SOG(Spin On Glass)

Device의 고집적화가 계속 이루어지면서 다층 금속배선이 요구되어 금속 간 절연막을 겸하면서 후속 패턴 공정도 원활하게 수행시키기 위해 평탄화 기능도 가진 Liquid Source Coating 형태의 SOG(Spin On Glass) 공정이 각광을 받아 왔다. SOG의 기본 특성은 열처리(Curing)에 따른 수축율(Shrinkage)이 수반되는데 Siloxane계가 박막 내에 카본(Carbon)이 있기 때문에 산소(O_2)와 반응하므로 Silicate계에 비해 수축(Shrink)이 크다.

[표 5-4 N_2, O_2 분위기에서 열처리에 따른 수축율]

Cure 조건	Siloxane계	Silicate계
N_2 분위기	10.70%	20.50%
O_2 분위기	14.40%	19.90%

Dow corning社의 HSQ(Hydro SilsesQuioxane) 계열의 FOx(Flowable Oxide)계는 유전률(Dielectric Constant)이 2.7~3.0으로 낮은 편에 속해 Logic Device의 빠른 Speed(RC delay에서 C값을 낮춤)를 요구하는 소자에 적용되어 왔다.

Spin On Glass 공정의 단점은 Liquid Source의 코팅(Coating) 형태이기 때문에 코팅 후 용매를 휘발시키는 과정이 완벽치 않을 경우 후속공정인 Via plug 공정에서 Via가 비어 있는 상태(Poison Via)를 유발하거나 패키지(Package) 이후 실장에 장착된 후 재현성 문제(Reliability Issue)가 끊이지 않고 제기되는 등 불안정적인 요인이 많은 공정이다. 최근에 HDP FSG(SIOF)로 많이 대체되고 있긴 하나 Low K 물질(Material)로 SOG(Spin On Glass) 계열의 제품 소개도 계속되고 있는 실정이다.

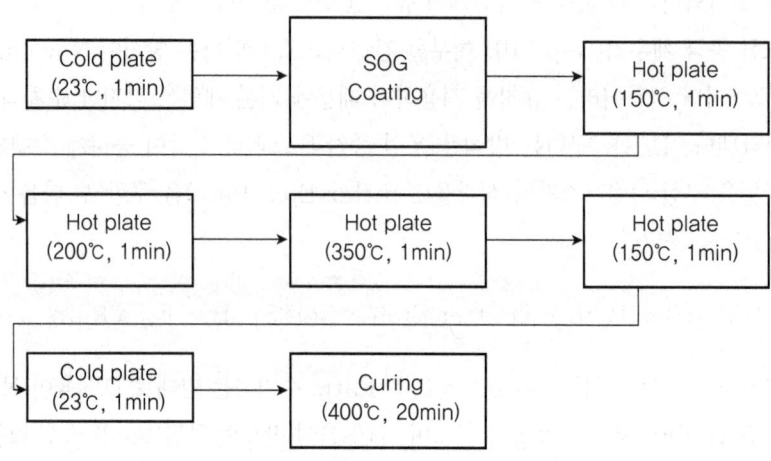

[그림 5-14 SOG 공정의 순서도]

[표 5-5 CVD 공정과 SOG 공정의 장단점]

PROCESS	장점	단점	응용
AP CVD	단순 반응 빠른 증착 속도 Gap Fill 능력 우수	Poor Step Coverage Metal 오염 Cleaning 주기 잦음	STI Fill Layer(Transistor Isolation) BPSG/PSG Layer
LP CVD	불순물이 적음 두께 균일도가 뛰어남 Conformal Step Coverage	High Temp	High temp SiO_2 SiN W-silicide, W-plug Dep
PE CVD	Low Temp 빠른 증착 속도	Hydrogen Content Plasma Damage	금속 층간 절연막(IMD) 소자 보호막(Passivation) 비 반사막(DARC SiON)
SA CVD	Metal 오염 free Cleaning 주기 여유	Crack 발생	STI Fill Layer(Transistor Isolation) BPSG/PSG Layer
HDP	Gap Fill 능력 우수 Dielectric all Process 可	Plasma Damage	STI Fill BPSG/PSG Stop etch Nitride IMD(USG, FSG) Passivation
SOG	Gap Fill 능력 우수 LOW K 구현 가능	Crack 발생 Poisson Via 불량 Reliability Issue	금속 층간 절연막(IMD)

(2) 금속공정 기술의 응용
① CVD 각 공정별 목적

그림 5-15는 비메모리 다층금속 구조의 Device를 CVD 적용 Layer별로 표시해 놓은 것이다. 여기서 CVD 공정에 해당되는 부위의 목적에 대해 간략히 설명하겠다.

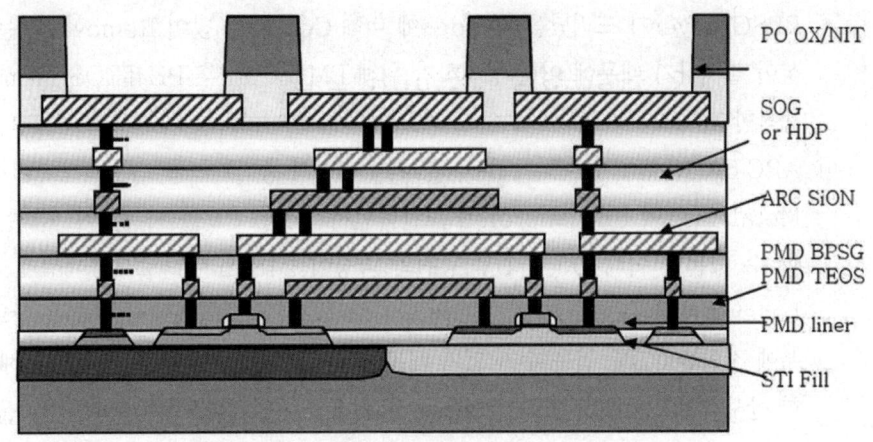

[그림 5-15 EM에 의한 배선의 결점 사진]

㉠ STI Fill

STI는 Shallow Trench Isolation의 약자로 이웃하고 있는 Transistor(CMOS FET)의 절연을 위해 Si Sub를 얇게 Trench Etch한 후 SiO_2막으로 Etch한 자리를 Gap Fill(메꾸는)하여 Isolation(고립)시키는 역할을 하여 Transistor들이 동작을 할 때 바로 옆에 이웃하고 있는 Transistor의 간섭을 받지 않도록 하기 위해 필요한 공정이다.

㉡ PMD Liner

Gate의 전극인 Ti Silicide(or Co silicide)와 Metal-1 Layer의 절연체로 사용되는 PMD Layer인 BPSG Film Dopant의 영향으로부터(특히 Boron) 상쇄시키기 위해 PE TEOS Film을 BPSG Dep 전 증착시킨다. 0.25 이하 Device에서는 Contact to Gate CD Design상 Margin이 없어 Contact Etch 시 Gate 전극을 비켜나 Over Etch가 일어나 Shark Tooth 현상을 초래할 가능성이 많기 때문에 이를 방지하고자 Contact Oxide Etch 시 Selectivity가 커 Stop Etch 역할을 하는 Thin Nitride를 이용하기도 한다.

㉢ PMD BPSG Dep

Gate Pattern 후 Metal-1 Layer를 형성키 위해 Pre Metal Dielectric으로 절연막이 필요하다. 특히 Transistor의 전극인 Gate와의 절연막이기 때문에 Alkali Ion인 Na, K의 침투를 막기 위해 Capturing 기능이 우수한 Phosphorus를 Doping하고 고온에서

(800℃) Flow 특성이 있는 Boron을 첨가하여 평탄화 특성을 좋게 하면서 Etch Rate을 증가시키기 위한 BPSG(Boro-Phospho Silicate Glass) Film이 요구된다.

ⓔ PMD TEOS

Contact W- PLUG E/B을 적용하지 않고 CMP Process를 적용할 경우 바로 Under Layer인 BPSG Layer가 Etch Rate이 일반 SiO_2에 비해 빠르기 때문에 W-CMP 시 BPSG Layer가 드러났을 때 Edge에 비해 Center가 많이 Removal 되는 Dishing현상이 일어나기 때문에 이를 방지하기 위해 PMD CMP후 PE TEOS Film을 Thin하게 증착한다.

ⓜ ARC SiON(Anti Reflectance Coat ; 비반사 증착)

Metal Line이 Sub Micron에 도달하면서 Deep UV를 사용해야 원하는 CD를 구현할 수 있는데 이때 Deep UV 광원의 파장이 248nm이므로, Metal Layer의 ARC Layer로 주로 사용된 ARC TiN의 반사도가 248nm 영역에서 60%을 상회한다. 이 경우에 정확한 CD를 얻을 수가 없기 때문에 반사도를 3% 이하로 낮추기 위해 입사각에 대한 반사각이 $\lambda/2$ 위상 변화가 일어나 상쇄 간섭이 일어나도록 SiON Film을 250Å thk 로 Metal 위에 증착을 한다. 또한 Deep UV Photo Resist Acid 성분에 의해 SiON Film 형성 시 발생한 Amine기와 반응하여 PR이 Footing 현상이 발생하는데 이를 막기 위해 추가로 Cap Oxide(SiO_2) 50Å을 SiON 위에 증착한다.

ⓗ SOG Coat/Cure or HDP IMD

Metal과 Metal 사이의 절연막겸 평탄화를 위해 Gap Fill 능력이 우수한 SOG Coating 공정 또는 Dep Etch 공정인 HDP를 사용한다.

ⓢ PO Oxide, Nitride

마지막 Metal 공정 이후 Device를 Package하기 이전 Handling 과정에서의 Scratch 및 Package 이후 수분이나 오염물질로부터 Device를 보호하기 위한 막으로 사용된다. 특히 Nitride(SiN) 막은 위에서 언급된 보호막으로서 가장 훌륭한 막질이나 Stress가 강해 이를 완화시키기 위해 Nitride(SiN) 막 증착 전에 SiO_2 막을 증착하여 Stress를 완화시키는 역할을 하도록 한다.

② Plasma Damage

Gate Oxide 두께가 Memory소자에서는 아직 50Å 이하에 이르지 않았기 때문에 Plasma를 사용하는 장비에서 Plasma non-uniformity에 의해 Antenna 효과로(피뢰침에 낙뢰가 떨어지는 현상) Gate Oxide가 파괴되는 현상이 거의 발생하지 않고 있다. 하지만 비메모리 소자의 경우 0.25Device의 Gate Oxide 두께가 50Å 이하이며 0.13Device의 경우 40Å 이하까지 이르게 되므로 Metal 이후 Plasma 공정 시 Antenna 효과에 의한 Gate Oxide 파괴가 자주 거론되고 있으며 필자가 근무하고 있는 FAB에서도 종종 발생되고 있다.

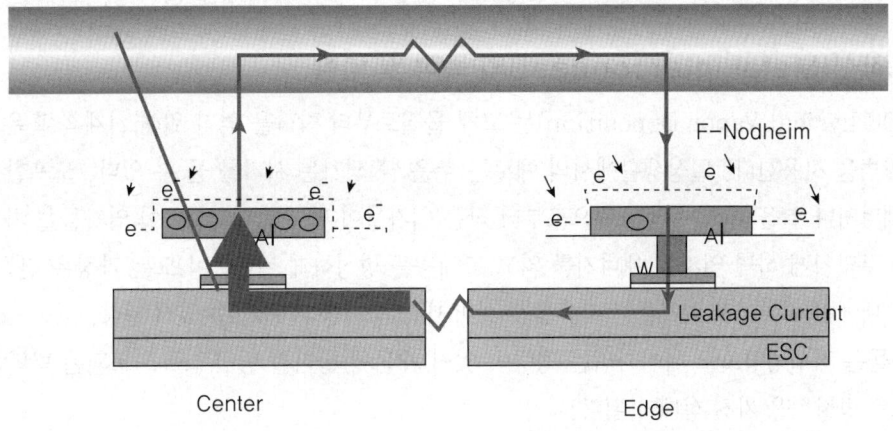

[그림 5-16 안테나 효과에 의한 플라즈마 손상]

특히 몇 년 전까지만 해도 Etch 공정에서만 Plasma Damage Issue가 있는 것으로 알려져 있었으나 PE CVD Dep 공정 중에도 Antenna Ratio가 큰 소자에서는 Plasma Damage가 발생되는 것으로 확인되었으며 실제 Test Pattern을 통해 검증 절차를 걸쳐 확인된 경우도 많다. Dep 공정 중 발생될 수 있는 Plasma Damage의 경우 Chamber Pressure의 불안정을 들수 있는데 특히 Chamber Pressure가 낮을 경우 Plasma 밀도가 상대적으로 넓게 퍼지면서 Plasma의 불균일도를 초래하며, 초기 Ignition(Plasma on) 과정 중 발생될 확률이 가장 크다. 이에 대한 Solution으로는 공정 Pressure를 높여 해결할 수 있다.

이외에 Dep 온도와의 연관성도 배제할 수 없는데 이는 낮은 온도에서 Dep이 이루어질 때 Oxide 내에 Trap Charge들이 많이 형성되어 Gate Oxide 파괴를 가져올 수 있으므로 적절한 Dep 온도를 설정하여 Trap Charge의 형성을 줄여 문제를 해결할 수 있다.

Plasma Damage를 사전에 예방하기 위한 방편으로 실시간 Monitoring이 가능한 Tool 로 SDI社의 PDM(Plasma Damage Monitor) 장비와 Keithley社의 Quntox라는 장비가 있는데 2 장비 모두 같은 원리를 적용한, 즉 Oxide 표면의 Potential Charge를 특수 Capacitance 측정 Probe(Kelvin Probe)로 Cap을 측정하여 Plasma Non-uniformity를 Check하는 방식이다. 그러나 실제 Device의 Pattern Density 등이 전혀 고려되지 않은 상황이기 때문에 정확도에서는 떨어지나 장비를 장기간 Monitoring하면서 경향을 분석 하여 이상 유무를 판정하여 사전 예방하는 데 어느 정도 도움이 된다. 이외에 'Charm Wafer'로 불리는 EPROM을 이용한 소자로 Plasma를 전문적으로 Monitoring하는 Device가 있다. 대부분의 FAB에서는 자체적으로 Test Pattern을 활용하여 주기적인 Monitoring을 하는 경우가 많다.

제2절 PVD(Physical Vapor Deposition) 공정기술

1 금속배선(Metal Interconnect)의 목적 및 역할

PVD(Physical Vapor Deposition)는 고체 물질로부터 박막을 얻기 위해 기계적 혹은 열역학적 방법을 사용한다. 일상생활에서의 예로는 추운 날 생기는 서리를 들 수 있다. 도포할 물질들에 에너지나 열을 가해 주면 표면으로부터 작은 입자들이 떨어져 나간다. 이 입자들을 차가운 표면에 부딪치게 하면 입자는 에너지를 잃고 고체층을 형성하게 된다. 이 모든 과정은 진공상태의 챔버 내에서 이루어져 입자들이 자유롭게 챔버 내의 공간을 이동할 수 있게 된다.

입자들은 직성방향으로 나아가려는 경향이 있기 때문에 물리적 방법으로 도포되는 박막은 일반적으로 방향성을 가진 상태가 된다.

(1) 금속배선

모든 전기 제품이 전선을 통해 전기를 공급해야 작동하듯이, 반도체 칩(Chip)도 외부로부터의 전원(전류)을 내부 소자에 전달해야 동작한다. 외부로부터의 전원(전류)은 금속배선을 통해 이동한다.

(2) 반도체 Chip에서 금속배선의 역할

① 전원 공급(전류 이동 통로)
② 전기 신호의 전달
③ 반도체 칩(Chip)과 외부를 연결

> **참고 사항**
>
> - Contact(콘택) : 금속배선과 소자/Gate를 연결시키기 위해 절연막에 형성된 원형의 구멍으로 주로 CVD W을 구멍에 채워 넣어 전류가 흐를 수 있도록 한다.
> - VIA(비아) : 하부의 금속배선과 상부의 금속배선을 연결시키기 위해 절연막에 형성된 원형의 구멍으로 주로 도체인 CVD W을 채워 넣어 전류가 흐를 수 있도록 한다. Metal-1 상부 비아가 VIA-1이라 한다.

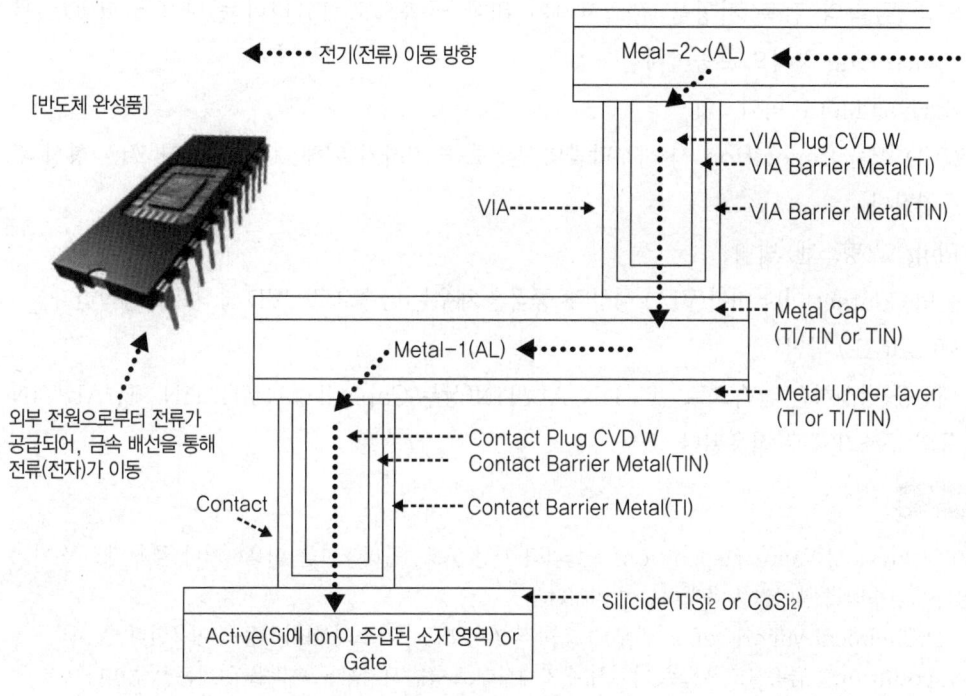

[그림 5-17 반도체공정에서 금속배선의 단면도]

❷ 금속공정의 종류 및 역할

(1) 금속공정의 정의

금속(Metal)공정은 하부 구조(소자, Gate 등)가 완성된 상태의 반도체 표면에 금속배선을 형성하기 위한 금속막(주로 알루미늄, AL)을 얇게 입히는 공정이다.

(2) 금속공정의 구분

① Deposition 방법에 따른 구분

[표 5-6 Deposition 방법에 따른 금속공정 구분]

	증착(EvapoRation)	
PVD	스파터링(Sputtering) ※ 금속공정에 널리 적용	DC Sputtering
		Bias Sputtering
		RF Sputtering
		Magnetron Sputtering
CVD : Plug W, Barrier Metal TiN 증착 시 사용		

② 금속막(Metal Film)의 종류에 따른 구분
- Silicide Sputter 금속 박막

Si과 금속의 접촉 저항을 감소시키기 위한 금속으로 Ti(티타늄)나 Co(코발트)를 Sputtering 방식으로 증착시킨다.

- Barrier Metal 박막

  CVD W을 Deposition 시 하부막과의 반응을 방지하기 위해, Contact나 VIA 형성 후 증착한다.

- Plug W(텅스텐) 박막

  콘텍(Contact)이나 비아(VIA) 형성 후 공극을 채우는 금속으로 CVD 방식으로 증착한다.

- Metal(AL) 박막

  배선을 형성하는 금속으로, Ti/TiN/AL/TiN(상부 Cap), Ti/AL/Ti/TiN, Ti/AL/TiN 등의 구조가 주로 적용된다.

> **참고 사항**
>
> - PVD(Physical Vapor Deposition) : 물리적 기상 도포, 플라즈마를 이용하거나 금속 재료를 가열하여 금속막을 웨이퍼에 층착하는 방식이다.
> - CVD(Chemical Vapor Deposition) : 화학적 기상 도포, 가스의 화학반응을 이용한다.
> - EvapoRation : 금속을 고온으로 가열하여 기체상태로 증발시켜서 금속막을 입히는 방법이다.
> - Deposition(증착) : 금속막을 웨이퍼 표면에 얇게 입히는 공정을 말한다. 주로 증착이나 Depo라고 표시한다.

3 스퍼터링(Sputtering)의 원리 및 이해

(1) 진공(Vacuum)

① 정의

   일정한 공간 특히 장비의 챔버에 존재하는 공기를 제거한 상태이다.

② 목적

   챔버 내의 불순물을 제거하여 고순도의 금속막을 얻기 위해 진공이 필요하다.

③ 스파터 챔버의 진공

   5×10 Torr 이상의 고진공이다.(대기 1기압 = 760 Torr)

④ 챔버의 진공을 만들기 위한 진공 펌프

   Cryo(크라이오), Tuerbomolecular(터보) 등의 고진공 펌프와 저진공 펌프로 Dry 펌프를 주로 사용한다.

(2) Plasma(플라즈마)

① 정의

   집합적인 성격을 나타내는 대전된 중성 입자들의 준중성(Quasineutral) 가스이다.

② 설명

"가스"는 전기적으로 중성 상태의 원자들이 모인 상태를 말하며, 플라즈마는 중성 원자와 함께 동일한 수의 이온화된 원자와 전자가 함께 섞여 있는 상태이다. 주로 보라색을 띤다. 플라즈마가 형성되어야 이온이 금속 타겟과 충돌하여 스퍼터링이 가능하게 된다.

③ 플라즈마의 특징
  ㉠ 가스의 이온화 정도는 입자의 이온화 에너지가 낮을수록, 온도가 높을수록, 압력이 낮을수록(중성 입자가 적을수록) 높아진다.
  ㉠ 평균 자유 행로(Mean Free Path) : 플라즈마 내의 입자들이 다른 입자, 전자, 이온과 충돌하지 않고 이동할 수 있는 평균 거리를 말하며, 플라즈마의 이온화율에 영향을 준다.

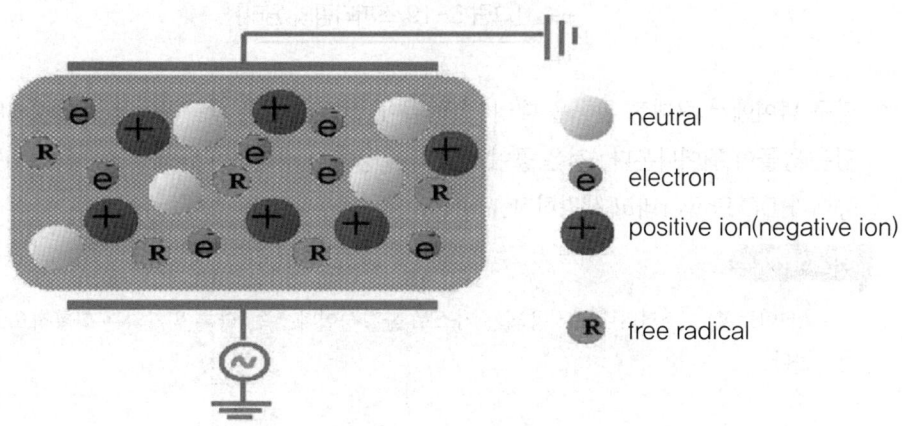

[그림 5-18 플라즈마 이온화 과정]

> **참고 사항**
>
> - 챔버(Chamber) : 장비에서 각각의 금속을 입히는 작업이 진행되는 별도의 용기, 진공상태로 유지한다.
> - Cryo Pump : 초저온($10°K$, $0°K = -273°C$)으로 냉각 압축된 He을 이용하여 가스를 얼어붙게 한다.
> - Turbo Pump : 선풍기 날개 같은 여러 개의 Blade가 초고속으로 회전(25,000 RPM 이상)하여 챔버로부터 가스를 뽑아내어 진공 상태를 만든다.

(3) 스퍼터링의 과정(Sputtering Sequence)
① 챔버를 진공 상태로 만든다.
② 웨이퍼를 챔버에 넣는다.
③ 챔버에 Ar 가스를 주입한다.
④ Cathode(타겟)에 전기(- DC Power)를 공급한다.
⑤ Ar 가스가 이온화되어 플라즈마 상태가 된다.
⑥ Ar+ 이온이 음극인 타겟으로 날아간다.

⑦ Ar+ 이온이 타겟 표면에 충돌한다.
⑧ 타겟으로부터 금속 입자가 분리된다.
⑨ 타겟에서 이탈된 금속 입자가 웨이퍼로 날아와 웨이퍼 표면에 박힌다.

(4) 스퍼터링의 정의

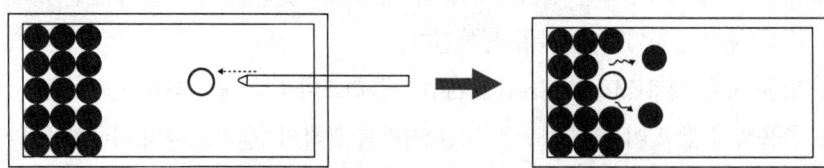

[그림 5-19 스퍼터링의 원리]

당구 다이에서 큐대로 흰공을 때려 한쪽 끝에 정렬된 검은 당구공들에 충돌시키면 충격을 받은 검은 공들이 튀어나온다. 검은 공이 결합되어 뭉쳐진 상태가 Target, 흰 공이 Ar(아르곤) 이온, 큐대가 DC Power라고 생각하자.

> **참고 사항**
>
> • Ar(아르곤) : 스퍼터링에 사용되는 가스로 불활성이다. 즉, 다른 원자와는 화학적으로 반응하지 않는다.

(5) Sputtering의 기본 원리 설명

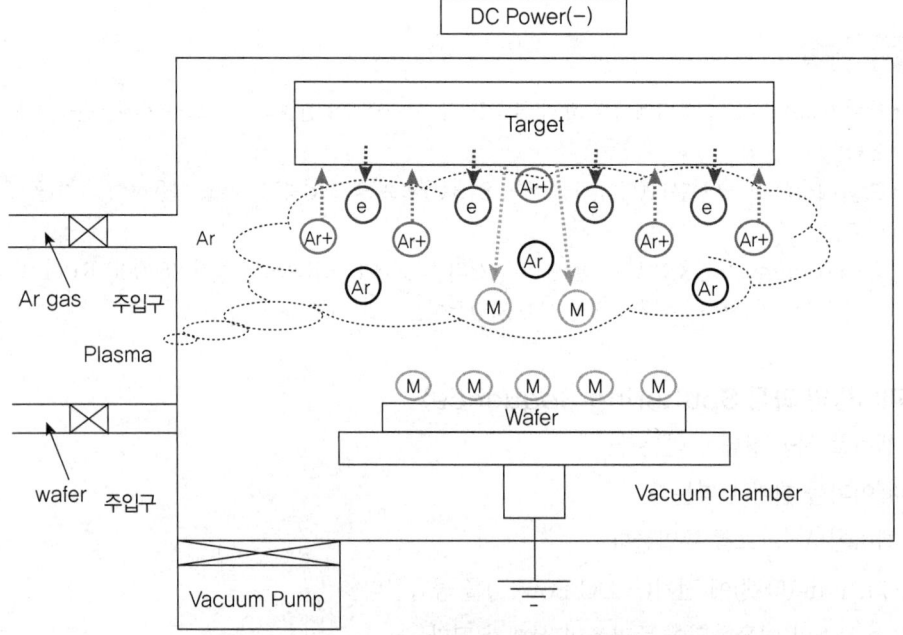

Ar : 아르곤 가스, Ar+ : 아르곤 이온(양이온), e : 전자, M : 금속 입자

[그림 5-20 스퍼터 구조 및 기본원리]

진공 상태의 챔버에 아르곤(Ar) 가스를 주입하고 타겟에 "-" DC Power를 공급한다. 그러면 타겟으로부터 방출된 전자가 중성의 Ar 원자와 충돌하여 Ar의 최외각전자를 분리시키고 Ar은 Ar+의 양이온이 된다. Ar+는 당연히 "-"인 타겟 쪽으로 끌려가게 된다. Ar+가 고속으로 날아가 타겟 표면에 충돌한다. Ar+이 충돌한 타겟 표면에서 충돌 에너지에 의해 떨어져 나온 금속 입자가 웨이퍼 위에 날아와 쌓이게 된다. Ar+이 타겟에 충돌할 때 충돌 부위의 타겟에서 2차 전자가 방출되어 Ar의 이온화에 이용된다.

> 참고 사항
> - Target(타겟) : 웨이퍼에 입힐 금속막의 원료가 되는 원형의 금속 덩어리, 웨이퍼 반대편에 장착한다.
> - Wafer(웨이퍼) : 반도체를 만드는 원형의 얇은 Si(규소)판을 말한다.

④ 스퍼터링의 종류

(1) DC(Direct Current) 스퍼터링

① 원리 및 메카니즘

가스의 방전(Discharge)이란 용기(Chamber) 내에 가스를 주입한 상태에서 전류가 흐르는 것이다. 챔버의 양단(Target 및 Wafer)에 DC 전압을 인가하고 전압을 서서히 증가시키면, 전류가 서서히 증가하고 전압이 600V를 넘어서는 순간 전류가 급속히 증가하여 전압이 증가하지 않아도 전류가 증가한다. Gas Breakdown(V_b) 전류의 Breakdown이 일어나기 전의 영역을 "Townsend Discharge"라고 하는데, $10^{-10} \sim 10^{-6}$A의 작은 전류만 흐르며 V_b의 일정한 전압에서 전류가 계속 증가한다.

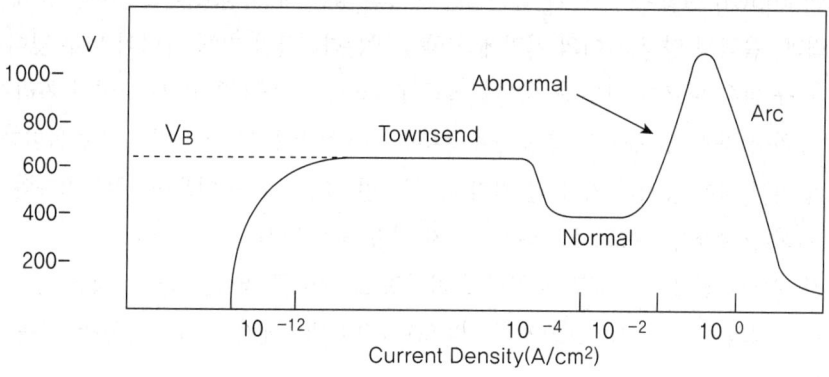

[그림 5-21 DC Glow 방전의 형성그림]

이때 챔버의 양극에 가해진 전장을 따라 이동하는 전자가 챔버에 주입된 Ar 가스와 충돌하여 Ar을 양이온화시키고, 이 양이온이 타겟에 충돌하여 2차 전자를 방출시킨다. 급격히 증가하는 전자가 계속 이온을 만들어 이온이 급증(Avalanche)하는 상태를 만들고 방전이 자체적으로 유지된다. 이때 보라색 빛을 발하는 플라즈마가 형성되고, 전압은 감소하며 전류는 급격히 증가하게 되는데 이를 "Normal Glow"라 한다. 이때 양이온의 충돌은 일정하지 않고 스퍼터링이 타겟(Target)의 끝이나 돌출 부위에 집중된다.

전원를 계속 증가시키면 스퍼터링이 타겟 전체에서 일정하게 일어나고 방전 전압과 전류가 모두 증가하는 "Abnormal Glow" 구간이 형성되는데, 이 영역이 스퍼터링에 사용하는 구간이다.

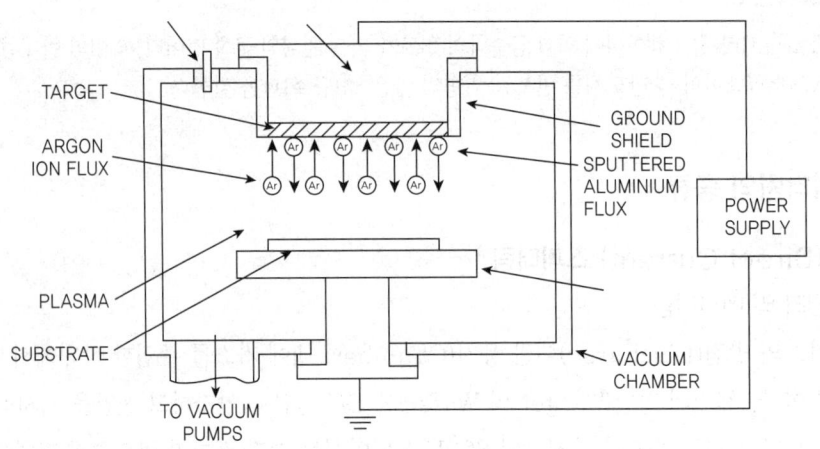

[그림 5-22 DC 스퍼터 시스템 구조]

② 특징

Sputtering에 적용되는 Abnormal Glow Discharge(글로우 방전)를 형성시키는 변수가 Breakdown 전압이다. 이 전압은 2차 전자의 평균 자유 행로를 결정하는 챔버 내 가스(Ar) 압력과, 음극과 양극 사이의 거리에 영향을 받는다. 만일 기체 압력이 너무 낮아서 2차 전자의 평균 자유 행로가 너무 커지거나 음극(Target)과 양극(웨이퍼) 사이의 거리가 너무 짧으면, 2차 전자가 Ar 원자와 충돌하여 충분한 이온을 만들기 전에 타겟에 충돌한다. 만일 반대로 압력이 너무 높거나 양극 간 거리가 너무 먼 경우, Ar+ 이온이 다른 입자와 비탄성 충돌할 기회가 많아져서 속도가 느려지고 2차 전자가 감소한다.

방전 전류나 전압, Ar 압력에 따라 스퍼터링 효율이 큰 영향을 받고, 많은 금속 재료에 대해 넓은 면적의 균일한 막(Target 직경의 50~60% 내외에서 ± 5% 이하)을 얻을 수 있다.

③ 문제점

전자가 Target에서 웨이퍼까지 먼 거리를 이동하며 Ar 가스를 이온화시키기 때문에, Ar 원자의 수 % 정도만 이온화되는 비효율적인 방식이다.

(2) Magnetron Sputtering

① 원리 및 메카니즘

타겟(Target)에 인가된 "-" Power는 타겟(Target) 면에 수직한 방향으로 전기장을 형성시킨다. 이때 타겟(Target) 면에 수평한 방향으로 자기장을 걸어주면, 전자는 타겟(Target) 표면 근처에서 나선 운동(Spiral Motion)을 하게 된다. 전자가 타겟(Target) 부근에서만 운동하므로, 실제로 스퍼터링(Sputtering)이 일어나는 타겟(Target) 표면 근처에서 Ar을 집중적으로 이온화시킬 수 있다.

또한 전자의 나선 운동을 통해 전자가 Ar과 충돌할 확률을 크게 증가시킨다. 이와 같은 효과를 통해 스퍼터링(Sputtering) 효율을 획기적으로 향상시킬 수 있다. 최근에는 막 두께의 균일도(Uniformity), 증착률(Deposition Rate), 타겟 부식(Target Erosion) 개선을 위해, 기존의 Planer Magnetron 방식 대신 자장의 범위를 타겟 전면에 만들어 주는 영구 자석의 Circular Magnetron 방식을 일반적으로 사용한다. 영구 자석이 타겟(Target) 주위를 회전 운동한다.

② 특징 및 장점

㉠ 타겟 표면의 전류 밀도가 기존 DC 다이오드(Diode) 방식에 비해 10~100배 향상되므로, 스퍼터 효율도 크게 개선된다.

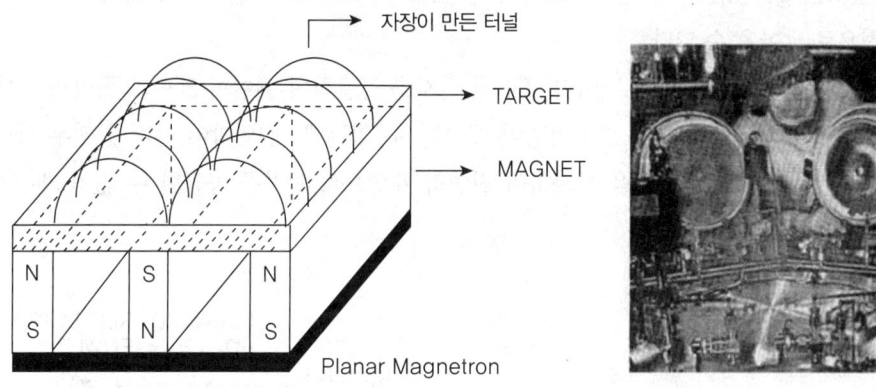

[그림 5-23 Magnetron Sputtering의 기본 원리]   [그림 5-24 Sputtering용 타겟 모형]

㉡ 막 두께 균일도를 개선하기 위해, 타겟의 크기가 웨이퍼의 크기보다 크게 제작된다. 8인치(200mm) 웨이퍼의 경우, 타겟 크기는 보통 14인치를 사용한다.

㉢ 현재의 스퍼터 시스템은 대부분 Circular Magnetron 방식을 채택하고 있다.

> **참고 사항**
>
> • 타겟 부식(Target Erosion) : 사용 후에 교체한 타겟의 표면은 균일하지 않고, 굴곡을 가지게 된다.

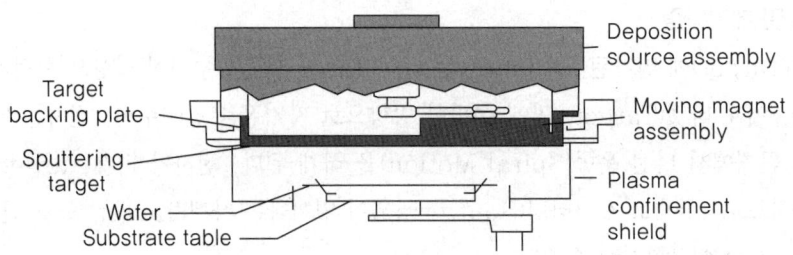

[그림 5-25 Magnetron Sputtering 구조]

(3) RF(Radio Frequency) Sputtering

① 원리 및 메카니즘

절연막에 비아(VIA) 홀을 형성한 후, Barrier Metal을 증착하기 전에 비아(VIA) 하부의 금속막 표면에 존재하는 자연 산화막을 제거해야만 비아(VIA) Rc를 낮출 수 있다. 즉, 절연막 상태의 웨이퍼 표면을 스퍼터링을 해야 한다. 그런데 절연막 표면을 스퍼터링하기 위해 절연막이 코팅(Coating)된 웨이퍼에 음전압을 인가하면, A+의 양전하가 절연막 표면에 충전(Charge-up)된다. 양전하로 충전된 웨이퍼 표면으로는 플라즈마 내의 Ar+ 이온이 지속적으로 날아올 수 없다.

따라서 양전하로 충전된 웨이퍼 표면에 전자를 공급하여 웨이퍼 표면과 플라즈마 내의 Ar+ 간의 전위차를 높여야 스퍼터링이 계속될 수 있는데, 절연막이 존재할 경우 웨이퍼 쪽에 음전압을 가해도 절연막을 통과하여 절연막 표면으로 전자를 공급할 수 없기 때문에 스퍼터링이 중지된다.

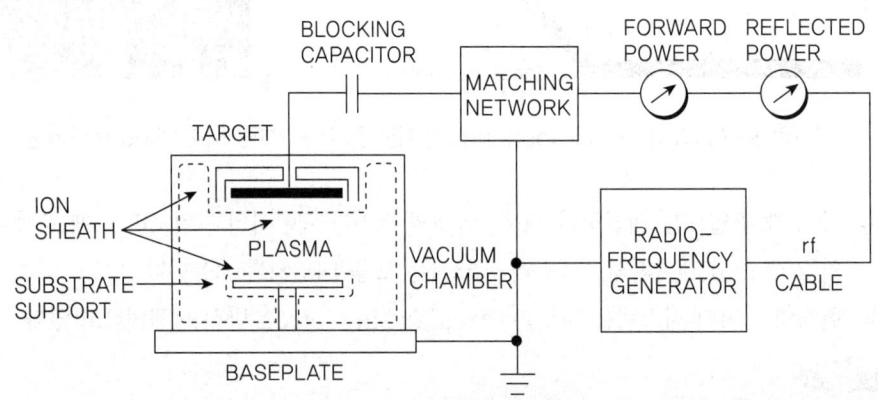

[그림 5-26 RF 스퍼터링 구조]

RF 스퍼터링은 웨이퍼 뒷면의 전극에 (+)와 (-)전압을 교대로 인가하는데, 공업용 주파수인 13.56MHz를 사용한다. 이는 1초에 13,560,000번 (+)와 (-)가 교차한다.

이 고주파 전위를 웨이퍼쪽에 걸어주면, "-" 주기 동안에는 Ar+를 끌려오게 하여, 웨이퍼 표면의 절연막을 스퍼터링하여 식각한다. 다음 "+" 주기 동안에는 플라즈마 내의 전자를 끌어와 절연막 표면에 충전된 Ar+를 중화시킨다. 따라서 절연막 표면의 Ar+ 흡착(Charge-up) 문제를 해결하면서, 절연막의 스퍼터링이 가능하다.

② 특징 및 장점
- ㉠ 비아(VIA) 형성 후, 장벽 금속막(Barrier Metal) 증착 시 실시간(In-situ)으로 절연막을 식각하는데 이용한다.
- ㉡ 웨이퍼에 전압을 인가하는 방식을 Bias 스퍼터링이라 하므로, 일반적으로 장벽 금속막(Barrier Metal) 증착 시의 절연막 식각을 RF Bias Sputter라고 한다.

(4) Reactive 스퍼터링

① 원리 및 메커니즘

타겟과 동일한 단일 성분의 금속막 대신에 TiN 등의 혼합물(Compound) 금속막을 형성하기 위한 방식이다. Ti 타겟을 사용하여 DC Sputtering을 진행하는 챔버에 N_2 가스를 주입한다. Ti 원자가 웨이퍼 표면에 도달한 후 질소(N) 가스 원자와 반응하여 TiN 막을 형성한다. N_2 가스의 부분 압력에 따라 Ti와 N의 조성비(stoichiometry)가 달라지게 된다. 일반적인 N_2:Ar 비율은 1:1이다. 막의 특성은 N_2 부분압, 전체 가스 압력, 스퍼터링 Power, 웨이퍼 가열 온도에 영향을 받는다.

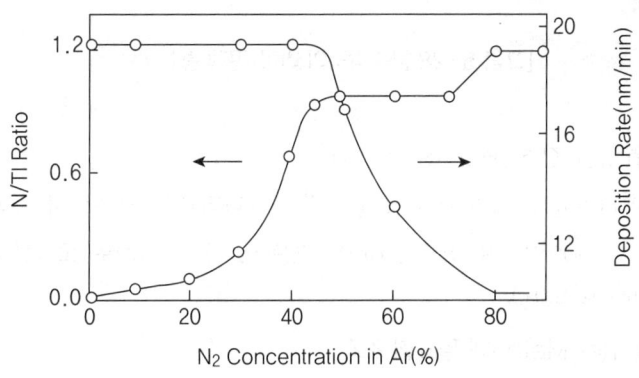

[그림 5-27 N_2와 Ar 비율에 따른 Ti/N조성비 및 증착 속도]

> **참고 사항**
> - In-situ : 진공 상태에서 2개 이상의 공정을 연속 진행하는 것이다. 진공 챔버에서 나온 후 추가 공정을 진행하는 방식은 Vacuum Break이라 한다.

5 금속막의 종류 및 역할

(1) Barrier Metal(베리어 메탈, 장벽 금속)
① 역할

콘텍 W의 WF6와 하부 실리콘(Si) 및 금속박막(Metal)과 반응(Diffusion)하는 것을 방지하고, 접착을 용이(Adhesion Layer)하도록 하는 금속층을 말한다.

② 주요 용어 정의

㉠ 단차율(Aspect Ratio(A/R))

a/b로 정의, 구멍의 폭이 좁을수록 A/R은 커지고 베리어를 균일하게 채우기 어렵게 된다.

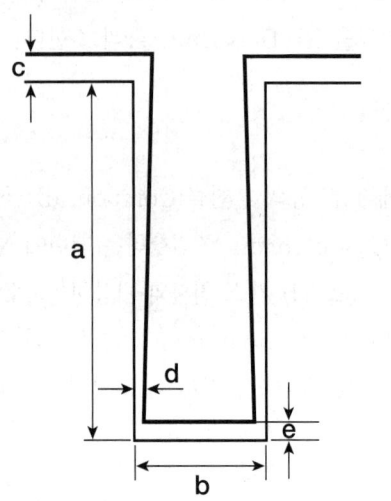

a: 절연막의 두께
b: 비아/콘택 홀의 폭(width)
c: 상부 편평한 부위의 막 두께
d: 홀 측벽에서 가장 얇은 금속막의 두께
e: 홀 하부의 금속막의 두께

[그림 5-28 금속박막의 비아/콘텍 홀]

㉡ 고른 덮힘률(Step Coverage(S/C, %))

구멍 내에 베리어 금속의 두께가 균일한 정도를 나타내는 지수로서 측벽(Side wall) S/C는 (d/c) × 100이며, 바닥(Bottom) S/C는(e/c) × 100로 표현한다. S/C가 클수록 베리어 특성이 우수하다.

③ 장벽 금속막(Barrier Metal)에 필요한 조건

㉠ 장벽 금속막(Barrier Metal)을 통한 확산이나 반응이 없을 것
㉡ 비저항(ρ)과 콘택 저항(Rc)이 낮을 것
㉢ 부착(adhesion) 특성이 좋을 것
㉣ 고른 덮힘률(Step Coverage)이 우수해야 함
㉤ 열적(Thermal) 및 기계적(Mechanical) 스트레스에 대한 저항성이 우수해야 함

> **참고 사항**
> - 비저항(Resistivity) : 물질의 고유한 저항값을 말하며, 비저항 ρ = Rs(sheet Resistance, Ω/□) X t(금속막의 두께)으로 표현된다. 일반적으로 알루미늄(Al)은 2.65, 티타늄(Ti) 55.0, 합금인 Al-Cu은 3.0이다. 비저항이 낮을수록 금속에서 전자의 이동속도가 빨라진다.
> - Adhesion(부착 특성) : 베리어가 홀의 측벽에 잘 붙어 있는 정도를 말하며, 이 특성이 나쁘면 막이 떨어지는 현상이 발생하게 된다.

④ 장벽 금속막(Barrier Metal)의 증착 기술(Step Coverage) 개선
  ㉠ 콜리메이트(Collimator)
  타겟과 웨이퍼 사이에 설치되는 벌집 모양의 구멍이 뚫린 원판으로 되어 있으며 타겟에서 경사를 가지고 떨어지는 금속 입자는 Collimator의 홀 측벽에 걸려 붙게 되고, 웨이퍼에 수직 방향으로 직진성을 가진 금속 입자만 홀을 통과하여 증착하게 된다. 타겟 낭비가 많고 고른 덮힘률(Step Coverage)이 30% 이하로 좋지 않다.

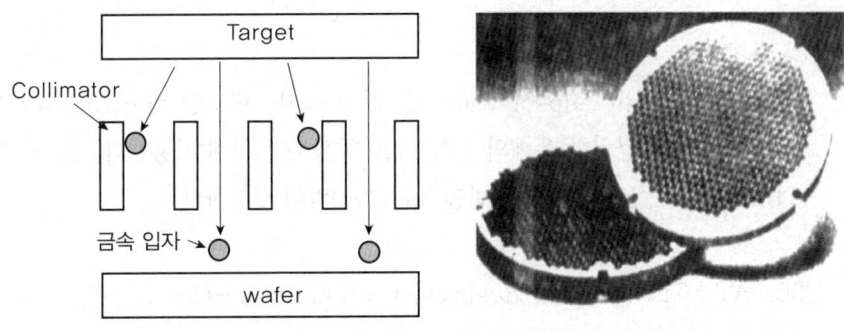

[그림 5-29 콜리메이트(Collimator)의 구조]

  ㉡ IMP(Ionized Magnetron Process)
  RF 전원 공급원 코일로부터 발사된 전자가 타겟에서 분리된 금속 입자에 충돌하여 금속을 "+"로 이온화시킨다. 웨이퍼에 바이어스 전원 공급(Bias Power Supply)을 설치하여 "-" 전원을 공급하면 "+"의 금속 이온은 수직 방향으로 직진성을 가지고 웨이퍼로 끌려온다. 고른 덮힘률(Step Coverage)이 50% 이상으로 우수하고, 타겟 효율이 좋으며 홀 상부의 오버행(Overhang) 제거 효과도 있다.

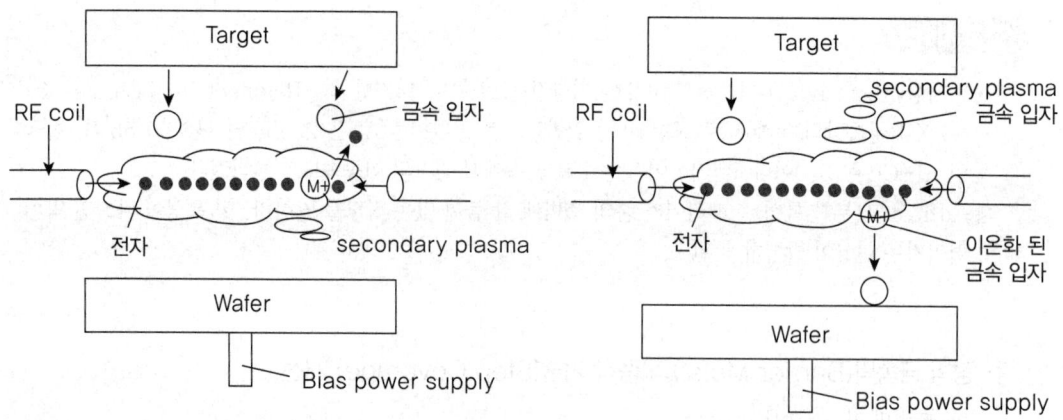

[그림 5-30 IMP(Ionized Magnetron Process) 구조]

> **참고 사항**
>
> • Overhang : 비아/콘택 홀 상부의 모서리, 스퍼터링 시 이 모서리에 증착된 금속이 홀 하부 측벽에 금속이 증착되는 것을 방해한다.

ⓒ CVD TiN

높은 단차비(High Aspect Ratio)을 가진 소자, 협소한 비아(Narrow Via)나 콘택을 가진 구조에 균일한 두께의 TiN 막을 형성하기 위해 사용한다. 스퍼터와 달리 가스(TDMAT, N_2, H_2)의 화학적 반응으로 CVD막이 성장한다.

TDMAT : $Ti(N[CH_3]_2)_4$. Resistivity 〈 600 uohm-Cm
⊙ 반응식 : 6 $Ti(N[CH_3]_2)_4$(gas) + 4 N_2(gas) + 12 H_2(gas)
→ 6 TiN(Film) + 24 $HN(CH_3)_2$(가스 상태로 제거) + N_2(가스 상태로 제거)

• 장점 : 우수한 고른덮힘률(Step Coverage), 낮은 스트레스(Low Stress), 비결정질(Amorphous) 구조로 우수한 확산 방지 능력이 있다.
• 단점 : 이 박막은 고유저항이 크며(High Resistivity), 과도한 Carbon 함유량(~25%), 공기 중에서 산화하여 저항 증가
• 종류 : Standard TXZ(0.25um, 450℃), HP+ TXZ(0.18um, 380~400℃)

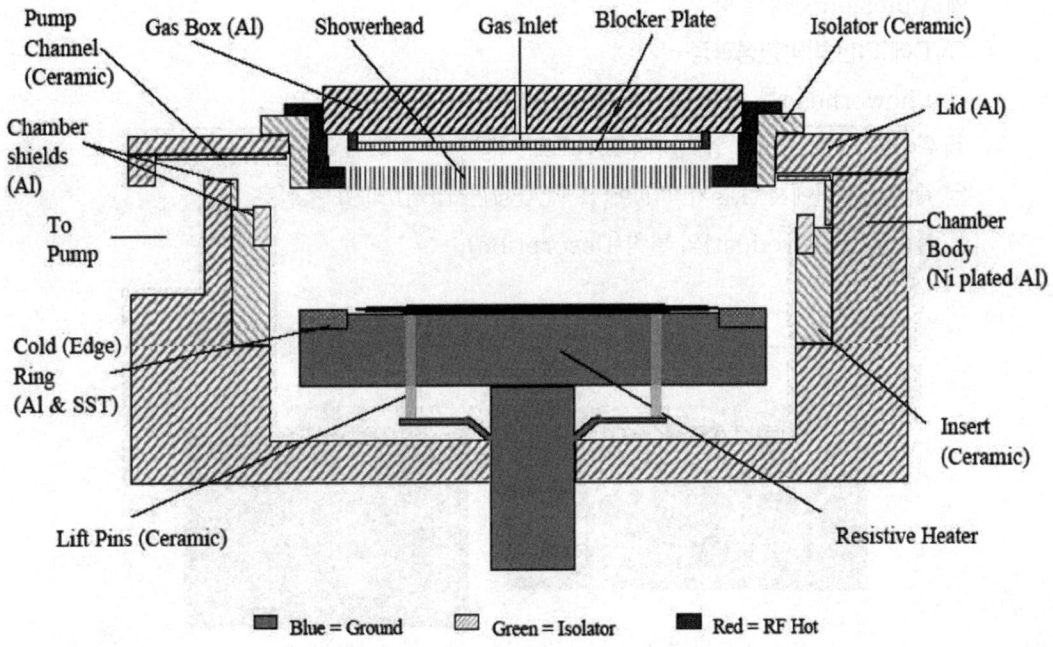

[그림 5-31 CVD TiN 챔버 구조]

> **참고 사항**
>
> - HP(High Productivity) CVD TiN : Lid Assembly, Heater, Process Kit를 개선하여, Step Coverage와 PM 주기를 개선한다.
> - Stress : 금속막은 외부의 열적, 물리적 영향으로 변형하려는 성질이 있다.
> - Amorphous(비정질) : 결정화되지 않고 Grain Boundary가 없어 다른 성분이 막을 통과하기 어렵다.

(2) Plug CVD W(텅스텐)

① 용도

우수한 Filling(홀을 잘 채우는) 특성으로, VIA나 콘택 홀을 채우는 데 쓰인다. 챔버의 Showerhead를 통해 가스를 주입하고, Gas(WF_6 + H_2 or SiH_4)의 화학적 반응에 의해 W막이 성장한다. CVD W는 Oxide(SiO_2)나 Nitride(Si_3N_4) 상에서는 성장하지 않기 때문에, 하부의 TiN이 베리어 역할과 Nucleation Seed 역할을 한다.

② 장점

열적인 안정성(Melting Point 3410℃), 우수한 Conformal(등각의) Step Coverage, Low Stress(< 5 × 10dyne/cm^2), 우수한 EM 및 Corrosion 저항성

③ 단점

High Resistivity(7~12 uΩ-Cm), "F"에 의한 AL이나 Ti Attack, Oxide나 Nitride

에 Adhesion 특성 불량
④ CVD에 의한 박막형성과정
  ㉠ Showerhead를 통해 챔버에 Gas 주입
  ㉡ 확산에 의해 Gas가 웨이퍼의 표면으로 이동
  ㉢ 웨이퍼 표면에서 Gas가 TiN에 흡착(Absorption) 및 표면 반응
  ㉣ 불순물(By-product)의 탈착(Desorption)

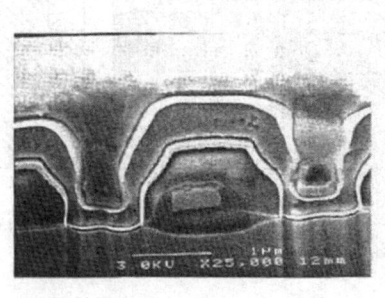
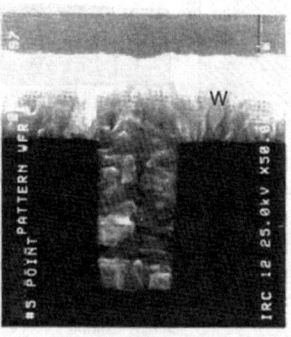

PVD Al   CVD W

[그림 5-32 CVD W과 스퍼터링 의한 공극의 특성 비교]

참고 사항

- Corrosion(부식) : 금속이 외부 성분과 반응하여 부식하는 현상으로 금속이 부분적으로 제거된다.
- Conformal Step Coverage : 막이 하부와 측벽에서 균일한 두께로 성장하는 특성
- Showerhead : Gas가 주입되는 주입구

④ 반응 화학 구조(Reaction Chemistry)
  ㉠ Nucleation : TiN상에서 결정핵 생성
    $2\ WF_6(gas) + 3\ SiH_4(gas) \rightarrow 2\ W(W\ Film) + 3\ SiF_4(gas) + 6\ H_2(gas)$
  ㉡ Bulk Deposition : W 막 성장
    $WF_6(gas) + 3\ H_2(gas) \rightarrow W(W\ Film) + 6\ HF(gas)$

⑤ CVD W 증착 방식의 종류
  ㉠ FCW(Full Coverage W)
    WEE(Wafer Edge Exclusion)이 없이 Wafer 전면에 W막이 증착된다. 증착 온도는 400℃ 전후이며, W CMP로 평탄화를 시킨다.
  ㉡ SRW(Shadow Ring W)
    WEE에 크램프(Clamp)가 장착되어 텅스텐(W)막이 증착되지 않으며, 증착 시 온도는 대략 450℃ 전후이다.

⑥ Plug Formation Step

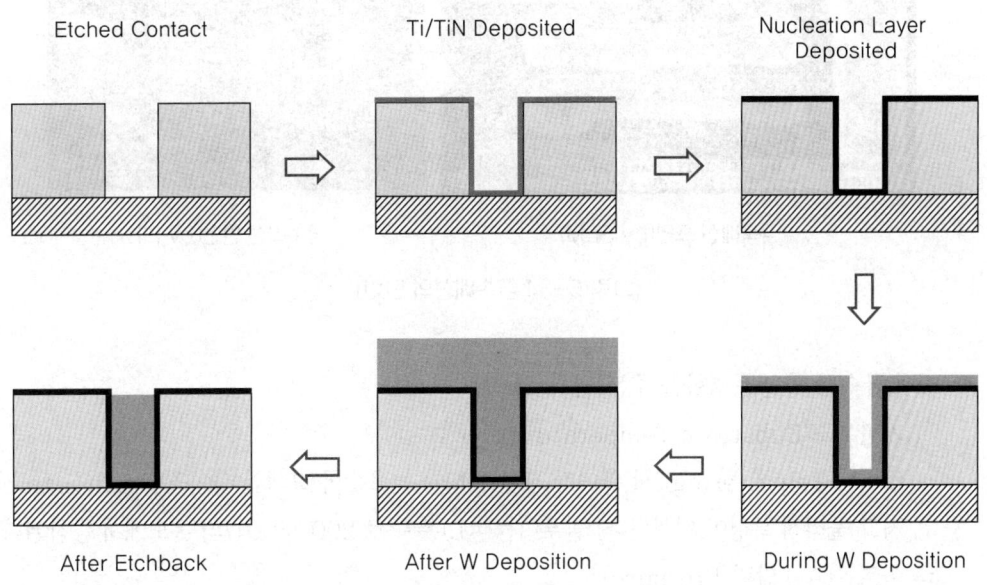

[그림 5-33 플러그 구조 형성 과정]

> **참고 사항**
> - WEE : 막증착 후 웨이퍼의 가장자리에 막이 증착되지 않은 원형의 띠로 Clamp에 의해 형성된다.
> - Clamp : 챔버 내에서 웨이퍼를 고정시키거나, 플라즈마나 Gas를 모아두는 역할을 하는 Ring 형태의 금속이다. Clamp가 위치한 부위에는 금속이 증착되지 않는다. 일반적으로 폭 3mm 이하로 형성된다.

(3) 배선 금속(Interconnect Metal, Aluminum, 알루미늄)

① 용도

AL은 30년 이상 반도체 배선 금속 재료로 가장 많이 이용되고 있다.

② 장점

낮은 비저항(pure Al 2.7 uΩ-Cm, Al-0.5%Cu 3.0 uΩ-Cm), 산화막와의 접착 특성 우수, 스퍼터링 공정에 적합하고 식각 용이, 고증착률(High Deposition Rate), 싼 가격

③ 한계

비저항(Cu 1.7 uΩ-Cm), EM(Electro-MigRation) 저항성 취약, 부식(Corrosion)(F, Cu 등에 의한) 저항성 취약, Low Melting Temperature(660℃)로 인한 SM(Hillock)

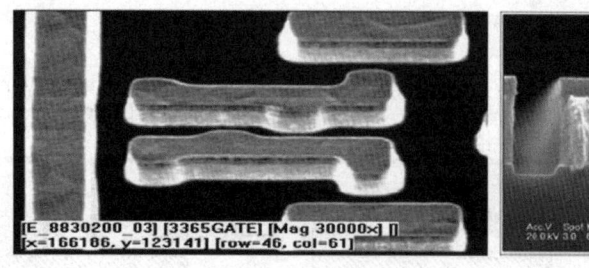 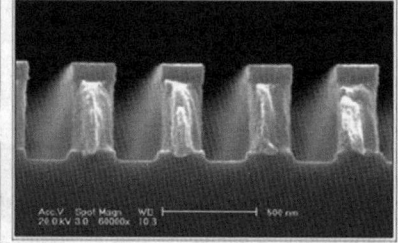

금속배선 표면(by SEM)　　　　금속배선 단면(by FIB)

[그림 5-34 금속배선의 단면]

④ 배선 금속의 막질에 영향을 주는 변수
  ㉠ 기판온도(Substrate Temperature)
    스퍼터링(Sputtering) 시 웨이퍼 가열 온도가 높을수록 그레인 사이즈(Grain Size)가 커지고 물리적 특성이 개선된다. 알루미늄(AL)은 주로 200~300℃의 온도에서 증착된다.
  ㉡ 아르곤(Ar) 압력(Pressure)
    보통 1at% 이하로 함유되며, Ar 함유량이 많아지면 막 스트레스(Stress)를 증가시키고, 전기적, 물리적 특성을 약화시킨다.
  ㉢ 합금 첨가물
    금속의 EM 특성을 향상시키기 위해 2%의 Cu를 첨가하며, Ti도 동일 효과를 나타낸다.
  ㉣ 전압(Power), 바이어스(Negative Bias)
    증착률과 결정방향 등 막 구조에 영향을 미친다.
  ㉤ 후속 열처리
    열처리(Sinter), IMD 박막 증착등, 열처리 온도가 높을수록 그레인(Grain)이 성장한다.

> 참고 사항
> • Grain : AL은 여러 개의 단결정이 모인 다결정(Poly Crystal) 구조이다. 각각의 단결정을 Grain이라 하고, 단결정 간의 계면을 Grain Boundary라 한다. AL 입자는 G/B를 통해 이동하거나 성장한다.

⑤ Metal(AL) Sputtering System의 구조

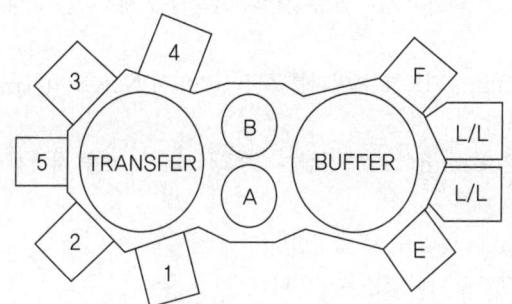

[그림 5-35 금속 스퍼터링 시스템의 구조]

⑥ 금속 박막 구조의 역할
　㉠ 알루미늄 하부 베리어 금속막(Barrier Film)
　　• 주로 Ti나 TiN을 이용한다. 하부 Plug W 막 내부의 "F"이 AL으로 침투하면 ALF_3의 부식(Corrosion)을 유발시키며, 이를 방지하는 역할을 한다. AL 하부에 Ti를 적용하면 AL과 반응하여 $TiAl_3$를 형성시킨다. $TiAl_3$는 배선 저항을 증가시키나 EM 및 SM 저항성은 향상시킨다.
　　• 알루미늄(Al) 상부의 보호박막(Capping Film) : 알루미늄의 반사도가 높기 때문에, 배선 형성을 위한 Photo의 정렬 공정(Align) 진행 시 알루미늄이 UV 빛을 반사시켜 불필요한 부위의 감광막(PR)을 제거시킬 수 있는데 이를 난반사라 한다. 난반사 발생 시 금속막 식각(Metal Etch) 후 금속 라인(Metal Line)의 측벽이 부분적으로 식각되며 이를 Notching이라 한다. Capping은 AL 상부에서 반사도를 크게 낮추어 난반사를 방지하는 ARC(Anti Reflective Coating) 역할을 하며, Hillock 성장을 방지하는 효과도 있다.

6 Metal Film의 특성 평가(Parameter, 불량)

(1) Monitoring Items
　① Rs(Sheet Resistance)
　　• 1cm 면적에서 금속의 저항으로 Omni-map에서 측정한다.
　　• Rs = ρ(Resistivity) / T(금속막의 두께), 막 두께가 얇아지면 비저항이 증가한다.
　② RI(Reflectivity Intensity, 반사도, %)
　　• 금속막 표면의 반사도는 Nano Spec에서 측정한다.
　　• 금속막의 표면에 파장 λ = 480nm의 Light를 조사한 후 직반사되는 빛의 양을 수치화한다.
　　• 금속의 증착 온도가 낮을수록, 증착 속도는 빠를수록 RI가 증가한다.

> **참고 사항**
> - Degas : 금속 증착 전에 웨이퍼를 가열하여 웨이퍼 상부의 수분이나 불순물을 제거하는 공정이다. 170℃나 280℃ 조건을 주로 적용한다.
> - Orient : 웨이퍼가 일정한 방향으로 Loading되도록 웨이퍼를 회전시키면서 Notch 위치를 확인한다.
> - Particle : Metal의 주요 불량으로 Subscan으로 측정한다. 발생 시 Yield를 저하시키며, Scrubbing으로 제거한다.
> - Thickness : 금속막의 두께로, Metapulse 및 XRF로 측정한다.
> - NU(Non Uniformity) : 측정값 간의 차이를 나타내는 지수이다.
> Standard Deviation(표준 편차) / Mean(평균값) × 100

(2) 금속막 특성의 평가 항목

① 그레인 크기(Grain Size) : 알루미늄은 폴리 결정(Poly Crystal) 구조로 그레인(Grain)을 형성하며, SEM으로 촬영이 가능하다. 그레인 크기(Grain Size)는 금속막의 증착 온도, 진공도, 증착률(Deposition Rate)가 증가할수록 커지며, 알루미늄 증착 후 IMD 증착이나 열처리(Sinter) 공정에서 그레인 크기(Grain Size)가 크게 성장한다. 그레인 크기(Grain Size)가 클수록 EM 및 SM 저항성이 향상된다. 알루미늄의 그레인 크기(Grain Size)는 0.5~1.0㎛ 정도로 형성된다.

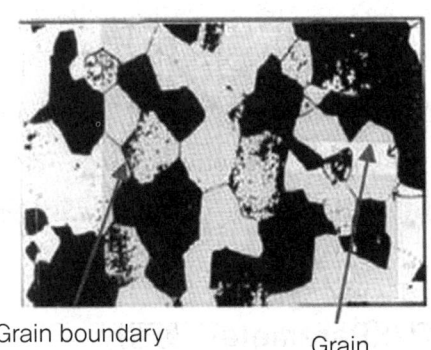

[그림 5-36 금속 구조의 SEM 사진]

② 표면 거칠기(Surface Roughness) : AFM이나 Step Profiler로 측정한다. 표면이 거칠수록 금속막의 접착(Adhesion) 특성과 EM 특성이 열화되며, 식각 후 Profile 불량을 초래한다.

③ 화합물 조성비(Stoichiometric) : 주로 TiN에서 Ti와 N의 조성비로서, 이 조성비에 따라 TiN막의 Rs와 Barrier 특성이 결정된다. RBS로 측정한다.

④ 결정 방향(Crystal Orientation) : 금속막의 EM, SM 특성에 영향을 주며, (111) 결정 방향일수록 외부 스트레스에 대한 저항성이 우수한 것으로 알려져 있다. XRF로 분석한다.

⑤ Hillock : 알루미늄이 상부로 돌출하는 현상으로 힐락 주위에는 보통 Void도 발생한다. 힐락은 IMD 증착이나 열처리(Sinter)와 같은 열처리 공정 중에 성장하며, 알루미늄과 Oxide와의 열팽창 계수(Thermal Expansion Coefficient)의 차이로 인해 유발된다. 힐락은 Photo에서 정렬(Align) 불량을 초래하거나 IMD에 손상을 줄 수 있다. 방지를 위해서는 알루미늄 상부에 TiN capping, 알루미늄에 Cu 첨가, 알루미늄 고온 증착, 알루미늄 Etch 후 열처리 등의 방법이 있다.

[그림 5-37 금속 박막의 결점 사진]

참고 사항

- 반도체에서의 단위
  $1m = 100cm = 106\mu m = 109nm = 1010Å$,
  $1\mu m = 10000Å = 10-6m$
  금속배선의 선폭(Width) $0.2 \sim 0.3\mu m$, AL 두께는 $4000 \sim 12000Å$

⑥ EM(Electro MigRation)
  ㉠ 메카니즘 : 금속배선에 전류를 인가하면 배선의 내부로 전자가 이동하게 된다. 알루미늄의 Grain Boundary는 결정이 깨어져 Micro Void로 이루어진 불안전한 상태이다. 질량을 가진 입자인 전자가 이동하면서 AL 입자(원자)에 충돌하면, Grain이 미세한 진동을 하면서 열이 발생한다. 장시간 전자가 충돌하면 전자의 이동 방향으로 알루미늄의 Grain이 이동하여 알루미늄이 없어지는 부위가 발생하고 결국 배선이 단선(Open)된다.

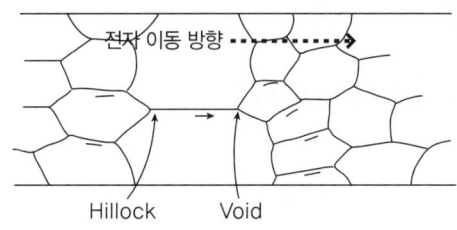
EM 발생 현상 도식화

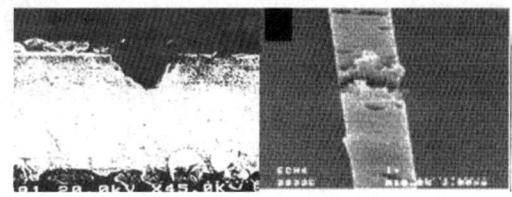
EM에 의한 Metal Void 및 Open

[그림 5-38 금속 박막의 결점 구조 및 사진]

ⓒ 현상 및 특징
- 주로 그레인 3개가 만나는 Triple Point에서 EM이 시작되며, 그레인(Grain) 간의 크기 차이가 클수록(즉, 매우 큰 그레인과 매우 작은 그레인이 붙어 있을 때) EM에 취약하다.
- 다층 배선 구조에서는 비아 텅스텐(VIA W)과 배선 알루미늄이 만나는 계면의 알루미늄 부위, 특히 전자가 텅스텐으로부터 알루미늄으로 빠져 나가는 부위에서 EM이 발생한다. 텅스텐은 EM 저항성이 강하여 텅스텐 내부에서는 EM이 발생하지 않는다.
- 알루미늄에 비해 Cu의 EM 특성이 더 우수하다.

ⓒ 배선의 EM 특성 개선방법
- 알루미늄 내에 미량(~4wt%)의 Cu나 Ti을 첨가한다.
- 알루미늄의 상하부에 Ti를 증착하여 $TiAl_3$를 형성시킨다.
- 배선 형성시 Bamboo 구조를 형성 : 그레인 크기(Grain Size)보다 배선 폭을 좁게 형성하여 Triple Point를 제거한다.
- 알루미늄의 그레인을 크게 만드는 방법 : 알루미늄 증착 온도 증가, 배선 식각 후 열처리(Sinter) 실시

> **참고 사항**
> - Open(단선) : 배선이 끊어져서 전류가 흐르지 않는 상태

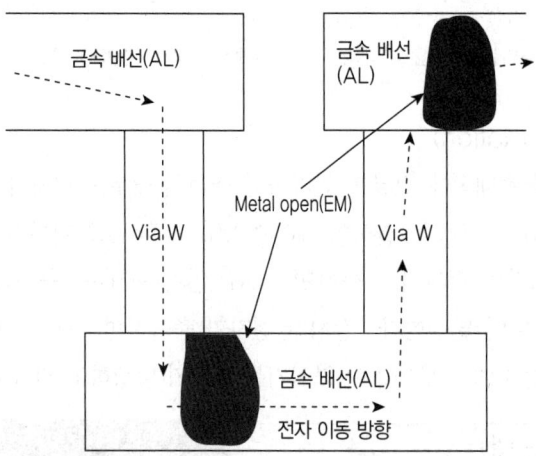

[그림 5-39 다층 금속배선 구조에서의 EM]

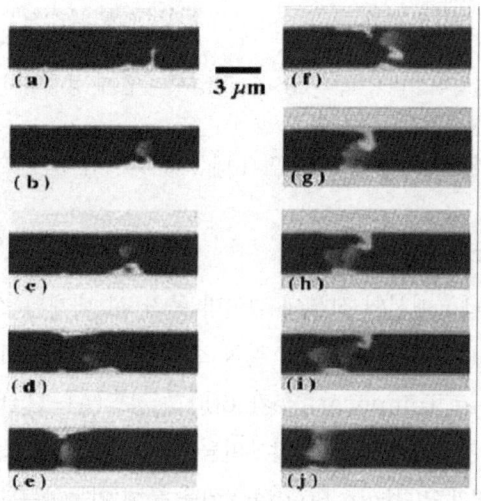

[그림 5-40 EM에 의한 배선의 결점 사진]

ㄹ EM Test 방법
- 테스트 배선 구조 : 배선 길이 2,000㎛
- 웨이퍼 가열 온도 : 200~250℃
- 전류 밀도(Current Density, J) : 2~10MA/cm
- 단선(Failure) 규정 : 초기 저항에 비해 배선의 저항이 10% 이상 증가 시

ㅁ 주요 Data
- MTTF(Median Time to Failure) : 전체 테스트 배선 중 50%가 단선(Failure)되었을 때의 시간
- σ(Sigma) : 각 배선이 단선된 시간 간의 표준편차
- 배선 수명 : 테스트 시의 가혹 조건인 온도와 전류 밀도를, 실제 칩 사용 조건(상온, Low Current Density)으로 환산했을 경우의 배선 수명. 일반적으로 10년 이상의 수명을 보장해야 함

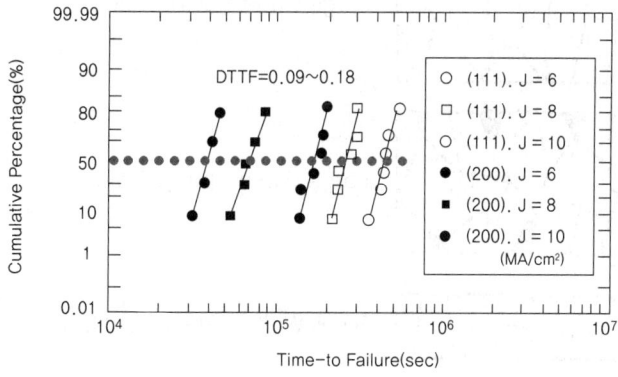

[그림 5-41 EM 테스트 후의 데이터]

> **참고 사항**
>
> - Bamboo 구조 : 금속배선의 선폭이 Grain Size보다 좁게 형성되면, 대나무 마디와 유사한 형태의 Grain 구조가 형성된다.
> - 전류 밀도(J) : 인가한 전류 / 배선의 단면적(배선 폭 × 배선 두께)

⑦ **SM(Stress MigRation)**

　㉠ 정의 : 금속(AL) 배선의 상부에 절연막 증착 시 내재된 스트레스(Intrinsic Stress), Sinter 등 후속 열처리 공정 시 열적 스트레스(Thermal Stress)가 알루미늄에 인가된다. Melting Temperature가 600℃ 정도(Al-Cu)로 열적 스트레스(Thermal Stress)에 대한 저항성이 약한 알루미늄은, 외부 스트레스를 극복하기 위해 알루미늄 원자가 그레인 경계면(Grain Boundary)을 통해 이동하는데 이를 S/M이라 한다. 알루미늄의 S/M으로 인해 금속배선에 Hillock이나 Void가, 보호막(Passivation Layer)에 깨짐(Crack)이 발생한다.

　㉡ SM 평가 방법 : HP4145나 HP4062로 금속배선의 초기 저항을 30 chips/Wafer로 측정한다. 다음 오븐 열처리(Backing Oven)에서 고온으로 장시간 열처리를 실시한다. Void성 SM 평가 시는 150~200℃로 1,000시간, Hillock성 SM 평가 시는 350℃로 100시간의 열처리를 실시한다. 열처리 완료 후 배선저항을 측정하여, 저항 변화율로 Failure을 결정한다.

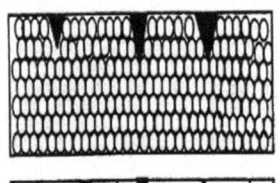
Small Grain : Large Void

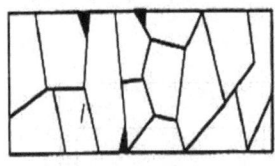
Large Grain : Small Void

Large Width : Large Void

Small Width : Small Void(Bamboo Structure)

[그림 5-42 SM에 의한 금속막의 결점 구조]

ⓒ Failure 정의 규정
- 초기 저항에 비해 저항이 10% 이상 증가 시에 Failure로 규정
- Failure =(Rf − Ri) / Ri × 100%
  Ri : 열처리 전 초기 저항
  Rf : 열처리 후 저항
ⓔ SM 특성개선방법
- 알루미늄의 상하부에 Ti를 증착하여 $TiAl_3$를 형성시킨다.
- 알루미늄의 Grain을 크게 만든다. 알루미늄 증착 온도를 증가시키고, 배선 식각 후 열처리(Sinter)를 실시한다.
- 배선 형성 후 열처리 온도는 낮게, IMD나 보호막 두께는 얇게 형성한다.

> **참고 사항**
> - Crack : 보호막이 갈라져 금이 생긴 상태

(3) 살리사이드(Salicide, Self Aligned Silicide) 공정의 이해

① 실리사이드(Silicide)의 정의

콘택(Contact)을 통하여 금속과 접촉하는 Junction(Source, Drain)이나 Gate는 모두 실리콘 상태이다. 특히, Gate의 다결정 실리콘(Polysilicon)은 Rs가 40ΩΩΩ/□으로 매우 높다. 따라서 칩의 구동속도를 향상시키기 위해서는 Junction과 Gate에서 금속배선과 연결되는 부위의 Rs를 낮추어야 한다. 실리콘 상부에 금속을 증착한 후 열처리를 실시하여, Junction과 Gate의 실리콘과 금속의 반응으로 Rs가 작은 혼합물(Compound)을 형성시키는 기술을 실리사이드(Silicide)라 한다.

② 실리사이드(Silicide) 형성 목적
  ㉠ Low Contact Resistance
  ㉡ Ohmic Contact
  ㉢ Diffusion Barrier

③ 실리사이드(Silicide)의 종류
  ㉠ 폴리사이드(Polycide, Polisilicon-Silicide)
    게이트(Gate) 형성 후, 폴리실리콘(Polysilicon)과 금속 실리사이드(Metal Silicide, WSi_2, $TaSi_2$, $MoSi_2$ 등)를 차례로 증착한 후 패터닝(Patterning)하여 형성시킨다. 폴리실리콘(Polysilicon)의 Rs가 40ΩΩΩ/□인데 반해, 폴리사이드(Polycide)의 Rs는 10ΩΩΩ/□ 이하로 낮출 수 있다. 주로 2층 이하 배선 구조에 적용된다. 비저항(Resistivity)의 범위는 50~100uΩ-cm로 살리사이드(Salicide)보다 크다.

ⓛ 살리사이드(Salicide)

TiSi₂ 및 CoSi₂ 등 금속막은 낮은 비저항(Low Resistivity)으로 ~15uΩ-cm 정도되며, 높은 열적 안정성(High Thermal Stability, 850~900℃)을 갖는 금속막이 된다.

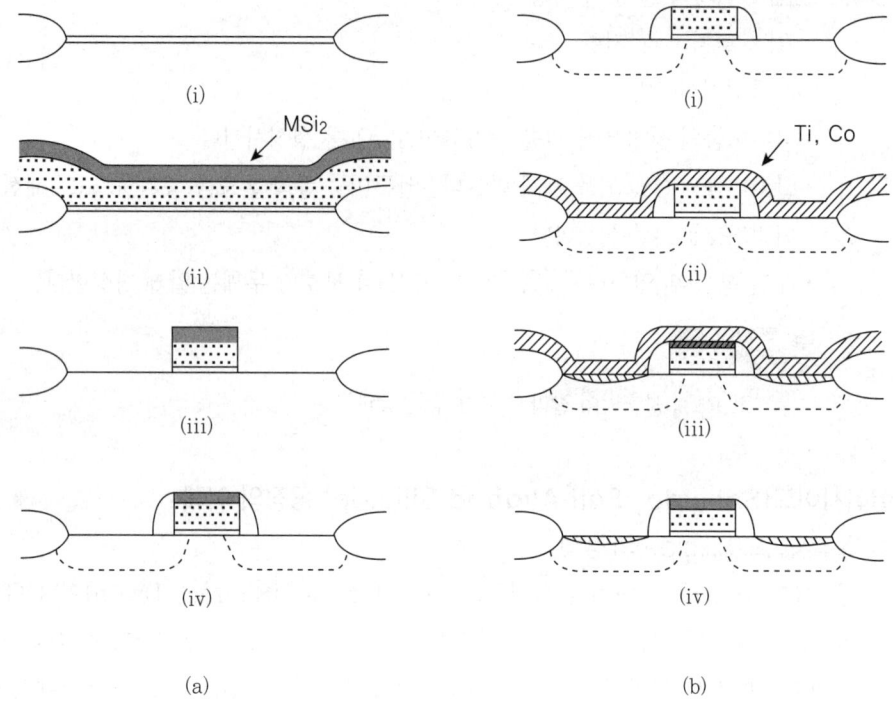

(a) 폴리사이드 구조
  (i) gat Oxide;(ii) polysilicon and Silicide Deposition;(iii) Pattern polycide;(iv) lightly doped drain(LDD) implant, sidewall formation, and S/D implant.
(b) 살리사이드 구조
  (i) ate Patterning(polysilicon only), LDD, sidewall, and S/D implant;(ii) Metal(Ti, Co) Deposition;(iii) anneal to form salicide;(iv) selective(wet) Etch to remove unreacted Metal

[그림 5-43 폴리사이드 공정과 살리사이드 공정의 비교]

④ 살리사이드(Salicide, Self Aligned Silicide)
  ㉠ 정의
    폴리실리콘 게이트(Polysilicon Gate) 형성 및 게이트와 접합영역(Gate와 Junction)을 분리시키기 위한 측벽 스페이셔(Sidewall Spacer)를 형성시킨다. 다음 스퍼터 방식으로 Ti이나 Co를 증착한 후, 급속 열처리(RTP : Rapid Thermal Process) 열처리를 실시하면 Ti이나 Co가 Si과 접촉한 부위에서만 실리사이드(TiSi₂ or CoSi₂)가 형성된다.

습식 식각 용액으로 처리하면, 측벽 스페이셔(Sidewall Spacer) 등 절연막 상부에서 실리사이드(Silicide)가 형성되지 않은 상태의 Ti이나 Co만 선택적으로 제거된다. 이와 같이 Patterning 공정이 필요없는 실리사이드(Silicide) 방식을 살리사이드(Salicide)라고 한다.

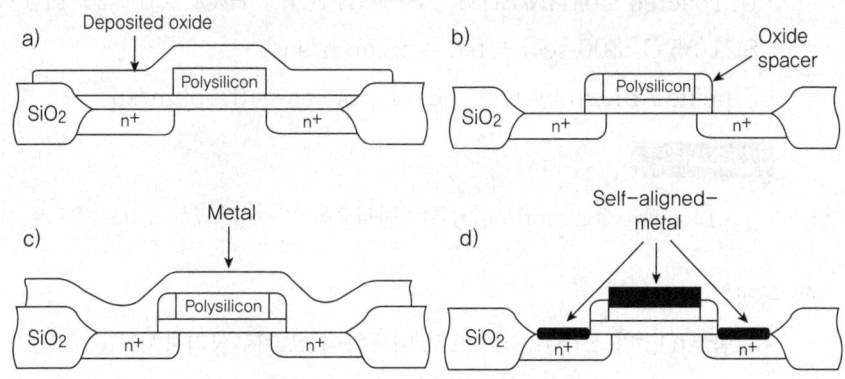

[그림 5-44 실리사이드 공정의 절차]

  © 티타늄 살리사이드(Ti Salicide)
   • 진행 절차
    i. Wet Clean : HF 200sec ☞ Si 표면의 자연 산화막 제거
    ii. Ti 380Å or 460Å Sputtering ☞ 17.7 ohm/sq
    iii. Silicide Form by RTP of 750C, 30sec(C-49 phase TiSi2) ☞ 1.94ohm/sq
    iv. Unreacted Ti Strip : SC1 30min(HD451 = 28 C) ☞ 2.2ohm/sq
    v. Silicide Anneal by RTP of 910C, 10sec(C-54 phase TiSi2) ☞ 2.15ohm/sq
   • 특징
    i. 열처리 온도와 Ti 두께에 따라 최종 $TiSi_2$의 저항이 결정된다.
    ii. C-54의 $TiSi_2$는 C-49에 비해 비저항이 3~4배 낮다.
    iii. RTP 2회 진행 이유 : Silicide Form을 900℃ 이상에서 진행하면 1번에 C-54 $TiSi_2$가 형성되지만, Side Wall을 따라 성장한 $TiSi_2$가 Gate와 Junction을 연결하여 누설(Leakage) 전류를 발생시킨다.
    iv. Si이 Ti 층으로 이동하여 $TiSi_2$가 형성된다.
    v. Si 부위의 폭(Width)이 0.25㎛ 이하로 감소할 경우, Ti Silicide가 형성되지 않는다.
 ⑤ 코발트실리사이드(Co Silicide)
  ㄱ 진행 절차
   • Wet Clean : SC1(60 C, 300 sec) + HF(118 sec) ☞ Si 표면의 자연 산화막 제거

- In-situ RF Plasma Etch : Thermal Oxide 35 A Etch ☞ Si 표면의 자연 산화막 제거
- Co 90A/TiN 200A Sputter ☞ 21ohm/sq ☞ TiN은 Co 표면의 산화방지
- Silicide Form by RTP : 500C, 30sec ☞ 48ohm/sq
- Unreacted Co/TiN Strip : SPM(H_2SO_4 : H_2O_2 = 6 : 1, 110 C, 600 sec) + SC1(55 C, 300 sec) + I/D ☞ 97ohm/sq
- Silicide Anneal by RTP : 870C, 30sec ☞ 6.1ohm/sq

> **참고 사항**
> - Leakage Current(누설전류) : 불필요하거나 원치 않는 곳으로 흐르는 전류

ⓒ 특징
- 코발트(Co)가 실리콘(Si)층으로 이동하여 코발트 실리사이드($CoSi_2$)가 형성된다.
- 실리콘(Si) 부위의 폭(Width)이 0.25㎛ 이하로 감소할 경우에도 균일한 Silicide가 형성된다.
- 코발트실리사이드($CoSi_2$)는 산소(O)에 민감한 영향을 받으며, O가 Co에 잔류하면 실리사이드(Silicide) 형성을 방해한다.
- 코발트실리사이드($CoSi_2$)의 비저항이 티타늄실리사이드($TiSi_2$)보다 높으나, 동일 선폭에서 코발트 실리사이드($CoSi_2$)의 면 저항은 작다.

⑥ 티타늄(Ti)과 코발트(Co) 실리사이드의 비교

[표 5-7 티타늄 실리사이드 박막과 코발트 실리사이드 박막의 특성]

	$TiSi_2$	$CoSi_2$
Resistivity(μΩ-cm)	13~16(Ti : ~43)	16~20(TCo : ~5.8)
Thermal Stability(℃)	700	1000
Silicidation Temperature(℃)	750~900	550~900
Moving Species	Si	Co
Si Consumption	227Å	364Å
Advantages	1. Well Understood 2. Less Si Consumption 3. Less Junction Leakage 4. Reduce Native Oxide	1. No Narrow Linewidth Effect 2. No Doping Dependent Conversion 3. Little GSD Leakage
Challenges	1. Narrow Linewidth Effect 2. Doping Dependent Conversion 3. GSD Leakage or Bridging	1. Consumes more Si 2. Junction Leakage 3. Very Sensitive to Interface Preparation 4. Low Temperature Control at RTP 5. Sputtering Ignition Issue

제3절 RTS(Rapid Thermal Process for Salicide)

1 개요

RTP(Rapid Thermal Process) System은 웨이퍼를 1장씩 낱장 단위로 열처리하는 데 사용된다. 1000℃ 정도까지의 고온의 공정을 30sec 이하의 짧은 시간에 처리할 수 있다는 장점을 가지고 있으며, 살리사이드(Salicide)나 이온주입(Implant)의 불순물 확산(Dopant Diffusion) 등에 사용된다.

2 적용 목적

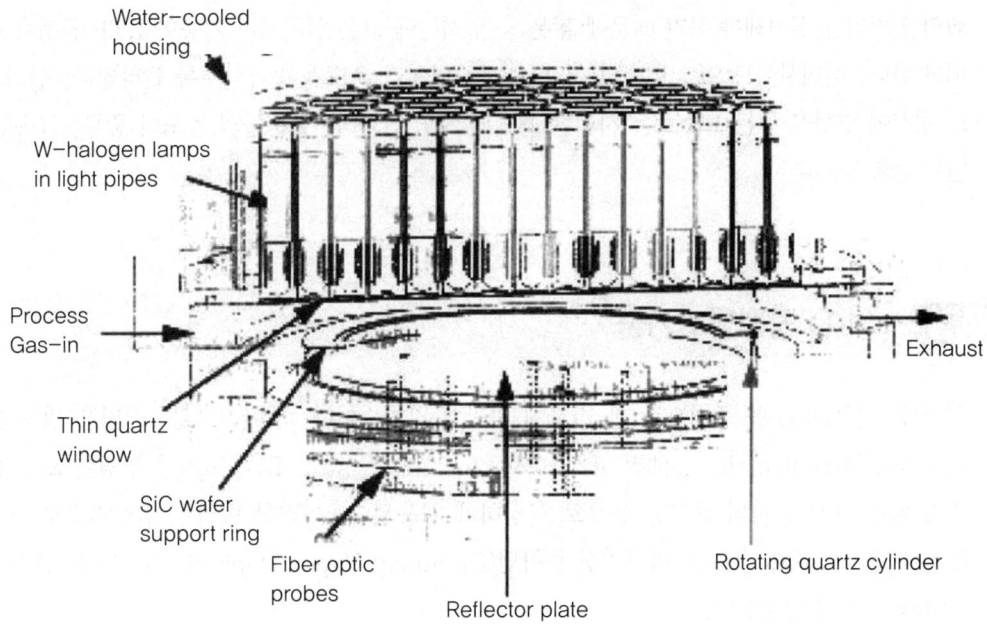

[그림 5-45 RTP 장비의 구조도]

살리사이드 공정에 확산로(Furnace) 사용시 불순 입자(Particle) 유입, 웨이퍼 적재(Loading) 시 산소 유입 등의 문제가 발생한다. RTP 이용 시 상기 문제를 해결할 수 있다. 또한 짧은 시간에 고온 열처리가 가능하여 열 소모가 방지되고 공정 시간을 획기적으로 단축시키며 정확한 온도 조절이 가능하다.

3 장비의 구조 및 원리

(1) 장비 주요 구성품

챔버, 램프(Lamp), 웨이퍼 지지부, 광학 섬유 온도 측정기(Fiber Optic Temp Probe)

(2) 장비 구조

챔버는 스테인리스 강철(Stainless Steel)로 제작되고, 급랭을 위한 냉각수 공급장치가 필요하다. 다수의 텅스텐 할로겐(Halogen) 램프가 챔버의 상부에 위치하며, 이 램프가 웨이퍼에 열을 가한다.

램프는 각기 독립적으로 전원(Power)을 공급할 수 있는 12개의 그룹으로 배치되며, 설정된 온도에 맞출 수 있도록 전원이 독립적으로 조정된다. 챔버의 아랫쪽에 달려 있는 6개의 고온도계(Pyrometer)로 온도를 측정 및 조정한다. 공정 진행 동안 온도는 ± 0.5℃ 이내로 관리된다. 진공 펌프를 설치하여 산소나 Particle 유입을 방지한다.

(3) 살리사이드(Salicide) 공정에서 RTP의 역할

RTP는 급속 고온 열처리와 정확한 온도 조절이 가능하다. 살리사이드(Salicide) 공정에서는 2회의 열처리를 실시해야 하기 때문에 짧은 공정 시간에 고온 열처리가 가능한 RTP 공정을 이용해야 한다. 실리사이드(Silicide)의 성장 속도는 열처리 온도가 증가할수록 빨라진다. 실리사이드 형성에 영향을 주는 요소로는 시리콘 표면의 자연 산화막, 불순물의 농도와 종류, 금속막 표면의 산화 등이다.

제4절 ALD 공정장비기술

원자층 증착(ALD)을 중심으로 한 반도체 박막 증착기술이다. 일반적으로, 박막은 반도체 소자의 유전체(Dielectrics), 액정 표시 소자(Liquid-Crystal-Display)의 투명한 도전체 및 전자 발광 표시 소자의 보호층 등으로 다양하게 사용된다. 이러한 박막은 일반적으로 증기법(EvapoRation Method), 화학기상 증착법(Chemical Vapor Deposition, 이하 'CVD법'), ALD법 등으로 형성한다.

막 형성에 필요한 원소를 한번에 한 가지씩 증발시켜 ZnS 박막을 형성하는 원자층 적층 성장(Atomic Layer Epitaxy ; ALE) 기술은 1974년에 핀란드 특허가, 1977년에 미국 특허가 등록되었지만 그 당시에는 큰 관심을 끌지 못했다. 아마도 기존의 박막 형성 방법과 너무 다르고 응용 분야가 특수하게 보였기 때문이다. 그러나 이 기술을 사용하여 핀란드의 Lohja사가 ZnS : Mn을 사용하여 미국과 일본의 경쟁사 제품보다 훨씬 뛰어난 대면적의 EL 표시 소자를 1980년대 초에 내놓았다. 이것이 1982년에 Society of Information Display 학회가 수여하는 기술상을 받은 이후 ALE 기술은 고품질의 박막을 형성하는 방법으로 주목을 받기 시작했다. 적층 성장이 아닌 경우도 포함하기 위해 더 일반적으로 이 기술을 ALE가 아니라 원자층 증착(Atomic Layer Deposition), 즉 ALD 기술이라고 부르게 되었다.

다른 실리콘 반도체 기술과 달리 ALD 기술을 실리콘 반도체 소자 제조에 적용하려는 노력은 한

국에서 최초로 시작되었다. 1996년부터 국내의 반도체 장비업체와 소자업체가 ALD 기술을 사용하는 장비와 소자 연구를 시작하여 삼성전자가 반도체 소자업체로는 최초로 ALD 기술을 개발하고 1998년에 이 기술을 적용하여 차세대 DRAM을 개발했다고 발표했다.

CVD법은 생산성이 좋은 반면에, 염소 등을 포함한 소스 가스를 이용하여 박막을 형성할 경우, 박막 내에 잔류한 염소 등과 같은 불순물을 제거하기 위하여 플라즈마(Plasma) 처리와 같은 추가 공정이 필요한 단점이 있다. 최근에는 박막의 두께균일성, 단차피복성(Step Coverage) 및 초기 상압(Atmospheric Pressure)으로 사용할 때의 오염 등의 문제점을 극복하기 위하여 저압 영역에서 CVD 공정을 많이 진행하고 있다.

이와 같이 저압에서 공정을 진행할 경우에는 증착 속도가 감소하게 되어 생산성이 떨어지게 된다. 따라서 증착 속도를 증가시키기 위해서는 반응기체의 분압을 높이거나 공정 온도를 증가시켜야 한다. 그러나 반응기체의 분압을 높이는 것은 미반응 기체들 상호 간의 반응을 유발시켜 원하지 않는 입자에 의한 오염을 발생시키고, 공정 온도를 증가시키는 것은 하지막의 변형을 초래하여 바람직하지 않다.

반면, ALD법은 CVD법에 비해 생산성이 낮은 단점이 있지만, 낮은 온도에서 우수한 단차 피복성과 균일한 조성을 가지는 박막을 형성시킬 수 있고, 박막 내의 불순물 농도를 감소시킬 수 있다. 시간당 막 성장 속도가 느리다는 것이 ALD 기술을 실리콘 반도체공정에 적용하기 어려운 이유였지만 반도체 소자의 미세화에 따라 얇고 두께를 정밀하게 제어해야 할 메모리용 유전막, 확산 방지막, 게이트 유전막 등의 수요가 많아지기 때문에 ALD 기술은 핵심적인 반도체 제조 기술 중의 하나가 될 것이다.

1 ALD 공정 원리

최초의 ALE에서는 순수한 황과 아연의 증기를 번갈아 공급하여 유리 기판에 황화아연을 형성하였다.

$$Zn(g) + S(g) \rightarrow ZnS(s)$$

아연을 증발시켜 반응기에 공급하면 아연이 유리 표면에 흡착한다. 증발한 아연 기체의 공급을 멈추면 유리 표면에 강하게 화학흡착한 아연의 한 원자층만 남고 나머지 아연은 뜨거운 유리 기판에서 다시 증발하여 반응기에서 제거된다. 여기에 황을 증발시켜 반응기에 공급하면 황이 아연 원자층 위에 흡착한다. 증발한 황 기체의 공급을 멈추면 아연 원자층에 강하게 화학흡착한 황의 한 원자층만 남고 나머지 황은 다시 증발하여 반응기에서 제거된다. 이 과정을 반복하여 한 원료 기체 공급 주기마다 ZnS 막을 원자층 단위로 형성할 수 있다. 곧 증기압이 더 높은 $ZnCl_2$와 H_2S 기체를 원료로 사용하는 ALE 기술도 개발되었다.

$$ZnCl_2(g) + H_2S(g) \rightarrow ZnS(s) + 2HCl(g)$$

이 경우에는 화학흡착한 $ZnCl_2$의 염소 원자가 나중에 도달하는 H_2S 분자와 반응하여 HCl 기체를 형성하고 ZnS 층을 남긴다. 직접 증발 ALD 기술로는 증발 온도가 매우 높은 원소로 구성된 막을 형성할 수 없었지만 화합물 원료를 사용하는 ALD 기술이 개발됨에 따라 이러한 조성의 막도 ALD 기술로 형성할 수 있게 되었다. 이렇게 화합물 원료를 사용하는 경우 원자층 증착법은 기상 반응을 최대로 억제한 화학증착법의 일종으로 볼 수 있고 이것을 원자층 화학증착법(Atomic Layer Chemical Vapor Deposition ; ALCVD)이라고 부르기도 한다.

❷ ALD 공정 메카니즘

다음의 원료 공급 주기를 반복하여 AB 고체 막을 원자층 증착법으로 형성하고 부산물인 XY 기체를 제거하는 과정을 그림 5-46과 같다.

$$AX(g) + BY(g) \rightarrow AB(s) + XY(g)$$

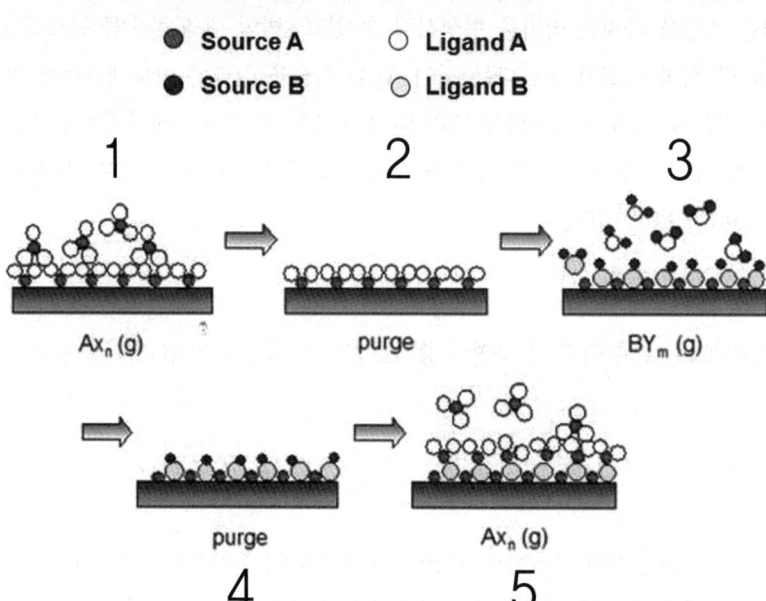

1. Source A 공급 기판 흡착(표면 포화) : Ligand A의 일부가 기판 표면과의 치환 반응에 의하여 제거
2. Source A purge step : 물리적으로 흡착되어 있는 Source A 및 Gas상 잔류 Source A의 제거
3. Source B 공급 : Source B와 Ligand A와의 치환 반응에 의하여 Ligand A와 Ligand B의 일부 제거
4. Purge step : 3번 step에서의 생성물 및 물리적으로 흡착된 Source B 제거(1 Layer 형성)
5. Source A 공급

*상기 cycle을 반복하여 박막 증착

[그림 5-46 ALD 기술에서 막 형성 메카니즘]

① AX 기체 원료를 공급한다.
② 기판에 반응 또는 화학 흡착한 것을 제외한 나머지 AX 기체를 반응기에서 제거한다.
③ BY 기체 원료를 공급한다.
④ 기판에 반응 또는 화학 흡착한 것을 제외한 나머지 BY 기체를 반응기에서 제거한다.

원료들이 기체 상태에서 만나지 않게 하려면 하나의 원료를 반응기에 공급한 후 여분의 원료를 반응기에서 완전히 제거한 후에 다른 원료를 반응기에 공급하여야 한다. 여분의 원료를 제거하는 방법에는 두 가지가 있다. 하나는 원료 기체를 진공 펌프로 배기하는 것이고 다른 하나는 아르곤 등의 불활성 기체를 흘려서 여분의 원료 기체를 씻어내는 것이다.

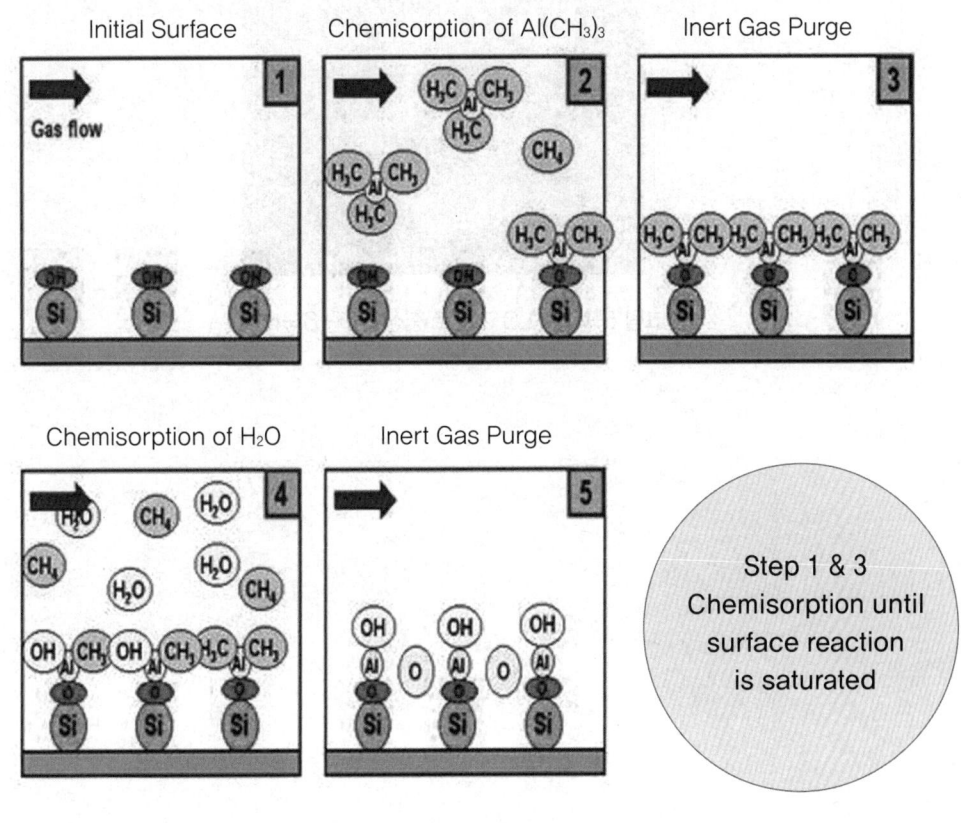

[그림 5-47 ALD 공정 흐름도]

❸ ALD 공정의 장점

원료 공급 주기 안에서 각 원료의 공급이 충분하면 기판 표면의 형상에 관계없이 매 원료 공급 주기마다 일정한 두께의 막이 형성된다. 막의 성장 속도는 시간이 아니라 원료 공급 주기의 수만에 비례할 뿐, 원료 공급량, 유량 등의 공정 조건에 민감하지 않기 때문에 얇은 막의 두께를 정밀하게 제어할 수 있다. 따라서 ALD 기술에는 다음의 장점이 있다.

① 매우 얇은 막을 형성할 수 있다.
② 기판의 면적이 넓어도 균일한 두께의 막을 형성할 수 있다. 대면적의 표시 소자에 적용되었고 300mm 웨이퍼에도 쉽게 적용할 수 있다.
③ 기판의 요철에 관계없이 일정한 두께의 막이 형성되기 때문에 단차 피복성이 매우 좋다.
④ 형성된 막에 핀홀이 없다.
⑤ 분말이나 다공성 물질에도 균일한 두께의 막을 형성할 수 있다.

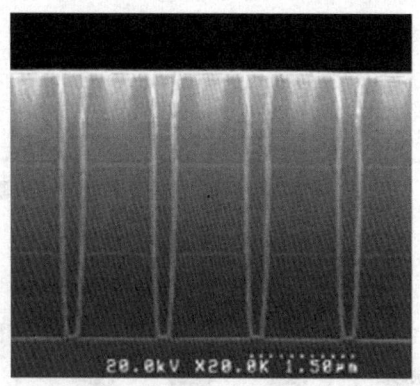

[그림 5-48 ALD 기술로 형성한 Ti-Si-N 막]

Part 06 세정과 CMP 공정기술

제1절 세정(Cleaning)

1 세정의 개요

직접회로의 성능과 신뢰성 및 생산 수율은 제작 시 사용된 웨이퍼나 제작 후 소자표면에 존재하는 물리적, 화학적 불필요한 불순물들에 의하여 많은 영향을 받는다.

소자의 최소 선폭이 점점 작아져 서브마이크론 영역에 이르게 되면, 이들 중 산화(Oxidation)와 모형 형성(Patterning) 전에 웨이퍼 표면을 청결하게 세정하는 기술에 대한 중요성은 더욱 커진다. 반도체 웨이퍼 표면을 세정하는 기술은 크게 습식 화학 방법, 건식 방법, 증기(Vapor Phase) 방법 등으로 나눌 수 있다. 전통적인 웨이퍼 세정 방법은 대부분 과산화수소(H_2O_2) 용액을 사용한 화학적 습식 방법이었으나, 많은 화학 물질의 소모와 사용된 이들 물질의 폐기, 발전되는 제작 공정과의 비호환성 등으로 인하여 점차 건식이나 기상 쪽으로 세정방법의 변화를 가져오게 되었다.

직접회로의 세밀화는 급격한 속도로 진행되고 있고, 이와 같이 직접회로의 밀도, 모형 형성과 성능도 함께 증가하고, 이에 따라 불순물이 수율과 품질과 신뢰성에 미치는 영향이 커져 오고 있다. 이와 같은 이유로 세정기술은 VLSI 공정에서 중요시되고 있다.

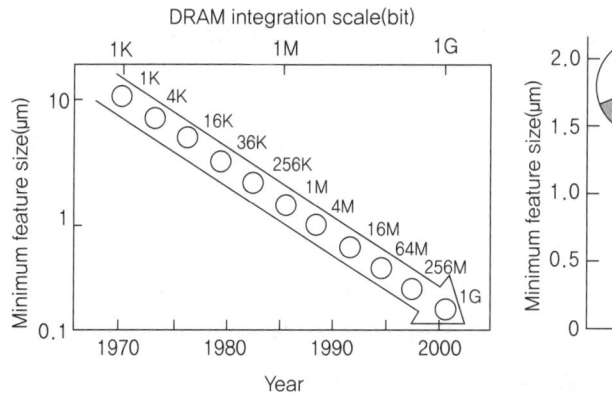
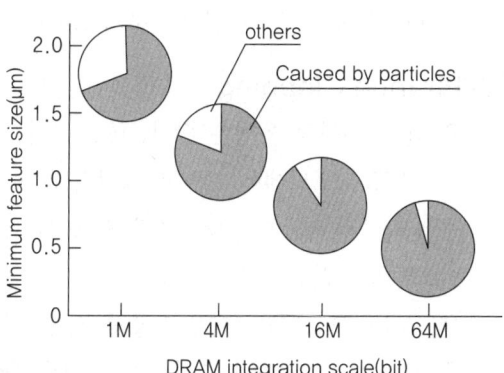

[그림 6-1 DRAM 반도체 집적도에 따른 칩 SIZE]

❷ 세정액의 종류와 세정 방법

(1) RCA Cleaning

직접회로의 반도체 웨이퍼 표면을 세정하기 위한 화학적 습식 클리닝 방법의 대표적인 이름이 'RCA 세정'이다. 반도체공정에서 사용되는 세정방법에서는 크게 건식 세정과 습식 세정으로 나누어진다. 여기서 습식 세정 방법의 대명사인 RCA 세정 방법은 1970년대 미국 RCA사의 W. Kern 등에 의해 제안되었으며, 현재까지 반도체 세정 공정으로 널리 사용되고 있다. RCA 세정은 공통적으로 과산화수소(H_2O_2)를 근간으로 사용된다.

① SC1(Standard Cleaning-1)

암모니아(NH_4OH), 과산화수소(H_2O_2) 그리고 물(H_2O)을 일정한 비율로 혼합하여 75~90℃ 정도의 온도에서 Particle과 유기 오염물을 제거하기 위한 세정방법이다. SC1은 구성 화학 용액의 이름을 통칭해 APM(Ammonium Peroxide Mixture)이라고 부른다. SC1 세정용액은 과산화수소에 의한 산화 반응과 암모니아에 의한 에칭(Etching) 반응이 동시에 일어나기 때문에 두 용액의 농도비가 매우 중요하다. 암모니아는 Si 웨이퍼를 비등방성(Anisotropic) 에칭을 시키고 에칭 속도도 매우 빠르다. 따라서 과산화수소에 의한 표면산화가 Si 웨이퍼 표면의 거칠기(Roughness)를 감소시키는 역할을 한다.

② SC2(Standard Cleaning-2)

염산(HCl), 과산화수소(H_2O_2), 그리고 물을 일정한 비율로 혼합하여 75~90℃ 정도의 온도에서 천이성 금속 오염물을 제거하기 위해 사용된다. SC2는 구성 화학 용액의 이름을 통칭해 HPM(Hydrochloric Peroxide Mixture)이라고도 부른다.

SC1 용액에서 금속 오염물은 Si보다 전기 음성도가 높아, 실리콘으로 전자를 빼앗아 전기화학적으로 반응하여 표면을 오염시킨다. 이런 금속 불순물을 제거하기 위해 금속보다 전기 음성도가 큰 SC2 용액이 사용되어야 한다. 대부분의 금속 오염물들은 희석시킨 염산만으로도 제거가 가능하다. 하지만 전기음성도가 큰 귀금속(Noble Metal : Cu, Al)은 희석시킨 염산만으로 제거하기 어렵기 때문에 염산과 과산화수소가 혼합된 세정용액으로 제거가 가능하다.

(2) Piranha Cleaning

Piranha 세정 용액은 황산(H_2SO_4)과 과산화수소(H_2O_2)를 일정한 비율로 섞고, 온도가 90~130℃ 정도에서, 웨이퍼 표면의 유기 오염물을 제거하기 위해 사용된다. Piranha 세정은 구성 화학 용액의 이름을 통칭해 SPM(Sulfuric Peroxide Mixture)이라고도 부른다.

반도체공정에서 유기 오염물과 감광제 잔유물(PR Residue)를 제거하기 위해 사용되고 있는 Piranha용액은 고온세정 과정 중 과산화수소가 분해되어 물을 형성함으로써 세정액의 농도를 희석시킨다. 세정 효율을 유지하기 위해 과산화수소가 새로이 첨가되지만 첨가된 과산화수소에 의해 세정액의 농도는 더욱 희석되어, 사용 후 8~12시간 정도가 지나면 더 이상 사용할 수 없게 된다. 이러한 문제점을 해결하기 위해 희석시킨 황산 내 오존을 주입하여 사용하거나, 아예 강산인 황산의 사용없이 초순수에 오존을 주입하여 유기물과 PR 제거를 목적으로 초순수/오존 클리닝 기술이 진행되고 있다.

(3) 인산(H_3PO_4) 세정

인산은 질화막(Si_3N_4)를 식각하는데 사용하는 용액이며, 주로 80~85%의 용액이 사용된다. 150℃ 이상의 고온에서 공정이 진행된다. 인산 용액 내에 수분이 감소하면, 인산 용액의 농도가 올라가고, 그렇게 되면 질화막의 식각율이 점점 낮아진다. 하지만 인산 용액의 농도가 올라가면, 이와 반대로 산화막의 식각율은 증가한다. 그림 6-2는 인산의 온도에 따른 산화막과 질화막의 식각율의 변화를 나타낸다.

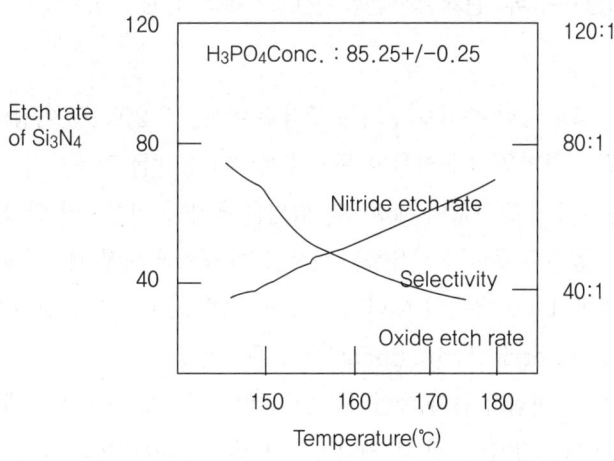

[그림 6-2 인산 온도에 따른 막질의 식각 선택도]

(4) 불산(HF) 세정

불산은 산화막 식각에 사용되는 대표적인 세정액이다. 주로 물에 희석시켜서 사용되고 있으며, 공정 온도는 상온(25℃)에서 사용된다. 산화막에 대한 식각율이 온도에 민감하여, 온도가 상승함에 따라 비례하여 그 식각율도 상승한다. 불산은 수소(H)와 할로겐족 원소인 불소(F)가 결합하여 만들어진 할로겐산 중의 하나이다. 그런데 다른 할로겐산에 비해 잘 해리가 되지 않아, 분자상태로 있을 때가 가장 안정적이다. BHF는 Buffered HF로써, 흔히 BOE(Buffered Oxide Etchant)라고 부르기도 한다. 이는 HF 용액에 일정비율로 NH_4F를 혼합시켜 사용하는 세정액으로써 NH_4^+가 있어 파티클 제거에도 용이하고, 불산에 비해 식각율도 높다.

(5) 유기용제 세정

Metal Etch나 Via Etch 후에 사용되는 세정용액으로써, 유기용제에 특별한 기능을 가진 첨가물을 사용하여, Etch 후에 발생되는 Polymer를 제거하는 데 사용되는 용액이다. 기능성을 가진 첨가물은 제조사에 따라 그리고 용도에 따라, 그 종류와 조성이 다양하다. 주로 Corrosion 방지제, Polymer 용해제 등이 첨가된다.

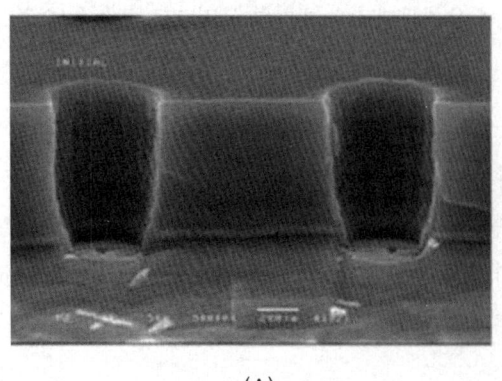 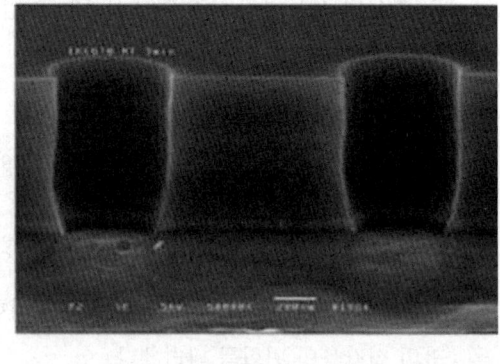

(A)   (B)

[그림 6-3 유기용제 세정 전후 사진(A : 세정 전, B : 세정 후)]

(6) 초음파 세정

초음파(UltraSonic Wave)란 주파수가 가청 주파수 이상, 즉 20kHz 이상의 귀로 들리지 않는 음파를 말한다. 이런 고주파의 초음파를 이용하여 물이나 용제를 진동시켜, 복잡한 형상물의 세정이나 깨지기 쉬운 물체에 손상없이 세정하는 방법을 초음파 세정이라 한다. 또한 주파수가 약 1000kHz대의 매우 높은 고주파를 사용하는 경우를 '메가소닉 세정(Megasonic Cleaning)'이라고도 불리운다. 일반적으로 초음파 에너지는 세정조(Cleaning Bath) 하단부에 장착되어 있는 압전 변환기(Piezoelectric Transducer)에서 공급된다.

반도체에서는 주로 이런 비접촉 음파 에너지를 SC1이나 순수에 사용하여 에칭공정 후에 발생하는 파티클을 제거하거나, CMP 공정 후 웨이퍼 표면에 잔류하는 오염 물질을 제거하거나, 오염된 반도체 장비 부품을 세척하는 데 널리 사용된다.

아래 그림 6-4 (A)는 세정조에 Sonic을 가하는 일반적인 방법이고, 그림 6-4 (B)는 Sonic이 지나치게 가해져서 웨이퍼에 불량을 발생시킨 모습이다.

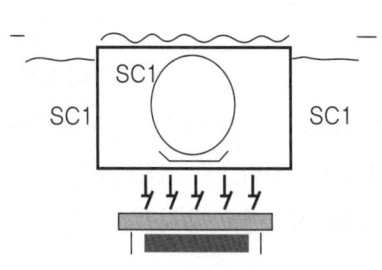 

(A) Sonic 전달방법   (B) Sonic에 의한 불량발생

[그림 6-4 세정조의 Sonic 전달방법과 Sonic에 의한 불량 모양]

3 건조기(Dryer)의 종류와 건조 방법

(1) Spin Dryer

Spin Dryer는 처리하는 Wafer의 매수에 따라, Batch Type과 Single Type(매엽식, 낱장처리방식)으로 분류되고, Batch Type은 회전축에 따라 다시 수평형 Spin Dryer와 수직형 Spin Dryer 두 가지로 나눌 수 있다. 수평형 Spin Dryer는 그림 6-5 (A)와 같이 주로 Cassette 방식의 Dryer에서 사용되어 왔으며, Cassette에 Wafer가 담겨진 채로 회전하기 때문에 고속으로 회전하지 못하며 약 500RPM 이하에서 사용되고, 근래에는 잘 사용하지 않는 방식이다. 수직형 Spin Dryer는 Cassetteless 방식에서 주로 사용되고 있고, 장치에 따라서 최고 1500RPM 정도의 회전수를 가진다. Single Type의 경우에는 그림 6-5 (B)와 같이 Wafer가 회전을 하면서 약액을 처리하는 세정공정을 진행하고 이후에 DIW(De-ionized Water)를 이용하여 세정을 하고 건조를 하는 방식이므로 짧은 시간에 고속 회전의 필요성이 있다. 최고 RPM은 3000~4000 정도의 회전수를 가진다.

Spin Dryer는 가격이 저렴하고, 유지비가 적게 들며, 사용이 용이하고, 유지 관리가 쉬운 장점이 있다. 반면에 회전 중에 Wafer가 깨질 수 있는 확률이 높고, 단차가 있는 곳의 건조가 불량하여 물반점(Water Mark)을 발생시킬 수도 있으며, 회전 중에 Particle 발생의 가능성이 있다는 단점이 있다.

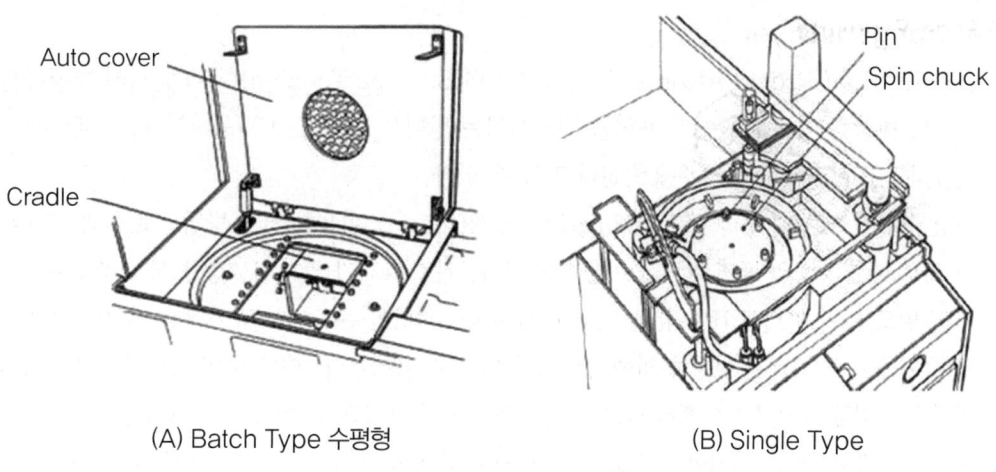

(A) Batch Type 수평형   (B) Single Type

[그림 6-5 Spin Dryer의 종류]

(2) IPA Dryer

IPA Dryer는 그림 6-6과 같이 IPA Vapor를 이용하여 Wafer를 건조하는 방식이다. DIW 세정을 마친 Wafer가 제일 먼저 Vapor Zone으로 들어간다. IPA Vapor는 Cooling Coil에 의하여 일정 영역(Vapor Zone)에만 존재하게 되고 이 Vapor Zone에서 일정시간(5~6분) Wafer가 머무는 동안 Wafer 표면에 있는 DIW와 IPA Vapor가 서로 치환하게 된다. 그리고 Cooling Zone

위로 Wafer가 올라오게 되면 Wafer 표면에 있는 IPA는 휘발하게 되어 건조하는 방식이다.

IPA dryer는 Spin Dryer에 비해 상대적으로 건조 중 Particle 발생이 적고, 단차가 있는 곳의 건조도 용이한 장점이 있다. 하지만 IPA가 휘발성이 커서 화재 발생 위험성이 있고, IPA를 사용하기 때문에 IPA가 Wafer에 남을 수 있고, IPA 사용에 따른 유지비가 많이 드는 단점이 있다.

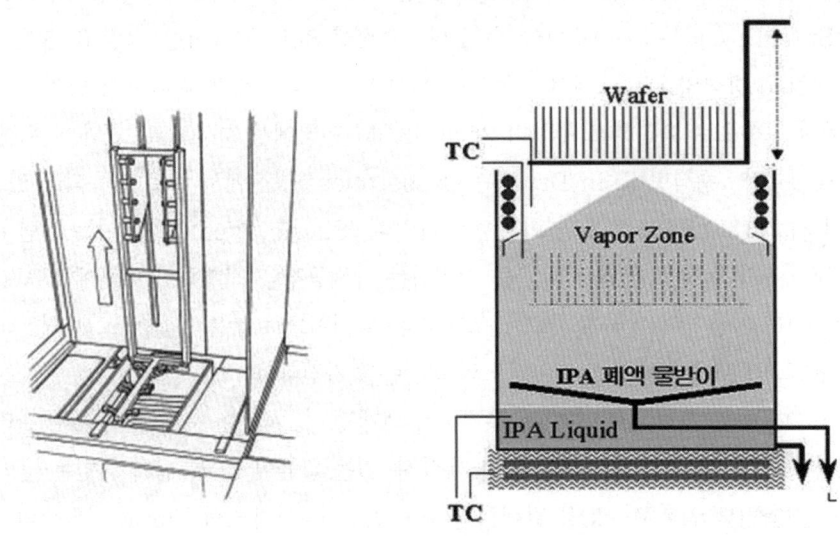

[그림 6-6 IPA Dryer의 모양과 모식도]

(3) Marangoni Dryer

물과 IPA(Iso-Propyl Alcohol) 간의 표면장력(Surface Tension) 차이에 의해 발생하는 마랑고니 현상을 이용해 웨이퍼 표면을 건조시키는 방법을 말한다. IPA를 사용하기 때문에 크게 분류하면 IPA Dryer의 범주에 속한다고 할 수 있다.

마랑고니 건조는 '마랑고니 효과(Marangoni Effect)'를 이용한 건조 방법으로 물과 IPA가 가진 서로 다른 밀도와 표면 장력을 이용한 것이다. 건조 효과가 있는 IPA층을 물 상층부에 주입시키면 밀도 차이에 의해 IPA가 물 위에 뜨게 된다. 적당한 온도에서 웨이퍼를 서서히 용액 밖으로 끌어 올리면 모세관 현상에 의해 IPA와 물이 따라 올라온다. 이때 물의 표면장력이 IPA의 표면장력에 비해 크므로 IPA에서 물로 끌어당기는 힘이 발생한다. 이를 '마랑고니 힘(Marangoni force)'이라고 한다. 이러한 마랑고니 힘에 의해 웨이퍼 표면에 부착되어 있는 파티클의 제거도 가능하며, 용액 최상층인 IPA에 의해 웨이퍼 표면은 물반점이 없는 깨끗한 건조를 수행할 수 있게 된다. 그림 6-7은 마랑고니 건조 장치의 개략도와 표면장력 차이에 의해 발생되는 마랑고니 현상을 도식화한 그림이다.

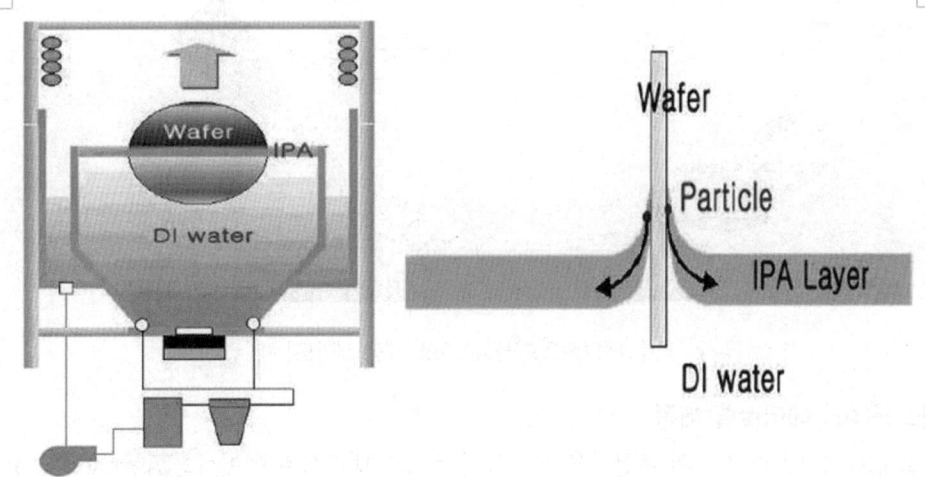

[그림 6-7 마랑고니 건조기의 원리와 개략도]

4 새로운 개념의 세정

(1) 오존(O_3) 세정

기존 RCA 세정의 근간으로 사용되는 과산화수소(H_2O_2)를 대체하기 위해 산화력이 큰 오존(O_3)을 근간으로 사용하는 새로운 습식세정 기술을 말한다.

세정액의 사용량이 증가함에 따라 화학 폐수량이 크게 증가하고, 폐수 처리 공정 중 탈과산화수소 공정이 반드시 필요함으로 그 처리 비용이 크게 증가하는 등의 환경적, 비용적 문제를 야기시킨다. 이러한 많은 문제점을 가지고 있는 과산화수소를 대체하기 위해, 도입되고 있는 세정 공정이 오존 세정 방법이다.

오존은 일반적으로 과산화수소보다 더 강력한 산화제로 알려져 있고, 용액 내에서 분해되어 해로운 반응 생성물을 형성하지 않는다. 또한 희석시킨 화학액을 사용하여 화학액의 사용량과 폐수의 양을 획기적으로 절감시킴으로써 환경친화적이고 경제적인 세정 공정이라는 장점을 가지고 있다.

(2) 드라이아이스 세정

드라이아이스(Dry Ice) 미세 알갱이를 고압가스와 함께 분사시켜 작업물과 충돌시킴으로써 표면을 클리닝하는 방법을 말한다. 기존의 모래 혹은 세라믹 파우더를 고압 분사해 세정하는 블라스팅(Blasting)과 작동 모습이 유사하다.

반도체 웨이퍼 및 평판 디스플레이(FPD) 기판 등의 세정을 위한 드라이아이스 세정방식은 순수한 이산화탄소를 저온 가압시켜 만든 액체 이산화탄소를 특수 설계된 고압 노즐을 통해 방출시켜, 이때 노즐에서의 단열 팽창 원리에 의해 드라이아이스를 만들어 분사시킴으로써 기판 표면의 오염 물질을 제거한다.

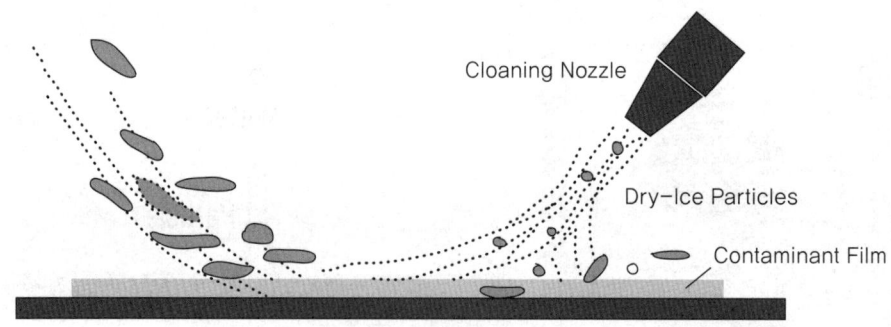

[그림 6-8 드라이아이스 세정 개략도]

(3) 아르곤(Ar) 에어로졸 세정

초고순도 아르곤과 질소의 혼합물을 진공상태로 기화 냉각시켜 에어로졸(Aerosol)을 형성시키고, 이를 작업 시편에 분사하여 표면을 클리닝하는 방법을 말한다.

최근 구리(Cu) 배선 공정과 저유전체(Low k) 절연 박막을 채용함에 따라, 배선 공정 시 웨이퍼 표면의 파티클과 관련된 문제점이 커지고 있다. 표준습식 화학 세정 방식은 저유전체 박막 특성에 손상을 가져오고, 구리의 높은 부식성으로 인해 클리닝 공정 중 많은 문제를 야기하고 있다. 이러한 문제를 해결하고자 극저온 에어로졸 클리닝 기술이 개발되고 있으며, 그중 아르곤 에어로졸 방식은 세정 시 어떠한 화학적 변화도 야기시키지 않는 건식 세정방법이라는 장점을 가지고 있으며, 파티클 제거에 효과적인 방법으로 알려져 있다.

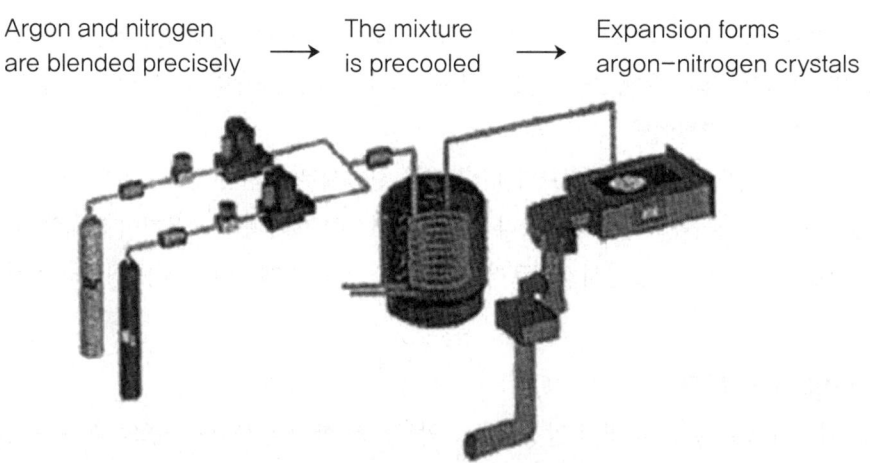

[그림 6-9 아르곤 에어로졸 세정 장치 개략도]

(4) 레이저(Laser) 세정

레이저 빔을 재료 표면에 조사하여 표면 위에 존재하는 오염 물질을 제거하는 공정 기술이다. 레이저 빔 조사 시, 표면에서는 급격한 온도 상승이 발생하며, 이때 오염 물질은 순간적으로 증발하여 제거된다. 그림 6-10은 이러한 레이저 세정 공정의 과정 및 원리를 보여주고 있다.

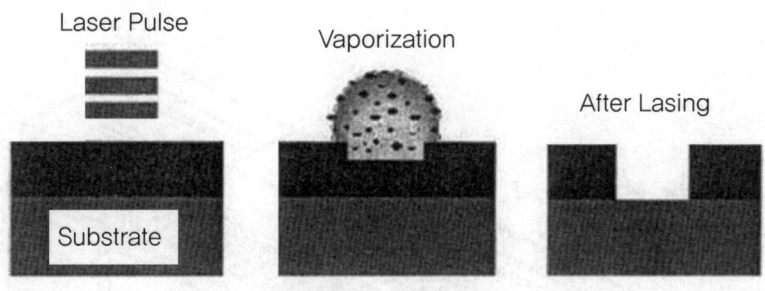

[그림 6-10 레이저 세정 개략도]

(5) 자외선(UV) 세정

고출력 자외선 램프와 산소(O_2) 가스를 사용하여 활성 산소(O) 및 오존(O_3)을 만들어 표면의 유기오염물질을 제거하는 방법을 말하며, 'UV/Ozone Cleaning'으로 불리기도 한다. 자외선(UV) 세정 기술은, 1972년 Bolon과 Kunz에 의해 기본 원리가 확인된 이후, 새로운 건식 세정 기술의 한 부문으로 발전해 왔다. 자외선 에너지와 그것에 의하여 생성되는 오존(O_3)을 이용하여 유기오염물을 분해, 산화시켜 최종적으로는 CO, CO_2 및 H_2O의 형태로 오염물을 가스화시켜 제거하는 방법으로, 이때 조사되는 자외선의 에너지가 매우 중요하다.

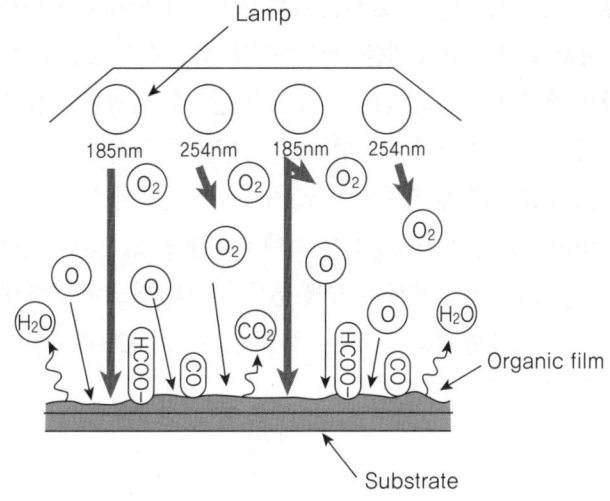

[그림 6-11 자외선 세정 개략도]

5 세정 장비의 종류와 분류

(1) Immersion Tank Type

RCA 세정과 함께 발달해 온 가장 기본적인 세정 장치 방식이다. Batch Type으로 공정이 진행된다. 그림 6-12은 Batch Type으로 진행되는 전형적인 Immersion Tank Type 장비의 모식도이다. 최근에는 Single Immersion Type의 장비도 개발되었다.

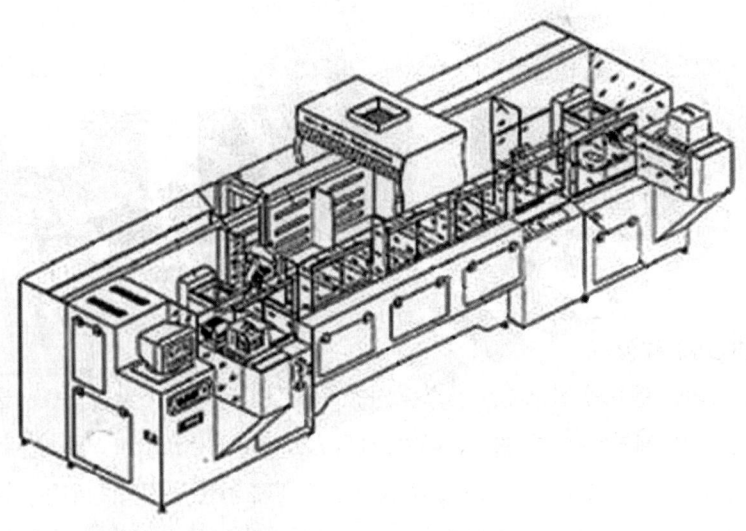

[그림 6-12 Immersion Tank Type 세정 장치]

(2) Centrifugal Spray Type

최초의 자동화 Centrifugal System은 1975년 FSI사에 의해서 처음으로 소개되었다. Wafer가 Spray Column 주위를 빠른 속도로 회전하고, Spray Column에서 세정액을 분사시켜 세정하는 방식이다. Immersion Tank 방식은 일정한 혼합비율로 세정액을 혼합하여 일정시간 사용하고 일정 시간이 지나면 배출시키는 반면에, Centrifugal System에서는 세정액은 분사되기 바로 직전에 혼합되어 Wafer에서 분사되기 때문에 혼합비율이 일정하다는 장점이 있다. Immersion Tank방식은 약액조와 세정조, Dryer를 이동하며 세정을 하는 반면에, Centrifugal System에서는 약액 분사, 세정, 건조를 닫혀진 Chamber 내부에서 처리하기 때문에 오염에 대한 우려가 적은 편이다. 그림 6-13은 FSI사에서 개발된 Centrifugal System의 개략도이다.

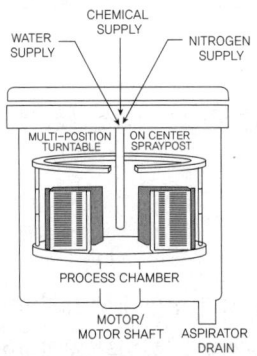

[그림 6-13 Centrifugal Spray Type System]

(3) Closed System Type

이 세정방식은 1986년 CFM Technology사에서 개발하였다. 이 세정방식은 Centrifugal Spraying 방식과 같이 웨이퍼를 닫혀진 Vessel 내부에서 세정하는 것은 동일하지만, 웨이퍼는 움직이지 않고 고정시켜 놓고, 약액 분사, 세정, 건조를 하는 방식이다.

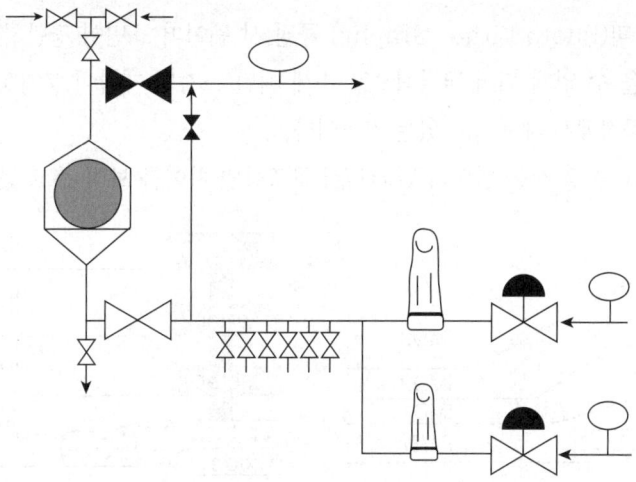

[그림 6-14 Closed System Type 세정 장치]

제2절 CMP(Chemical Mechanical Polishing)

1 CMP 공정의 정의 및 목적

(1) CMP의 정의

CMP는 말 그대로 '연마(Polishing)해서 웨이퍼 표면을 평탄하게 만들어 주는 것'이다. 이때, 평탄화 공정 시 연마 촉진제(Chemical)를 연마 장치(Mechanical)에 공급해 주면서 연마(Polishing)를 진행하기 때문에 붙여진 이름이다.

[그림 6-15 CMP 공정 전과 후의 패턴 모형]

(2) CMP의 목적 및 역할

반도체 제조 초창기에는 CMP 공정이 굳이 필요치 않았으나, 최근 반도체 소자는 점차 회로 선폭이 미세화되고, 다층으로 올라가고 있어 기존의 표면 평탄화 공정(Etch Back, Thermal Re-flow)으로는 이러한 변화 요구를 기술적으로 만족시킬 수 없어 1980년대 초반 IBM에서 최초 개발하게 되었다.

특히, 광 리소그라피(Photo Litho-Graphy) 공정 시 웨이퍼 표면이 평탄치 않을 경우 충분한 패턴 정밀도를 얻을 수 없게 되어 결론적으로 미세 패턴 소자의 제작이 불가능하여 현재 초집적화된 반도체 제조공정에서 채택되고 있는 기술이다.

그림 6-16은 CMP 공정 적용 전후의 Vertical 구조상의 차이를 보여 주고 있다.

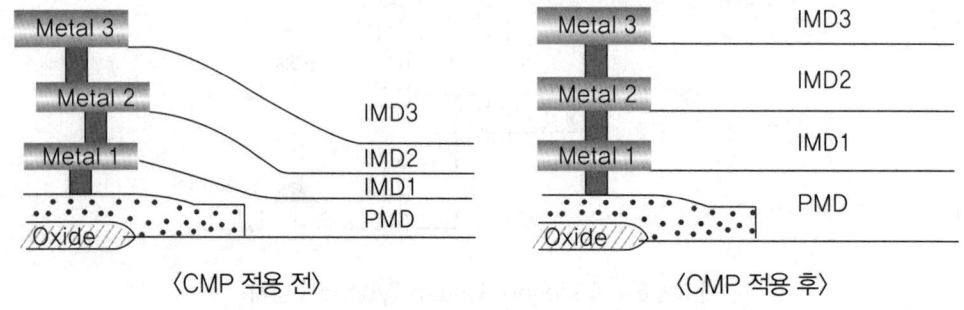

[그림 6-16 CMP 공정 적용 전후의 Vertical 소자 패턴 구조]

결론적으로 CMP 공정은, 최근 높은 정밀도를 요구 하는 첨단 반도체 제작을 위해 도입된 웨이퍼 표면 평탄화 기술이다.

(3) CMP의 역사와 전망

앞에서도 언급 했듯이 초기 CMP의 시작은 IBM에서 시작하였다. 당시, CMP에 대한 조사와 개발은 1983~1988년까지 IBM 내부에서 모든 CMP 정보에 대한 철저한 보안을 유지하면서 독점적으로 진행되고 있었다.

1980년대 말 몇 가지 요인들에 의해 IBM의 보안태도에 변화를 가져오게 되었다.

① IBM의 개인용 컴퓨터 생산라인이 Intel로 선정되었고, IBM은 Intel의 반도체 Chip 배선 기술 향상에 도움을 주기 위해 CMP 기술을 일부 이전하였다.

② 당시, IBM은 컴퓨터의 주요 부품인 DRAM이 외국 공급자(일본)에 의해 좌우되고 있는 것에 대한 심각성을 느꼈고, 이러한 계기로 국내 회사인 Micron에 CMP 기술 이전을 통해 국내 공급자들을 강화하게 되었다. 또 1980년대 후반에는 다층 배선(Multi-Level Interconnect) 공정도인 SEMATECH에 대해 공개하는 것에 동의를 하였다.

③ CMP 확산의 또 다른 계기는 1990~1994년에 걸친 IBM의 인원 감축에 의해 급속도로 확산되었다. CMP에 많은 경험을 가진 엔지니어들이 IBM을 떠났고 그 기술에 대한 관심을 가지고 있던 다른 회사들에서 일을 하게 되었다.

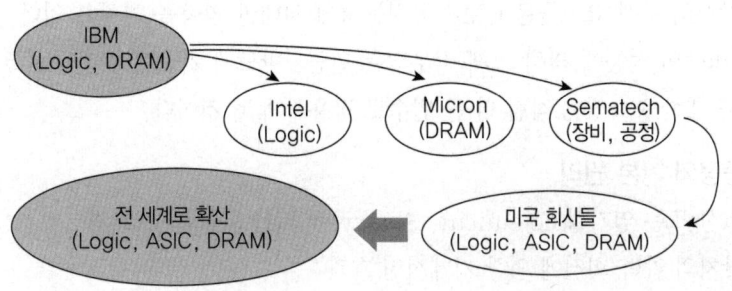

[그림 6-17 CMP 공정의 개발 개략도]

CMP는 1990년대 이후, IC 공정 기술에서 가장 빠르게 성장해가고 하고 있으며 초기 CMP의 적용은 절연체 박막(CVD Oxide)에 대한 평탄화에만 이용되었으나 최근 점차 적용 범위가 늘어나고 있다. 최근에는 금속 박막(W, Al)에도 이용되고 있을 뿐 아니라 차세대 공정 기술인 Low K 절연체 및 Cu 공정기술에도 이미 적용되고 있는 초정밀 연마기술이며, 반도체 제조공정에서의 핵심 기술이다.

❷ CMP 기본원리

(1) CMP 장치의 기본 구성

그림 6-18은 CMP 장치의 기본 구성을 보여주는 개략도이다.

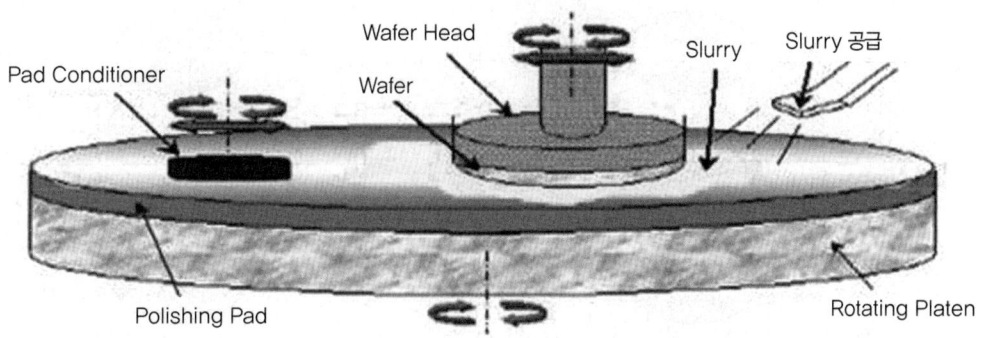

[그림 6-18 CMP 장치의 개략도]

그림 6-18에서 보여 주는 바와 같이 기본적인 CMP 장치는 다음과 같다.
① Wafer Head : Wafer를 보유 하면서 회전/가압, Polishing Head
② 연마 Pad : Wafer 표면을 직접 접촉 하는 신축성 있는 연마포
③ 연마제(Slurry) : SiO_2 를 주성분으로 하는 연마 용액($SiO_2 + H_2O$)
④ Pad Conditioner : Pad 표면 상태를 초기 상태로 유지시켜 주는 장치등으로 구성되어 있

고, 각각의 구성 요소들은 CMP 공정능력에 지대한 영향을 미치고 있다. CMP의 공정능력이 장비들의 성능에 의해 크게 좌우되는 만큼, 반도체 기술이 발전할수록 장비 자체의 공정능력에 대한 중요성은 점점 더 큰 변수로 작용하게 될 것이다.

(2) CMP 공정의 기본 원리

- 연마제(산 또는 염기성 Chemical, Slurry)에 의한 화학 반응 효과
- 연마 장치의 압력/회전에 의한 기계적인 효과

CMP는 위의 두 효과를 결합하여 수행되는 초 정밀 웨이퍼 표면 평탄화(Planarization) 공정이다.

① 연마제(Slurry)에 의한 화학적(Chemical) 반응 효과

CMP 공정 진행 중에 연마 Pad 위에서 일어나는 화학 반응은, 연마제(Slurry)와 웨이퍼 표면과의 화학적인 상호 작용에 의해 발생하게 된다. Slurry에 의한 화학적 상호 작용은 연마되는 물질과 Slurry의 종류에 따라 그 반응 양상이 다르게 진행될 것이다. CMP Slurry는 크게 산화막(Oxide) 연마용 Slurry와 금속막(Metal) 연마용 Slurry로 나누어진다. 아래에 각각의 연마용 Slurry의 화학적 작용에 대해서 간단히 설명하겠다.

㉠ 산화막 연마용 Slurry(주로 염기성)에서의 화학적 반응

한 마디로 정의하면 "슬러리와 웨이퍼 표면과의 수소결합에 의한 산화막의 화학결합 파괴"이다. 그림 6-19는 산화막 연마용 Slurry를 이용한 실제 연마공정 진행 시 연마 Pad 위에서의 화학반응을 간단히 설명하고 있다.

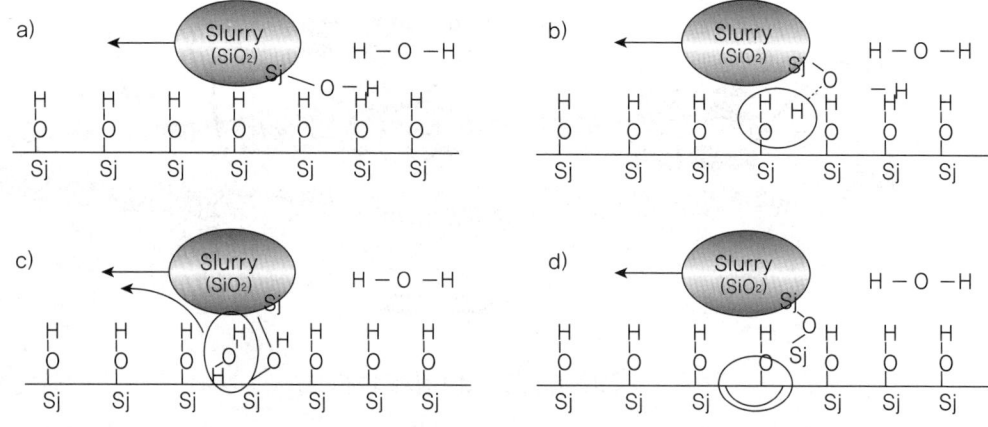

[그림 6-19 산화막 연마용 슬러리에서의 화학반응]

- 물과 알칼리 슬러리 용액의 화학적 극성으로 인해 산화막 표면과 실리카(SiO_2) Slurry 표면에 수산화기(-OH) 형성
- 산화막 표면 수산화기와 실리카 표면 수산화기의 화학적 수소 결합
- 두 표면의 수소 결합력 + 웨이퍼에 가해지는 기계적 압력/마찰에 의해서 실리카(SiO_2) 입자와 산화막 표면 직접적인 화학 결합 생성
- 계속되는 기계적 마찰에 의해서, 웨이퍼 표면의 실리콘 산화막 입자들이 표면에서 떨어지면서 산화막이 점차 제거

위와 같은 화학 반응을 통해 산화막(SiO_2)의 결합이 점차 파괴되면서 산화막 두께가 점차 감소되는 화학적 반응에 기계적 효과가 추가 되어 연마된다.

ⓒ 금속막 연마용 Slurry(주로 산성) 에서의 화학적 반응

텅스텐(W), 구리(Cu) 등과 같은 금속막 CMP 시 화학적 반응은 "슬러리 내부의 (산성)화학용액을 통해 금속 산화물 층생성/ 기계적 제거"로 정의할 수 있다.

그림 6-20은 금속막 연마용 슬러리를 이용한 실제 연마공정 진행 시의 화학반응을 간단히 설명하고 있다.

[그림 6-20 금속막 연마용 슬러리의 화학 반응]

② 연마 장치에 의한 기계적(Mechanical) 효과

CMP 공정진행 시의 기계적인 작용은, 슬러리 내의 연마 입자(SiO_2)와 연마장치의 기계적 구동에 의한 현상이다. 여기서 기계적 구동이란, 그림 6-18에서 보는 바와 같이 웨이퍼 하고 있는 Wafer Head에서 웨이퍼에 가해 주는 압력과 Wafer/Pad 간의 회전 시의 상대속도를 의미하는 것이다.

일반적인 산화막(Oxide)의 제거 속도(Removal Rate)에 대한 기본 이론은 Preston에 의해 발전 되었다. Preston 법칙에서 산화막의 제거속도는 웨이퍼에 가해지는 압력과 Wafer/Pad 간의 상대속도에 비례한다는 것을 알 수 있다.

그러나 Preston 방정식은 산화막 제거 속도가 압력과 상대속도에 선형적으로 비례한다는 것

은 알 수 있으나 실제 연마 공정 진행 시 내부에서 일어나고 있는 온도변화, 화학적 요소, 재질의 물성/경도 등의 내부 현상들에 대해서는 아무런 단서를 제시해 주지 못하고 있다. 이러한 CMP 연마 속도에 관한 Preston 방정식의 문제점 보완을 위해 수많은 학자들에 의한 연구가 행해졌으며, 모든 변수들을 정확하게 표현할 수 있는 이론을 만들기 위해 기존 이론을 토대로 수정·보완이 지금 현재도 끊임없이 진행 중이다.

❸ CMP 공정 및 장비

(1) CMP 공정의 종류 및 역할

① CMP 공정의 종류

CMP공정의 종류는 연마되는 물질의 종류/CMP 공정목적에 따라 일반적으로 Oxide CMP, Metal CMP로 크게 나누어지고 각각에 공정에 대한 세부 분류는 그림 6-21과 같이 분류할 수 있다.

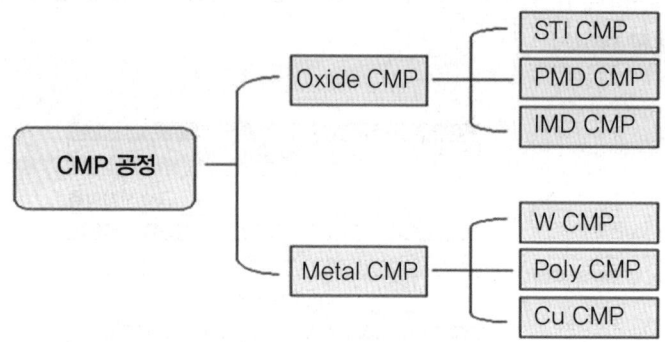

[그림 6-21 CMP 공정의 개략적 분류]

② 각 CMP 공정의 역할

㉠ STI CMP Process

"소자(Device)와 소자" 사이의 절연층 형성을 위한 평탄화 공정

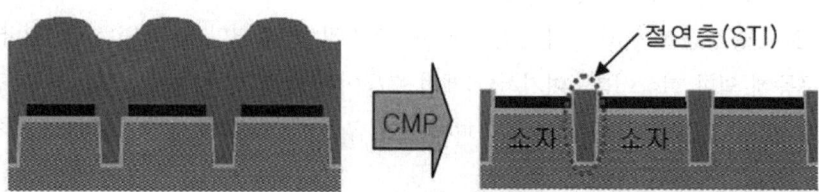

[그림 6-22 STI CMP 공정]

ⓒ PMD CMP Process

"소자(Device)와 금속 Line" 사이의 절연층 평탄화를 위한 공정

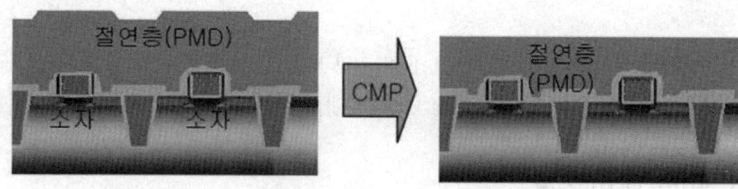

[그림 6-23 PMD CMP 공정]

> **참고 사항**
> - STI : Si Wafer 표면에 소자와 소자 간의 절연을 위해 만든 틈새(Shallow Trend Isolation)
> - PMD : 반도체 제작 과정 중에서 Metal Line을 형성시키기 전의 절연층(Pre Metal Dielectric)

ⓒ IMD CMP Process

"금속 Line과 금속 Line" 사이의 절연층 평탄화를 위한 공정

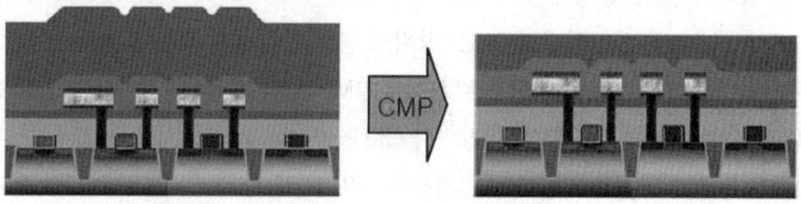

[그림 6-24 IMD CMP 공정]

ⓔ W(Tungsten) CMP Process

CVD W 증착 이후 Via Hole 외부의 불필요한 W 제거를 위한 공정

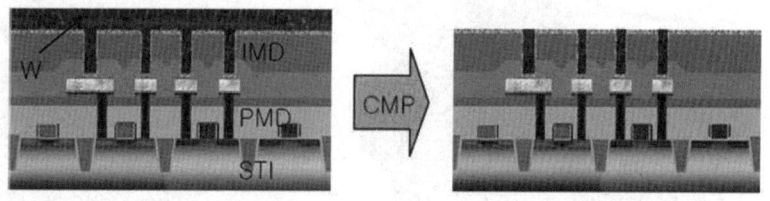

[그림 6-25 W CMP 공정]

ⓜ Cu(Copper) CMP Process

Metal(W, Al.) CMP와 동일하되, 기존 Metal 대신 구리(Cu)를 사용한다.
최근 반도체 Chip의 고속화/다층배선 구조화에 따라 기존의 알루미늄(Al)보다 전기 전도도가 훨씬 우수한 구리(Cu)로 대체되고 있다. 그러나 구리의 물리·화학적 특성상 건식

식각(Dry Etch)의 어려움으로 인해 기존 공정 적용이 불가능하여 "다마신(Damascene) 공정"이라는 새로운 공정이 필요하게 되었고 다마신에 있어 CMP는 핵심 공정이다.

> **참고 사항**
> - IMD : 반도체 제작 과정 중, Metal Line과 Metal Line 사이의 절연층(Inter Metal Dielectric)
> - 다마신(Damascene) : 상감 공정, 고려시대 상감 청자 제작 시 무늬를 형성하는 방법과 유사

(2) CMP 장비역사 및 종류

흔히 반도체 산업을 장치 산업이라고 일컫는데, 이는 반도체 장비가 워낙 고가이기 때문이기도 하지만 실제 반도체 제조공정 기술의 가장 큰 부분을 차지하는 요소 중의 하나가 반도체 제조 장비 자체의 기술 향상이기 때문이다. 아무리 높은 집적도와 속도를 자랑하는 최첨단 반도체 칩이 개발되었다 하더라도, 그 칩을 제조할 수 있는 능력을 가진 장비가 준비되지 않았다면 그것은 단지 이론적인 기술력에 불과할 것이다. 그러므로 모든 반도체 제조공정에서 칩 제작 기술만큼이나 중요한 것이 반도체 제조 장비의 공정 능력이라 해도 과언이 아닐 만큼 그 중요성이 크다.

1983년 IBM에서 처음 CMP를 시작하였을 당시, Westech사 등으로부터 웨이퍼 연마용 장비를 구입하여 CMP 공정에 맞게 개조 후 사용하였다. 그 후, IBM이 그들의 독점적인 CMP기술을 Sematech에 공급하면서 CMP 장비도 함께 공급하게 되었고 Sematech은 그 장비들을 이용하여 CMP 공정 능력을 개선, 발전시켜 CMP 공정 자체에 대한 신뢰도를 증가시키게 되었다. 그 결과 1990년대 "IPEC472" 장비가 CMP 공정에 폭넓게 사용되었고, 그 후 CMP 장비는 끊임없는 발전에 발전을 거듭하여 공정능력, 처리속도 등 모든 면에서 한층 개선된 모델들이 여러 회사로부터 출시되고 있다.

그림 6-26은 현재 CMP 공정에서 주로 사용 되는 장비 모델들을 보여 주고 있다.

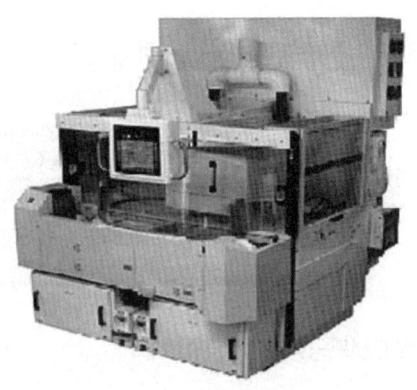

〈IPEC472 장비〉

〈IPEC776 장비〉

〈AMAT MIRRA 장비〉

〈EBARA F-REX200 장비〉

[그림 6-26 여러 종류의 CMP 공정장비들]

1990년대 중반까지의 초기 CMP 장비들은 최근 출시되는 장비(MIRRA, EBARA)들에 비해 공정 수행 능력이 떨어졌다. CMP에서 가장 중요한 공정 능력 중의 하나가 'CMP 후의 평탄화 정도'로 평가되는데, 이는 CMP 장비의 Wafer Head에서 Wafer에 가해주는 압력이 웨이퍼 전면에 얼마나 골고루 균일하게 전달해 주느냐에 따라 좌우된다. 초기 모델인 IPEC 372, 472 등은 Wafer에 가할 수 있는 압력이 단지 두 가지로 제한되어 있었다. 그러나 최근 도입되는 CMP 장비는 공정 능력 향상을 위해 3~4가지의 다양한 압력 Control을 가능케 하여 공정능력 향상과 더불어, 높은 처리속도 구현을 통한 생산성 향상을 꾀하는 등 장비 설계 단계부터 효율성을 높이고 있다.

그림 6-27은 초기 472 장비와 최근 MIRRA 장비의 Head를 비교한 것으로써, Head의 구조 비교 및 Wafer에 가해줄 수 있는 Pressure 종류를 보여주고 있으며, Pressure의 종류가 다양한 장비일수록, 공정수행능력(평탄화 정도)이 우수하다.

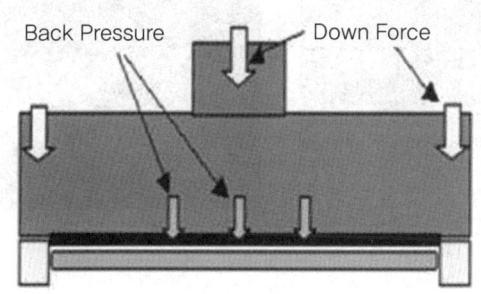

〈472 Head〉　　　　　　　　〈MIRRA Head〉

472 Pressure 종류	Wafer 내 가압 영역
Down Force	Edge
Back Pressure	Center

MIRRA Pressure 종류	Wafer 내 가압 영역
Retainer Ring	Edge
Membrane	Center
Inner Tube	Middle

[그림 6-27 여러 종류의 CMP 장비의 Wafer HEAD 비교]

4 CMP 소모품(Consumable)

그림 6-28은 반도체 제조 과정에서 CMP 공정을 진행하는데 있어서 소요되는 전체 비용을 항목별로 분류해 놓은 것이다. CMP 전체 공정 비용의 과반수 이상을 차지하는 'CMP 소모품'의 종류와 각각에 대한 내용에 대해 알아보기로 하자. CMP 소모품은 크게 슬러리(Slurry), 패드(Pad), 패드 컨디셔너(Pad Conditioner : Disk) 세 가지로 나눌 수 있다. 물론, CMP의 모든 소모품을 언급하자면 100가지도 넘을 것이나, 이 책에서는 공정 관련 주요 소모품에 대해서만 언급하도록 하겠다.

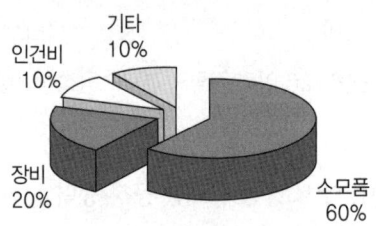

[그림 6-28 CMP 공정 비용]

그림 6-28에서 보는 바와 같이, 전체 CMP 공정 비용의 과반수 이상을 차지하는 것이 소모품 비용이라는 것을 알 수 있다. 최근 CMP 장비 가격이 수십 억인 것을 감안하면 CMP 공정 비용에 소모품 비용이 얼마나 큰 비중을 차지하는가에 대해 쉽게 이해할 수 있을 것이다. 그림 6-29은 AMAT MIRRA 장비에서 실제 CMP 연마 공정 진행 중의 Wafer Head / Pad 상태, Slurry 공급 상태, Pad Conditioner의 사진이다.

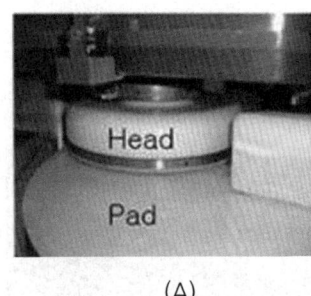 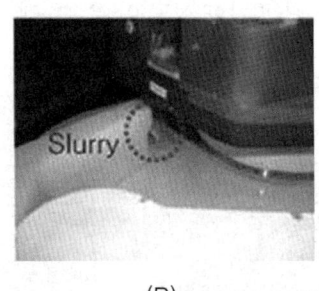 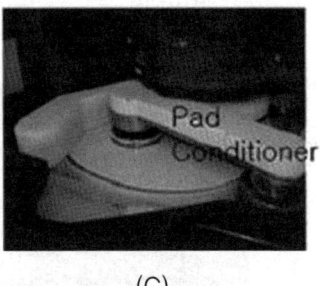

(A)   (B)   (C)

(A) CMP 공정 진행 중, Wafer Head와 Pad의 모습
(B) CMP 공정 진행 중, Slurry가 Pad 위로 공급되고 있는 모습
(C) CMP 공정 진행 중, Pad Conditioner가 Conditioning하는 모습

[그림 6-29 CMP 공정 중의 소모성 파트들]

(1) 슬러리(Slurry)

① CMP 공정에서 슬러리의 역할

우리가 매일 아침 행하는 양치질에서 치약의 역할과 비슷하다. 효과적인 양치를 위해 칫솔의 상하좌우 운동에 치약이라는 연마 입자에 의한 화학적인 효과를 더해 주는 것이다(실제로, Slurry, 치약, 화장품 파우더의 주성분은 SiO_2로 동일하다).

② CMP 슬러리의 기본 원리, 조성

앞에서 얘기했듯이 슬러리는 크게 '산화막 연마용 슬러리'와 '금속막 연마용 슬러리'로 나누어 지며 CMP 공정의 기본 메커니즘 중 하나인 '화학 반응'의 핵심적인 역할을 수행한다. 일반적 으로 사용되는 CMP 연마용 슬러리의 세부 조성을 분석해 보면 'H_2O(85% 이상) + 연마 입 자(5~15%, SiO_2/Al_2O_3) + 각종 첨가제'로 구성되어 있다. 표 6-1은 산화막/금속막 연마 용 슬러리 간의 차이점을 비교해 놓았다.

[표 6-1 산화막/금속막 연마용 슬러리 비교]

	산화막 연마용	금속막 연마용
pH	염기성	산성(또는 중성)
연마 주성분	SiO_2, CeO_2	SiO_2, Al_2O_3
연마 대상	산화막(SiO_2, PSG, BPSG)	금속막(Tungsten, Aluminum, Copper)
Slurry 조성	SiO_2, CeO_2 + 분산제(KOH, NH_4OH) + 첨가제	SiO_2, Al_2O_3 + 산화제(H_2O_2, $Fe(No_3)_3$) + 첨가제

효과적인 연마를 위해서, 이미 사용된 슬러리는 웨이퍼와 패드 사이에서 빠져 나오고 새로운 슬 러리가 지속적으로 웨이퍼와 패드 사이로 공급되어야 한다.

SiO_2는 주로 산화막 CMP에 적용되고, CeO_2는 STI CMP에 많이 적용되고 있다. Cu(Copper) CMP의 경우, Cu 자체의 물리적 특성이 산성 용액에의 부식이 잘 일어나서 Dishing, Erosion 등의 우려가 있어 2 Step Polish를 주로 적용하므로 적용되는 슬러리 또한 각 Step에 따라 달 라진다(1st Step-Al_2O_3 사용, 2nd Step-SiO_2 사용).

> **참고 사항**
>
> - Dishing : 넓은 Pattern 영역에서, 주변과의 제거속도 차이에 의해 생성된 접시 모양의 패임 현상
> - Erosion : Via Hole 밀집 지역에서, 주변과의 제거속도 차이에 의한 절연막 침식 현상으로 생성 된 산화막의 단차(Via Hole 밀집 지역과 밀집하지 않은 지역의 단차)

(2) 패드(PAD)

① CMP 공정에서 패드의 역할

실제 연마 공정 진행 시, 슬러리를 함유한 상태로 Wafer와 직접 접촉하여 Wafer와 연마제

가 접촉으로 '연마 메커니즘'을 수행할 수 있게 해주는 매개체 역할을 하고 있다. 따라서 패드 자체의 경도나 재질 및 슬러리를 얼마나 잘 함유하느냐에 따라 평탄화 정도 및 연마율(Removal Rate)이 달라지게 되므로 슬러리 못지않게 중요한 소모품 중의 하나이다. 그림 6-30은 실제 공정에서 적용 중인 패드 이미지와 미세구조를 보여준다.

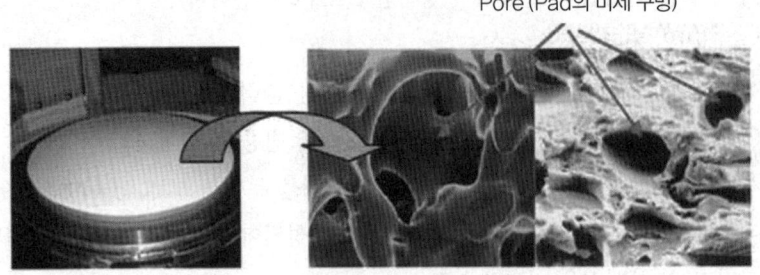

[그림 6-30 CMP PAD 사진과 PAD의 미세구조]

② 패드 기본 재질 및 구조

일반적으로 가장 널리 사용되는 CMP 패드의 재질은 폴리우레탄이다. 이는 폴리우레탄의 물리·화학적인 성질(비중, 경도, 압축성 등)이 CMP에 요구되는 특성을 만족시키기 때문이다. 특히, 우레탄은 기본적으로 다공성 섬유 구조이기 때문에 수분이나 슬러리를 많이 함유할 수 있으므로 CMP 공정에 적합하다.

그림 6-31은 일반적인 패드의 단면 구조를 간단히 보여 주고 있다.

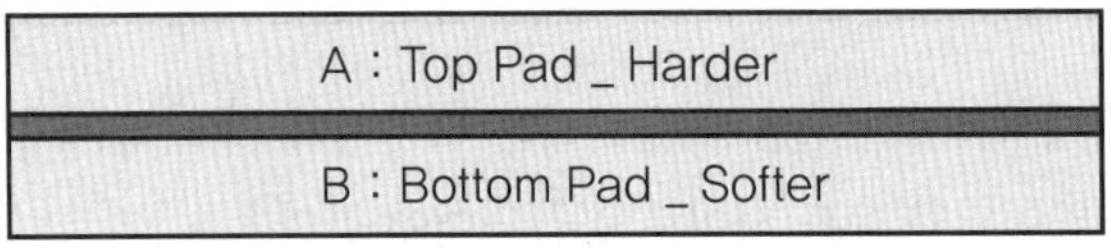

| A : Top Pad _ Harder |
| B : Bottom Pad _ Softer |

[그림 6-31 CMP PAD의 단면 구조]

실제로 패드는 적층 구조이며, 이러한 적층 구조를 사용하는 이유는 단단한 상부패드(Top Pad)로 인한 평탄화 효과와 부드러운 하부패드(Bottom Pad)로 연마율(Removal Rate)의 균일도를 향상시켜 주는 역할을 동시에 가능하게 해 주기 때문이다. 이런 이유로 오늘날 대부분의 패드는 이러한 적층 구조를 채택하고 있는 것이다.

(3) 패드 컨디셔너(Pad Conditioner)

① CMP 공정에서 패드 컨디셔너의 역할

CMP 공정에서 중요한 측면 중에 하나가 Pad 표면 상태이다. 패드 표면의 거칠기와 다공성이 지속적으로 최적의 상태로 유지되지 않을 경우 연마율(Removal Rate)은 시간이 지남에 따라 급격히 감소하게 될 것이다. 이는 연마 공정 중에 패드의 표면에 급속한 소성변형이 일어나 표면이 무너지고 공동(Pore, Pad의 미세 구멍)이 슬러리 잔류물 등의 이물질로 가득 차게 되어 웨이퍼 표면으로의 슬러리 이동을 방해하게 되어 발생하는 현상이다. 이러한 현상을

'Glazing'이라고 한다. 또한 큰 잔류물들이 Pad 위에 남을 경우 이들이 종종 패드 표면에 박히게 되어, 반도체 소자에 긁힘(Scratch)을 발생시켜 치명적인 수율 감소의 원인이 되기도 한다. 실제 CMP 연마 공정 진행 시, 패드 컨디셔너(Pad Conditioner)의 역할은 크게 아래와 같다.

- 패드 위의 잔류물의 제거시켜 준다.
- 슬러리가 웨이퍼 표면으로 원활하게 이동하도록 도와준다.
- 패드 표면의 거칠기와 다공성을 최적 상태(초기 상태)로 유지시켜 준다.

② 패드 컨디셔너(Pad Conditioner) 구조

패드 컨디셔너(Pad Conditioner)는 컨디셔너 몸체(Conditioner Body), 다이아몬드 디스크(Diamond Disk), 바디와 디스크(Body와 Disk) 연결부로 나눌 수 있다. 이 중 패드 컨디셔너(Pad Conditioner)의 핵심 역할을 하는 것이 다이아몬드 디스크(Diamond Disk)이다.

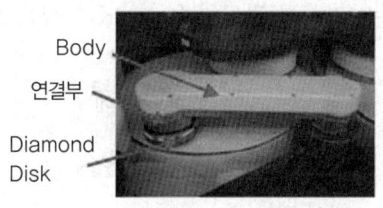
⟨Pad Conditioner⟩

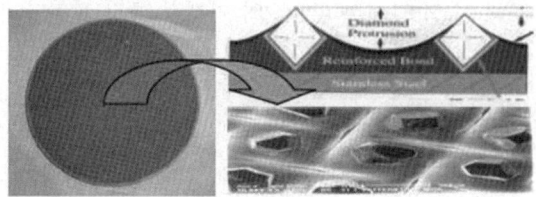
⟨Dismond Disk & 확대 사진⟩

[그림 6-32 다이아몬드 컨디셔너와 확대 사진]

실제 다이아몬드 디스크(Diamond Disk)는 그림 6-32와 같이, 원형의 금속판 위에 다이아몬드를 규칙 또는 불규칙하게 배열 후 니켈 등의 금속으로 플레이트(Plate)가 다이아몬드(Diamond)를 결합시켜 놓은 구조이다. 이들 다이아몬드 입자는 패드 컨디셔닝(Pad Conditioning) 진행 시 패드의 정공(Pore) 내부의 이물질들을 제거해 주어 패드를 항상 최적 상태로 유지시켜 주는 역할을 한다.

5 CMP의 미래

(1) CMP 기술

① Low-k(저 유전율) CMP

최근 반도체 제조 기술이 발전할수록 소자의 미세화, 고 집적화가 이루어짐에 따라 그 성능이 날로 향상되고 있다. 그러나 미세화가 극도로 진행되면서 오히려 소자 성능 감소의 문제가 현저해 대두되고 있다. 왜냐하면, 소자에서 배선 간을 전달하는 전기신호는 저항/배선 간 용량에 따라 지연(Rc Delay)이 일어나게 되는데, 최근 반도체 소자의 고집적화 구현을 위한 다층 배선 형성의 결과 저항/용량(Capacitance)의 증가가 수반되기 때문이다. 이러한, 신호 지연(Rc Delay), 용량(Capacitance) 증가 현상을 억제하기 위해서 저 유전율의 절연막 사용이 불가피하게 된다. 따라서 향후 다층 배선 구조에서는 저 유전율 절연막을 이용한 표면 평탄화 작업이 필요하게 된다.

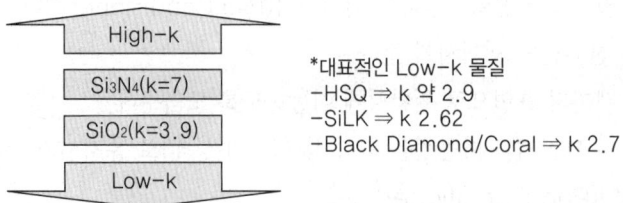

[그림 6-33 유전상수의 분류 기준]

어떤 물질이 낮은 유전율을 가지기 위해서는 절연 물질의 밀도가 낮아야 한다. 즉, 다공성 구조를 가지는 물질이어야 하는데, 다공성 구조는 구조적 특성상 기계적 강도가 매우 약하므로 CMP 적용에 큰 취약점으로 대두되고 있다. 그러므로 현재 Low-k 적용에 대한 가장 큰 기술적 과제는 (CMP의 기계적 공정을 견딜 수 있는) 기계적 강도와 Low-K 특성을 잘 조화시키는 것이 가장 큰 과제이다.

> **용어해설**
>
> - 유전율 : 어떤 물질에 전기장이 가해졌을 때, 그 물질을 이루고 있는 수많은 원자들은 어떤 식으로든 반응을 하게 되는데 그 반응하는 정도를 표현하는 물리적인 용어
> - 전기 용량(Capacitance) : 전하를 축적해 두는 능력(저항, 인덕턴스와 함께 회로의 주요 속성)

② Cu(Copper) CMP 반도체

소자의 미세화, 고집적화가 진행되면서 Low-k 절연막에 대한 필요성과 함께 금속배선 재료로써 기존 Al을 대신하여 Cu(Copper) 사용에 대한 필요성이 높아져 가고 있다. 이는 다층 배선 구조에 따른 소자간의 다양하고 급격한 시그널 변환에도 처리속도 저하가 발생하지 않는 새로운 배선 재료가 필요하기 때문이다.

㉠ 왜 Cu(Copper)를 써야 하는가?
- RC Delay Time 감소 가능(Cu의 전기저항이 낮은 특성 이용, Al의 약 절반)
- 우수한 EM(Electro-MigRation) 특성
- Dual Damascene 적용으로 인한 제조공정 단계, 제조 비용 감소
- 열적 안정성이 낮은 Low-k 절연체 적용에 유리(전기도금을 이용한 Cu 증착으로 낮은 온도에서 공정진행 가능)

이와 같이 차세대 배선재료로 Cu의 채택으로 인해 Cu에 대한 CMP가 필요하게 되었다. Cu를 이용한 배선 기술과 Cu CMP는 1998년 IBM에서 최초 연구·개발되었고 앞으로도 기술적인 개발이 요구되는 공정이다.

그림 6-34는 현재 일반적으로 널리 사용 중인 Low-k / Cu 배선 구조를 이용한 듀얼 다마신(Dual Damascene) 공정과 Cu CMP 공정순서이다.

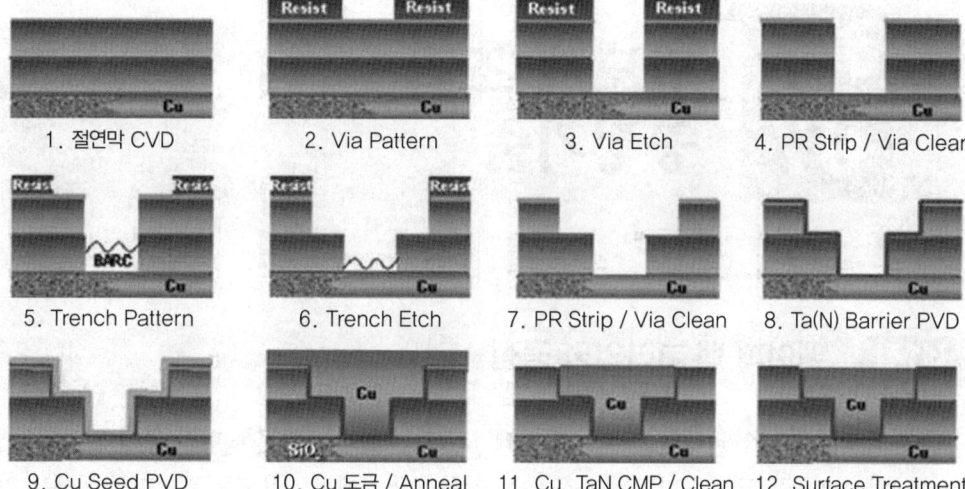

- Cu CMP의 기술적 과제
  - Cu CMP용 슬러리
    Cu 배선 구조에 사용되는 Ta 계열의 Barrier Metal은 강도가 높아 기존 Ti 계열보다 연마가 어려워 TaN과 Cu를 동시에 안정적으로 연마 가능한 화학적으로 안정된 Cu CMP용 슬러리가 되어야 한다.
  - 디싱(Dishing), 부식(Erosion)의 최소화를 위해 2 Step CMP 공정
    - 1st Step : 높은 제거 속도, Cu 제거
    - 2nd Step : 낮은 제거 속도, Cu/Ta 제거
  - 안정적인 CMP 후 세정(Post CMP Cleaning)
    - CMP 후 세정 화학 용액(Cleaning Chemical)으로 사용되는 암모니아는 Cu를 쉽게 부식시키므로 안정적인 화학용액과 세정 기술이 필요

(2) CMP 공정의 미래

반도체 개발 초기에 필요성을 느끼지도 못했던 CMP라는 공정이 소자의 미세화, 고 집적화가 진행되어가면서 기존 웨이퍼 평탄화 기술로는 이러한 변화 요구에 대한 기술적인 대응이 어렵게 되어 도입되었듯이, 향후 다양한 Low-k / Cu의 적용은 반도체 제조 기술에 있어 CMP 공정의 중요성을 점점 더 높이게 될 것이다.

CMP 공정은 1980년대 초 IBM에서 최초 도입된 이래 수많은 발전을 거쳐 왔으나 일부 초 미세/고집적 소자들에만 적용되고 있는 CMP 공정은 기술이 발전할수록 양적인 확대뿐 아니라 끊임없는 연구를 통한 신기술 개발로 반도체 기술 역사에 중추적 역할을 하게 될 영역이다.

> 용어해설
> - EM(Electro MigRation) : 도체에 전류가 흐를 때, 고밀도 전자의 충돌로 인해 금속 원자가 이동하는 현상이 심할 경우 Metal Line이 파괴 또는 Void를 형성시키는 원인이 된다.

Part 07 반도체 조립 공정기술

제1절 웨이퍼 백 그라인딩 공정

웨이퍼 백 그라인딩 공정은 웨이퍼 두께를 패키지 규격에 맞도록 하기 위해 웨이퍼의 뒷면을 연마하여 원하는 두께를 만드는 공정이다. 전처리 공정에서 사용되는 웨이퍼의 두께는 일반적으로 750㎛ 정도이며, 원하는 두께의 반도체 제품을 만들기 위해서는 웨이퍼를 일정 두께로 갈아내야 한다.

최근 보편화되고 있는 스마트폰이 다기능화되고 고집적화되면서도 얇은 두께를 유지할 수 있는 것은 반도체 패키지 기술이 발전하고 있기 때문이다. 반도체 제품은 더 얇게 더 많이 쌓는 기술의 경쟁이 이루어지고 있는데, 이러한 제품을 구현하기 위해서는 백 그라인딩 기술이 발전해야 한다.

스마트폰에 들어가는 메모리 제품은 칩을 4층으로 쌓아서 조립하는 MCP(Multi-Chip Package) 제품이 주로 사용되고 있는데, 이때 칩의 두께를 80㎛로 하여 조립을 하게 된다. 플래쉬 메모리를 사용하는 USB 제품의 경우 메모리 칩을 여러층으로 쌓아서 고용량을 구현하는데, 32GByte 제품의 경우 4GByte 용량의 칩을 8층으로 쌓아서 조립한다. 이 경우 칩의 두께는 75㎛ 정도가 되므로 750㎛의 웨이퍼를 1/10의 두께로 갈아내는 백 그라인딩 공정이 필요하다. 현재 기술로 구현이 가능한 최대의 두께는 10~15㎛ 정도로 추산하고 있다.

웨이퍼 백 그라인딩 공정은 크게 레미네이션 공정, 웨이퍼 백그라인딩 공정, 웨이퍼 마운팅 공정으로 나눌 수 있다. 레미네이션 공정은 웨이퍼의 회로 층을 외부 충격으로부터 보호하기 위해 테이프를 붙이는 공정이고, 웨이퍼 백 그라인딩은 라미네이션이 끝난 웨이퍼의 뒷면(패턴면 반대부분)을 연삭하는 공정이며, 웨이퍼 마운팅 공정은 연삭한 웨이퍼 뒷면에 다시 다이싱 테이프를 붙여주는 공정이다.

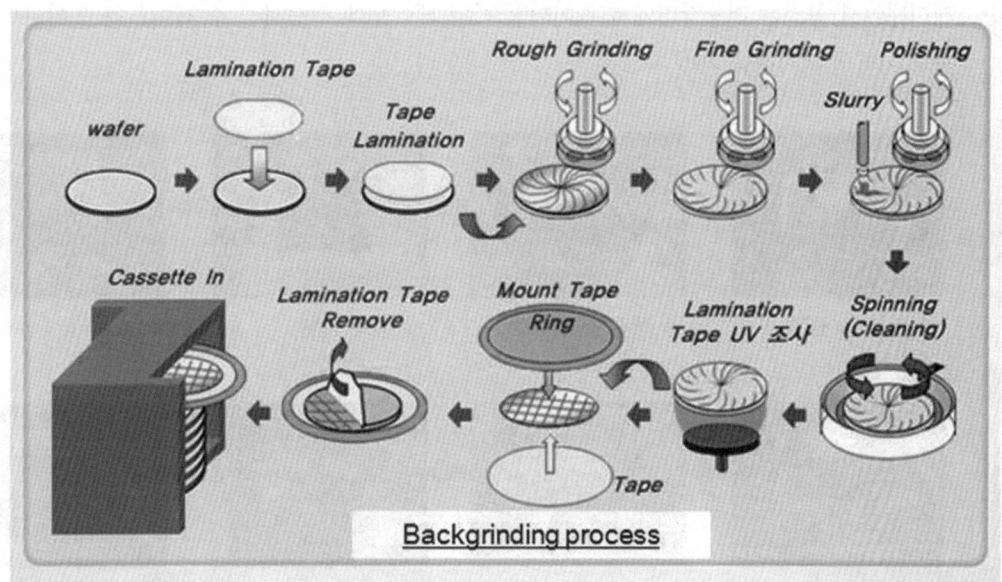

[그림 7-1 백 그라인딩 공정소개]

1 레미네이션 공정소개

레미네이션 공정은 웨이퍼의 백 그라인딩을 진행하기 전에 그라인딩을 진행하는 동안 발생하는 외부 하중으로부터 웨이퍼의 회로층을 보호하기 위해 테이프를 붙이는 공정으로 전용장비에서 이루어진다.

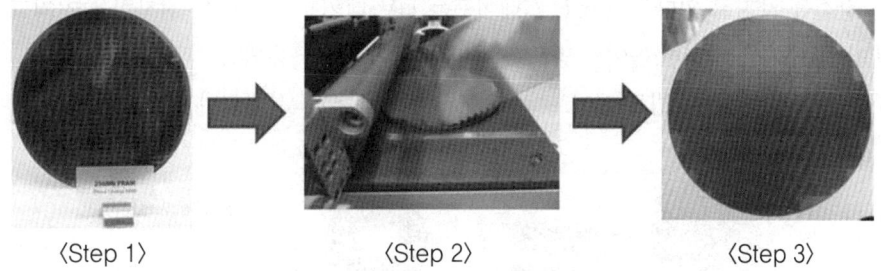

⟨Step 1⟩　　⟨Step 2⟩　　⟨Step 3⟩

[그림 7-2 레미네이션 공정순서]

[그림 7-3 레미네이션 장비]

레미네이션 공정은 전용장비에서 웨이퍼를 작업 테이블에 정정시킨 후 테이프를 붙이고 테이프를 웨이퍼의 외각선을 따라 자르는 공정으로 마무리된다.

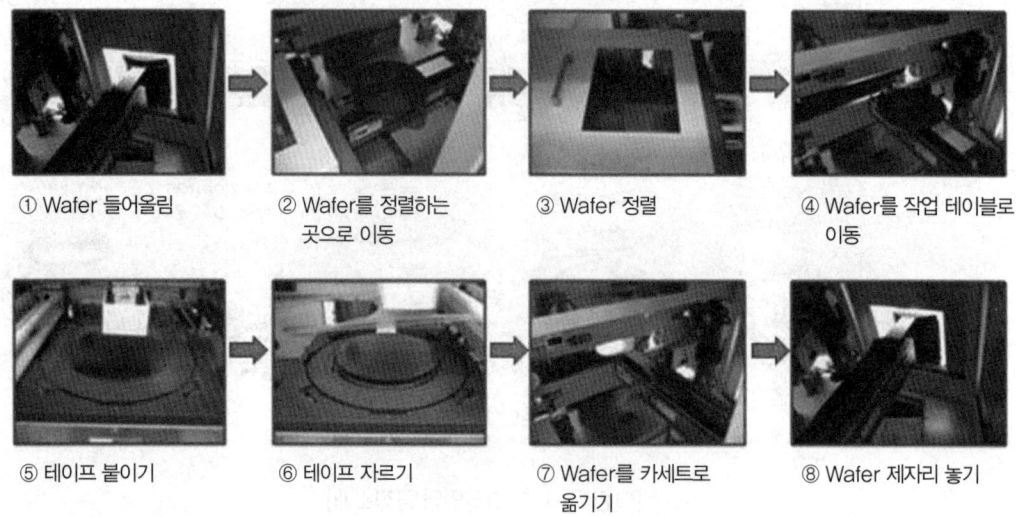

[그림 7-4 레미네이션 공정순서]

레미네이션 테이프는 UV 테이프와 Non UV 테이프, 범프 테이프로 나눌 수 있다. UV 테이프는 UV가 조사되기 이전에는 웨이퍼에 강한 접착력을 가져서 충격 흡수가 용이하며 UV를 조사하면 접착력이 약해져서 백 그라인딩 후 웨이퍼로부터 오염물질을 잔류시키지 않고 쉽게 분리되는 장점을 가지고 있다. Non UV 테이프는 UV 테이프보다 낮은 접착력을 가지고 있다. 범프 테이프는 70~200μm 높이의 범프를 가지는 웨이퍼에 사용되며 일반 테이프가 130~180μm의 두께를 가지는 반면, 범프 테이프는 230μm 이상의 두께를 가진다.

[그림 7-5 레미네이션 테이프]

레미네이션 테이프는 웨이퍼의 표면을 잘 보호해야 하며 레미네이션 작업 전 웨이퍼 검사 시 웨이퍼의 회로층이 떨어져 있거나 웨이퍼가 깨져 있으면 불량으로 처리한다. 레미네이션 작업 후 웨이퍼 검사 시 레미네이션 테이프와 웨이퍼 사이에 1mm를 넘는 기포가 있으면 불량으로 처리한다. 이 경우 테이프와 웨이퍼를 분리한 후 재작업을 실시한다. 또한 웨이퍼의 끝부분에 잔류한 테이프의 끝부분의 길이가 1mm 이상이면 불량으로 처리하여 재작업을 실시한다.

❷ 웨이퍼 백 그라인딩 공정장비

레미네이션이 끝난 웨이퍼는 뒷면(패턴면 반대부분)을 연삭하는 백 그라인딩 공정을 진행한다. 웨이퍼 백 그라인딩 장비는 웨이퍼를 그라인딩 하는 부분과 그라인딩된 웨이퍼를 테이프로 마운팅하는 부분이 하나의 설비로 이루어져 있다.

[그림 7-6 웨이퍼 백 그라인딩 장비]

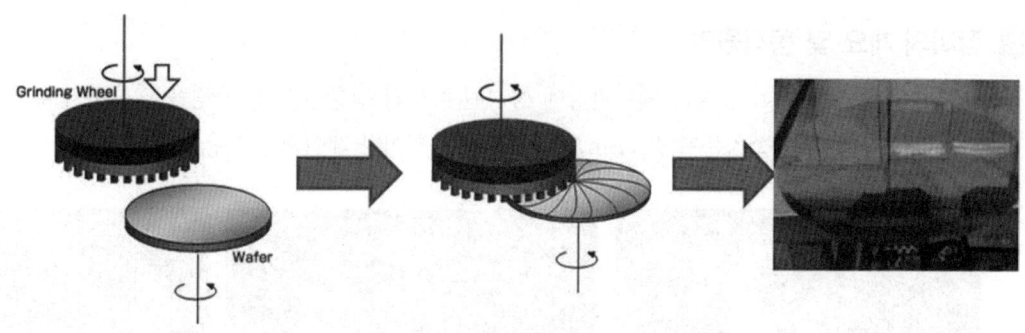

[그림 7-7 웨이퍼 백 그라인딩 순서]

(1) 웨이퍼 백 그라인딩 장비의 구성

웨이퍼 백 그라인딩 장비는 웨이퍼를 그라인딩 하는 부분과 그라인딩된 웨이퍼를 테이프로 마운팅하는 부분이 하나의 설비로 이루어져 있다.

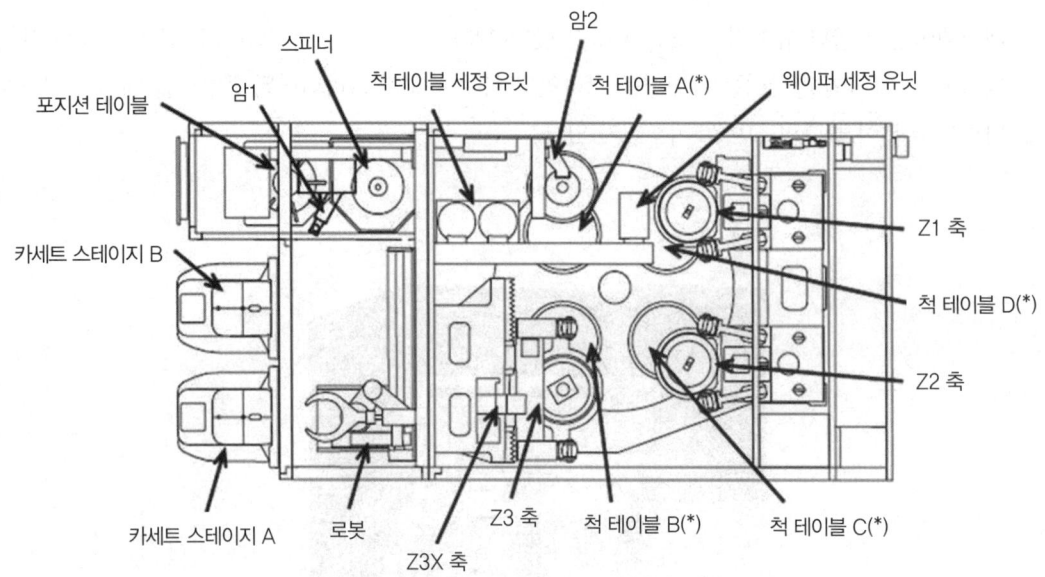

[그림 7-8 장비 구성]

제2절 웨이퍼 쏘잉(Wafer Sawing) 공정

1 장비의 개요 및 동작원리

웨이퍼 쏘잉(Sawing) 공정은 웨이퍼상에 형성된 각각의 칩을 패키징 공정을 진행하기 위해 분리시키는 공정이다. 쏘잉은 수만 rpm으로 회전하는 휠이나 레이저를 사용해 절단한다.

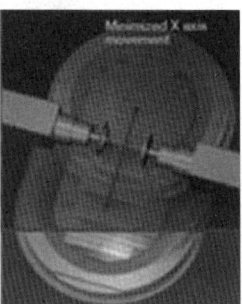

[그림 7-9 쏘잉 공정 과정]

블레이드를 이용한 쏘잉 시에는 정전기에 대한 저항을 CO_2 Bubble이 포함된 탈이온수(DI)를 사용한다. 쏘잉 방법은 다음과 같이 세 가지로 나눌 수 있다.

[표 7-1 쏘잉 방법의 종류]

방법	Scribe & Break	Blade Dicing	Laser Dicing
특 징	- 핸들링 어려움 - 다이 균열 가능성 - 낮은 생산률	- 보편화되어 있음 - 생산률/생산성 높음 - 다이아몬드 블레이드	- 200mm/sec 이상 고속 - 다양한 응용 범위
형 상			

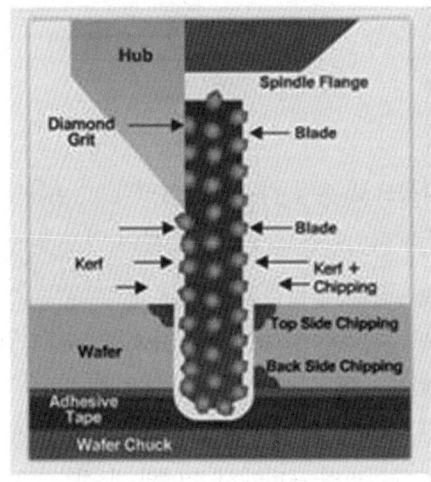
Dicing process

Side view blade

[그림 7-10 쏘잉 블레이드의 형상과 공정]

쏘잉 시 얇은 블레이드는 쏘잉 라인이 좁으나 깨지기가 쉽고, 두꺼운 블레이드는 강하고 Kerf 넓이가 두껍다.

프로세스	Ablation	Stealth Dicing (내부가공)	열충격 가공
장비 Type	DFL7160 / 7260 DAL7020	DFL 7360 / 7340	N/A
	쇼트 펄스 레이저의 조사에 의한 기화	SDLaser 내부 집광에 의한 개질층의 형성	CO_2 Laser에 의한 Crack에서부터의 진전
가공 방식	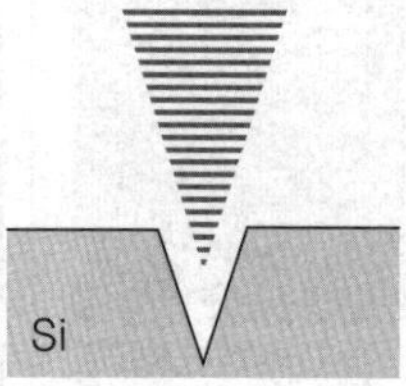	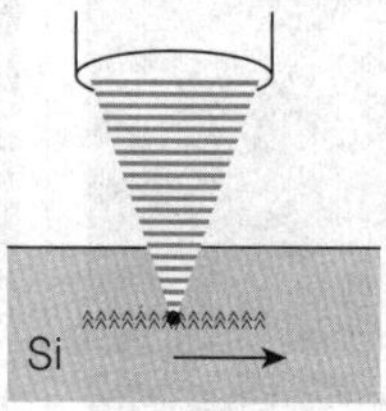	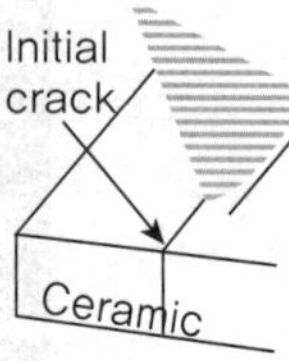
메리트	적용 범위가 넓음	좁은 Kerf Dry Process	간략한 프로세스
디메리트	Debris 발생	SD가공의 워크 제한 (e.g. 이면 금속막/작은 Chip)	저제품 비율 Chip에의 열 데미지

[그림 7-11 장비에 따른 쏘잉 공정]

❷ 쏘잉 공정소개

(1) 블레이드에 대한 쏘잉 공정

① 웨이퍼 쏘잉 공정 과정

㉠ 프레임에 마운트 되어 있는 웨이퍼가 자동으로 컷팅 위치에 높여진다.

㉡ 웨이퍼는 프로그램된 다이의 치수에 따라 다이아몬드가 레진에 묻어 있는 휠에 의해 두께 방향으로 쏘잉이 시작된다.

㉢ 웨이퍼는 고압의 DI 워터에 의해 냉각과 크리닝이 진행되면서 회전하는 블레이드에 의해 쏘잉 공정이 진행되며, 완료되면 에어 블로우에 의해 건조가 진행된다.
웨이퍼에 발생하는 손상을 줄이기 위해 두 가지의 다른 블레이드를 사용하여 스텝 컷을 하는 방법도 있다. 이때 Z1 블레이드는 웨이퍼의 표면에서 깊이의 반 정도까지 컷팅을 하고, Z2 블레이드는 나머지 부분과 마운팅 테이프의 일부분을 커팅한다. 스텝컷은 컷팅 라인의 폭과 칩핑에 의한 손상을 감소시키는 장점을 가지고 있다.

② 웨이퍼 쏘잉의 중요한 4가지 인자

㉠ 컷팅 모드 : 웨이퍼와 회전하는 블레이드가 맞닿는 순간 블레이드가 웨이퍼의 위에서 아래로 회전하는 경우와 웨이퍼의 아래에서 위로 회전하는 경우로 나눌 수 있다. 웨이퍼의 특성에 따라 이와 같은 블레이드의 회전방향이 쏘잉 품질에 영향을 줄 수 있다.

㉡ 피드(Feed) 속도 : 웨이퍼가 블레이드를 지나가는 속도에 따라 다이의 칩핑 정도가 달라지므로 최적의 피드 속도를 찾아낸 후 쏘잉을 진행할 필요가 있다.

ⓒ 블레이드 휠의 회전 수 : 블레이드 휠은 수만 rpm으로 회전을 하면서 웨이퍼 쏘잉을 진행한다. 이때 블레이드 휠의 회전 수에 따라 쏘잉 품질이 달라지므로 최적의 쏘잉 품질을 얻을 수 있는 회전 수를 결정하여야 한다.

ⓒ 블레이드의 높이와 컷팅 워터의 유량 : 블레이드가 웨이퍼에 어떻게 다가가느냐에 따라 쏘잉 품질이 달라지므로 블레이드의 높이를 최적화 할 필요가 있다. 냉각과 절단되는 웨이퍼에 발생한 물질을 세정하는 역할을 하는 물의 흐름속도가 쏘잉 면의 품질에 영향을 주게 되므로 최적의 값을 구해야 한다.

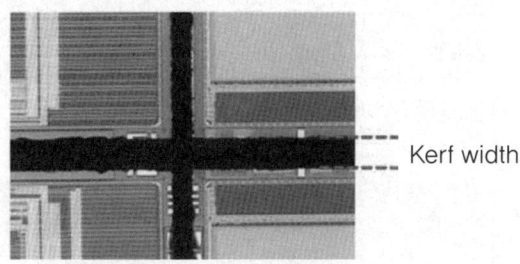

[그림 7-12 절단된 폭을 나타내는 커프 폭]

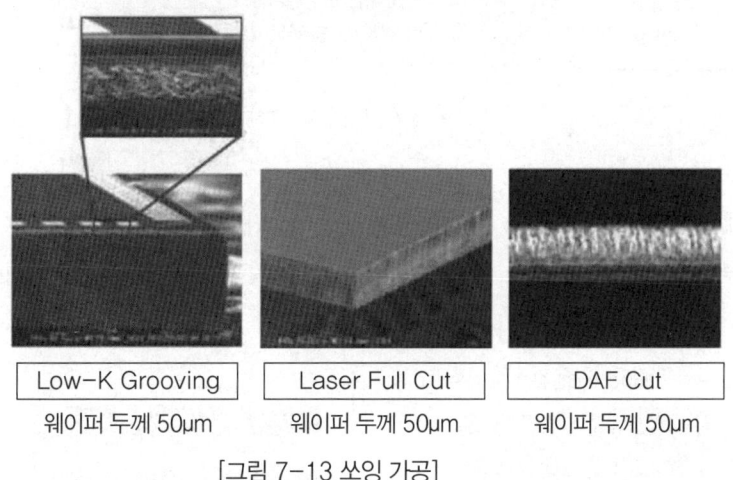

[그림 7-13 쏘잉 가공]

(2) Laser Saw에서의 가공방법

Laser Saw는 매우 강한 레이저를 단시간에 웨이퍼에 조사해서 기화시키는 형식으로 쏘잉하는 방법이다. 이 방법은 실제 소자에의 열 손상이 거의 없고, 충격이나 부하가 적은 비 접촉 가공이다. 가공 난이도가 높은 경질인 웨크에도 대응이 가능하고 폭 10㎛ 이하의 좁은 폭을 가공하는데 대응이 가능하다.

① Stealth Dicing

Laser를 워크 내부에 집관시키는 것으로 개질층을 형성해서 Tape Expander에서 칩 분할을 실시하는 다이싱 수법이다. 이 경우 세정이 불필요한 드라이 프로세스를 확보할 수 있고,

커프폭을 극한까지 가늘게 할 수 있기 때문에 대폭적인 스트리트 축소가 가능하다. 워크 내부를 개질하기 때문에 가공파편을 억제하는 것이 가능하다.

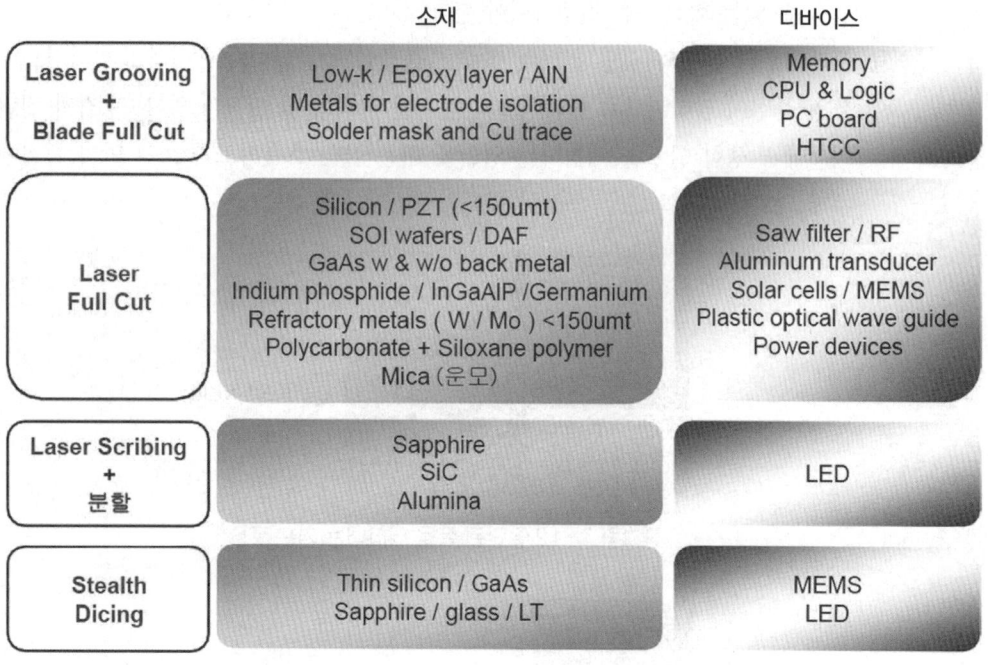

[그림 7-14 쏘잉 가공 방법]

② Low-k Grooving

블레이드 다이싱 시의 low-k막의 박리를 억제한다. 이 경우 블레이드 다이싱 시의 반송속도를 상승시키는 것이 가능하다. 막이 벗겨지는 것에 의한 제품 비율 저하를 억제하는 것이 가능하다.

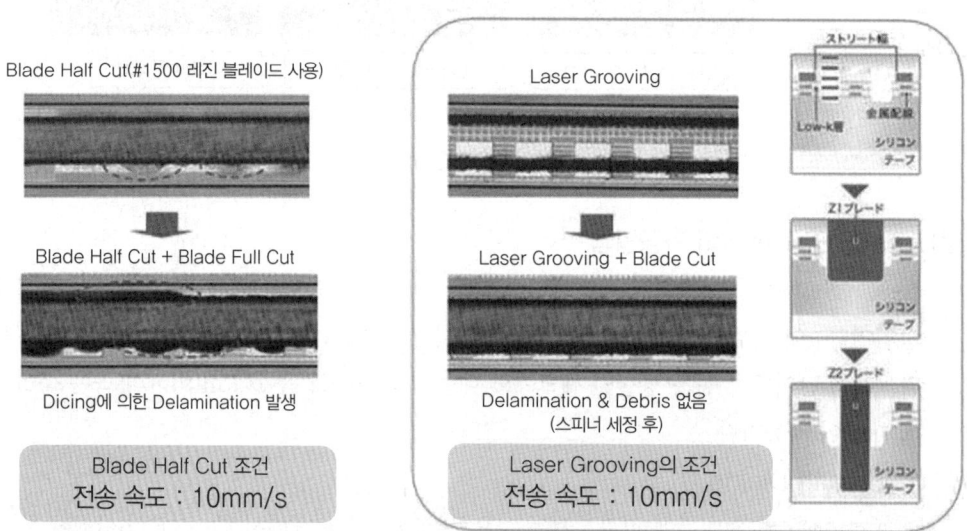

[그림 7-15 쏘잉 공정 방법들]

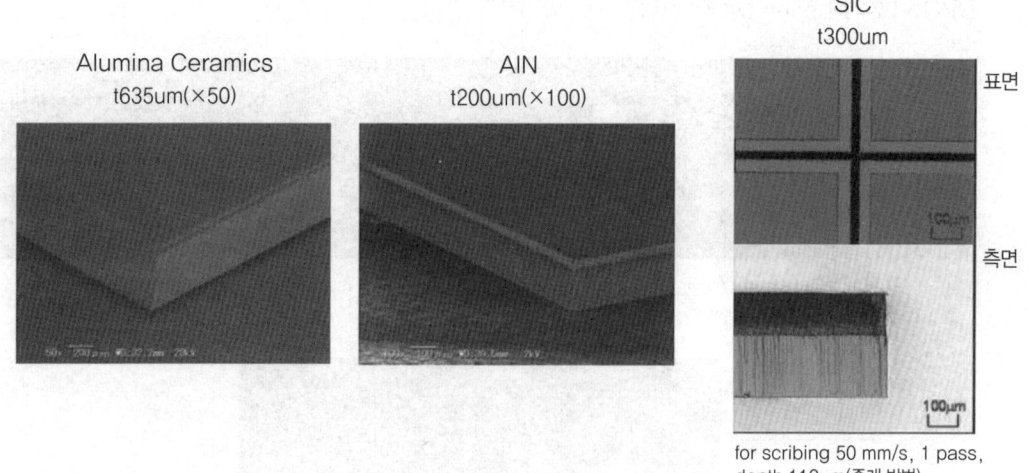

[그림 7-16 공정 결과 사진]

레이저 쏘잉의 경우 블레이드와 비교해서 칩핑, 균열 발생을 줄일 수 있으며, 극박 Si 웨이퍼, 화합물 반도체, 이면 금속막 웨이퍼, 이종 소재의 접합품, 작은 칩/좁은 스타트에는 유용하다. 또한 전송속도의 상승이 가능하다. 칩핑이나 금속 버가 없이 높은 품질을 얻는 것이 가능하다.

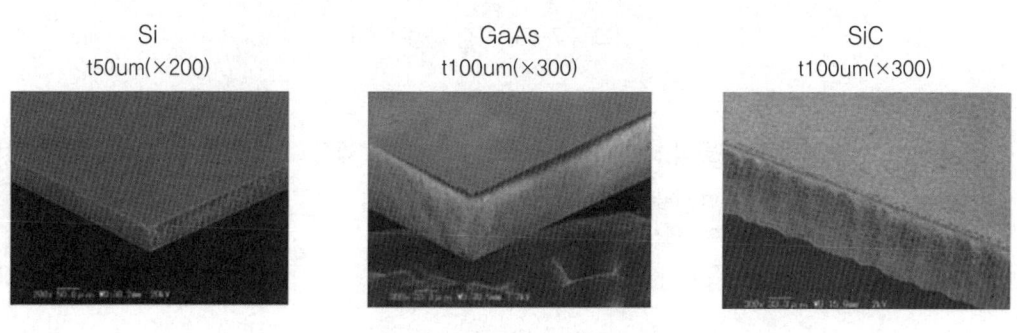

[그림 7-17 공정 결과 사진]

블레이드 다이싱에 의한 DAF의 Burr 문제를 해결할 수 있고, 엥커효과에 의한 Pick Up성 저하, DBG 및 DAF의 접착 후의 Dicing의 타이밍 이행이 가능하다.

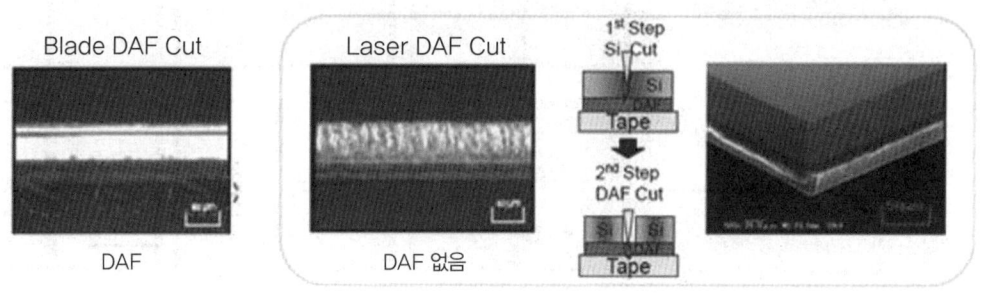

[그림 7-18 블레이드 다이싱에 의한 DAF]

DBG 이후의 Laser DAF Cut은 그림 7-19와 같다.

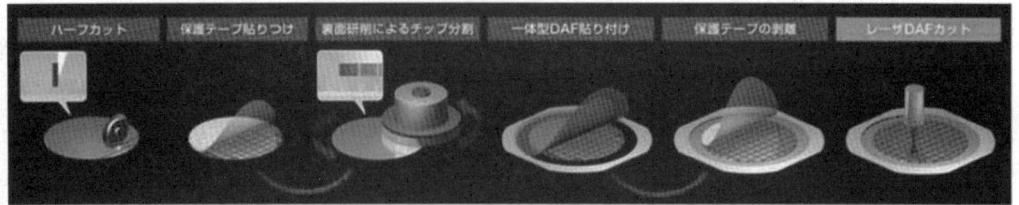

[그림 7-19 Laser DAF Cut]

[그림 7-20 공정 과정 사진]

수용성 보호막 HogoMax에 의한 Debris 세정

▶ Ablation 가공에 의한 부착 오염 방지
▶ 반도체 프로세스 대응 고순도 수용성 보호막
▶ 도포 세정 Full Auto 처리(옵션)

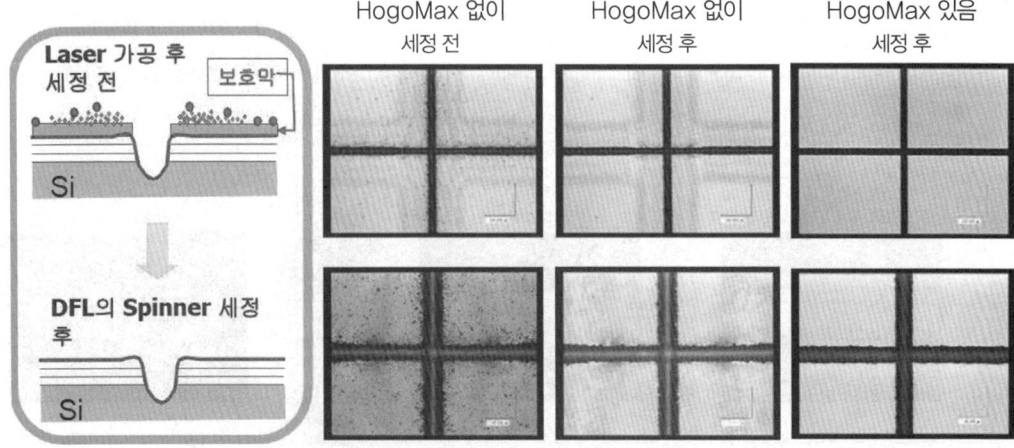

[그림 7-21 세정에 따른 공정 전후 사진]

3 장비 구조 및 모듈별 기능

다음 그림은 쏘잉 장비에서 컷팅 테이블을 제거한 후 보인 모습이다.

Cutting Table Removal

[그림 7-22 컷팅 테이블을 제거한 후 모습]

다음 그림은 쏘잉 장비에서 스피너 테이블을 제거한 후 보인 모습이다.

Removing the Spinner Table

[그림 7-23 스피너 테이블을 제거한 후 모습]

제3절 다이 본더(Die Bonder)

1 장비의 개요 및 동작원리

다이 본딩 공정은 Sawing 공정을 통해 개별화된 칩을 하나씩 분리하여 PCB 또는 리드프레임(Lead Frame) 형태의 기판에 붙이는 공정이다. 다이를 기판에 올린 후 온도를 올리면 기판 위의 접착제 또는 접착테이프에 의해 본딩이 이루어진다.

반도체 패키지는 리드프레임을 기판으로 사용하는 종류와 PCB를 기판으로 하는 종류로 나눌 수 있는데, 제품의 크기와 양산성에서 장점을 가지고 있는 PCB를 기판으로 사용하는 패키지로 점차로 바뀌어 가고 있다. 기판의 종류에 따라 생산 공정과 필요한 설비가 달라진다.

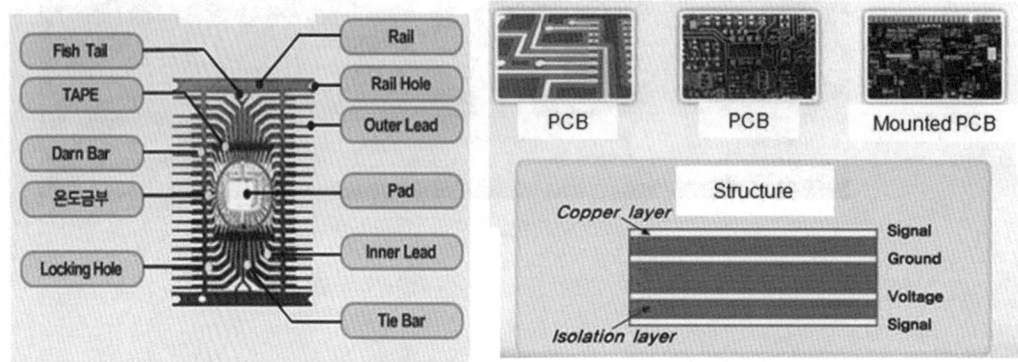

[그림 7-24 기판 종류에 따른 반도체 패키지]

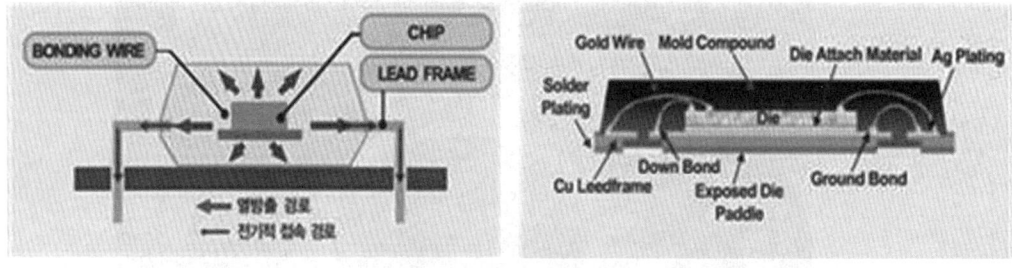

[그림 7-25 다이 본딩 공정]

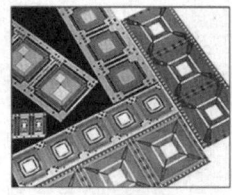

[그림 7-26 다이 본딩을 통한 패키지 공정]

가장 일반적인 패키지 종류인 BOC(Board On Chip)의 기판에는 접착제 역할을 하는 엘라스토머(Elastomer)가 프린터에 의해 묻혀져 있고, LOC(Lead On Chip) 기판에는 접착제 역할을 하는 테이프가 붙어 있다. 다이 본딩을 위해 일정한 온도로 가열하는 공정이 진행된다. 접착제로는 실리카와 에폭시를 혼합한 재료가 사용되며, Curing은 다이 본딩을 한 후 175℃에서 30분 정도 시행한다.

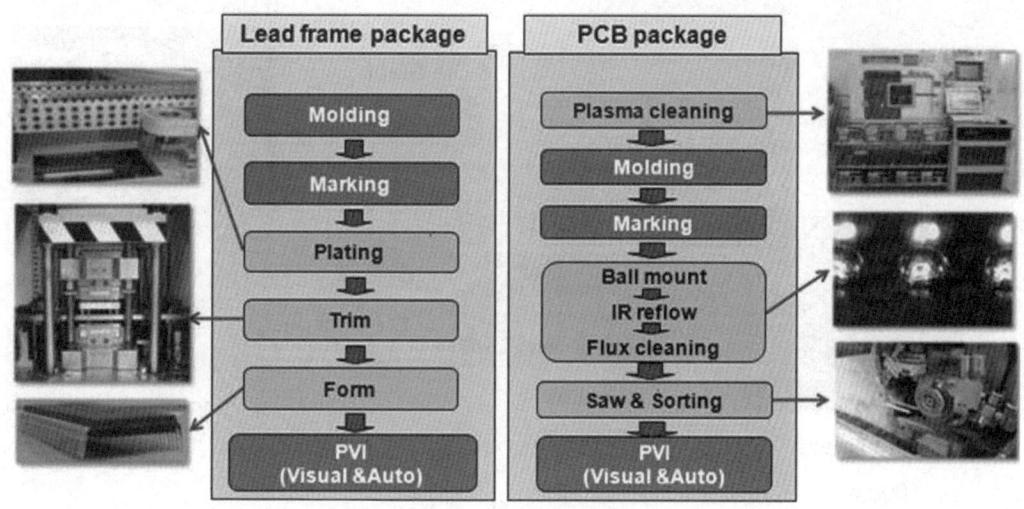

[그림 7-27 패키지 공정 과정]

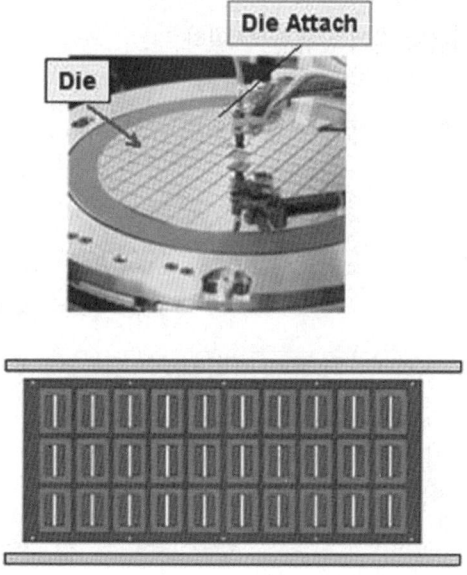

[그림 7-28 패키징하는 Die Attach 과정]

최근에는 한정된 크기의 부품에 용량을 높이기 위하여 여러 개의 칩을 쌓아서 패키징하는 MCP(Multi Chip Package) 또는 다양한 종류의 칩을 PCB 위에 실장한 후 몰딩하는 SIP(System In Package) 형태가 늘어나고 있다. 칩을 쌓는 기술은 16층까지 다이를 쌓은 제품이 상용화되기 시작하고 있다. 이를 구현하기 위해서 다이를 25μm 정도로 그라인딩하고, 이와 같이 얇은 칩을 다이 본딩, 와이어 본딩하기 위해 새로운 기술이 적용되고 있다.

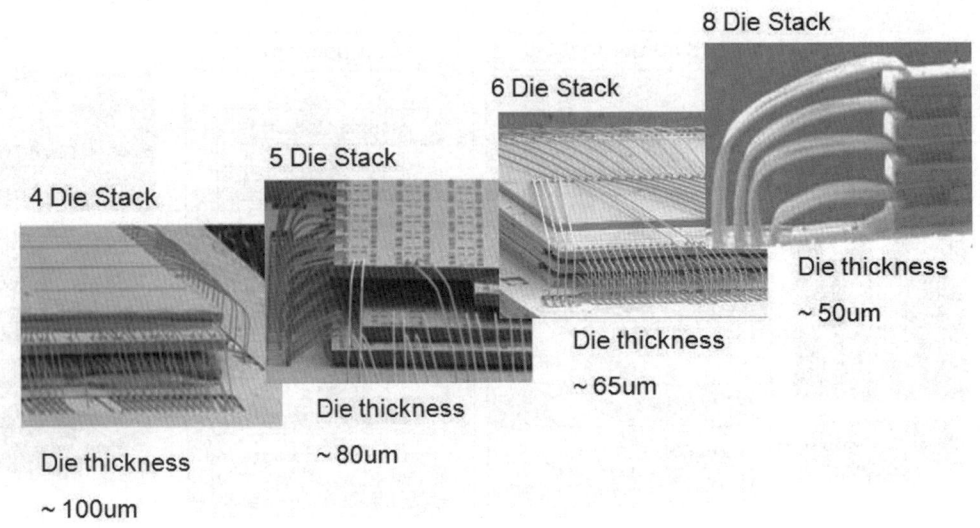

[그림 7-29 칩을 다이 본딩, 와이어 본딩하는 그림]

❷ 다이 본딩(Die Bonding)의 공정소개

다이 본딩 공정은 크게 다음과 같이 분류할 수 있다.

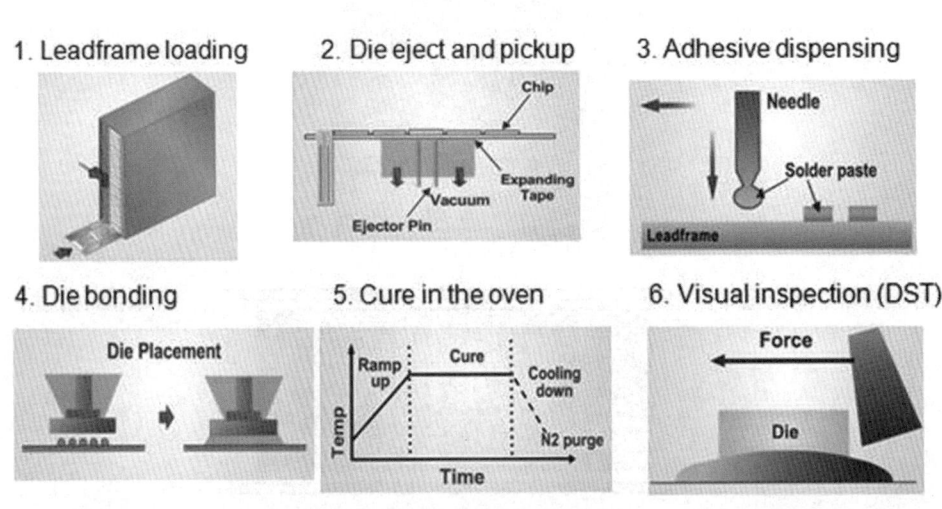

[그림 7-30 다이 본딩 공정 분류]

(1) 기판(리드프레임 또는 PCB) 로딩

기판이 담겨 있는 매거진(M/Z)에서 기판을 꺼내서 다이 본딩을 하기 위한 플레이트에 놓는 공정이 기판 로딩 공정이다.

(2) 다이 Eject와 픽업(Pick Up)

① 다이 이젝터

웨이퍼 쏘잉이 완료된 웨이퍼에 있는 각각의 다이는 마운팅 테이프 위에 붙어 있는 상태이다. 접착력을 가지고 있는 마운팅 테이프에서 다이를 떼어내기 위해서는 다이 아래에서 이젝터 핀으로 다이를 올려주어 다이 위에서는 진공압력으로 다이를 잡아주는 픽업 공정이 이루어질 수 있도록 해준다. 이젝트를 해주는 부품을 플런저(Plunger)라고 한다. 다이 이젝터(Die Ejector)는 웨이퍼 익스팬더가 웨이퍼 링을 아래로 잡아당겨 웨이퍼 필름을 팽팽하게 하면, 다이 트랜스퍼가 다이를 쉽게 집어갈 수 있도록 다이를 아래에서 위로 밀어 올려준다.

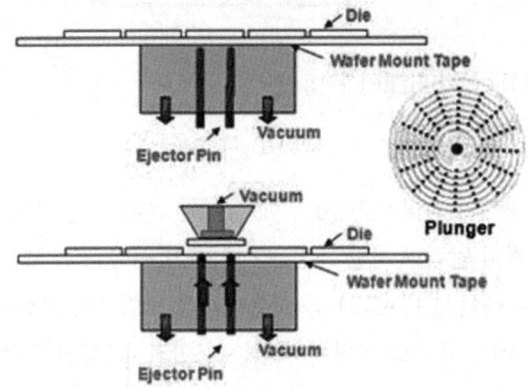

[그림 7-31 기판(리드 프레임 또는 PCB) 로딩]   [그림 7-32 다이 이젝터(Die Ejector)]

② 칩 픽업(Chip pickup)

다이 아래에서 플런저 핀을 이용해서 다이를 마운팅 테이프로부터 떼어 놓으면 다이 위에서 진공을 이용해 다이를 잡아주는 픽업 작업이 이루어진다. 이때 다이의 픽업은 다이 크기에 맞는 콜렛(Collet)을 이용하여 이루어진다.

③ 웨이퍼 매핑

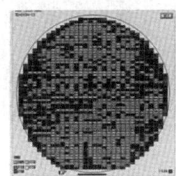

다이 본딩 시 양품 다이와 불량 다이는 매핑 파일에 의하거나 불량 다이를 잉크로 표시하여 구분하며, 녹색이 양품, 자주색이 불량 다이를 의미한다.

(3) 디스펜싱

다이와 기판을 접착시키기 위해 기판 위에 접착제를 발라주는 공정이 필요하다. 디스펜싱 공정은 접착제를 사용하거나 필름 형태의 WBL(Wafer Backside Lamination)이 사용된다. WBL을 사용할 경우는 디스펜싱 공정을 별로로 진행할 필요가 없다. 다이가 놓여질 자리의 디스펜싱 상태를 비전시스템으로 검사하여 제대로 되어 있지 않을 경우에는 다이를 본딩하지 않는다.

Paste Adhesives

Adhesive Films

[그림 7-33 다이 Eject와 픽업(Pick up)]

(4) 다이 본딩

다이 본딩은 접착제가 발라진 PCB 위에 다이를 올려 놓는 공정이다. 본딩 조건은 최적의 압력과 시간 조건을 설정하여 진행한다. WBL 필름을 사용할 경우에는 칩은 150℃의 고온에서 접착이 이루어진다. 다이 본딩 공정 후에는 제대로 본딩이 되었는지 비전시스템으로 검사를 하게 된다.

(5) Curing

다이 본딩이 이루어지면 접착제가 접착력을 갖도록 하기 위해서는 고온에서 일정시간 동안 유지해주는 Curing 공정이 필요하다.

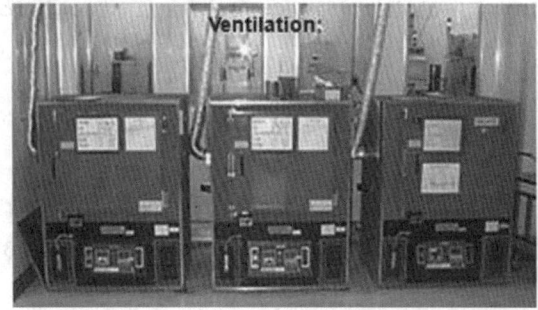

[그림 7-34 다이 어대칭 열처리 오븐 장비]

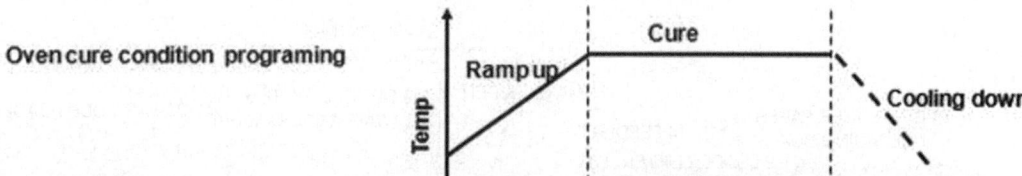

[그림 7-35 오븐 열처리 레시피]

(6) 외관 검사

Curing이 완료되면 다이가 제대로 본딩되었는지를 검사하는 공정이 진행된다. 경우에 따라 다이의 본딩강도가 어느 정도 되는지를 테스트하는 공정 DST(Die Strength Test)가 진행되기도 한다.

3 다이 본더(Die Bonder)의 구성

다이 본더는 웨이퍼를 다루는 부분과 기판을 다루는 부분, 웨이퍼상의 다이를 기판으로 옮기는 부분, 온도를 올리는 부분으로 나눌 수 있다.

[그림 7-36 다이 본더(Die Bonder) 장비]

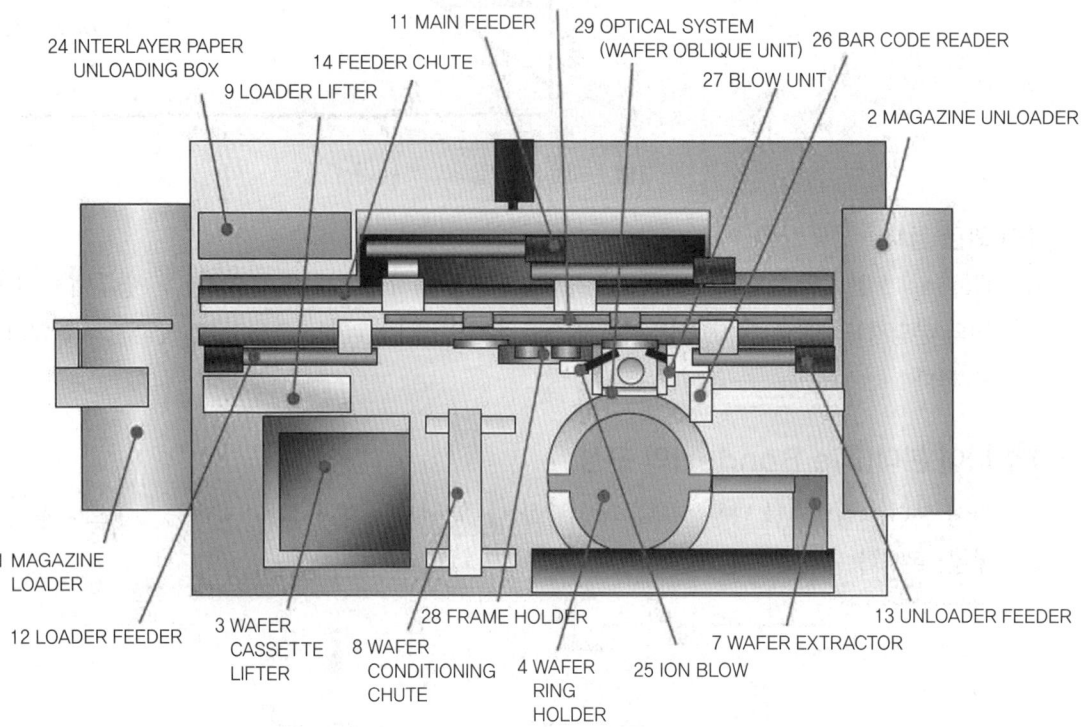

[그림 7-37 다이 본더 장비실물과 구성]

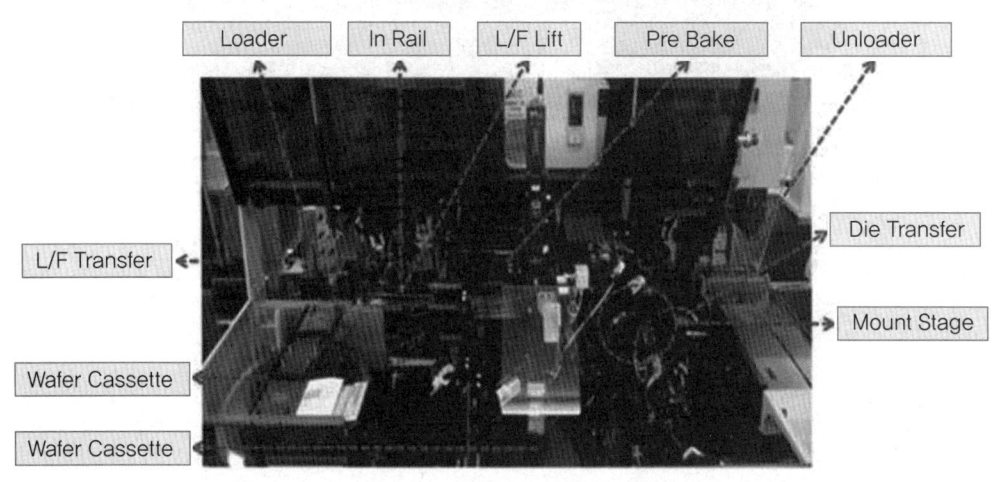

[그림 7-38 내부 구성품]

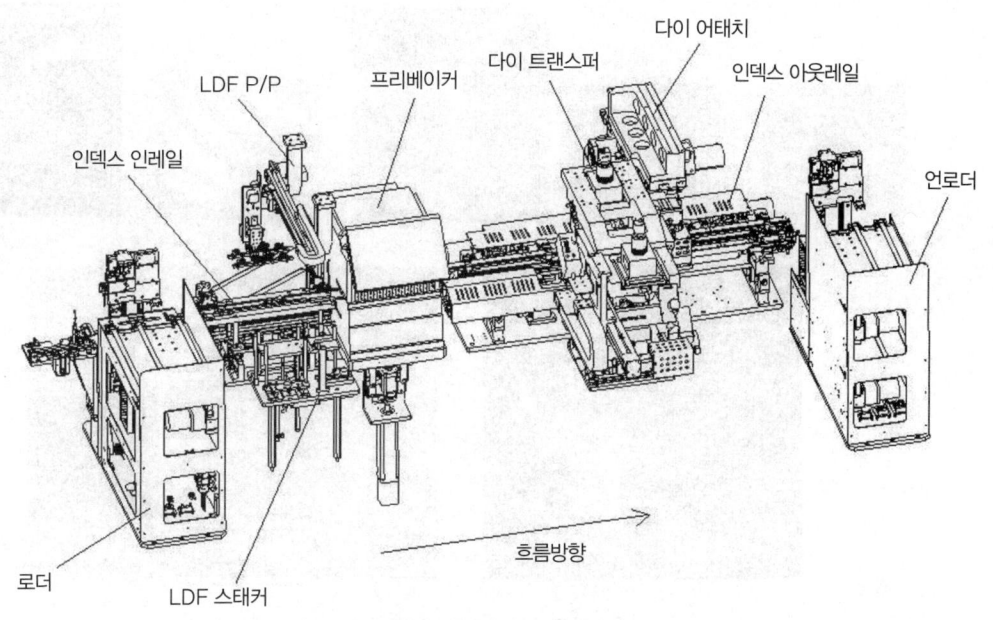

[그림 7-39 다이 본딩 장비 내부 어셈블리]

제4절 와이어 본딩(Wire Bonding)

1 와이어 본딩 공정소개

와이어 본딩 공정은 다이 본딩이 완료된 상태에서 칩과 기판을 전기적으로 연결하기 위해 칩의 패드와 기판 위의 패드를 와이어를 이용하여 연결하는 공정이다. 모든 패드를 연결해야 하는 작업이어서 소요되는 시간이 다른 공정에 비해 길고, 필요로 하는 장비의 수도 후공정장비 중에서 가장 많다. 리드프레임, 또는 PCB 위에 다이가 본딩되어 있는 상태로 매거진 단위로 와이어 본딩 장비에 장착이 되면 금선(Gold Wire)으로 다이에 있는 패드와 리드프레임을 연결한다. 와이어 본딩이 완료된 리드프레임은 다른 매거진에 보관된다. 여러 개의 칩을 쌓은 후 몰딩을 하는 MCP(Multi Chip Packaging) 공정의 경우에는 와이어 본딩 해야 하는 칩이 많아지므로 더 많은 수의 와이어 본딩 장비가 필요해진다.

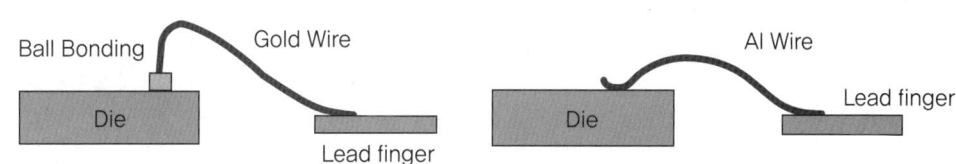

[그림 7-40 와이어 본딩(Wire Bonding) vs 웻지 본딩(Wedge Bonding)]

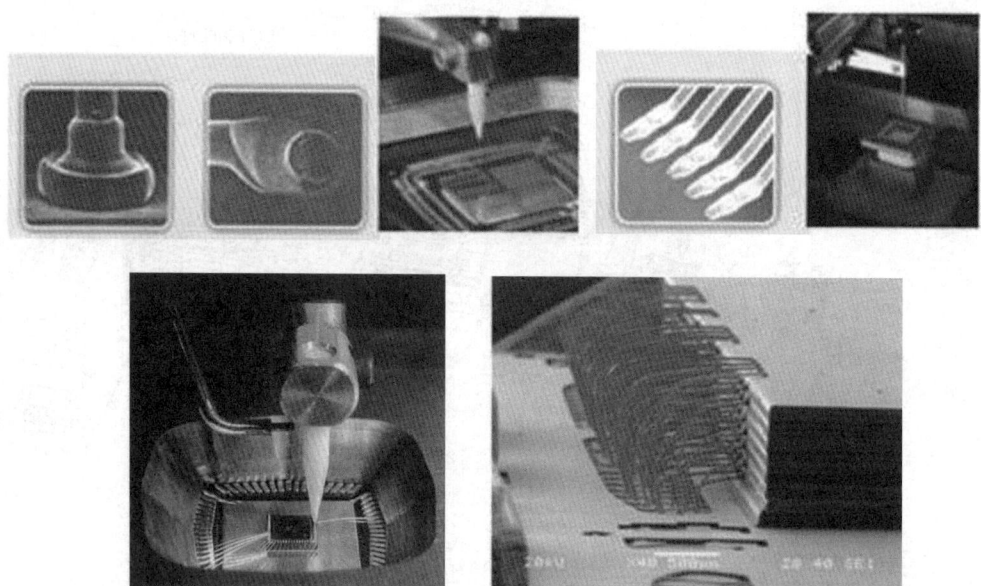

[그림 7-41 본딩의 여러 형태]

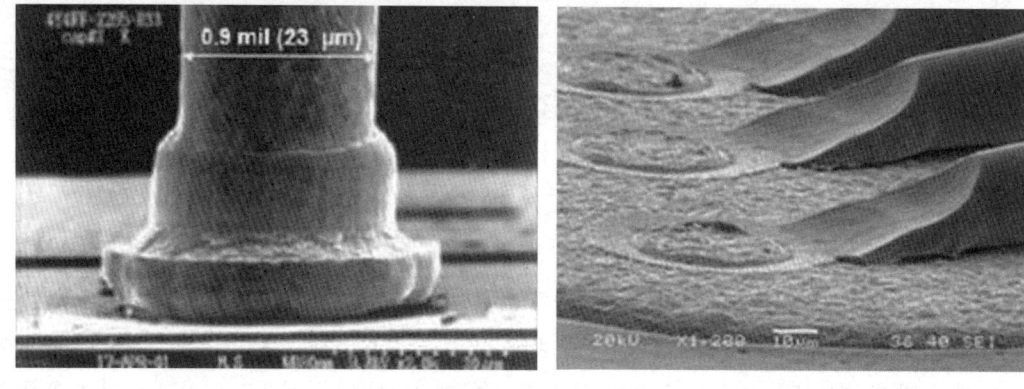

[그림 7-42 본딩 SEM 사진]

(1) 와이어 본딩 종류

현재 사용되는 와이어 본딩 방식은 Thermo-Sonic Ball Bonding, Ultra Wedge Bonding, Thermo-compression Bonding 방식으로 나눌 수 있다.

Thermo-Sonic Ball Bonding은 Ultra-sonic 에너지, 가열부분, 본딩 시 가해지는 힘에 의해 본딩이 되는 형태이다.

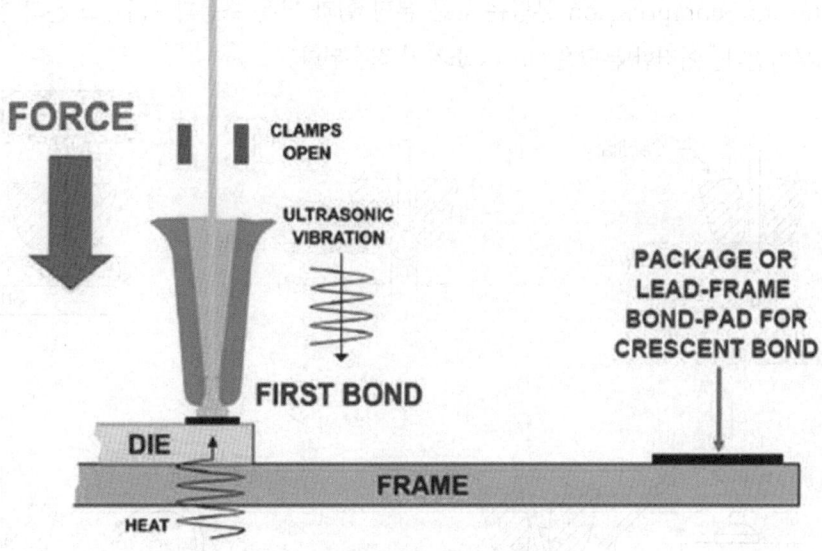

[그림 7-43 Thermo-Sonic Ball Bonding]

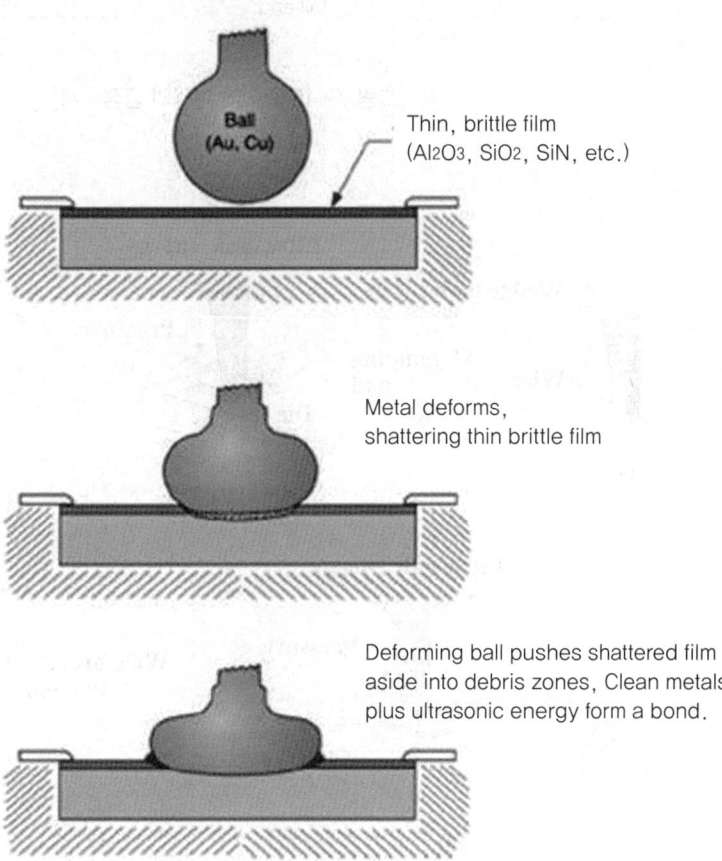

[그림 7-44 볼 본딩이 진행되는 과정]

Thermo-compression 본딩은 높은 본딩 힘과 낮은 초음파 파워, 고온의 환경 조건에 의해 이루어진다. 이러한 본딩은 GaAs 소자에 적용된다.

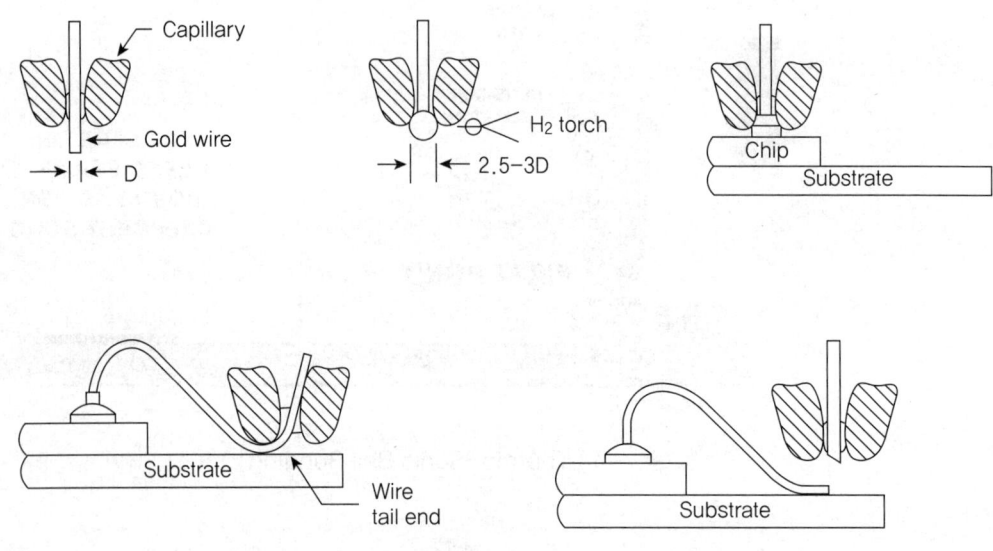

[그림 7-45 와이어 본딩의 공정순서]

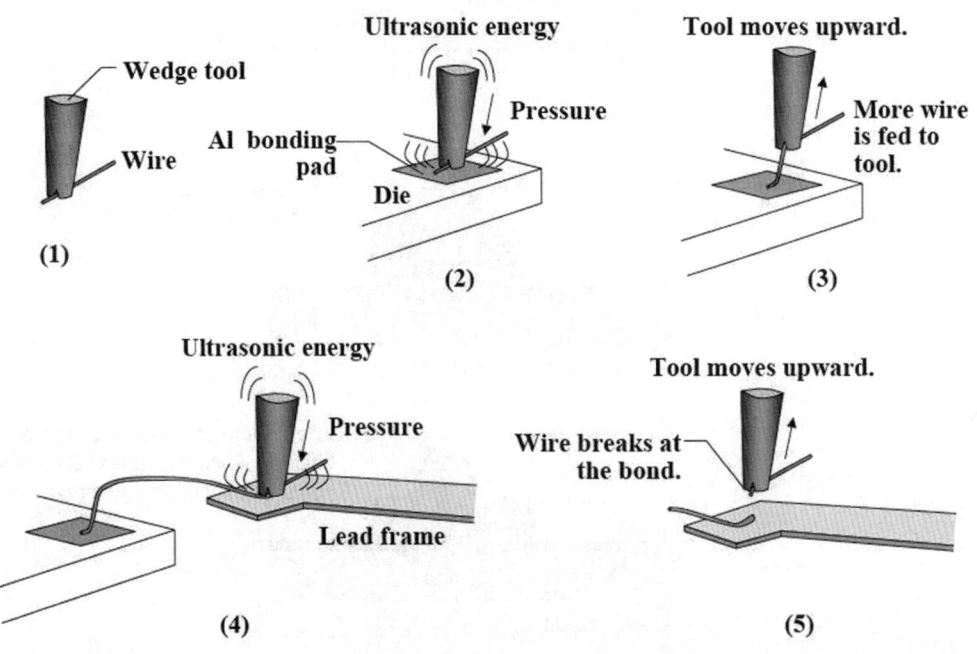

[그림 7-46 초음파 본딩(UltraSonic Bonding)]

[표 7-2 각 본딩방법의 장·단점]

본딩 방법	장 점	단 점
Thermo-Sonic Bonding	- Lower temperature than TC - 복잡한 루프 구현이 가능 - Non-directional ball bonding	- 오염에 예민함 - Some cratering Potential - More set-up parameter required - Larger bond pad required
Ultra Wedge Bonding	- Least sensitive to contamination - Al bond at room temperature - Excellent Al-Al bond - Simple parameter set-up	- Potentialcratering problem - Al wire unreliable on Ag - X-Y wire pad orientation required, slow auto bonding
Thermo-Compression Bonding	- Simple parameter set-up - Negligible cratering	- High temperature required - Sensitive to surface contamination

Wirebonding	Pressure	Temperature	Ultrasonic energy	Wire	Pad
Thermocompression	High	300~500℃	No	Au,	Al, Au
Ultrasonic	Low	25℃	Yes	Au, Al	Al, Au
Thermosonic	Low	100~150℃	Yes	Au	Al, Au

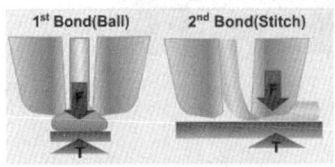
Thermo compression
500~700Kgf/Cm2

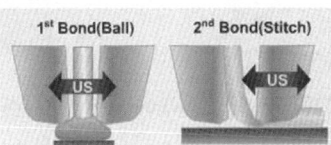
Ultrasonic

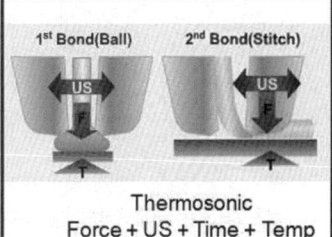
Thermosonic
Force + US + Time + Temp
Standard process

[그림 7-47 본딩 방법별 특성 비교]

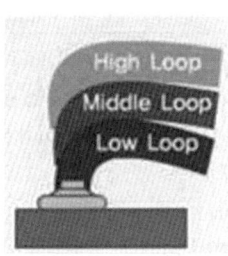

Purity	Loop control	HAZ Length	Main Dopant
4N	High	Long	Be, Cu
	Middle	Medium	Ca < 10ppm, Be< 10ppm Total < 50ppm
	Low	Short	Ca : 15~40ppm, Be < 10ppm Total < 100ppm
3N	Low	Short	Ca : 15~40ppm, Pd, Pt <900ppm Total : <0.1%
2N	Middle Low	Short	Ca : 10~30ppm, Pd : < 1.0% Total : < 1.0%

[그림 7-48 와이어 순도에 따른 성질]

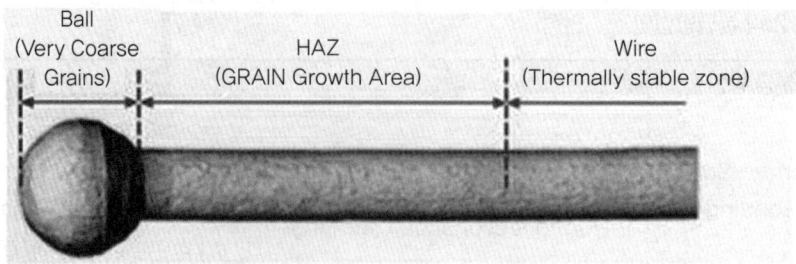

[그림 7-49 열에 의한 영향을 받은 HAZ(Heat Affected Zone)]

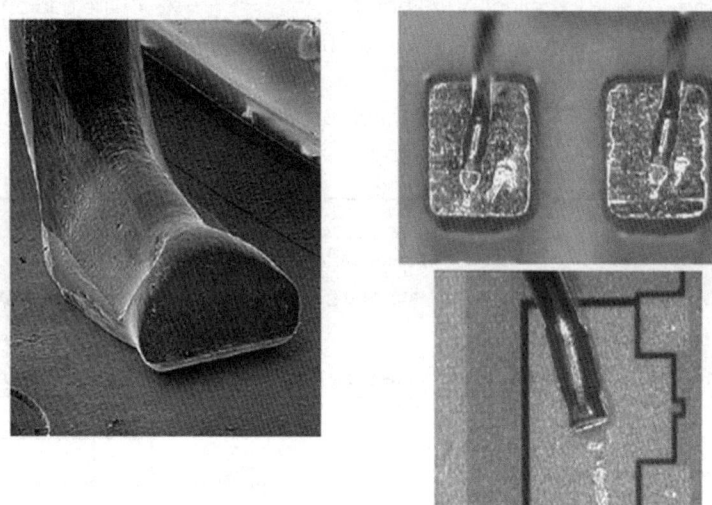

[그림 7-50 초음파에 의한 웻지 본딩 현상]

[표 7-3 본딩에 사용되는 와이어의 종류]

종류	적용

금선
(Gold Wire)
	90% of total wire usage.
	  high purity 99~99.99%, high cost
	  almost memory Device.

알루미늄 선 (Aluminum Wire)	- 세라믹 재료에 대한 웻지 본딩에 주로 사용 - 알루미늄 와이어의 Wedge - Wedge bonding은 UltraSonic Energy를 이용하여 상온에서 이루어지는데, 고온으로 가열될 수 없는 제품의 와이어 본딩에 적용된다. - 주로 1~2mils의 대구경에 사용 - 성분 : Al, Al-1%Si(Increase Strength), Al-1%Si-1%Mg(Reliability at the High Temp.)
동선 (Copper Wire)	비용이 낮으며 산화가 되면 본딩이 이루어지지 않으므로 N_2/H_2 가스를 사용해야 한다. 최근 순도 99~99.99%의 금을 대체하면서 그 적용범위가 늘어나고 있다.

  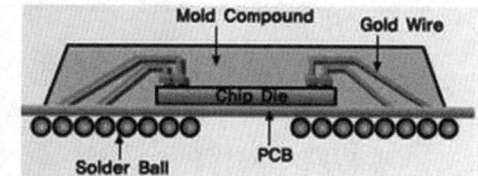

[그림 7-51 본딩에 사용되는 와이어의 종류]

(2) 와이어 본딩 공정순서

[그림 7-52 와이어 본딩 공정]

① 본딩 시작

스타트 캐필러리의 끝부분에 와이어의 끝부분이 볼 모양으로 형성된 상태로 스파크 레벨에 대기 상태로 유지한다. FAB(Free Air Ball)는 캐필러리의 끝부분에 형성되며 크기의 일관성을 유지하기 위해 두 번째 본딩이 형성된 후에 Tail 길이와 전기적인 불꽃(EFO, Electronic Flame-Off)이 일관성있게 형성이 되어야 한다. 와이어의 Tensioner는 FAB를 캐필러리 면의 중앙에 위치시켜서 볼의 형상이 대칭을 이룰 수 있도록 한다. 이러한 과정에 문제가 있을 경우에 "Golf Club Ball Bond"라고 하는 비대칭 형상이 나타날 수 있다.

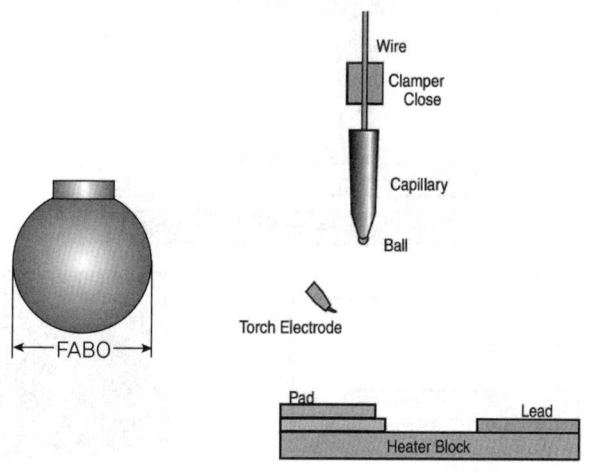

[그림 7-53 본딩 대기 상태]

② 캐필러리 하강

클램퍼가 열리고 캐필러리가 하강한다. 서치 레벨로부터 서치 속도로 감속해 패드 표면까지 하강해 볼과 패드 면이 접촉한다. FAB는 칩의 중앙에 위치해 있으며 충격 하중이 걸린 후 하중 본딩을 진행한다.

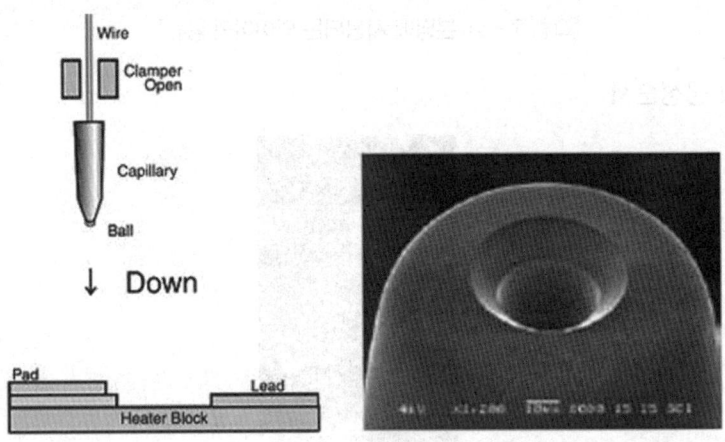

[그림 7-54 캐필러리 하강]

③ 1차 본딩

볼과 패드 면이 접촉해 접합의 3요소인 히트 블록에 의한 가열, 하중 본딩, 초음파 진동이 진행되어 캐필러리 안쪽의 챔퍼의 형상으로 볼이 형성이 된다. 볼이 눌려진 상태로 Au-Al접합부에 금속간 화합물 접합이 일어나 패드와 와이어가 접속된다. 이때 클램퍼는 열려 있는 상태이다.

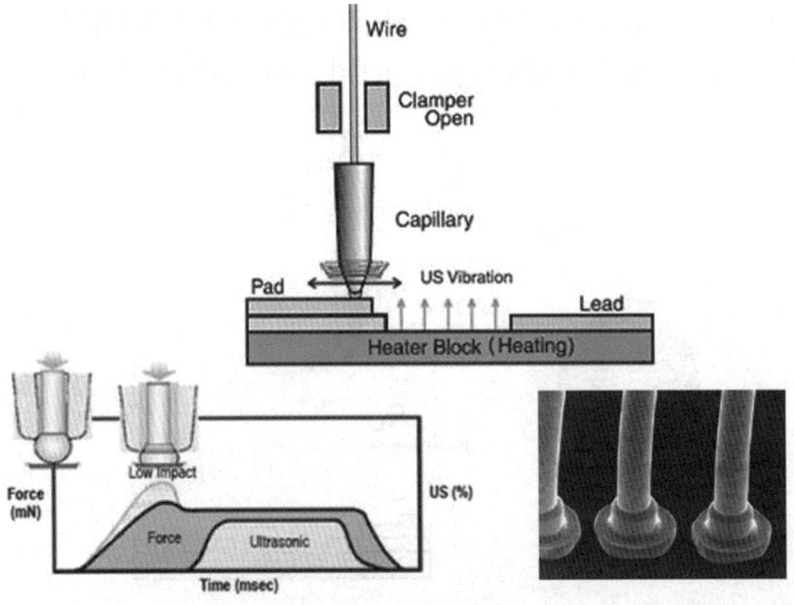

[그림 7-55 1차 본딩]

④ 역방향 이동

볼 본딩이 진행된 후 적정한 루프를 형성하기 위해서 캐필러리는 상승하면서 역방향 이동을 하며, 미리 입력되어 있는 루프 모드로 컨트롤 된다. 루프를 형성하기 위해서 필요한 와이어가 캐필러리의 끝으로부터 인출된다. 클램퍼는 리버스 클램퍼 동작을 YES로 설정했을 때를 제외하고는 열려 있는 상태를 유지한다. 와이어의 루프는 캐필러리의 이동경로에 의해 형성이 되며 2차 본딩인 Stitch 본딩을 진행하기 위해 이동한다. 와이어의 루프는 소자와 패키지의 형태에 따라 다양한 모드로 진행된다. 루프를 낮게 하거나 길게 만드는 것은 프로그램으로 만들어져 있는 루프 형성 알고리즘에 의해 진행된다.

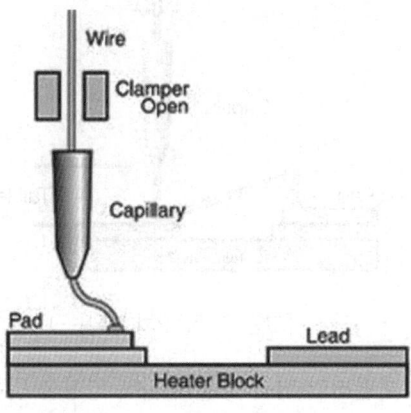

[그림 7-56 역방향 이동]

⑤ 최상 지점 이동

캐필러리가 최상 지점에 도착하면 클램퍼는 개폐 수준을 0으로 설정했을 때를 제외하고는 닫혀 있고, X축 테이블, Y축 테이블, Z축 테이블이 동시에 움직여 캐필러리가 리드 위치까지 이동한다.

[그림 7-57 최상 지점 이동]

⑥ 2차 본딩

캐필러리가 2차 본딩 지점으로 이동하면 볼 본딩과 유사하게 볼과 리드 면이 접촉해 접합의 3요소인 히트 블록에 의한 가열, 하중, 초음파 진동에 의해 Stitch 본딩이 이루어진다. 와이어가 눌러져 Au-Al 접합부에 금속 간 화합물 접합이 일어나 리드와 와이어의 본딩이 이루어진다. 이때 클램퍼는 열려 있다.

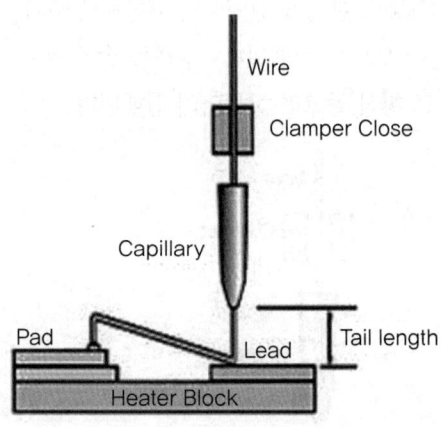

[그림 7-58 2차 본딩]

Stitch 본딩부의 형상은 캐필러리 팁의 형상에 의해 영향을 받는다. Tip의 지름(T)은 Stitch부분 길이(SL), 바깥지름(OR)은 Heel부분의 형상을 결정짓는다.

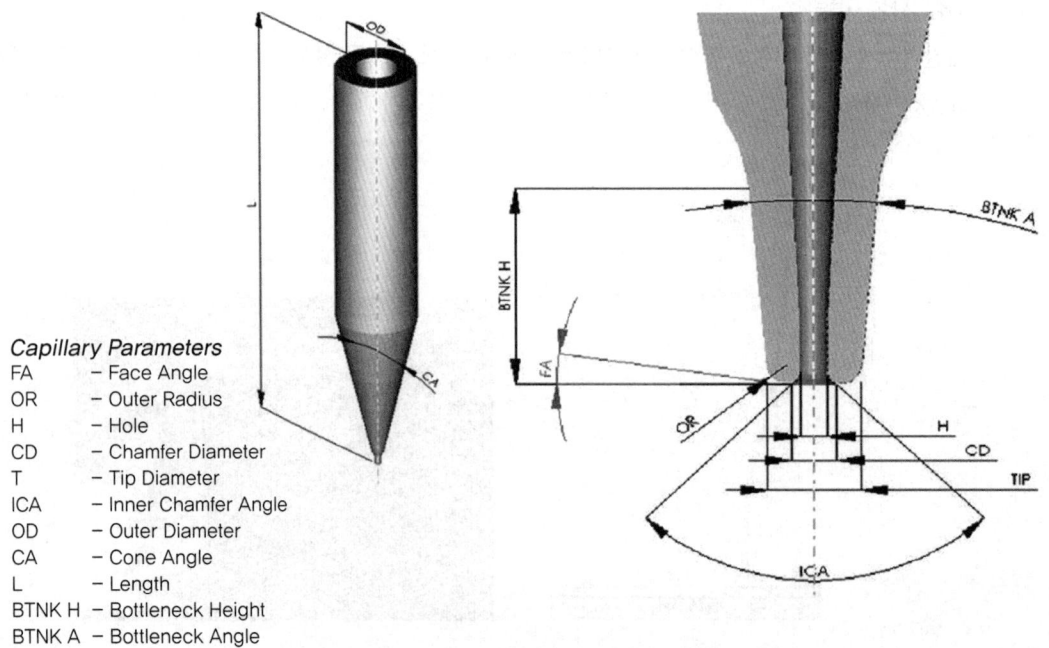

Capillary Parameters
- FA   – Face Angle
- OR   – Outer Radius
- H   – Hole
- CD   – Chamfer Diameter
- T   – Tip Diameter
- ICA   – Inner Chamfer Angle
- OD   – Outer Diameter
- CA   – Cone Angle
- L   – Length
- BTNK H – Bottleneck Height
- BTNK A – Bottleneck Angle

[그림 7-59 본딩 캐필러리의 현상]

⑦ 테일 길이

캐필러리가 상승하여 미리 설정한 테일 길이에 이르면 클램퍼가 닫힌다.

⑧ 와이어 컷

클램퍼가 닫혀진 채로 캐필러리는 한층 더 상승하므로 와이어는 리드 접합부에서 절단된다.

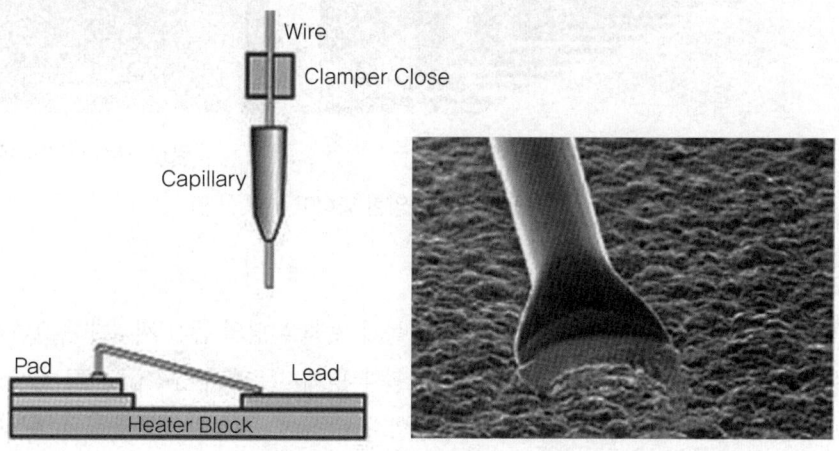

[그림 7-60 와이어 컷]

⑨ 와이어 본딩 사이클 종료

이상의 동작이 와이어 본딩의 기본 사이클이다. 이후에는 X축 테이블, Y축 테이블이 이동해 같은 과정으로 다음의 동작을 수행하게 된다.

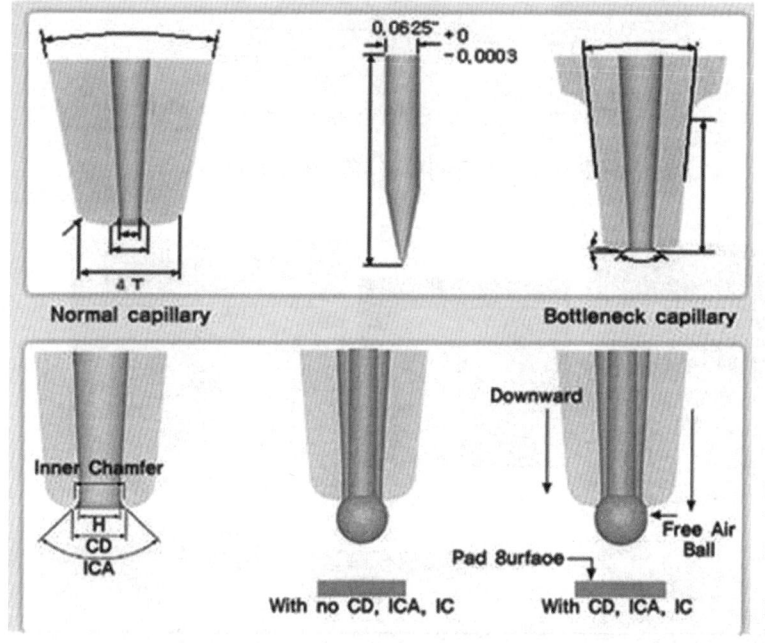

[그림 7-61 캐필러리 내의 Free Air Ball]

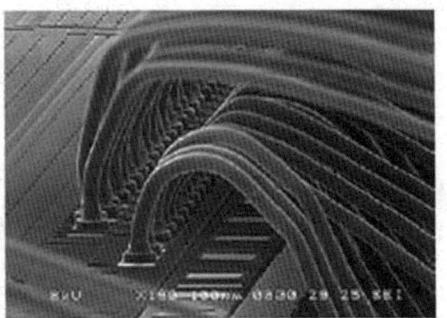

In-line Gold Ball Bonding   Staggered Gold Ball Bonding

[그림 7-62 다양한 와이어 본딩 현상]

(3) 와이어 본딩 공정 최적화

와이어 본딩 공정을 최적화하기 위해서는 볼과 웻지 본딩의 품질 제어가 중요하다. 이를 위해서는 본딩 관련 조건을 설정해 주어야 한다. 볼 본딩에서는 Upper Specification Limit(USL), Lower Specification Limit(LSL), 볼의 평균 높이, 지름과 전단응력을 설정해 주어야 하고, Edge 본딩의 경우에는 Lower Specification Limit(LSL)와 stitch 본딩 강도의 평균값을 설정해 주어야 한다. FAB의 최적화는 설정된 볼 본딩 인자와 높이에 따라 FAB의 지름과 부피를 결정하게 되고, 이에 따라 EFO를 결정하여 진행한다.

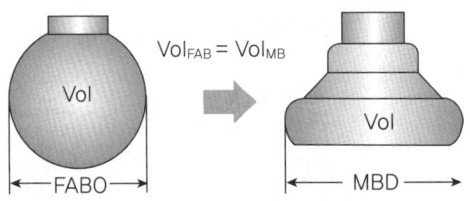

[그림 7-63 Free Air Ball과 볼 본딩 체적 비교]

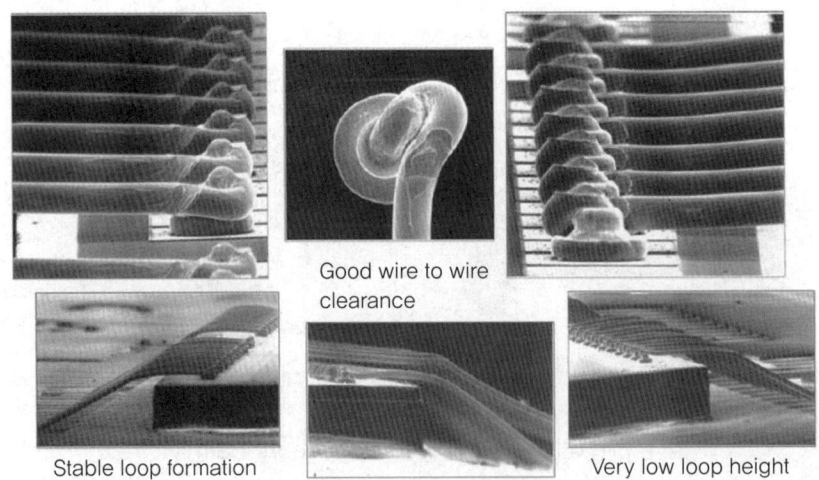

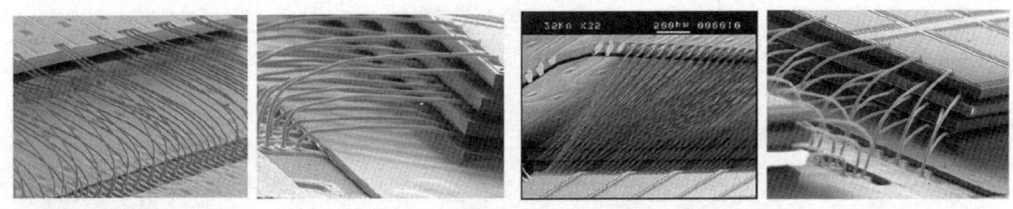

[그림 7-64 다양한 와이어 루프]

❷ 와이어 본딩 장비 구조 및 모듈별 기능

(1) 장비의 구조

와이어 본더는 웨이퍼를 다루는 부분과 기판을 다루는 부분, 웨이퍼상의 다이를 기판으로 옮기는 부분, 온도를 올리는 부분으로 나눌 수 있다.

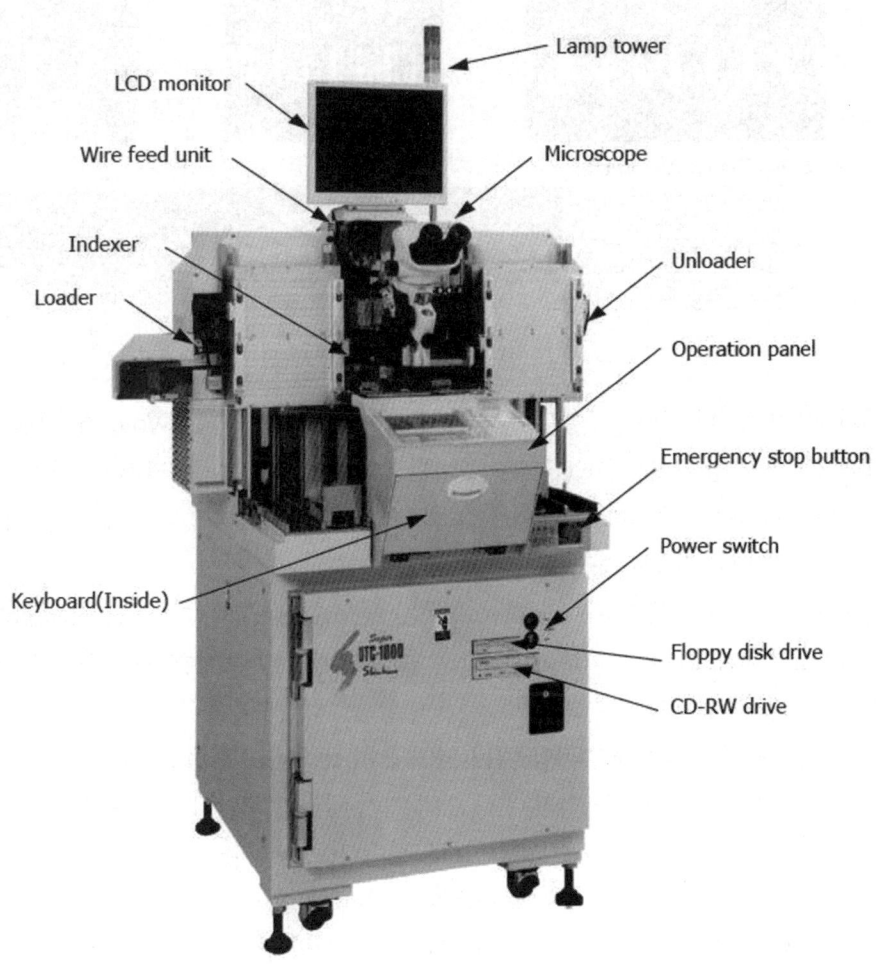

[그림 7-65 와이어 본더]

제5절 몰딩(Molding) 공정

1 장비의 개요 및 동작원리

반도체를 사용하는 제품이 점점 다양해지고, 얇고 가벼우면서 반도체 패키지의 형태나 패키징 방법도 매우 다양해지고 있는 상황이다. 반도체 패키징 방법은 양산성, 가격을 고려할 때 대부분 몰딩 방식을 채택하고 있다. 몰딩 공정은 다이 본딩, 와이어 본딩이 진행된 반도체소자의 외형을 형성하고 열 및 습기 등의 외부 환경으로부터 제품을 보호하기 위해 열경화성 수지인 EMC(Epoxy Molding Compound)를 고체상태에서 175℃로 유지하여 Gel 상태로 변환시킨 후 성형 형성하는 공정이다. 몰딩 공정을 통해 패키지의 외관을 형성하면서 다이를 외부 환경으로부터 보호하고 다이에서 발생하는 열을 발산시키는 역할을 한다.

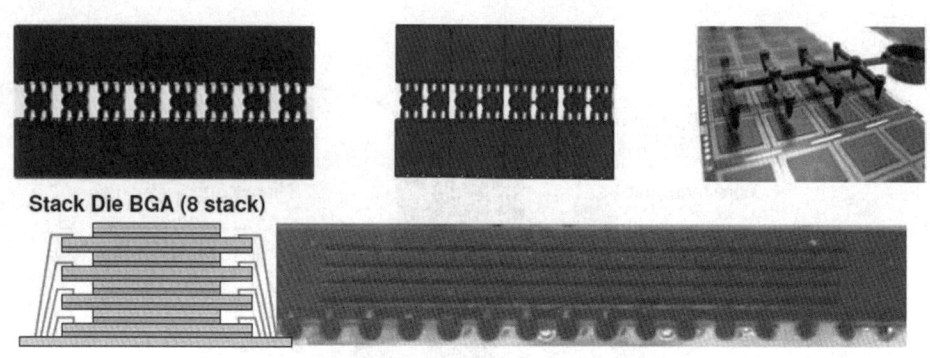

[그림 7-66 몰딩 공정의 제품]

패키지의 박형, 미세구조화, 대면적화에 따른 성형성능 저하에 의한 Void 저감 대책으로서 금형 내를 감압해서 성형하는 VACUUM 몰드방법과 와이어 흐름이나 수지 Burr 대책으로서는 패키지 상면에서 수지를 주입하는 TOP Gate 몰드방식 등이 제안되고 있어 패키지 미세화와 더불어 그 채용이 늘어갈 것으로 예측된다.

몰딩 방식으로 반도체를 패키징 하는 경우에 필요한 장비가 오토 몰드 시스템(Auto Mold System)이며, 그 핵심을 이루는 부품으로 패키지를 완성하기 위해 수지 봉지재에 압력을 가하여 프레스를 들 수 있다.

최근에는 칩 여러 개가 적층되어 있는 MCP(Multi Chip Package)에 대해서는 본딩 와이어가 손상되지 않고 몰딩을 하기 위해 여러 가지 방법이 고안되고 있다. 기존의 패키징 방법은 EMC(Epoxy Molding Compound) 덩어리(Pellet)를 녹인 후 프레스로 압력을 가해 EMC를 금형 안으로 흘려보내는 트랜스퍼(Transfer) 방식이었으나, MCP나 웨이퍼에 몰딩을 하는 WLM(Wafer Level Molding)의 경우는 과립이나 액상의 EMC로 몰딩을 하는 압착(Compression) 방식을 이용하고 있다. WLM의 경우 전체 웨이퍼를 한꺼번에 패키징 할 수 있는 장점으로 유용성과 경제성을 인정받고 있어 많은 수요가 예상되고 있다.

(1) Vacuum 몰드

반도체 Package가 다양화되면서 MCP, SiP, 3D Stack, WLP, W/F Stack 같은 복잡한 Device와 같은 Wire 많은 제품은 성형성이 문제가 되고 있다. 이를 개선하고자 금형내부를 진공화시키는 Vacuum 장치를 이용한 Void 발생률을 감소시키는 장치를 적용하게 되었다. 이 기술을 적용함으로써 BGA 제품의 Warpage, Miss Loading, Resin Leakage, Wire Sleep 등에 대하여 효과적으로 감소시키는 장치구조를 개발하게 되었다.

이 장치는 금형내부를 진공화시켜 불완전 성형되는 것으로 인한 Void 방지, 많은 Wire로 구성되어 있는 신규 Package의 등장으로 인한 MEC 속도 조절을 통한 Wire Sleep, Void 문제로 인한 품질문제를 최소화하기 위해 고안된 장치이다. Disk Spring 방식, Space Plate 방식, Cylinder 방식 등이 있다.

(2) Compression 몰드

최근 대용량, 소형화 요구에 의해 개발된 여러 개의 칩을 쌓아올린 MCP(Multi Chip Package)를 불량 없이 몰딩하여야 하는데, 기존의 트랜스퍼 몰딩방식의 경우 다층의 칩에 본딩된 와이어(Wire)가 EMC의 주입과정에서 손상되는 현상이 빈번하게 발생하게 된다. 또한 개별 칩이 아닌 웨이퍼 전체를 몰딩하는 방식의 경우에도 트랜스퍼 몰딩 방식으로 전체 웨이퍼를 고르게 몰딩하는 것은 불가능하다고 할 수 있다.

[그림 7-67 웨이퍼 몰딩]

적정량의 분말형태 EMC를 금형의 Cavity에 투입하고 용융시킨 후, 몰딩할 PCB 또는 웨이퍼를 수직으로 이동시켜 몰딩하는 방식의 압축(Compression)식 몰딩은 여러 개의 칩이 Stack되어 있는 MCP나 웨이퍼 전체를 몰딩해야 하는 경우 장점을 가지고 있다. 이 방식은 성형 전에 먼저 자재의 Chip 상태(두께)를 계측하고, 이 계측된 Chip Data를 기준으로 성형할 수지의 중량을 정확히 계량하여 금형에 공급한 다음 그 위에 자재를 올려 놓고 성형하는 방식이다. 성형 시 수지 유동이 최소화되므로 Chip 및 Gold Wire의 변형 및 내외부 Void를 방지하는데 좋은 특성을 보인다.

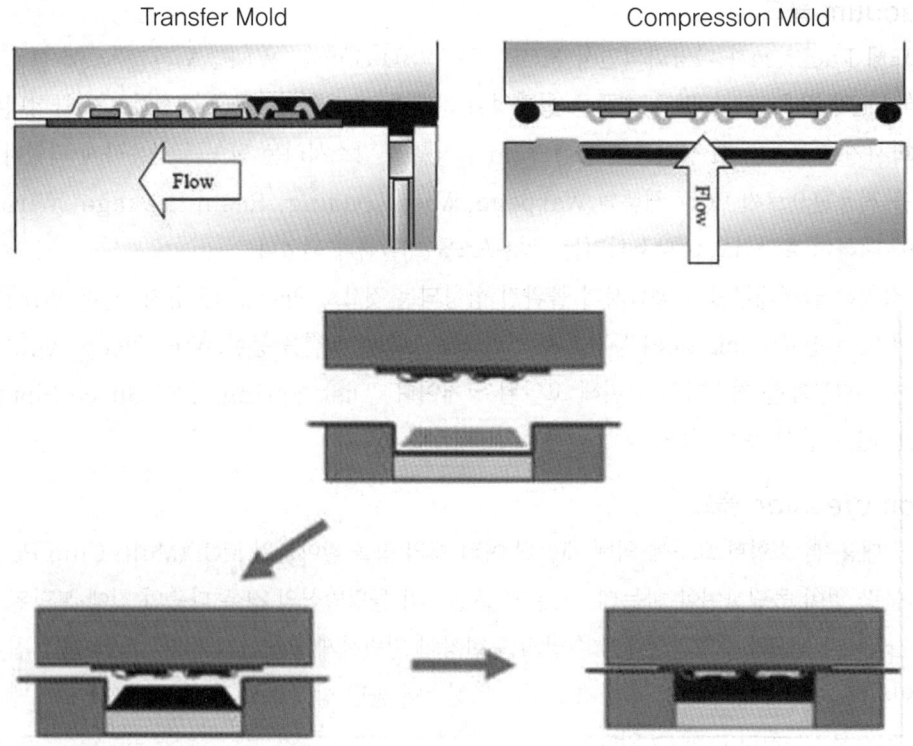

[그림 7-68 트랜지스퍼 몰딩 방식과 컴프레션 몰딩 방식]

❷ 공정순서

① 금형의 주입구에 EMC 덩어리 형태인 펠렛(Pellet)을 위치시키고 가열하여 고체상태의 EMC를 175℃ 상태에서 Gel 상태로 녹인다.

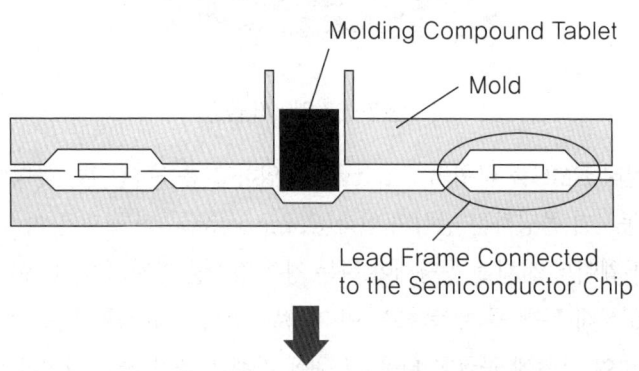

[그림 7-69 트랜스터 몰딩에 사용된 금형]

② 프레스로 금형 내의 EMC에 압력을 가하여 금형을 채우면 칩, 와이어를 감싸면서 몰딩이 이루어진다.

[그림 7-70 몰딩 전과 몰딩이 완료된 제품]

3 장비 구조 및 모듈별 기능

(1) 장비 구조

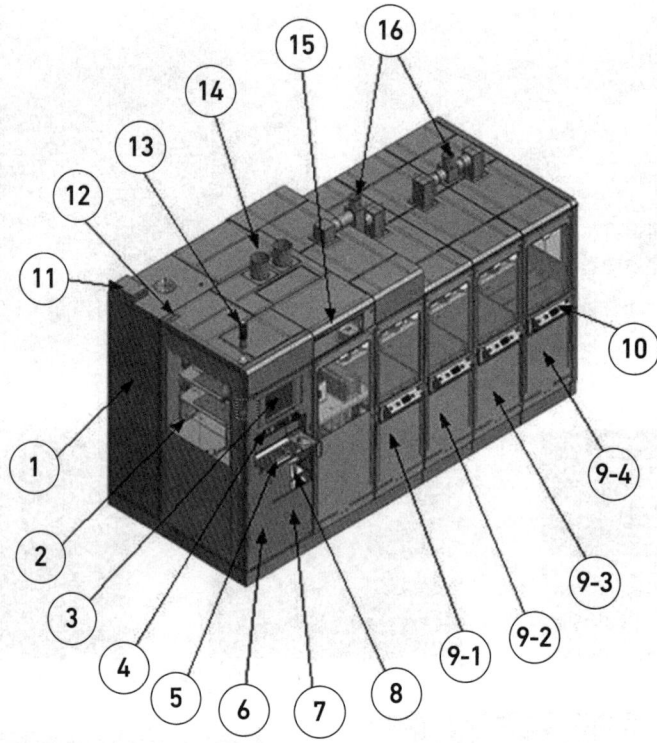

[그림 7-71 장비 외형(후면)]

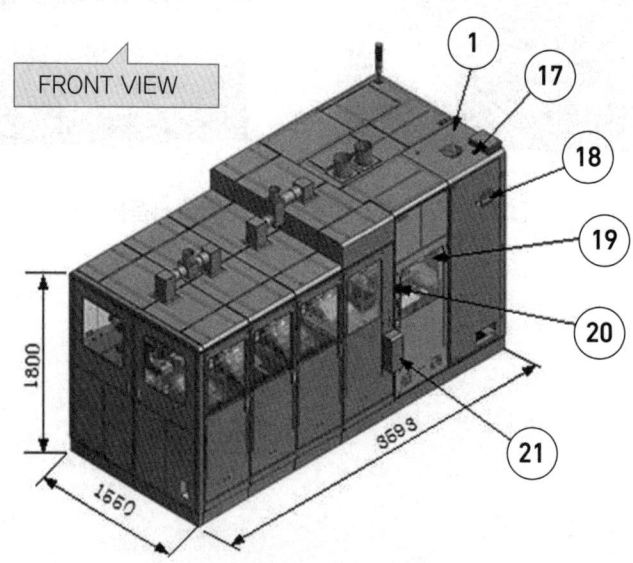

[그림 7-72 장비 외형(전면)]

(2) 주요 모듈 명칭

No	Item	No	Item
1	Control Box	10	Press OpeRation S/W
2	In Put M/z P/w	11	Ten Key Box
3	Display(Lcd)	12	Compressed Air Inlet
4	OpeRation S/w Panel	13	Signal Tower
5	Key Board	14	Dust Collector Exhaust
6	Air System Filter Dust Collector	15	Computer For Intelligent System
7	Master Unit	16	Exhaust Duct
8	TAB. Contaner	17	Electrical Power Inlet
9-1	1st Module For Master Unit	18	Electrical Power S/W
9-2	2nd Module For Master Unit	19	Out Put M/Z P/W
9-3	3rd Module For Master Unit	20	Emergency Stop S/W
9-4	4th Module For Master Unit	21	Cull Dump

제6절 마킹(Marking) 공정

1 장비의 개요 및 동작원리

① 반도체 패키지의 마킹은 생산한 패키지의 표면에 회사명, 제품명, 규격, 제품의 생산시기, 생산정보 등의 생산코드를 기록하는 공정이다. 제품에 대한 정보를 기록하여 소비자들이 원하는 제품을 선택할 수 있도록 하고 제품의 품질 문제가 발생했을 경우는 마킹되어 있는 정보를 바탕으로 제품의 생산 이력을 추적하여 문제를 해결하기도 한다.

[그림 7-73 마킹이 되어 있는 패키지]

② 마킹하는 방법은 레이저를 이용하는 방식과 잉크를 이용하는 방식이 있다. 레이저 방식에서는 주로 CO_2 레이저와 YAG 레이저 방식이 이용되고 있다. 잉크방식에서는 스탬프 등에 의한 패드인쇄방식과 잉크필름을 레이저로 전사하는 복합방식 등이 이용되고 있다.
③ 잉크방식이 건조 공정과 세정 공정 등이 환경보호에 문제를 일으킬 수 있고, 패키지 표면에 기록하는 정보량이 증가하면서 문자의 미세화, 고속화가 가능하고, 다양한 재질에 대응이 가능한 레이저 방식의 마킹이 늘어나고 있다. 레이저 마킹은 인쇄상태가 영구적이고, 작은 문자 인쇄가 가능하며, 속도가 빨라서 대량생산이 가능한 장점이 있다. 설비 호환성이 좋아 패키지 종류별로 작업이 가능하고, 인쇄 시 패키지면과 비접촉으로 진행되어 마킹면이 깨끗하고 신뢰성이 높다. 그러나 설비 가격이 비싸고 재작업이 불가능한 것은 단점이라고 할 수 있다.
④ 레이저 마킹 장비는 레이저 빛을 이용하여 제품 표면에 원하는 문자를 인쇄하는 장비로 레이저의 직진성과 고에너지 밀도 특성에 집광성이 좋은 장점을 이용하여 제품의 표면에 정보를 기록한다.

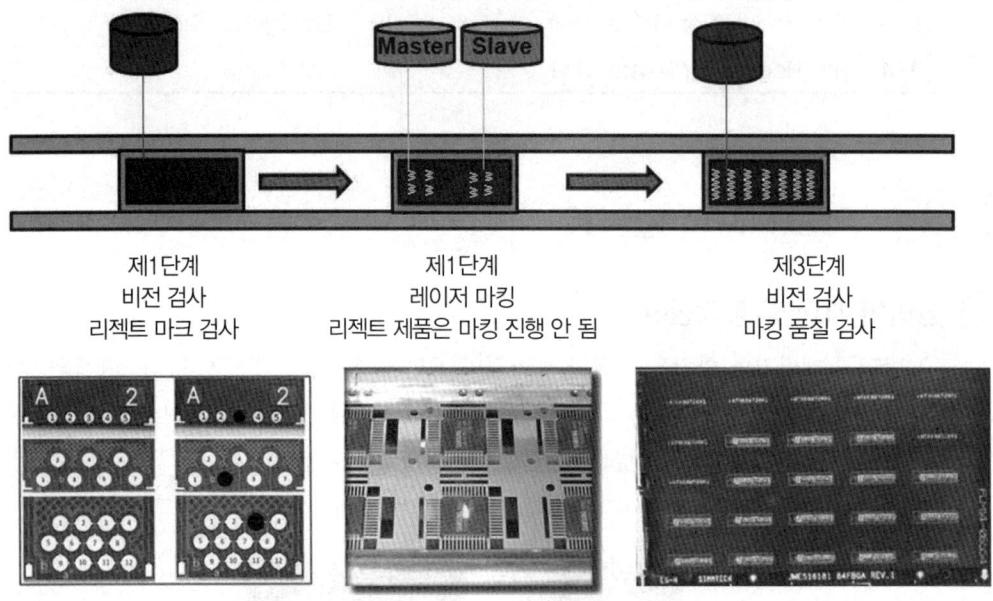

[그림 7-74 마킹공정의 단계 소개]

⑤ 레이저 방식에서의 마킹은 레이저 광을 렌즈로 패키지 표면에 집광시켜 높은 에너지 밀도를 만들어내고 몰드 수지에서는 표면의 탄소를 연소시킨다. 금속 패키지에서는 표면을 용융시켜 변색이나 광택의 차이에 의해서 문자로서의 콘트라스트를 얻어 선명한 마크를 실현한다.
⑥ 레이저를 이용한 마킹방식은 유리나 금속 마스크 위에 형성한 문자를 전사하는 마스크 투과 방식과 레이저광을 밀러로 주사시켜 단번에 문자를 그려나가는 스캔방식 중에서 마스크를 사용하지 않는 스캔방식이 주로 사용되고 있다.

⑦ 레이저의 마킹 스피드는 스캐너의 성능이나 레이저의 출력에 비례하여 나타난다. 마킹 스피드의 정의는 통상적으로 하나의 스캐닝 헤드에서 1mm 높이의 단선 숫자 '1'을 연속하여 쓰는 경우이다. 마킹은 1초에 1천자를 쓰는 것이 가능하다.

⑧ 제품의 소형화에 따라 마킹되는 글씨가 작아지면서 높은 마킹 정밀도를 요구한다. 레이저 마킹 장비를 이용하는 경우 인쇄 가능한 문자 크기는 YAG 레이저에서는 현재 0.15mm 정도이며, 여기방식의 변경과 레이저빔 품질의 향상, 스팟 직경의 최소화 등에 의해서 0.1mm 정도까지 미세화가 가능하다.

⑨ CO_2 레이저를 이용한 마킹의 경우 가격이 낮고 소형화가 가능하지만 미소 문자 형성이 어렵고, 발색성이 나쁘며, 마킹면이 깨끗하지 않고 오염물이 많이 발생한다는 점에서 패키지가 제한된다. YAG 레이저를 이용한 마킹의 경우 실리콘 재질에 직접 마킹이 가능하다. 나아가서 러닝코스트나 발진안정성 등을 목적으로 한 레이저 다이오드 여기 방식이 제안되어 1998년부터 채용이 시작되고 있다. 이 방식에서는 발진효율이 향상되기 때문에 장치의 소형화, 에너지 절약을 실현하는 동시에 빈번한 램프교환이 불필요하게 되어 종래의 램프 여기 방식에서의 전환이 진행될 것으로 예상된다.

⑩ 레이저 안정성 및 에너지 조절 : 레이저 마킹의 글씨 크기가 작아지면서 비례하여 스팟 직경의 크기가 작아지며, 같은 자재를 같은 깊이로 가공하기 위해서는 스팟 직경의 제곱의 비율로 레이저 출력 에너지를 제어할 수 있어야 한다. 따라서 150um에서 15um까지 선폭 조절이 되는 경우에는 100배 이상의 정밀한 에너지 제어 능력이 필요하다. 특히 작은 스팟에서는 펄스 최대 에너지의 편차가 그대로 마킹 품질을 좌우하여 매우 정밀한 레이저 제어가 요구된다.

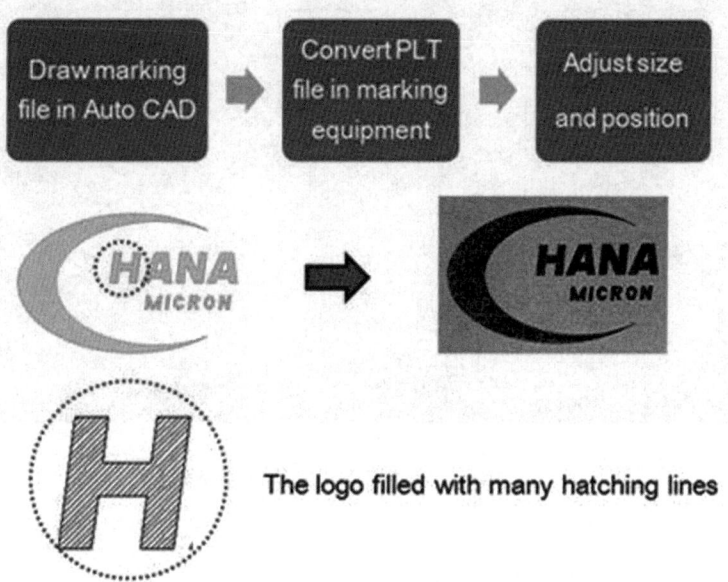

[그림 7-75 로고를 인쇄하는 마킹의 과정 소개]

❷ 마킹 공정순서

① 로더에 투입자재 매거진 장착하고, 언로더에 빈 매거진 장착 후 장비 작동을 시작한다.
② 매거진이 리프트 위치로 이동하면 리프트가 올라가고, 엘리베이터가 올라가게 된다.
③ 자재를 픽업하고 온인서트가 내려온다.
④ 자재의 ID를 검사한다.
⑤ 마킹 위치로 이송하여 마킹공정을 진행한다.
⑥ 오프 인서트 위치로 이송한다.
⑦ 마킹이 진행된 상태를 비전시스템을 이용하여 검사한다.
⑧ 배출 위치로 이송시킨다.
⑨ 언로더에 마킹이 완료된 제품을 적재한다.
⑩ 리프트에 자재를 전달한다.
⑪ 리프트가 올라간 상태에서 대기한다.
⑫ 리프트 위치로 이동한다.
⑬ 빈 매거진에 작업이 완료된 제품이 적재된다.

❸ 장비 구조 및 모듈별 기능

마킹장비는 크게 제품을 로딩하는 로더부, 핸들러 및 마킹 PC, 인덱스부, 비전부, 오프로더부로 나눌 수 있다.

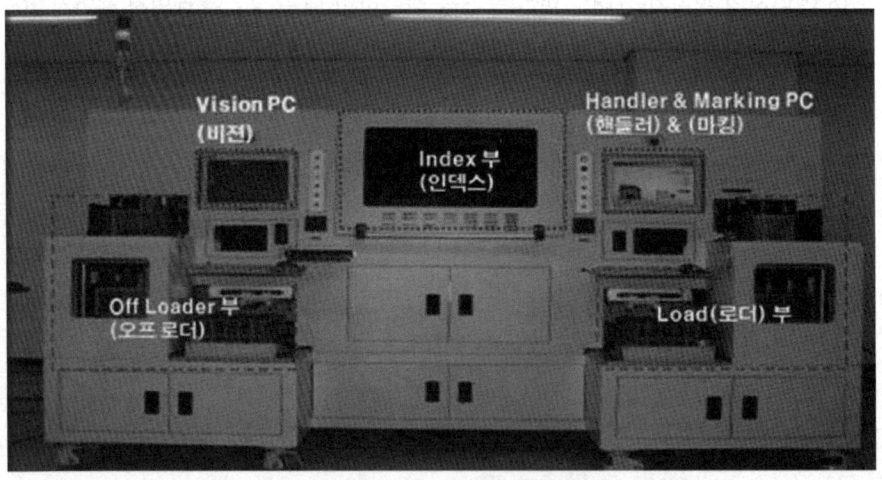

[그림 7-76 마킹장비의 주요 구성 부분]

제7절 소우 앤 소터(Saw & Sorter)

1 공정개요 및 동작원리

리드프레임을 사용하는 반도체 소자는 웨이퍼를 개별 칩으로 자른 후 리드프레임/PCB 본딩, 와이어 본딩, EMC 몰딩, 트리밍(Triming), 포밍(Forming)의 개별화공정, 레이저를 사용하는 마킹(Marking) 공정을 통해 완성된다. 현재 생산되는 패키지의 약 30%를 차지하는 BOC(Board On Chip), BGA(Ball Grid Array), QFN(Quad Flat No-lead), LGA(Land Grid Array)를 포함하는 다양한 패키지는 리드프레임 대신 PCB와 솔더볼을 사용하는 방식인데, 하나의 PCB 위에 여러 개의 다이를 본딩하고 와이어 본딩을 한 후 PCB 전체를 몰딩하게 된다.

몰딩이 끝난 상태의 기판에는 수십 개 또는 수백 개의 반도체 소자가 형성되어 있으므로 블레이드를 고속 회전시켜 여러 개의 소자가 한번에 몰딩이 되어 있는 유닛을 개별화하는 쏘잉 공정을 진행하며, 제조 효율이 매우 높은 장점이 있다. 개별화된 패키지는 비전시스템을 사용하여 양품과 불량품을 구분해서 그 결과에 따라 트레이(Tray)에 분류해 주는데, 이러한 장비를 소터(Sorter)라고 한다. 소우는 절단 사이즈를 용이하게 변경할 수 있기 때문에 다품종 소량 생산 시 금형에 의한 절단 방식에 비해 편리하게 사용할 수 있다.

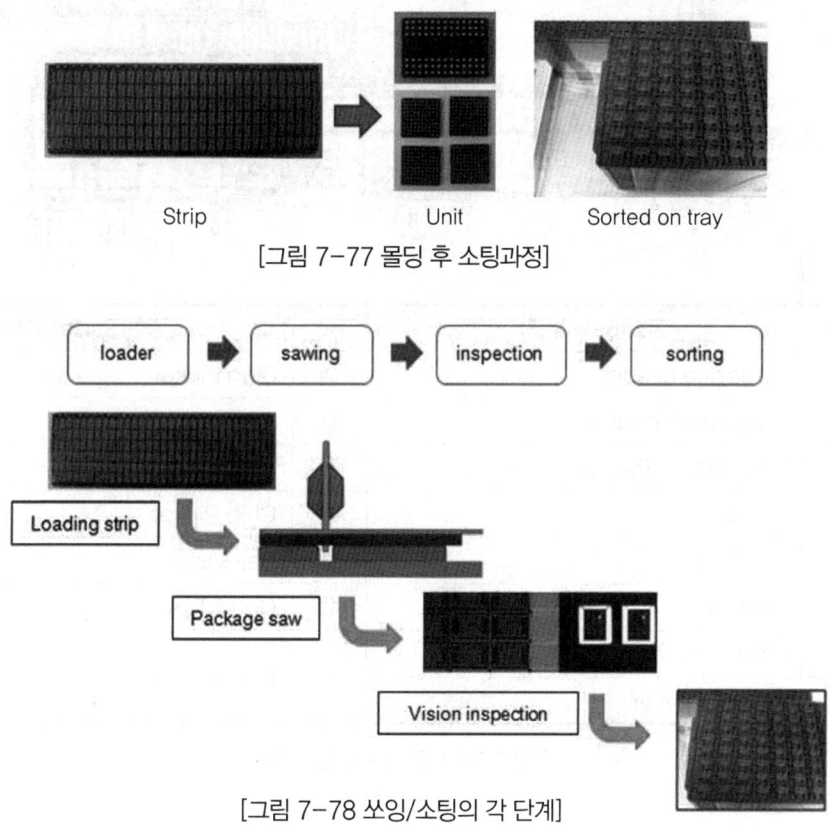

[그림 7-77 몰딩 후 소팅과정]

[그림 7-78 쏘잉/소팅의 각 단계]

❷ 장비의 구성

[그림 7-79 Saw & Sorter 장비 외형]

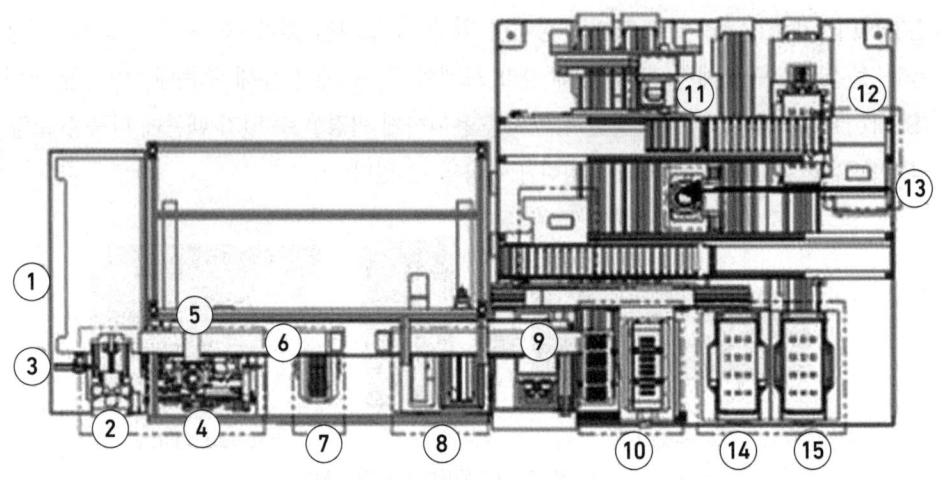

No	명칭(Saw 부분)	No	명칭(Sorter 부분)
①	Magazine Loader	⑨	Strip Picker
②	Magazine Elevator	⑩	Reverse Table
③	Lead Frame Pusher	⑪	Vision Picker
④	In-let Rail	⑫	Chip Picker
⑤	Unit Picker	⑬	Ball Vision
⑥	X-Robot	⑭	Good Tray
⑦	Chuck Table	⑮	Rework Tray
⑧	Brush Cleaner		

[그림 7-80 장비구조 및 명칭]

Part 08 자동화 공정기술

제1절 공장자동화의 개요

1 FA의 정의와 개요

자동화, 즉 Automation이라는 용어는 "스스로 작동하는 것(Acting of Itself)"이라는 그리스어의 어원을 둔 Automatic과 동작이라는 뜻의 Operation이 결합된 합성어이다.

우리나라는 1980년대 초반부터 생산 현장에 자동화 기술이 도입되기 시작하여 1990년대에 들어와서는 매우 빠르게 진행되고 있다.

생산 자동화란 기계나 전기적, 컴퓨터 시스템을 응용하여 생산을 운영하고 관리하는 기술이다. 여기에 관련된 직·간접적인 기술은 모든 분야에 포함된 기술이라고 할 수 있다. 즉, 기계기술, 전기·전자 기술, 제어 기술, 컴퓨터 기술, 반도체 기술 등이다. 이들 기술에 해당되는 주요 요소들은 공유압 제어, 전기 제어, CAD/CAM/CNC, PLC제어, 마이크로프로세서 제어, 로봇 제어, 센서 제어, 자동검사(VISION) 시스템, 물류 및 자동 창고, 무인 운반차(AGV) 등이다.

2 생산 시스템의 구성 기능

현제 기계가공의 자동화 시스템으로 주목받고 있는 FMS(Flexible Manufacturing System)은 1960년대 후반에 탄생한 것이다. 그 배경에는 여러 가지가 있겠으나, 그 중에서도 가장 중요한 것은 고객의 필요의 다양화에 대한 대응과 제품의 가격 절감 및 납기 단축 요청에 의한 것이라 하겠다.

기존의 소품종 다량생산 방식은 현재에도 많이 볼 수 있지만, 사용자의 요구가 다양해지고, 수명주기가 짧아진 제품을 경제적·효과적으로 생산해 내는 것은 곤란하다. 이 때문에 세계 각국의 기업들은 다품종 소량생산에 적응한 생산시스템의 개발에 주목하게 되었는데, 이 생산 시스템을 만족시키는 주된 요건은 유연성·경제성·생산성에 있다고 볼 수 있다. 동시에 이 개발의 촉진을 가속한 요인은 자동화로부터 무인화로 기술사상의 방향이 변화하였다는 것이다.

(1) FMS 시스템의 구성

현재의 FMS는 기계가공 시스템의 한 형태이다. 이 기계가공 시스템의 핵심은 가공기능을 구성하는 공작기계군이지만 가공기능만으로는 목적하는 가공작업을 수행할 수 없다. 즉, 기계가공 시스템은 가공기능과 그것을 지원하는 그 외의 여러 가지 기능으로 구성된다. 그리고 그 시스템이 목적하는 가공시스템을 원활하고 효율성 있게 하기 위해서는 이들 모든 기능을 시스템 목적에 맞도록 결합시켜야만 한다.

FMS로서 구비해야 할 구체적인 기본 기능은 다음 5개로 정리된다.
① 계층 제어방식 DNC 공작 기계군
② 자동 물류시스템 기능
③ 자동 창고 기능
④ 자동 시스템 보전 기능
⑤ 종합 소프트웨어 시스템 기능

(2) 유연 생산 시스템

1960년대 후반에 탄생한 것으로 그 배경에는 여러 가지가 있겠으나, 그 중에서도 가장 중요한 것은 고객의 필요의 다양화에 대한 대응과 제품의 가격 절감 및 납기단축 요청에 의한 것이라 하겠다.

기존의 소품종 다량 생산 방식은 현재에도 많이 볼 수 있지만, 사용자의 요구가 다양해지고 수명주기가 짧아진 제품을 경제적·효과적으로 생산해 내는 것이 곤란하다. 이 때문에 세계 각국의 기업은 다품종 소량 생산에 적응한 생산 시스템의 개발에 주목하게 되었는데, 이 생산 시스템을 만족시키는 주된 요건은 유연성·경제성·생산성에 있다고 볼 수 있다. 동시에 이 개발의 촉진을 가속한 요인은 자동화로부터 무인화로 기술상의 방향이 변화하였다는 것이다.

FMS의 형태는 생산되는 대상 제품의 종류와 양에 따라 다양하다. 또한 FMS의 정의와 그 분류도 다양하며 공작 기계, 공작물 공구의 핸들링, 반송장치, 검사장치 등의 구성 요소 및 그들의 자동화 수준에 따라 여러 가지 형태가 있을 수 있다. FMS는 기능면에서 볼 때 다양한 제품을 동시에 처리하므로 수요의 변화에 유연하게 대처할 수 있고, 높은 생산성의 요구에 대응할 수 있는 생산 시스템이라 할 수 있겠다.

제품의 수명(Life Cycle)이 짧아지고 고객의 요구가 다양해짐에 따라 종래의 자동화된 생산라인에서 단품이나 유사한 제품을 대량으로 생산하는 Mass Flow 방식의 생산 형태로는 오늘날의 다양한 요구에 대처할 수 없으므로 최근 생산 분야의 자동화는 새로운 형태로 변화되었는데 이것이 FMS이다.

제2절 자동화 시스템의 구성 및 특성

1 자동화의 형태

자동화 시스템의 구성은 기계장치 및 제어 시스템으로 되어 있으며 이들은 각각 입력부, 제어부, 출력부의 세 부분으로 크게 구분할 수 있다.

자동화 시스템에서 신호요소로부터 정보가 입력되면 제어요소에서는 정보처리과정을 거쳐 제어신호를 출력하여 명령지시를 한다. 이것이 제어 시스템의 기본적인 신호흐름의 골격이며, 하드웨어에서는 각각의 신호흐름을 담당하는 요소들이 있어 구체적인 해당 작업들을 수행하게 된다.

2 FMS의 종류 및 구성요소

자동화 시스템은 입력부와 제어부, 출력부로 되어 있다. 자동화된 제어 시스템을 구성하기 위해서는 하드웨어와 소프트웨어 기술, 네트워크 기술 등이 함께 표현될 수 있다. 따라서 자동화의 중요한 5대 요소는 다음과 같이 표현될 수 있다.

- 센서(Sensor)
- 프로세서(Processor)
- 액추에이터(Actuator)
- 소프트웨어(Software)
- 네트워크(Network)

그러나 자동화된 기계장치를 운용하려면 작업에 사용하고자 하는 액추에이터, 제어와 센서에 사용되는 요소들을 위한 동력 공급 장치를 갖추어야 한다. 그러므로 실제적으로 자동화된 단위 기계장치를 구성하기 위해서는 5대 요소와 함께 기계구조물, 동력공급장치의 두 가지 요소들이 더 필요하게 된다. 자동화 시스템을 공부한다는 것은 사용하는 에너지의 형태에 따라 이들 두 가지 요소들의 구조, 특성, 기능 등을 알고 적용할 수 있게 되는 것을 말한다.

자동화 시스템은 각 요소들의 적절한 조합을 통해 그들 요소 가치의 총합보다 월등히 많은 가치를 만들어 내는 시스템 기술을 필요로 한다. 이처럼 자동화 시스템을 구축하기 위해서는 어느 한 분야의 세부적인 깊은 지식도 필요하지만 각 분야별 지식과의 유기적인 관계도 중요하게 된다.

(1) 자동화 시스템의 종류

자동화 시스템은 자동화가 적용되는 분야나 산업별 구조에 따라 여러 가지로 구분한다.

① FA(Factory Automation : 공장 자동화)
② OA(Office Automaton : 사무 자동화)
③ HA(Home Automaton : 집 자동화)

④ LA(Laboratory Automaton : 실험 자동화)

⑤ BA(Building Automaton : 빌딩 자동화)

⑥ SA(Sales Automaton : 판매 자동화)

⑦ IA(Information Automaton : 정보 자동화)

자동화의 목적은 생산성을 향상시키고, 원가를 절감하여 이익을 극대화하여, 제품의 품질을 균일하게 하는 데에 있다. 그러나 이러한 이유에서 자동화를 하게 되더라도 다음과 같은 몇 가지 단점이 생긴다.

- 높은 비용이 들고, 예측할 수 없는 운영비가 소요된다.
- 자동화를 하기 전보다 설계, 설치, 운영 및 보수유지 등에 높은 기술 수준을 요구한다.
- 자동화란 한 기계가 범용성을 잃고 전문성을 갖게 되는 것이므로 생산 탄력성이 결여된다.

(2) 자동화 시스템의 특성

① **자동화 시스템의 장점**

㉠ 생산물질의 향상이 현저하며 균일한 제품을 얻을 수 있다.

㉡ 원료, 연료 및 동력을 절약할 수 있으며 인건비를 감축할 수 있다.

㉢ 생산속도를 상승시키고 생산량을 증대시킬 수 있다.

㉣ 노동 조건의 향상 및 위험한 작업 환경의 안전화를 기할 수 있다.

㉤ 생산 설비의 수명을 연장시킬 수 있고, 생산 원가를 절감시킬 수 있다.

② **자동화 시스템의 단점**

㉠ 자동 제어 설비의 설치 시 많은 비용이 소요된다.

㉡ 제어장치의 운전, 수리 및 유지 보수에 고도의 지식과 기술이 필요하다.

㉢ 자동 제어 실비의 일부 고장이 발생할 경우 전 생산라인에 영향을 미칠 수 있다.

제3절 자동 제어의 기초 및 종류

1 자동 제어의 개요

자동 제어(Control)란 어떤 목적과 용도에 접합하도록 대상이 되는 것에 일정한 방법에 따라 필요한 조작을 가하여, 설비가 적당한 상태에서 통제되고 동작하도록 조절하는 것이다.

2 제어계의 종류와 특성

자동 제어를 분류하는 방식에는 시퀀스제어(Sequence Control)와 되먹임제어(Feedback Control)가 있다.

시퀀스제어는 미리 정해진 순서에 따라 제어의 각 단계를 순차대로 진행해 가는 제어를 말하며, 신호 전달 방법에서 제어 신호가 제어계를 전부 순환하지 않고 회로가 한 방향으로 진행되므로 시퀀스 제어는 개회로 제어(Open-loop)라 할 수 있다.

이는 스위치나 센서 등을 사용하여 전기회로에 부하 작동 신호를 전달하고, 제어장치에 미리 작성된 프로그램에 따라 부하의 작동과 정지를 제어하고 완료나 이상신호를 작업자에게 알리는 등의 형태로 나타낸다. 시퀀스 제어는 일상생활에서 흔히 사용하는 세탁기, 전기밥솥, 엘리베이터 등이 있다.

반면, 되먹임제어는 제어 지령에 의해 수행 후 발생한 피드백에 의해 제어량 값과 목표 값을 비교하여 제어량의 값이 목표 값에 도달하도록 정정동작을 하는 제어이다. 되먹임 루프에 검출부, 조절부, 조작부를 통해서 검출부는 제어량을 검출하여 조절부에 전달하고 조절부에서는 제어량 값과 목표 값을 비교한다. 조작부에서는 조절부에서 비교한 값을 가지고 제어대상을 목표 값과 가까워지도록 제어한다. 되먹임제어는 우리 주변에서 항온항습을 유지해야 하는 장소의 온도와 습도를 제어하는 제어기를 예로 들 수 있다.

3 자동 제어의 용어

자동화를 위한 시퀀스 제어의 초기 단계에서는 유접점 릴레이가 주로 사용되었는데, 이는 계전기 접점들의 개폐에 의하여 제어가 이루어지므로 과부하 내량과 개폐부하의 용량이 크고 온도 특성이 좋으며, 전기적 잡음이 적어 입·출력이 분리되고 접점의 수에 따라 많은 출력 회로를 얻을 수 있어서 많이 사용되어 왔다.

그러나 소비전력이 비교적 크고, 제어반의 외형과 설치 면적이 크며, 접점의 동작이 느릴 뿐더러 진동이나 충격 등에 약하여 수명이 짧은 것이 단점이다.

제4절 제어계의 구성 및 특성

1 시퀀스 제어계의 구성

미리 정해진 순서 또는 일정한 논리에 따라 제어의 각 단계를 차례로 진행시켜가는 제어가 시퀀스 제어의 일반적인 정의이다. 현재 산업현장에서 주로 쓰는 좁은 의미의 개념은 전자릴레이 등 유접점 소자를 이용하여 구성한 제어, 즉 릴레이 시퀀스를 말하는 경우이다.

자동 제어를 구성하는 데 있어 가장 오랫동안 광범위하게 사용했던 제어방식이고 간단하게 구성할 수 있어 경제적이면서도 가장 보편화되어 산업현장에서 많이 쓰이는 제어방식이다.

한편으로, 최신 제어기술의 발달로 시퀀스 제어와 피드백 제어의 경계성이 모호하여 앞에서 설명한 것처럼 완전히 구분하여 설명하기가 모호한 경우도 종종 있다.

2 시퀀스 제어방식의 특징

(1) 개회로 제어(Open Loop Control)

① 개회로 제어는 미리 정해놓은 순서에 따라 제어의 각 단계가 순차적으로 진행되며 이를 시퀀스 제어라고도 한다.
② 시스템의 출력을 입력단에 되먹이지 않고 기준 입력만으로 제어신호를 만들어서 출력을 제어하는 방식이다.
③ 대상 시스템의 특성을 잘 알고 있는 경우에 정확한 제어가 가능하다.
④ 개회로 제어는 제어계에서 제어량이 그 값을 가지도록 목표로서 주어지는 목표치, 제어계에서 제어량을 지배하기 위해서 제어 대상에 가하는 조작량, 제어대상에 속하는 양 중에서 그 것을 제어하는 일이 목적으로 되어 있는 제어량으로 구성된다.

(2) 폐회로 제어(Closed Loop Control)

① 시스템의 출력신호를 입력신호로 되먹임시켜 출력값을 입력값과 비교하여 항상 출력이 목표값에 이르도록 제어하는 것을 되먹임 제어(Feedback Control) 또는 귀환제어라고 한다.
② 폐회로 제어는 아날로그 신호에 의한 연속량을 대상으로 하는 정량적 제어이다.
③ 프로세스 제어, 서보기구, 자동조명 등이 여기에 속한다.

제5절 센서의 원리와 종류 및 특성

1 센서의 정의와 기능

센서(Sensor)란 용어는 1960년대에 들어서야 사용되기 시작했지만, 그 의미가 정의되기 전부터 사용되어 왔다. 나침반을 이용한 방위감지, 한란계를 만들어 온도를 측정했던 것이 대표적인 예라 할 수 있다.

최근 센서는 기술의 발달로 인해 인간의 오감을 넘어 전자파나 초음파, 자기장, 전기장과 같이 인간의 오감으로 감지할 수 없는 것까지 검출할 수 있다.

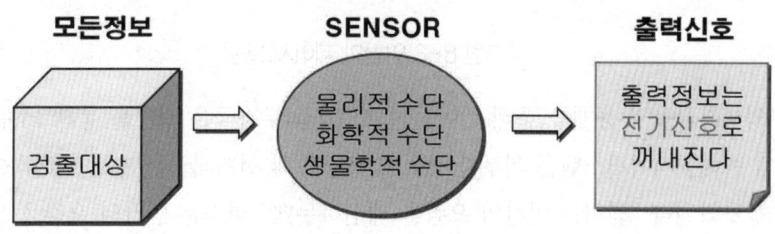

[그림 8-1 센서의 정의]

(1) 센서와 인간의 오감

센서는 제어장치에서 인간의 오감(시각, 청각, 후각, 미각, 촉각)과 같은 역할을 대신하여 수행한다고 할 수 있다.

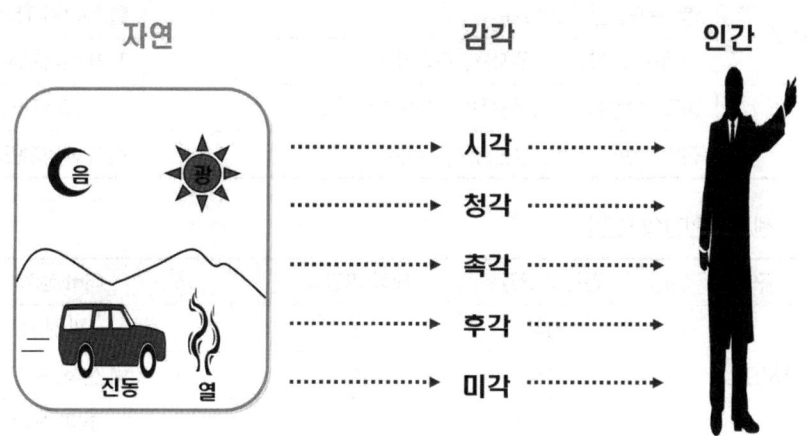

[그림 8-2 인간의 오감]

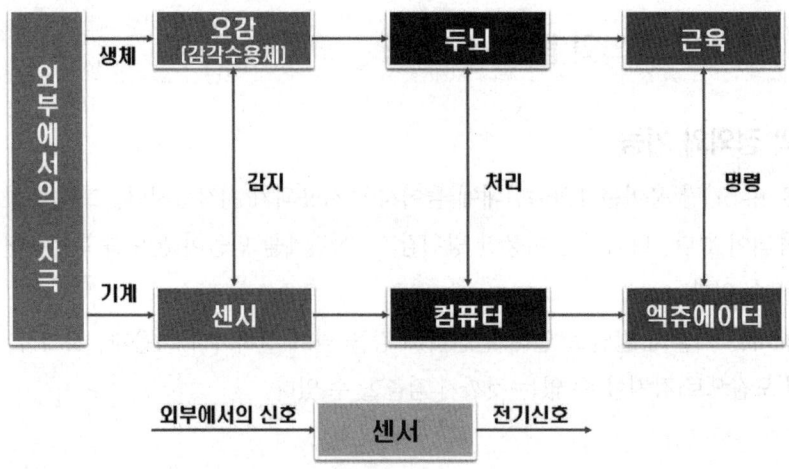

[그림 8-3 인간과 제어시스템]

인간은 외부자극을 수용체를 통해 받아들이고, 이 외부자극은 신경을 통해 뇌에 전달되어 정보화되는데 반해, 제어시스템은 외부자극을 센서를 통해 전기적인 신호로 변환하여, 컴퓨터에 전달되어 정보화된다. 센서는 인간의 오감을 대신하는데, 현재는 인간의 오감을 능가하는 감각기관의 역할을 수행하고 있다.

[표 8-1 외부자극의 종류]

인간의 오감	센서에 이용되는 특성 예	에너지 형태
청각, 촉각	위치, 속도, 가속도, 힘, 압력, 응력, 변형, 유체 흐름, 질량, 밀도, 모멘트, 토크, 형상, 방위, 점도	역학적 에너지(Mechanical)
시각, 촉각	복사강도, 에너지, 파장, 진폭, 위상, 투과율, 편광	복사 에너지(Radiant)
촉각	열, 온도, 열 속(Flux)	열 에너지(Thermal)
촉각	자계세기, 모멘트, 투자율, 자속밀도	자기 에너지(Magnetic)
후각, 미각	농도, 반응율, 산화환원전위, 생물학적 특성	화학 에너지(Chemical)
후각, 미각	전압, 전류, 저항, 정전용량, 주파수	전기 에너지(Electrical)

[표 8-2 센서와 인간의 오감]

구분	인간의 오감	대상 기관	대비 센서
물리 센서	시각	눈	광 센서
	촉각	피부	압력 센서, 온도 센서
	청각	귀	음파 센서
화학 센서	후각	코	가스 센서
	미각	혀	이온 센서, 바이오 센서
기타	-	-	중력 센서, 초음파 센서, 자기 센서 등

(2) 센서의 목적

① 정보의 수집

센서는 수치정보, 패턴 정보의 수집 및 취득을 목적으로 한다.

㉠ 계량계측

제조나 상거래에 필요한 계량 또는 과학연구에 있어서 계측/관측에서 "측정"에 의한 정확한 정량적 수치 정보를 제공하기 위해 사용한다.

㉡ 탐지/탐사

특정 목적을 위해 대상물의 상태 및 위치를 탐지하여 정보화하기 위해 사용한다. 이 목적으로 사용될 경우 대부분이 원격계측을 사용한다.

㉢ 감시/경보/보호

시스템이나 특정 장치의 상태를 감시하여 이상의 검출, 위험의 예고, 이상/위험 시의 경보신호 및 보호장치를 가동시키기 위한 신호를 출력하여 운전 및 안전관리가 가능하도록 한다.

㉣ 검사/진단

생산제품의 적격성, 인체의 이상정도 등의 검사ㆍ진단하는 데 사용한다.

㉤ 정보의 변환

문자, 기호, 코드 등의 형식으로 종이나 필름 등에 기록된 정보를 컴퓨터, 팩시밀리 등에 이용할 수 있는 신호로 변환한다. 각종 정보매체에 기록된 정보를 해독할 수 있도록 변환한다.

② 제어정보의 취급

㉠ 제어대상장치, 제어장치 등이 설치되어 있는 환경의 제어정보를 검출하여 이들 장치의 상태를 안정하게 제어하거나 변화하는 목표 값에 접근하도록 한다.

❷ 자동화용 센서의 분류

(1) 리드스위치

리드스위치는 자석에 의해 작동하는 스위치로, 공압실린더의 위치 검출용으로 많이 사용되고 있다. 리드스위치는 작은 접점 용량으로 솔레노이드 밸브에 직접 연결할 경우, 스위치의 접점이 녹아서 붙을 수 있으므로 제어용 릴레이를 거쳐서 사용한다.

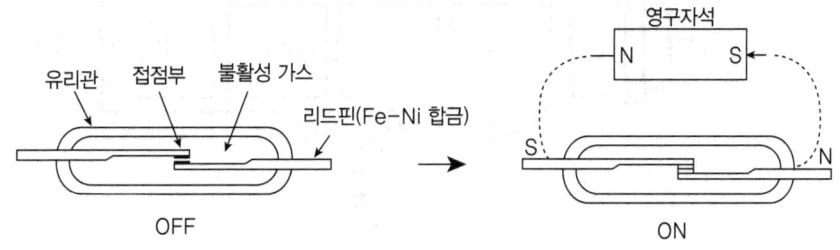

[그림 8-4 리드스위치의 구조]

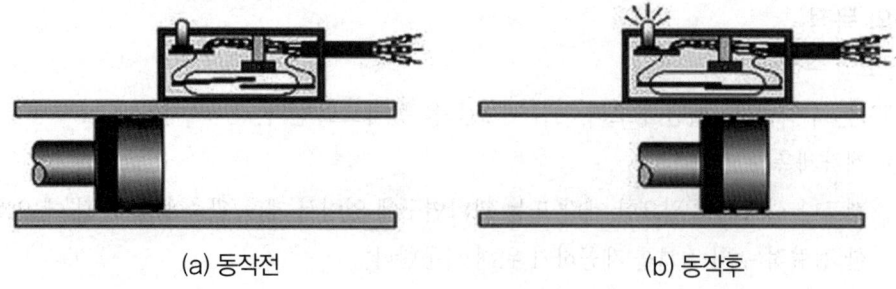

(a) 동작전　　　　　　　　(b) 동작후

[그림 8-5 리드스위치 동작]

자석을 리드 스위치에 접근시키면, 연질 강자성 재료의 리드 편은 자계의 방향에 따라 자화되어 리드편이 N극, S극을 갖게 되고, 인력에 의해 접점부는 연결되어 전류가 흐르게 된다. 자석이 멀어지면, 외부 자계가 없어지면서 리드 편의 극성은 사라지고, 초기의 상태로 되돌아가면서 회로는 단락된다.

① 리드스위치의 특성
　㉠ 구조가 간단하며, 저렴하다.
　㉡ 리밋 스위치를 설치하기 힘든 곳에 설치가 가능하다.
　㉢ 주변에 다른 강자성이 형성되지 않는 곳에 설치해야 한다.
　㉣ 자석의 자력에 따라 설치 간격을 결정한다.
　㉤ 보통 1ms 이하의 응답속도를 갖는다.
　㉥ 먼지, 모래, 습기 등 외부환경에 강하다.
　㉦ 충격과 진동에 약하다.

② 리드스위치의 용도
　㉠ 자동차, 자동기기의 스위칭 소자
　㉡ 무거운 부하 개폐
　㉢ 최근 비교적 가벼운 부하의 개폐로 용도 확대

(2) 고주파발진형 센서

① 고주파 발진형 센서의 구조

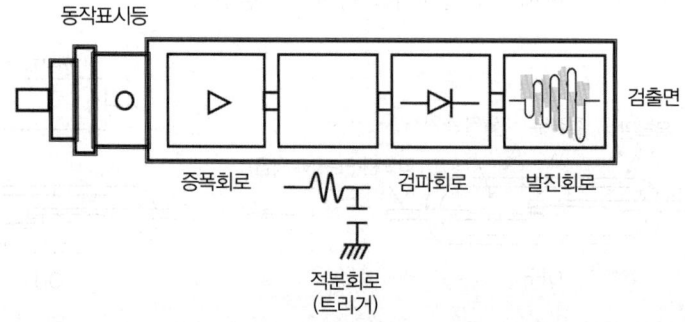

[그림 8-6 근접센서의 구조]

고주파 발진형 센서는 도선이 감겨 있는 자성체(철) 코어, 발진기, 감지기, 무접점 스위치 등으로 구성되어 있으며, 발진기를 통해 자성체 코어 축 주변을 중심으로 고주파 전자기장을 생성하여 센서 전면에 자기장을 집중시켜 대상을 검출하는 구조이다.

② 고주파 발진형 센서의 동작원리

검출코일에서 발생되는 고주파 자계중에 검출물체(금속)가 접근하면 전자유도 현상에 의하여 검출물체(금속)에 와전류 발생하며, 발생된 와전류는 검출코일에서 발생하는 자속의 변화를 방해하는 방향으로 발생하게 되어 발진 진폭이 감쇠 또는 정지하는 것을 이용하여 검출한다. 초기 전원 투입 후 약 80ms 이내에 전압의 진동 폭이 일정한 주파수대로 상승하며 전기적인 자장을 형성한다. 이후, 검출물체가 접근하면 검출물체의 와전류가 증가함에 따라 전압의 진동 폭이 작아지게 되고 완전히 검출된 상태가 되면 0V에 가깝게 되며, 이 미소한 전압의 진동 폭을 증폭시켜 출력부를 동작한다.

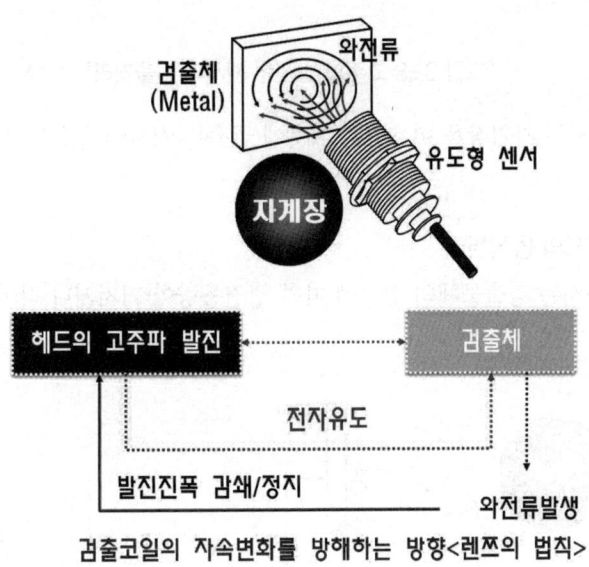

[그림 8-7 고주파 발진형 센서의 동작원리]

③ 고주파 발진형 센서의 특성

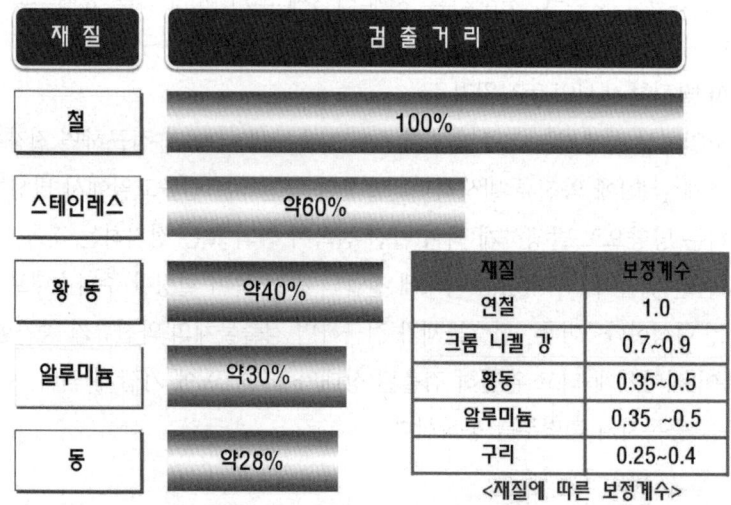

[그림 8-8 고주파 발진형 센서의 검출거리]

고주파 발진형 센서는 자기장을 이용하기 때문에 금속류 검출에 활용된다.

(3) 정전용량형 센서

① 정전용량형 센서의 동작원리

정전용량형 센서는 검출물체의 접근에 따라 정전용량이 커지거나 작아지는 원리을 적용한 것이다.

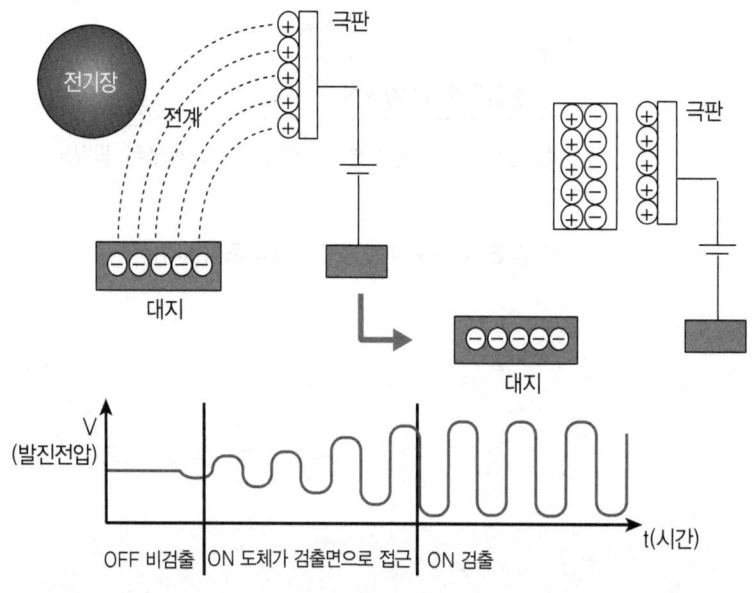

[그림 8-9 전용량형 센서의 동작원리]

㉠ 전기력선 형성

공간에 극판을 설치한 후 극판에 +전압을 인가하면 극판면에는 +전하가 대지에는 -전하가 발생되면서, 극판면과 대지 사이에는 전기력선이 형성된다. 이 전기력선의 형성으로 전계가 형성된다.

㉡ 분극현상

전계 중에 검출물체가 존재하게 되면 검출물체는 정전유도를 받아 극판쪽에는 -전하가 대지 쪽에는 +전하가 발생한다.

② 정전용량형 센서의 비유전계수

정전용량형 센서는 모든 물체를 검출할 수 있는데, 이때 검출체의 종류에 따라 비유전계수가 달라진다.

검출체
비 유 전 계 수
공 기
1
스치로폴
1 ~ 2
나 무
6 ~ 8
유 리
5 ~ 10
물
80 ~ 81

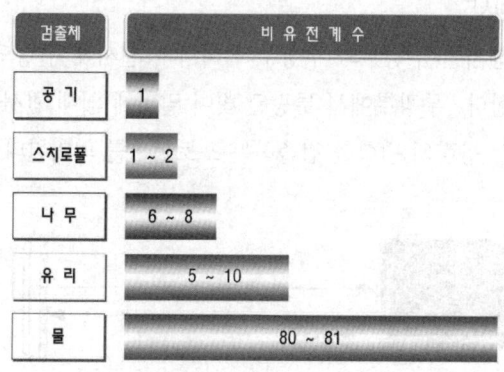

[그림 8-10 정전용량형 센서의 비유전계수]

(4) 포토센서

포토센서는 파와 입자의 성질을 모두 갖고 있는 빛을 이용하여 대상을 검출하는 센서이다. 포토센서는 구성에 따라 분류되기도 하며, 검출형태에 따라 분류되기도 한다.

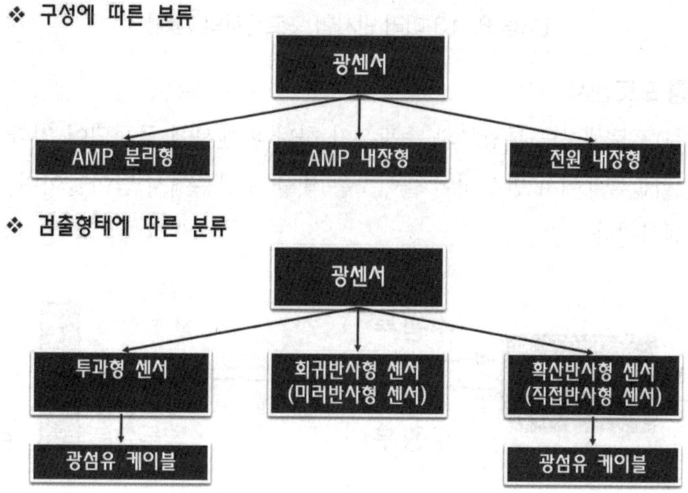

❖ 구성에 따른 분류
광센서
AMP 분리형
AMP 내장형
전원 내장형
❖ 검출형태에 따른 분류
광센서
투과형 센서
회귀반사형 센서
(미러반사형 센서)
확산반사형 센서
(직접반사형 센서)
광섬유 케이블
광섬유 케이블

[그림 8-11 포토센서의 분류]

① 투과형 포토센서

동일 광축선상에 투광기와 수광기를 서로 마주보게 설치하여, 그 사이를 통과하는 검출물체에 의해 변하는 광량을 검출하는 포토센서를 의미한다.

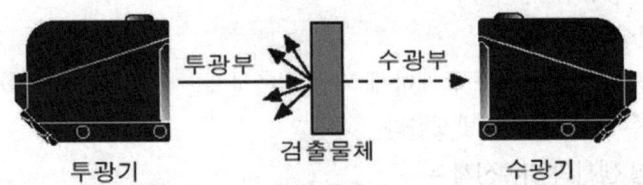

[그림 8-12 투과형 포토센서의 원리]

② 미러 반사형 포토센서

미러 반사형 포토센서는 투광부와 수광부가 하나의 센서에 구성되어 있으며, 반사율이 높은 미러를 함께 사용한다. 투광부에서 투광된 빛이 밀러에 의해 반사되는 광량의 변화와 검출물체에 의해 반사되는 광량의 변화를 검출하는 포토센서를 의미한다.

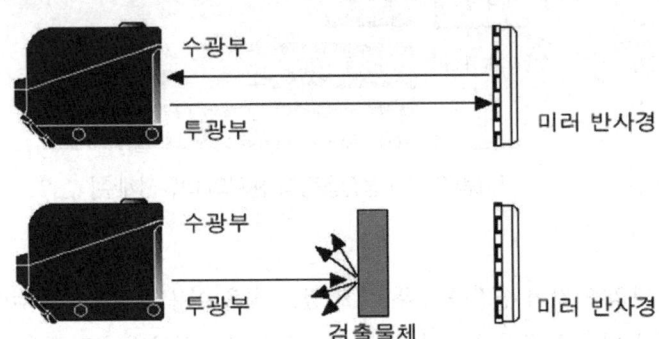

[그림 8-13 미러 반사형 포토센서의 원리]

③ 직접 반사형 포토센서

직접 반사형 포토센서도 투광부와 수광부가 하나의 센서에 구성되어 있다. 투광부로부터 투광된 빛이 검출물체에서 반사되어 돌아오는 빛을 수광부에서 받아들이며, 그 광량의 세기를 판별하는 센서이다.

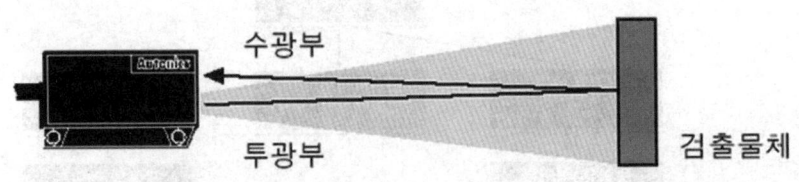

[그림 8-14 직접 반사형 포토센서의 원리]

(5) 광화이바 센서

① 광화이바 센서의 개요

광화이바 센서는 포토센서 본체의 투광부와 수광부에 광화이바 광학계를 조합시킨 센서라고 할 수 있다.

광화이바는 빛을 전반사 시킬 수 있는 유리 또는 플라스틱 재질을 사용하며, 비접촉식으로 대상 물체를 검출한다. 빛의 통로를 곡선으로 유지하거나 포토센서의 설치공간을 확보하기 어려운 곳에 사용한다.

② 광화이바 센서의 구성

광화이바 유닛은 빛의 전반사를 담당하는 광섬유를 포함하고 있다.

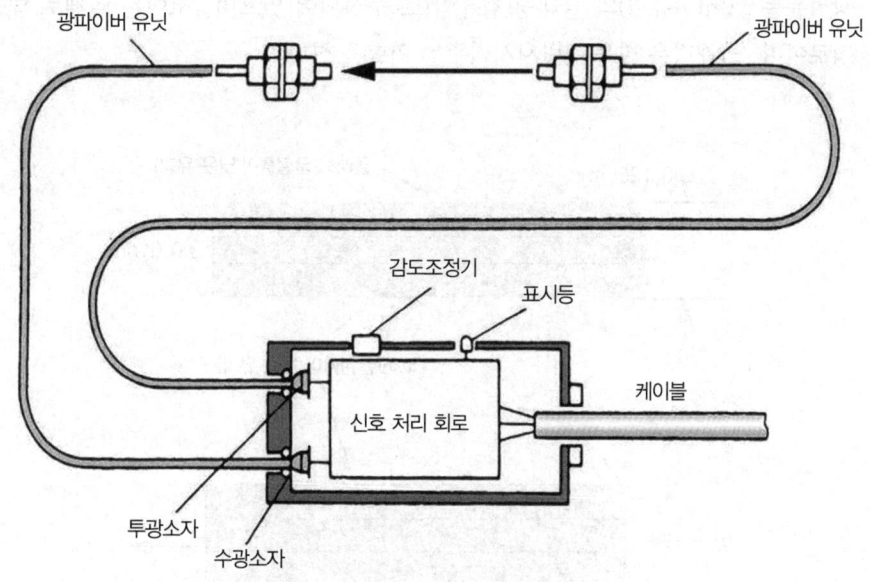

[그림 8-15 광화이바 센서의 구성]

③ 광섬유 구조

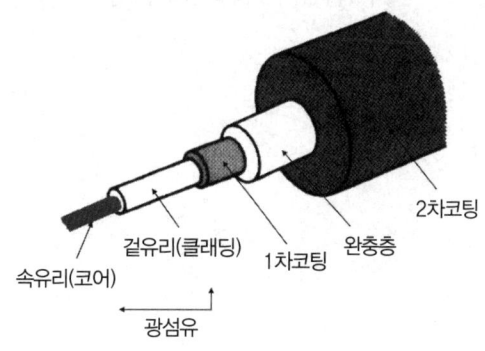

[그림 8-16 광화이바 센서의 구조]

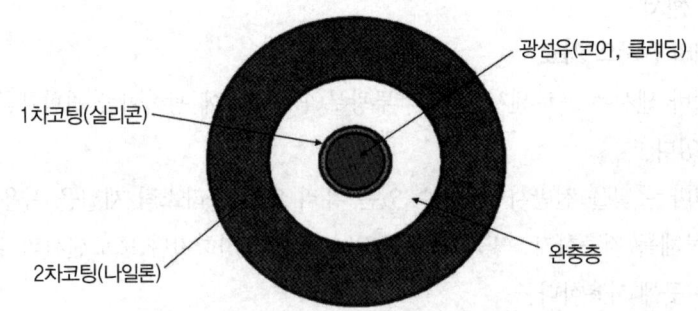

[그림 8-17 광화이바 센서의 단면]

광섬유는 코어(속유리)와 클래딩(겉유리)로 구성되어 있으며, 코어는 실제로 빛을 전달하는 경로이며, 클래딩은 빛을 전반사시켜주는 역할을 한다.

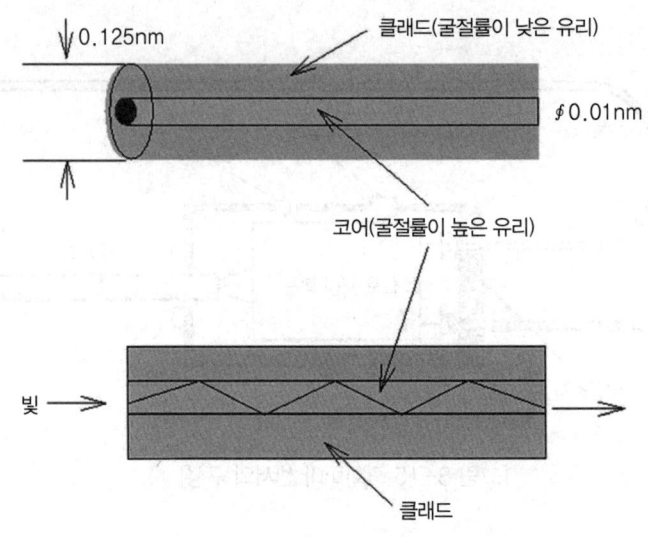

[그림 8-18 광섬유의 구조]

제6절 모터의 종류와 특성

1 모터의 정의

(1) 모터의 개념
모터(MOTER)는 'moto'(움직인다)에서 온 라틴어로써, 전자기 유도 현상을 이용해 전기 에너지를 역학적 에너지로 변환하는 장치를 의미한다. 전자기적 원리를 활용해 인위적으로 자기장을 생성하고, 도체를 구성한다. 이때, 도체에 전류가 흐르면 자기장 속에서 힘이 작용하게 되고, 플레밍의 왼손 법칙에 의해 도체가 회전 운동을 하게 된다. 일상생활에서 흔히 볼 수 있는 선풍기, 세탁기 등과 같은 가전제품뿐만 아니라 엘리베이터, 전철 등에 사용되는 구동기(Actuator)가 대표적인 예로 볼 수 있다. 공해가 적으며 고속 정밀 구동이 가능하기 때문에, 일상생활뿐만 아니라, 정밀 가공에 사용되는 산업 기기와 로봇, 반도체 등 정밀 제어가 요구되는 제조 환경에서도 널리 사용되고 있다.

(2) 모터의 종류
일반적인 모터는 크게 DC모터와 AC모터로 구분된다.

① 교류 모터(AC Motor)

교류 모터는 가정용 및 산업용에서 사용되는 가장 보편적인 모터로, 외측의 고정자 코일에 교류 전원을 발생시키면, 회전자계에 의해 내측 회전자가 회전하는 모터이다. 특히, 산업용으로 많이 쓰이는 유도 전동기는 단상 전원을 사용하는 단상 유도 전동기와 3상 전원을 공급하는 3상 유도 전동기로 분류된다. 120° 간격으로 설치된 3개의 코일에 교류 전원이 인가되면, 코일에 오른나사 법칙에 따라 자계가 발생하고 회전한다. 단순한 구조로 제작할 수 있으며, 작동 및 유지보수가 비교적 용이하다. AC모터는 동급의 DC 모터에 비해 상대적으로 저렴하며 수명이 길다는 장점이 있다. 큰 힘이 있어야 하는 콤프레샤나 공작 기계들에 많이 사용되곤 하지만, 방향 및 속도 제어가 어렵다는 단점을 갖고 있다.

[그림 교류 모터의 구조]

② 직류 모터(DC Motor)

DC 모터는 직류 전압을 사용하는 모터로 자석과 전류의 자기 작용에 의한 전자력으로 동작한다. AC 모터와 달리 회전 속도 및 회전 방향을 제어하기 쉽다. 비교적 제어가 간단하기 때문에 다양한 분야에서 되고 있으며, 배터리는 모두 직류이기 때문에 무선으로 사용하는 기기에도 적합하다. 기동 토크가 커서 기동성이 뛰어나며, AC 모터와 같은 크기에 대비해서 상대적으로 출력이 크고 효율이 높다. 전류에 대해 직선적으로 토크가 비례하는 T-I 특성(토크 대 전류)과 토크와 회전수가 직선적으로 반비례하는 T-N 특성(토크 대 회전수)을 갖는다. DC 모터는 브러쉬의 유무에 따라 일반적인 DC 모터와 BLDC 모터로 구분할 수 있다. BLDC는 브러시와 정류자의 보수가 불필요하므로 상대적으로 수명이 길고, 효율성이 높다.

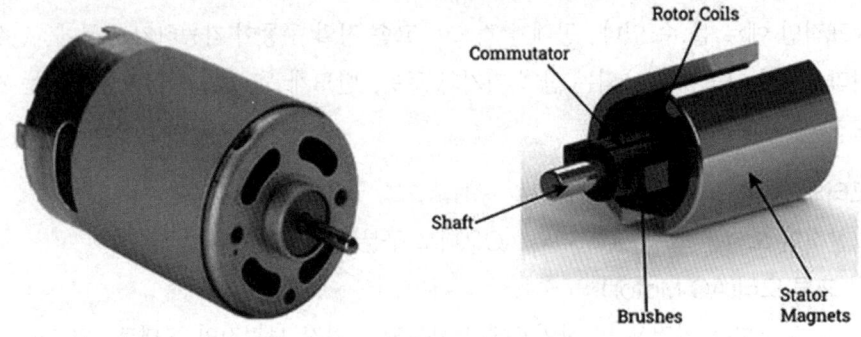

[그림 직류 모터의 구조]

③ 스테핑 모터(Stepping Motor)

스테핑 모터는 펄스를 인가하면 주어진 펄수 수에 비례한 각도만큼 회전하는 모터이다. 한 바퀴의 회전을 분해능에 맞추어, 많은 수의 스텝으로 나눌 수 있는 직류 모터이다. 모터에 전류가 한 방향으로만 권선을 흐르는 유니폴라 방식과, 전류의 방향이 바뀌는 바이폴라 방식으로 구분된다. 입력된 펄스 신호에 따라 회전하므로, 위치에 대한 정보를 피드백 받지 않더라도 현재 위치 정보를 알 수 있어 높은 정확도로 정지할 수 있다. 각도의 회전을 제어할 수 있으므로, 간단한 이동제어 시스템에 많이 사용된다. 디지털 신호를 통해 펄스를 제어하는 것이기 때문에, 마이크로컨트롤러에 사용이 적합한 모터이다. 펄스 인가 속도에 따라 회전속도가 비례하기 때문에, 간편하게 제어할 수 있다는 장점이 있다. 직류 모터에 비해 효율이 다소 떨어지고, 관성 부하에 약해 큰 부하가 걸리면 쉽게 탈조 현상이 나타난다.

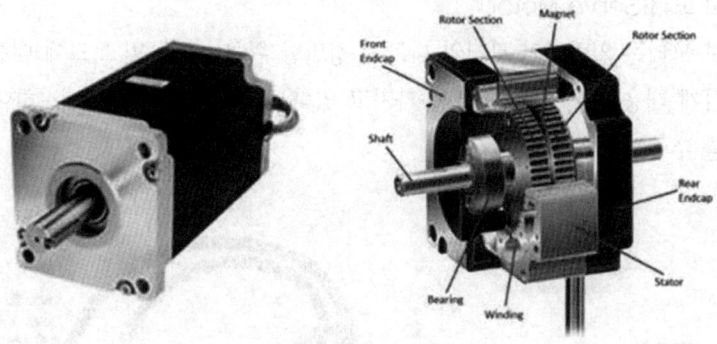

[그림 스테핑 모터의 구조]

가) PM(영구자석)형
1) 회전자의 표면은 N극과 S극으로 자화된 영구자석을 사용한다.
2) 무여자시에도 홀딩 토크가 존재하기 때문에, 위치를 유지하게 된다.
3) 주로 Tin Can 또는 Claw-Tooth 타입을 사용한다.

나) VR(가변 릴럭턴스)형
1) 전자석의 흡인력을 이용해 로터의 돌극을 끌어들임으로서 발생하는 회전력을 사용한다.
2) 회전자는 연철 또는 성층강판으로 만들어지며, 톱니 바퀴형 회전자와 고정자 권선에서 만들어지는 전자력을 당겨 회전한다.
3) 무여자일 때, 자력이 발생하지 않으므로, 유지토크가 0이 된다.
4) 영구자석형에 비해 잔류 토크가 크다.

다) HB(영구자석,가변 릴럭턴스)형
1) 하이브리드 스테핑 모터로 불리며, 영구자석 형과 가변 릴럭턴스형을 서로 결합한 구조이다.
2) 자기장을 고정자가 생성하게 되고, 이 자기장이 영구자석과 상호작용을 일으키는 방식으로 토크를 생성한다.
3) 스테핑 모터 중 가장 가격이 비싼편이다.

④ 서보 모터(Servo Motor)

서보 모터는 일반적인 모터와 다르게 정밀한 위치, 속도 및 토크에 대한 특성에 신속하고 정확하게 대응할 수 있는 구조를 가지고 있다. 피드백 제어계를 내장하여 목표값의 임의의 변화를 추종하는 제어계를 갖는다.

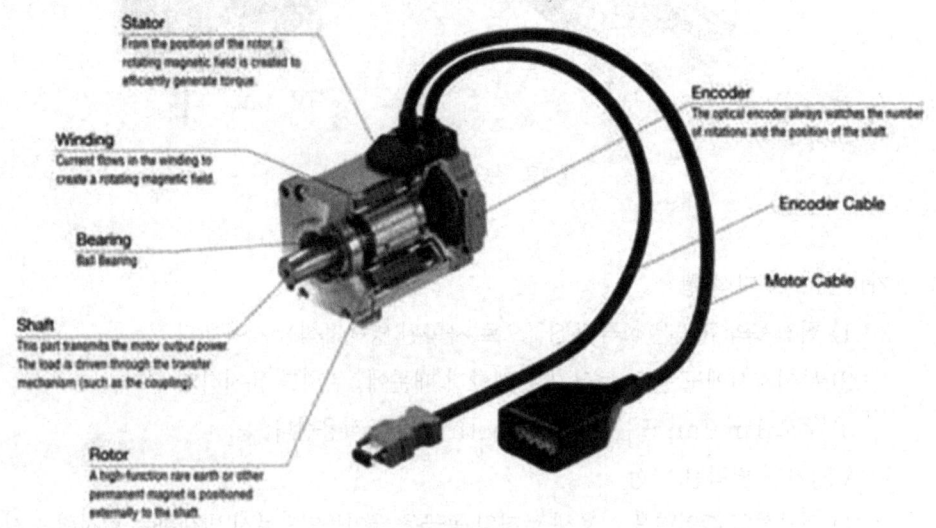

[그림 서보모터의 구조]

AC 서보모터와 DC 서보모터로 구분된다.

가) DC 서보 모터

1) 고정자 측 구성은 기계적 지지를 목적으로 하는 원통형 프레임과 영구자석으로 구성된다.
2) 회전자는 샤프트와 정류자 및 회전자 철심이 부착된 외경이 있고, 회전자 철심 내부에 전기자 권선이 감겨있다.
3) 토크와 전류가 비례하여 선형 제어계의 구성이 가능해 비교적 간단한 회로로 안정된 제어계 설계가 가능하다.
4) 반도체 스위칭 소자를 이용한 펄스폭 변조 방식이 주로 사용된다.
5) 상용 AC 전원을 정류해 DC 전원으로 정류하고 모터에 전압을 인가시킨다.

나) AC 서보 모터

1) DC 서보 모터와 다르게 고정자와 회전자를 바꾸어 구성되어 있다.
2) 기계적 구조가 간단하여 최대 속도를 높일 수 있다.
3) 권선이 고정자에 있어 용량을 크게 할 수 있다.
4) 구조가 밀폐형으로 환경이 나쁜 곳에서도 신뢰성이 높다.
5) 유지보수의 용이성과 기계적 마찰이 없어서 소음이 작다.

제7절 PLC의 구성과 특성

1 PLC의 개요와 특징

미국 전기제조협회(NEMA ; National Electrical Manufacturers Association)는 1976년 규격에 PLC 정의를 "각종 기계나 프로세서 등의 제어를 위해 로직, 시퀀스, 타이머, 카운터 및 연산기능을 내장하고 있으며 프로그램을 작성할 수 있는 메모리를 갖춘 제어장치"라고 하였다.
PLC(Programmable Logic Controller)란, 종래에 사용하던 제어반 내의 릴레이 타이머, 카운터 등의 기능을 LSI, 트랜지스터 등의 반도체 소자로 대체시켜, 기본적인 시퀀스 제어 기능에 수치 연산 기능을 추가하여 프로그램 제어가 가능하도록 한 자율성이 높은 제어 장치이다.
설비의 자동화와 고 능률화의 요구에 따라 PLC의 적용 범위는 확대되고 있다. 특히 공장 자동화와 FMS(Flexible Manufacturing System)에 따른 PLC의 요구는 과거 중규모 이상의 릴레이 제어반 대체 효과에서 현제 고기능화, 고속와의 추세로 소규모 공작 기계에서 대규모 시스템 설비에 이르기까지 적용되고 있다.

[표 8-3 PLC 적용 산업분야]

분야	제어대상
식료산업	컨베이어 총괄 제어, 생산라인 자동 제어
제어, 제강산업	작업장 하역 제어, 원료 수송 제어, 압연 라인 제어, 하역 운반 제어
섬유, 화학 공업	원료 수입 출하 제어, 직조 염색 라인 제어
자동차산업	전송 라인 제어, 자동 조립 라인 제어, 도장 라인 제어, 용접기 제어
기계산업	산업용 로봇제어, 공작 기계 제어, 송·배수 펌프 제어
상하수도	정수장 제어, 하수처리 제어, 송·배수 펌프 제어
물류 산업	자동 창고 제어, 하역 설비 제어, 반송 라인 제어
공장 설비	압축기 제어
공해 방지 사업	쓰레기 소각로 자동 제어, 공해 방지기 제어

2 PLC의 처리방법

(1) 릴레이 시퀀스와 PLC 프로그램의 차이점

PLC는 LSI 등의 전자 부품의 집합으로 릴레이 시퀀스와 같은 접점이나 코일은 존재하지 않으며 접점이나 코일을 연결하는 동작은 소프트웨어로 처리되므로 실제로 눈에 보이는 것이 아니다.
PLC제어는 프로그램의 내용에 의하여 좌우되는데 사용자는 자유자재로 원하는 제어를 할 수 있도록 프로그램의 작성 능력이 요구된다.

① **직렬 처리와 병렬 처리** : PLC 시퀀스와 릴레이 시퀀스의 가장 근본적인 차이점은 병렬 처리라는 동작상의 차이에 있다. PLC는 메모리에 있는 프로그램을 순차적으로 연산하는 직렬 처리 방식이고, 릴레이 시퀀스는 여러 회로가 전기적신호에 의해 동시에 동작하는 병렬 처리 방식이다. 따라서 PLC는 어느 한 순간을 포착해 보면 한 가지 일밖에 하지 않는다.
② **사용 접점수의 제한** : 릴레이는 일반적으로 개당 가질 수 있는 접점 수에 한계가 있고, 시퀀스를 작성할 때에는 가능한 한 접점수를 절약해야 한다. 이에 비하면 PLC는 동일 접점에 대하여 사용 횟수에 제한을 받지 않는다.
③ **접점이나 코일 위치의 제한** : PLC 시퀀스에서는 코일을 반드시 오른쪽 모선에 붙여 작성해야 하는데, PLC 시퀀스에서는 항상 신호가 왼쪽에서 오른쪽으로 전달되도록 구성되어 있다.

[표 8-4 PLC와 릴레이 제어반의 비교]

구분	PLC	릴레이 제어반
제어방식	프로그램이라는 소프트웨어에 의해 제어되는 소프트 로직	부품 간의 배선에 의해 로직이 결정되는 하드 로직
제어기능	릴레이 (and, or not 등) 업다운 카운터, 시프트 레지스터 산술 연산, 논리 연산 전송(기능은 한정적이고 규모에 따라 대형화)	릴레이(직·병력에 의한 and, or) 타이머 단순한 프리셋 카운터 (고기능, 대규모 제어를 소형으로 실현)
제어요소	무접점(고 신뢰성, 긴 수명, 고속제어)	유접점(한정된 수명, 지속제어)
제어 내용 변경	프로그램의 변경으로만 가능	모든 배선의 철거 및 재시공
보전성	신뢰유지, 보수가 용이함	보수 및 수리가 곤란
확장성	시스템의 확장이 용이하고 컴퓨터와 연결 가능하며 작업정보를 송·수신할 수 있음	시스템의 확장이 곤란
크기	소형화가 가능	소형화가 곤란

(2) 하드웨어 구조

PLC는 시퀀스제어를 소프트웨어로 처리하기 위한 장치를 컴퓨터와 비슷한 구조로 만들었으나, 외부의 입출력장치를 용이하게 연결하여 제어할 수 있고, 래더 다이어그램에 의한 시퀀스제어를 할 수 있도록 설계되어 있다.

그 구성을 살펴보면 시퀀스 프로그램을 보관하고 처리할 수 있는 프로세서[메모리+중앙연산처리장치(CPU)], 입출력장치, 전원공급장치, 외부기기(주변장치) 또는 다른 PLC나 컴퓨터 등과 데이터를 전송할 수 있는 통신장치 그리고 이 모든 동작을 제어하는 내부 실행 소프트웨어로 구성되어 있다.

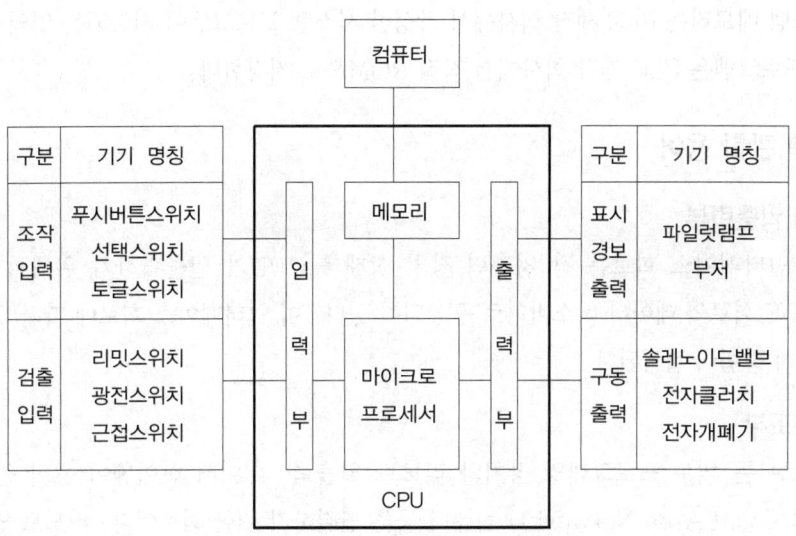

그림 8-19 PLC BLOCK DIAGRAM

(3) PLC의 CPU 연산부

프로세서(Processor)는 PLC의 핵심으로서 PLC 모든 동작을 제어하기 위한 중앙연산장치(CPU)부와 실행 프로그램 사용자 프로그램 및 데이터 저장을 위한 메모리부, 외부 입출력 장치를 스캐닝(Scanning)하기 위한 입출력 인터페이스 회로부, 외부장치들과 통신하기 위한 통신 회로부가 있다. 이외에 Watch Dog Timer, Real Time Clock 프로세서 상태표시 회로부 메모리 에러를 Check하는 회로부 등의 부수적 회로들이 있다.

(4) PLC의 CPU 메모리

① 메모리 소자의 종류

IC 메모리 종류에는 ROM(Read Only Memory)과 RAM(Random Access Memory)이 있다. ROM은 읽기 전용으로 메모리내용을 변경할 수 없으며, 고정된 정보를 저장한다. 이 영역의 정보는 전원이 끊어져도 기억 내용이 보존되는 불휘발성 메모리이다.

RAM은 메모리에 정보를 수시로 읽고 쓰기가 가능하며 정보를 일시 저장하는 용도로 사용되나, 전원이 끊어지면 기억시킨 정보 내용을 상실하는 휘발성 메모리이다. 그러나 필요에 따라 RAM 영역 일부를 배터리 백업(Battery Back-up)에 의하여 불휘발성 영역으로 사용할 수 있다.

② PLC 메모리의 구분

사용자 프로그램 메모리는 제어하고자 하는 시스템 규격에 따라 사용자가 작성한 프로그램이 저장되는 영역으로 제어 내용이 프로그램 완성 전이나 완성 후에도 바뀔 수 있으므로 RAM이 사용된다. 프로그램이 완성되어 고정이 되면 ROM에 저장하여 ROM 운전을 할 수 있다. 데이터 메모리는 입·출력 릴레이, 보조 릴레이, 타이머와 카운터의 접점 상태 및 설정값, 현재값 등의 정보가 저장되는 영역으로 정보가 수시로 바뀌므로 RAM 영역이 사용된다.

시스템 메모리는 PLC 제작 회사에서 작성한 시스템 프로그램이 저장되는 영역이다. 이 시스템 프로그램은 PLC 제작 회사에서 직접 ROM으로 저장한다.

3 PLC에 관한 용어

(1) PLC의 입출력부
입출력 인터페이스 회로는 각 입출력 장치 상태를 CPU가 입출력하기 위해서 필요한 번지 DECODE 회로와 데이터 버스버퍼로 구성되어 있다. 이 인터페이스 회로에 따라 입출력 장치의 번지 지정 방법이 결정된다.

(2) 통신 회로부
통신회로부는 외부 프로그래밍 장치와 리모트 입출력, 데이터 하이웨이 등이 근거리 통신망(LAN ; Local Area Network), 컴퓨터 등을 연결하기 위한 회로이다. 리모트 입출력과 데이터 하이웨이 등의 LAN 인터페이스는 PLC 공급자에 따라 다른 사양을 사용하며 프로그램 장치와 컴퓨터 인터페이스 등은 RS-232C, RS-422 RS-485등의 EIA(Electronic Industries Association) 표준을 일반적으로 사용한다.

(3) 입출력장치
입출력장치는 입력기기에서 취급하는 다양한 입력신호(ON/OFF, ANALOG 등)를 프로세서가 처리할 수 있는 신호로 변환하여 전송하는 것이고 출력장치는 사용자 프로그램의 지시에 의하여 제어 대상물(모터, 전자밸브 등)을 동작시킨다.
현장에서의 신호가 PLC 내부의 신호로 바로 사용될 수 없으므로 입출력 장치는 신호변환회로, 잡음제거회로, 현장신호와 PLC 내부 신호와의 절연회로 등을 포함하고 있다.
입출력 장치는 크게 디지털 입출력, 아날로그 입출력, 특수기능(INTELLIGENT) 입출력장치로 구분된다. 디지털 입력장치는 TTL, DC24V SINK, DC24V SOURCE, AC110V, AC220V 입력자 장치가 있고 디지털 출력 장치는 RELAY, TRANSISTOR, SSR, TTL 출력장치가 있다. 아날로그 입출력장치는 아날로그 입력, 아날로그 출력, 측온저항체 입력, 열전대 입력 등으로 구분된다. 특수기능 입출력 장치는 입출력 장치 내에 프로세서를 포함하여 다기능을 처리할 수 있는 장치로서 엔코더의 출력 등을 제수하기 위한 고속 카운터 장치, DC 서보모터나 스텝모터 등을 제어하기 위한 위치제어장치, 프로세서를 제어하기 위한 PID 제어장치, BASIC 프로그램을 처리할 수 있는 BASIC 장치 등 여러 가지 기능의 특수기능 장치들이 있다.
입력부에는 외부 기기로부터의 신호를 CPU의 연산부로 전달해주는 역할을 하고, 입력의 종류로는 DC 24V, AC110V 등이 있고, 그 밖의 특수 입력 모듈로는 아날로그 입력 모듈, 고속 카운터(High Speed Counter) 모듈 등이 있다.
출력부에는 내부 연산의 결과를 외부에 접속된 전자 접촉기나 솔레노이드에 전달하여 구동시키는 부분이다. 출력의 종류에는 릴레이 출력, 트랜지스터 출력, SSR(Solid State Relay)출력 등이 있고, 그 밖의 출력 모듈로는 아날로그 출력 모듈, 위치 결정 모듈 등이 있다.

(4) 전원공급장치
전원공급장치는 프로세서와 각 입출력장치들에 전원을 공급하기 위한 장치로 입출력 새시 내장형, 입출력 새시의 슬롯에 장착하는 슬롯형과 별도로 설치하는 별도 장치형이 있다.

(5) 통신장치
통신기능은 프로세서에 내장되는 경우와 별도의 장치로서 설계되는 경우가 있다. 별도장치로 설계되는 경우도 통신회로부에서 설명한 통신회로 기능과 동일하다. 즉, 리모트 입출력, 데이터 하이웨이 등과 같이 LAN 인터페이스 장치, 컴퓨터 인터페이스 장치 등이 있다.

(6) 입출력 새시
입출력 새시는 프로세서와 입출력 장치, 전원공급장치 등이 함께 되어 있는 일체형인 경우에는 필요가 없으나, 프로세서, 입출력장치, 전원공급장치, 통신장치 등 모듈화한 모듈형인 경우에는 각종 모듈을 설치하기 위하여 필요하다.

(7) 프로그래밍 장치와 주변 기기
프로그래밍 장치는 PLC의 보수, 프로그램작성 및 디버깅, 모니터링 등에 사용되는 MMI(Man Machine Interface) 장치 등 롬라이터, 플로피 디스크, 프린터 등이 있다.

제8절 PLC 프로그래밍

1 PLC 프로그래밍 방법

(1) 기본 구성
MELSEC은 그림 8-21과 같이 Base Module 위에, 전원 유닛, CPU 유닛, 입출력 유닛, 네트워크 유닛으로 구성되어 있다.

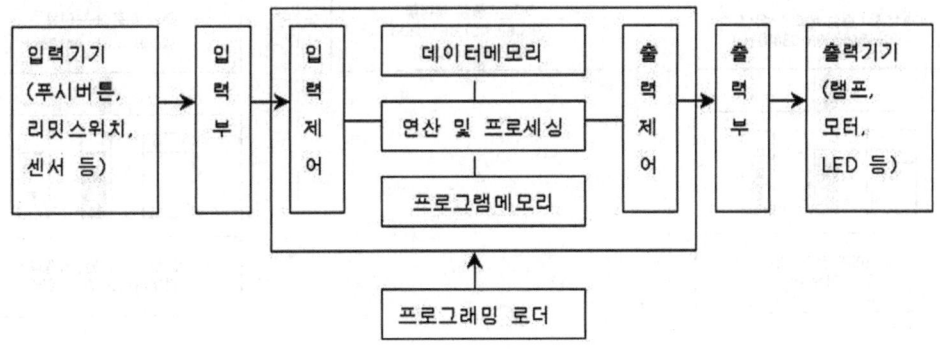

[그림 8-20 PLC BLOCK DIAGRAM]

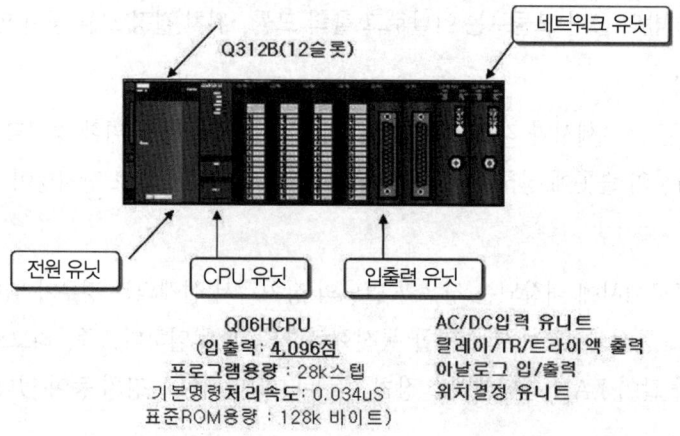

[그림 8-21 MELSEC PLC의 외형]

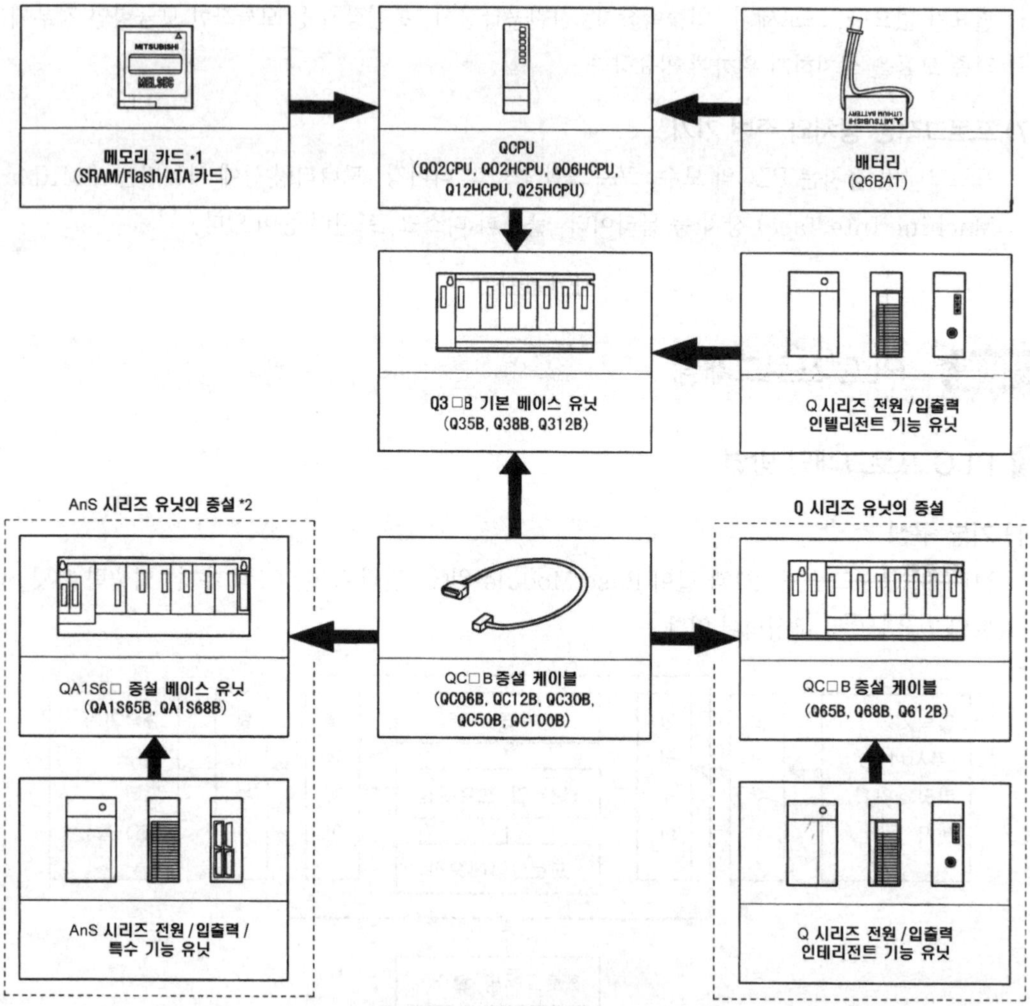

[그림 8-22 MELSEC PLC의 구성]

Q CPU(Q 모드) 및 Q 시리즈용 유닛(전원, I/O, 인텔리전트 기능)은 Q3□B 기본 베이스 유닛에서 사용할 수 있다.

증설할 경우에는 Q6□B 증설 베이스 유닛을 사용한다. 또 QA16□B 증설 베이스 유닛으로 AnS용 유닛(전원, I/O, 특수기능)을 사용할 수 있다.

(2) 증설 시 주의 사항

① 증설 베이스는 7단까지 사용할 수 있다.
② 증설 케이블의 총 연장거리는 13.2m 이내로 사용한다.
③ 증설 케이블을 사용할 경우에는 주회로(고전압, 대전류)선에 접속, 접근 금지한다.
④ 증설 단수의 설정은 번호가 중복되지 않도록 오름차순으로 설정한다.
⑤ 증설 베이스 유닛에 Q6□B와 QA1S6□B가 혼재되어 있는 경우는 Q6□B를 접속한 다음에 QA1S6□B를 접속한다. 증설 단수의 설정은 Q6□B부터 순서대로 설정한다.
⑥ 증설 케이블은 증설 케이블 커넥터의 OUT에서 IN으로 접속한다.
⑦ 베이스 유닛의 유닛 수 할당에는 "자동 모드"(디폴트)와 "상세 모드"가 있다. 자동 모드는 각 베이스에 실장 가능한 슬롯 수로 할당하는 모드로 입출력 번호는 장착 가능한 유닛 수만큼 할당한다. 상세 모드는 PLC 파라미터의 I/O 할당으로 장착 가능한 유닛 수를 각 베이스 별로 설정하는 모드로 AnS 베이스 유닛 점유 개수(8슬롯 고정)에 맞추는 경우에 사용한다.

(3) 주소할당

기본 베이스 모듈, 슬림타입 기본 베이스 모듈, 증설 베이스 모듈의 입출력 번호 하이 퍼포먼스 모델 QCPU는 전원투입 또는 리셋 시, 아래에 나타낸 것처럼 입출력 번호의 할당을 실행한다. 이 때문에 GX Developer에서 I/O할당을 실행하지 않아도 하이퍼포먼스 모델 QCPU의 제어를 실행할 수 있다.

(4) 베이스 모듈의 슬롯 수

기본 베이스 모듈, 슬림타입 기본 베이스 모듈, 증설 베이스 모듈의 슬롯 수는 베이스 모드의 설정에 따른다.

① 자동모드인 경우에는 베이스 모듈의 장착가능 모듈 수만큼이 된다. 예를 들어, 5슬롯의 베이스 모듈 사용 시에는 5슬롯, 12슬롯의 베이스 모듈 사용 시에는 12슬롯이다.
② 상세모드인 경우에는 PLC 파라미터의 I/O할당에서 설정한 슬롯 수가 된다.

(5) 입출력 번호의 할당순서

입출력번호는 기본 베이스 모듈/슬림타입 기본 베이스 모듈의 하이퍼포먼스모델 QCPU의 오른쪽 옆을 0H로 하고, 오른쪽으로 순서대로 연속번호로 할당한다.

(6) 증설 베이스 모듈의 입출력 번호의 할당순서

증설 베이스 모듈은 기본 베이스 모듈의 입출력 번호의 다음 번호부터 입출력번호를 할당한다. 증설 베이스 모듈의 할당은 증설 베이스 모듈의 단수설정 커넥터의 설정순서대로 왼쪽(I/O 0)에서 오른쪽의 순서로 연속번호로 할당한다.

(7) 각 슬롯의 입출력 번호

베이스 모듈의 각 슬롯은 장착한 입출력모듈, 인텔리전트 기능모듈(특수기능모듈)의 입출력 점수만큼의 입출력 번호를 점유한다.
하이퍼포먼스 모델 QCPU의 오른쪽 옆에 32점의 입력모듈을 장착한 경우, 입출력 번호는 X0~X1F가 된다.

(8) 빈 슬롯의 입출력 번호

베이스 모듈에서 입출력 모듈, 인텔리전트 기능모듈(특수기능 모듈)을 장착하지 않은 빈 슬롯은 PLC 파라미터의 PLC 시스템 설정에서 설정한 점수가 할당된다(디폴트는 16점).

② 코딩의 개요 및 방법

(1) 비트 디바이스

① 입력 X

PLC 입력 유닛에 연결된 입력 장치(스위치류, 센서류)의 ON/OFF 데이터를 저장하는 입력 디바이스이다. 입력 데이터는 PLC CPU의 입력 저장 영역에 저장이 된다.

입력 점에 대해서 하이 퍼포먼스 모델 QCPU내에 가상의 릴레이 Xn을 내장하고 있다고 가정하고 프로그램에서는 그 Xn의 a접점, b접점을 사용한다. Program 내에서의 Xn의 a접점, b접점의 사용수에는 제한이 없다.

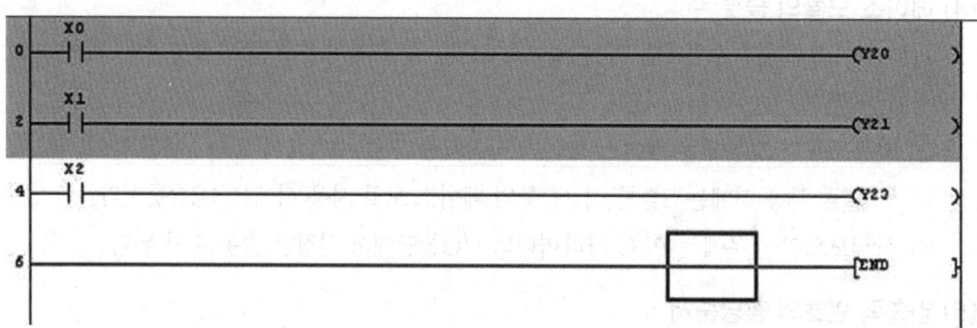

[그림 8-23 입력 릴레이]

② 출력 Y

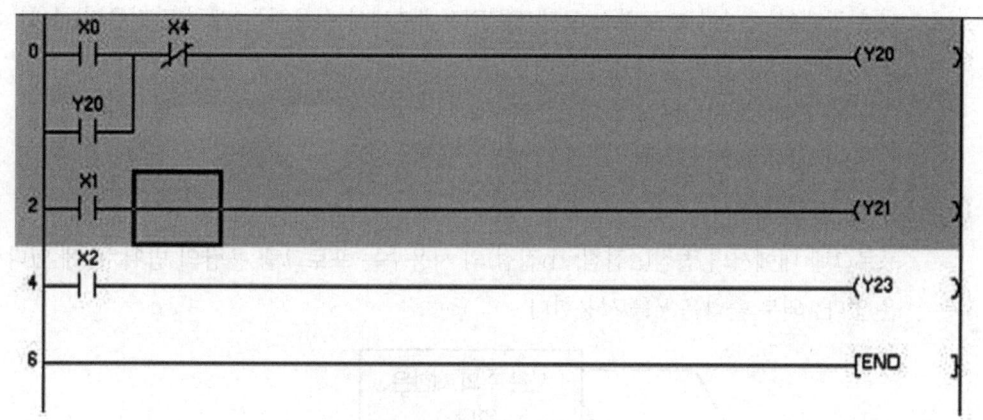

[그림 8-24 출력 릴레이]

PLC 출력 유닛에 연결된 출력 장치(모터, 램프, 솔레노이드 등)에 연산 결과 (ON/OFF)를 전달하는 데이터를 저장하는 출력 디바이스이다.

프로그램 내에서의 출력 Yn의 a접점과 b접점의 사용수는 프로그램 용량의 범위 내에 있다면 제한은 없다.

③ 내부 릴레이

내부 릴레이는 하이 퍼포먼스 모델 QCPU 내부에서 사용하는 래치(정전유지)를 할 수 없는 보조 릴레이로, 다음 조작을 실행하면 내부 릴레이는 모두 OFF한다.

㉠ 전원 OFF의 상태에서 전원을 투입 시

㉡ 리셋 시

㉢ 래치 클리어

프로그램 내에서의 접점(a접점, b접점)의 사용수는 프로그램 용량의 범위 내에 있다면 제한은 없다.

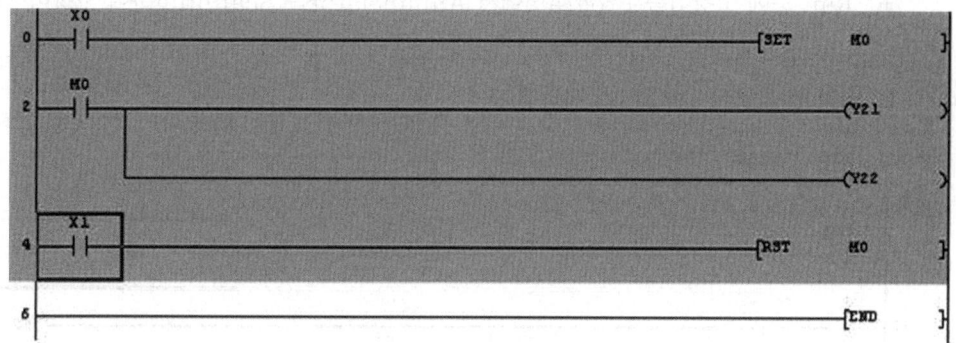

[그림 8-25 내부 릴레이]

④ 래치 릴레이 L

내부 릴레이는 하이 퍼포먼스 모델 QCPU 내부에서 사용하는 래치(정전유지)를 할 수 있는 보조 릴레이로, 다음 조작을 실행하면 내부 릴레이는 모두 OFF한다.

㉠ 전원 OFF의 상태에서 전원을 투입 시
㉡ 리셋 시
㉢ 래치 클리어 시

프로그램 내에서의 접점(a접점, b접점)의 사용수는 프로그램 용량의 범위 내에 있다면 제한은 없다. 외부 출력은 Y를 사용한다.

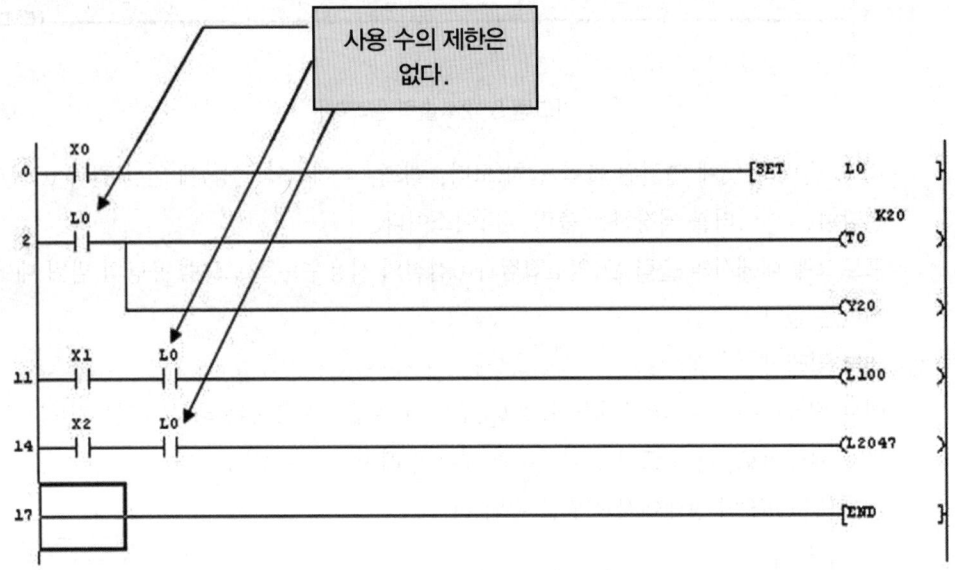

[그림 8-26 래치 릴레이]

⑤ 어넌시에이터

고장 검출용 Device, 먼저 Annunciator를 사용하여 고장검출 Program을 작성하여 놓고, Run 중에 고장검출 Program에서 Annunciator를 Scanning하여 고장이 일어났을 때 Annunciator를 On하게 한다. Annunciator가 On하면, Annunciator번호(F번호)는 특수 Register D9009에 저장된다.

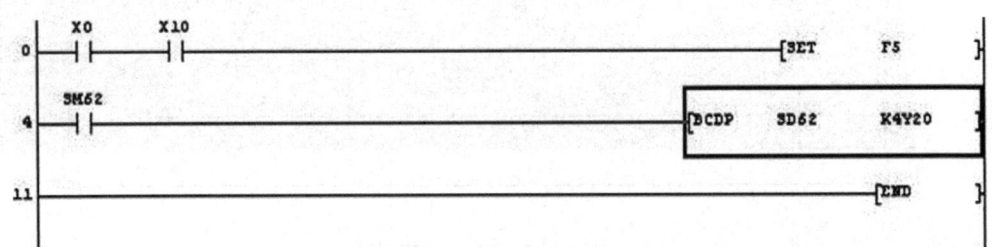

[그림 8-27 어넌시에이터]

⑥ 스텝 릴레이 S

내부 릴레이와 사용법은 동일하나 스텝 릴레이로 사용된다.

⑦ 링크 릴레이 B

Link Relay는 Data Link용의 내부 Relay로, Link Relay를 Data Link에서 사용할 경우에는, 자국(Master국, Local국)에서 Coil로써 On/Off 제어를 하고, 타국(Master국, Local국)에서는 접점으로 사용하는 것에 의해 그 On/Off 정보를 Read하는 것이 가능하다. 따라서 이 Link Relay에 의해 Master국에서 Local국, Local국, Master국, Local국 사이의 On/Off 정보교환이 가능하다. Data Link에서 사용하려면 Master국에 Link범위(각각의 국에서 Coil로서 사용하는 범위)를 설정하여 놓을 필요가 있다. Link 범위에서 설정되어 있지 않은 Link Relay 번호는 각각의 국에서 내부 Relay 대용으로 사용할 수 있다. Program 내에서의 Link Relay의 a접점, b접점의 사용 횟수에는 제한이 없다.

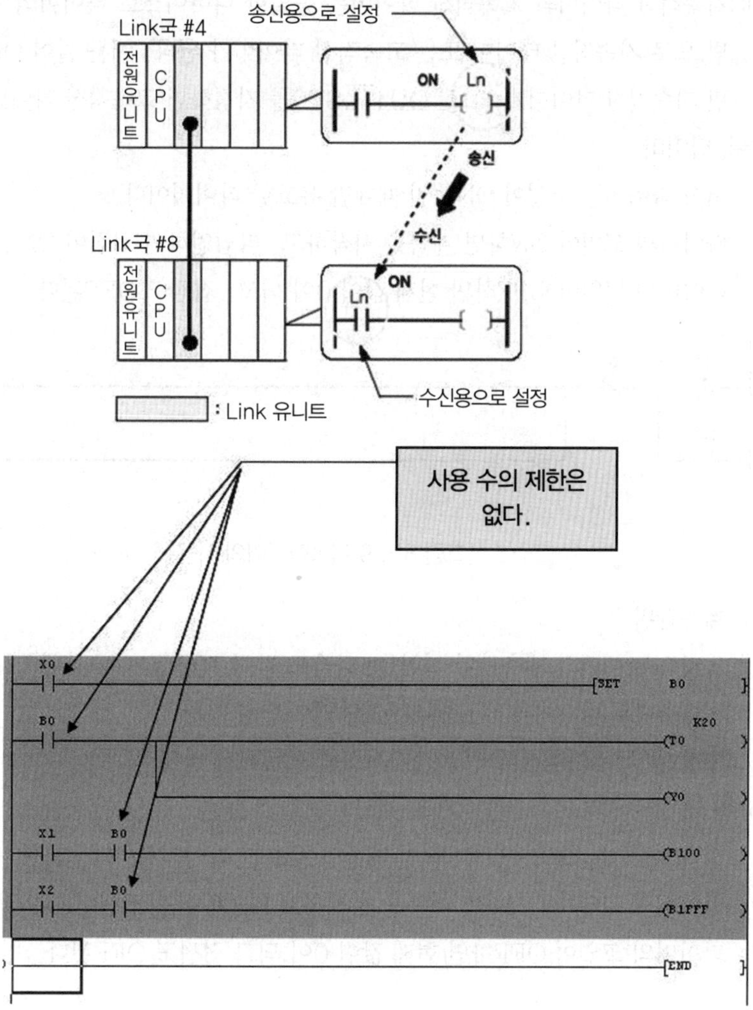

[그림 8-28 링크 릴레이]

(2) 워드 디바이스

① 타이머

㉠ 타이머는 가산 식으로 타이머의 코일이 ON하면 계측을 시작하고, 현재 값이 설정 값 이상이 되었을 때 타임업하고 접점이 ON된다.

㉡ 타이머가 타임업 했을 때, 현재 값과 설정 값은 동일한 값이 된다.

㉢ 타이머에는 코일이 OFF했을 때 현재 값이 0이 되는 타이머와 코일이 OFF해도 현재 값을 유지하는 적산 타이머가 있다. 저속 타이머와 고속 타이머가 있고 적산 타이머에는 저속 적산 타이머와 고속 적산 타이머가 있다.

㉣ 저속 타이머와 고속 타이머는 동일한 디바이스로 타이머의 지정(명령의 쓰기방법)으로 저속 타이머 또는 고속 타이머가 된다. 예를 들어 OUT T0을 지정하면 저속 타이머가 되고, OUTH T0를 지정하면 고속 타이머가 된다.

㉤ 저속적산 타이머와 고속적산 타이머는 동일한 디바이스로 타이머의 지정(명령의 쓰기 방법)으로 저속적산 타이머 또는 고속적산 타이머가 된다. 예를 들어 OUT ST0P을 지정하면 저속적산 타이머가 되고, OUTH ST0를 지정하면 고속적산 타이머가 된다.

② 저속 타이머

㉠ 저속 타이머는 코일이 ON중일 때에만 유효한 타이머이다.

㉡ 타이머의 코일이 ON하면 계측을 시작하고, 타임업하면 접점이 ON된다.

㉢ 타이머의 코일이 OFF하면 현재 값이 0이 되고, 접점도 OFF된다.

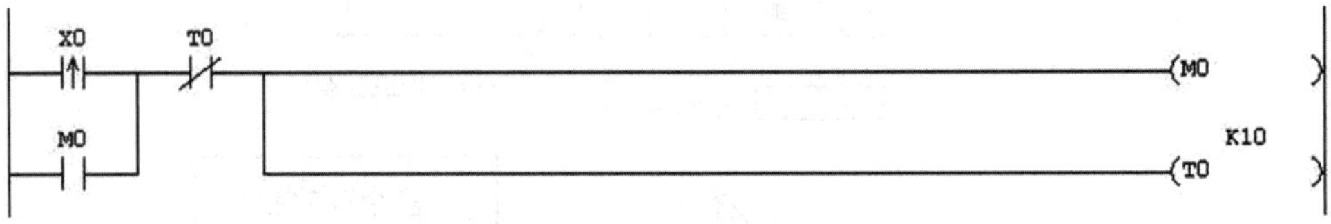

[그림 8-29 저속타이머의 사용]

㉣ 계측단위
- 저속 타이머의 계측단위(시한)는 디폴트 값이 100ms
- 계측단위는 1~1000ms로 1ms단위로 변경 가능
- 설정은 PLC 파라미터의 PLC시스템 설정에서 실행

③ 고속 타이머

㉠ 고속 타이머는 코일이 ON 중일 때에만 유효한 타이머로 기호 "H"를 붙인다.

㉡ 타이머의 코일이 ON하면 계측을 시작하고 타임업하면 접점이 ON된다.

㉢ 타이머의 코일이 OFF하면 현재 값이 0이 되고 접점도 OFF된다.

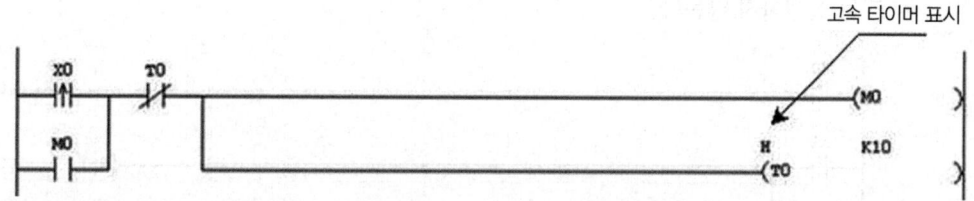

X0이 ON하면 T0의 코일이 ON하고, 0.11초 동안 계측하면 접점이 ON합니다. (고속 타이머의 계측단위가 10ms인 경우)

[그림 8-30 고속 타이머의 사용]

  ② 계측단위
    • 고속 타이머의 계측단위(시한)는 디폴트 값이 10ms
    • 계측단위는 0.1~100ms에서 0.1ms 단위로 변경 가능
    • 설정은 PLC 파라미터의 PLC 시스템 설정에서 실행

④ 적산타이머
  ㉠ 적산 타이머는 코일이 ON한 시간을 계측하는 타이머이다.
  ㉡ 타이머의 코일이 ON하면 계측을 시작하고 타임업하면 접점이 ON된다.
  ㉢ 타이머의 코일이 OFF가 되어도 현재 값, 접점의 ON/OFF 상태를 유지한다.
  ㉣ 다시 코일이 ON하면 유지하고 있던 현재 값부터 계측을 재개한다.
  ㉤ 적산 타이머에는 저속적산 타이머와 고속적산 타이머의 두 종류가 있다.
  ㉥ 현재 값의 클리어와 접점의 OFF는 RST T 명령으로 실행한다.

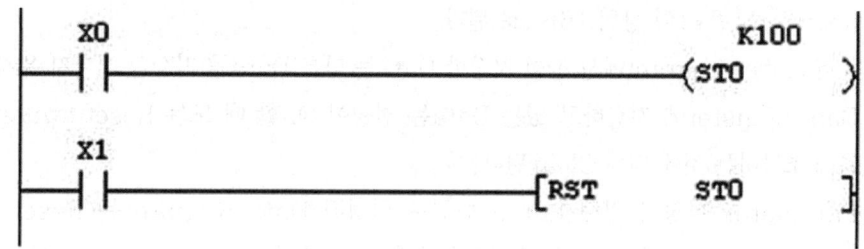

[그림 8-31 적산타이머의 사용]

⑤ 카운터 C
카운터는 가산 식으로 카운터 값과 설정 값이 동일하게 되면 카운터 업하고 접점이 ON된다. 즉, 카운터는 시퀀스 프로그램에서 입력조건의 만족(기동)횟수를 카운트하는 디바이스이다. 카운터에는 시퀀스 프로그램에서 입력조건의 펄스상승 횟수를 카운트하는 카운터와 인터럽트 요인의 발생횟수를 카운트하는 인터럽트 카운터의 두 종류가 있다.

⑥ 카운트 처리
OUT C 명령 실행 시 카운터 코일의 ON/OFF, 현재 값의 갱신(카운트 값+1) 및 접점의 ON/OFF 처리를 실행한다. END 처리 시에 카운터 현재 값의 갱신과 접점의 ON/OFF 처

리는 실행하지 않는다.

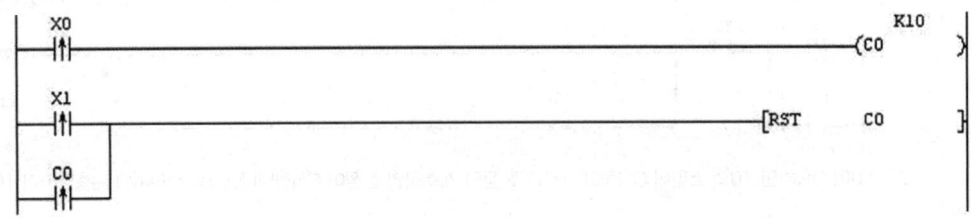

[그림 8-32 카운터의 사용]

 ㉠ 현재 값의 갱신(카운트 값+1)은 OUT C 명령의 펄스상승 시(OFF→ON)에 실행한다.
 ㉡ OUT C 명령이 OFF, ON→ON 및 ON→OFF 시에는 현재 값의 갱신을 실행하지 않는다.
⑦ 카운터의 리셋
 ㉠ 카운터의 현재 값은 OUT C 명령이 OFF해도 클리어되지 않는다.
 ㉡ 카운터 현재 값의 클리어(리셋)와 접점의 OFF는 RST C 명령으로 실행한다.
 ㉢ RST C 명령을 실행한 시점에서 카운터값은 클리어되고 접점도 OFF된다.

(3) 데이터 레지스터 D

① Data Register는 PLC 내의 Data를 저장하는 Memory이다.
② Data Register는 1점 16Bit 구성으로, 16Bit 단위로 Read/Writ할 수 있다.
③ 32Bit의 Data를 취급할 경우에는 2점을 사용한다.
④ 32Bit 명령에서 지정하고 있는 Data Register 번호가 하위 16Bit, 지정하고 있는 Data
⑤ Register국번+1이 상위 16Bit로 된다.
⑥ Sequence Program에서 한번 저장한 Data는 다른 Data를 저장할 때까지 유지된다.
⑦ Data Register에 저장하고 있는 Data는 전원이 On할 때 또는 Reset switch[RESET] 측에 조작하는 것에 의해 Clear된다.
⑧ Parameter 설정에 의해 Latch 범위로 설정된 Data Register는 Reset Switch를 [LATCH CLEAR]측에 조작하는 것에 의해 Clear된다.

(4) 링크 레지스터 W

 Link Register는 Data Link용 Data Register이다. Link Register에 의해 Master국에서 Local국, Local국에서 Master국, Local국끼리의 Data정보의 교환이 가능하다.

❸ 논리 회로

(1) YES 논리 회로
YES 논리 회로는 입력이 존재하게 되면 출력이 존재하는 논리를 의미한다.

논리식 : Y = X

[그림 YES 논리 PLC 회로]

(2) NOT 논리 회로
NOT 논리 회로는 입력 조건이 충족되면 출력 신호가 존재하지 않고, 입력 조건이 충족되지 않게 되면 출력 신호가 존재하는 논리이다.

논리식 : Y = $\overline{X}$

NOT 논리 회로의 진리표

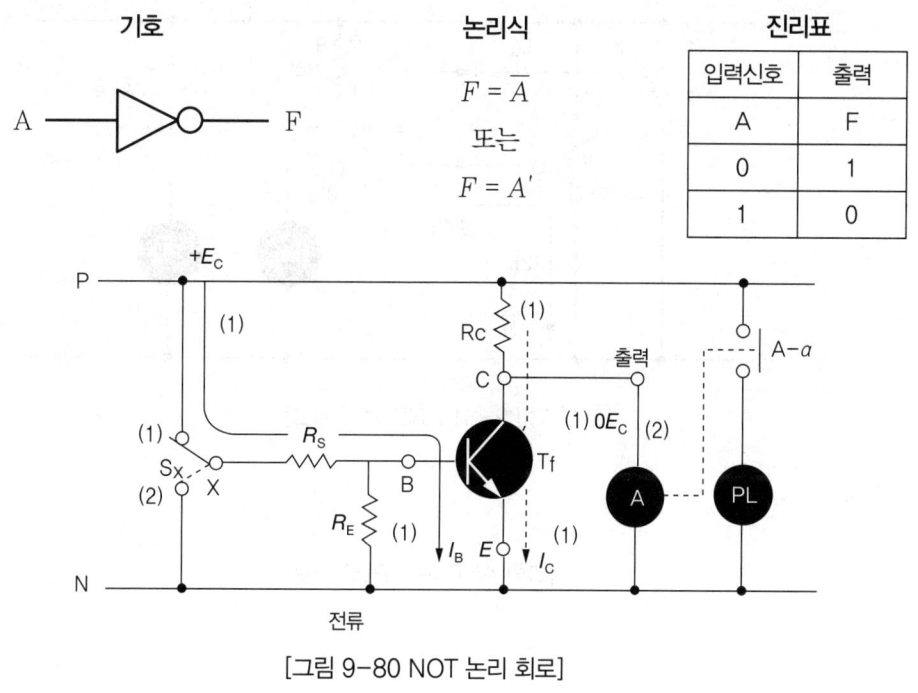

[그림 9-80 NOT 논리 회로]

[그림 NOT 논리 PLC 회로]

(3) AND 논리 회로

AND 논리 회로는 2가지 이상의 입력 조건이 요구되는 상황에서 입력 조건이 모두 만족될 때에만 출력 신호가 존재하는 논리이고, 다음 식과 같이 곱으로 표시된다.

논리식 : $Y = X_1 \times X_2$

AND논리회로의 진리표

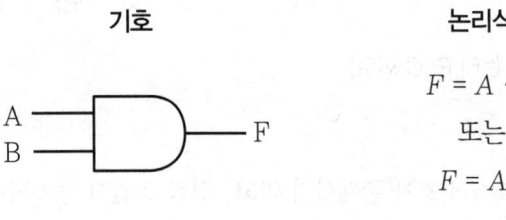

기호	논리식	진리표		
		입력		출력
	$F = A \cdot B$ 또는 $F = AB$	A	B	F
		0	0	0
		0	1	0
		1	0	0
		1	1	1

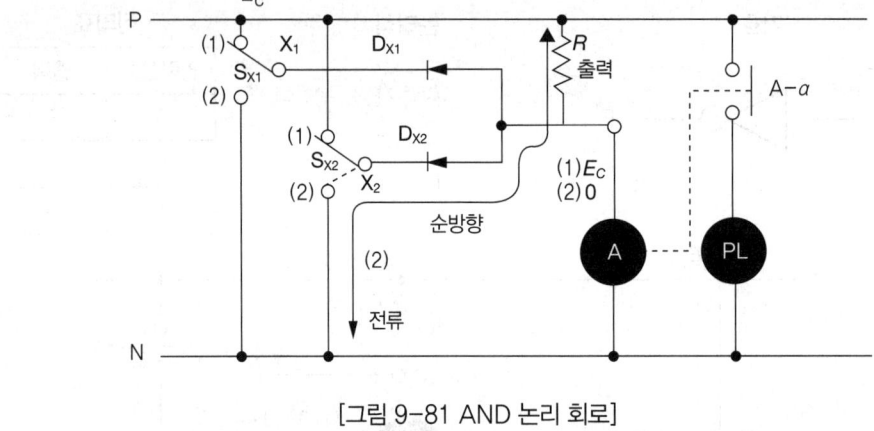

[그림 9-81 AND 논리 회로]

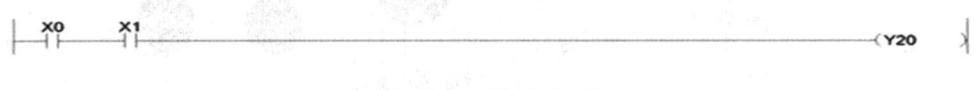

[그림 AND 논리 PLC 회로]

(4) OR 논리 회로

OR 논리 회로는 여러 개의 입력 신호 중에서 어느 하나의 입력 신호만 존재해도 출력 신호가 존재하는 논리이다.

논리식 : $Y = X_1 + X_2$

OR 논리의 진리표

입력		출력
A	B	F
0	0	0
0	1	1
1	0	1
1	1	1

공압에서는 OR 논리가 요구될 때에는 OR 밸브가 필요하지만, 전기에서는 2개의 제어 신호를 병렬로 연결하여 해결한다. 즉 2개의 A접점 스위치를 병렬로 연결하면 2개의 스위치 중 어느 하나만 동작하여도 출력 신호를 얻을 수 있다. 입력이 여러 개 있을 때 입력 접점의 신호 어느 하나만 동작하면 출력측이 동작하는 회로이다.

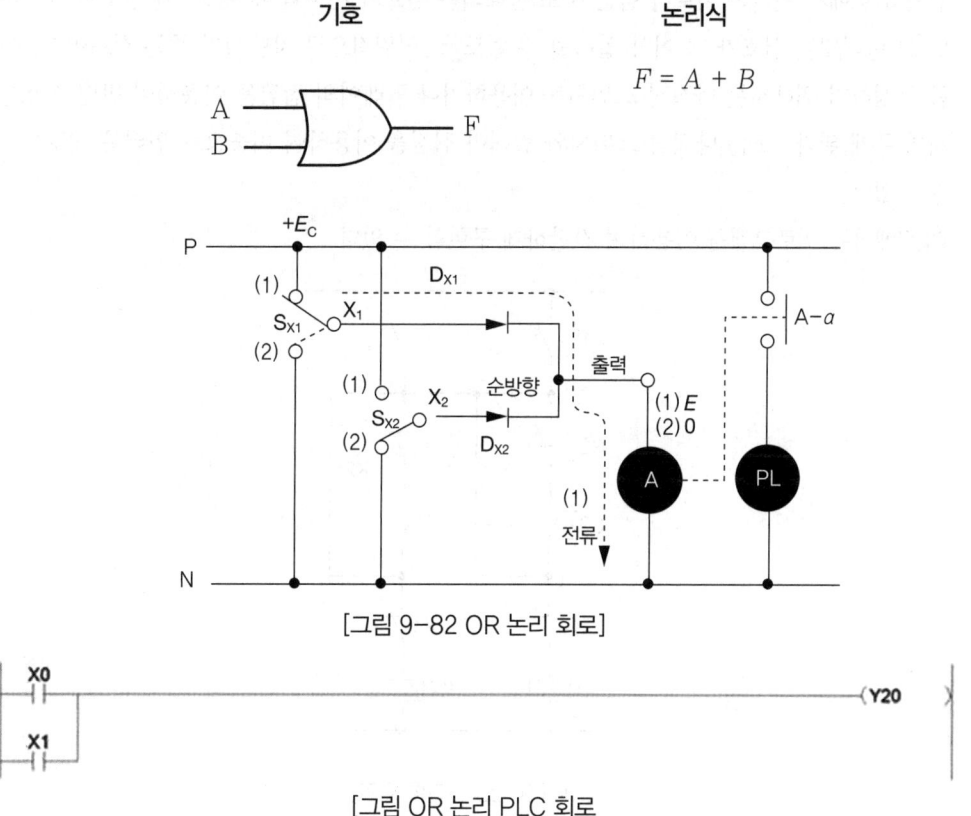

[그림 9-82 OR 논리 회로]

[그림 OR 논리 PLC 회로]

(5) 자기 유지 회로

자기유지 회로는 전기 소자인 릴레이의 코일과 접점의 특성을 사용하는 회로이며, 릴레이의 접점을 병렬로 연결하여 회로의 신호를 유지시키는 회로이다.

아래 그림과 같이, PB1(X0)을 누르면 릴레이의 코일(M0)에 전류가 흐른다. 코일은 접점(M0)를 변화시키고, 병렬 회로를 구성하게 된다. 이때, PB1(X0)의 손을 떼어도, 병렬 회로의 전원이 계속 공급되며 유지 상태를 지속한다.

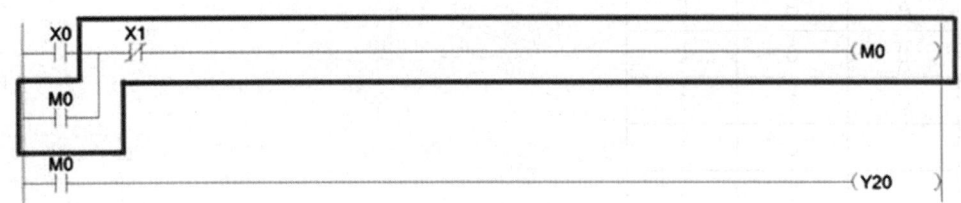

[그림 자기유지 PLC 회로]

(6) 인터록 회로

인터록 회로는 어떤 전기적인 기기 사용 시 잘못된 조작으로 인해 발생하는 기계의 파손이나 작업자의 위험을 방지하고자 할 때 사용되는 회로이다.

전기 회로에서 인터록 회로라 함은 서로 반대되는 신호가 존재할 때 어느 한 신호가 유효하게 되면 그 반대되는 신호가 더 이상 입력될 수 없도록 인위적으로 차단시켜 주는 회로이다. 이 회로를 구성하기 위해서는 다접점 스위치를 이용하거나 릴레이의 접점을 이용하여 반대 신호를 차단시켜 주게 된다. 또는 다접점 스위치와 릴레이 접점을 이용하여 이중으로 인터록 회로를 구성할 수도 있다.

PLC에서는 프로그램을 이용하여 간단하게 구현할 수 있다.

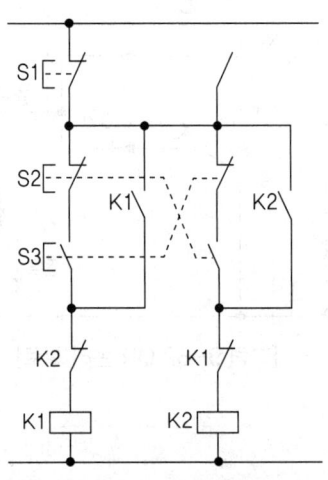

[그림 9-83 인터록 회로]

아래 그림과 같이 PB1(X0)을 누르면 자기유지 회로에 의해 회로1의 릴레이 코일(M0)이 지속해서 유지된다. 이때, PB2(X1)를 누르더라도, 릴레이 b접점(M0)에 의해 회로 2번의 릴레이 코일(M1)이 작동되지 않는다. 반대로 PB2(X1)를 누르더라도, PB1(X0)에 의해 회로 1번의 코일(M0)이 작동되지 않는다.

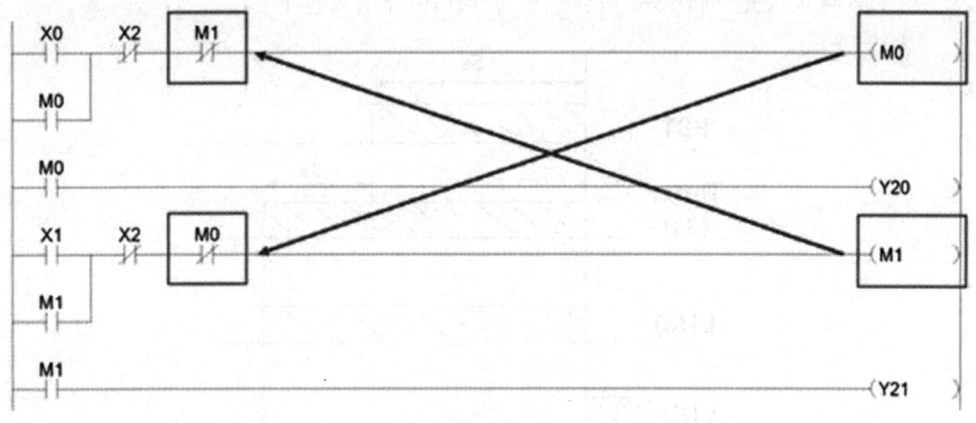

[그림 인터록 PLC 회로]

(7) 온 딜레이(ON Delay) 회로

입력 측에 전압이 가해지면 바로 출력 측에 신호가 나타나지 않고, 일정 시간이 지나야만 출력신호가 나타나는 회로이다. 3초 설정된 타이머의 온 딜레이 타임차트는 아래와 같다. PB1을 5초간 누르면, 3초 시간 지연 후 동작을 시작하고, PB1의 손을 떼면 타이머가 꺼진다.

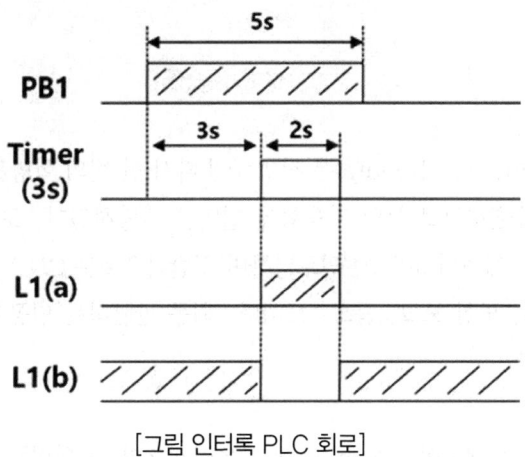

[그림 인터록 PLC 회로]

(8) 오프 딜레이(OFF Delay)

복귀 신호가 주어지면 바로 복귀하지 않고, 일정 시간 후에 접점이 동작하는 회로로 ON Delay 타이머의 B접점을 사용하거나 OFF Delay 타이머의 A접점을 사용하여 회로를 구성할 수 있다. 3초 설정된 타이머의 오프 딜레이 타임차트는 아래와 같다. PB1을 5초간 누르면 동작이 누름과 동시에 시작되고, 손을 떼면 3초 시간 지연 후 타이머가 종료된다.

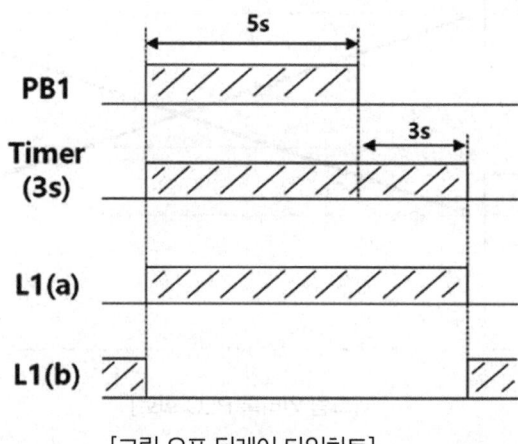

[그림 오프 딜레이 타임차트]

제9절 산업용 로봇의 종류 및 특성과 용도

1 로봇의 구조

(1) 로봇의 특징

① 개요

산업용 로봇(Industrial Robots)은 산업계에 다시 한 번의 혁명을 일으켜 사람이 하는 일을 거의 완벽하게 구현하므로 무인 자동화에 일익을 담당하였다. 로봇의 적용은 제품의 이동, 조립, 용접 접사, 제품의 로딩 및 언로딩하며 일반적으로는 CNC 공작기계보다 더 많은 축을 제어하여야 한다. 또한 보고, 듣고, 느끼며, 최종 판단하는 인공지능 로봇의 연구개발에 박차를 가할 것이다.

② 로봇의 기본개념

로봇이라는 단어는 체코어로 Robota에서 유래됐으며 그 의미는 일을 나타내며, 로봇은 인간이 보통 하는 여러 가지 기능을 자동적으로 하는 기계적 장치라 정의하고 있다. 그러면 자동문 개폐장치도 로봇이라고 할 수 있지만 이는 분명히 아니다. 그래서 미국의 로봇 연구소(Robot Institute of America)에서는 로봇이란 기 프로그램된 운동방향대로 제품, 부품, 공구 등을 움직이게 하는 기계적 장치라 하였다.

로봇의 일반구조는 팔, 관절부, 작업 선단부, 제어부로 되어 있으며 팔과 관절부에 따라 자유도(Digress of Freedom)가 결정되며 일반적으로 6개의 자유도를 갖는다.

로봇의 각축 구동은 서버 모터, 스테핑 모터, 유압 모터로 이루어진다.

③ 로봇의 크기

로봇의 움직일 수 있는 최대 체적(작업체적)으로 나타내며 손목부에 작업 선단부를 부착하면 작업 범위가 커지므로 작업 중 안전사고에 유의하여야 한다.

④ 로봇의 표시방법
- ㉠ 직선관절(S : sliding, P : prismatic)
- ㉡ 회전 관절(R : revolution)
- ㉢ 직교 좌표계 로봇 → 3개의 선형축(PPP팔)
- ㉣ 원통 좌표계 로봇 → 2개의 선형축과 1개의 회전축(PPR팔)
- ㉤ 극 좌표계 로봇 → 1개의 선형축과 2개의 회전축(PRR팔)
- ㉥ 다 관절계 로봇 → 3개의 회전축(RRR팔)

(2) 로봇의 종류

① 직교좌표계 로봇

서로 직교하는 3개의 선형축을 가지고 있으며 이 로봇의 제어방식은 CNC 공작기계와 비슷하며 로봇의 이송정밀도를 나타내는 것은 분해능(Resolution)이다.

이것은 펄스당 축이 움직일 수 있는 양 BLU(Basic Legth Unit)로 표시되며 이동 정밀도가 가장 높다.

② 원통좌표계 로봇

원통좌표계 분해능은 로봇의 손목과 기둥까지의 직선거리 L에 따라 변하며 기중의 분해 능력이 α라 하며 회전하는 팔의 분해 능력은 α L이 된다.

③ 극좌표계 로봇

극좌표계 로봇(Spherical Coordinate Robot)은 회전 운동을 하는 베이스, 요동운동을 하는 피봇(Pivot)과 전후 방향으로 직선운동을 하는 팔로 구성되어 있다. 회전축이 두 곳이므로 최소 이동 정밀도가 나쁘고 회전축은 직선축보다 분해 능력은 나쁘나 이동속도가 다른 로봇에 비해 빠르고 기계적인 유연성은 크다.

④ 관절형 로봇

관절형 로봇(Articulated Robot)은 인간의 팔과 아주 비슷하며 회전운동 축이 3개이므로 분해 능력이 매우 나쁘다. 그러나 이동속도와 기계적인 유연성이 우수하기 때문에 중간 크기의 로봇에 적당하며 자유도가 가장 높다.

(3) 작업 선단부 모양

작업 선단부(End Effecters)란 주어진 일(가공물 처리, 용접, 페인팅 등)을 처리하기 위해서 로봇의 손목에 부착된 것이라 사람의 손가락에 비유한다. 주어진 일에 따라 여러 가지 형태로 되어 있으며 물체 및 작업공구를 잡는다 하여 그리퍼(Griper)라고도 한다.

① 태에 따른 분류
- ㉠ 기계(Mechanical Gripper) : 기계적으로 물체를 붙잡는 구조
- ㉡ 진공(Vacuum Cup, Suction Cup) : 평평한 물체에 사용
- ㉢ 자석(Magnetized Gripper) : 자성을 띤 물체에 사용
- ㉣ 둥근 홈(Scoop, Ladle) : 분말 및 액체를 담아야 하는 경우

❷ 로봇의 제어

로봇의 제어 구동장치로는 전기식(서보 모터, 스테핑 모터), 유압식, 공압식이 있는데 스테핑 모터는 분해 능력이 나쁘고 힘이 약해서 거의 사용하지 않는다. 유압식은 크기에 비해 큰 힘을 얻을 수 있어 대형에서 사용되나 누설에 문제가 있다.

공압은 소형에 적당하며, 서보모터 방식은 소형에서 중형까지 신뢰도가 좋아 가장 많이 사용한다. 검출기는 위치 및 속도를 동시에 검출 가능한 엔코더(Encoder)를 많이 사용하고 있다.

로봇의 제어 방식은 서보 제어(Servo-controlled Robot), 논 서보 제어(Nonservo-controlled Robot), CP 제어(Continuos Path Controlled Robot), PTP 제어(Point to Point Controlled Robot) 방식 등이 있는데, PTP 제어 및 CP 제어 방식을 많이 사용하고 있다.

[표 8-5 CP 제어 및 PTP 제어]

CP 제어	온 궤도 또는 온 경로가 지정되어 있는 제어(페인팅 및 연속용접 : 이동경로 중 작업을 시행하는 경우)
PTP 제어	프로그램 시 가르친 경로는 무시되고 지정한 포인트만 유효한 제어(점용접이나 단순 이동 시)

(1) 로봇의 효율을 결정하는 중요 인자

① 작업범위(Work Volume)

로봇이 작업할 수 있는 최대범위를 말하며, 작업자가 붙인 작업 선단부를 제외한 손목까지의 범위를 말한다.

② 이동 정밀도(Precision of Movement)
- ㉠ 위치 또는 이동경로에 따른 정밀도이다.
- ㉡ 팔 전체가 아니라 손목 끝 부분으로 해석한다.

③ 공간 정밀도(Spatial Resolution)와 제어 정밀도

손목 끝의 최소이동을 뜻하며 이는 로봇의 제어 정밀도에 의해서 결정되나 서보기구 시스템의 정밀도에 좌우되고 연결부위가 많으며 공간 정밀도는 떨어진다. 따라서 제어 정밀도에 기계의 부정확도를 합한 값이 된다. 2개의 자유도를 가지고 있는 직교 좌표형 로봇에 대한 공간 정밀도를 구해보자.

로봇의 슬라이드 범위는 16m, 작업 범위는 1×1이며 로봇제어의 기억장치는 각축에 10bit로 가정하자. 제어 정밀도에 앞서서 제어 기억장치에 제어수를 보면 $2^{10} = 1024$가 되므로 슬라이드 범위를 제어수로 나누면 제어 정밀도가 나온다. 따라서 제어정밀도는 0.9765 × 0.9765mm가 된다. 여기에 기계의 부정확도를 더한 값이다.

㉠ 정확도 : 로봇의 정확도는 작업 범위 내에서 주어진 위치로 정확하게 손목 끝(작업선단부: 그리퍼)을 이동시키는 기능을 말한다. 이는 공간 정밀도에 가장 큰 영향을 받으며 두 구간의 정확도로 나타낸다.

㉡ 반복성 : 손목 끝(작업 선단부, 공구)의 위치를 앞서 위치했던 곳으로 이동시키는 기능이다.

③ 이동속도(Speed of Movement)

로봇의 작업 선단부를 조절할 수 있는 속도로 빠르면 좋으나 무게가 무거우며 관성 때문에 속도를 빨리할 수가 없다. 이는 부하의 크기, 작동영역의 위치, 작동의 방향, 위치에 관한 정밀도 등에 영향을 받는다.

④ 가반중량(Weight Carrying Capacity)

㉠ 로봇의 움직일 수 있는 중량이며, 이는 위치에 관한 정밀도, 이동속도, 동작시간, 작동방향 등에 영향을 받는다.

㉡ 가반중량 : 지정한 성능을 발휘하면서 운반 가능한 중량으로 손목을 포함한다.

㉢ 정미가반중량 : 가반 중량에서 손목의 중량을 뺀 량

㉣ 정격가반중량 : 표시된 성능을 모두 보증할 수 있는 가반 중량의 한도

㉤ 최대허용중량 : 성능의 저하를 무시한 가반중량, 특정작업을 실행할 수 있는 가반중량

(2) 구동 시스템의 종류(Type of Drive System)

① 로봇 프로그래밍

로봇 프로그램은 4가지 방법으로 나눈다.

㉠ 수동 작업 방법

프로그램이 아니라 릴레이, 스위치, 캠등으로 일정하게 제어하는 것으로 저급 기술의 로봇에 적합하다.

ⓒ 수동 교시형

PTP 로봇에서 가장 많이 사용하는 방법으로 각 축을 수동으로 움직여 주어 이를 기억시켜서 제어하는 것이다.

ⓒ 독해 교시형

CP(연속)제어 로봇에서 제어하는 것으로 원하는 위치를 원하는 속도로 움직이게 하는 것이다.

② 프로그래밍 언어

NC 프로그램처럼 프로그램을 로봇 기억장치에서 저장시켜서 이를 실행하는 것으로 로봇의 다른 작업 중 다른 일을 할 수 있는 장점이 있다. 로봇 프로그램언어는 1981년부터 사용하기 시작하였고 VAL, MCL, RPL 등이 있다.

- VAL 언어 : (Victor's Assembly Language) 언어는 Uimation Inc.의 조립 로봇인 PUMA 로봇을 위해 개발되었다.
- MCL 언어 : Machine Control Language는 미 공군에서 ICAM(Integrated Computer Aided Manufacturing) 프로젝트에 따라 Mcdonnell-Douglas CORP.에서 개발한 언어이다.

(3) 로봇의 응용

① 로봇의 응용 시 고려사항

ⓐ 간단한 반복 작업

ⓑ 사이클 시간이 5초 이상 걸리는 작업

ⓒ 부품이 일정한 위치와 방향으로 처리되는 작업

② 부품무게가 적당한 작업

ⓜ 검사가 필요치 않는 작업

ⓗ 한두 사람이 교대하여 24시간 계속 근무해야 하는 작업

ⓢ 변화가 자주 일어나지 않는 작업

② 로봇의 응용분야

ⓐ 자재 이동(Material Transfer)

ⓑ 기계 로딩(Machine Loading)

ⓒ 용접(Welding)

② 스프레이 코팅(Spray Coating)

ⓜ 가공 작업(Processing Operating)

ⓗ 조립(Assembly)

ⓢ 검사(Inspection)

Part 09 공유압 일반

제1절 공유압의 원리 및 특성

1 공유압의 개요

유압 펌프나 공기압축기를 이용하여 기계적 에너지를 유체의 압력에너지로 변환하고, 엑추에이터에 기본적인 제어를 가하여 기계적 에너지로 바꾸는 동력의 변환과 운전을 행하는 방식이나 장치를 공유압이라 한다.

유압장치는 주로 석유계 오일이나 합성오일 등을 작동매체로 사용하며 공압장치는 압축공기를 작동매체로 사용한다. 이러한 장치는 산업 현장의 자동화 기계는 물론 자동차 및 항공기 등의 제동장치, 건설 중장비의 동력 전달 장치와 댐의 수문제어 등 많은 분야에 폭넓게 활용되고 있으며, 최근 전기, 전자 제어장치와 결합되어 제품의 생산성을 높이기 위한 재료의 처리, 생산 공정의 제어 등 자동화 구성요소의 근본이 되고 있다.

2 공유압의 원리

(1) 공압 장치의 구성

공압이란 공기 압축기에 의한 동력 에너지를 유체의 압력 에너지로 변환시키고 그 유체 에너지를 압력·유량·방향의 기본적인 제어를 행하여 실린더, 모터 등의 액추에이터로 다시 기계적 에너지로 바꾸는 동력의 전환 혹은 운전을 행하는 장치를 말한다.

일반적으로 공압은 공압 발생 장치의 점검 및 분해, 수리 작업, 압력 제어 밸브, 방향 제어 밸브, 유량 제어 밸브 등의 점검, 정비작업, 공압 액추에이터의 실린더와 모터점검, 정비작업, 회로 및 기타 부속 장치의 점검, 정비 작업을 수행하며, 장비의 예방 정비 및 일상 정비 계획을 수립하고 공압 기기를 최적 상태로 유지 관리하는 업무를 복합적으로 수행한다.

따라서 공압의 원리와 각종 장치의 구조 및 기능에 대한 이론과 각종 공구, 측정기, 시험기의 정확한 조작·관리, 도면 해독법, 장치의 제작, 분해, 조립 및 정비에 관한 실습을 통하여 기능을 습득하게 된다.

(2) 공압 시스템의 기본구성

공압 에너지는 동력원에서 공기압 발생부, 제어부, 작동부 순으로 동작을 하고 공압 에너지의 발생원으로는 전동기 콤프레셔, 에어 탱크가 있다. 제어부로는 일의 출력을 제어하는 압력 에어부와 속도를 제어하는 유량 제어부, 방향을 제어하는 방향 제어부가 있다. 그리고 일의 조작부에 해당하는 구동부로는 실린더, 요동 액추에이터, 공기압 모터, 회전 작동기 등이 있다. 공압에너지의 원활한 사용을 위해서는 공기를 깨끗이 정제하고 차갑게 유지시키는 필터, 드라이어 등이 사용된다.

필요에 따라 원활한 구동을 위한 기름 분무기나 청정한 환경을 위한 탈취 제거기, 유분제거기, 수분 제거기, 타르 제거기 등이 사용된다.

① 구성요소
  ㉠ 동력원 : 전동기, 엔진
  ㉡ 공기압 발생부 : 압축기, 탱크, 후부 냉각기
  ㉢ 청정화부 : 필터, 기름 분무기, 드라이어, 탈취 제거기, 유분 제거기
  ㉣ 제어부 : 압력 제어 밸브, 유량 제어 밸브, 방향 제어 밸브, 기타
  ㉤ 작동부 : 실린더, 요동 액추에이터, 공기압 모터, 회전 작동기

② 공압 요소의 구성 요소

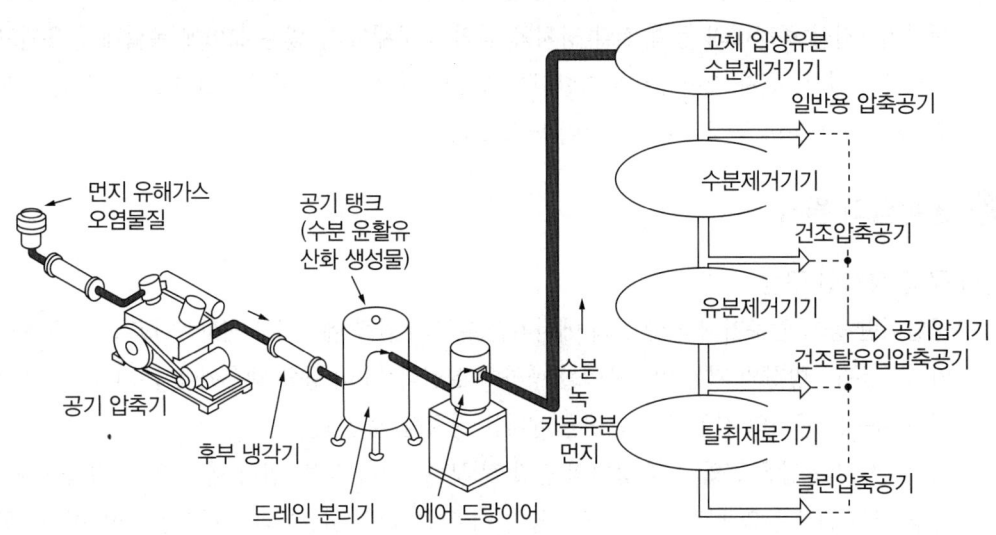

[그림 9-1 공압기기의 구성]

(3) 유압 장치의 구성

유압 에너지는 동력원에서 제어부, 구동부 순으로 동작을 하고 유압 에너지의 발생원으로는 유압 탱크와 유압 펌프가 있다. 제어부로는 일의 출력을 제어하는 압력 에어부와 속도를 제어하는 유량 제어부, 방향을 제어하는 방향 제어부가 있다. 그리고 일의 조작부에 해당하는 구동부로는 유압 실린더와 유압 모터가 있다.

① 구성요소
  ㉠ 오일탱크 : 압유를 저장하고 일정량을 유지
  ㉡ 유압 펌프 : 유압유를 장치 내로 흘러 보내는 펌프
  ㉢ 펌프 구동의 동력원 : 전동기나 그밖의 동력원
  ㉣ 각종 제어 밸브 : 유체의 방향, 압력, 유량을 조절
  ㉤ 실린더 : 선 왕복 운동
  ㉥ 유압 모터 : 연속 회전 운동, 왕복 각운동
  ㉦ 파이프 : 유체가 통과하고 이송
② 유압기기의 구성 요소

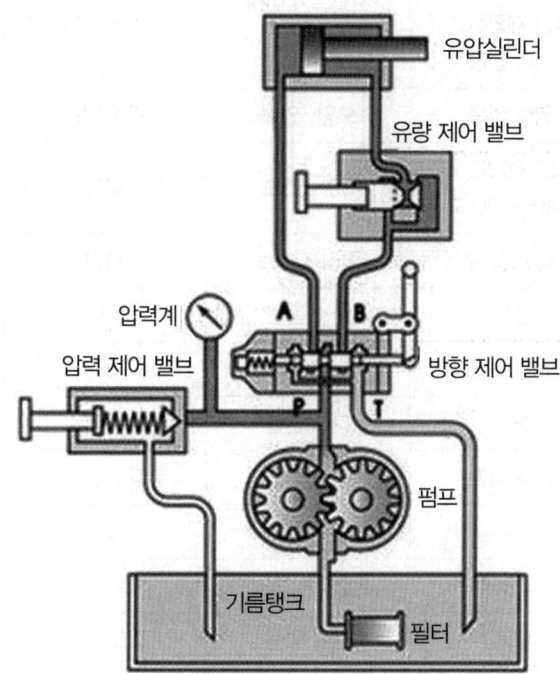

[그림 9-2 유압기기의 구성]

❸ 공유압의 특성

(1) 각종 동력 전달과 제어 방식의 비교

[표 9-1 제어 방식별 비교]

제어 방식별 비교	공압식	유압식	기계식	전기식
에너지 축적	공기탱크에 의한 저장으로 간단	어큐뮬레이터로 저장	스프링, 추 등 소규모	직류만 콘덴서로 저장
동력원의 집중	용이	곤란	다소 곤란	용이
동력원의 발생	다소 용이	다소 곤란	곤란	용이
인화, 폭발	압축성에 의한 폭발을 제외하고는 염려 없음	작동유가 있어 인화성	영향 없음	누전에 의한 인화성
외부누설	영향 없음	오염, 인화	관계 없음	감전, 인화
허용 온도 범위	5~60 도, -40~200 도	50~60도	넓음	40도
과부하 안전 대책	압력 조절 밸브	릴리프 밸브	복잡	복잡
출력유지	용이	다소 곤란	곤란	곤란
작동속도	10m/s도 가능	1m/s	소	가장빠름
보수관리	용이	다소 곤란	용이	다소 곤란
에너지 변환 효율	다소 나쁨	다소 좋음	다소 좋음	좋음
출력	중	대	소	중
윤활 대책	필요함	필요 없음	필요함	필요 없음
배수 대책	필요함	필요 없음	필요 없음	필요 없음
속도 제어	다소 나쁨	우수함	나쁨	우수함
중간정지	곤란	용이	다소 곤란	용이
응답성	나쁨	좋음	좋음	매우 좋음
신호전달	다소 곤란	다소 곤란	다소 곤란	용이
부하특성	변동이 큼	조금 있음	거의 없음	용이
소음	큼	다소 큼	적음	적음

(2) 공압 장치의 장단점

① 장점
  ㉠ 레귤레이터를 이용하여 실린더의 출력을 간단하게 조절할 수 있다.
  ㉡ 폭 넓게 무단계로 속도 조절을 함으로써 실린더 속도를 제어할 수 있다.
  ㉢ 공기는 압축성 유체이므로 충격적인 과부하가 가해져도 실린더 내의 공기가 압축되어 압력이 커질 뿐이고 충격력은 흡수된다.
  ㉣ 공기는 점성이 작으므로 배관 도중에 압력 강하가 적고 유속도가 높으므로 고속 작동이 가능하다.
  ㉤ 압축이 가능하다는 것은 반대로 압력을 축적할 수 있다는 것으로 공기탱크만으로 축적이 가능하며, 정전시 비상운전이나 단시간 내 고속 운전, 축압을 이용한 프레스의 다이쿠션 등에 이용되고 있다.
  ㉥ 유압과 같이 서지 압력이 발생하지 않으므로 과부하에 대해 안전하다.
  ㉦ 에너지가 풍부하며 기구가 간단하고 보수 점검이 용이하다. 또한 원격 조정이 자유로우며 환경오염이 적은 특징이 있다.

② 단점
  ㉠ 공기는 압축 및 팽창하는 성질이 있으므로 정밀한 속도 조절을 하기 어렵다.
  ㉡ 압축 공기가 대기 중으로 배기될 때 큰 소리를 내므로 쾌적한 작업 환경을 유지하기가 곤란하다.
  ㉢ 공압은 압축성 유체이므로 액추에이터의 위치 제어가 곤란하고, 또한 부하 변동 시 작동 속도가 영향을 받기 때문에 정밀한 속도 제어가 어렵다.

(3) 유압 장치의 장단점

① 장점
  ㉠ 작은 장치로써 큰 힘을 얻을 수 있다.
  ㉡ 힘을 무단으로 변속할 수 있다.
  ㉢ 속도를 무단으로 변속할 수 있다.
  ㉣ 일의 방향으로 쉽게 변환시킬 수 있다.
  ㉤ 전기의 조합으로 자동 제어가 가능하다.
  ㉥ 전기식에 비하여 소형이고 가벼우며 관성이 작다.
  ㉦ 기계식과 비교하여 마찰 및 마모, 윤활, 방청성이 우수하다.
  ㉧ 마찰 손실이 적고 효율이 좋다.
  ㉨ 과부하에 대한 안전장치가 간단하며 안정성이 좋다.
  ㉩ 진동이 적고 작동이 원활하며 응답성이 좋다.
  ㉪ 정확한 위치제어를 할 수 있다.
  ㉫ 뛰어난 열 방출성이 있다.

② 단점
- ㉠ 기계 장치마다 동력원이 필요하다.
- ㉡ 유압유는 온도의 영향을 받기 쉽고, 기름 탱크의 용량이 커지면 소형화가 어렵다.
- ㉢ 고압일수록 배관에서 기름 누설의 염려가 있다.
- ㉣ 펌프의 소음이 크다.
- ㉤ 동력원을 단독으로 사용하므로 비용이 많이 든다.
- ㉥ 작동유로 인한 화재의 위험이 있다.
- ㉦ 발생열의 냉각 장치가 필요하다.
- ㉧ 이물질에 민감하다.
- ㉨ 폐유에 의한 주변 환경오염이 있을 수 있다.

제2절 유압 발생장치와 부속기기

1 기어 펌프의 종류 및 특성

일반적으로 기어 펌프는 값이 싸고 간단하므로 차량, 건설 기계, 운반 기계 등에 많이 쓰인다. 기어 펌프는 한조의 톱니바퀴가 그 바깥둘레와 옆면이 딱 들어맞는 케이싱 속에서 회전하며 톱니바퀴의 물림이 떨어지는 부분에 진공 부분이 생겨 흡입 작용을 일으키게 되어 톱니 홈에 기름이 채워지고 이 기름은 톱니바퀴의 회전에 의해 토출구 쪽으로 밀려나는 일련의 작용이 계속되는데, 이것이 기어 펌프의 기본 원리이다.

(1) 외접 기어 펌프(External Gear Pump)

기어 펌프는 1조의 기어와 이것을 내장하는 기어 케이스, 4개의 베어링, 기어의 측판 등이 주요 부품이고, 부품수가 다른 펌프에 비해서 적은 것이 특징이다. 또 출입구에 밸브가 필요하지 않으므로 사용 점도가 높더라도 자동 밸브를 갖는 왕복 펌프와는 달리 고속 운전이 가능하고, 기어의 정도, 치형을 적절히 선정하면 공동 현상이나 이상소음과 같은 장애 없이 70~80%의 효율을 용이하게 얻을 수 있다. 기어 펌프는 구동기어가 종동 기어를 구동시키면서 서로 맞물려 회전할 때 펌핑 작업이 일어난다.

① 구조가 간단하다
② 다루기 쉽고 가격이 저렴하다.
③ 기름의 오염에 강하다.
④ 펌프의 용량은 피스톤 펌프에 비하여 떨어진다.
⑤ 정 용량형이다.
⑥ 흡입 능력이 크다.

[그림 9-3 외접 기어 펌프]

(2) 내접 기어 펌프(Internal Gear Pump)

내접 기어 펌프는 펌프 중심을 회전중심으로 편심되어 바깥 기어와 접해서 회전하는 안쪽 기어와 초승달 모양의 스페이서(Crescent-shaped Spacer)로 구성되어 있다.

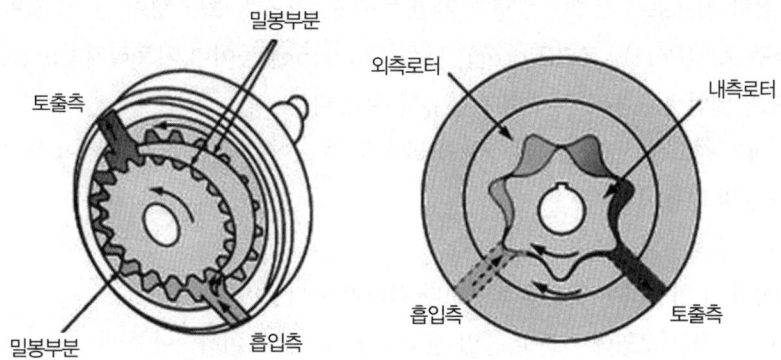

[그림 9-4 내접 기어 펌프]

(3) 로드 펌프

작동 원리는 외접 기어 펌프와 같으나 연속적으로 회전하므로 소음이 적지만 기어 펌프보다 1회 전당 배출량이 많고 배출량의 변동이 크다.

(4) 트로코이드 펌프

내접 기어와 비슷한 모양으로 안쪽기어 로터가 전동기에 의해서 회전하면 바깥쪽 로터도 따라서 회전하고 안쪽 로터의 잇수가 바깥쪽 로터보다 1개 적으므로 바깥쪽 로터의 모양에 따라 배출량이 결정된다.

(5) 스크루 펌프(Screw Pump)

스크루 펌프는 스크루의 축 수에 따라 1축, 2축, 3축, 스크루 펌프로 구분하며 사출 성형기나 프레스, 공작기계, 유압 엘리베이터 등에도 사용하고 있다. 또한 토출량의 범위가 넓어 윤활유 펌프나 각종 액체의 이송 펌프로도 사용되고 있다.

(6) 기어 펌프의 폐입 현상

압력측까지 운반된 유압유의 일부는 기어의 두 치형 사이의 틈새에 가두어지게 된다. 가두어진 유압유는 기어가 회전함에 따라 가두어진 상태로 그 용적이 좁아지기도 하고 넓어지기도 하여 유압유의 압축, 팽창이 반복된다. 이 현상을 기어 펌프의 폐입 현상 또는 밀폐 현상이라 부르며 폐입 현상이 생기면 유압유는 고압 측에 온도 상승이 되고, 계속되어 발생되는 캐비테이션 때문에 기화하여 거품이 많이 발생하고 축동력의 증가, 기어의 진동, 소음의 원인이 된다. 이러한 현상을 방지하기 위해서 측판에 도출 홈을 파서 밀폐 용적이 중앙 위치로부터 팽창하는 과정에서는 유압유를 흡입측과 통하도록 하는 것이다.

❷ 베인 펌프의 종류 및 특성

베인 펌프는 공작 기계, 프레스 기계, 사출 성형기 등의 산업기계장치 또는 차량용으로 널리 쓰이고 유압 펌프로서 정 토출량형과 가변 토출형, 가변 토출량 형이 있다. 일반적인 구조는 입구나 출구 포트(Port), 로터(Rotor), 캠링(Camring) 등이며 카트리지(Cartridge)로써 대처한다. 또한 베인 펌프는 압력에 따라 분류할 수 있다.

① 수명이 길고 장시간 안정된 성능을 발휘할 수 있어서 산업 기계에 많이 쓰인다.
② 소음 및 맥동이 작다.
③ 유지 및 보수가 용이하다.
④ 소형화가 가능하여 피스톤 펌프보다 단가가 싸다.
⑤ 기름에 의한 오염에 약하고 흡입 진공도가 허용한도 이하여야 한다.
⑥ 기어 펌프나 피스톤 펌프에 비해 토출 압력의 맥동(끊어짐과 이어짐)이 적다.
⑦ 펌프 출력에 비해 형상 치수가 작다.
⑧ 수명이 길고 장시간 안정된 성능을 발휘할 수 있어서 산업기계에 많이 쓰인다.

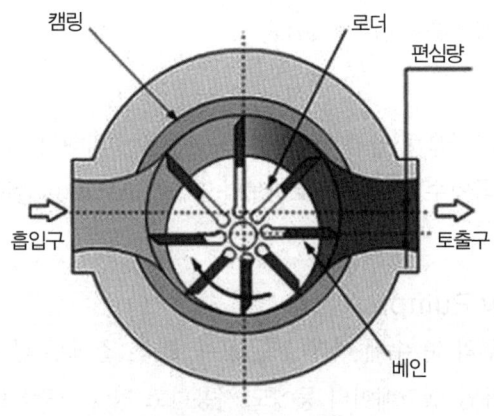

[그림 9-5 불평형형 베인 펌프]

(1) 단단 베인 펌프(Single Type Vane Pump)

베인 펌프의 기본형으로 펌프축이 회전하면 로터 홈에 끼워진 베인은 원심력과 토출 압력에 의해 캠링 내벽에 접속력을 발생시키며 회전한다. 구조는 펌프 작용을 하는 카트리지부 2개의 Bush, Can ring, Rotor, Vane 등으로 구성되어 있다.

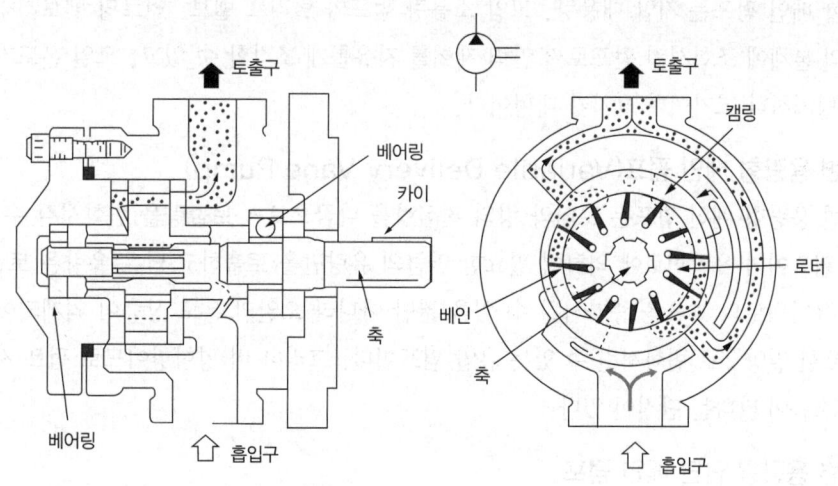

[그림 9-6 단단 베인 펌프]

(2) 2연 베인 펌프(Double Type Vane Pump)

다단 펌프의 소용량 펌프와 대용량의 펌프를 동일축상에 조합시킨 것으로 흡기구가 1구형과 2구형이 있다. 토출구가 2개 있으므로 각각 다른 유압원이 필요한 경우나 서로 다른 유압량을 필요로 할 때 사용한다.

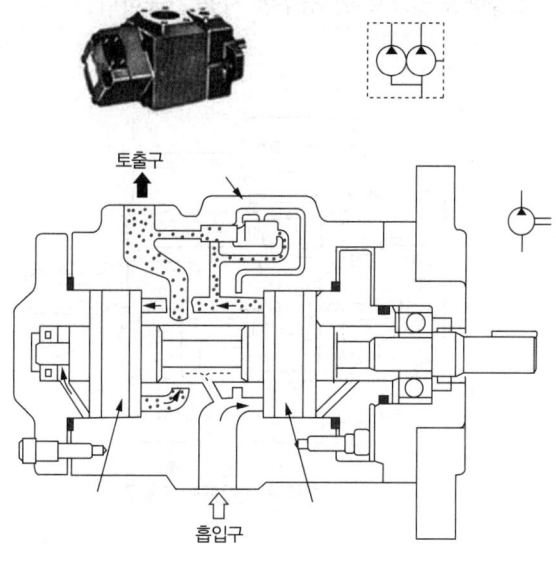

[그림 9-7 2연 베인 펌프]

(3) 2단 베인 펌프(Two-stage Vane Pump)
단단 베인 펌프 2개를 1개의 본체 내에 직렬로 연결시킨 것으로 고압이므로 대출력이 요구되는 구동에 적합하다.

(4) 복합 베인 펌프(Combination Vane Pump)
복합 베인 펌프는 저압 대용량, 고압 소용량 펌프와 릴리프 밸브, 언로딩 밸브, 체크 밸브를 한 개의 본체에 조합시킨 펌프로써 압력 제어를 자유롭게 조작할 수 있고, 오일 온도가 상승하는 것을 방지하나 고가이며 크기가 대형이다.

(5) 가변 용량형 베인 펌프(Variable Delivery Vane Pump)
가변 용량형 베인 펌프는 로터와 링의 편심량을 바꿈으로써 토출량을 변화시킬 수 있는 비 평형형 펌프이며 유압회로에 의하여 필요한 만큼의 유량만을 토출하고 남은 유량은 토출하지 않으므로 유압회로의 효율을 증가시킬 수 있을 뿐만 아니라 오일의 온도 상승이 억제되어 전 에너지를 유효한 일양으로 변화시킬 수 있는 유압 펌프이다. 그러나 비 평형형이므로 펌프 자체 수명이 짧고 소음이 많다는 단점이 있다.

(6) 가변 용량형 단단 베인 펌프
단단 베인 펌프는 압력 상승에 따라 자동적으로 토출량이 감소된다. 또한 토출량과 압력은 펌프의 정격 범위 내에서 목적에 따라 무단계로 제어가 가능하며 릴리프 유량을 조절하여 오일의 온도상승을 방지하여 소비 전력을 절감할 수 있다.

(7) 가변 용량형 2연 베인 펌프
가변용량형 단단 베인 펌프 2개를 동일 축상에 조합시킨 것으로 서로 다른 유압원이나 동일 회로에서의 서로 다른 토출량을 필요로 할 경우에 사용 가능하다.

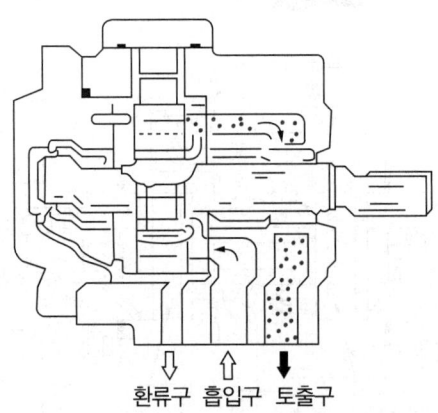

[그림 9-8 가변 용량형 2연 베인 펌프]

3 피스톤 펌프의 종류 및 특징

피스톤 펌프는 피스톤을 구동축에 대해 동일 원주 상에 축방향으로 평행하게 배열한 액시얼형 펌프(Axial Piston Pump)와 구동축에 대하여 방사상으로 배열한 레이디얼형 펌프(Radia Piston Pump)가 있다.

액시얼 피스톤 펌프는 구동축과 실린더 블록의 축이 경사진 형태의 사축식과 구동축과 실린더 블록의 축이 같은 축선 사이에 놓이고 그 축선 상에 대해 기울어져 있는 고정된 사판 형태의 사판식이 있다.

① 고압에 적합하며 펌프 효율이 가장 높다.
② 가변 용량형에 적합하며, 각종 토출량 제어장치가 있어서 목적 및 용도에 따라 조정할 수 있다.
③ 구조가 복잡하고 비싸다.
④ 기름의 오염에 극히 민감하다.
⑤ 흡입 능력이 가장 낮다.

(1) 레이디얼 피스톤 펌프

실린더 블록이 회전하면 피스톤 헤드는 케이싱 안의 로터의 작용에 의하여 행정이 된다. 피스톤이 행정하는 곳에서는 기름이 고정된 벨트축의 구멍을 통하여 피스톤의 밑바닥에 들어가며, 안쪽으로 행정하는 곳에서는 밸브 구멍을 통하여 토출된다.

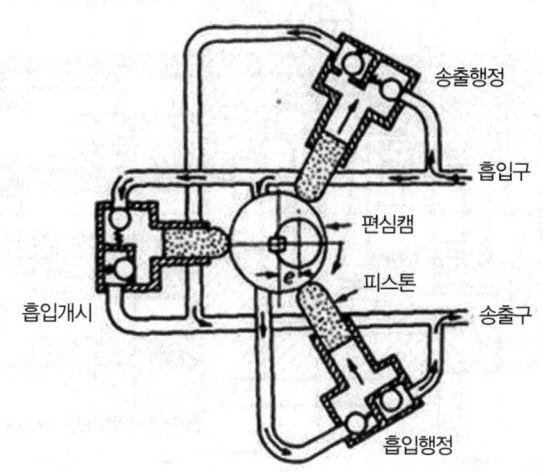

[그림 9-9 레이디얼 피스톤 펌프]

(2) 액시얼형 피스톤 펌프(사판식)

경사판과 피스톤 헤드 부분이 스프링에 의하여 항상 닿아 있으므로 구동축을 회전시키면서 경사판에 의해 피스톤이 왕복 운동을 하게 된다. 피스톤이 왕복운동을 하면 체크 밸브에 의해 흡입과 토출을 하게 되는데 사판의 기울기 α에 의하여 피스톤의 스트로크(행정)이 달라진다.

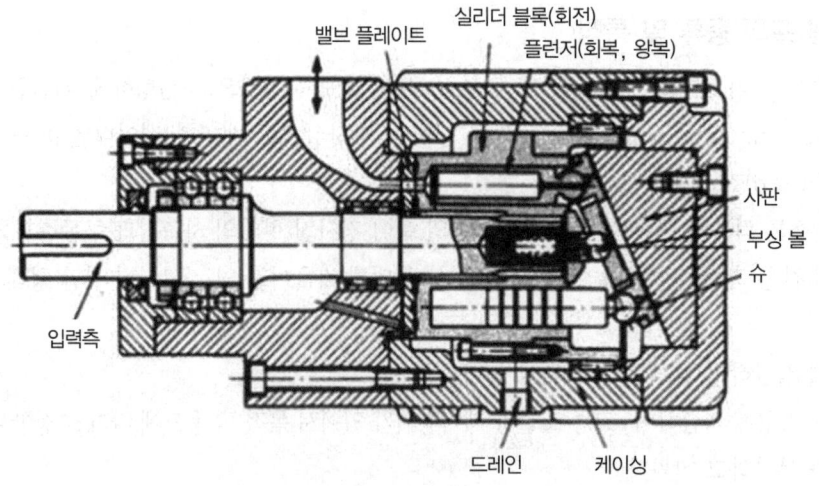

[그림 9-10 액시얼형 피스톤 펌프(사판식)]

(3) 액시얼형 피스톤 펌프(사축식)

축쪽의 구동 플런지와 실린더 블록은 피스톤 및 연결봉의 구상이음(Ball Joint)으로 연결되어 있으므로 축과 함께 실린더 블록은 회전하는데 기울기 α에 의하여 피스톤의 스트로크(행정) 거리가 달라진다.

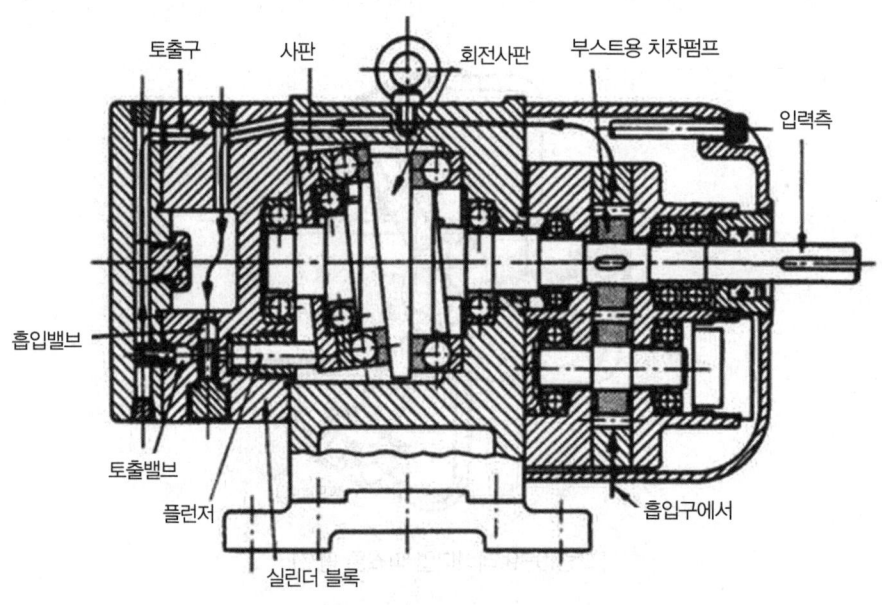

[그림 9-11 액시얼형 피스톤 펌프(사축식)]

(4) 리시프트형 피스톤 펌프

크랭크 또는 캠에 의하여 피스톤을 행정시키는 구조이며, 고압에서는 적합하지만 용량에 비하여 대형이 되므로 가변 용량형으로 할 수 없다.

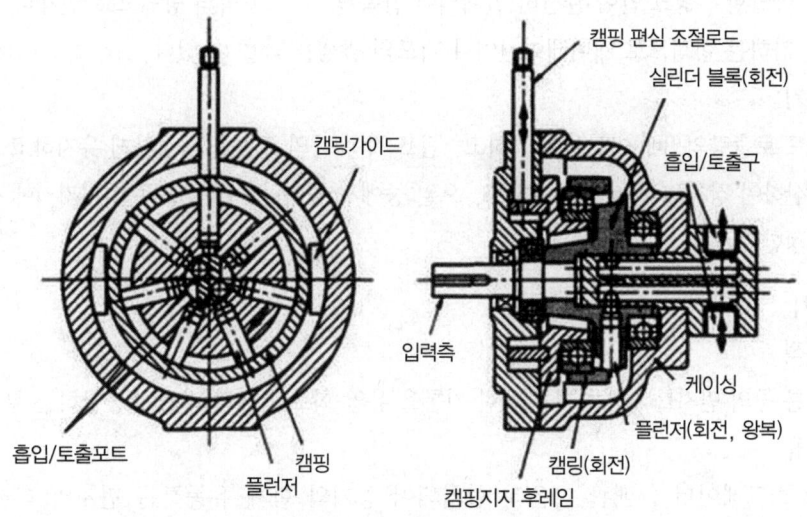

[그림 9-12 리시프트형 피스톤 펌프]

4 유압 부속 기기

(1) 오일 탱크

① 목적

유압계에 필요한 작동유를 축적하는 용기로서, 기름 속에 혼입되어 있는 불순물이나 기포의 분리 및 제거, 운전 중에 발생하는 열을 방출하는 유온 상승을 완화시키고, 장착대 등의 목적으로 사용된다.

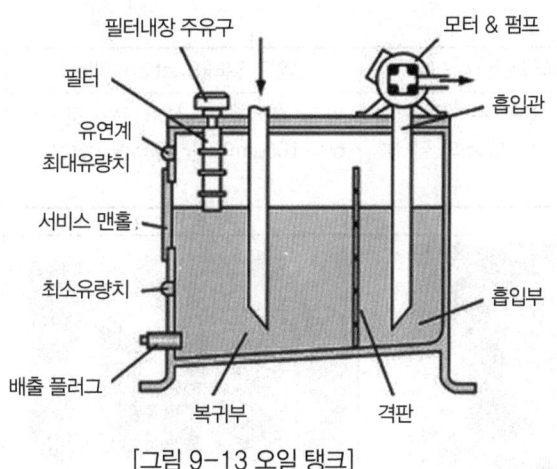

[그림 9-13 오일 탱크]

② 종류

㉠ 개방형 : 탱크 안의 공기가 통기용 필터를 통하여 대기와 연결되며, 탱크의 기름은 자유

표면을 유지하기 때문에 압력의 상승 또는 저하를 피할 수 있다.
ⓒ 예압형 : 탱크 안이 완전히 밀폐되어 압축 공기나 그 밖의 방법으로 언제나 일정한 압력을 가하는 형식으로 캐비테이션이나 기포의 발생을 막을 수 있다.

③ 크기

펌프 토출량의 3배 이상이어야 하고, 펌프 작동 중의 표면을 적정하게 유지하고 발생하는 열을 발산하여 장치의 가열을 방지하고, 오일 중에서 공기나 이물질을 분리시키기에 충분한 크기를 선정한다.

(2) 여과기

① 목적

기름 중의 먼지를 제거하여 깨끗한 기름을 유압 회로나 유압 기기에 공급하는 부속 기기이다.

② 종류

㉠ 스트레이너 : 배관 가운데 설치되어 공기와 함께 유동하는 먼지와 티끌이나 드레인(Drain)을 제거하는 장치, 설치 좌, 스테리어 본체, 스트레이너 받이로 구성되며, 스트레이너 받이의 소용돌이 모양의 리브에 의해서 압축유의 소용돌이를 발생시켜 먼지와 티끌, 드레인을 저부에 침전시킨다.

㉡ 필터 : 표면식, 적층식, 자기식 등이 있고, 일반적으로 아주 작은 먼지를 제거할 목적으로 사용한다.

- 표면식 : 필터의 여과는 철망이나 여과기에 의한 여과와 같이 표면에서만 이루어진다.
- 적층식 : 필터는 여과면의 여러 개가 중첩되고 면에 여과가 이루어진다.
- 자기식 : 필터는 오일 중에 흡입되고 있는 자성 고형물을 자석에 흡착시키는 것에 의하여 여과된다.

복귀관 필터(Return Filter)	흡입관 필터(Suction Filter)	압력관 필터(Line Filter)
기름탱크로 복귀되는 기름을 여과시키며, 10~25㎛의 필터를 사용한다.	펌프 흡입측에 설치되는 것으로 60~100㎛의 거친 필터를 사용한다.	펌프 토출측 압력관에 사용하는 피터로서 3~5㎛의 미세 필터를 사용한다.

  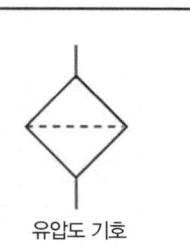

유압도 기호

[그림 9-14 여과기 분류]

③ 성능표시

필터에 통과하는 먼지의 크기는 먼지의 정격 크기, 여과율, 여과용량, 압력 손실, 먼지 분리성 등으로 나타낸다.

(3) 어큐뮬레이터

① 목적

압력을 축적하는 용기로 구조가 간단하고 용도도 광범위하여 유압장치에 많이 활용되는 요소이다.

② 종류와 특징
   ㉠ 중추형 : 일정 유압을 공급할 수 있고, 일반적으로 크고 무거워 외부 누설 방지가 곤란하다.
   ㉡ 스프링형 : 저압용으로 사용되고 일반적으로 소형이며, 염가이다.
   ㉢ 다이어프램형 : 유실에 가스 침입의 염려가 없고, 구형각의 용기를 사용하므로 소형 고압용에 적당하다.
   ㉣ 고무튜브형 : 배관의 일부분에 연결하여 맥동의 방지에 사용되고, 축유량이 적으므로 동력원에는 이용할 수 없다.
   ㉤ 피스톤형 : 형상이 간단하고 구성품이 적고 대형도 제작이 용이하여 축유량을 크게 잡을 수 있지만 유실에 가스 침입의 염려가 있다.
   ㉥ 브러더형 : 유실에 가스 침입의 염려가 있지만 대형도 제작이 용이하며 비교적 가볍게 만들어진다.

③ 용도
   ㉠ 에너지 축적용　　　　　　㉡ 펌프 맥동 흡수용
   ㉢ 충격 압력의 완충용　　　　㉣ 유체 이송용

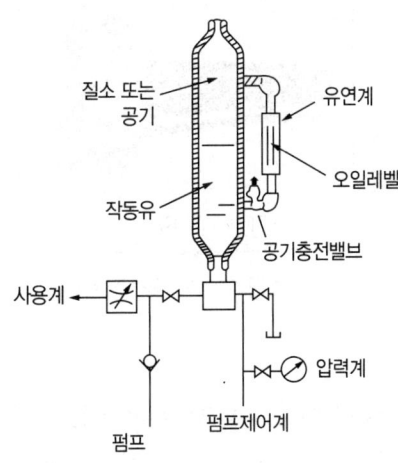

[그림 9-15 어큐뮬레이터]

(4) 냉각 장치

① 목적
유압 시스템에서 작동 온도는 50~60℃ 이상을 초과하지 않도록 하여야 하고, 유압 시스템 자체의 냉각 기능이 떨어지면 냉각 장치를 가동시켜 일정 범위 내로 유압유의 온도를 유지 시켜주어야 하는데, 냉각 장치는 온도 조절 장치에 의하여 작동된다.

② 종류
수랭식과 공랭식이 있는데 수랭식은 온도 차이가 35℃까지일 때 사용하고, 공랭식은 온도 차이가 25℃까지 사용하며, 많은 양의 열을 분산 시킬 때에는 팬 쿨러를 사용한다.

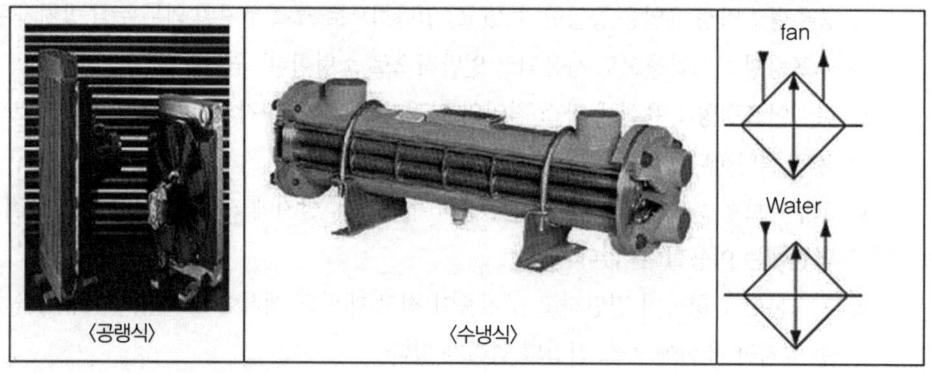

[그림 9-16 냉각 장치]

(5) 가열 장치
겨울철에 기동할 때에는 기름의 온도가 과도하게 저하되어 기름 점도가 높기 때문에 이 경우 회로 속에 기름 가열기를 설치하고 증기나 온수 등으로 가열하여 기름을 적정 온도로 유지시켜야 한다.

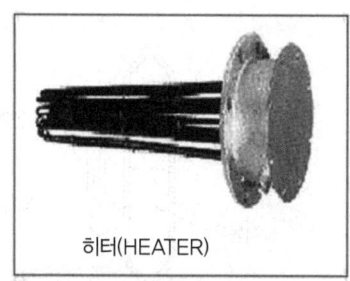

[그림 9-17 가열 장치]

(6) 오일 실
고압이 될수록 기기의 접합부나 이음 부분으로부터 기름이 새기 쉬우므로, 이것을 방지하는 것들을 총칭하여 실 또는 밀봉 장치라 한다. 고정 부분에 사용하는 실을 개스킷, 운동 부분에 쓰이는 실을 패킹이라 한다.

제3절 공압 발생장치와 부속기기

1 공압 발생장치의 분류

(1) 공기 압축기

공압을 이용하여 일을 하려면 먼저 공기를 요구되는 작업 압력까지 압축해야 하며, 이를 위해 공기 압축기나 송풍기가 필요하다. 공기 압축기와 송풍기의 차이는 토출 압력이 1[kgf/cm²] 미만의 것을 일반적으로 송풍기라 부르며, 1[kgf/cm²] 이상의 것을 공기 압축기라 부른다. 송풍기는 다시 팬과 블로워로 나누어지며 토출압력이 0.1[kgf/cm²] 미만을 블로워, 그 이상은 팬이라 부르고 있다. 따라서 대부분이 4~6[kgf/cm²]의 공기압력을 사용 압력으로 하는 자동화용 공압 기기에 사용되는 것은 공기 압축기로서 일반적으로 컴프레서라고 부르는 경우가 많다.

압축기의 형식은 체적 변화의 원리에 의한 것과 공기의 유동원리(Air-Flow Principle)에 의한 것으로 나누어지며, 작업 압력과 공급 체적을 고려하여 결정한다.

[그림 9-18 공기 압축기]

① 체적 변화 원리에 의한 것 : 용기에 공기를 가득 채우고 이 용기의 용적을 감소시킨다.
(예) 피스톤 압축기, 회전 피스톤 압축기
② 공기의 유동원리에 의한 것 : 한쪽으로는 공기를 집어넣고 질량 가속도에 의하여 압축한다.
(예) 터빈 압축기

(2) 공기 압축기의 종류

기계 에너지를 기체 에너지로 변환하는 기계를 말한다.

① **왕복형 피스톤 압축기** : 왕복식 압축기는 왕복운동을 하는 피스톤 또는 다이어프램에 의해 실린더 내용적(內容積)을 증가시키는 행정에서 흡입밸브를 열어 공기를 흡입하고, 실린더 내용적이 줄어드는 행정에서 흡입공기를 압축하여 토출밸브를 열어 토출하는 원리로 피스톤식과 다이어프램식으로 대별된다. 피스톤 왕복식 압축기는 낮은 압력에서부터 높은 압력까지 사용할 수 있다. 피스톤이 하강하면서 흡입밸브를 열고 공기를 흡입하는 행정이고, 피스톤이 상

승하면서 흡입된 공기를 압축하는 과정이다. 1단식 피스톤 압축기의 원리도이나, 고압으로 압축하기 위해서는 다단식 압축기가 필요하다. 다단식 압축기는 흡입공기가 첫 번째 피스톤에 의해 압축되고 여기서 압축된 공기는 냉각실을 통해 냉각된 후에 다음 피스톤으로 2단 압축된다. 이와 같이 왕복식 압축기에서 공기를 압축하면 압축 공기가 고온으로 상승하여 압축기 본체에 열전달 되어 변형을 가져오므로 본체를 냉각하여야 한다.

[그림 9-19 피스톤 압축기]

ㄱ 작동원리 : 크랭크 축을 회전시켜 피스톤의 왕복 운동으로 압력을 발생시킨다.
ㄴ 가장 일반적으로 사용된다.
ㄷ 압력 범위는 1단 압축 1.2(MPa)m, 2단 압축 3(MPa), 3단 압축은 22(MPa)까지이다.
ㄹ 냉각 방법으로는 공랭식과 수랭식이 있다.
ㅁ 소형 압축기에서는 방열 핀을 통한 열의 방출로 공랭식 냉각법을 주로 채용하고, 중형 이상의 압축기에는 실린더 헤드의 외주에 재킷을 설치하여 물을 순환시켜 냉각하는 수랭식을 채용한다. 냉각효과는 크지만 배관설치의 번거로움과 단수, 동결 등의 문제가 있다.

② **왕복형 격판 압축기** : 피스톤이 격판에 의해 흡인실로부터 분리되어 있으므로 공기가 왕복 운동을 하는 피스톤 부분과 직접 접촉하지 않기 때문에 공기에 기름이 섞이지 않게 된다. 압축 공기 중에 이물질이 섞이지 않기 때문에 식료품 가공, 제약 회사, 화학 공업 등에 사용된다.

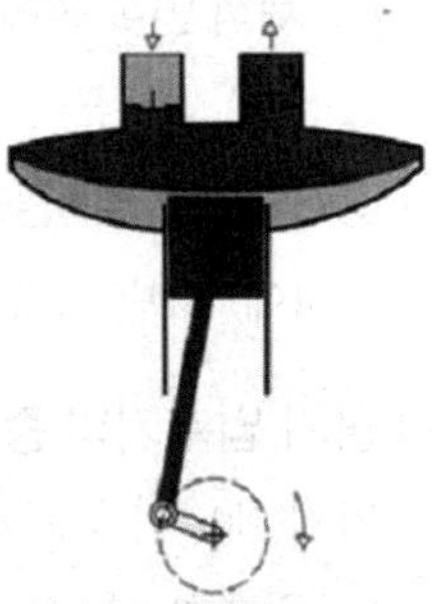

③ **회전형 압축기**

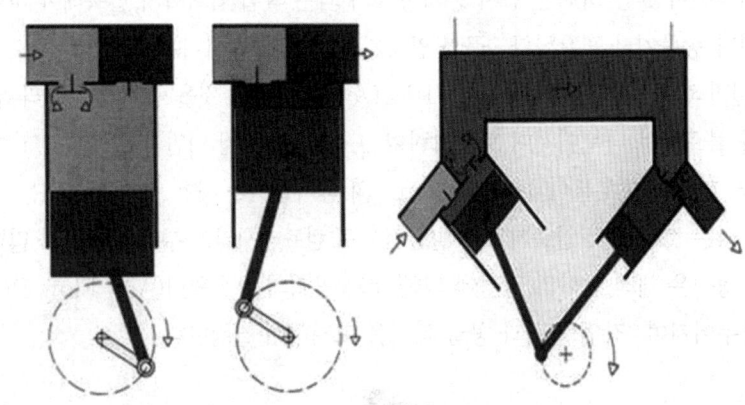

[그림 9-20 격판 압축기]

ㄱ 베인형 : 베인식 압축기는 케이싱 내에 축과 편심된 로터(Rotor)를 갖고 있으며, 이 로터의 방사상 홈에 베인(Vane)이 삽입되어 있으며, 케이싱과 베인에 의해 둘러싸인 용적에 공기가 흡입되고 로터의 회전에 의해 압축되어 토출된다. 즉, 로터가 회전함에 따라 용적이 변화하고 토출구에 도달할 때 소정의 공기 압력으로 상승되는 구조이므로, 왕복식 압축기처럼 흡입밸브나 토출밸브가

없다.
- 소음과 진동이 적다.
- 공기를 안정되고 일정하게 공급한다.
- 맥동과 진동이 적고 소형이다.
- 공기압 모터 등의 공급원으로 이용한다.

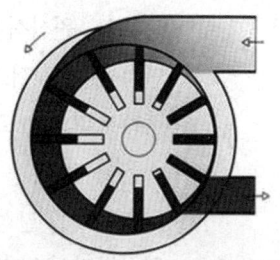

[그림 9-21 베인 압축기]

ⓒ 스크루 압축기 : 암, 수 2개의 나사형 회전자를 서로 맞물려 케이싱에 둘러싸인 공간으로 배제용적을 형성하여, 나사형 회전자의 회전에 의해 공간의 용적이 축 방향으로 압축되어 토출한다. 이들 흡입, 압축, 토출의 각 행정은 회전자의 회전과 함께 연속적으로 이루어지므로 왕복식 압축기에서와 같은 토출 공기의 맥동이 없다. 또한 스크루식 압축기는 회전축이 평행을 이루고 있어서 고속회전이 가능하고 저주파 소음이 없어서 소음 대책이 필요 없어 최근 사용이 증대되고 있다.

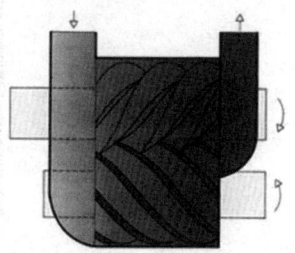

[그림 9-22 스크루 압축기]

- 오목한 측면과 볼록한 측면을 가진 두 개의 로터(Roter)가 한 쌍이 되어 축 방향으로 들어온 공기를 서로 맞물려 회전하며 압축한다.
- 고속 회전이 가능하며 토출 능력이 크다.
- 저주파 소음, 진동이 작다.

ⓒ 루트 블로어 : 케이스 내부에 서로 반대 방향으로 회전하는 임펄스가 케이스 내벽과 케이스 상호간에 근소한 간격을 유지하며 회전한다. 공기는 임펄스가 화살표 방향으로 회전할 때 임펄스와 케이스 내벽을 따라 토출구 쪽으로 이동하며 임펄스의 반복 회전에 따라 공간 용적 만큼의 공기가 회전수에 비례하여 일정량의 공기가 토출된다.

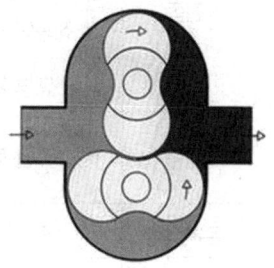

[그림 9-23 루트 블로어]

- 무급유식이며 소형, 고압으로 사용된다.
- 간편하고 견고하여 효율이 좋다.
- 토크 변동이 크고, 소음이 크다.

ⓔ 터보 압축기 : 공기를 압축하는 구성요소로는 공기를 가속시키는 임펠러와 가속된 공기 흐름을 감속시켜 압력으로 전환시키는 디퓨져로 구성되어 있다. 외부 에너지로 공기가 가속되면 임펠러로 흡입되고 흡입된 공기는 가속되어 디퓨저 쪽으로 흘러 들어가 단면적 변화에 따른 팽창의 영향으로 감속이 되면서 압력이 증가하게 된다. 통상 한단의 임펠러에서 이루어지는 압축비는 통상 2.5 이상으로 요구된다.
- 각종 플랜트, 대형, 대용량의 공기압 원으로 이용한다.

- 축류식, 원심식이 있다.
- 연속 운전시 시스템 내의 압력을 감지하여 자동부하 운전을 한다.
- 접촉부위의 마모가 거의 없어 높은 효율을 유지한다.
- 소음이 적다.
- 토출압력을 일정하게 유지할 수 있다.
- 설치공간이 작다.

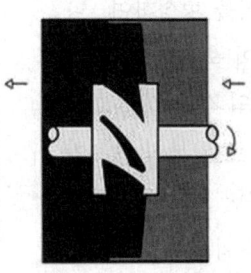
[그림 9-24 축류식 압축기]

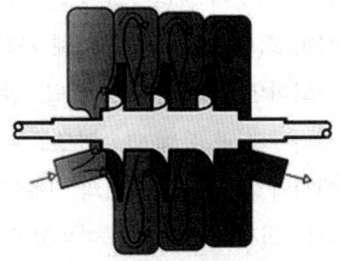
[그림 9-25 원심식 압축기]

(3) 왕복형과 회전형 압축기의 특성 비교

[표 9-2 왕복형과 회전형 압축기의 특성]

구분	왕복형	회전형
진동	크랭크축에 의해 피스톤을 왕복 운동시키므로 진동이 크다.	스크루형, 베인형 모두 진동이 있다.
소음	토출 밸브 등에 의한 소음이 크다.	왕복형에 비하여 소음이 작다.
맥동	비교적 큰 탱크를 설치할 필요가 있다.	비교적 작으며, 소비 공기량이 안정되어 있으면 탱크를 특히 필요로 하지 않는다.
토출압력	저·중·고압력 다단 압축이 쉽다.	고압 성향이 아니다.
유지보수	압축과정에서 피스톤과 접촉부분의 마모가 일어나며 장시간 사용 후에 성능이 저하된다.	압축과정에서 접촉되는 부분이 없으므로 마모가 없고 장시간 운전에도 고성능을 유지한다.
진동	접착식 왕복운동에 의한 기계 진동이 발생하여 견고한 기초가 필요하다.	밸런스가 유지되는 회전식이라 진동이 없어 기초공사가 필요 없다.

❷ 공압부속기기

(1) 냉각기

① 설치 목적

공기 압축기로부터 토출되는 고온의 압축공기를 공기 건조기로 공급하기 전 건조기의 입구 온도 조건(약 35도)에 알맞도록 1차 냉각시키고 수분을 제거하는 장치이다.

② 종류
　㉠ 수랭식과 공랭식이 있으며, 수랭식은 고온 다습하고 먼지가 많은 악조건에서 안정된 성능을 얻을 수 있으므로 냉각 효율이 좋아 공기 소비량이 많을 때 사용되고 공랭식은 냉각수의 설비가 불필요하므로 단수나 동결의 염려가 없으며 보수가 쉬운 곳에 사용한다.
　㉡ 일반 냉각 공기와 유출 압축 공기의 온도차는 7℃ 정도로 설계되어 있다. 동일 냉각 능력으로 수랭식과 비교하면 공랭식의 설비가 오히려 고가이다.
　㉢ 수랭식은 그림과 같이 입구로 들어간 압축 공기가 냉각관 사이를 통과하여 나가고 관 내부로는 냉각수를 통과시켜 냉각수 관의 핀(pin)에서 열 교환이 이루어져 냉각된다. 냉각기에서 압축 공기의 압력 강하는 0.3[kgf/㎠] 정도로 설계되고 있다.
　㉣ 사용상의 주의 사항 : 드레인이 배출 구멍 쪽으로 고이기 쉽도록 설치하여야 하며 수랭식에서 오염된 물은 냉각 효과를 떨어뜨리므로 사용하지 말아야 한다. 공랭식은 통풍이 잘 되도록 벽이나 기계에서 일정 거리를 두고 설치한다.

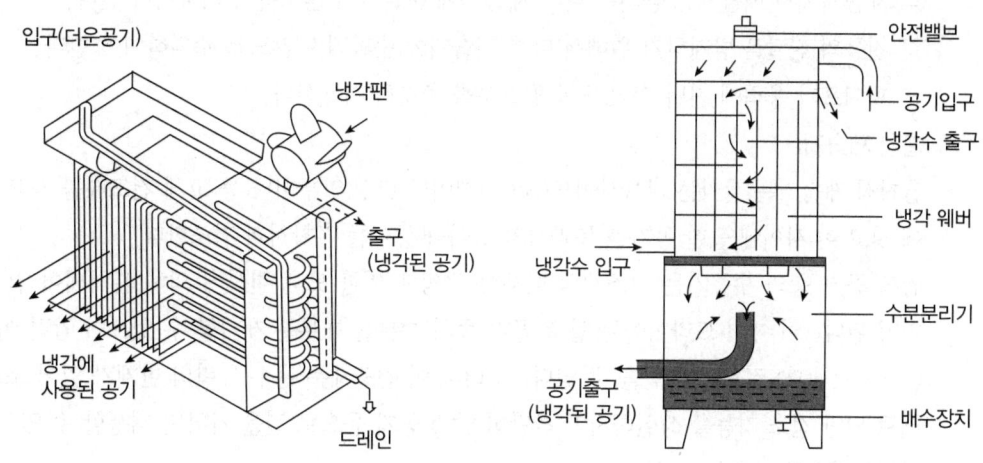

[그림 9-26 냉각기]

(2) 제습기

제습기는 압축 공기 중에 포함된 수분을 제거하여 건조한 공기를 만드는 기기를 말하며 압축 공기를 10℃ 이하로 냉각하여 수증기를 응축, 제거하는 냉동식과 건조제에 의해 물리 화학적으로 수분을 흡수 및 흡착하는 건조제식이 있다.

① 냉동 제습기

냉동식 제습기는 압축 공기를 냉동기로 냉각하고 수분을 응축시켜 수분을 제거한다.
필요 압력 이슬점이 0.5~38℃로, 냉동식 제습기는 설비비, 보수비, 운전비가 저렴하여 가장 널리 사용되고 있다. 압력 이슬점이 0.5℃보다 낮게 되면 열 교환기에 얼음이 얼어 막히므로 이슬점을 0.5℃ 이하로 낮추지 않는다.

이 방식은 냉매의 제어 방식에 모세관 튜브를 사용한 것으로, 입구에서 들어온 압축 공기는 공기 온도 평형기에서 제습된 찬 공기에 의해 예냉(豫冷)된 후 냉각실로 들어가 냉매(프레온 가스)에 의해 2~5℃ 부근까지 냉각되어 제습된다. 제습된 압축 공기는 다시 공기 온도 평형기로 되돌아가 입구에서 유입된 따뜻한 공기와 열 교환을 하고 배관 내에서 이슬이 생기지 않을 정도의 건조한 공기가 되어 출구에서 배출된다. 제거된 수분은 자동 배수 밸브에서 드레인으로 배출된다.

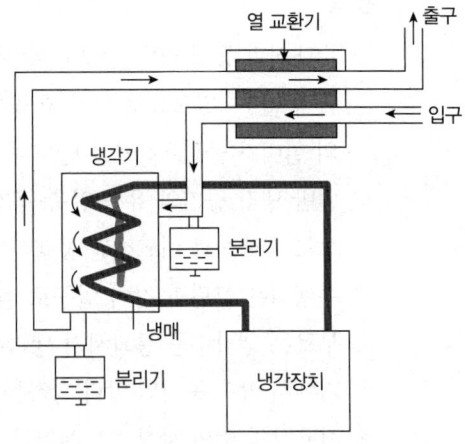

[그림 9-27 냉동 제습기]

㉠ 제습기의 입구 온도가 40도를 넘지 않도록 애프터 쿨러와 주라인 필터 다음에 설치한다.
㉡ 제습기에서 배출되는 공기는 다시 제습기에 순환하지 않도록 주의하여야 한다.
㉢ 진동의 전달을 방지하기 위해서 다시 제습기에 순환되지 않도록 주의하여야 한다.
㉣ 파이프가 응력에 견딜 수 있도록 엘보우를 충분히 사용한다.

② 흡착 제습기

흡착식 제습기는 실리콘 디옥사이드(SiO_2)겔이나 활성 알루미나 등 고체 건조제를 개요 용기에 넣고 이 사이에 습한 공기를 통과시켜 물이나 증기를 흡착시켜 건조한다.

압축 공기 중의 수증기는 건조제의 미세한 구멍에 의한 모세 현상에 의해 흡착되어 건조 공기가 된다. 이 에어 드라이어는 압축 공기 중의 수분을 대부분 제거할 수 있으며 압력 이슬점 0.5~-100℃ 정도까지 얻을 수 있다. 그러나 이 건조제는 흡수 능력의 한계가 있어 포화 상태로 되면 건조 기능을 상실하지만 간단히 압축 공기 등으로 열을 가하면 재생할 수 있으므로 반영구적으로 사용할 수 있다.

재생 방법으로는 건조제가 들어 있는 용기 두 개를 평행으로 연결하여 한 개는 건조 과정으로 수분을 제거하고 다른 흡착기는 더운 공기를 보내 재생시킨다. 재생에 필요한 열에너지는 더운 압축 공기나 전류에 의한 가열기로부터 얻을 수 있다. 또한 건조식 흡착 제습기의 종류로, 압축 공기가 건조제를 통과할 때 물이나 증기가 건조제에 닿으면 화합물이 형성되어 건조제와 물이 용해됨으로써 공기를 화학적 방법으로 건조하는 흡수식 제습기도 있다.

㉠ 고체 흡착제 : 실리콘디옥사이드를 사용하는 물리적 방식이다.
㉡ 고체 흡착제 속을 압축 공기가 통과하도록 하여 수분이 고체 표면에 붙어버리도록 하는 제습기이다.
㉢ 제습기의 재생 방식 : 가열기가 부착된 히트형과 건조공기의 일부를 사용하는 히트리스형이 있다.
㉣ 최대 -70℃ 저노점을 얻을 수 있다.

ⓜ 사용 시 주의 사항
- 에어 입구는 비방폭형 계기의 설치가 안정되고 심한 진동이 없는 장소에 설치한다.
- 에어 출구는 온도가 급격히 변화하지 않으며 0~70℃의 범위를 넘지 않고 상대습도가 90% 이하인 장소에 설치한다.
- 바이패스 밸브는 가능 한 주배관에 설치한다.
- 프리 필터의 흡착제는 1년 1회 정도 교환하는 것이 좋다.
- 제습기 앞쪽에는 반드시 유분 제거 필터와 프리 필터를 설치하여야 한다.
- 프리 필터는 월 1회 정도 정기 점검을 하거나 차압계를 설치하여 압력차에 이상이 있으면 필터를 교환하여야 한다.

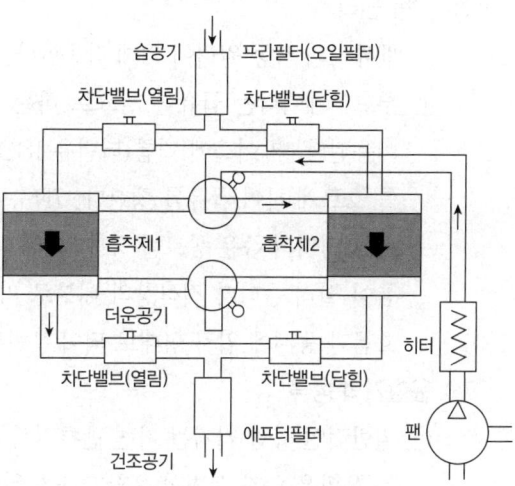

[그림 9-28 흡착 제습기]

③ 흡수식 제습기
㉠ 흡수액(염화리튬, 수용액, 폴리에틸렌)을 사용한 화학적 과정의 방식이다.
㉡ 장비 설치가 간단하다.
㉢ 제습기에 움직이는 부분이 없어 기계적 마모가 적다.
㉣ 외부 에너지의 공급이 필요 없다.

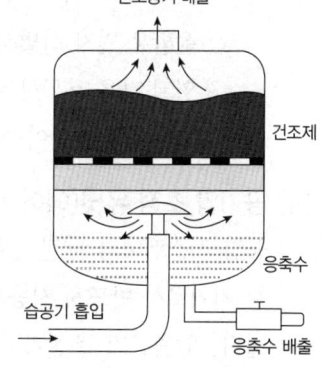

[그림 9-29 흡수식 제습기]

(3) 루브리케이터(윤활기)
① 사용 목적
㉠ 윤활기 : 공압 기기인 공압 실린더나 밸브 등 작동을 원활하게 한다.
㉡ 윤활제 : 기기의 마모를 적게 하고, 마찰력을 감소, 장치의 부식을 방지한다.

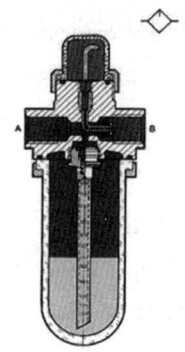

[그림 9-30 윤활기]

② 작동 원리
  ㉠ 벤튜리의 작동 원리에 의해 작동한다.
  ㉡ 루브리케이터는 급유를 필요로 하는 전자 밸브나 액추에이터(실린더 등)를 사용할 경우 이용된다. 케이스에 기름(터빈유 ISO VG 32)을 넣어 두고 IN측에서 OUT측으로 공기를 흐르게 하여 급유를 행한다. IN측에서 들어온 공기는 케이스 내의 유면을 가압함과 동시에 댐퍼의 좁은 통로를 통해 OUT측으로 흐른다. 댐퍼를 통과할 때 차압이 발생하여 기름이 밀려 올라가 적하창의 내부로 기름이 적하되고, 적하된 기름은 OUT측으로 공기가 흐름과 동시에 입자 형태로 되어 운반된다. 적하량은 니들에 의해 조절된다.

③ 윤활기의 종류
  ㉠ 일반적인 공압 기기는 가변 벤튜리식 윤활기가 사용되고, 공압공구(모터, 드라이버 등)에는 윤활유 입자 선별식 윤활기가 사용된다.
  ㉡ 고정 벤튜리식 : 발생된 윤활유 분무량 전부를 송출하고 윤활유 분무 이송도 공기 유량에 따라 변하는 방식이다.
  ㉢ 가변 벤튜리식 : 공기 유량이 변화하면 벤튜리부가 가변되어 항상 적정한 공기 유속이 유지되도록 하는 방법으로 일반적인 공압 기기에 사용된다.
  ㉣ 윤활유 입자 선별식 : 적하된 윤활유가 공기의 흐름 속에 직접 혼입되지 않고 노즐부로 도입된 다음 분무하는 방식으로 공압 공구(공압 모터, 헤드드라이버 등)의 경우 배관이 길어 윤활유의 비산이 어려운 경우에 사용된다.

(4) 공기압 조정 유닛(에어 서비스 유닛)
공압 시스템마다 배관 상류에 설치하여 공기의 질을 조장하는 기기로서 반드시 사용되는 것으로 KS기호에도 압축공기 필터, 압축공기 조절기, 압축공기 윤활기가 조합된 기호로 제정되어 간략화 된 기호도 있다.

(5) 필터(공기 여과기)
① 공기 필터
  ㉠ 사용목적 : 공기압 발생 장치에서 보내지는 공기 중에는 수분, 먼지 등이 포함되어 있다. 이러한 물질을 제거하기 위한 목적으로 사용되며, 입구부에 필터를 설치한다.

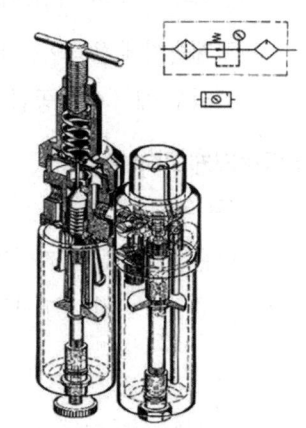

[그림 9-31 공기압 조정 유닛]

  ㉡ 작동원리(원심 분리 방식) : 유입된 공기는 입구와 디플렉터 사이에서 선회 운동을 하여 비교적 큰 유리 방울이나 이물질이 케이스 안쪽으로 밀어붙여져서 벽면을 타고 낙하되어 밑바닥에 모이게 된다. 이때 분리된 수분과 이물질은 콕, 푸시 등의 수동 배출 방식 또는

자동 배출 방식의 밸브에 의해 외부로 배출된다.
- 공기 여과 방식
- 원심력을 이용하여 분리하는 방식
- 충돌판에 닿게 하여 분리하는 방식
- 흡습제를 사용하여 분리하는 방식
- 냉각하여 분리하는 방식
- 드레인 배출 방식
- 플로트식
- 파일럿식
- 전동기 구동방식
- 여과 엘리먼트에 따른 사용 용도

② 타르 제거용 필터
㉠ 설치 목적 : 압축 공기 중에 들어있는 $0.3\mu m$ 이상의 타르나 카본 등의 고형 물질을 효과적으로 제거해 주는 에어 필터로 타르나 카본이 많은 공압 회로에 설치하면 공기 압축기를 보호하고 수명을 연장시킨다.
㉡ 사용상의 주의점
- 필터의 수명은 압력강하가 $0.7 mkg/cm^3$에 이르렀을 때이며 이때에는 필터를 모두 새 것으로 교환한다.
- 필터의 압력 강하를 측정하기 위해서 차압계를 설치하는 것이 좋다.

③ 유분 제거용 필터
압축 공기 중에 들어있는 기름 입자를 0.1ppm 이하까지 제거하는 것으로 계장이나 계측, 고급 도장 등 기름이 있어서는 안 되는 공압 회로에 사용되는 필터이다.
㉠ 사용상의 주의점
- 유분 제거용 필터 앞에는 반드시 타르 제거용 필터나 5의 프리 필터를 사용하는 것이 바람직하다.
- 압력 강하가 $0.7 kg/cm^2$가 되면 엘리먼트를 교환한다.
- 배관 시 절삭유나 방청유를 반드시 제거하여 필터의 성능 단축 및 공기압 압축기에 영향이 없도록 한다.
- 입구 온도가 30℃ 이상이 되면 유분 제거율이 낮아지므로 온도를 30℃ 이하로 해야 한다.

④ 냄새 제거용 필터
㉠ 설치 목적 : 압축 공기 중에 포함되어 있는 냄새를 제거하는 필터로 냄새는 가스분자 크기의 입자이기 때문에 물리적인 흡착에 의해 제거할 수 있으며, 보통 공기를 활성탄에 통과시켜 냄새를 제거한다.

㉡ 사용상의 주의점
- 냄새 제거용 필터 앞에는 반드시 유분 제거용 필터를 설치한다.
- 메탄이나 일산화탄소 그리고 이산화탄소 제거에 사용해서는 안 된다.
- 압력 강하는 $0.7kg/cm^2$가 되면 엘리먼트를 교환한다.

(6) 공압 소음기
① 사용 목적
 공압 회로에서 압축된 공기가 대기로 방출될 때, 발생되는 소음을 방지한다.
② 내부 구조
 ㉠ 폴리에틸렌 소음기
  - 압력감소 멤브레인으로, 소결 폴리에틸렌을 사출성형한 플라스틱 몸체 구조이다.
  - 가격이 싸고, 크기는 작다
  - 오염물질에 의해 쉽게 성능이 저하되므로 일회용으로 적합하다.
 ㉡ 철선으로 채워진 소음기
  - 청동이 섞인 금속몸체 내부에 복잡하게 얽혀진 철선으로 되어있는 구조이다.
  - 가격대가 중저가이며, 내구성이 좋다.
  - 오염물질에 의해 쉽게 막힘이 발생된다.
 ㉢ 쇠그물로 짜여진 소음기
  - 금속 몸체와 몇 겹의 조밀하게 짜여진 쇠그물 층으로 조립되어 있는 구조이다.
  - 가격이 고가이며, 비교적 크기가 크다
  - 오염된 공기에도 막힘이 발생되지 않아 유지관리비가 적게 든다.
  - 필요에 따라 쉽게 청소도 가능하여 장기간 사용이 가능하다.
③ 설치와 유지
 ㉠ 배기되는 가스의 청결도를 항상 관리한다.
 ㉡ 소음기의 종류에 따라 수평 및 수직의 설치방향을 고려한다.
 ㉢ 소음기가 외부로 돌출되어, 충돌로 인한 파손이 발생하지 않도록 설치한다.
 ㉣ 소음기의 막은 생산 효율을 감소 시키기 때문에, 주기적으로 청소를 실시한다.
④ 소음기의 선택 시 고려사항
 ㉠ 배경 소음 레벨 이하로 배출 소음을 감소 시킬 수 있어야한다.
 ㉡ 항상 일정한 유속을 유지할 수 있는 내부 구조를 채택한다.
 ㉢ 외부가 보호 막으로 둘러 쌓여있으며, 충격에 파손되지 않는 내구성을 고려한다.
 ㉣ 토출구가 막히면 배출가스의 흐름을 방향하기 때문에, 유지보수가 간편한 제품을 선정한다.

(7) 배관
① 배관 사용 시 주의사항

㉠ 주배관의 기울기는 1/100 이상으로 한다.
㉡ 분기관은 주배관으로부터 일단 위쪽으로 올린 후 배관한다.
㉢ 나사부 조립 시에 테이프가 들어가지 않도록 1~2산을 남기고 감는다.

② 배관재료
㉠ 강관 : 15A 이상의 고정 배관에 사용된다.
㉡ 동관 및 황동관 : 내식성과 내열성, 강성 등이 요구되는 곳에 사용한다.
㉢ 스테인리스관 : 지름이 큰 경우나 직관부에 사용되지만 작업성이 나쁘다.
㉣ 나일론관 : 내열성이 나쁘나 내식성 및 강도가 우수하여 지름이 작은 공압 배관에 적합하며 절단이 쉽고 작업성이 매우 좋다.
㉤ 폴리우레탄관 : 바깥지름이 6mm 이하인 경우에 사용된다.
㉥ 고무호스 : 탄성이 크므로 공기 공구에 많이 사용되며 작업자가 마음대로 구부리면서 작업할 수 있다.

③ 관의 이음
㉠ 나사 이음 : 일반적으로 관용 테이퍼 나사이며 접속 시에는 누설을 방지하기 위하여 테프론 테이프를 사용하는 것이 보통이며 컴파운드를 같이 사용하기도 한다.
㉡ 플랜지 이음 : 플랜지를 파이프에 용접하여 플랜지와 플랜지를 볼트로 연결시키는 것으로 일반적으로 50A 이상의 관 연결시에 많이 사용되고 있다.
㉢ 플레어 이음(Flare Fitting) : 동관에 많이 사용되는 것으로 관끝 모양을 접시 모양으로 넓혀서 사용한다. 플레어의 각도는 37°와 45°가 있으며 공기용으로는 45°를 사용하고 있다.
㉣ 플레어리스 이음 : 관 끝을 넓히지 않고 파이프와 실리브의 맞물림 또는 마찰을 이용한다.
㉤ 고무호스 이음 : 고무호스를 끼운 후 밴드 등으로 고정시킨다.

제4절 공유압 액추에이터

1 공압 실린더의 구조와 분류

공압 액추에이터는 압축 공기의 압력 에너지를 기계적인 에너지로 변환하여 직선운동, 회전운동 등의 기계적인 일을 하는 기기로서 구동 기기라고도 한다.

(1) 단동 실린더
① 특징
㉠ 행정 거리의 제한(100mm 미만)
㉡ 귀환 장치가 내장되어 있어 공기 소모량이 적다.

② 종류
- ㉠ 단동 피스톤 실린더

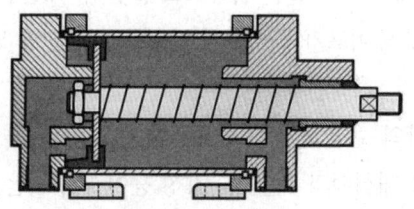

[그림 9-32 단동 피스톤 실린더]

- ㉡ 격판 실린더 : 주로 클램핑에 이용(행정 거리가 3~4mm 정도)

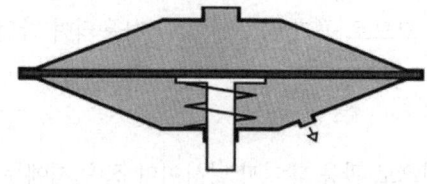

[그림 9-33 격판 실린더]

- ㉢ 롤링 격판 스프링(행정 거리가 50~80mm)

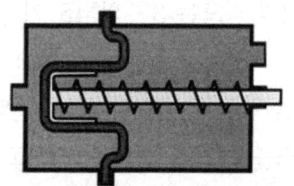

[그림 9-34 롤링 격판 스프링]

(2) 복동 실린더

복동 실린더는 공기의 압력에너지를 직선적인 기계적 힘이나 운동으로 변환시키는 작동 요소로 일반적으로 가장 많이 사용되며 손쉽게 에너지를 직선으로 변환할 수 있는 장점을 가지고 있다.

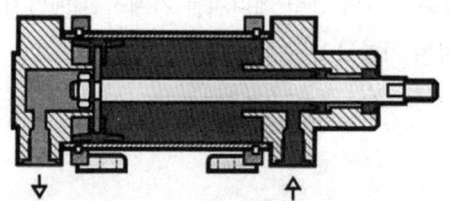

[그림 9-35 복동 실린더]

① 특징
  ㉠ 전·후진 모두 일을 할 수 있다.
  ㉡ 전·후진 운동 시 힘의 차이가 있다.
  ㉢ 행정 거리가 최대 2m 이내이다(로드의 구부러짐, 휨 때문).
② 종류
  ㉠ 양로드형 실린더 : 양방향 같은 힘을 낼 수 있다.
  ㉡ 다위치 제어 실린더 : 정확한 위치를 제어할 수 있다.
  ㉢ 탠덤 실린더 : 같은 크기의 복동 실린더에 의해 두 배의 힘을 낼 수 있다. 단계적 출력 제어가 가능하여 큰 힘을 얻을 수 있다.
  ㉣ 충격 실린더 : 빠른 속도(7~10m/s)를 얻을 때 사용된다.
  ㉤ 쿠션 내장형 실린더 : 충격을 완화할 때 사용된다.
③ 기호

[표 9-3 실린더 기호]

분류	기호	분류	기호
단동형		한쪽쿠션	
복동형		양쪽쿠션	
양로드		다위치형	
텔레스코프형		탠덤형	
램형		다이어프램형	

(3) 특수 실린더
① 텔레스코프형 실린더 : 로드의 전장에 비해 긴 스트로크를 얻을 수 있다.

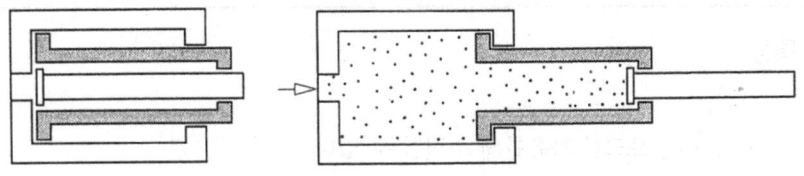

[그림 9-36 텔레스코프형 실린더]

② 램형 실린더 : 좌굴 등 강성을 요구할 때 사용된다.

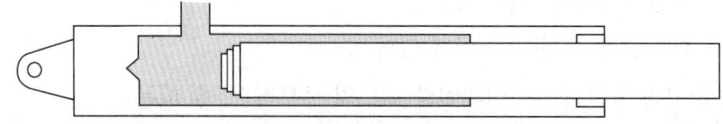

[그림 9-37 램형 실린더]

③ 브레이크 붙이 실린더 : 브레이크로 임의의 위치에 정지할 때 사용된다.

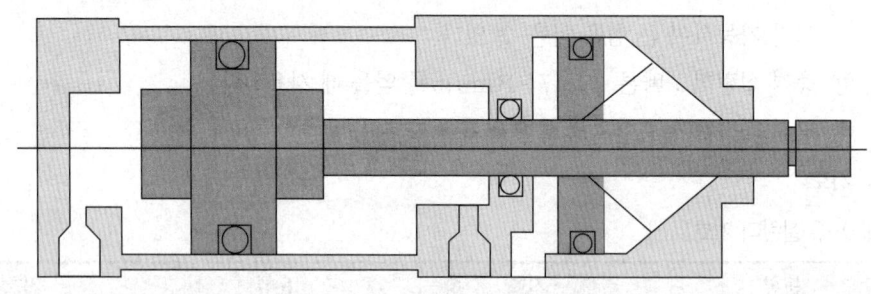

[그림 9-38 브레이크 붙이 실린더]

(4) 공압 모터

공압 에너지를 기계적인 연속 회전 운동으로 변환하는 기기를 공압 모터라고 부르고 베인형 공압 모터는 구조가 간단하고 무게가 가벼워 대부분의 공압 모터는 이 방식으로 만들어진다.

① 공압 모터의 종류

[표 9-4 공압 모터의 특성]

종류	회전량	토크
단동형	한쪽쿠션	쪽쿠션
베인형	고속회전	저토크
피스톤형	중저속회전	고토크
기어형	고속회전	고토크
터빈형	초고속회전	미소토크

② 특징

㉠ 장점
- 회전수, 토크를 자유롭게 조절할 수 있다.
- 과부하 시 위험성이 없다.
- 기동, 정지, 역회전 시 자연스럽게 작동된다.

- 폭발의 위험성이 없어 안전하다.
- 에너지 축적으로 정전 시에도 작동이 가능하다.

ⓒ 단점
- 에너지 변환 효율이 낮다.
- 압축성 때문에 제어성이 나쁘다.
- 회전속도의 변동이 크다.
- 고정도를 유지하기 힘들다.
- 소음이 크다.

(5) 액추에이터

① 특징

공압 모터가 공압 에너지를 연속 회전 운동으로 변환하는데 반해 한정된 운동을 행하는 기기이다. 공압 실린더의 왕복 운동을 외부에서 회전 운동으로 변환하는데 비해 매우 간결한 점이 최대의 특징이다.

② 종류

㉠ 베인(날개)형 : 날개에 의해 공압을 직접 회전 운동으로 변환하는데 날개의 수는 1개의 경우와 2개의 경우가 있다. 2개의 경우는 토크가 배로 되지만 회전 각도가 작고 아주 간결한 것이 특징이다.

㉡ 래크 피니언형 : 피스톤의 왕복 운동을 래크와 피니언을 이용해서 회전 운동으로 변환하며 공기 쿠션을 이용할 수 있는 것이 특징이다.

㉢ 스크루형 : 피스톤의 왕복 운동이 스크루에 의해서 회전 운동으로 변환하는데, 360도 이상의 요동 각도를 얻을 수 있는 것이 특징이다.

❷ 유압 실린더의 구조와 분류

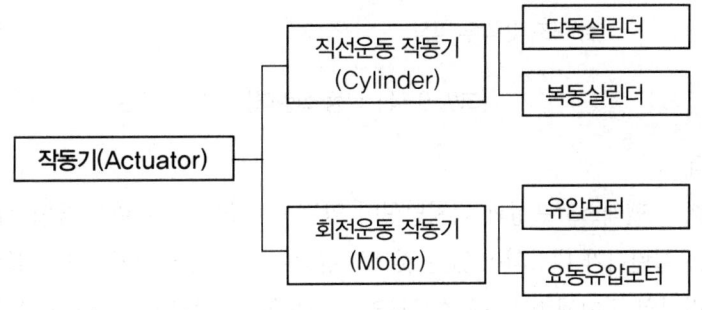

[그림 9-39 액추에이터의 종류]

(1) 유압 실린더

유압 실린더는 유압 에너지를 직선 운동으로 변환시키는 것이며, 여기에는 단동 실린더, 복동 실린더, 다단 실린더 등이 있다.

① 단동 실린더

단동 실린더는 한쪽 방향으로만 힘을 주고(전진 운동) 복귀는 스프링 또는 외력에 의해 자동으로 복귀된다.

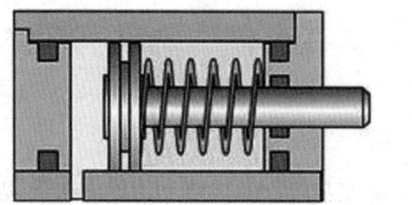 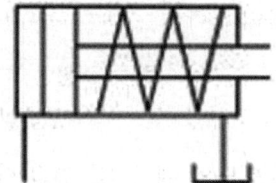

[그림 9-40 단동 실린더]

② 복동 실린더

복동 실린더는 전진과 후진 모두 압력을 가하여 작동시키는 실린더이다.

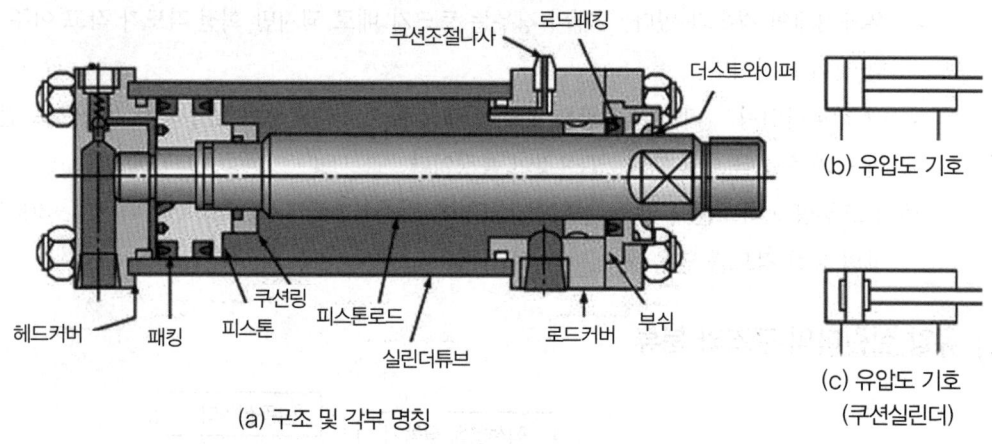

[그림 9-41 복동 실린더]

③ 다단 실린더

다단 실린더는 텔레스코프형과 디지털형이 있는데, 텔레스코프형은 유압 실린더 내부에 또 하나의 작은 실린더가 내장되어 있는 것으로 유압이 유입하면 순차적으로 실린더가 이동하는 것으로 실린더의 길이에 비해 큰 스트로크가 필요할 때 사용되고, 이 실린더는 포트가 하나이고 단동형이다.

디지털형은 하나의 실린더 튜브 속에 몇 개의 피스톤이 삽입되어 있고 피스톤 사이에는 솔레노이드 전자 구조 3방면으로 유압을 걸거나 배유하거나 한다.

④ 유압 모터

구조에 따라 기어모터, 베인모터, 피스톤 모터로 분류한다.

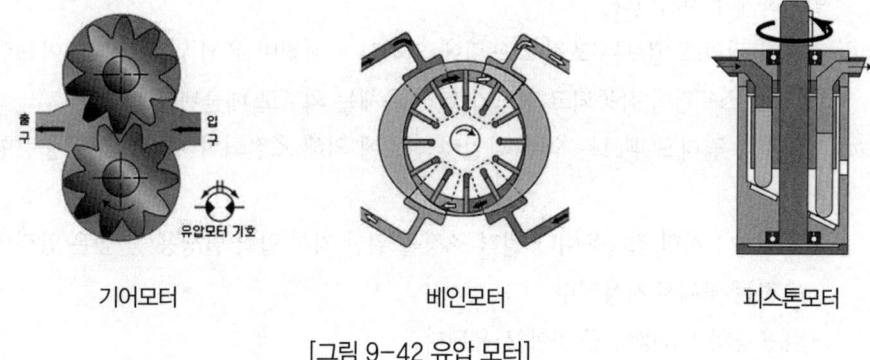

기어모터　　　　　베인모터　　　　　피스톤모터

[그림 9-42 유압 모터]

제5절 공유압 제어 밸브

1 공압 제어 밸브의 기능과 종류

(1) 압력 제어 밸브

유체 압력을 제어하는 밸브로 파일럿 압력에 의한 방법과 출구쪽 압력에 의하여 제어하는 것이 있다.

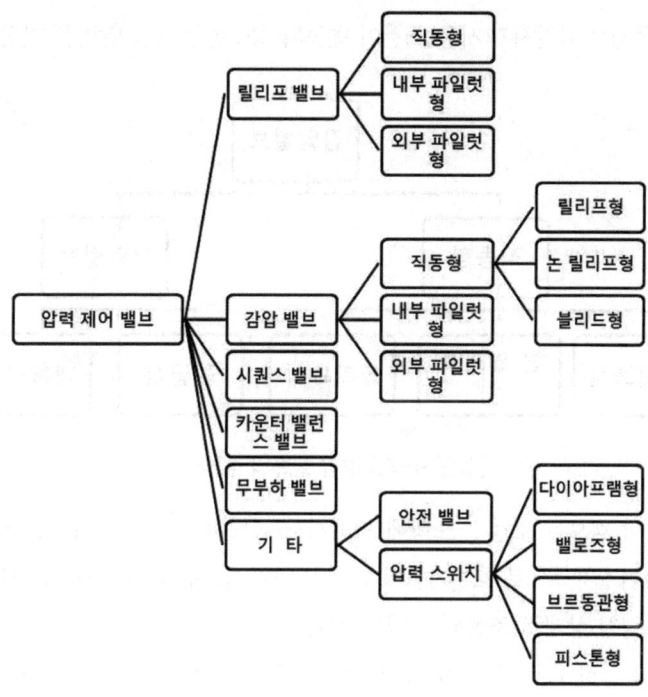

[그림 9-43 압력 제어 밸브의 종류]

① 릴리프 밸브
  ㉠ 회로 내의 유체 압력이 설정값을 초과할 때 배기시켜 회로 내의 유체 압력을 설정값 내로 일정하게 유지시킨다.
  ㉡ 직동형 릴리프 밸브는 조정 스프링에 의해서 조절되며 유체 압력이 다이어프램에 작용하여 조정 스프링이 작동되고 밸브가 열려 유체는 외부로 배출된다.
  ㉢ 파일럿형 릴리프 밸브는 외부 파일럿 신호에 의해 조절되며 정밀형과 대용량형으로 나누어진다.
    • 정밀형 : 시험 검사용이나 원격 조정을 위한 지시 압력 발생용 등 높은 압력의 정밀도를 요하는 곳에서 사용된다.
    • 대용량형 : 유량이 큰 곳에 사용된다.

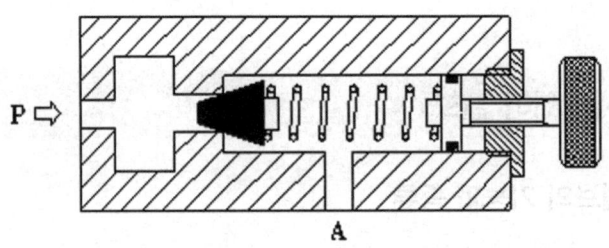

[그림 9-44 릴리프 밸브]

② 감압 밸브
  고압의 압축 유체를 감압시켜 사용 조건이 변동되어도 설정 공급 압력을 일정하게 유지시킨다.

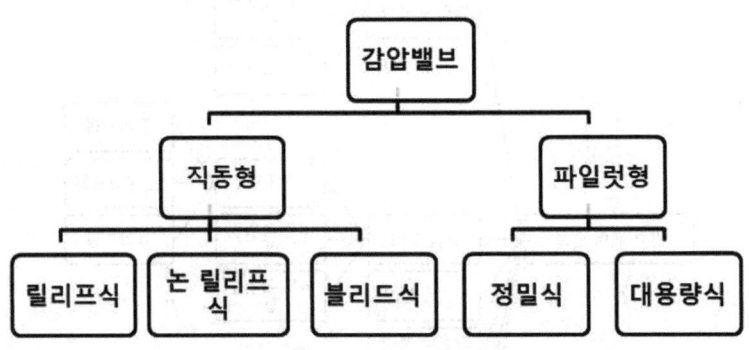

[그림 9-45 감압 밸브의 종류]

  ㉠ 직동형 감압 밸브는 조정 스프링에 의해서 조절되며 그 힘이 스템(Stem)으로 전달되어 1차측 압력이 2차측으로 흐른다. 이 압력이 다이어프램(Diaphragm)에 작용하면 조절 스프링과의 평형 상태로 조절되는 밸브이다.
  ㉡ 릴리프식 : 설정 유체 압력 이상으로 될 때 유체 압력을 대리로 방출한다.

    ⓒ 논 릴리프식 : 1차측 유압체를 차단하여 조절한다.
    ⓒ 브리드식 : 저유량용으로 2차측 유체를 방출한다.
    ⓒ 내부 파일럿형 : 감압 밸브는 내부에 파일럿 기구를 조합한 것으로 2차측 유체 압력의 변화에 대응하여 고정도 압력 제어를 하기 위해 사용된다.
    ⓗ 외부 파일럿형 : 감압 밸브는 조정 스프링 대신 외부 파일럿 압으로 압력을 조정한다.
③ 시퀀스 밸브

공·유압 회로에서 순차적으로 작동할 때 작동 순서를 회로의 압력에 의해 제어하는 밸브이다. 즉 회로 내의 압력 상승을 검출하여 압력을 전달하여 실린더나 방향 제어 밸브를 움직여 작동 순서를 제어한다.

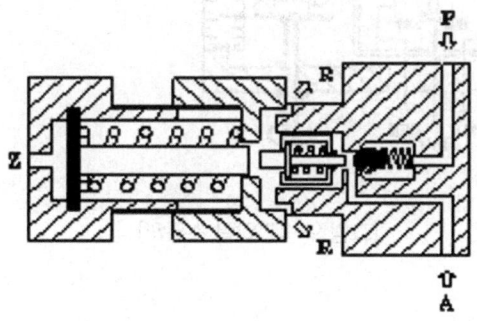

[그림 9-46 시퀀스 밸브]

④ 무부하(Unloading) 밸브

작동압이 규정 압력 이상 되었을 때 무부하 운전을 하여 배출하고 이하가 되면 밸브는 닫히고 다시 작동하게 된다.

⑤ 압력 스위치

회로의 압력이 설정값에 도달하면 내부에 있는 마이크로 스위치가 작동하여 전기회로를 열거나 닫게 하는 기기이다.

    ㉠ 다이어프램형 : 가동 부분에 마찰이 없으므로 히스테리시스가 적고 구조에 따라서는 다이어프램의 변위를 직접 전기 접점의 개폐에 사용하므로 고정도의 안정된 성능을 유지할 수 있다. 주로 0.5MPa 정도의 압력에 사용된다.

    ㉡ 벨로즈형 : 수압부에 벨로즈를 이용하며 주로 1~2MPa 정도의 압력에 사용된다.

    ㉢ 부르동관형 : 압력계에 사용되는 부르동관을 압력 스위치로 이용한 것으로 정도가 높고 내구성이 우수하지만 고압이 걸릴 경우 부르동관에 왜곡이 발생된다. 주로 1~8MPa 정도의 압력에 사용된다.

    ㉣ 피스톤형 : 수압부에 피스톤과 저항 스프링을 조합한 것으로 변위는 크지만 마찰이 커서 정밀도는 좋지 않다. 주로 고압의 유압용으로 1~10MPa 정도의 압력에 사용된다.

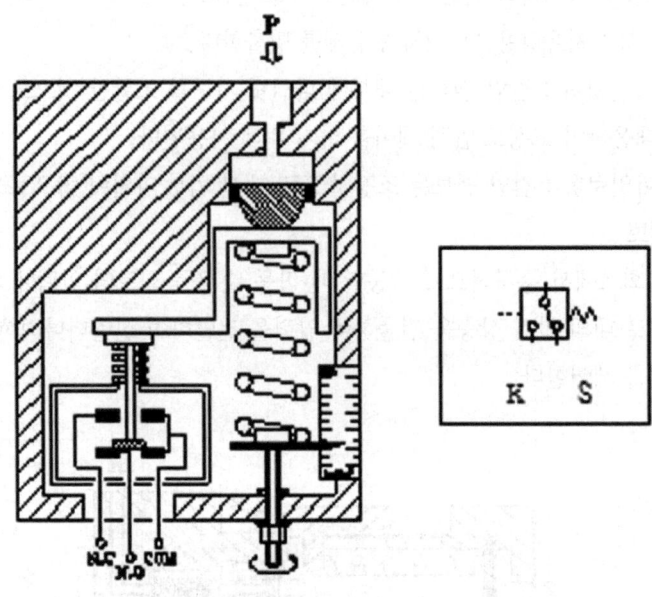

[그림 9-47 압력 스위치]

⑤ 안전회로

회로 내의 압력이 설정 압력 이상이 되면 작동되며 공·유압 기기의 안전을 위한 밸브이다.

㉠ 포핏(Popet) : 밸브의 몸체가 밸브 시트로부터 수직으로 이동하는 것으로 작용이 확실하며 가장 많이 사용된다.

㉡ 다이어프램(Diaphragm)형 : 다이어프램을 이용하여 밸브를 개폐하는 형식이다.

⑥ 카운터 밸런스 밸브

부하가 급격히 제거되었을 때 그 자중이나 관성력 때문에 소정의 제어를 못하게 된다거나 램의 자유 낙하를 방지하기 위하여 귀환유의 유량에 관계없이 일정한 배압을 걸어주는 역할을 한다. 주로 배압 제어용으로 사용된다.

(2) 유량 제어 밸브

유량 제어 밸브는 공기 유량을 조정하여 사용하는 구동 기기에 배기량 또는 공급량을 조절하여 구동 기기의 속도를 제어한다. 유량 제어 밸브는 밸브 내부의 통로 면적을 변화시킴으로써 공기 흐름의 유량을 변화시키는 구조이므로 용도 및 기능에 따라 교축 밸브, 속도 제어 밸브, 배기 교축 밸브, 급속 배기 밸브 등으로 분류할 수 있다.

① 교축 밸브

유로의 단면적을 교축하여 유량을 제어하는 밸브로 니들 밸브를 밸브 시트에 대체 이동시켜 교축하는 구조로 된 것이 많다.

② 속도 제어 밸브

속도 제어 밸브는 교축 밸브와 체크 밸브가 병렬로 조합되어 일체화된 것으로 주로 공기압 실린더의 속도 제어에 사용되고 있다.

㉠ 실린더의 속도를 제어하는 방식
㉡ 실린더에 공급되는 유체를 교축하는 미터-인 방식
㉢ 배기되는 유체를 교축하는 미터 아웃 방식
㉣ 실린더와 병렬로 밸브를 설치하여 실린더로 유입되는 유량을 조절하는 블리드 오프 방식

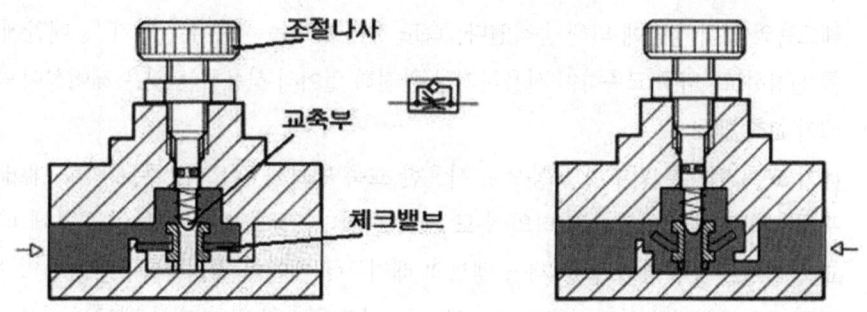

[그림 9-48 속도 제어 밸브]

좌에서 우로 흐르는 경우 체크 밸브를 열어 자유 흐름이 되는데, 우에서 좌로 흐를 때는 교축 밸브만을 통과하여 제어 흐름이 된다. 공기압 실린더의 속도를 제어하는 방식에는 미터 아웃(Meter Out) 방식과 미터 인(Meter In)방식이 있는데 일반적으로 미터 아웃 방식이 사용된다. 미터 아웃 방식에 대해 살펴보면 다음과 같다. 배관은 5포트 솔레노이드 밸브가 오프(off)시에 실린더의 헤드쪽 공기는 배기되고, 로드쪽에 압축공기가 유입되어 실린더가 후진 상태로 되도록 한다.

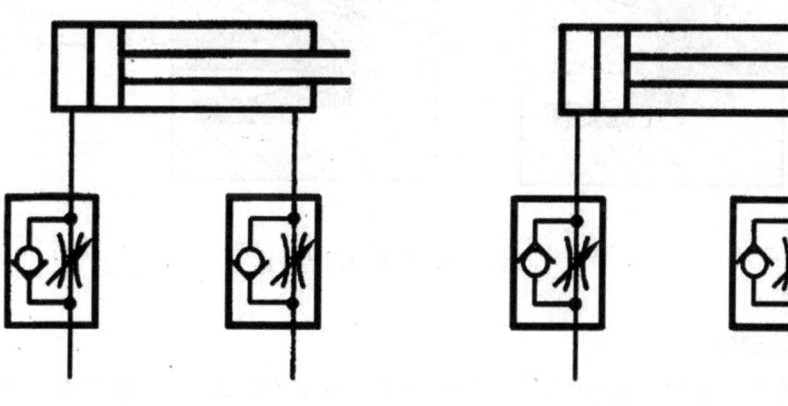

[그림 9-49 미터 아웃 방식]   [그림 9-50 미터 인 방식]

5포트 솔레노이드 밸브가 작동하면 헤드측으로는 속도 제어 밸브의 체크 밸브를 통해 공기는 자유 흐름으로 공급되므로 압력의 상승은 대단히 빠르다. 로드측의 공기는 교축밸브를 통과하여 배기되기 때문에 헤드측의 압력과 로드측 압력은 균형을 이루면서 배기되는 양에 상당한 양만큼만 피스톤이 이동하게 되므로 안정된 속도를 얻게 된다.

속도 제어 밸브는 공기압 실린더 가까이에 설치하여 가능한 배관 용적을 적게 함으로써 제어성을 향상시킨다. 미터인 회로의 경우 솔레노이드 밸브를 작동하면 헤드측으로 교축 밸브를 통해 소량의 공기가 유입되기 때문에 압력 상승이 늦다. 한편 압축 공기 유입의 반대측인 로드측에서는 대기중으로 급속하게 배기되므로 피스톤을 지지하는 힘이 없는 상태에서 피스톤은 헤드측의 압력 상승에 의해 움직인다. 속도 제어 밸브는 사용하는 기기 및 배관에 적당한 크기를 선정하고, 너무 교축하여 사용하거나 완전히 열어서 사용하는 것은 제어성이 좋지 않다.

③ **배기 교축 밸브**

배기 교축 밸브는 원추 밸브봉으로 사용한 교축 밸브와 같으며, 주로 방향 제어 밸브의 배기구에 부착하여 공기압 실린더의 속도 제어를 한다. 방향 제어 밸브의 구조에 따라서는 배기 교축 밸브를 부차하면 방향 제어 밸브의 배기구에 배압이 걸려 작동 불량을 일으키는 경우가 있으므로 주의해야 한다. 배기 교축 밸브는 비교적 소형 방향 제어 밸브에 사용되고 있다.

④ **급속 배기 밸브**

급속 배기 밸브에는 플런저 방식과 다이어프램 방식이 있으며, 다이어프램 방식 중에는 랩 패킹을 사용한 것도 있다.

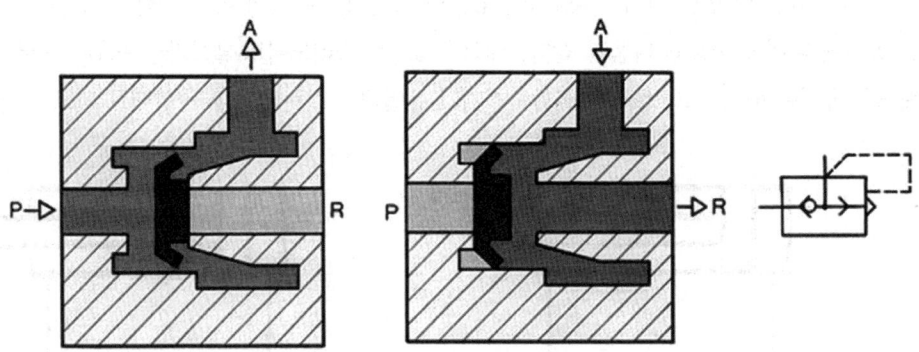

[그림 9-51 급속 배기 밸브]

(3) 방향 제어 밸브

공기압 회로에 있어서 실린더나 기타의 액추에이터로 공기의 흐름 방향을 변환시키는 것이 방향 제어 밸브이다.

[표 9-5 방향 제어 밸브]

종류		KS 기호	접속구의 기능
포트의 수	제어위치의 수		
2포트	2위치		압축공기 입구 P 압축공기 출구 A
3포트	2위치		압축공기 입구 P 압축공기 출구 A 배기구 R
3포트	3위치 (full-close)		
4포트	2위치		압축공기 입구 P 압축공기 출구 A 압축공기 출구 B 배기구 R
4포트	3위치 (full-close)		
4포트	3위치 (ABR-open)		
4포트	3위치 (PAB-open)		
4포트	2위치		압축공기 입구 P 압축공기 출구 A 압축공기 출구 B 배기구 R1, R2
4포트	3위치 (full-close)		

① 기능에 의한 분류
  ㉠ 포트의 수 : 방향 제어 밸브의 사용목적에 변환 통로의 수가 기본이고, 이것을 나타내는 것이 접속구의 수 즉, 포트의 수이며 밸브에 뚫려있는 개구의 수를 포트(Port)라 한다.
  ㉡ 위치의 수 : 방향 제어 밸브가 공기압의 흐름을 변환한다는 것은 제어 밸브의 복수 상태를 말하는데, 이 변환 상태를 위치라 하고 2종류의 변환 상태를 2위치라고 한다. 일반적으로 2위치, 3위치가 대부분이고 4위치 이상의 다위치 등의 특수 밸브도 있다.

② 조작 방식에 의한 분류

[표 9-6 조작 방식에 의한 분류표]

조작 방식	종 류	KS 기호
인력 조작 방식	누름 버튼 방식	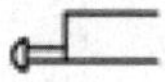
	레버 방식	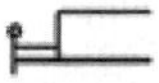
	페달 방식	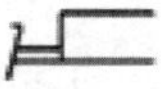
기 계 방 식	플런저 방식	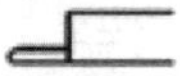
	롤러 방식	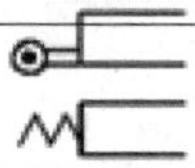
	스프링 방식	
전 자 방 식	직접 작동 방식	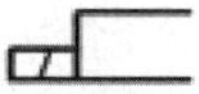
	간접 작동 방식	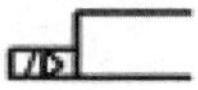
공기압 방식	직접 파일럿	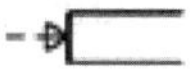
	간접 파일럿	
기 타 방 식	디 텐 트	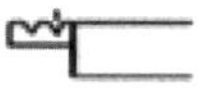

③ 밸브의 구조에 의한 분류

밸브의 구조에 따라 포핏식, 스풀식, 미끄럼식(슬라이드식)과 이것들을 조합한 것 등으로 분류된다.

④ 밸브의 크기를 표시하는 방법으로는 오리피스 크기에 따르는 경우와 배관 접속구의 크기에 따르는 경우, 두 가지 방법이 있다.

(4) 기타 밸브

① 체크 밸브(Check Valve)

한쪽 방향의 유동은 허용하고 반대 방향의 흐름은 차단하는 밸브로서 역류 방지용으로 사용된다. 차단시키는 방법에는 원추나 볼, 판, 또는 격판 등이 사용되며 종류에도 스프링이 없는 것과 내장된 것 등이 있다. 스프링이 내장된 체크 밸브는 출구 압력이 입구의 압력보다 크거나 같을 때에는 스프링과 대응되는 압력으로 차단시키는 밸브이다.

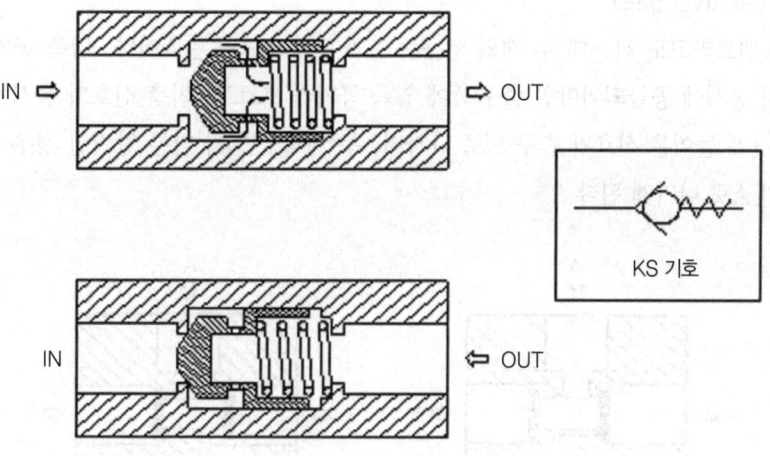

[그림 9-52 체크 밸브]

② 셔틀밸브(Shuttle Valve : OR밸브)

OR 밸브라고도 하며 공기압 회로를 구성할 때 두 개 이상의 방향으로부터 흐름을 하나로 합칠 필요가 있을 때 사용되므로 이 밸브는 입구가 두 개이고 출구는 한 개이다. 한쪽 입구에서 유입된 공기는 출구로 유출되고, 다른쪽 입구는 닫혀 있어 공기가 거기에서 유출되지 않도록 되어 있다.

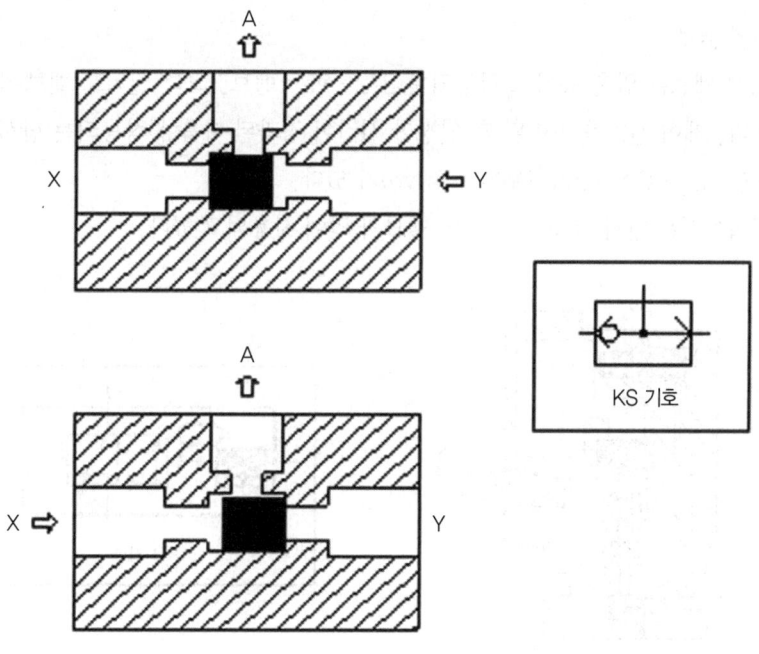

[그림 9-53 셔틀밸브]

③ 2압 밸브(AND 밸브)

AND 밸브라고도 하는데 두 개의 입구는 X와 Y이고 출구는 A이다. 압축 공기 X와 Y의 두 곳에서 동시에 공급되어야만 출구 A에 압축 공기가 흐르고, 압축 신호가 동시에 작용하지 않으면 늦게 들어온 신호가 출구 A로 나가며, 두 개의 신호가 다른 압력일 경우 작은 압력쪽의 공기가 A로 나가게 된다.

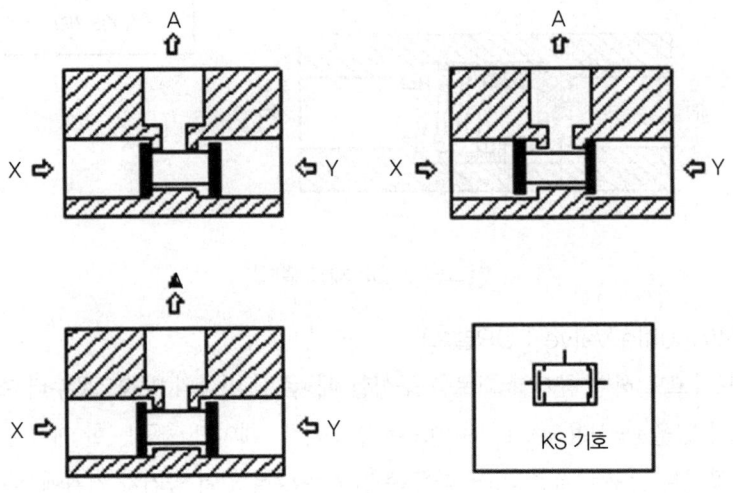

[그림 9-54 2압 밸브]

④ 시간 지연 밸브

시간 지연 밸브는 압축 공기로 작동되는 3/2-way 밸브, 교축 릴리프 밸브 및 탱크로 구성되어 있다. 제어 신호가 입력된 후 일정한 시간이 경과된 다음에 작동되는 한시 작동 시간 지연 밸브(Delay-ON Time Delay Valve)가 있다.

순수 공압에서는 한시 작동 시간 지연 밸브가 많이 사용되고 있다.

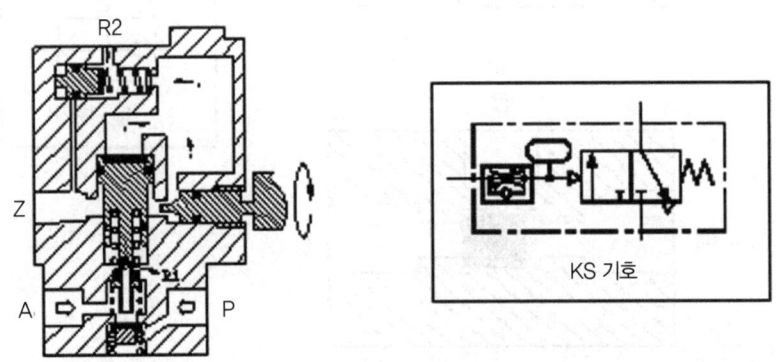

[그림 9-55 시간 지연 밸브]

⑤ 공압 근접 감지 센서(Pneumatic Proximity-sensing device)

생산 기계, 조립 장치 및 기계와 사용하는 사람의 안전을 위하여 새로운 자동화 장치가 요구되고 있으며, 많은 경우에 비접촉식 감지 센서가 요구된다. 비접촉식 감지 장치는 공압에서는 근접 감지 장치이며 이의 원리에는 자유 분사 원리(Free-jet Principle)와 배압 감지(Back-pressure Sensor) 원리의 두 가지가 있다.

㉠ 공기 배리어(Air barrier) : 분사 노즐과 수신 노즐로 구성되어 있으며, 두 개의 노즐에는 모두 공기 공급 구멍에 0.1~0.2bar의 공기가 공급되며 공기의 소모량은 0.5~0.8m/hr 정도이다. 작동원리는 분사 노즐과 수신 노즐에서 공기를 모두 분사하며 분사 노즐에서 분사된 공기는 수신 노즐에서 분사된 공기가 자유로 방출되는 것을 방해하여 수신 노즐의 출구에 약 0.005bar 정도의 배압이 형성되도록 한다. 이 신호 압력은 요구되는 압력까지 증폭기를 통하여 높여지게 된다. 만약 어떤 물체가 두 노즐 사이에 존재하게 되면 수신 노즐의 출구 압력은 0으로 떨어지게 된다. 두 노즐의 물체 감지 거리는 100mm를 초과해서는 안 되고 용도는 주로 생산이나 조립공정에서 계수(Counting)나 어떤 물체의 유·무에 대한 검사 등에 사용된다.

㉡ 반향 감지기(Reflex sensor) : 배압의 원리에 의해 작동되며 구조가 간단하고 분사 노즐과 수신 노즐이 한데 합쳐 있다. 공기 공급부에 유압 제어 0.1~0.2bar 정도의 압축 공기를 공급하면, 이 공기는 환상의 통로를 통하여 빠져나가게 되며 속의 노즐부는 대기압보다 낮은 상태가 된다. 만약, 외부의 물체에 의하여 환상의 통로(Annular Channel)로 분사되는 공기가 방해를 받으면 속의 수신 노즐에 배압이 형성된다. 즉 출구에 신호 압력이 형성되게 되면 이는 증폭기를 통하여 밸브를 제어하게 된다. 감지할 수 있는 노즐과 물체 사이의 거리는 1~6mm 정도이며, 특수한 것은 20mm 정도까지 감지할 수 있다. 이 반향 감지기는 먼지, 충격파, 어두움, 투명함 또는 내자성 물체의 영향을 받지 않기 때문에 모든 산업체에 이용될 수 있다. 즉, 프레스나 펀칭 작업에서의 검사 장치, 섬유 기계, 포장 기계에서의 검사나 계수, 목공 산업에서의 나무판의 감지, 매거진 검사 등에 이용된다.

㉢ 배압 감지기(Back-pressure sensor) : 사용 용기 압력은 0.1~0.8bar 정도이며, 공기의 손실을 줄이기 위하여 안쪽은 교축 밸브로 되어 있으며 신호가 있을 가능성이 있을 때에만 압축 공기를 공급하여 주는 것이 좋다. 이 센서는 위치 제어와 마지막 위치 감지에 적당하며, 압력 증폭기가 필요 없게 된다.

㉣ 공압 근접 스위치(Pneumatic Proximity Switch) : 공압 근접 스위치는 공기 배리어와 같은 원리로 작동되는데, 밸브 하우징 내에 있는 리드 스위치(Reed Switch)가 입구에 출구로 통하는 공기의 흐름을 막고 있다가 영구 자석이 부착된 피스톤이 접근하게 되면 리드가 밑으로 내려오게 되어 입구에서 출구로 공기가 통하게 된다. 그리고 피스톤이 움직여 가게 되면 리드는 원위치로 되돌아오게 되는데, 출구의 신호 압력은 저압이기 때

문에 압력 증폭기를 사용해야만 된다.

2 유압 제어 밸브의 기능과 종류

유압 제어 밸브란 유압 계통에 사용하여 흐름의 정지, 방향의 전환, 유량의 조정, 압력의 조정 등의 기능을 하는 유압기기이다. 유압 제어 기능에 따라 크게 세 가지로 나누는데 압력 제어 밸브, 유량 제어 밸브, 방향 제어 밸브 등이 있다.

이러한 밸브는 기능에 따라 조합하면 여러 가지 특징을 갖는 유압 계통을 구성할 수 있다. 그러므로 유압 제어 밸브는 유압 계통을 구성하는 요소 중 가장 다양하고 중요한 기기라고 할 수 있다. 압력 제어 밸브는 유압 시스템의 압력을 일정하게 유지하거나, 최고 사용압력을 제한하여 유압 기기를 보호하거나 또는 압력에 따라 액추에이터의 작동 순서를 제어시키거나 일정한 배압을 형성시켜 안전을 도모하는 등의 기능을 담당하는 밸브를 말한다.

액추에이터의 속도를 제어하기 위해서는 유량을 조절해야 하는데 이때 유량을 제어하는 밸브를 총칭하여 유량 제어 밸브라 한다.

방향 제어 밸브는 액추에이터의 운동 방향을 제어하기 위하여 작동 유의 흐름 방향을 변환시키거나 정지시키는 기능의 밸브를 말한다.

(1) 압력 제어 밸브

압력 제어 밸브는 기능에 따라 다음의 두 가지로 분류할 수 있다.

[표 9-7 압력 제어 밸브의 기능에 따른 분류]

기능	종류
회로 내의 압력을 설정치 이하로 유지하는 밸브	릴리프 밸브, 감압 밸브
회로 내의 압력이 설정치에 도달하면 회로의 전환을 행하는 밸브	시퀀스 밸브, 카운터 밸런스 밸브, 압력 스위치

① 릴리프 밸브

유압 펌프에 의해 발생한 유압력으로 실린더를 조작하는 경우, 실린더가 스트로크 끝에 도달했을 때는, 회로내의 압력을 유압장치가 파손할 때까지 상승한다. 릴리프 밸브는 이와 같은 과부하 방지와 회로압력을 일정하게 유지해서 유압 모터의 토크와 실린더의 추력을 제어하는 밸브이다. 성능이 좋은 릴리프 밸브는 다음으로 평가한다.

㉠ 이전 누설이 작아서 압력 오버라이드(Over Ride) 특성이 좋다.
㉡ 응답성이 좋다
㉢ 진동 소음이 작다.
㉣ 파일럿 작동형 : 주밸브의 움직임을 유압 밸런스로 하고 있으므로 채터링 현상이 일어나지 않고 압력 오버 라이드가 작으며, 벤트 구멍을 이용하여 원격 제어를 할 수 있는 이점이 있다.(압력의 설정은 스프링을 이용하는 것은 직동형과 같으나 주밸브는 기름 압력에 의한다.

ⓜ 직동형
　　ⓑ 대체로 저압 또는 작은 유량일 때 쓰인다.
　　ⓢ 릴리프 밸브의 성능 중 회로의 효율에 크게 영향을 미치는 것으로 오버 라이드 특성이 있다.(직동형은 높은 압력, 많은 유량일수록 오버 라이드 특성이 저하한다.)
　　ⓞ 릴리프 밸브 작동시 채터링이 발생될 때가 있는데 직동형에서는 채터링 발생 대책으로 덤핑실을 만든다.

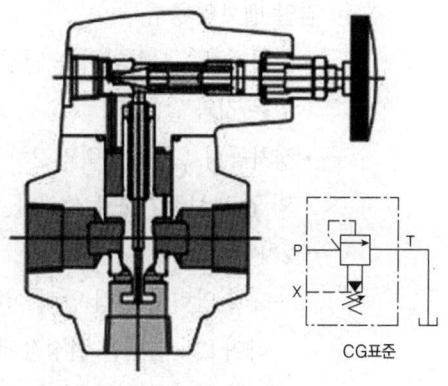

[그림 9-56 파일럿 작동형 릴리프 밸브]

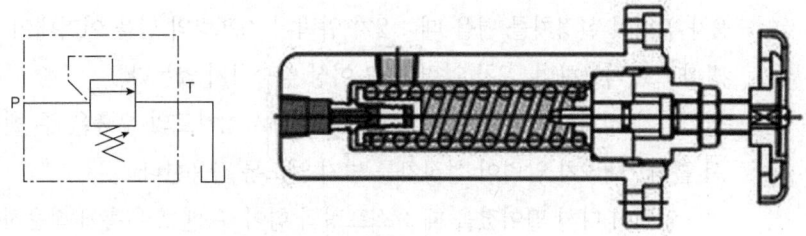

[그림 9-57 직동형 릴리프 밸브]

② 감압 밸브(레귤레이터)

회로의 일부에 감압한 압력을 가하는 기능을 지니는 압력 제어 밸브이다. 설정된 2차 압력이상의 1차 압력 변동에 대해서 2차 압력은 변화를 받지 않고 언제나 설정된 일정한 압력을 유지한다. 제어 밸브로서의 파일럿 압력은 밸브의 출구쪽, 즉 2차 압력으로부터 유도되며, 항상 2차 쪽의 파일럿 유압으로 제어되며 1차 압력과는 관계가 없다.

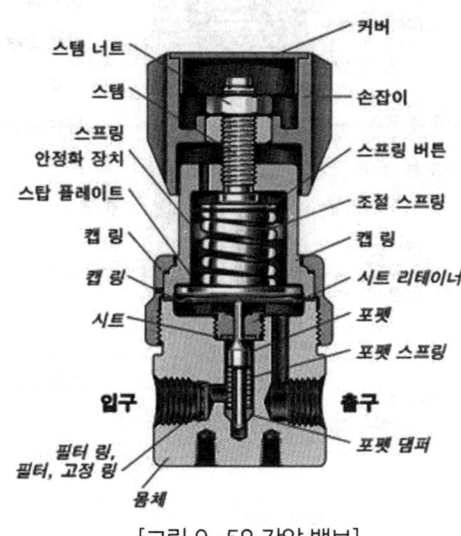

[그림 9-58 감압 밸브]

㉠ 감압 밸브의 종류
- 정비례형 : 1차 압력을 일정한 비율로 감압하는 것이며, 고압 1차 베인 펌프에 쓰이고 있는 것과 같다.
- 정차등형 : 1차 압력과 2차 압력의 차를 일정하게 유지하는 밸브이며, 유량 조절 밸브의 압력 보상기구로 쓰인다.
- 2차압 일정형
  - 1차 압력이 설정 압력 이하일 때 : 전부 열리고, 설정된 압력 이상이 되면 이에 작용하여 2차 압력을 설정값에서 멈추게 한다.
  - 2차 압력이 설정 압력 이하일 때 : 2차 압력은 상부 파일럿 포트를 통하여 주 밸브의 우측에 작용하고 있는데 스프링 힘으로 주 밸브는 열리고 있다.
  - 2차 압력이 설정치를 넘을 때 : 2차 압력이 스프링의 힘을 이겨내어 주 밸브를 닫는 방향으로 작동하며, 2차 압력은 그 이상 상승하지 않는다.
  - 실린더가 정지하여 가압 상태일 때 : 1차에서 2차로의 누출은 주 밸브 안의 구멍에서 흘려보내 2차 압력이 설정치를 넘지 않도록 작용한다.
  - 2차 압력이 다시 떨어졌을 때 : 스프링의 힘이 주 밸브 우측에 작용하는 전압력을 이겨내어 주 밸브는 복귀한다.

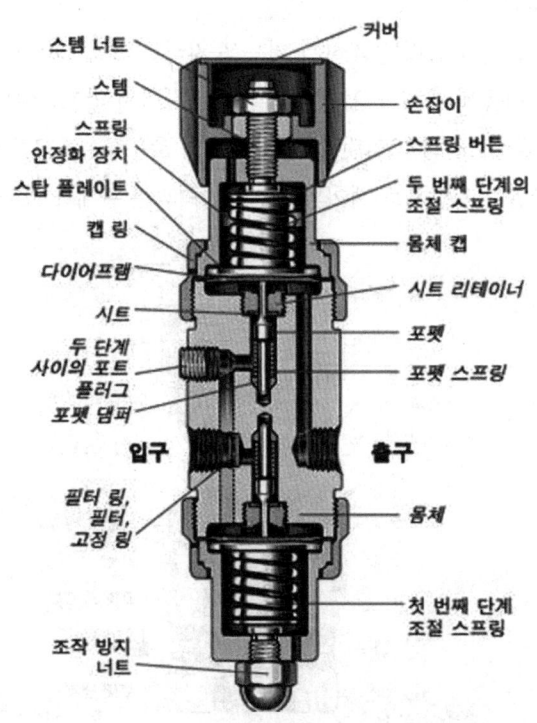

[그림 9-59 감압 밸브]

③ 시퀀스 밸브

이 밸브는 액추에이터 작동 순서를 결정하는 밸브로 제1의 액추에이터가 작동하고 작동종료 시점에서 압력이 상승하면 이 시퀀스 밸브가 열려 제2의 액추에이터 움직이기 시작하도록 할 때에 사용된다.

릴리프 밸브로는 전용의 릴리프 밸브가 따로 있고 압력 간 오버라이드 특성도 나쁘기 때문에 사용되지 않는다. 그림 9-60은 시퀀스 밸브 두 개를 사용한 예로 실린더의 동작순서는 그림 중에 표시되어 있다.

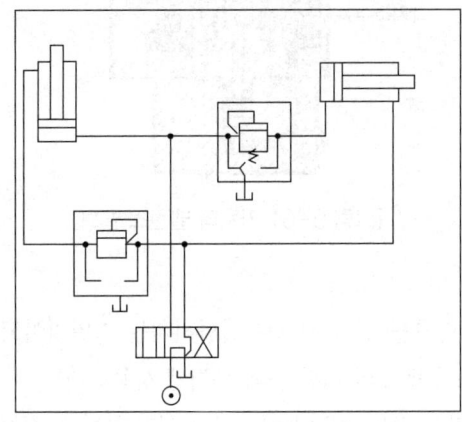

[그림 9-60 시퀀스 밸브]

④ 카운터 밸런스 밸브

유압 시스템에서 높은 압력을 이용하게 되면 실린더의 속도 제어에 의한 압력의 증폭 현상으로 미터 아웃 방법은 위험하기 때문에 실린더로 공급되는 유량을 조절하는 미터인 방법을 사용해야 한다.

그러나 유압 실린더의 속도를 미터인 방법으로 제어하게 되면 실린더에 운동방향과 같은 방향의 힘, 즉 인장 하중이 작용하게 되면 유압 실린더는 속도 제어 능력을 상실하고 하중이 작용하는 방향으로 끌리게 된다.

이러한 인장 하중이 작용하더라도 속도 제어 능력을 유지하면서 움직이기 위해서는 인장 하중이 걸리는 쪽에 배압을 형성시켜 주면 가능하게 된다.

즉, 실린더가 전진 운동을 할 때에 인장 하중이 작용하는 경우에는 피스톤 로드 측에 압력 릴리프 밸브를 설치하여 배압을 형성시켜 주면 인장 하중에 의하여 피스톤 로드가 끌리는 현상을 방지할 수 있게 된다.

이와 같은 용도로 압력 릴리프 밸브가 사용될 때를 카운터 밸런스 밸브(Counter Balance Valve)라 부른다.

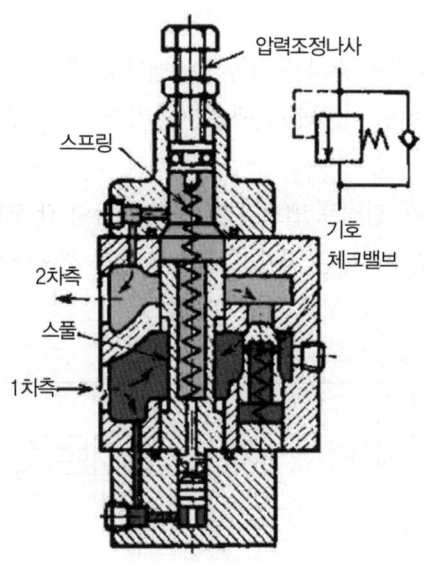

[그림 9-61 카운터 밸런스 밸브]

⑤ 압력 스위치

압력 스위치는 유압 신호를 전기 신호로 전환시키는 스위치이고 이 스위치는 전동기의 기동, 정지, 솔레노이드 조작 밸브의 개편 등의 목적에 사용한다.

- 스위치 구조 : 압력을 받는 유압 부분, 전기 신호를 받는 접점 부분, 그리고 압력을 설정하는 압력 설정 부분으로 구성한다.

(2) 방향 제어 밸브

① 형식

방향 제어 밸브에 사용되는 밸브의 기본 구조는 포핏 밸브식(Poppet Valve Type), 로터리 밸브식(Rotary Valve Type), 스풀 밸브식(Spool Valve Type)으로 구별할 수 있다.

㉠ 포핏 밸브식 : 이 형식은 밸브의 추력을 평형시키는 방법이 곤란하고 조작의 자동화가 어려우므로 고압용 유압 방향 전환 밸브로서는 널리 사용되지 않는다. 그러나 밀봉이 극히 우수하고 이물질에 민감하지 않아 공압 방향 전환 밸브로 사용되며 수명이 길다.

㉡ 로터리 밸브식 : 이 형식은 일반적으로 회전축에 직각되는 방향으로 측압이 걸리고, 또 로터리에 많은 압유 통로를 뚫어야 하기 때문에 밸브 본체가 비교적 대형이 된다. 그러므로 고압 대용량의 것은 불리하다. 이 형식의 밸브는 구조가 간단하고 조작이 쉬우면서 확실하므로, 유량이 적고 압력이 낮은 원격 제어용 파일럿 밸브로 사용되는 경우가 많다.

㉢ 스풀 밸브식 : 이 형식은 전환 밸브로서 가장 널리 사용되고 있고 스풀 축 방향의 정적추력 평형이 얻어지는 것은 물론, 스풀의 원주 둘레에 가느다란 홈을 파 놓으면서 측압 평형도 쉽게 얻을 수 있다. 또한 각종 유압 흐름의 형식을 쉽게 설계할 수 있는 점, 각종 조작 방식을 쉽게 적용시킬 수 있는 점 등의 특징이 있다. 그러나 밸브 실린더 안을 스풀이 미

끄러지며 운동하여야 하므로 약 10~20[μm]의 간격을 필요로 한다. 그러므로 이 간격을 통하여 약간의 기름이 새는 결점이 있고 그래서 로크(lock) 회로에는 이 형식보다는 포핏 형식을 사용하는 것이 장시간 확실한 로크를 할 수 있다.

② **위치수, 포트수, 방향수(Number of Positions, Ports and Ways)**

위치수(Number of Positions) : 방향 제어 밸브 내에서 다양한 유로를 형성하기 위하여 밸브 기구가 작동되어야 할 위치를 밸브 위치라 말하는데 방향 전환 밸브에서 이용되고 있는 위치수는 1위치, 2위치, 3위치가 있고, 이 중 3위치의 것이 가장 많이 사용되고 있다.

㉠ 포트수와 방향수(Number of Ports and Ways) : 밸브와 주관로(파일럿과 드레인 포트는 제외)와 접속구 수를 포트수 혹은 접속수라 하는데, 포트수는 유로 전환의 형을 한정한다. 일반적으로 2포트 밸브는 유로의 개·폐만을 한정할 경우이고 3포트 밸브는 1개의 유입유를 2개의 방향으로 전환하는 경우나, 2개의 유입 압유 중 하나만을 통해서 유로를 만들고자 할 때에 사용한다. 4포트 밸브는 가장 널리 사용되는 형으로서 4개의 포트 중 2개가 조합되어 밸브 내에서 한 개의 유로가 만들어진다. 이 포트의 조합에 따라 조작상의 운동을 정, 역 혹은 정지 등의 전환을 행할 수 있으며 전환 밸브의 방향수는 밸브에서 생기는 유로수(3위치 밸브에서 중립 위치는 제외)의 합계를 말한다.

㉡ 전환 조작 방법 : 조작 방식은 수동 조작(인력조작), 기계적 조작, 솔레노이드 조작(Solenoid), 파일럿 조작, 솔레노이드 제어 파일럿 조작 방식이 사용되고 있다.

③ **종류**

㉠ 체크 밸브 : 한쪽 방향으로만 흐름을 제어하고 역 방향 흐름은 제어가 불가능한 밸브로서 밸브 본체 포핏 또는 볼, 시트, 스프링 등의 부품으로 구성되어 있다. 형식에 따라 흡입형, 스프링 부하형, 유량 제한형, 파일럿 조작형이 있다.

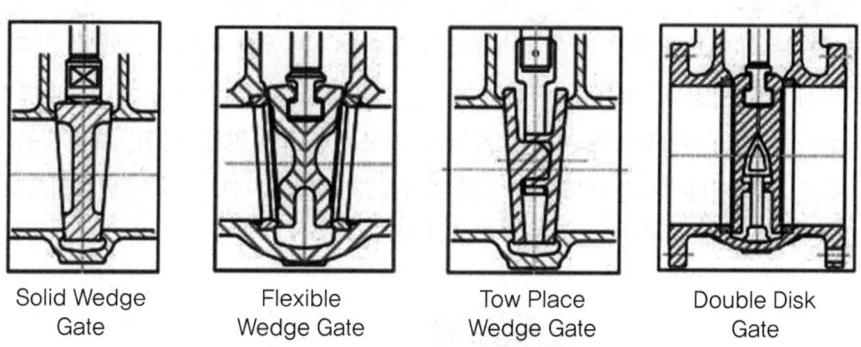

[그림 9-62 체크 밸브]

㉡ 슬라이드 밸브

슬라이드 밸브는 일반적으로 평행 밑면(밸브 시트에 해당한다)의 상부를 밸브 몸체(Slide)가 미끄럼 이동을 함으로써 통로를 전환하여 주는 밸브를 말한다. 그림 9-63에 기본구조가 나타나는데, 압력을 P(IN)포트에서 공급하고 A(OUT) 포트로 내보내고 있다. 이때, 밸브 몸체는 스프링의 힘에 의해 고정면에 밀착하여 기밀을 유지하고 있다.

[그림 9-63 슬라이드 밸브]

(3) 유량 제어 밸브

유량 제어 밸브는 실린더의 속도나 모터의 회전수를 조절하는데 사용되는데, 실린더의 속도나 모터의 회전수는 유량에 의해서 결정되므로 유량 제어 밸브가 그 역할을 해주게 된다.

- 교축 릴리프 밸브 : 다른 이름으로 속도 조절 밸브라고 하는데, 실린더의 전진 속도와 후진 속도를 조절할 수 있는 밸브이다.

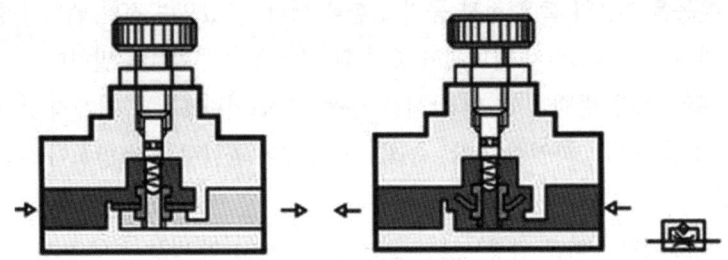

[그림 9-64 유량 제어 밸브]

(4) 서보 유압 밸브

최근에는 서보 밸브가 연구 개발되어 종래의 시퀀스 제어에서 서보 기구에 의한 피드백 제어가 가능하게 되고 항공기, 미사일, 선박, 차량 등의 자동조정, 공작 기계, 그 밖의 일반 산업용 기계의 제어에 널리 사용되기에 이르렀다. 서보 기구는 물체의 위치, 방위, 자세 등을 제어하여 목표치를 임의의 변화에 추종하도록 구성된 제어계를 말한다. 서보 기구는 일반적으로 토크 모터, 유압 증폭부, 안내 밸브의 3요소로 구성되어 있다.

[그림 9-65 서보 유압 밸브]

제6절 공유압 기본회로

1 공유압 회로의 구성

회로의 배치는 구성도와 같아야 하고 신호의 흐름은 밑에서부터 위로 이어져야 한다. 에너지 공급원은 회로도와 마찬가지로 구성도에 포함되어야 하며, 에너지 공급에 필요한 모든 요소는 제일 밑에 그리고 에너지는 밑에서 위로 분배되어야 한다.

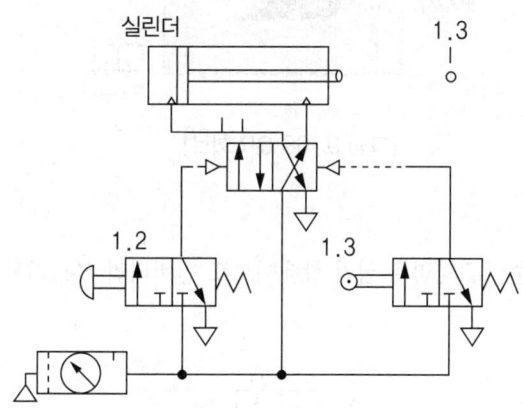

[그림 9-66 공유압 회로]

2 공압 회로

(1) AND 회로

입력되는 복수(A, B)의 조건을 동시에 충족하였을 때에만 출력(ON)이 나오는 회로이다.

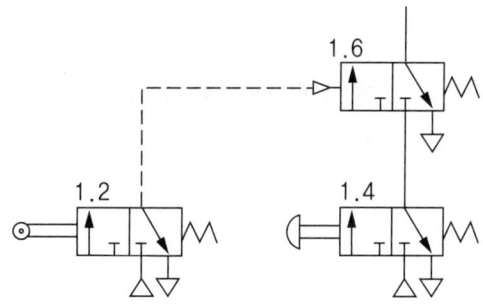

[그림 9-67 AND 회로]

공압에서는 두 개의 상시 닫힘형의 밸브를 직렬로 연결하거나 저압 우선형 셔틀 밸브(AND 밸브)가 사용된다. 두 개의 밸브를 직렬로 연결하여 해결하는 것이 더 경제적이므로 AND 밸브는 두 개의 밸브를 직렬로 연결하여 해결할 수 없는 경우에만 제한적으로 사용한다.

(2) OR 회로

입력되는 조건 중 어느 한 개라도 입력 조건이 충족되면 출력(ON)이 나오는 회로이다.

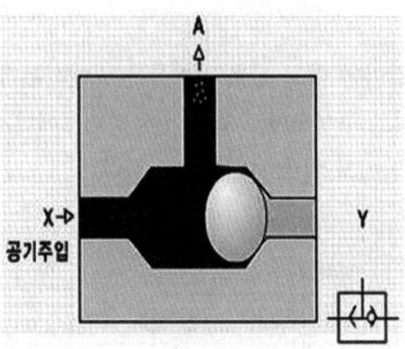

[그림 9-68 OR 회로]

(3) NOT 회로

입력 신호 A에 대하여 출력 B와의 뒤집기 상태이므로 인버터라 부르기도 한다.

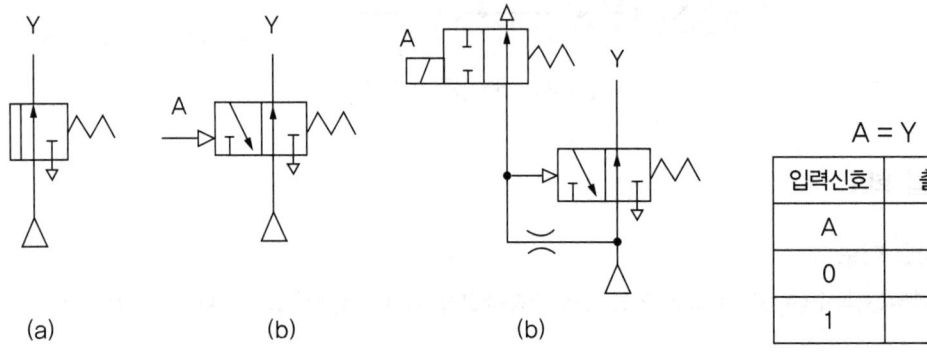

(a)　　　(b)　　　(b)

[그림 9-69 NOT 회로]

(4) NOR 회로
OR 회로의 뒤집기 기능을 가지고 있다.

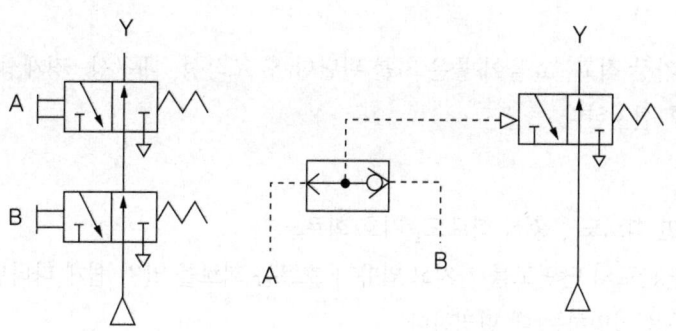

[그림 9-70 NOR 회로]

(5) 플립플롭 회로
주어진 입력 신호에 따라 정해진 출력을 내는데, 신호와 출력의 관계가 기억 기능을 겸비한 것으로 되어 있다.

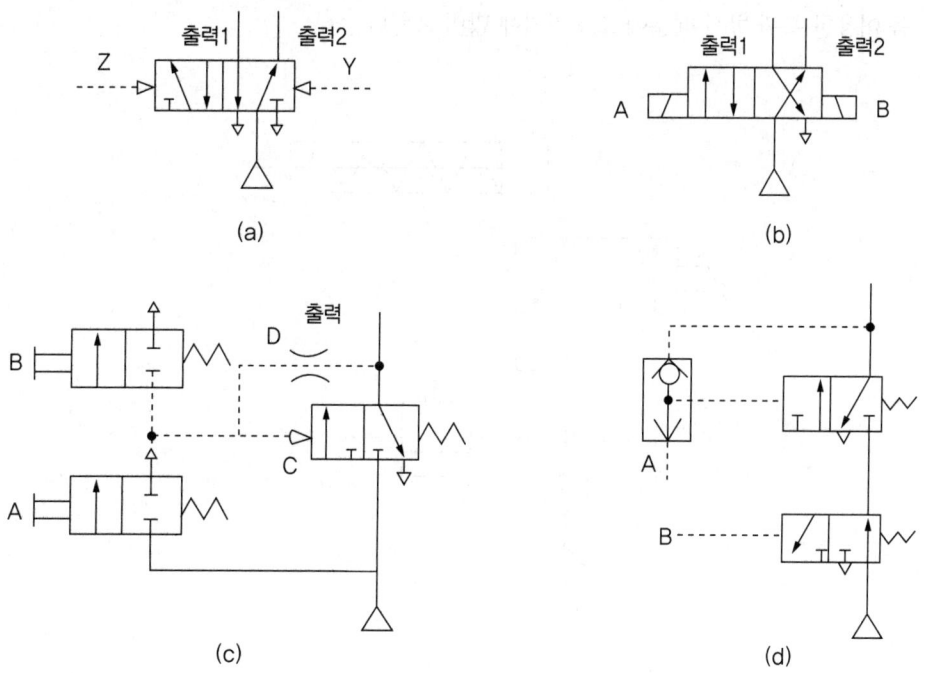

[그림 9-71 플립플롭 회로]

❸ 유압 회로

유압회로 설계란 유압기기를 조합하여 계획된 목적에 맞는 유압회로를 어떻게 만들 것인가를 결정하는 것이다.

어느 회로가 에너지 손실이 가장 적고, 효율이 좋은 가를 판단한 후 조작성, 내구성, 경제성, 안정성을 복합적으로 판단한 후 설치한다.

(1) 유압 회로

① 유압 회로도의 종류 : 단면 회로도, 총식 회로도, 기호 회로도
  ㉠ 단면 회로도 : 기기와 관로의 단면도를 가지고 압유가 흐르는 회로를 알기 쉽게 나타낸 회로도로서 기기의 작동을 설명하는 데 편리하다.
  ㉡ 총식 회로도 : 기기의 외형도를 배치한 회로도로서 과거에는 견적도, 승인도 등 상용에 많이 이용되었다.
  ㉢ 기호 회로도 : 유압 기기의 제어와 기능을 기호로 간단히 표시할 수 있으며 배관이나 회로, 작동해석 등에 사용될 수 있으므로 설계 제작, 판매 등이 편리하다.

② 실린더의 종류
  ㉠ 단동 실린더 : 1방향성을 가지고 있는 실린더를 이용한 회로로서 구조가 간단하며 스프링을 이용한 복귀 방식 때문에 소형기기에 많이 쓰인다.

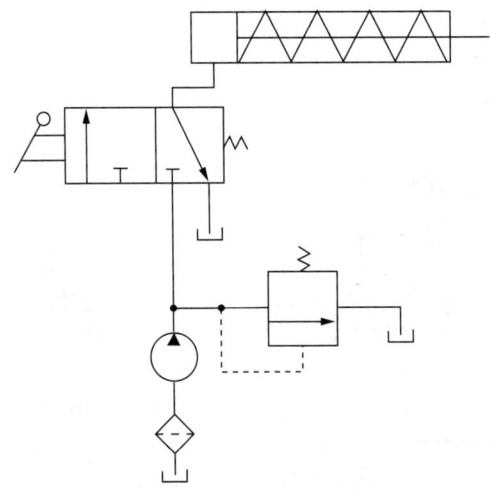

[그림 9-72 단동 실린더]

  ㉡ 복동 실린더 : 2방향성을 가지고 있는 실린더를 이용한 회로로써 구조가 복잡하고 보편적으로 제일 많이 쓰이는 회로이다.

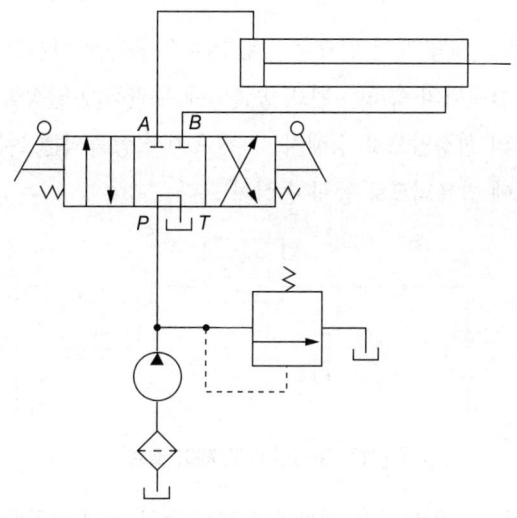

[그림 9-73 복동 실린더]

③ 제어 밸브

　㉠ 압력 제어밸브

　　• 최대 압력 제한 회로 : 프레스에 잘 응용하는 회로로서 고압과 저압 2종의 릴리프 밸브를 사용한다.

　　• 감압 밸브에 의한 2압력 회로 : 2개의 실린더가 있는 유압 계통에서 한 개의 실린더가 유압 회로의 계통 압력보다 낮은 압력이 필요한 경우에는 감압 밸브를 사용해야 한다.

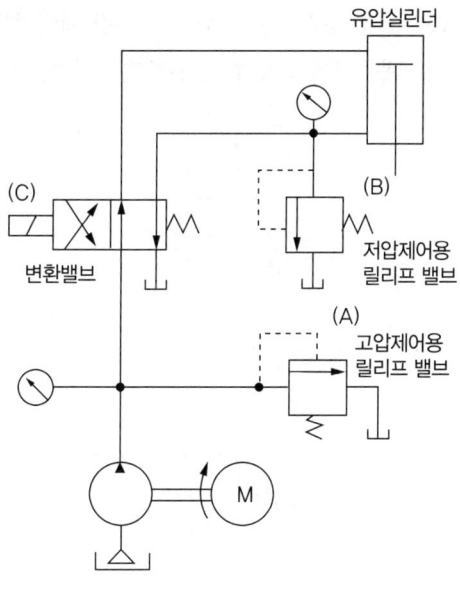

[그림 9-74 압력 제어 밸브]

ⓒ 속도 제어 밸브
- 미터 인 회로 : 유량 제어 밸브를 실린더의 입구측에 설치한 회로로서, 이 밸브가 압력 보상형이면 실린더의 속도는 펌프 송출량에 무관하게 일정하다. 이 경우 펌프 송출압은 릴리프 밸브의 설정압으로 정해지고, 펌프에서 송출되는 여분의 유량은 릴리프 밸브를 통하여 탱크에 방유되므로 동력 손실이 크다.

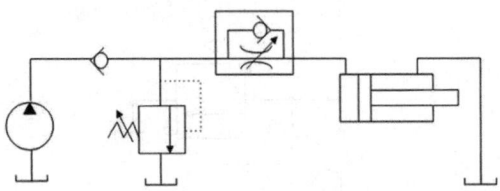

[그림 9-75 속도 제어 밸브]

- 미터 아웃 회로 : 유량 제어 밸브를 실린더 출구 측에 설치한 회로로서 실린더에서 유출되는 유량을 제어하여 피스톤 속도를 제어하는 회로이다. 이 경우 펌프의 송출 입력은 유량 제어 밸브에 의한 배압과 부하 저항에 따라 정해진다.

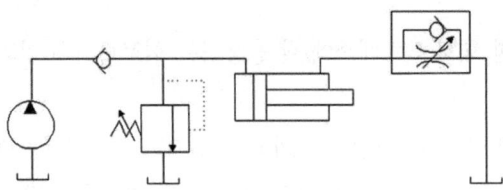

[그림 9-76 미터 아웃 회로]

- 블리드 오프 회로 : 실린더 입구의 분기 회로에 유량 제어 밸브를 설치하여 실린더 입구측의 불필요한 압류를 배출시켜 작동 효율을 증진시킨 회로이다.

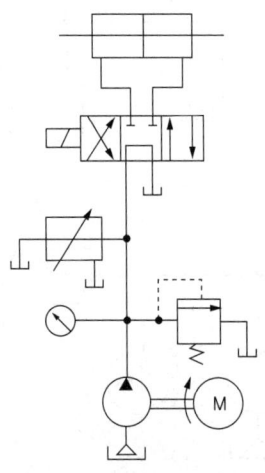

[그림 9-77 블리드 오프 회로]

- 카운터 밸런스 회로 : 실린더 포트에 카운터 밸런스 밸브를 직렬로 연결시켜 실린더 부하가 갑자기 감소하더라도 피스톤이 급진하는 것을 방지하거나 수직 램의 자중낙하를 막아주는 역할을 하기 때문에 실린더의 오일 탱크의 복귀 측에 일정한 배압을 유지시켜 주는 경우에 사용한다.

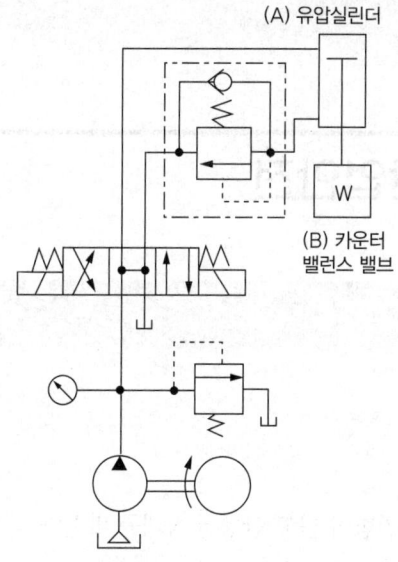

[그림 9-78 카운터 밸런스 회로]

④ 방향 제어 밸브

㉠ 로킹 회로 : 유압 실린더를 고정시켜 놓을 필요가 있을 때 이 피스톤의 이동을 방지하는 회로를 말한다.

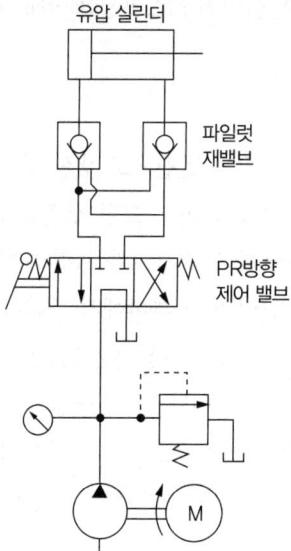

[그림 9-79 방향 제어 밸브]

Part 10 안전관리

제1장 | 반도체 산업안전

제1절 산업안전

1 안전 활동

(1) 용어의 정의
① 안전 : 편안하고 쾌적하여 위험이 없고 안녕된 상태를 말한다.
② 산업안전 : 근로자가 작업하는 현장에 산업 재해를 유발하는 유해 위험 요인을 제거하고 근로자에게 편안하고 쾌적한 작업환경을 조성하는 것을 이른다.
③ 산업재해 : 근로자가 업무에 관계되는 건설물, 설비, 원재료, 가스 증기, 분진 등 에 의하거나 작업, 기타업무에 기인하여 사망 또는 부상하거나 질병에 이환되는 것을 말한다.
④ 안전사고 : 계획되지 않은 일이 돌발적으로 발생한 상태. 즉 원치 않는 사건(Unwanted Event)을 말한다.

(2) 안전관리의 중요성
인간의 힘에만 의존하던 동력이 기술의 발전으로 생산 설비의 고도화, 전문화, 대형화됨에 따라 인류는 고도의 산업사회를 맞이하게 되어 풍요한 생활을 가져다주었지만 반면 물리적, 화학적 에너지의 통제책이 미흡하여 다양한 안전사고가 놀랄 만큼 증가하고 있다. 따라서 안전관리의 중요성은 점차 강조되어 오늘날 산업의 각 분야에서 중대한 문제로 대두되고 있다.

특히 각종 유독가스와 케미칼, 전기 등을 사용하는 FAB(Wafer Fabrication)에서의 안전은 더욱더 중요하며, 단 한건의 안전사고는 인명 및 재산에 피해를 주어 기업경영에 막대한 영향을 줄 뿐만 아니라 재해자와 그 가정에 곤란을 주고, 밝은 직장 및 가정의 분위기마저 위협하기 때문에 안전관리의 중요성은 아무리 강조해도 지나침이 없는 것이다.

그러므로 안전관리는 귀중한 인명과 재산을 재해로부터 보호하여 근로자에게는 자아실현을 위한 가치창조에 기여하고 기업에게는 생산능률의 저하내지는 기업자산의 손실을 제거해 주므로 보다 크고 안정된 이윤을 보장하여 궁극적으로는 경제발전과 인류복지 증진에 기여하는 데 그 의의가 있다.

(3) 안전의 필요성
① 개인의 자아실현(인간존중의 이념)
   정신적·육체적·사회 환경적 건강이 보장되어야 목표한 삶을 영위
② 회사의 이윤창출(회사의 존재 이유)
   안전이 확보되지 않는다면 기업의 생산 활동이 저하되고 기능 인력과 장비의 손실 초래
③ 안전과 자아실현, 생산은 하나

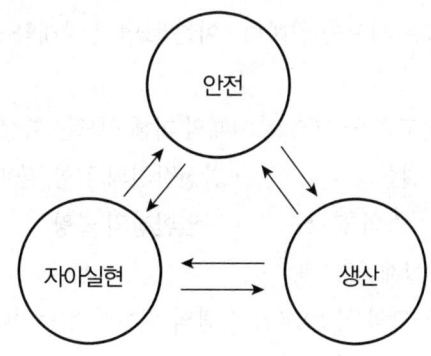

[그림 10-1 안전의 관계도]

(4) 안전관리 조직
반도체 제조 FAB에서 안전관리의 조직은 대체로 다음과 같이 구성한다.

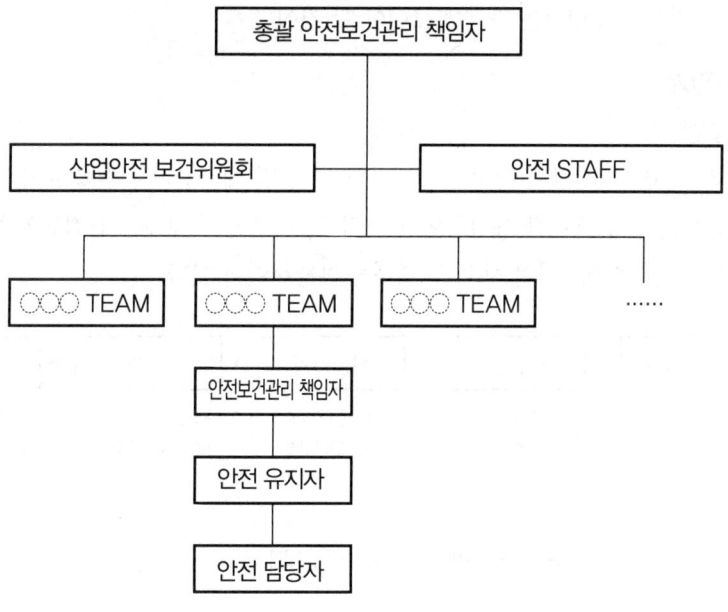

[그림 10-2 반도체 FAB에서 안전관리 조직도의 사례]

❷ 재해론

(1) 재해의 분류
재해는 다음과 같이 두 가지로 분류한다.
① **자연재해**
지진, 해일, 태풍, 번개 등 자연의 물리, 화학적 에너지로 인해 발생되는 사고를 말하며 전체 사고를 100%로 볼 때 자연재해에 의한 사고는 약 2%에 불과하다.
② **인적재해**
사람에 기인하여 발생하는 사고를 말하며, 이는 불안전 상태와 불안전 행동이 선행되어 재해로 발전한다.
㉠ 불안전 상태 : 전체사고의 약 10%로 이때의 피해 정도는 확실한 것이 특징이다.
- 재료/기계 자체의 결함
- 안전장치의 결함/불비
- 물건의 배치/작업장소의 불량
- 작업환경의 불량
- 장비 또는 공구의 설계불량

㉡ 불안전 행동 : 전체사고의 약 88%가 사람의 위험한 행동이나 정신적인 결함. 즉, 안전지식 부족, 오판단, 오동작에 기인한다.
- 규칙/지시의 무시
- 위험장소의 접근
- 복장/보호구 착용의 불량
- 불안전한 상태 방치
- 의식의 우회(망각, 피로, 오해)

모든 사고의 대부분(98%)은 점검 및 검사, 교육 및 훈련 등으로 미연에 방지할 수 있는 것들이므로 모든 근로자들이 노력하는 자세를 보여야 할 것이다.

(2) 재해의 인과관계
① 재해의 발생단계
재해는 그림 10-3과 같은 단계로 발전하며 인명 및 재산상의 손실을 초래하게 되며 초기단계부터 검토를 통해 재해를 예방하여야 하지만, 대부분의 재해는 간접원인을 제거해서 통해 직접원인으로의 전개를 막아 사고 및 재해를 예방하여야 한다.

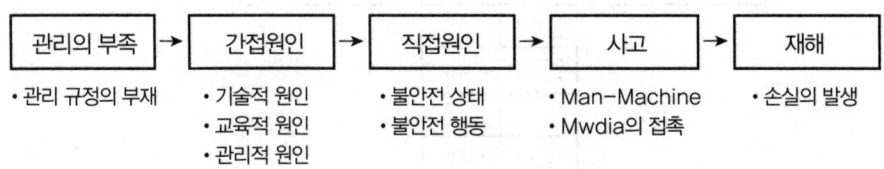

[그림 10-3 반도체 FAB에서 재해 발생 단계도]

② 간접원인
- 기술적 원인 : 기계, 건물 등의 설계, 점검, 보전 등 기술상의 미비에 의한 것(교육/훈련)
- 교육적 원인 : 안전에 대한 지식과 경험의 부족에 기인된 것(교육/체험)
- 신체적 원인 : 신체상의 결함에 의한 것(치료/전환)
- 정신적 원인 : 성격, 정신상의 결함으로 인한 것(교정/휴식)
- 관리적 원인 : 점검, 보전의 불비, 적성배치의 미비 등 관리상의 결함에 의한 것(교육/제도 개선)

③ 직접원인
- 불안전 상태 : 작업시설이나 환경의 불량(물리적 원인)
- 불안전 행동 : 작업자의 행위 불량(인위적 원인)

(3) 안전사고의 재해 분포도

Franek. E. Bird. Jr.에 의한 재해발생 이론은 다음과 같다.

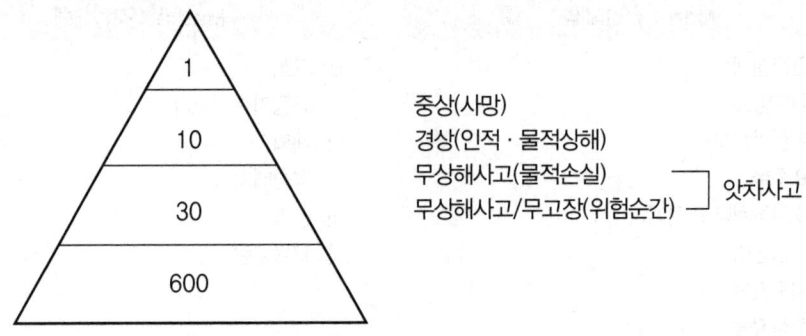

[그림 10-4 반도체 FAB에서 안전사고의 재해 분포도]

① 동일한 사고가 641번 발생하였다면, 무상해사고, 물적 손실이 없는 경우가 600회, 물적 손실만 일어나는 경우가 30회, 경상을 입는 인적상해가 일어나는 경우가 10회, 중상 내지 사망하는 경우가 1회의 비율로 발생한다는 것을 의미한다.
② 같은 사고가 반복하여 발생하더라도 항상 같은 손실이 발생하는 것이 아니라 손실의 경중(輕重)은 우연히 결정되는 것이지 일률적으로 예측할 수 있는 것이 아니므로 발생빈도가 많은 앗차사고 등에 관심을 가져 큰 사고가 일어나지 않도록 노력해야 한다.

(4) 재발방지대책

재해의 원인 및 대책은 다음과 같다.

① 사고(재해)예방의 체계도
- 예방가능의 원칙(불안전한 상태 쪽의 예방) : 모든 사고 예방 가능. 인지(人智)와 노력이 문제로 모든 물질변화는 완전한 것이 없다. 조짐, 징후로 예방한다.

- 원인연계의 원칙(모든 사고 원인에 여러 복합 원인이 연계) : 모든 연계 원인인 종합적인 검토, 제거가 필요하다.
- 손실우연의 원칙(사고 원인이 같더라도 주변 여건에 따라 손실 정도는 달라짐) : 사고와 관련될 수 있는 주변의 모든 요건까지 검토, 소개, 배치한다.
- 대책선정의 원칙(불안전한 행동쪽의 예방) : 사고를 야기하는 인간의 불안전한 행동은 다양하므로 적정한 대책을 선정해서 우선 처방한다.

Management : 관리대책	Machine : 설비대책
① 사기양양 ② 위험예지 ③ 인간관계 ④ Leadership ⑤ Team-Work ⑥ Communication	① 작업정보 ② 작업자세 ③ 작업방법 ④ 피로방지 ⑤ 작업환경

Man : 인간대책	Madia : 작업대책
① 안전설계 ② 위험방호 ③ 본질안전화 ④ 표준화 ⑤ 표시장치나 조작기기 ⑥ 점검정비 ⑦ 지도감독 ⑧ 직장활동 ⑨ 건강관리	① 조직 ② 규정기준 ③ 계획 ④ 적성배치 ⑤ 평가 ⑥ 교육훈련

[그림 10-5 반도체 FAB에서 재발방지대책(4M)]

따라서 4M에 의한 대책은 기본적으로 강구하여 불안전 행동 및 불안전 상태를 제거하는 것이 안전사고를 예방하는 지름길이다.

❸ 무재해 운동

무재해란 근로자가 업무에 기인하여 사망 또는 4일 이상의 요양을 요하는 부상 또는 질병에 이환되지 않는 것이다.
① 무재해 운동의 이념 : 인간존중
② 무재해 운동의 3대 원칙
    모든 사람들이 참가하여 현장의 위험요소를 사고로 이어지기 전에 사고뿐만 아니라 잠재위험까지 사전에 발견하여 산업재해의 뿌리부터 없애자는 의미로 무재해 운동을 실시한다.
    - 무(無)의 원칙   - 선취(先取)의 원칙   - 참가(參加)의 원칙

③ 무재해 심벌

심벌의 가운데 부분은 숫자의 Initial인 'ZERO'로서 무재해의 의미를 표출한 것이다. 양끝의 라인 처리된 6개의 원 형태는 '일반안전, 기계안전, 전기안전, 화공안전, 건설안전, 보건안전'의 분야를 의미하고 있다. 곡선과 직선의 현대적 감각처리로서 미적인 면과 무재해 심벌로서의 독보성 창출을 의미한다.

[그림 10-6 반도체 FAB에서 무재해 심벌]

④ 반도체 제조 회사 추진 목표시간

1,500,000Hr 등을 설정하여 추진한다(전자제품 제조업의 700~999인).

⑤ 무재해운동 추진 기법
- 위험예지 훈련
- 지적확인
- 원포인트 위험예지 훈련
- TBM(Too Box Meeting)
- 소집단 활동 기법
- 문제해결 기법
  - 재해사례 검토 기법
  - 안전관찰 기법
  - Touch and Call
  - 안전제안 제도 등

4 법정 안전보건

① 신규채용시 안전보건 교육 : 발생 시 8시간 이상
② 정기안전보건 교육 : 월 2시간 이상(생산직), 월 1시간 이상(사무직)
③ 관리감독자 안전보건 교육 : 월 2시간 이상
④ 작업내용 변경시 안전보건 교육 : 발생 시 8시간 이상
⑤ 특별안전보건 교육 : 발생 시 16시간 이상

5 안전표지

금지표시	101 출입금지	102 보행금지	103 차량통행 금지	104 사용금지	105 탑승금지	106 금연	107 화기금지	108 물체이동 금지
경고표시	201 인화성 물질 경고	202 산화성 물질 경고	203 폭발성 물질 경고	204 급성독성 물질 경고	205 부식성 물질 경고	206 방사성 물질 경고	207 고압전기 경고	208 매달린 물체 경고
	209 낙하물 경고	210 고온경고	211 저온경고	212 몸균형 상실 경고	213 레이저 광선 경고	214 발암성·변이원성·생식독성· 정신독성·호흡기 과민성 물질 경고		215 위험장소 경고
지시표시	301 보안경 착용 	302 방독마스크 착용 	303 방진마스크 착용 	304 보안면 착용 	305 안전모 착용 	306 귀마개 착용 	307 안전화 착용 	308 안전장갑 착용 	309 안전복 착용 
안내표시	401 녹십자 표시 	402 응급구호 표지 	403 들 것 	404 세안장치 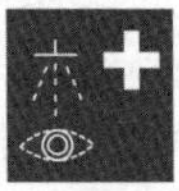	405 비상구 	406 좌측 비상구 	407 우측 비상구 		

[그림 10-7 반도체 FAB에서 안전표지판]

제2절 산업위생

1 보건관리

(1) 사업장 안전보건 업무의 목적
  ① 안전관리 : 사고예방
  ② 보건관리 : 직업예방, 건강증진
    • 위생적(事前) : 작업환경관리(측정, 평가개선)
    • 의학적(事後) : 질병의 치료

(2) 건강의 정의
  단순히 병이 없는 상태만을 의미하는 것이 아니고 신체적, 정신적, 사회적으로 안녕한 상태. 즉, 병이나 결함이 없고 환경에 잘 적응해서 인간 본래의 기능을 다하는 상태이다.
  ① 타고난 소질 : 체력
    • 행동체력 : 활동을 위한 체력, 근력, 지구력, 순발력, 유연성, 민첩성 등
    • 방위체력 : 외부 환경으로부터 스트레스에 적응하고 신체를 방위하는 능력
  ② 교육 : 보건교육, 위생교육
  ③ 환경 : 생활환경, 작업환경

(3) 작업환경과 유해인자
  ① 물리적 인자
    • 온열조건
      - 고온 : 용융, 열처리작업 → 열중증
      - 저온 : 냉동차, 냉동실작업 → 동상
    • 불량조명 : 시력저하
    • 유해광선 : 자외선, 적외선, 가시광선 → 시력장해(각막염, 백내장)
    • 소음 : 청력장애(소음성 난청)
    • 진동 : 착암기, 진동공구 작업(레이노씨 질병)
    • 이상기압 : 잠수잠함, 고기압 작업(잠함병)
  ② 화학적 인자
    • 유해가스(증기, 흄)
      - 유기용제 : 알코올, 아세톤, 신나(중독, 빈혈)
      - 특정화학물질 : 황산, 염산, 불산(화상, 폐결핵)
    • 중금속 : 연(납중독), 크롬(피부염), 비소(빈혈)
    • 분진 : 광물성, 식물성, 면 등(진폐, 석연폐)

③ 생물학적 인자

세균, 바이러스(감기, 전염병), 알레르기(피부질환)

④ 유해작업조건 및 유해인자 영향

근로자 건강위협, 직업성 질병유발, 근로욕구 감퇴, 작업능률 저하

2 작업환경 측정

근로자가 근무하는 작업장에서 발생되고 있는 유해인자의 발생수준이나 적절한 대책을 강구함으로써 쾌적한 작업환경을 조성하고, 근로자가 건강을 보호하기 위해 실시하는 작업 환경평가

(1) 작업환경 측정의 목적

① 작업환경의 유해인자를 어느 수준 이하로 관리
② 신규설비, 원재료, 작업환경 등의 유해성 예측과 작업환경 개선의 효과 파악
③ 건강진단 결과에 따른 작업환경 실태 파악으로 근로자의 폭로를 재검토
④ 유해 위험한 장소의 출입금지 등 위험장치 조치의 필요성 결정
⑤ 특정화학물질, 연, 유기용제 등을 취급하는 작업장에서 국소배기 장치의 성능 점검

(2) 작업환경 측정 항목

작업환경 측정은 다음의 항목을 6개월 1회 이상 정기적으로 측정해야 하며 일부 항목은 수시로 작업 전 체크하여야 한다.

[표 10-1 반도체 FAB에서 작업환경 측정 항목]

측정항목	측정시기
소음	6개월에 1회
고열	6개월에 1회
분진	6개월에 1회
납	6개월에 1회
4알킬 납	6개월에 1회
유기용제	6개월에 1회
특정화학물질	6개월에 1회
산소농도	작업시작 전

(3) 허용농도

허용농도란 근로자가 유해물에 연일 폭로되는 경우에 당해 유해물의 공기중 농도가 이 수치 이하일 때에는 거의 모든 근로자에게 나쁜 영향을 보이지 않는 농도이다.

미국의 정부노동위생전문협회(American Conference of Governmental Industrial Hyginists ; ACGIH)에서 공포한 TLV(Threshold Limit Values)이다.

허용농도의 수치는 ppm 및 mg/m³로 표시되고 있다.

TLV에는 3가지의 범주가 있다.

즉, TLV-TWA ; Time Weighted Average, TLV-STEL ; Short Term Exposure Limit, TLV-Ceiling이 있다.

① **시간가중평균(TLV-TWE ; Time Weighted Average)**

시간가중평균은 1일 8시간 또는 주 40시간 노동에서 근로자의 폭로량을 반영하는 것으로 유해물질에 폭로량의 지표로 된다. 시간가중평균은 일반적으로는 농도 수준에 따른 작업장 또는 직업단위마다 몇 회의 농도측정을 한다.

② **단시간 폭로한도(TLV-STEL ; Short Term Exposure Limit)**

15분 이하의 단시간, 계속적으로 폭로되더라도 자극을 느끼거나 생체 조직에 만성적 또는 비가역적인 병변을 일으키거나 마취작용에 의하여 사고를 일으키기 쉽다든지 자제심을 잃거나 작업능률이 현저하게 저하되는 일이 없는 최고농도를 나타낸다.

TLV-STEL의 허용조건으로는 일 노동시간내의 평균농도가 TLV-TWA를 초과하는 고농도의 폭로는 1일 4회 이내로 고농도 폭로와 다음 고농도 폭로간에 적어도 60분의 간격이 있어야 하며, TLV-STEL은 위의 조건을 만족하는 이상으로써 1일 노동중의 15분간에서도 그 시간가중 평균농도를 초과하여서는 안 되는 허용한도로 생각하여야 한다.

③ **TLV-Ceiling**

자극성, 질식성, 마취성 등의 작용을 갖는 화학물질은 생체에 대해 급속히 작용하기 때문에 이러한 화학물질에 대하여 최고치를 설정하는 것은 합리적이다.

TLV-Ceiling(최고치)는 일반적으로 언제 어떠한 때라도 이 수치를 초과해서는 안되는 농도로 되어 있다.

❸ 건강진단

직업병을 비롯한 질병을 조기에 발견하고 현재의 건강상태를 정확하게 파악하여, 적절한 사후조치를 함으로써 근로자의 건강보호 및 노동생산성 향상에 기여하기 위함이다.

(1) 건강진단의 종류

① **채용시 건강진단** : 채용 시 실시하는 건강진단
② **일반건강진단** : 상시 근로자에 대하여 정기적으로 실시하는 건강진단
③ **특수건강진단** : 유해작업에 종사하는 근로자를 대상으로 해당업무와 관련되는 항목을 추가로 실시하는 건강진단
④ **임시건강진단** : 근로자의 건강보호를 위하여 필요하다고 인정될 때 실시하는 건강진단

(2) 건강진단의 의무

① **회사**

근로자의 건강진단(채용·일반·특수)은 회사부담으로 실시하여 질병자에 대해서는 의사소견에 따라 작업부서를 전환하는 등의 사후조치를 취하여야 한다.

② 근로자

근로자는 자신의 건강보호를 위하여 빠짐없이 건강진단에 참여해야 한다. 미준수 시 500만 원 이하의 벌금이 부과된다.

(3) 건강구분 및 유소견자 사후관리 기준

[표 10-2 반도체 FAB에서 건강구분 및 유소견자 사후관리 기준]

건강구분	판정기준	사후관리
A	건강자	사후관리 필요 없음
B	경미한 이상소견이 있는 자	사후관리 필요 없음
C	건강관리상 요관찰자	의사소견에 따른 의학적 조치
D1	직업병 유소견자	요양신청·작업전환·작업장소 변경, 휴직 및 근로 중 치료, 기타 의학적 조치
D2	일반질환 유소견자	근로시간 단축, 작업전환, 휴직, 근무 중 치료, 기타 의학적 조치
R	질환 의심자	2차 건강진단 대상자

(4) 근로자가 해야 할 사항

① 철저한 개인위생을 유지해야 하며, 특히 식사 전 작업종료 후에는 반드시 손을 씻는다.
② 직업병 예방에 대한 철저한 인식과 주의를 한다.
③ 자신이 사용하는 유해물질의 종류, 인체에 미치는 영향, 안전취급 요령 등을 숙지하고 안전보건상의 조치를 준수한다.
④ 작업시에는 국소배기장치 등 작업환경 설비나 방호장치를 정상적으로 착용하여야 한다.
⑤ 보호구를 지급 받거나 착용지시를 받은 때에는 당해 보호구를 착용하여야 한다.
⑥ 자신이 어떤 종류의 건강진단 대상자인지 알고 건강진단에 반드시 참여한다.
⑦ 안전보건 관계자의 지도·조언에 따라 작업한다.
⑧ 회사가 실시하는 안전보건교육에 반드시 참여한다.

❹ 방사선 안전관리

(1) 방사선이란?

하전입자 또는 전자기파에 의한 에너지의 흐름으로 주로 전리방사선을 말한다.

① 전리 방사선

에너지가 높아 물질 내에서 물질을 구성하는 원자를 +이온, -전자로 분리시키는 능력이 있는 방사선($\alpha, \beta, \gamma, \chi$)

② 비전리 방사선

물질 내에서는 이온을 만들지는 못하나 에너지를 전달하는 방사선(자외선, 적외선, 가시광

선, 단파, 중파)

(2) FAB 내 방사선 발생하는 장소
① ION Implanter 장치
② x-ray 발생 장치

(3) 방사선이 인체에 미치는 영향
방사선이 인체에 미치는 영향은 신체적 영향과 유전적 영향의 두 가지로 나누어지며 신체적 영향은 급성영향과 만성영향으로 구분된다.

① **급성영향**

일시에 고선량의 방사선을 전신에 받은 경우 나타나는 영향으로 증상 발현에는 개인차가 있으나 25렘 이하에서는 임상증상은 나타나지 않고 150렘 이상에서 나타나는 방사선 숙취 증상은 전날 마신 술이 그 이튿날까지 깨지 않는 것과 증상이 흡사하다. 400렘에서는 30일 내 50%가 사망한다. 증상은 피부의 홍반, 탈모, 백혈구 감소 등이 있다.

② **만성영향**

대표적 증상으로는 암, 백내장이며, 발암의 잠복기간은 개인차가 있으나, 대체로 10~30년 정도이다(백내장은 1회에 200렘 이상의 방사선을 받은 경우가 아니면 발생하지 않는다).

③ **유전적 영향**

생식을 담당하는 기관, 즉 생식선의 세포에 대한 손상에 의해서 일어나는 것으로 본인 및 후손에까지 그 영향이 전해진다.

※ 담배를 하루 20개비씩 1년간 계속 피운 사람의 발암 확률은 7~28렘의 방사선 피폭을 받은 사람의 발암 확률과 같다(담배 1개비 피우는 것은 1~4밀리렘의 피폭선량과 같은 정도의 발암 확률이 있음).

우리나라의 방사선 종사자에 대한 1년간 허용 방사선 규제치는 5렘이다.

[표 10-3 방사선에 피폭된 인체의 조직별 영향 및 증상]

조직구분		영향 및 증상	발단선량(렘)	조직구분	영향 및 증상	발단선량(렘)
조혈조직 (적색골수)		백혈구수 감소	50	피부	일시적 궤양, 수종	2500
		적혈구수 감소	100		영구적 궤양	5000
임파선 및 혈액		혈소판수 감소	100		궤사	50000
생식선	남성	일시불임	15	수정체	수정체 혼탁	50~200
		영구불임	350~600		백내장	500
	여성	일시불임	60~150	갑상선	기능저하, 성인	2500~30000
		영구불임	250~600		소아	100~1000
피부		염색체 변화	50		일시적 탈모, 홍반	500
		급성갑상선염	20000		만성갑상선염	1000

(4) 방사선 취급 시 주의사항

① 방사선을 취급하는 작업 시에는 거리, 시간, 차폐의 3가지 요소를 고려해야 한다.
② 방사선은 거리의 역자승으로 강도가 감소하는 성질이 있으므로 선원과의 거리를 멀리한다.
③ 방사선이 존재하는 곳에서의 작업시간은 최대한 짧게 한다.
④ 방사선원과 작업자 사이에 차폐 물질을 두어 방사선 에너지가 흡수, 감쇠토록 한다.
⑤ 방사선 발생장치의 모든 Interlock, 작업 지침 등 규정에 따른 작업 시에는 방사선에 노출될 위험이 없으므로 운전 매뉴얼에 따라 운전을 한다.
⑥ Survey Meter를 이용하여 1주일에 1회 이상 노출량을 측정한다.
⑦ 모든 방사선 작업자는 Film Badge를 착용한다.

5 안전보호구

(1) 안전보호구

유해 · 위험물질로부터 신체를 보호하기 위한 장구를 말한다.

① 지급보호구 종류

[표 10-4 반도체 FAB에서 지급보호구 종류]

신체부위	적용보호구	비 고
머리	안전모	
눈	보안경(차광, 칩비산방지, 흄, 유해광선)	
귀	귀마개, 귀덮개	
코/입	간이 마스크, 방독면, Air Mask	
얼굴	보안면, 용접면	A, B, AB, AE, ABE형 적외선/레이저광선 차광 85dB 이상 지역 필수 착용 산소농도 18% 이하에서 절대 사용금지
팔	케미컬 토시, 용접토시	
손	안전장갑(케미컬, 용접, 내열, 절연)	
몸통	케미컬 앞치마, 용접 앞치마	
발	안전화, 고무장화	
전신	케미컬 복, 방열복, TOXIC GAS복	
피부	눈 중화제, 케미컬 복	
작업장	산 중화제, 알칼리 중화제, 방폭랜턴	

② 보호장구 사용 시 주의사항
- 사용자는 보호구의 정확한 사용방법을 숙지하고 사용한다.
- 사용자는 작업 전 보호구의 기능을 확인한 후 사용한다.
- 기능이 상실되거나 파손된 보호구, 수명이 초과된 정화통은 즉시 교환한다.
- 회전체 근접 작업 시 장갑의 착용을 금한다.

- 작업 중에는 지급받은 보호구를 완전히 착용하여 효과적으로 사용한다.
- 보호구를 타용도로 사용하거나 사외반출을 금지한다.
- 보호구의 분실, 파손 시, 즉시 소속 부서장에게 보고한다.
- 보호구를 임의로 분해하거나 개조하여 사용하지 않는다.
- 보호구를 지급 받은 자가 보호구를 착용하지 않고 작업하다 발생한 안전사고는 징계처리 기준에 따라 조치한다.
- 보호구는 최소한의 보호조치이므로 보호구를 과신하지 말고, 근본적인 위험요인을 제거하도록 노력한다.

6 MSDS(Material Safety Date Sheets)

(1) MSDS의 개요

많은 종류의 유해 화학물질이 당사 FAB 내부에서 사용되고 있으며, 화학물질로 인한 화재, 폭발, 유독물질 누출 등의 재해 예방을 위하여 유해 물질의 위험특성, 운송 및 취급에 대한 관리절차와 안전보건상의 관리대책을 기술한 것을 MSDS(물질안전보건자료)라 한다.

(2) MSDS의 구성 항목

① 화학제품과 제조회사에 관한 정보(Product and Company Identification)
② 구성성분의 명칭, 함유량 및 관련정보(Composition/Information on Ingredient)
③ 위험 · 유해성(Hazard Identification)
④ 응급조치요령(First-Aid Measures)
⑤ 폭발 · 화재 시 대처방법(Fire-Fighting Measures)
⑥ 노출사고 시 대처방법(Accidental Release Measures)
⑦ 취급 및 저장방법(Handling and storage)
⑧ 노출방지 및 개인보호구 관련정보(Exposure Control/Personal Protection)
⑨ 물리 · 화학적 특성(Physical and Chemical Properties)
⑩ 안전성 및 반응성(Stability and Reactivity)
⑪ 독성에 관한 정보(Toxicological Information)
⑫ 환경에 미치는 영향(Ecological Information)
⑬ 폐기 시 주의사항(Disposal Consideration)
⑭ 운송에 필요한 정보(Transport Information)
⑮ 법적 규제에 관한 사항(Regulatory Information)
⑯ 기타 참고사항(Other Information)

(3) MSDS의 사용

본 자료는 FAB에서 사용, 취급되는 모든 물질이 수록되어 분기별로 개정되고 있으며 Network

및 EDMS에 등록되어 쉽게 열람할 수 있도록 되어 있고, Clean Room입구에는 인쇄물로 배포되어 있다.

장비별로는 장비 전면에 MSDS를 요약한 카드를 부착하여 수시로 작업자에게 정보를 제공하고 있다.

제3절 FAB 내의 안전

1 FAB의 위험성

① 에너지 밀도가 높다.
- 고전압, 대 전류의 장비를 사용한다.
- 고압가스 및 고 에너지를 사용한다.

② 위험물을 사용한다.
- 인화성, 폭발성 위험물을 대량 사용한다.
- 가연성 가스를 사용한다.

③ 독성물질을 사용한다.
- 유독하고 부식성 가스(Toxic, Corrosive Gas)를 사용한다.
- 반응성, 자연발화성 가스를 사용한다.
- 유독한 가스(Toxic Gas) 누출 시 공기순환이 빨라 단시간 내 확산된다.

④ 폐쇄공간이다.
- 초정밀, 청정도 유지를 위한 무창층의 구조이다.
- 항온항습구조이며, 공기의 순환속도가 높다.
- 대피의 어려움이 있다.

2 Gas Chemical의 특성

(1) Chemical의 특성

Chemical의 특성은 표 10-5와 같다.

[표 10-5 반도체 FAB에서 사용하는 Chemical의 특성]

물질명	화학식	일반적 성질					화재폭발위험성			유해성(유해물)			저장 (보관법)	소화방법
		융점(℃)	비점(℃)	수용성	증기밀도	인화점(℃)	발화점(℃)	화재위험성	폭발한계(Vol%) 하한/상한	허용농도 ppm / mg/m³	유해위험성	위험분류		
1. 황산	H₂SO₄	(액)	(액) 1.83	불-1				가연성물질과 접촉발화 금속부식 수소발생		1	부식성	◎▲	금속가루, 가연성물질 염소산, 염 등 산화성 물질과 격리	분무, CO₂ 포말, 물분무
2. 초산	CH₃COOH	(액) 16.6	(액) 11.8	1.95	실계	2.1	428	427			10 / 25	피부염, 화상, 점막	▲	화기엄금	분무, 포말, CO₂
3. 염산	HCL	기체	1.3	가능				지체 폭발성 없음 금속과 반응 H₂ 발생		5 / 7	극물		지하실 불가	
4. 인산	H₃PO₄	(액)42.35	1.87 (670g)	실계				인화물질 산화성물질 격리		5.4 / 16	인화물질 산화성물질, 점막			
5. 불화수소 (액불소)	HF	(액)	19.4	10.6	0.99	1.29	실계	0.7	없음		3 / 2	먼지는결막 강피부	0△	강한부식성백납, 금이외의 금속부식, 밀폐	
6. 과산화수소 49%액	H₂O₂	(액)	순(S)	50% 111, 39% 107, 30% 106	1.20, 1.13, 1.12	실계			65% 이상은 기연성물질 악화	단90%	1	도, 코, 목구멍 지극		화기엄금	분말, CO₂ 소화분, 물분무 가능
7. 질산	HNO₃		98% 98.50% 62%	1.5 1.38	실계			기연성물질과 접촉하면 발화, 철, 동을 부식, H23와 접촉 폭발		25	호흡기 중기흡의 위험	◎△	가름, 기연성, 금속가부	분무
8. 아세톤	(CH₃)₂CO	56.5	94	0.73	실계	2.00	-17.8	5.38	연소성액체	3.0 / (2.1) / 11 / -13	200 / 400	독성·비교적약함 다량흡수 최면작용		산소성물질과 격리	분말, CO₂ 포말, 물(다량)
9. 암모니아수	NH4OH		98%	1	공기-1				기연성물질과 혼합하면 화재 위험		500 / 치사량	강한 지극 중심		염소성암모나, 산 등 격리	분무
10. 이소프로필 알콜올	(CH₃)₂CHOH	83		0.79	2.1	15	3.99		산은 인화물, 공기와 폭발성 배합가스		2 / 12	400 / 980	마취성 점막지극	◎	화기엄금	화기엄금 CO₂
11. 가성소다	NaOH	(고) 318		2.13	실계				물 또는 산에서 발열		2	극물		화기정할것 밀폐보관	일괘분묘 밀폐보관
12. 메틸부틴케톤 (수산화나트륨) (MDK)	(CH₃)₂CHCH₂COCH₃	(액) 118		0.80	단	3.5	22.8	459	실은연화 중기는 공기보다 무거움 (1.6g)		1.4 / 7.5	100 / 410	피부, 점막 자극성 마취성		화기엄금, 냉소	분무, 포말, 물분무 CO₂

● : 독물 ◎ : 극물 ○ : 일반유독물질 ■ : 독작유독물질 △ : 부식성물질

(2) 가스의 특성

[표 10-6 반도체 FAB에서 사용하는 가스의 특성]

번호	1	2	3	4	5	6	7
품명	수소	실란	디실란	포스핀	아르신	브롬화수소	염소
분자식	H_2	SiH_4	SiH_2Cl_2	PH_3	AsH_3	HBr	Cls_2
외관(상온상압)	무색기체	무색기체	무색기체	무색기체	무색기체	무색기체	황록색기체
냄새	무취	폐가 나빠질 듯한 냄새	자극성냄새	썩은 생선냄새	마늘냄새	자극성냄새	자극성냄새
가스비중	0.069	1.11	2.297	1.18	2.7	3.5	2.49
액체밀도 (g/ml)	67.723 (-250.2℃)	0.68 (-185℃)	0.901	0.746 (-90℃)	1.604 (-64.3℃)	2.8	1.468 (0℃)
비점(1atm)	(-252.7℃)	(-112℃)	(-14.3℃)	(-87.7℃)	(-62.5℃)	(-67℃)	(34.5℃)
융점(1atm)	(-259.1℃)	(-185℃)	(132.6℃)	(-133℃)	(-117℃)	(-86℃)	(-100.98℃)
증기압	4.67atm (-240.2℃)	24.5atm (-30℃)	23.7atm (20℃)	36.6atm (21℃)	14.95atm (21℃)	15.750atm (25℃)	100mmHg (-71.9℃)
임계압력	12.80atm	48.0atm	50.84atm	64.5atm	65.14atm		76.1atm
임계온도	(-240.2℃)	(-3.5℃)	(150.85℃)	(51.3℃)	(99.9℃)		144℃
물에 대한 용해도	1.8ml /100ml	알카리성에 반응한다.	알카리성에 반응한다.	20ml/100ml (20℃)	20ml/100ml (0℃)	194%	73g/l (20℃)
물과의 반응성	반응하지 않음	약산성 및 중성수와는 반응하지 않음. 알칼리성의 물에는 용이하게 분해	약산성 및 중성수와는 반응하지 않음. 알칼리성의 물에는 용이하게 분해	수화물을 생성한다.	가압하에 수화물을 생성한다. 용해산소에 의해 As로 분해한다.		물과 반응하여 염화수소를 생성한다.
연소성	가연성 (4~75%)	가연성 (1.37~98%) 자연성	가연성 자연성	가연성 (1.32~98%)	가연성 (0.8~98%)	용기의 폭발가능성 있음.	지연성
기타 물질과의 반응성	C_{12} 등의 할로겐 가스와 심하게 반응	C_{12} 등의 할로겐 가스와 심하게 반응	C_{12} 등의 할로겐 가스와 심하게 반응	C_{12} 등의 할로겐 가스와 심하게 반응	C_{12}와 반응하여 HCl과 AsC_{13}로 됨.	암모니아와 격렬하게 반응. 불소와 격렬하게 반응.	H_2와 폭발적으로 반응함. 대부분 금속과 반응함.
부식성 등 사용상의 주의	탄소강등에 있어서 수소취성을 일으킴. 고분자에 있어서는 막투과 현상이 있음.	부식성은 없다.	환원성 부식성은 없다.	NH_3보다 강한 환원성 SUS, 탄소강은 사용가능	강화원성 SUS, 탄소강은 사용가능	50ppm에 인체의 생명에 지장을 초래함.	H_2와 폭발적으로, NH_3와 심하게 반응하므로, 공존시키지 말 것. 공기보다 무거운 부식성 가스
비고	고온고압의 수소는 금속중에 용해해서 금속 내부에 H_2분자로 되어 축적된다.	상온에서는 안정하지만 300℃ 이상의 가열 혹은 방전에너지에 의해 분해됨.	실란보다도 불안정하며 실온에서 SiH_4와 H_2로 분해됨.	300℃ 이상에서 분해됨.	300℃ 이상에서 분해됨.		

8	9	10	11	12	13	14	15
염산	불화수소	디크로로실란	삼염화붕소	일산화탄소	삼불화질소	암모니아	육불화텅스텐
HCl	HF	SiH$_2$Cl$_2$	BCl$_3$	CO	NF$_3$	NH$_3$	WF$_5$
무색기체	무색기체	무색기체	무색기체	무색기체	무색기체	무색기체	무색기체
자극성냄새	자극성냄새	자극성냄새	자극성냄새	무취, 무미	곰팡이냄새	매운냄새	무취
1.27	1.858	3.51	1.349	2.3(20℃)	자료없음	0.7067	12.9g/l
1.27 (-36℃)	1.858 (19.5℃)	3.51 (7℃)	4.03	0.968	2.46 (0℃)	0.5967	10.6
(-85℃)	(19.5℃)	(8.2℃)	(52F)	-314F	(120℃)	(-33℃)	20℃
(-114.2℃)	(-83.4℃)	(-12.2℃)	(-161F)	-326F	(-207℃)	(-78℃)	3℃
100mmHg (-114℃)	100mmHg (-83.4℃)	100mmHg (-12.2℃)	760mmHg (-13℃)	760mmHg (0℃)	1500mmHg (-119℃)	6658mmHg (-21℃)	863mmHg (-21℃)
81.5atm	64atm	46.15atm			4530KPA		
(51.4℃)	188℃	176℃			39℃		
81.31g/ 100g(0℃)	불화수소산을 생성	반응함	분해됨		미세한 용해	38% (20℃)	가수분해
반응은 하지 않지만 물에는 잘 용해됨.	반응은 하지 않지만 물에는 잘 용해됨	가수분해하여 염산과 폴리시로케산을 생성함	가수분해하여 부식성 흄을 발생	상온상압에서 안정함.	상온상압에서 안정	상온상압에서 안정	물과 격렬히 반응하고 부식성의 불화수소와 옥시불화텅스텐이 방출
불연성	불연성	가연성	부식성	폭발성	지연성	가연성	지연성
불소와 심하게 반응함. 대부분의 금속과 반응해서 염화물 수소를 생성함.	반응성이 풍부하여 금속의 산화물, 수산화물과 용이하게 반응함.	아세톤과 반응함	알코올과 반응함.	과산화바륨, 염소와 격렬한 반응	상온상압에서 안정함	산과의 심한 반응 반응물질이 다수임.	연소율을 증가시킬 수 있으며 접촉시 점화를 일으킴. 환원물질과 폭발 위험
수분의 존재로 강산 거의 모든 금속을 침식. 부식성	부식성	미량수분의 존재로 강산, 부식성	염산의 과수분해에 의한 부식성 위험	1200ppm시 즉각 생명 위험	부식성 약간 있음	금속류는 극도의 독성, 피부접촉 또는 증기의 흡입을 피할 것.	부식성물질 접촉하면 발적, 통증이 있는 자극 증상과 통증 발생

❸ 공정안전관리(PSM)

(1) 공정안전관리(Process Safety Management)

화재(Fire), 폭발(Explosion), 유출물 누출(Toxic Release) 등의 중대 산업 사고예방을 위하여 설계단계부터 모든 사항을 안전측면에서 검토하여 시행함으로써 근원적인 재해예방을 위한 총체적인 공정에 대한 안전 관리 제도이다.

(2) 공정안전관리제도의 구성요소

① 제조공정 관련 기술자료 및 도면의 체계화
② 체계화된 자료를 바탕으로 공정 위험성 평가를 통한 필요한 조치 강구 및 시행
③ 안전운전절차·하도급 관리기준의 설정 및 시행을 통한 작업실수의 최소화 강구
④ 설비의 완벽한 성능유지를 위한 설계·제작·운전 및 정비기준의 제도화 실행
⑤ 사고 발생 시 피해 최소화를 위한 비상조치 계획 수립 및 실천
⑥ 기타 각종 절차·기준 준수를 위한 전 종업원의 교육·훈련
⑦ 정기적인 자체검사 실시를 통한 공정안전관리의 시행 확인 및 개선 등이다.

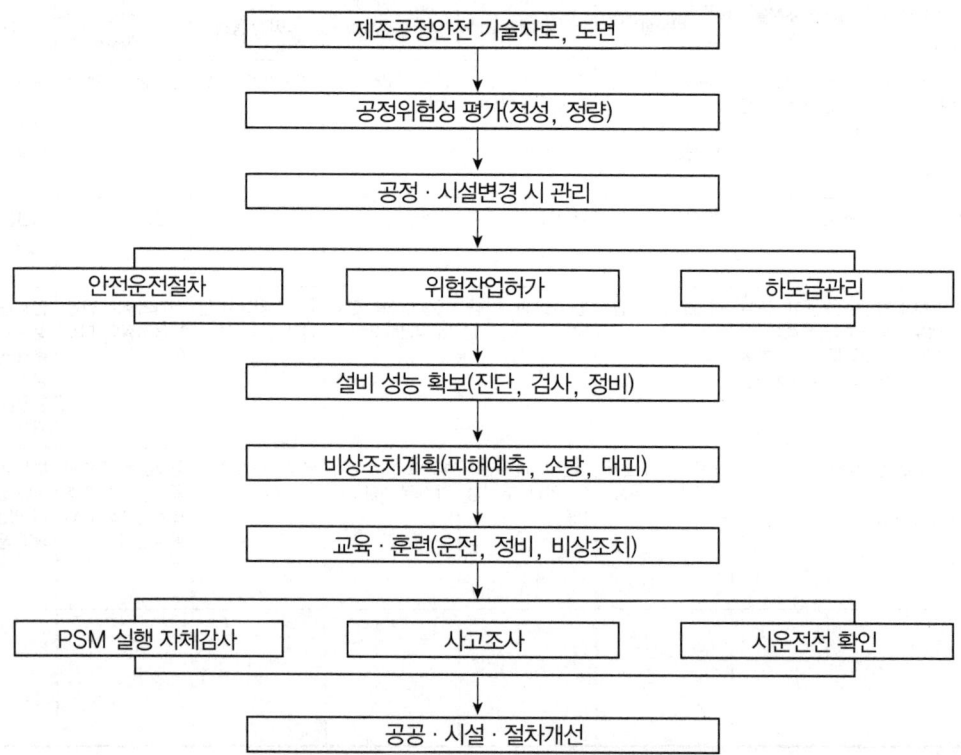

[그림 10-8 반도체 FAB에서 공정안전관리제도의 구성요소]

제4절 방재 및 SCS

1 방재 개요

(1) 연소의 3요소
① 가연물 : 목재, 종이, 유류, 가스 등
② 산 소 : 공기 중 21%
③ 점화원 : 전기불꽃, 마찰열, 충격불꽃 등

(2) 화재의 종류

[표 10-7 반도체 FAB에서 화재의 종류]

등급	화재종류	소화방법	적용 소화기	사용금지 소화약제
A급	일반화재	제거, 냉각소화	물/FOAM, 분말소화기	사후관리 필요 없음
B급	가스화재 유류화재	질식, 제거소화 질식소화	CO_2, 분말소화기 FOAM, 분말, CO_2, 소화기	수용성 물질의 경우 물(예:IPA)
C급	전기화재	질식, 냉각소화	CO_2, 분말소화기	물, FOAM
D급	금속화재	질식, 냉각소화	건조사, 팽창질식	물, FOAM

(3) 소화기 사용법
소화기를 화재가 발생한 지점으로 신속하게 옮긴 후 안전핀을 뽑고 바람을 등지고 분사노즐을 화점으로 향하게 하여 소화기 손잡이 레버를 힘껏 움켜쥐고 비로 쓸 듯이 발사한다.

(4) 소화전 사용법
① 소방호스를 꼬이지 않도록 하여 화재 현장까지 신속하게 펼치고, 호스가 짧을 때는 보조호스를 연결한다.
② 한 사람은 노즐을 잡고 다른 한 사람은 옥외소화전인 경우, 렌치를 사용하고 옥내소화전인 경우, 손으로 밸브를 시계반대 방향으로 천천히 돌린다.
③ 화재가 발생한 지점으로 물을 방사한다.
④ 모든 소화전은 2인 1조로 운영한다.

(5) 화재 발견시 행동요령
① 최초로 화재를 발견한 자는 큰 소리 또는 신호를 이용하여 불이 났음을 주변작업장에게 알린다.
② 화재가 발생하면 소화기 등을 사용하여 신속하게 초기 소화한다.
③ 화재신고는 FMS Room으로 신속히 연락하고 불이 난 장소를 명확히 전달한다.
④ 자체 소화가 불가능할 경우에는 지체 말고 신속히 대피한다.

❷ SCS(Safety Control System) 개요

(1) SCS 개요

SCS는 Life Safety의 실현을 위한 도구로서 FAB 내의 Toxic Gas Leak, Chemical Leak Exhaust Down Fire 등의 위험신호를 감지하여 Tool Shutdown, Siren, Lamp Light 등의 경보 및 안전제어를 통해 인명과 재산상의 피해를 최소화하기 위한 종합 안전 시스템이다.

모든 Control 계통은 대부분 PLC(Programmable Logic Controller)를 통해 이루어지며 FAB FMS(Facility Monitoring Station)에서 모니터링되며, 청정실의 각 Zone의 LVDM(Local Video Display Monitor)를 통해 현재 상태를 모니터링할 수 있다.

(2) SCS의 구성

1. SAFETY SYSTEM OVERVIEW

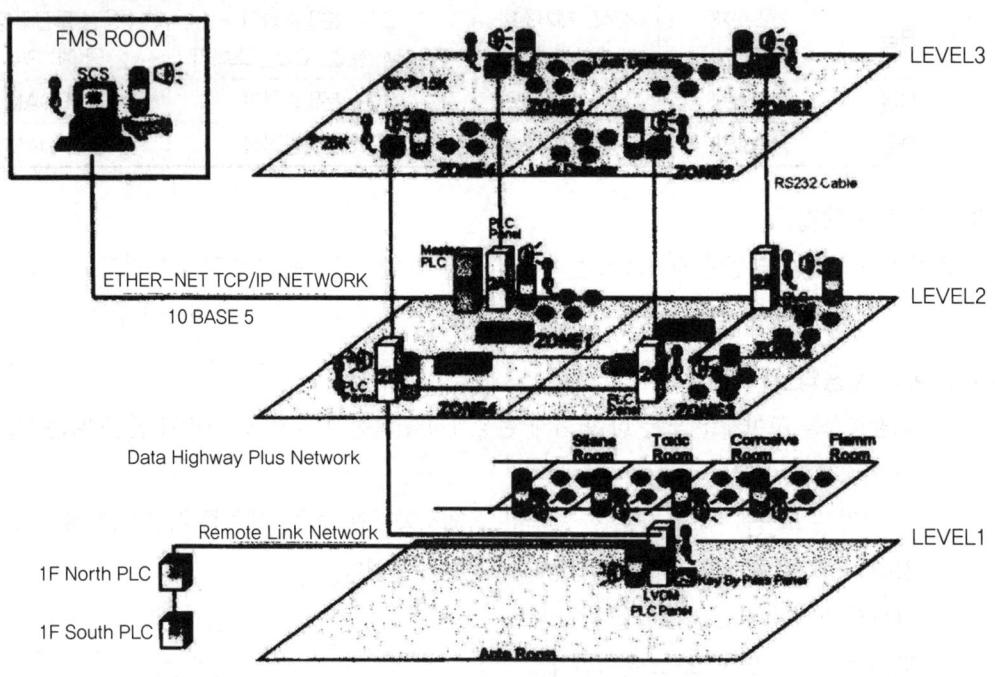

[그림 10-9 반도체 FAB에서 SCS(Safety Contol System)의 구조도]

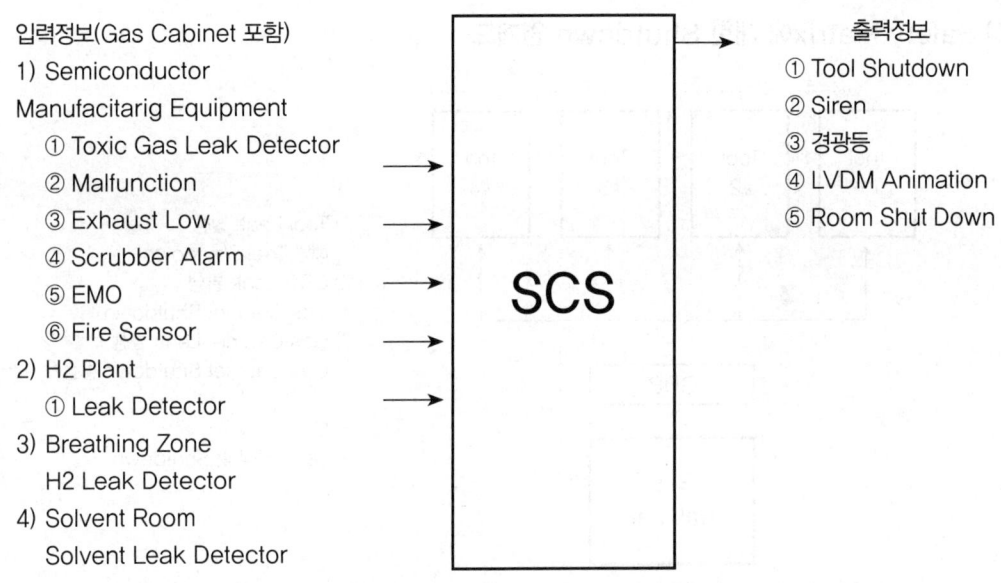

[그림 10-10 반도체 FAB에서 SCS(Safety Contol System)의 구성도]

(3) Gas Leak Detector Monitoring 현황

[표 10-8 반도체 FAB에서 Gas Leak Detector Monitoring 현황]

No	Gas	Monitoring Level		비 고
		Warning 값(ppm)	Alam 값(ppm)	
1	BCl_3	5.0	10.0	
2	Cl_2	0.5	1.0	
3	CO	30	60	
4	HBr	2.0	4.0	
5	NF_3	3.0	6.0	
6	NH_3	20	40	
7	SiH_4	5.0	10.0	
8	$DCS(SiH_2Cl_2)$	5.0	10.0	
9	Wh_6	3.0	6.0	
10	H_2	0.1%	0.2%	
11	PH_3	0.1	0.2	
12	AsH_3	0.05	0.1	
13	BF_3	3.0	6.0	
14	HF	3.0	6.0	
15	Solvent	0.5%	1%	
16	SiF_4	3.0	6.0	
17	O_2	18%	15%	

(4) Safety Matrix에 대한 Shutdown 연계도

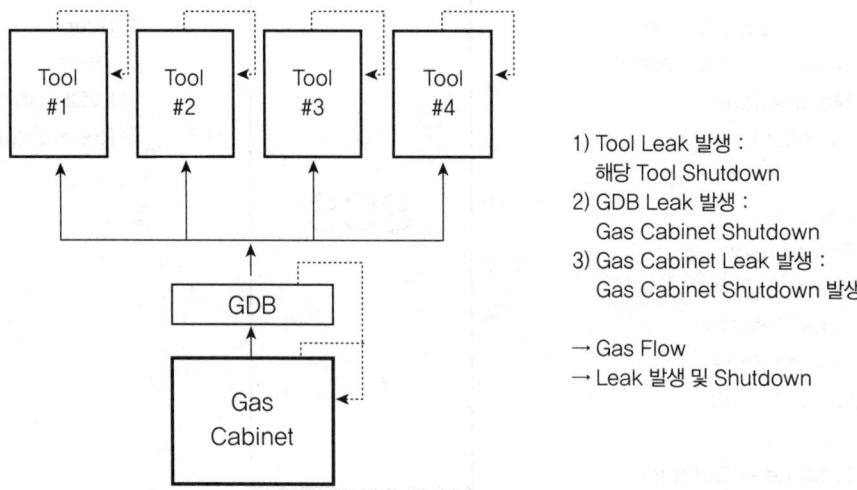

[그림 10-11 반도체 FAB에서 Safety Matrix에 대한 Shutdown 연계도]

(5) Safety Matrix
[표 10-9 반도체 FAB에서 Safety Matrix]

		Toole			GDB			Gas Cabinet						H2		Solvent						
		Warning	Warning >50min	Alarm	Warning	Warning >50min	Alarm	Warning	Warning >50min	Alarm	Tool Malfunction	Exhaust Low	Scrubber Alarm	EMO Activated	Warning	Alarm	Warning	Alarm	Scram Button	Key By-Passed	UPS Malfunction	PLC Error	Fire
Animation	SCS. Monior	x	x	x	x	x	x	x	x	x	x	x	x	x	x	x	x	x	x	x	x	x	x
	BF LVDM 1,2,3,4	x	x	x	x	x	x	x	x	x	x	x	x	x	x	x	x	x	x				x
	Gas Room	x	x	x	x	x	x	x	x	x	x			x	x	x	x	x	x				x
LiGHT	SCS	Y	R	R	Y	R	R	Y	R	R		R		R	Y	R	Y	R	R		R	R	R
	3F Zone, 1,2,3,4	Y	R	R	Y	R	R	Y	R	R		R		R	Y	R	Y	R	R				R
	2F PLC Panel	Y	R	R	Y	R	R	Y	R	R		R		R	Y	R	Y	R	R				R
	Gas Room	Y	R	R	Y	R	R	Y	R	R		R		R	Y	R	Y	R	R				R
Bozzer	SCS	x	x	x	x	x	x	x	x	x				x	x	x	x	x	x		x	x	x
	3F Zone 1,2,3,4	x	x	x	x	x	x	x	x	x					x	x	x	x	x				x
	2F PLC Panel	x	x	x	x	x	x	x	x	x					x	x	x	x	x				x
	Gas Room	x	x	x	x	x	x	x	x	x					x	x	x	x	x				x
Sbuldown	Toal		x	x												x		x					x
	Gas Cabinet					x	x		x	x						x							x
	GAS Room														x		x						x
	Solsent Room														x			x	x				x
	H2 Plant																x		x				x
Sirce	Gasroom		x	x		x	x		x	x					x		x						x
	Chemical Room														x				x				x
	Fab		x	x		x	x										x						x

제5절 비상사태 발생 시 행동요령

1 비상사태의 종류

비상사태는 다음과 같이 구분한다.
① 상해사고 발생　　② 화재, 폭발사고 발생　　③ 유독물질 누출 발생

2 비상사태 발생의 행동요령

(1) 상해사고 발생
① 사고발생 사실을 주변 근무자에게 알리고 긴급전화 또는 의무실로 그 사실을 통보한다.
② 응급처치를 실시한다. 응급처치는 기도유지, 지혈 등의 기본적인 것이며, 처치 불가 시에는 의무실로 빨리 이송한다.
③ 의무실에서는 기본적인 1차 치료를 하며 지정 병원으로 후송하여 진료를 받도록 한다.

(2) 화재, 폭발사고 발생
① 상황전파
  - 화재를 발견한 사람은 큰소리로 주위에 알리거나 활용하고 FMS Room에 신속히 화재신고를 하여야 한다.
  - 화재신고 시에는 화재발생장소 및 화재상황을 침착하게 연락하여야 한다.
  - FMS Room에서 화재를 발견하였을 때는 방송설비를 활용하여 신속, 정확하게 상황을 전파하고 안내방송을 실시하여야 한다.

② 소화
  - 화재 초기발견자 또는 인근 근무자는 주위에 비치된 소화기를 사용하여 초기 소화활동에 주력하여야 한다.
  - 또한 인근에 설치된 대형소화기 및 자동소화설비를 사용하여 소화 작업을 실시한다.
  - 화재확대 시는 인근에 설치된 옥내, 옥외 소화전을 활용하여 소화 및 화재 확대 방지에 주력한다.
  - 소화활동에 필요한 소화용수 공급활동을 도모한다.

③ 화재방어
  - 화재발생장소에 공급되는 가스나 위험물의 공급을 차단하여야 한다.
  - 화재확대 시 위험 가스의 용기나 위험물은 반출 제거하여 화재 확대방지에 주력하여야 한다.
  - 화재장소의 조명용 전기 외에는 전원을 차단하여야 한다.
  - 연소확대 방지를 위한 방화문 방화 셧터를 폐쇄하여야 한다.
  - 화재장소의 순환공기를 차단하여 화재확산을 방지하여야 한다.
  - 비상전원을 통한 화재장소의 배기설비를 가동시켜 연기 및 유독가스를 배출시킨다.
  - 화재장소 및 화재확대 위험장소에 비치된 중요자료를 신속히 반출하고 경계한다.

- 화재장소의 인근 인원이 안전하게 피난할 수 있도록 비상랜턴을 가지고 피난통로에 위치하여 안전하게 피난을 유도한다.

④ 의료구호
- 화재장소 주변에 부상자는 발생되지 않았는지 확인하고 부상자 발생 시 즉시 인명구조에 노력해야 한다.
- 부상자 발생 시 구급차를 대기시켜 환자를 후송하여야 한다.

⑤ 피난
화재 발생장소의 불특정 인원 및 화재층의 상층인원은 화재발생 즉시 피난계단 및 피난기구를 활용하여 지상으로 안전하게 대피하여야 한다.

(3) 독성물질 누출 시 행동요령

① 상황전파
- 사고 발견자는 주위의 감독자 또는 엔지니어에게 사고 사실을 신속히 알린다.
- 또한 긴급전화로 지정된 상황실에 사고 상황을 신속히 연락한다.
- FMS Room에서 가스 누출을 발견하였을 시는 즉시 현장의 감독자는 엔지니어에게 연락하고 즉시 방송설비를 활용하여 상황을 전파한다.

② 가스, Chemical 차단
- 장비나 가스배관에서의 누출 시는 중간 밸브나 가스용기 메인 밸브를 잠근다.
- 가스용기에서 누출 시는 해당지역의 EMO를 누른다.
- 가스 차단이나 배기가 불가능시는 CO_2 소화기나 소화전을 활용하여 가스 누출을 최대한 억제시킨 후 누설부위를 차폐시키거나 가스용기를 실외로 이동시킨다.
- solvent류 누출 시에는 주위 점화원을 차단하고 흡착포 등으로 닦아낸다.
- 산, 알카리가 누출되었을 경우에는 산 중화제, 알카리 중화제를 이용하여 중화시킨 후 닦아낸다.

③ 방호조치
- 가스 누설 시 조치자는 필히 방독보호구(공기호흡기, 방독면) 및 보호 장갑 등을 착용 후 작업에 임해야 한다.
- 실내의 급기량 및 배기량을 증대시켜 누출된 가스를 신속히 배출시킨다.
- 가능한 실내의 문을 많이 열어 놓는다.
- 가연성 가스 누출 시 전기 스위치의 조작을 금하고, 주위의 화기나 고온체를 제거하여 인화폭발을 방지한다.
- 가연성가스가 체류하고 있을 시 가스의 배출은 물론 N_2, CO_2, HALON 등 불연성 가스로 희석하여 폭발범위 이하로 DOWN시킨다.

④ 대피
- 대형사고이거나 유독가스의 다량 누출 시는 즉시 장비를 안전하게 조치 후 피난 유도 요원의 안내에 따라 신속히 대피한다.
- 소량 누설 시에는 감독자의 지시에 따라 행동한다.
- 감독자 및 엔지니어는 가스 누출여부를 신속히 확인한 후 안전한 피난방향으로 안내하여야 한다.

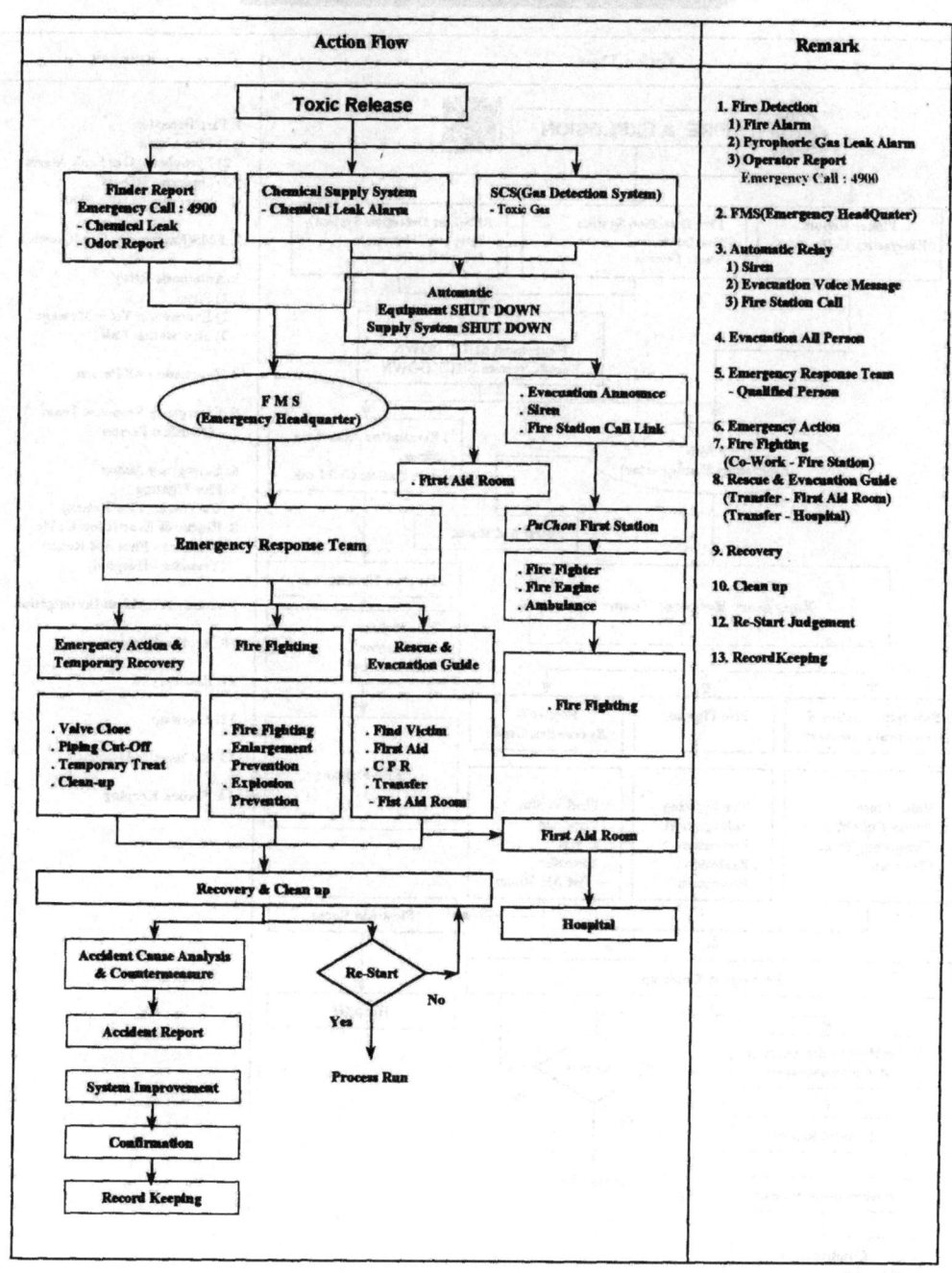

[그림 10-12 반도체 FAB에서 독성물질 누출 시 대응 절차]

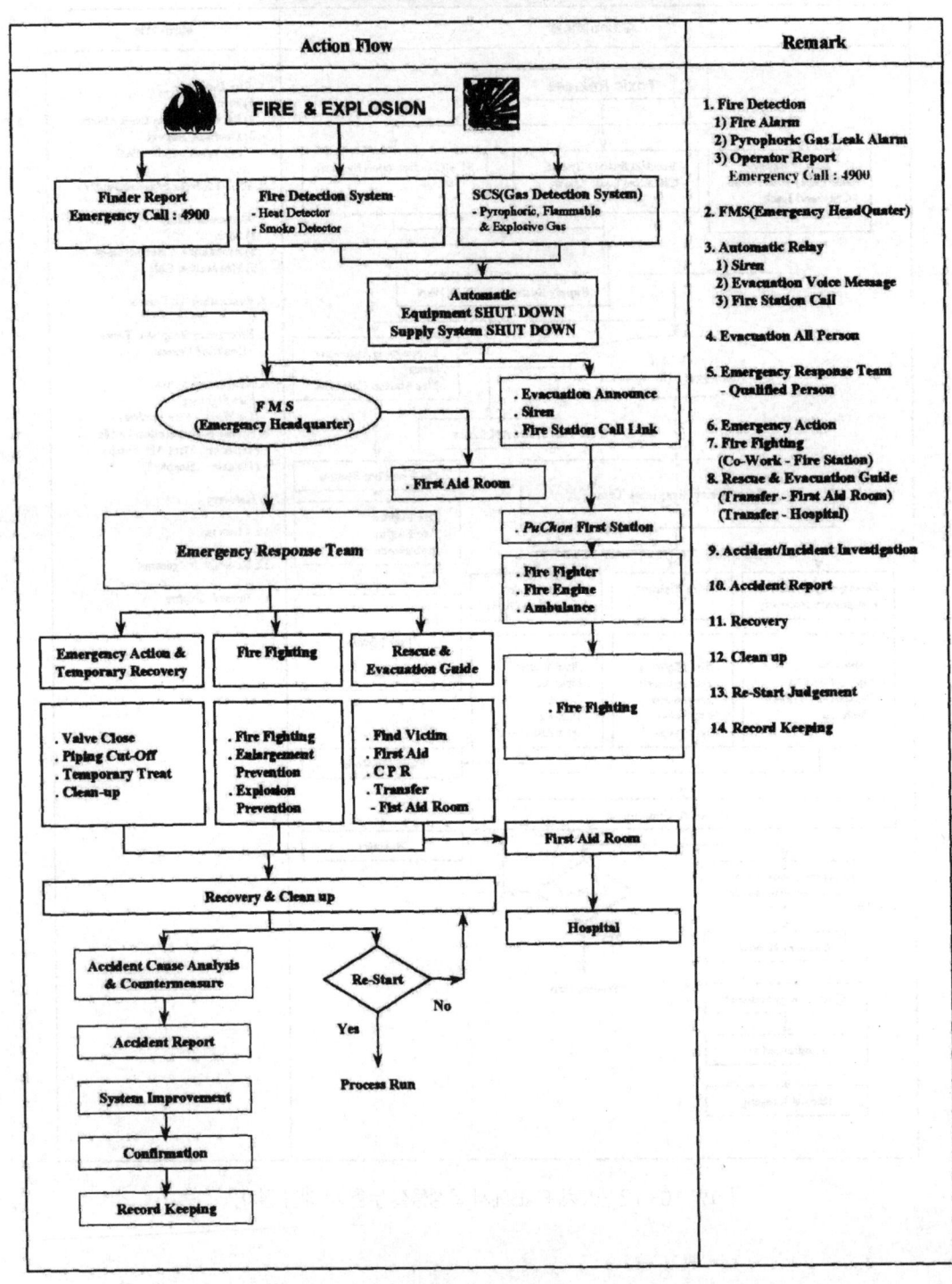

[그림 10-13 반도체 FAB에서 화재, 폭발사고 시 대응 절차]

총괄평가

1. 산업안전, 산업재해, 안전사고에 대해 정의를 서술하시오.
2. 안전관리의 중요성을 서술하시오.
3. 재해의 종류대로 나열하고 설명하시오.
4. 반도체 fab에서 재해 재발 방지 대책을 논하시오.
5. 무재해 운동의 3대 원칙을 서술하시오.
6. 방사선 안전관리에 대해 논하시오.
7. 안전 보호구 사용 시 주의사항을 논하시오.
8. 반도체 FAB에 사용되는 chemical 특성과 가스의 특성을 논하시오.
9. 비상 사태 발생 시 행동 요령을 논하시오.
10. 독성 가스 누출 시 행동 요령을 논하시오.

제2장 | 반도체 전기설비

제1절 전력설비

1 지중(Cable Line)

(1) Cable 종류

XLPE 400SQ

Cross-Linked Poly Ethylene

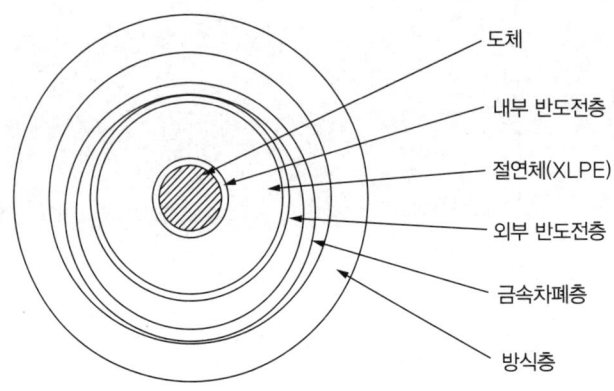

[그림 10-14 반도체 FAB에서 사용하는 전력 케이블]

① 도체

소선을 동심원 상으로 연합하고 압축 성형한 압축원형 연선

② 내부반도전층

도체 위에 절연체와 동시에 동심원상으로 반도전 컴파운드를 균일하게 압출하여 형성한 것이다.

③ 절연체

내부 반도전층 위에 가교폴리에틸렌 또는 그의 혼합물을 동심원 상으로 피복하여 형성한 것이다.

④ 외부 반도전층

절연체 위에 절연체와 동시에 반도전 컴파운드를 동심원 상으로 균일하게 압출하여 형성한 것이다.

⑤ 알루미늄 피

외부 반도전층 위에 압축 피복한 후 파형을 넣은 것이다.

⑥ 방식층

알루미늄피 표면에 방식 컴파운드를 도포하고 그 위에 밀착하여 비닐을 압출 피복한 것이다.

❷ Gas 절연 개폐장치(GSI-Gas Insulated Switchgear)

SF_6 Gas 절연 개폐장치는 옥·내외 변전소용으로 정상상태의 스위치 개폐뿐만 아니라 사고, 단락 등의 이상 상태에 있어서도 선로를 안전하게 개폐하여 계통을 적절히 보호하는 SF_6 Gas로 절연된 복합개폐장치이다.

구성품으로는 차단기(GCB), 제어반(Control Panel), 단로기(D/S), 변류기(C/T), 계기용 변압기(P/T) 등으로 구성되어 있다.

❸ 변압기(Transformer)

전자에너지를 매개로 전자유도 작용에 의하여 한편의 권선(1차 권선)에 공급한 교류전기 에너지를 다른편 권선(2차 권선)에 동일 주파수의 교류전기 에너지로 변환하여 필요한 전원을 얻을 수 있도록 하는 장치이다. 유입변압기의 주소는 철심, 권선, 탱크, 방열기, 절연유 등으로 되어 있으며 Mold 변압기의 구조는 철심, 에폭시 수지로 Molding한 권선, Clamp, 방진고무, 무전압 Tap 절환단자 등으로 구성되어 있다.

❹ 무정전 전원장치(UPS)

선로에 정전되거나 입력전원에 이상 상태가 발생할 경우 정상적인 전원을 부하측에 공급하는 설비를 말하며 정류기, 축전지, 인버터, 절체스위치 제어부, 보수용 절체스위치 등으로 구성되어있다.

❺ 발전기(Generator)

공장이나 빌딩 등에서 상용 전원이 정전될 경우 조명, 엘리베이터, 급·배수, 공조 설비, 중요 생산 장비 등에 사고가 유발될 염려가 있으므로 그러한 사고를 방지하기 위하여 기능상 최소한의 비상전력을 확보할 목적으로 예비전원 설비인 비상발전기를 구축한다.

❻ 차단기(Circuit Breaker)

(1) 진공차단기(VCB)

진공에서의 높은 절연내력과 아크 생성물의 진공 중으로의 급속한 확산을 이용하여 소호하는 구조이다.

매우 높은 절연내력을 가지고 있고 차단기의 형태가 적어진다. 접촉자가 외기로부터 격리되어 있어 아크에 의한 화재의 염려가 없어 최근에는 방재겸용으로 급격히 사용되고 있다. 소경량이고 구조가 간단하며 보수 등이 용이한 장점을 가지고 있으나 동작 시 높은 서지전압을 발생시키는 결점이 있다.

(2) 기중차단기(ACB)

기중차단기는 자연공기 내에서 개방할 때 접촉자가 떨어지면서 자연소호에 의한 소호방식을 갖는 차단기로 교류저압이나 직류차단기로 많이 사용된다.

직류용 차단기로 사용될 경우 단락전류를 차단할 때 개폐시간이 극히 짧고 한류작용을 나타내 고속차단기라고 한다. 배선용 차단기는 기구를 몰드된 절연함 속에 넣어 소형화된 것인데 노퓨즈 차단기 또는 MCCB(Molded Case Circuit Breaker)라고 한다.

(3) 유입차단기(OCB)

절연유 중에 소호실을 가진 것으로 소전류 영역에서는 피스톤에 의해 유류(油流)를 품어서 소호시키고, 대전류 영역에서는 발생한 아크에 의해 기름이 분해되어 소호실 내에 높은 압력을 만들고 아크에 강력한 가스를 뿜어서 소호시킨다. 유입차단기는 다른 종류의 차단기에 비해 차단성능, 보수면에서 불리한 점이 있으나 가격이 싸고 넓은 전압범위에 적용할 수 있다는 장점이 있어 소·중용량 차단기로서 널리 사용되고 있으나, 기름을 사용하므로 화재의 위험이 있다.

(4) 가스차단기(GCB)

가스차단기는 공기 대신에 절연내력과 소호능력이 뛰어난 불활성가스인 SF_6(육불화황)의 압축가스를 사용한 것이다. 가스차단기는 차단할 때 12~15kg/cm^2·g의 높은 가스계통에서 약 2kg/cm^2·g의 낮은 계통으로 SF_6 가스를 뿜어서 소호하는 밀폐 사이클의 2중 가스압식과 단일 가스압식의 2종류가 있다. 보수점검 횟수가 적고 차단성능이 좋을 뿐만 아니라 소음이 작다. 가격 등이 고가이며 설치면적이 커 대부분 초고압 계통차단기로 많이 사용된다.

제2절 전압의 종류

1 저압

직류는 750V 이하, 교류는 600V 이하

2 고압

직류는 750V~7,000V 이하, 교류는 600V~7,000V 이하

3 특별 고압

7,000V 초과

4 배전방식에 따른 분류

① 저압간선
- 단상 3선식 : 220/110[V]
- 3상 3선식 : 220[V]
- 3상 4선식 : 440/254, 380/220, 208/120[V]
- 직류식 : DC 100[V]

② 고압간선
- 3상 3선식 : 6KV급 3KV급

③ 특별고압간선
- 3상 3선식 : 22KV급(비접지 방식)
- 3상 4선식 : 22.9KV급(다중접지 방식)

④ 초고압간선
- 3상 3선식 : 154KV급, 345KV급

(1) 100V 단상 2선식

국내에서는 점차 100V 사용을 줄여나가고 있으며 이미 모든 가전제품 등에 100V 전압 제작을 법적으로 금지하고 있다. 그러나 수용가의 운용상 필요한 곳에선 별도의 강압변압기를 제작하여 사용하고 있다. 특히 사무자동화 기기용(OA), 컴퓨터 주변기기, 종합병원 등의 의료장비, 호텔, 공장 등에서 부분적으로 사용되고 있다. 최대사용 전력이 30kW 정도이나 이 방식은 전압이 낮아 같은 전력을 필요로 하는 데 있어 전선소요 전선량이 가장 많이 필요하기 때문에 간선에는 채용하지 않고 있다.

(2) 220V 단상 2선식

단상전동기, 전열기, 40W 이상의 형광등에서 정격이 220V를 넘는 단상 부하에 사용된다.
실내 배선에 사용할 경우 배선의 대지전압을 150V 이하(조건에 따라 300V 이하)로 낮추어야 한다. 이러한 방법으로는 중성점을 접지하여 양선의 대지전압을 100V로 낮춘다.

(3) 220/110V 단상 3선식

단상 2선식 110V의 간선은 대용량일 때는 전선크기가 커지므로 비경제적이다. 따라서 전류를 반감하기 위해 회로전압을 220V로 하고 한편에서는 110V의 전원도 할 수 있도록 한 것이다. 이 방식의 경우 중성선과 양쪽 선로 사이의 부하를 가급적 평형시키도록 하여야 한다.
3kW 이상의 일반전등, 40W 이하의 형광등, 0.75kW 이하의 단상전동기 등과 같이 용량이 비교적 큰 부하의 배선과, 30kW 이상인 50kW 정도의 배전선에 사용한다. 이 방식은 전등, 전열 병용의 인입선이나, 분전반의 간섭으로 채택하면 전선의 양이 많이 절약된다.

(4) 220V 3상 3선식
일반빌딩이나 공장에 시설되는 기계의 전동기는 대부분이 3상 220V 정격으로 되어 있다(0.2~37kW). 따라서 동력전원으로 많이 사용되고 있다.

(5) 208/120V 3상 4선식
이 방식은 208/120V, 220/380V의 3종이 있으며, 3상동력과 단상 전등부하에 전력을 공급할 수 있다. 208/120V는 무정전 장치를 이용한 컴퓨터 전원용으로 많이 채용된다. 특히 220/380V는 전등전압 220V 동력용 전압 380V로서 우리나라의 승압계획에 따라 거의 전부 이 방식을 사용하고 있다(단, 440/254V는 한전에서 공급하지 않고 자가 설비에서 사용한다).

(6) 6kW(3kV) 3상 3선식
400V급 배전방식에서는 100V급 전원을 얻으려면, 부하 가까이에 변압기를 설치할 필요가 있고, 이 방식을 확대한 것이며 수요 장소 가까이에 설치한 변압기의 1차에 6kV를 공급한다.
이 방식은 각층마다 부하가 100kVA를 넘고, 또한 층수가 20층 이상인 대규모의 빌딩에 적당하다. 부하가 큰 간선은 단상 3선식 또는 3상 4선식이 유효하고 경제적이다.

제3절 전기적 장애와 위험성

1 전기적 장애
근래에는 반도체 의약품 공장 등에 고도의 생산 환경 조성이 요구되고 있어 온도, 습도, 공기청정도 등 기계설비에 관심이 많아졌고 기술적으로도 많은 발전을 거듭해 왔다.
그러나 최근에는 기계설비 뿐만 아니고 전기적 품질, 즉 무정전, 정전압, 정전기 등에 대해서도 관심이 증가하고 있는 추세이며 그 만큼 전력관련 설비의 중요성이 높이 대두되고 있다. 이에 정전, 전압강하, Noise 등 몇 가지에 대해서 알아보고자 한다.

(1) 정전
근래에는 정전 또는 전압강하에 대해서 민감하고 예민한 장비가 많아 무정전을 요구하는 장비 또는 환경이 급격하게 증가하고 있어 이를 위하여 UPS 또는 축전지 설비를 사용하고 있다.
이는 정전압(Constant Voltage), 정주파수(Constant Frequency)를 유지하고 순간정전, 전압 강하 등 이상 상태가 발생할 경우에 정상적인 전원을 부하측에 공급하여 전기적 품질을 향상시키고 있다.

(2) Noise
각종 Cable Line 또는 장비에는 전자유도 작용에 의해 Noise가 발생하고 있는데 이를 감소시키기 위해 전기설비공사, 장비 공급용 전원 공사시 전력 Line과 Signal Line을 분리하여 공사를 진행하고 있으며 Noise의 유입을 막기 위해 차폐 Wire 등을 사용하고 있다.

(3) 고조파
요즈음은 정류기, 전자부품으로 이루어진 장비들이 대부분이므로 고조파 발생이 불가피한데 이 고조파의 피해를 줄이기 위하여 여과기(Filter), 역고조파 방지용 Transformer Reactor 등을 사용하고 있다.

❷ 전기적 위험성

(1) 누전
① 누전이란 전기가 새는 것(Leak)을 말하며 절연불량, 피복손상, 접촉불량 등의 원인에 의해서 발생한다.
② 누전으로 인해 감전하고, 화재 전력손실 등의 문제가 발생되므로 점검을 철저히 할 필요가 있다.
③ 대책으로는 공사시 피복보호를 염두에 두고 진행해야 하며 수시로 Connection상태와 절연저항을 체크하여 사고를 미연에 방지하도록 하여야 한다.

(2) Switch 조작
감전사고나 단락사고의 많은 부분을 차지하는 것이 Switch 조작 시에 일어나는데 부하측의 정보가 없는 상태에서 Switch를 조작하기 때문이다.
Switch를 off하거나 on할 경우에는 반드시 부하측에 사람이나 장애물이 없는지 확인을 한 후 조작해야 귀중한 생명과 재산을 보호할 수 있다.

(3) 과부하
전기로 인한 화재는 노후된 Cable이나 기기에 의해서도 발생하지만 많은 부분이 과부하에 의해서 발생한다. 각종 전선류나 전기기기에는 허용전류가 있는데 과부하에 의해 허용전류를 넘게 되면, 열이 발생하여 절연이 파괴되고 그로 인해 단락될 때 불꽃이 발생하거나 전선이 열화하여 화재로 진행되게 되는 것이다.
이를 방지하기 위해서는 수시로 전류나 전압을 Check하여 전선이나 전기기계 기구의 허용전류를 넘지 않도록 하는 것과 각 Connection 부위의 발열상태를 점검하여 열화되지 않도록 Bolt 등의 조임 작업을 수시로 하여야 한다.

❸ 정전기

(1) 발생
① 유도성 대전

대전되지 않은 물체가 대전체의 전기장에 노출되면 분극되어 가까운 쪽에는 반대극성의 전하가 가장 먼쪽에는 같은 극성의 전하가 모이게 된다. 이때, 한쪽에서 전하를 끌어내면 그 물체는 대전체가 되는데 이를 유도성 대전이라 한다.

② 접촉성 대전

물체가 접촉이나 마찰, 분리, 등의 과정에서 한쪽의 물체는 전자를 잃고 다른쪽은 이를 쌓아 각각 +, −로 대전된다. 이를 접촉성 대전이라고 한다.

(2) 문제점

① 대전된 표면에 미소입자가 정전기적으로 견인 및 결합되므로 인한 오염
② 정전기 방전현상(ESD)에 노출된 소자나 System의 파손 및 고장
③ Digital System의 교란
④ 기억된 정보의 유실

(3) 정전기 원

작업자, 의복, 작업의자, 작업대, 바닥, 부품함, 포장재, 제조기계, 제조공정

(4) 대책

① 불필요하게 부품에 손대지 말 것
② 작업장의 불필요한 물체 제거
③ 사용공구의 접지
④ Wrist Strap 등 장비의 착용
⑤ 전기장 유도물체 근처에 부품의 Stock을 피할 것
⑥ Ionizer의 설치

총괄평가

1. 전기설비에 사용되는 Cable의 종류를 나열하고 특징을 서술하시오.
2. 차단기를 종류대로 나열하고 특징을 설명하시오.
3. 전압의 배전 방식에 따라 분류를 하고 특징을 설명하시오.
4. 전기적 장애와 위험성을 나열하고 설명하시오.
5. 전압에서 고압의 범위를 설명하시오.

제3장 | 반도체 화공설비

제1절　가스 중앙공급 시스템(CGSS)

1 가스 중앙공급 시스템(CGSS) 개요

(1) 용어해설
① CGSS ; Central Gas Supply System(가스 중앙공급 시스템)
② GDB ; Gas Distribution Box
③ Gas Cabinet : 반도체공정용 가스를 안전하게 공급하는 장치
④ Specialty Gas : 반도체공정용 특수가스
⑤ Bulk Gas : 반도체 제조공정에서 주로 분위기 가스로 많이 사용되는 가스
⑥ AGMS : Automatic Gas Monitoring System
⑦ Gas Cylinder : 고압 및 저압의 가스를 충진하는 용기

(2) Gas 중앙공급의 목적
① CGSS는 Fab에서 소비되는 가스를 한지점에서 필요로 하는 지점까지 공급해 주는 체계이다.
② CGSS의 목적은 Specialty Gas 공급에 있어서 효율성 및 안정성을 높이는데 있다.

2 가스 공급시스템(Gas Supply System)

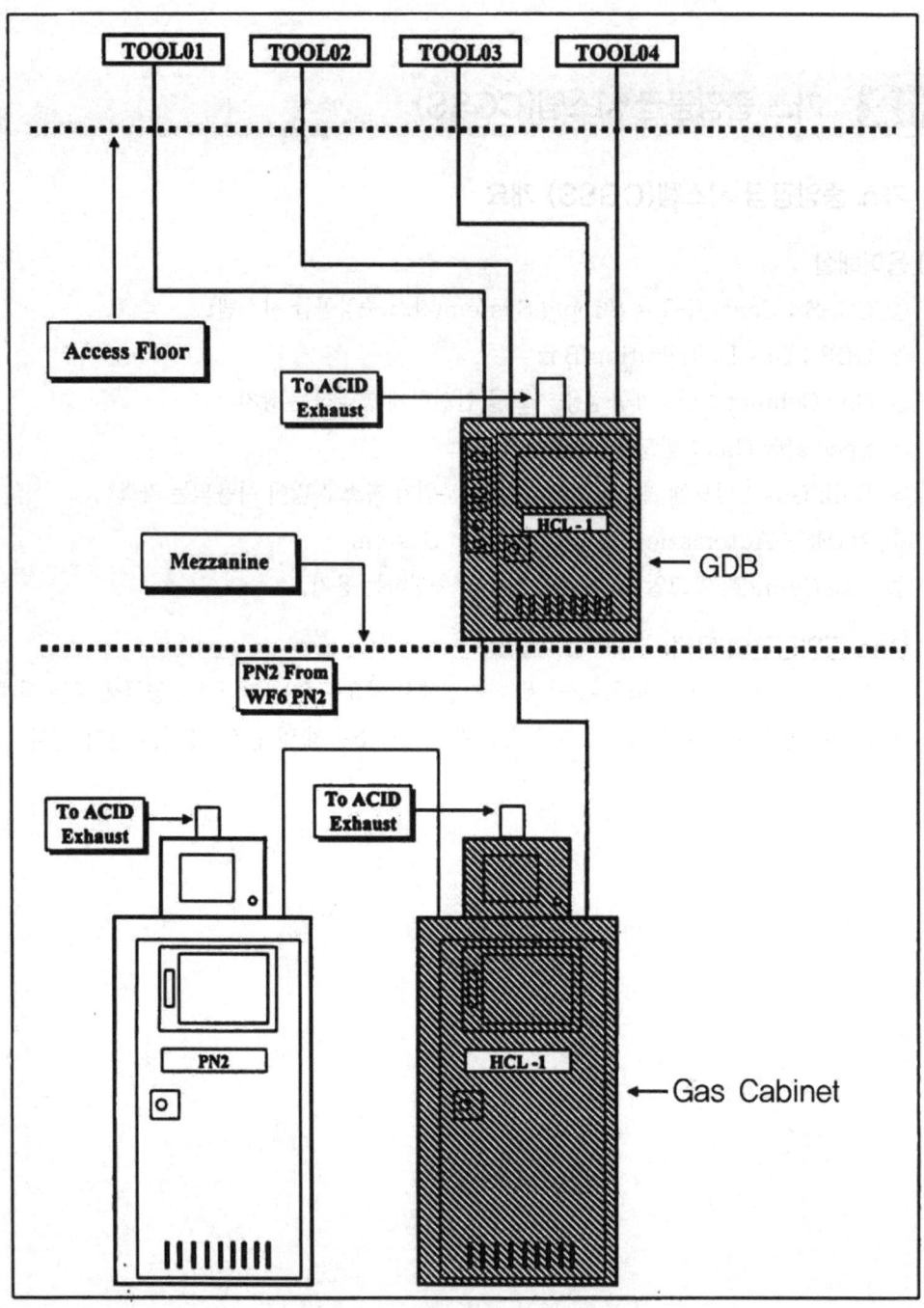

[그림 10-15 반도체 FAB에서 사용하는 가스 공급 장치]

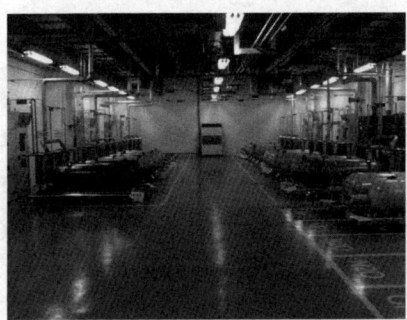 

[그림 10-16 시공사진]

③ 가스의 분류

(1) 질식성가스(Asphyxiating)
① 정의

용기 내의 압축가스가 누출되면 활동하는 데 필요로 하는 최저 산소농도 이하로 산소를 고갈시켜 질식작용을 일으키는 가스

② 종류
- N_2, Ar, Ne, He, CO_2, SF_6, N_2O
- F-12(CCl_2F_2), F-14(CF_4), F-16(C_2F_6), F-22($CHClF_2$)
- F-23(CHF_3), F-15(C_2ClF_5)

③ 특성
- 대부분 무색, 무취이다.
- 흡입 시 질식작용을 일으키며, 과다하면 생명에 지장을 준다(질식사).
- 인체 내에서 화학적 반응성을 갖는다.
- 일반적으로 불활성(Inert) 가스이다.
- 누출 시 대기 중의 산소를 고갈시킨다.

(2) 독성 가스(Toxic)
① 정의

대기 중에 누설될 때 피부나 호흡기에 자극을 주는 등 인체에 해를 주는 가스를 말한다.

② 종류

[표 10-10 반도체 FAB에서 사용되는 독성 가스에 대한 규격]

Gas명	허용농도(ppm)	Gas명	허용농도(ppm)	Gas명	허용농도(ppm)
Cl_2	1	HBr	3	$COCl_2$	0.1
ASH_3	0.05	SiF_4	0.5(미승인치)	PF_3	
PH_3	0.3	WF_6	2mg/m3	PCl_3	0.2
B_2H_6	0.1	HF	3	PCl_5	
H_2S	10	N_2Se	0.05	HCl	5
BF_3	1	NF_3	10	$SiCl_4$	0.5

③ 특성
- 흡입 시 생체 내의 신진대사를 방해하여 손상을 준다.
- 대량 누출 시 생명에 영향을 주며 중독 현상이 발생한다.
- 맹독성이며 자극성을 갖는다.
- 피부나 눈에 손상을 준다.
- 강산, 강염기, 강산화성가스이다.
- 노출경로는 흡입, 피부접촉과 섭취 세 가지가 있다.

(3) 부식성가스(Corrosive)

① 정의

일반적으로 이 가스는 물질들과 화학반응을 일으켜 물질조직을 파괴시키거나, 금속 등을 부식시키는 가스이다.

② 종류

HCl, Cl_2, BCl_3, $SiCl_4$, $SiHCl_3$, NH_3, WF_6, BF_3, HF, PF_3, PF_5, PCl_3, SiF_4

③ 특성
- 강산, 강염기, 산화성 물질이다.
- 산성가스들은 수분 존재 시 부식성이 매우 강하다.
- 고온에서 부식반응은 격렬하게 일어난다.
- 일반물질을 부식시킨다.
- 이 가스를 사용하는 장비는 부식에 강한 재료를 사용해야 한다.
- Grease, Scale이나 다른 불순물과 혼합되는 것을 방지하여야 한다.

(4) 가연성가스(Flammable)

① 정의
- 폭발한계의 하한이 10% 이하인 것
- 폭발한계의 상한과 하한의 차가 20% 이상의 것

② 종류

SiH$_4$, SiH$_2$Cl$_2$, PH$_3$, B$_2$H$_6$, C$_2$H$_2$, H$_2$Se, H$_2$S, CH$_4$, SiHCl$_3$

③ 특성
- 점화원이 있으면 발화한다.
- 대부분 공기보다 무겁다.
- 자연발화성도 있다(SiH$_4$, PH$_3$, B$_2$H$_6$, SiH$_2$Cl$_2$).
- 연소후 부산물(Powder)이 생긴다.

(5) 산화성가스(Oxdizer)

① 정의 : 산소를 많이 포함하며 다른 물질의 연소를 돕는 가스이다.

② 종류 : NO$_2$, O$_2$

③ 특성
- 기름, 그리스, 산, 알칼리 등과 혼합되는 것을 방지해야 한다.
- 가연성 가스와 함께 보관해서는 안된다.
- 다른 물질과 반응 시 매우 폭발적이다.

❹ 화학 물질 개별 특성

[표 10-11 반도체 Fab에서 사용되는 화학물질의 특성]

물질명	화학식	Conentration	Gravity	외 관	발화위험성	유해성
암모니아수	NH$_4$OH	29%	0.892	무색	가연성 물질과 혼합하면 화재 위험	점막, 피부와 눈에 화상
과산화수소	H$_2$O$_2$	31%	1.12	무색	가열되면 폭발	점막, 피부와 눈에 화상
황산	H$_2$SO$_4$	97.50%	1.84	연한 노란색	가연성물질과 접촉발화, 금속 부식 수소발생	흡입하면 치명적, 눈 피부에 화상 야기
염산	HCl	37.50%	≪0.95	무색	자체 폭발성 없음, 금속과 반응 수소 발생	호흡기, 피부, 눈에 화상 야기
질산	HNO$_3$	69.50%	<1.31	연 노란색	가연성물질과 접촉하면 발화, 철·동을 부식, H$_2$S와 접촉 폭발	흡입하면 치명적, 눈 피부에 화상 야기
아세톤	(CH$_3$)$_2$CO	99.50%	0.791	무색	인화성액체	독성은 비교적 약함, 다량 흡수 시 최면작용

물질명	화학식	Conentration	Gravity	외관	발화위험성	유해성
Thinner	$C_6H_{12}O_3$ PropyleneGlycol Monoethy Ether Acetate	≥99.50%	0.964	무색	인화성액체	약한 자극을 일으킬 수 있음
NRD	NRD(Negative Resist Developer) Alipatic Hydrocarbon	99%	0.772	무색	인화성액체	호흡계, 피부와 눈에 자극 야기
HMDS	$C_6H_9NS_{12}$ Hexamethyldisilazane	99%	0.772	무색	인화성액체	
불산	HF(49%)	49%	<1.12	무색	열에 노출시 경미한 화재 위험	호흡기관 및 피부에 심한 자극 야기
불산 (0.49%)	HF 100:1	0.49%		무색	화재위험 거의 없음	호흡기관 및 피부에 심한 자극 야기
불화암모늄 BHF	NH_4F Buffered Hydrofluoric Acid	1%	1.12	무색		점막에 심한 화상, 피부와 눈 자극
NMD-W	$C_4H_{13}NO$ Tetramethylamm-oniumhydroxide	2.38%	1	무색	열에 노출시 경미한 화재위험	호흡계, 피부와 눈에 화상 야기
인산	H_3PO_4	80%	1.63	무색	열에 노출시 경미한 화재위험	점막에 심한 화상, 피부와 눈에 화상 야기
IPA	$CH_3CHOHCH_3$ Isopropl alcohol	99.99%	0.79	무색	상온인화 폭발, 공기와 폭발성	마취성, 점막 자극
ACT-CMI	$CH_3CON(CH_3)_2$ Diamethyl Acetamide	90.5~93.5%	0.96	갈색	인화성액체	가손상시킴
슬러리	Slurry(SS-11) Silica, Amorphous Fumed, Crystalline Free	11%	1.067	흰색	$SiCl_4$	경미한 자극

5 가스 개별 특성

① 산소(O_2) : 타 원소와 화합하여 산화하는 성질이 있으며 물, 유기 용매에 녹는다.

② 수소(H_2) : 공기, 산소, 할로겐과 친화성이 강하고 폭발성 가스를 만들며 가장 가벼운 기체이다.

③ 질소(N_2) : 독성이 없으며 타지 않고 부식되지 않는다.
④ 아르곤(Ar) : 질식성이 있으며 불활성으로 정규의 화합물을 만들지 못하고 상온에서는 압축 가스로 있다.
⑤ 아신(AsH_3) : 독성과 가연성이 강하여 산소 또는 공기와의 혼합 가스는 폭발성이 크고, IMP의 불순물 주입용 Solid Source로 사용한다.
⑥ 헬륨(He) : 수소에 비하여 무거운 기체로 확산, 침투가 용이하여 누설 검출용 가스로 사용되어지며 불연성이다.
⑦ 불화보론(BF_3) : 공기 중에서 흰연기를 내며 독성이 강하고 상온에서는 압축 가스이다.
⑧ 다이보렌(B_2H_6) : 공기 중에서 발화하며 상온에서는 압축 가스로 독성이 강하고 폭발성이 크다.
⑨ 보스핀(PH_3) : 독성이 강하고 가연성이 강하며 공기 및 염소 중에서 폭발적으로 연소한다. 상온에서는 액화 가스이다.
⑩ 싸일렌(SiH_4) : 독성이 있으며 자연 발화성의 가스로서 공기 및 염소 중에서 폭발적으로 연소한다. 상온에는 압축 가스이다.
⑪ 암모니아(NH_3) : 독성이 있으며 부식성이 크고 물에 잘 용해되며 상온에서는 가스이다.
⑫ 디아클로로 싸일렌(SiH_2Cl_2) : 공기 중에서 흰 연기를 내며 폭발한다.
⑬ 4불화메탄(CF_4) : 독성, 연성, 부식성이 있으며 화학적으로 안전하고 상온에서는 압축 가스이다.
⑭ 6불화에탄(C_2F_6) : 독성, 연성, 부식성이 있으며 화학적으로 안정하고 상온에서는 압축 가스이다.
⑮ 염소(Cl_2) : 독성과 부식성이 강하며 상온에서는 액화 가스이다.
⑯ 3염화보론(BCl_3) : 독성이 있고 공기 중에서 흰 연기를 내며 상온에서는 액화 가스이다.
⑰ 4염화규소($SiCl_4$) : 공기 중에서 흰연기를 내며 상온에서는 무색의 액체이다.
⑱ 4염화탄소(CCl_4) : 독성이 있으며 무색투명한 액체이다.
⑲ 클로로포름($CHCl_3$) : Fume을 흡입하면 질식을 일으키고 마취 작용을 하며 공기보다 4배 무겁다.
⑳ 6불황유황(SF_6) : 무색의 가스로 물과 알코올에 용해된다.
㉑ 3불화메탄(CHF_3) : 무색의 독성 가스로 질식성이 있다.
㉒ 6불황텅스텐(CF_6) : 자극성, 부식성이 있는 가스로 흡입 시 인체에 해가 된다.

제2절 케미컬 중앙공급 시스템(CCSS)

❶ 케미컬 중앙공급 시스템(CCSS) 개요

(1) 용어해설

① CCSS ; Central Chemical Supply System(케미컬 중앙공급 시스템)
② CDM ; Chemical Delivery Module(화공약품 공급장비)
③ VMB ; Valve Manifold Box(CDM으로부터 공급된 케미컬을 각 장비로 보내주는 Valve Box)
④ BB ; Branch Box(CDM으로부터 공급된 케미컬을 여러 대의 VMB로 보내기 위한 Box)

(2) 중앙공급의 목적

CCSS의 목적은 반도체 제조공정에 필요한 Chemical 공급에 있어서 오염원을 차단하고 안정적이고 효율적으로 사용지점까지 공급해 주는 데 있다.

❷ Chemical Supply system

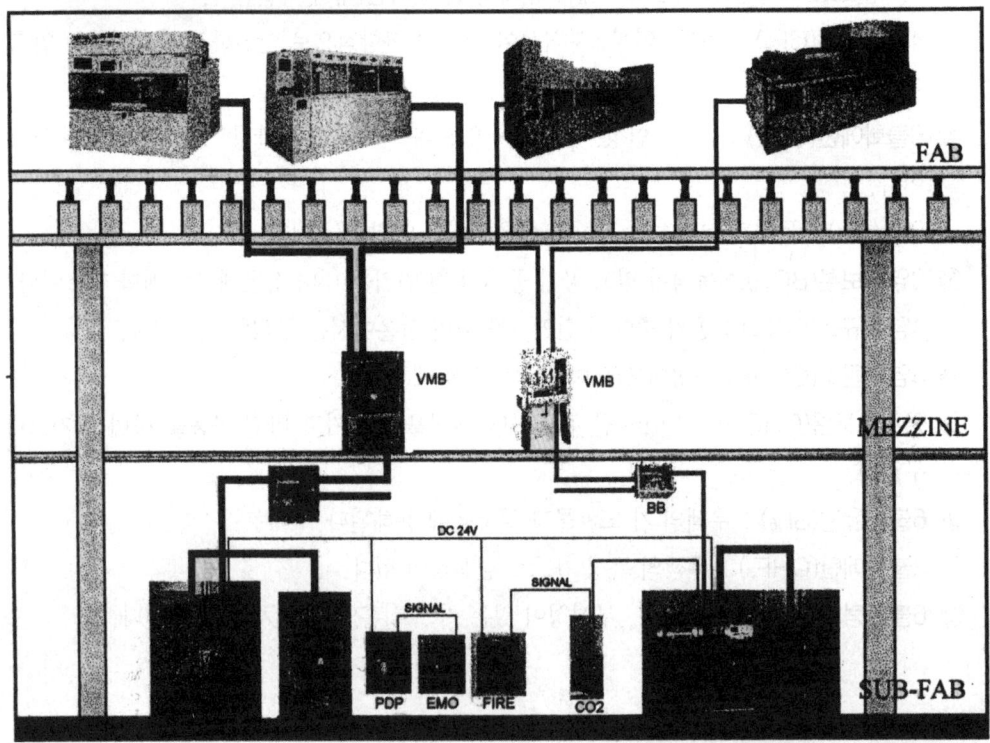

[그림 10-17 반도체 FAB에서 사용되는 케미컬 공급 장치 구조도]

③ 화학물질 분류별 특성 및 취급

(1) 인화성 물질
① 종류

초산(CH_3COOH), 아세톤(CH_3COOH_3), 메타놀(CH_3OH), IPA($(CH_3)_2CHOH$), TCE($CHClCCl_2$), Developer, Stripper($R-10$), Photoyesist, TCA($CHCl_2CH_2Cl$)

② 특성 및 취급
- 점화원이 있으면 인화되기 쉽다.
- 대부분 물보다 가볍다.
- 증기는 대부분 공기보다 무거워 바닥에 체류한다.
- 증기와 공기가 약간 혼합되어 있어도 연소한다.
- 통풍이 잘되는 곳에서 사용 및 저장한다.
- 인화점 이상 가열하여 취급하지 않는다.
- 화기 및 점화원으로부터 격리 보관한다.

(2) 폭발성 물질
① 종류

TNT($C_6H_2CH_2(NO)_3$), 질산메틸(CH_3ONO_2), 니트로글리세린($C_3H_5(ONO_2)_3$), 다이나마이트

② 특성 및 취급
- 자기연소를 일으키며 연소의 속도가 대단히 빨라서 폭발적이다.
- 유기질화물이므로 가열, 충격, 마찰 등으로 폭발의 위험이 있다.
- 시간의 경과에 따라 자연발화의 위험성이 있다.
- 화재 발생 시 소화가 곤란함으로 조금씩 나누어 보관한다.

(3) 발화성 물질
① 종류

황린(P_4), 마그네슘분(Mg), 알루미늄분(Al)

② 특성 및 취급
- 비교적 낮은 온도에서 착화되기 쉬운 가연물이다.
- 금속분은 공기 중의 습기와 반응하여 자연 발화되며, 산화제와의 혼합물은 타격, 충격으로 연소한다.
- 황린은 물에 녹지 않으므로 물속에 보관한다.
- 건조하고 건냉한 곳에 보관한다.

(4) 산화성 물질

① 종류

과산화수소(H_2O_2), 과망간산칼륨($KMnO_4$), 중크롬산칼륨($K_2Cr_2O_7$), 질산(HNO_3), 황산(H_2SO_4)

② 특성 및 취급
- 일반적으로 불연성이며 산소를 많이 함유하고 있는 강산화제이다.
- 반응성이 풍부하여 열·충격·마찰 및 다른 약품과의 접촉으로 분해하며 많은 산소를 방출하여 다른 가연물의 연소를 돕는다.
- 조해성이 있으므로 습기에 주의하여 용기는 밀폐하여 저장한다.
- 환기가 좋은 건냉한 곳에 보관한다.
- 화재 위험이 있는 곳으로부터 멀리한다.

(5) 부식성 물질

① 종류

황산(H_2SO_4), 불산(HF), 염산(HCl), 질산(HNO_3), 인산(H_3PO_4), 옥시염화인($POCL_3$)

② 특성 및 취급
- 물과 만나면 발열한다.
- 피부에 묻으면 화상 또는 염증을 일으킨다.
- 공기 중에서 유독성 증기를 발생한다.
- 금속을 부식시키는 성질이 강하다.
- 햇빛에 노출되면 위험하므로 피하고 건냉한 곳에 보관한다.
- 점성이 있다.
- 황산 취급 시 물기에 주의하고, 희석시킬 때는 물에 황산을 서서히 혼합한다.

(6) 유기용제

① 종류

메타놀(CH_3OH), 아세톤(CH_3COCH_3), XYLENE, TCE, 벤젠(C_6H_6), 초산메틸(CH_3COOCH_3), IPA(2-PROPANOL), 가솔린

② 특성 및 취급
- 대부분 인화성이 있다.
- 증기(Hume)를 장시간 흡입하면 두통, 현기증이 발생한다.
- 휘발성이 강하다.
- 피부에 닿으면 탈지작용을 한다.
- 저장 시 용기를 잘 닦아 보관하고 직사광선을 피한다.
- 특히 화기에 주의한다.

④ 가스별 주요특성

(1) 특성표

[표 10-12 반도체 fab에서 사용되는 가스의 특성]

Gas명	화학식	분자량	TLV (ppm)	Dot Label	비중 (air=1)	Gas 밀도(g/l)	외관	CGA No.	취급	인체영향	반응성
암모니아	NH_3	17.03	25	Non Flammable	0.597	0.7708	무색, 자극취	660	40℃ 이하 단독 보관	폐렴, 기관지염, 각막염증	–
아르곤	Ar	39.95	약간의 마취성	Non Flammable	1.38	1.784	무색, 무취	580	통풍 잘 되는 냉암소	현기증 무력감, 언어장애	–
아르신	AsH_3	77.95	0.05	Poison/ Flammable	1.38	1.784	마늘색, 무색	350	완전밀폐 후 취급	두통, 구토, 오한, 천식	H_2O, CL_2
보론트리 클로라이드	BCL_3	117.17	1	Corrosive	4.07	1.434 (액체)	무색투명, 풀냄새	660	세안기, 고무장갑, 공기호흡기 필요	호흡기 점막자극	H_2O
클로린	CL_2	70.906	1	Non Flammable, Corrosive	2.49	1.468 (액체)	황색의 자극취	660	수분, NH_3와 격리 보관	두통, 화상, 수포, 피부자극	H_2O, H_2, NH_3
프레온 14	CF_4	88	5,000	Non Flammable	3.04	3.946	무색, 약한 방향취	320	환기 잘 되는 곳	호흡기, 자극, 피부질환	H_2O
프레온 116	C_2F_6	138.02	설정치 없음	Non Flammable	4.8	156	무색, 무취	320 /660	환기 잘 되는 냉암소 보관	호흡기, 피부에 영향	H_2O
헬륨	He	4.003	약간의 마취성	Non Flammable	0.138	0.178	무색, 무취	580	고압가스 안전관리법에 의거	과폭로시 마취 작용	불활성, 불연성
수소	H_2	2.02	약간의 마취성	Flammable	0.069	0.09	무색, 무취	350	발열/CL근처에서 사용 금지	Non Toxic	F_2, CL_2
염화수소	HCL	36.46	5	Non Flammable	1.268	1.639	강한 자극취, 무색	330	화원으로부터 이격, 환기요구	기침, 질식, 피부화상, 궤양	HCL, F_2
브롬화수소	HBr	80.92	3	Non Flammable	2.812	2.16	자극적이고 톡 쏘는 쓴맛의 무색 기체	330	직사광선을 피하고 건조한 곳에 보관	눈/코 자극 작용, 피부에 약상	–
질소	N_2	28.01	약간의 마취성	Non Flammable	0.967	1.25	무색, 무취	580	통풍 잘 되는 건조한 곳	고농도시 현기증, 무감각증	Al, Ni, Mg 상온-불활성 고온-대부분의 원소와 결합
삼불화질소	NF_3	71	10	Non Flammable	1.54	2.46	무색, 곰팡이 냄새	330	화염을 피하고 수성 소화기는 피함, 폭발에 주의	졸음, 메스꺼움, 두통	상온에서 수소, 메탄, 암모니아와 반응 않지만 전기 불꽃에 의해 폭발적으로 반응
아산화 질소	N_2O	44.01	설정치 없음	Non Flammable	1.53	1.977	무색/감미로운 방향	326	고압가스 안전관리법에 의거	웃음, 약한 마취작용	실온에서 포스핀, 수소, 염화주석과 격렬하게 반응
산소	O_2	32	설정치 없음	Oxidizer	1.105	1.429	무색, 무취	540	유지류, 장구류 가급적 사용금지/통풍이 잘 되는 냉암소		지연성가스로 산화성을 띈다.
육불화황	SF_6	146.07	1,000	Non Flammable	–	150.3	무색, 무취	590	환기 잘 되는 냉암소	다량 흡입 시 현기증/질식, 피부에 닿으면 동상	수분
육불화텅스텐	WF_6	297.84	2.5	Non Flammable	–	–	무색	670	환기 잘 되는 냉암소	Toxic	수분, 수소
실란	SiH_4	32.12	5	Flammable	1.12	1.44	무색, 악취	350	습기에 의해 분해되므로 건조하고 화기가 없는 곳과 자발연소가 가능하므로 기밀 유의	메스꺼움, 현기증, 두통증세	F_2, CL_2
사불화규소	SiF_4	104.06	설정치 없음	Non Flammable	3.61	1.59 (액체)	무색, 고농도 악취	330	물과 접촉 피하고 통풍/냉암소 보관	호흡기, 피부에 영향	수분, 질산
삼불화붕소	BF_3	67.81	1	Non Flammable /Posion	2.37	3.077	무색, 자극취	330	환기 잘 되는 냉암소	폐렴관 신장장해, 코의 출혈	H_2O
삼불화인	PF_3	87.98	설정치 없음	Non Flammable	3.05	2.332 (액체)	무색, 자극취	330	독성/고압이므로 취급에 주의	Toxic	뜨거운 물, 증기수소

(2) 화학물질 개별특성

① 황산(H_2SO_4) : 무색의 점성액체로 가열 시 독가스를 발생시키며 물과 반응시 매우 높은 열을 낸다. 피부에 접촉시는 화상과 탈수현상이 발생하며 Fume을 흡입하면 호흡기에 손상을 초래한다. 주로 Wafer Cleaning시에 사용한다.

② 염산(HCL) : 무색의 액체로 가열 시 약간 노란색을 띤 자극성 Fume을 발생하며 피부에 접촉시 손상을 초래하고 Fume을 흡입하면 호흡기에 손상을 초래한다. 주로 Wafer Cleaning 시에 사용한다.

③ 불산(HF) : 물과 비슷한 무색의 액체로 자극성 Fume을 발생시키며 피부에 접촉시 즉시 통증은 없으나 일정시간이 지나면 치명적 손상을 준다. Oxide, Nitride 등의 Dipping 또는 Strip시에 사용한다.

④ 불화암모니아(NH_4F) : 무색액체로 Fume을 흡입 시 호흡기에 손상을 준다. Oxide, Nitride, Poly 등의 Dipping 또는 Strip시에 사용한다.

⑤ 질산(HNO_3) : 무색액체로 Fume을 흡입 시 호흡기에 손상을 초래한다.

⑥ 인산(H_3PO_4) : 무색액체로 Fume을 흡입 시 호흡기에 손상을 초래하며 금속과 반응하여 수소 가스를 발생한다.

⑦ 수산화암모니아(NH_4OH) : 무색액체로 자극적인 냄새가 난다.

⑧ 과산화수소(H_2O_2) : 무색액체로 열, 알칼리 존재시 급속한 분해로 폭발 가능성이 있으며 표백, 소독, 산화제로 쓰인다.

⑨ 아세톤(CH_3COCH_3) : 무색의 휘발성 액체로 가연성, 인화성이 강하다.

⑩ IPA($CH_3CHOHCH_3$) : 무색의 액체로 알코올 특유의 냄새가 나며 가연성, 인화성이 강하다.

⑪ HMDS(C_2F_6) : 물, 알코올, 산 등과 반응하며 인화성이 강하고 피부에 접촉하면 화상을 입는다.

⑫ R-10 : Solvent 종류로 인화성이 강하며 피부에 접촉하면 화상을 입고 Fume을 오래 마시면 인체에 해롭다.

⑬ 현상액(Developer) : 인화성이 강한 물질로 P/R을 현상시에 사용한다.

⑭ Thinner : 인화성이 강한 물질로 증가가 누설되어 체류하면 폭발 혼합기체를 형성한다.

⑮ Photo Resist : 인화성이 강하고 피부에 접촉하면 해가 되며 저장 온도에 유의하여야 한다. 사진공정을 위한 Coating 용액으로 사용된다.

⑯ $POCL_3$: 무색 투명한 액화상태로 독성이 있으며 냄새가 심하다. Fume을 마시면 인체에 해가 된다. Bubbler라는 용기에 보관 및 사용한다.

⑰ T.C.A : 무색 투명한 휘발성 액체로 피부에 접촉하면 탈수작용을 일으킨다. Quartz Tube 내에서의 Cleaning 용액으로 쓰인다.

총괄평가

1. CGSS에 대해 서술하시오.
2. BULK 가스에 대해 논하시오.
3. 독성 가스에 대해 나열하고 그 특성을 설명하시오.
4. CCSS에 대해 서술하시오.
5. 독성 화학물질에 대해 나열하고 그 특성을 설명하시오.

제4장 | 반도체 환경

1 ISO 14001이란?

① ISO 14000 시리즈 중 환경경영시스템(EMS)이란 무엇인지를 정의하고, 이를 지도하고, 객관적으로 증명하기 위한 국제 환경인증 기준이다.

② **국제 환경 표준의 종류**
- ISO 14000 시리즈 : 국제 환경 표준
- BS7750 : 영국표준
- EMAS : EDU(유럽공동체) 기준

2 ISO 14000 형성배경

① UN환경 개발 위원회(UN CED) 산하 '지속적 발전을 위한 산업계 회의' 환경에 대한 표준화 요청(1991. 6)

② 지구 환경 정상 회담인 '리우 회담'에서 환경과 개발의 조화에 관한 새로운 국제 질서의 형성(1992. 6)

③ ISO 및 IEC에서 환경 관련 표준화 제정 추진 : 환경 경영 표준화(ISO 14000 시리즈)를 위한 TC 207 설치(1993. 1)

④ ISO 14001(환경 경영 시스템) 규격 제정 및 발표(1996. 9)

⑤ 기타 14000 시리즈는 제정중(1997. 7~)

3 ISO 14000 시리즈

[표 10-13 ISO 14000 시리즈]

ISO 14000표준	조직관련 표준(System)	제품관련 표준(Product)
환경방침 이행	EMS ISO 14003일반 지침	제품의 환경 측면 표준 ISO 14060
인 증 (Certification)	EMS ISO 14001 : 운영세부지침	환경라벨링 (EL) 14020 : 일반원칙 14021 : 자체주장-용어 및 정의 14022 : 자체주장-심볼 14023 : 자체주장-시험 및 입증 방법론 14024 : TypeⅠ환경 라벨링

평가도구 (Assesment)	EA 14010 : 일반원칙 14011 : EMS 감사절차 14012 : 감사자 자격기준 EPE 14031 지침	LCA 14040 : 일반 원칙 및 시행 14041 : 전과정 목록분석 14042 : 전과정 영향평가 14043 : 전과정 개선 평가
용어 및 정의 ISO 14050		

❹ EMS(Environmental Management System)란 무엇인가?

ISO 14001에서의 정의
① 환경경영 (Environmental Management)에 대한 국제 표준 규격
② 기업의 생산 활동에서 비롯되는 모든 제품, 서비스 등이 환경에 나쁜 영향을 미치는 것을 최소화하기 위한 경영 형태로,
- 환경 관리를 위한 목표와 방침을 정하고
- 이를 달성하기 위한 조직, 책임, 절차를 규정한 후
- 기업 내 인적, 물적 자원을 효율적으로 배분하여 조직적으로 관리하는 활동

❺ EMS(환경경영시스템) 조임의 필요성

[표 10-14 환경 경영에 대한 내 · 외부 압력에 대처]

내부압력	외부압력
• 종업원의 환경에 대한 불만 • 주식 투자자의 환경오염에 대한 우려	• 법적 규제 • 사회 환경 단체의 요구 • 국민의 환경에 대한 관심고조 : 환경 제품 선호 • 고객의 압력 강화

환경 경영활동을 통한 이익 및 경쟁력 향상
① 환경 성과 향상
② 새로운 경쟁 우위 확보(품질+가격+환경 적합성)
③ 기업의 신뢰도, 이미지 향상
④ 환경 관련 국제 무역 장벽에 대처
⑤ 환경오염에 대한 사전 예방활동으로 사후처리 비용절감
⑥ 환경 분야의 경영 리스트 제거
⑦ 환경법규 준수 및 지역 주민과의 조화

6 환경친화적 경영 체계

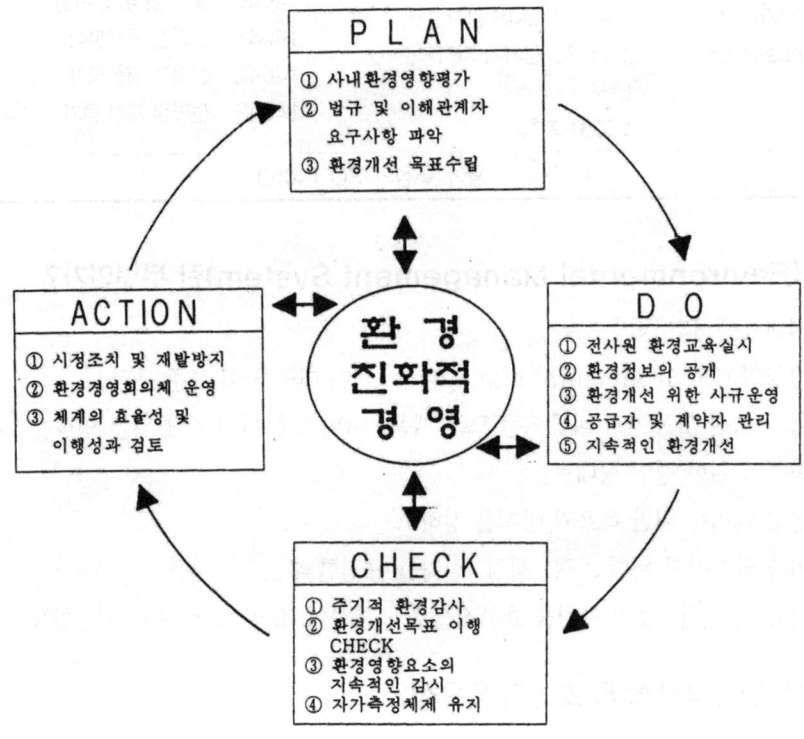

[그림 10-18 반도체 Fab의 환경 친화적 경영 체계]

기업활동의 부산물로 생성되는 환경영향을 효율적, 체계적으로 관리, 개선하기 위한 환경경영체계를 도입하여 운영함으로써 ISO 14000(SGS)을 인증, 운영한다.

[표 10-15 환경 관리 체계]

구 분	관리요소	일반회사 표준
환경방침	환경활동의 기본원칙	환경경영매뉴얼
계 획 (Plan)	환경요인을 유발하는 요인들을 계속적으로 찾아내어 인식 및 평가함	환경영향 평가 및 등록
계 획 (Plan)	법규 및 이해관계자가 있는 모든 관련자의 요구사항	환경법규등록 관리규정
계 획 (Plan)	환경개선목표 수립	환경관리 규정
이행 및 운영 (Do)	환경과 관련된 모든 계획을 이행할 수 있는 자원의 제공 및 책임과 권한의 부여	환경경영 매뉴얼
이행 및 운영 (Do)	전 임직원을 대상으로 환경교육 훈련 실시 및 동기부여	교육훈련규정

이행 및 운영 (Do)	환경정보의 공개 및 경로의 수립, 유지	환경관리규정
	환경개선을 위한 제반사항 사내규정화 및 유지관리	사내표준관리규정
	공급선 및 계약자를 포함한 당사의 모든 활동들이 관리조건 하에서 실행됨을 보장	사내표준관리규정
	잠재적인 사고의 위험성이 내제되어 있는 요소를 인식하고 그에 따른 대응체계 수립	환경관리규정
점검 및 시정조치 (Action)	환경영향을 유발하는 요소들의 지속적인 감시	자가분석 실시
	환경개선목표의 이행 및 사내규정의 준수상태의 확인	환경감시규정
	환경관리 활동에 대한 주기적인 내부감사 실시	환경내부감시규정
	지속적인 개선을 위한 대안의 제시 시정조치가 요구되는 사항의 제기 및 재발방지를 위한 예방책의 수립	환경부적합 및 시정조치 업무규정
체계검토 (Check)	체제의 효율성 및 이행성과의 주기적인 검토 체제운영의 중대한 요소들에 대한 신속, 정확한 의사결정의 도모	환경관리규정

7 주요 환경 영향

[표 10-16 주요 환경 영향]

구분	환경영향	관리방법
대기	유독물 및 가스류 사용에 따른 HCl, HF, Sox가 주요 오염 물질로 발생	• Chemical류 Fume은 흡수에 의한 Scrubber을 통하여 오염물질을 집진 처리 • 기체상 물질은 1차 반응시설을 거쳐 무독성물질로 화학 반응 후, 2차 처리시설인 흡수에 의한 시설에 의하여 처리 되어 대기에 배출됨
수질	Wafer의 세척, 식각, 사진 등의 공정에서 산계 폐수 (HF), Solvent 폐수가 발생	• 재이용이 가능한 폐수는 회수하여 Reclaim System을 거쳐 공정으로 재투입 하거나 중수도 또는 청소수로 재사용 계획 • 재이용되지 않은 폐수는 산계폐수(Solvent계), 불산계 폐수로 분리하여 폐수처리하여 배출됨
폐기물	액상 Chemical 사용에 따른 폐산, 폐유기요제류 및 폐수처리 시 최종 부산물로서 폐수처리 오니 발생	• 고농도 오염물질 Chemical류는 별도 배관 및 회수탱크를 설치하여 외부위탁 및 재활용 처리 • 폐수처리 오니는 감량화하여 외부위탁 처리 • 일부 약품(폐황산, 폐IPA)은 재이용을 위한 프로세스 검토
기타	각종 유해한 독성가스의 사용으로 누출시, 안전사고 및, 화재발생 가능성과 액상 Chemical 저장시설의 누출로 인한 오염 가능성	• 주요 설비에 대한 Monitering system 설치로 중앙제어 설비 구축 • 탱크 및 저장시설에 적정용량의 유출방지턱과 Trench를 설치하여 비상시 폐수처리장으로 유입처리 할 수 있도록 설비 구축 • 긴급 사태에 대비하여 종류별 모의실행 훈련실시 및 일상 점검 실시

8 오염물질 처리공정

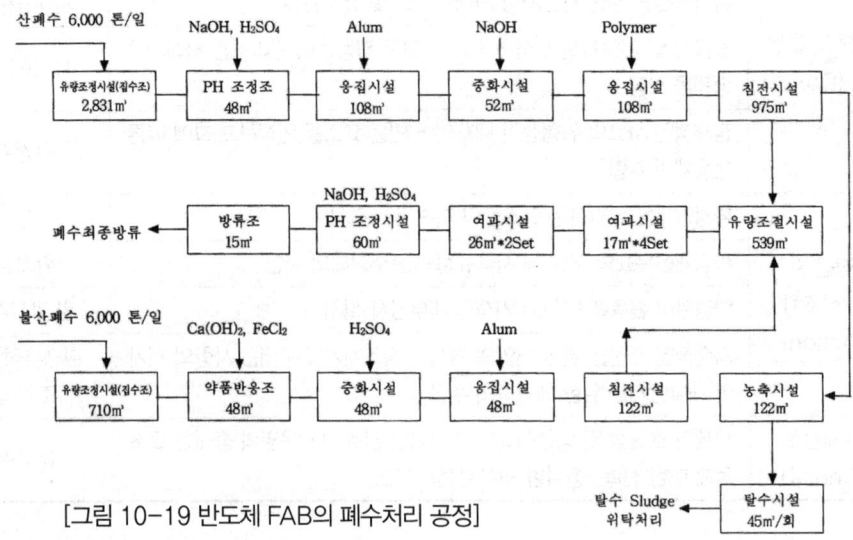

[그림 10-19 반도체 FAB의 폐수처리 공정]

(1) 공정설명(산폐수)
① 유량조절시설 : 공정에서 발생된 폐수를 효율적으로 처리하기 위한 폐수공급 시설
② PH 조정시설 : NaOH를 투입하여 중화처리
③ 응집시설 : 주응집제인 Alum을 투입하여 폐수중에 포함되어 있는 오염물질을 응집시키기 위한 시설
④ 중화시설 : 주응집제인 Alum이 산성임을 고려하여 NaOH를 투입하여 중화처리
⑤ 응집시설 : 응집보조제인 Polymer를 투입하여 응집효율을 증가시킴
⑥ 침전시설 : Polymer를 통하여 형성된 응집Floc를 비중차에 의하여 자연침강 분리시키기 위한 시설
⑦ 유량조절시설 : 여과효율을 높이기 위하여 안정적으로 용수를 공급하기 위한 시설
⑧ 여과시설 : 약품처리에 의하여 제거되지 않은 오염물질을 여과제 층을 통과시켜 오염물질을 제거하는 시설
⑨ PH 조정시설 : NaOH, H_2SO_4를 투입하여 최종 방류직전에 중화처리하기 위한 시설
⑩ 최종방류조 : 폐수를 외부로 최종 방류하기 위한 시설

(2) 공정설명(불산폐수)
① 유량조절시설 : 공정에서 발생된 폐수를 효율적으로 처리하기 위한 폐수공급 시설
② 중화시설 : H_2SO_4으로 PH 10-11 조건을 중화시키기 위한 시설
③ 응집시설 : 주응집제인 Alum를 투입하여 폐수중에 포함되어 있는 불소를 응집시키기 위한 시설
④ 침전시설 : Polymer를 통하여 형성된 응집 Floc를 비중차에 의하여 자연 침강 분리시키기 위한 시설
⑤ 농축시설 : 침전조에서 자연침강된 Floc에 함수를 낮추기 위한 시설

⑥ 탈수시설 : 최종 오염물질에 부피를 감소시키기 위하여 고압으로 농축된 Floc을 탈수시키기 위한 시설

❾ 대기처리공정(Exhaust Treatment System)

(1) 세정식 집진시설(Wet Scrubber System)

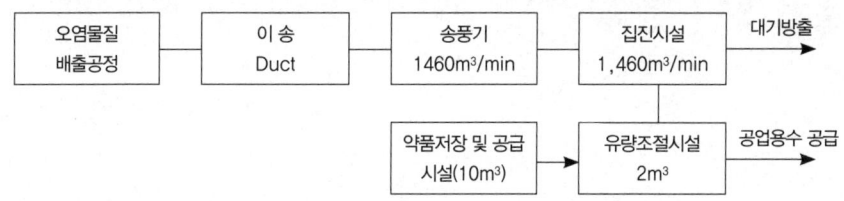

[그림 10-20 반도체 Fab의 대기 처리 공정]

(2) 공정설명
① 제거오염물질 : Gas 류, 먼지류, Chemical Fume류 등
② 이송 Duct : 장비 또는 공정 중에서 발생된 오염된 공기를 이송하는 시설
③ 송풍기 : 오염된 공기를 일정한 풍량 및 압력으로 배기하기 위한 시설
④ 집진시설 : 유량조정 시설에서 공급된 공업용수에 의하여 오염물질을 흡수하여 제거시키는 시설
⑤ 유량조정시설 : 집진시설에 공업용수를 공급하기 위한 시설
⑥ 약품저장 및 공급시설 : 오염물질 제거에 따른 용수에 PH 조절을 위한 약품(NaOH)공급시설

❿ 환경인식 및 환경보호활동

(1) 환경인식
① 환경오염은 영국에 산업혁명 이후 산업발전에 의해 부수적으로 발생하기 시작하여 지속적인 과학 발전으로 새로운 오염 물질이 생성된다(자동차, 원자력 등등).
② 선진국에 예를 들어 국민1인당 GNP가 10,000불 이내까지는 환경에 대한 인식이 거의 없다. 따라서, 우리나라도 1990년대 초부터 환경에 대한 인식이 새로워지기 시작하여 오늘에 이르게 되었다(우리나라도 1960년대 공장에서 검은 연기가 발생하는 것을 오히려 산업 발전의 지표로 생각하였다).
③ 일반적으로 환경이라 하면 환경시설 운영이나 환경을 전문으로 하는 사람만이 실시하는 것으로 인식하였으나, 실제는 모든 사람이 가정에서 또는 직장 등, 사회 활동 시에도 동참할 수 있다는 인식의 전환이 요구된다.

(2) 환경보호활동(실천항목)
① 식사 시 잔반을 남기지 않는 행동 : 라면 국물, 찌개류, 음식 찌꺼기류에 BOD(생물화학적 산소요구량) 수치가 10,000~100,000ppm을 넘어 이를 정화 처리하기 위하여 정수가 1,000~10,000배가 필요하다.
② 자동차 함께 타기 : 대기오염물질을 발생하는 주요 원인이 자동차이며, 특히 자동차 배기 가스에 의하여 2차 오염물질인 광화학물질을 생성하여 인체에 치명적 영향을 줄 수 있다.
③ 쓰레기 안 버리기(재활용) : 산이나 강가에 버린 쓰레기는 사람 또는 장비를 동원하여 회수하지 않는 한 영구적으로 존재하며, 이로 인하여 사람에게 다시 영향을 줄 수 있다.
④ 환경을 오염시키면 반드시 환경이 나에게 오염시킨 대가를 지불하게 한다.

제2편

문제편

01 반도체 입문
02 사진공정
03 식각공정
04 산화확산공정
05 이온주입공정
06 CVD / PVD 공정
07 CMP / 세정(Cleaning)
08 반도체 조립
09 자동화 기초, 공유압 일반
10 안전관리
11 2014년 기출문제
12 2015년 기출문제
13 실전모의고사문제

01 반도체 입문

반도체장비유지보수기능사

1 반도체공정에서 4가 원소인 Si에 정공(Hole)을 형성되도록 하기 위해 쓰이는 불순물로 적당한 것은?

① P   ② B
③ As   ④ Sb

해설
순수한 실리콘, 즉 진성 반도체(4족)에 주기율표상의 III족 원소를 소량 넣어주면 전자가 비어있는 상태인 정공(Hole)이 생긴다. 주기율표상 3족인 불순물이 필요하다.

2 반도체가 하는 일 중에 다이오드의 역할을 무엇이라 하는가?

① 정류작용   ② 전환작용
③ 변환작용   ④ 제어작용

해설
정류작용(다이오드), 증폭작용(트랜지스터), 변환작용(발광소자), 전환작용(정보처리), 저장,기억작용(메모리 반도체), 계산.연산 작용(논리 반도체), 제어작용(마이크로 프로세서)

3 반도체 신호처리에 있어서 아날로그(Analog) 신호를 디지털(Digital) 신호로, 디지털(Digital) 신호를 아날로그(Analog) 신호로 바꾸어주는 반도체의 역할은 무엇인가?

① 증폭작용   ② 전환작용
③ 변환작용   ④ 정류작용

해설
정류작용(다이오드), 증폭작용(트랜지스터), 변환작용(발광소자), 전환작용(정보처리)

4 기계나 설비가 정해진 순서에 따라 동작하도록 해주는 반도체인 마이크로 프로세서의 역할을 무엇인가?

① 저장, 기억   ② 제어작용
③ 논리, 연산   ④ 증폭작용

5 실리콘 원자가 서로 이웃하는 전자끼리 굳게 결합하므로서 결정을 이루게 되는 공유결합은 전자의 이동이 거의 없어 외부의 전압을 인가해도 전류가 흐르지 않는 반도체를 무엇이라 하는가?

① 불순물 반도체   ② N형 반도체
③ 진성 반도체   ④ P형 반도체

해설
실리콘 단결정은 실리콘 원자가 규칙적으로 늘어서 있다. 1개의 실리콘 원자는 최외각에 4개의 전자를 가지는 주기율표상의 IV족 원소이며, 서로 이웃하는 전자끼리 굳게 결합함으로써 결정을 이루게 된다. 이러한 결합을 공유결합이라고 한다. 이런 순수한 실리콘에서는 원자핵에 결합되어 있는 전자가 움직일 수 없기 때문에 실리콘 외부에서 전압을 걸어도 전류는 흐르지 않으며 이를 진성(Intrin-Sic) 반도체라고 한다.

6 불순물 반도체의 종류로서 잉여전자가 자유전자가 되어 전류가 흐르게 되는 반도체는 무엇인가?

① N형 반도체   ② 진성 반도체
③ P형 반도체   ④ P-N 접합 Diode

해설
주기율표상의 V족 원소를 소량 넣어주면 전자가 남는 상태, 즉 잉여전자가 생긴다. 이 상태에서 실리콘에 전압을 걸어주면 제자리를 못 찾은 이 잉여전자가 자유전자가 되며 전류가 흐르게 되는 것이다. 이를 N-Type 반도체 또는 N-Type 실리콘이라고 한다.

정답 1.② 2.① 3.② 4.② 5.③ 6.①

7 다음 반도체의 정의 중 괄호 안에 들어갈 적당한 단어는 무엇인가?

> 원래는 거의 전기가 통하지 않지만 빛이나 열 또는 (　　)을(를) 가해주면 전기가 통하고 또한 조절도 할 수 있는 물질

① 규소　　　　② 불순물
③ 산소　　　　④ 게르마늄

해설
순수한 반도체는 부도체나 마찬가지다. 즉, 전기가 거의 통하지 않는다. 하지만 부도체와는 달리 어떤 인공적인 조작을 가하면 도체처럼 전기가 흐르기 시작한다. 빛을 비춰준다거나 열을 가한다거나 특정 불순물을 넣어주면 도체처럼 전기가 흐르는 것이다. 그러나 도체가 전기는 잘 통하지만 사람이 조절하기 어려운 반면에 반도체는 사람이 어떻게 조작하느냐에 따라 조절이 용이하다는 특징이 있다.

8 반도체 제조 시 5족 원소인 P, As를 4족인 실리콘 (Si) 기판에 주입하여 만드는 반도체는 무엇인가?

① N형 반도체　　② P형 반도체
③ 진성 반도체　　④ 다마신

해설
주기율표상의 V족 원소를 소량 넣어주면 전자가 남는 상태, 즉 잉여전자가 생긴다. 이 상태에서 실리콘에 전압을 걸어주면 제자리를 못 찾은 이 잉여전자가 자유전자가 되며 전류가 흐르게 되는 것이다. 이를 N-type 반도체 또는 N-type 실리콘이라고 한다.

9 다음 반도체 중 읽고 쓸 수 있으며 휘발성을 가진 메모리 반도체는 무엇인가?

① RAM
② ROM
③ CCD
④ 마이크로 프로세서

해설
• 롬(ROM-Read Only Memory) : 비휘발성 메모리(전원 공급이 차단된다 하더라도 기억된 내용이 삭제되지 않는 메모리), 내용을 읽을 수는 있어도 바꿀 수 없는 기억장치를 말한다.
• 램(RAM-Random Access Memory) : 휘발성 메모리(전원공급이 차단되면 기억된 내용이 삭제되는 메모리) 전기적인 신호에 의해서 읽기, 쓰기가 가능한 휘발성 메모리이다.

10 다음 중 옳은 것을 고르시오.
① 원자와 원자를 서로 결합시키는 원동력이 되는 것은 최내각전자이다.
② 최외각전자는 6개를 채우려 하는 성질을 갖고 있다.
③ 서로 이웃하는 전자끼리 굳게 완전 결합하는 것을 공유결합이라 한다.
④ 실리콘에 불순물을 주입하면 진성 반도체가 된다.

11 다음 중 반도체의 발전 순서를 옳게 연결한 것은?

> ㉠ 트랜지스터　㉡ 진공관　㉢ LSI
> ㉣ VLSI　　　　㉤ IC

① ㉠-㉡-㉢-㉣-㉤
② ㉠-㉡-㉤-㉢-㉣
③ ㉡-㉠-㉤-㉢-㉣
④ ㉡-㉢-㉣-㉠-㉤

12 전기신호 처리에 있어서 직류와 교류를 바꾸어주는 다이오드의 반도체의 역할은 다음 중 무엇인가?

① 정류　　　　② 증폭
③ 변환　　　　④ 저장

해설
정류작용(다이오드), 증폭작용(트랜지스터), 변환작용(발광소자), 전환작용(정보처리), 저장,기억작용(메모리 반도체), 계산·연산 작용(논리 반도체), 제어작용(마이크로 프로세서)

정답 7.② 8.① 9.① 10.③ 11.③ 12.①

13 긴 원통형의 모양을 갖으며, 고순도로 정제된 실리콘 용액에 SEED 결정을 접촉, 회전시키면서 성장시킨 것을 무엇이라고 하는가?

① 웨이퍼　　② 잉곳
③ 마스크　　④ 캐리어

> **해설**
> 실리콘 웨이퍼(Silicon Wafer) 제조를 위한 공정은 실리콘(Silicon) 용액에 실리콘 씨드(Silicon Seed)를 접촉하면서, 회전시켜 성장시킨 원통형 규소봉인 잉곳(Ingot)을 만든다.

14 다음 중 반도체 산업의 특징으로 틀린 것을 무엇인가?

① 설비가 고가이며 투자부담이 크다.
② 진공, 불순입자에 의한 결함 발생에 주의가 필요하다.
③ 설비의 최적상태 유지가 주요 생산성 향상 요인이 된다.
④ 반도체 제조기술에 따른 반도체의 유효수명은 비교적 길다.

> **해설**
> 반도체 제조기술은 매우 빠른 속도로 집적화가 진행되고 있다.

15 반도체 제조공정상 갖추어야 할 복장에 대해 틀린 것을 고르시오.

① 마스크 착용 시 콧등을 눌러준다.
② 방진모자는 눈썹이 보이지 않게 착용한다.
③ 장갑의 목 부위가 방진복 소매를 덮게 착용한다.
④ 착용 전 방진복의 지퍼 불량, 손목부위 고무줄 상태를 확인한다.

> **해설**
> 장갑 목 부위가 반드시 방진복 소매 끝으로 들어가도록 착용한다.

16 클린룸에서 주의해야 할 행동으로 틀린 것을 고르시오.

① 작업장 내의 행동은 정숙하고 조용하게 진행한다.
② 일반 종이는 사용하지 않고 클린 페이퍼를 이용한다.
③ 클린 룸 내부에 환경정리를 위한 쓰레기통을 비치한다.
④ 클린룸 내에서 제한된 인원 이상 운집하지 않는다.

> **해설**
> 클린 룸 내부에 가능한 한 적체하는 물품 등이 없어야 한다.

17 4가 원소인 Si은 공유결합으로 인하여 전자가 움직일 수 없어 전류가 흐르지 않는 성질을 가지는 반도체는?

① 진성 반도체　　② 불순물 반도체
③ P형 반도체　　④ N형 반도체

> **해설**
> 순수한 실리콘에서는 원자핵에 결합되어 있는 전자가 움직일 수 없기 때문에 실리콘 외부에서 전압을 걸어도 전류는 흐르지 않으며 이를 진성(Intrinsic)반도체라고 한다.

18 Si에 3족 원소를 넣어주면 정공(Hole)이 생겨 전자를 채우려 하기 때문에 전류가 흐르는 반도체는?

① 진성 반도체
② 트랜지스터 반도체
③ P형 반도체
④ N형 반도체

19 Si에 5족 원소를 넣어주면 잉여전자가 생겨 전류가 흐르게 되는 반도체는?

① 진성 반도체
② 트랜지스터 반도체
③ P형 반도체
④ N형 반도체

정답　13. ②　14. ④　15. ③　16. ③　17. ①　18. ③　19. ④

20 반도체의 역할 중 정류작용을 하는 반도체는?
① 다이오드 ② 트랜지스터
③ 발광소자 ④ 메모리

해설
정류작용(다이오드), 증폭작용(트랜지스터), 변환작용(발광소자)

21 반도체의 역할 중 증폭작용을 하는 반도체는?
① 다이오드 ② 트랜지스터
③ 발광소자 ④ 메모리

해설
정류작용(다이오드), 증폭작용(트랜지스터), 변환작용(발광소자)

22 반도체의 역할 중 계산, 연산을 하는 반도체는?
① 트랜지스터 ② 논리 반도체
③ 마이크로 프로세서 ④ CCD반도체

해설
저장, 기억작용(메모리 반도체), 계산·연산 작용(논리 반도체), 제어작용(마이크로 프로세서)

23 반도체의 역할 중 직류를 교류로 또는 교류를 직류로 바꾸어주는 역할은 무엇인가?
① 증폭 ② 변환
③ 정류 ④ 제어

해설
정류작용(다이오드)

24 반도체의 역할 중 전기신호를 빛이나 소리 등으로 바꾸어 주는 역할은 무엇인가?
① 변환 ② 전환
③ 정류 ④ 증폭

해설
변환작용(발광소자)

25 다음은 반도체에 대해 서술한 것이다. 적합하지 않은 것은?
① 전기공학에서는 전기가 흐르는 정도를 전기전도도라고 한다.
② 반도체는 전기전도도의 조절이 가능하다.
③ 도체는 전기전도도가 아주 크고 부도체는 전기전도도가 0이다.
④ 반도체는 전기전도도가 도체와 부도체의 중간 정도 되는 물질로 순수한 반도체는 도체 성질을 지니고 있다.

해설
반도체는 전기전도도가 도체와 부도체의 중간 정도 되는 물질로 순수한 반도체는 부도체 성질을 지니고 있다.

26 다음은 반도체에 대해 서술한 것이다. 적합하지 않은 것은?
① 반도체 물질에 집어 넣어주는 불순물의 양을 조절함으로써 반도체 물질의 전기전도도를 조절할 수 있다.
② 원자핵 주변을 돌고 있는 전자들은 일정한 궤도를 돌게 되는데 가장 바깥쪽 궤도를 돌고 있는 전자를 최외각전자라 한다.
③ 최외각전자들은 12개를 채우려 하는 성질이 있다.
④ 최외각전자의 개수가 같은 원자들끼리 유사한 성질을 가지고 있다.

해설
최외각전자들은 8개를 채우려 하는 성질이 있다.

27 웨이퍼 위에 만들어질 회로패턴의 모양을 각 층(Layer)별로 유리판 위에 그려놓은 것으로 사진공정 시 사진 건판으로 사용되는 것은 무엇인가?
① 마스크 ② 리드 프레임
③ 스탭퍼 ④ 스캐너

해설
리드프레임
보통 구리로 만들어진 구조물로서, 조립공정 시 칩이 이 위에 놓여지게 되며 가는 금선으로 칩과 연결된다. 이렇게 하여 IC칩이 외부와 전기신호를 주고받게 되는 것이다.

정답 20.① 21.② 22.② 23.③ 24.① 25.④ 26.③ 27.①

28 웨이퍼를 가공하기 위해서 25장을 1묶음으로 구성한 것을 무엇이라 하는가?

① 캐리어(Carrier)
② 런(Run)
③ 랏(Lot)
④ 카셋트(Cassette)

> **해설**
> - 캐리어(Carrier) : 웨이퍼를 담는 용기로 25장을 담을 수 있는 홈이 있다. 종류로는 청색캐리어, 백색캐리어, 흑색캐리어, 금속캐리어가 있다.
> - 런(Run) : 웨이퍼를 가공하기 위해서 25장을 1묶음으로 구성하는 것이다. 웨이퍼 가공(FAB)은 이런 Run 단위로 진행된다.
> - 랏(Lot) : 웨이퍼의 한 묶음

29 아무런 유니트나 회로가 없는 지역으로 웨이퍼를 개개의 칩으로 나누기 위해 절단하는 지역은 무엇인가?

① 칩(Chip)
② 테그(TEG)
③ 플랫존(Flat Zone)
④ 스크라이브 라인(Scribe Line)

> **해설**
> - 칩(Chip), 다이(Die) : 사각형 반도체 조각으로 가공된 전자회로가 들어 있는 아주 작은 수동소자, 능동소자 또는 집적회로가 만들어진 반도체 소자이다.
> - 스크라이브 라인(Scribe Line) : 웨이퍼(Wafer) 내에 제작된 Chip을 자르기 위해 각각에 구분된 선을 만들어 놓았다.
> - TEG(Test Element Group) : 웨이퍼 내에 정상적인 제품과 같은 공정을 진행하면서 특별히 테스트 패턴(Test Pattern), 테스트 소자(Test Device)를 만들어 측정하고 검사하는 용도로 쓰는 칩(Chip)이나 다이(Die)이다.

30 반도체 제조공정에서 청정실의 청정도를 나타내는 단위는 어느 것인가?

① inch
② class
③ byte
④ bit

> **해설**
> - inch : 보통 웨이퍼(Wafer)의 직경을 나타내는 단위
> - class : 청정실의 청정도를 나타내는 단위
> - bit : 2진수로 표시된 개개의 숫자로 "1" 또는 "0" 중의 하나를 의미하며 디지털의 가장 작은 단위이다.
> - byte : 보통 8개의 Bit를 1Byte라고 하며, 컴퓨터에서 1개의 숫자나 문자를 나타낸다.

31 반도체의 역할이 아닌 것은?

① 증폭
② 정류
③ 저장
④ 절연

> **해설**
> 절연
> 전기를 통하지 않게 하는 것이다. 그러므로 역할과 관련이 없다.

32 반도체의 발전과정 중 알맞은 순서는?

① 진공관 → 트랜지스터 → 직접회로 → LSI → VLSI
② 트랜지스터 → 진공관 → 직접회로 → LSI → VLSI
③ 진공관 → 트랜지스터 → 직접회로 → VLSI → LSI
④ 직접회로 → 진공관 → 트랜지스터 → LSI → VLSI

33 반도체의 역할 중 약한 신호를 강한 신호로 키워주는 것을 무엇이라 하는가?

① 증폭
② 정류
③ 전환
④ 변환

> **해설**
> - 정류 : 직류를 교류로 교류를 직류를 바꿔주는 역할
> - 전환 : 아날로그-디지털, ON-OFF
> - 변환 : 전기신호를 빛으로 바꿔주는 역할

정답 28. ② 29. ④ 30. ② 31. ④ 32. ① 33. ①

34 불순물 반도체 중 N-type에 넣어주는 불순물은?

① 황　　　　② 인
③ 붕소　　　④ 실리콘

해설
P(인) 5가 원소를 넣어 잉여전자가 생겨 전자가 이동

35 다음 반도체 제조공정 중 칩 제조공정 기술에 해당하지 않는 공정은?

① Etch Process　　② CMP Process
③ CVD Process　　④ Ingot Process

해설
Ingot Process는 반도체 제조 Process 중 Wafer 제조 Process에 포함된다. Wafer 제조 Process는 Ingot, Slice, Polishing, Cleaning으로 크게 나뉜다.

36 다음 중 진성 반도체에 대한 설명으로 옳은 것은?

① Wafer에 불순물을 가해주면 전류가 흐르는 반도체
② Wafer에 3가 원소를 주입하면 정공이 발생하여 전자의 흐름에 의해 전기가 흐르는 반도체
③ 공유결합 상태로 외부에서 전압을 걸어줘도 전기가 흐르지 않는 반도체
④ Wafer에 5가 원소를 주입하면 자유전자가 발생하여 전자의 흐름에 의해 전기가 흐르는 반도체

해설
①번은 불순물 반도체, ②번은 P형 반도체, ④번은 N형 반도체의 설명이다.

37 다음 중 반도체의 역할이 옳게 짝지어진 것이 아닌 것은?

① 정류 : 다이오드
② 저장, 기억 : 메모리 반도체
③ 증폭 : 트랜지스터
④ 계산, 연산 : 마이크로 프로세서

해설
계산, 연산은 논리 반도체의 역할이며, 마이크로 프로세서 반도체는 제어의 역할을 한다.

38 다음 중 웨이퍼(Wafer)의 용어에 대한 설명이 옳지 않은 것은?

① Scribe Line은 아무런 유니트나 회로가 없는 지역으로 Wafer를 개개의 칩으로 나누기 위해 톱질하는 영역이다.
② Flat Zone은 Test하기 위한 Test소자가 들어 있는 영역이다.
③ Edge die는 Wafer의 가장자리 부분으로 미완성된 다이를 뜻한다.
④ Chip은 전자회로가 들어있는 아주 작은 얇고 네모난 반도체 조각을 뜻한다.

해설
Flat Zone은 Wafer 구조를 식별하기 위해 결정에 기본을 둔 영역이다. Test소자가 들어있는 영역은 TEG(Test Element Group)이라 한다.

39 다음 중 청정실에서의 복장 및 태도에 대한 설명으로 옳지 않은 것은?

① 화장을 하지 않는다.
② 머리카락이 보이게 방진의류를 착용하지 않는다.
③ 방진의류를 착용한 상태에서는 바닥에 앉거나 설비에 기대지 않는다.
④ Clean Room 안에서의 기록을 위해 흔히 사용하는 볼펜과 종이를 준비한다.

해설
Clean Room 안에서의 기록을 할 때에는 특수펜과 클린페이퍼를 사용해야 한다.

40 다음 중 순수한 실리콘에서는 원자핵에 결합되어 있는 전자가 움직일 수 없기 때문에 실리콘 외부에서 전압을 걸어도 전류가 흐르지 않는 반도체는?

① 불순물 반도체　　② 진성 반도체
③ 다이오드　　　　　④ 트랜지스터

정답 34.② 35.④ 36.③ 37.④ 38.② 39.④ 40.②

41 다음 중 전기신호의 흐름에는 직선처럼 생긴 직류와 파동처럼 생긴 교류 두 가지가 있다. 전기신호를 처리하다 보면 직류를 교류로 또는 교류를 직류로 바꿔주어야 한다. 이런 역할을 하는 반도체는?

① 트랜지스터 ② 스위치
③ 다이오드   ④ 논리 반도체

42 다음 중 트랜지스터(Transistor)의 역할로 옳은 것은?

① 정류작용 ② 증폭작용
③ 전환   ④ 계산

43 다음 중 진성 반도체에 주기율표상의 III족 원소를 소량 넣어주면 전자가 비어있는 상태가 된다. 이 상태에서 실리콘에 전압을 걸어 주면 전류가 흐르게 되는 반도체는 무엇인가?

① P-type 반도체
② N-type 반도체
③ 메모리 반도체
④ CCD 반도체

44 다음 중 불순물 반도체(P-type, N-type)에 해당하는 원소가 아닌 것은?

① B   ② P
③ As ④ Se

> 해설
> Se는 제6족 원소인 셀렌이다.

45 반도체의 정의에 대해서 가장 적절한 것은?

① 일반적으로 전기전도도가 도체와 비슷한 물질이다.
② 전기가 잘 통하는 물질이다.
③ 발전과정은 진공관 → 집적회로 → 트렌지스터 순서로 발전되었다.
④ 특정 불순물을 주입하면 전기가 통하고 조절도 할 수 있는 물질이다.

> 해설
> 원래는 전기가 통하지 않지만 빛이나 열 불순물을 가해 주면 전기가 통하거나 통하지 않게 조절해주는 물질을 말한다.

46 불순물 반도체 중에서 주기율표상으로 P형 타입 원소기호로 올바르지 않은 것은?

① B   ② In
③ As ④ Ga

> 해설
> 주기율표 P형타입 3족 원소는 B(붕소), Ga(갈륨), In(인듐) 등이 있다. N형타입 5족 원소는 P(인), As(비소), Sb(안티몬) 등이 있다.

47 반도체 종류 불순물 반도체 중에서 주기율표상으로 N형타입 원소 기호로 올바른 것은?

① Zn ② P
③ Cd ④ In

> 해설
> 주기율표 P형타입 3족 원소는 B(붕소), Ga(갈륨), In(인듐) 등이 있다. N형타입 5족 원소는 P(인), As(비소), Sb(안티몬) 등이 있다.

48 반도체 기능에 대한 설명으로 다음 중 적절하지 않은 것은?

① 증폭 – Transistor 기능
② 기억 – Microprocessor 기능
③ 저장 – Memory 반도체 기능
④ 정류 – Diode 기능

> 해설
> Microprocessor 기능은 반도체 기능 중 제어에 해당한다.

49 반도체 산업을 '장치산업'이라고 한다. 그만큼 반도체 제조과정이 제조설비에 크게 의존한다는 의미이다. 다음과 같은 반도체 설비 특징 중 올바르지 않은 것은?

① 가격이 엄청난 고가이며 투자에 부담이 크다.

정답 41.③ 42.② 43.① 44.④ 45.④
      46.③ 47.② 48.② 49.②

② 전기, 전자, 기계 등 여러 기술의 종합적 산물로서 점점 단순화, 다양화되고 있다.
③ 반도체제조기술의 빠른 발전 속도에 따라 그만큼 진부화가 빠르고 유효수명이 짧다.
④ 진공, 불순물 입자 등 트러블이 많아 세심한 주의가 필요하다.

해설
전기, 전자, 기계 등 여러 기술의 종합적 산물로서 점점 복잡화, 다양화되고 있다.

50 반도체 제조에 쓰이는 불순물로써 5가 원소가 아닌 것을 고르시오.
① As ② B
③ Al ④ Ga

해설
비소(As)는 3가 원소, B, Al, Ga은 5가 원소이다.

51 4가 원소인 Si에 정공(Hole)을 만들어 주기 위해 쓰이는 불순물을 고르시오.
① C ② P
③ B ④ Sb

해설
정공을 만들어 주기 위해서는 4가 원소인 Si에 3가 원소를 첨가해준다. 이때 최외각전자의 수가 7개가 됨으로, 공유결합의 최외각전자의 수인 8개에 미치지 못하여 하나의 정공(Hole)이 생긴다.

52 공유결합 시 가전자의 개수를 고르시오.
① 5개 ② 6개
③ 7개 ④ 8개

해설
최외각전자 = 가전자
최외각전자가 8개를 이룰 때 안정화된 상태로서, 전자의 이동이 일어나지 않고 전기 또한 통하지 않는 진성 반도체가 된다. 이런 상태를 공유결합이라 한다.

53 다이오드의 역할을 고르시오.
① 정류작용 ② 전환작용
③ 변환작용 ④ 제어작용

해설
다이오드는 교류의 전기를 직류로, 직류의 전기를 교류로 정류해주는 역할을 한다.

54 불순물 반도체의 종류로서 잉여전자가 캐리어 역할을 하는 반도체를 고르시오.
① N형 반도체
② 진성 반도체
③ P형 반도체
④ P-N접합 Diode

해설
반도체의 종류는 진성 반도체와 불순물 반도체가 있다. 불순물 반도체의 종류로는 잉여전자가 캐리어 역할을 하는 N형 반도체와 정공을 사용하여 전기의 흐름을 조절하는 P형 반도체가 있다.

55 반도체 설비가 점차 복잡화, 자동화, 고기능화되고 있다. 반도체 설비분류에 해당되지 않은 설비는?
① 설계 설비 ② 공정 설비
③ 조립 설비 ④ 통신 설비

해설
반도체 설비는 크게 설계 설비, 공정 설비, 조립/검사 설비로 나눌 수 있다.

정답 50. ① 51. ③ 52. ④ 53. ① 54. ① 55. ④

02 사진공정

반도체장비유지보수기능사

1 포토공정을 진행하는 순서대로 옳게 연결한 것은?

| ㉠ 정렬   ㉡ 도포   ㉢ 현상   ㉣ 노광 |

① ㉡-㉠-㉣-㉢
② ㉠-㉡-㉣-㉢
③ ㉡-㉠-㉢-㉣
④ ㉠-㉡-㉢-㉣

해설
포토공정은 도포단계, 노광단계, 현상단계, 검사단계가 있다.

2 포토공정에서 사용되는 감광액을 견고히 하기 위해 도포단계에서 행하는 공정을 고르시오.

① PEB(Post Exposure Bake)
② Soft Bake
③ Hard Bake
④ HMDS

해설
포토공정에서 감광액 도포공정에 PR이 견고하기 위해 열처리하는 공정이다.

3 다음 포토공정에서 사용되는 노광장비 중 마스크(Mask)와 웨이퍼의 오염은 적으나 빛의 난반사 우려가 되는 정렬하는 장비 형식은?

① 접촉(Contact)형
② 근접(Proximity)형
③ 스탭퍼(Stepper)형
④ 투영전사(Projection)형

해설
Contact형은 감광액의 손상을 줄 수 있고 마스크에 오염을 발생하는 단점이 있다. 이를 보완하기 위한 Proximity형은 빛의 굴절, 회절 등으로 난반사 우려가 있다. 이를 극복하도록 광학렌즈를 사용하여 확대한 감광 원판의 상을 일정한 배율로 축소시켜 웨이퍼에 주사하는 Projection형이 현재 사용 중이다.

4 포토공정 중 감광단계에서 사용하게 될 감광액의 농도를 조절하게 되는 물질은 무엇인가?

① 폴리머
② 초순수
③ 솔벤트
④ 황산(H_2SO_4)

해설
- 솔벤트(Sovent) : 점도 조성 물질
- PAC(Photo Active Compound) : 감광을 일으키는 물질
- 폴리머(Polymer) : 화학적 결합 물질

5 다음 보기 중 포토공정에 대해 옳은 것은 몇 가지인가?

| 가. Positive P.R은 현상에서 노광된 지역이 용해된다.
나. Negative P.R은 현상에서 노광된 지역과 노광되지 않은 지역 모두 용해된다.
다. 노광공정에서는 마스크와 웨이퍼의 정렬이 매우 중요하다.
라. 회전식 도포기는 일정량의 감광액을 떨어뜨린 후 회전시켜 감광액을 도포하게 된다.
마. 감광액과 웨이퍼의 접착력을 강화하기 위해 초순수를 이용한다. |

① 2개
② 3개
③ 4개
④ 5개

해설
- Negative P.R은 현상에서 노광되지 않은 지역이 용해된다.
- 감광액과 웨이퍼의 접착력을 강화하기 위해 HMDS 화학처리를 해준다.

정답 1.① 2.② 3.② 4.③ 5.②

6 다음 포토공정에 대해 틀린 것은 무엇인가?

① 도포기 형식 중 현재는 주로 로울러식을 이용한다.
② 포토공정 완료 후 검사 시 부적합 판정을 받으면 재작업이 가능하다.
③ 포토공정 완료 후 검사 항목에는 육안검사와 측정검사로 나뉘어 진다.
④ 마스크(Mask)는 유리판 위에 크롬이 칠해진 것으로 반도체 소자 회로가 인쇄된 원판을 의미한다.

> **해설**
> 도포기 형식으로 현재는 주로 회전식 분사형 방법(Spin Spray)을 이용한다.

7 웨이퍼(Wafer) 위에 복잡한 패턴을 반복적으로 복사해내는 공정은 무엇인가?

① Photo ② CVD
③ Etch   ④ Metal

> **해설**
> 리소그라피(Lithography)는 라틴어의 Lithos(돌) + Graphy(그림, 글자)의 합성어로 원래는 석판화 기술을 의미하였다. 그러나 현재는 반도체 용어로도 쓰이고 있으며, 웨이퍼 위에 복잡한 패턴을 반복적으로 복사해내는 공정을 일컫는다. 이것을 다른 말로 사진(Photo) 공정이라고 한다.

8 다음 중 사진(Photo)공정의 순서가 맞는 것은?

| 가. 검사단계(Inspection) |
| 나. 현상단계(Develop) |
| 다. 노광단계(Exposure) |
| 라. 도포단계(P.R코팅) |

① 가 → 나 → 다 → 라
② 라 → 나 → 다 → 가
③ 라 → 다 → 나 → 가
④ 라 → 가 → 나 → 가

> **해설**
> 포토의 공정순서는 도포단계, 노광단계, 현상단계, 검사단계로 이어진다.

9 사진공정에서 감광액(P.R)의 종류 중 빛을 받은 부분의 조직이 붕괴되는 성질을 가지는 것은?

① Positive PR ② Negative PR
③ HMDS   ④ Align

> **해설**
> 감광물질은 크게 양성 감광액(Positive PR)과 음성 감광액(Negative PR)로 나눌 수 있다.
> • 양성 감광액(Positive PR) : 빛을 받은 부분의 조직이 붕괴되는 성질이 있다.
> • 음성 감광액(Negative PR) : 빛을 받은 부분의 조직이 강화됨으로써 Develop 후에 남게 된다.

10 사진공정에서 감광액(P.R)의 종류 중 빛을 받은 부분의 조직이 강화됨으로써 현상(Develop) 후에 남는 성질은 가지는 감광액은?

① Positive PR ② Negative PR
③ HMDS   ④ Align

> **해설**
> 음성 감광액(Negative PR)
> 빛을 받은 부분의 조직이 강화됨으로써 Develop 후에 남게 된다.

11 사진(Photo)공정 중 노광(Exposure) 단계에서 사용되는 노광기 중 광학렌즈를 사용하여 확대한 감광 원판의 상을 일정한 배율로 축소시켜 웨이퍼에 주사시켜 노광하는 방법은 무엇인가?

① 근접형(Proximity)
② 접촉형(Contact)
③ 투영전사인쇄형(Projection)
④ 양성형(Positive)

> **해설**
> 접촉형(Contact) 및 근접형(Proximity) 방식의 문제점을 해결 보완한 방식이며, 렌즈(Lens)를 사용함으로써 마스크(Mask) 대 패턴(Pattern)의 비율 조정이 가능해졌는데, 이는 획기적인 일이었다.

정답 6.① 7.① 8.③ 9.① 10.② 11.③

12 반도체 제조공정 시 사진(Photo)공정에서 빛에 반응한 감광물질 중 필요치 않은 부분을 녹여서 제거하는 공정은?

① 도포(P.R코팅)
② 노광(Exposure)
③ 현상(Develop)
④ 검사(Inspection)

해설
도포공정은 감광액을 도포하는 공정이고, 노광은 마스크를 통한 빛을 주사한 공정이며, 검사공정은 패턴이 이전 박막층 위에 정확히 찍혔는가를 검사하여 재작업을 결정한다.

13 반도체 칩 제조 시 설계된 복잡한 패턴을 웨이퍼(Wafer) 위에 복사할 때 사용되는 재료를 고르시오.

① Mask
② Track
③ Stepper
④ Scanner

14 광감액(Photo Resist) 종류 중 빛을 받은 부분이 남게 되는 성질을 가지는 감광액은?

① Positive PR
② Negative PR
③ HMDS
④ Align

해설
- 양성 감광액(Positive PR) : 빛을 받은 부분의 조직이 붕괴되는 성질이 있다.
- 음성 감광액(Negative PR) : 빛을 받은 부분의 조직이 강화됨으로써 Develop 후에 남게된다.

15 포토공정에 쓰이는 장비가 아닌 것은?

① Track
② Furnace
③ Scanner
④ Stepper

해설
석영로(Furnace)는 확산 및 열처리공정에 사용된다.

16 반도체 제조공정에서 재작업(Rework)가 가능한 공정을 고르시오.

① CVD
② Photo
③ Etch
④ PVD

해설
사진공정 중 검사단계를 통해 재작업 여부를 결정하는 중요한 공정이다.

17 포토공정에서 감광액을 웨이퍼(Wafer)에 도포 후에 빛을 주사해주는 공정을 고르시오.

① P.R코팅
② Exposure
③ Develop
④ Inspection

해설
노광단계는 도포단계에서 도포(Coating)된 PR(Photo-Resist, 감광물질) 위에 패턴(Pattern) 형태의 빛을 쪼여서 감광물질을 반응시키는 공정으로 스탭퍼(Stepper) 혹은 스캐너(Scanner) 장비에서 이루어진다.

18 다음은 반도체 제조공정 중 광학 사진공정의 작업 단위를 나타낸 것이다. 작업 순서가 올바르게 기술된 것을 고르시오.

가. 감광액 도포(PR Coating)
나. 현상(Develop)
다. 노광(Exposure)
라. 검사(Inspection)

① 가 → 나 → 다 → 라
② 가 → 다 → 나 → 라
③ 라 → 가 → 나 → 다
④ 라 → 가 → 다 → 나

해설
포토의 공정순서는 도포단계, 노광단계, 현상단계, 검사단계로 이어진다.

정답 12. ③ 13. ① 14. ② 15. ② 16. ② 17. ② 18. ②

19 다음 중 감광액 즉 PR(Photo-Resist)에 대한 설명 중 바른 것은?

① 빛과 반응하여 특성이 변화되는데 이는 물질 내 솔벤트 때문이다.
② 양성 감광액은 빛에 노출된 부위가 알칼리성 수용액에 의해 현상 시 녹는다.
③ 음성 감광액은 빛에 노출되지 않은 부위의 조직이 강화됨으로써 현상 후에 남게 된다.
④ 폴리머 합성 물질로 Chain형태로 결합된 Resin이 감광액에 포함되는데 이것은 산도를 유지하기 위해 첨가된 것이다.

해설
- 솔벤트는 일반적으로 점도 조정용이다.
- 음성감광액은 빛에 노출되는 부위가 조직이 강화되어 현상 후에 남게 된다.
- Resin은 통상 용해도 조정용이다.

20 광학 사진공정은 공정이 잘못 진행되었을 때 다시 진행할 수 있는데, 다음 중 재진행을 판단하는 작업은?

① 현상공정   ② 노광공정
③ 검사공정   ④ 도포공정

21 감광액 도포공정에 대한 설명 중 바르지 않은 것은?

① 감광액 도포의 균일도와 특정두께를 구현하는 정확도는 웨이퍼의 패턴 형성에 결정적인 영향을 미친다.
② 현재 반도체 생산에는 보편적으로 회전 코팅(Spin Coating) 방식이 채택되어 사용되고 있다.
③ 감광액 도포의 주요 변수는 Spin 속도와 하중의 두 가지가 대표적이다.
④ 이러한 변수 중 특히 Spin 속도는 수많은 Test를 통해 결정되고 최적화된다.

해설
Spin 속도는 감광액 도포의 주요변수이나 하중은 관련 없다.

22 다음 노광공정기술에 대한 설명 중 올바른 것을 보기에서 고르시오.

가. Contact형 노광은 Mask와 Wafer가 직접 접촉한 상태에서 1:1로 노광하는 방식이다.
나. 근접(Proximity)형은 Mask와 Wafer 사이에 일정 간격을 유지하는 방식이다.
다. 투영전사(Projection)방식은 Contact 및 Proximity방식의 문제점을 해결 보완한 방식이다.
라. 투영전사(Projection)방식은 Lens를 사용함으로써 Mask 대 Pattern의 비율 조정이 가능하다.

① 가
② 가, 나
③ 가, 나, 다.
④ 가, 나, 다, 라

23 반도체 IC Chip의 미세화에 따른 노광 시의 광원에 대한 설명으로 맞는 것은?

① 여러 파장의 빛을 사용하여 다중 간섭 회절을 이용하여 정교하고 다향한 패턴을 형성한다.
② 미세 패턴을 형성하기 위해서는 노광 파장이 미세해져야 한다.
③ 노광파장이 미세해지면 해상도(Resolution)는 작아지고, 요구되는 초점 심도는 커진다.
④ 55nm급 소자에 사용되어 지는 광원은 i-line으로 365nm의 파장을 갖는다.

해설
단파장의 광원을 사용한다. 노광파장이 미세해지면 해상도와 요구되는 초점심도 둘 다 작아진다. 55nm급 소자는 I-line을 사용하지 않는다.

정답 19. ② 20. ③ 21. ③ 22. ④ 23. ②

24 노광공정을 거친 감광막은 빛의 간섭으로 인해 단면에 파장형태의 굴곡, 즉 스탠딩웨이브 현상이 발생하는데 다음 중 그러한 현상을 제거하는 공정은 다음 중 무엇인가?

① P.E.B : Post Exposure Bake
② E.B.R : Edge Bead Removal
③ P.A.C : Photo Active Compound
④ R.I.E : Reactive Ion Etch

> **해설**
> • E.B.R : 웨이퍼 베벨지역의 PR을 제거해 주는 공정 Step
> • P.A.C : 감광을 일으키는 물질
> • R.I.E : 반응성 이온 식각으로 통상 플라즈마 건식 식각

25 현상공정은 웨이퍼를 회전시키면서 현상액을 분사하는 회전 현상(Spin Develop)방식이 보편화되어 있는데 보통 분사 노즐에 따라 분류한다. 다음 중 그 분류가 아닌 장치는?

① E2 노즐   ② Stream 노즐
③ K 노즐   ④ H 노즐

26 설계된 반도체 직접회로 칩(IC Chip)은 실제 제조 시, 여러 층으로 구성하여 만들어 지는데, 이러한 각 층의 정렬은 Chip 수율의 중요한 부분이다. 각 노광공정 후 검사를 통해 이러한 정렬(Alignment)이 제대로 수행하였는가를 검사하는 공정을 무엇이라 하는가?

① 현상 (Develop)
② CD 측정
③ 오버레이(Overlay)
④ 두께 측정

> **해설**
> 육안 및 현미경 검사는 웨이퍼에 감광액 도포 불량을 검사하고, 패턴 정렬이 잘되었는지는 Overlay 검사이며, 패턴의 크기 및 형성된 상태를 검사하는 CD측정이 있다.

27 다음 중 감광액 도포 및 현상을 하는 장비는 어느 것인가?

① Track 장비   ② Scanner 장비
③ Stepper 장비 ④ CD-SEM 장비

28 사진공정에서 감광액 도포단계에서 중요하게 생각되지 않은 것은?

① 웨이퍼와 감광액의 밀착성
② 감광액의 균일도
③ 웨이퍼의 청결
④ 노광시간

29 반도체 제조공정 시 사진공정의 노광단계에서 고려하여야 할 내용이 아닌 것은?

① 마스크와 웨이퍼의 정렬이 잘 맞지 않았을 때 노광을 하면 정상적인 패턴을 얻을 수가 없다.
② 초점(FOCUS)이 맞지 않으면 노광 후 패턴이 흐리게 나타나므로 정상적인 패턴을 얻을 수가 없다.
③ 노광시간이 적당하지 않으면 감광막이 지나치게 많은 자외선을 받거나 적게 받게 되어 정상적인 선폭 및 균일한 패턴을 얻을 수가 없다.
④ 현상기에 붙여 있는 각종 계기 특히 현상액, 분사 시 스프레이 입력, 온도를 철저한 확인이 필요하다.

30 다음 중 사진공정과 관계가 없는 것은?

① 감광액(PR) 도포   ② 확산
③ 정렬 노광   ④ 현상

31 감광액 도포공정과 관계가 없는 것은?

① 감광액(Photo Resist)
② 도포기(Coater)
③ 마스크(Mask)
④ 굽기(Soft Bake)

32 다음 중 정렬 노광과 관계가 없는 것은?
① 마스크(Mask) ② 자외선
③ 초점거리 ④ 재작업(Rework)

33 다음 중 현상공정과 관계가 없는 것은?
① 초순수로 세정한다.
② 웨이퍼 위에 회로를 현상시킨다.
③ 웨이퍼 뒷면을 연마한다.
④ 현상기(Developer)의 공정조건 확인한다.

34 사진공정 완료 후 실시하는 검사 단계와 관계가 없는 것은?
① EDS 검사 ② 미세선폭 측정
③ 현미경 검사 ④ 정렬도 검사

35 반도체 포토 제조공정 시 노광공정 방식 중 아닌 것은?
① CONTACT형
② PROXIMITY형
③ PROJECTION형
④ VISUAL형

> **해설**
> VISUAL INSPECTION은 검사단계에서 실시한다.

36 반도체공정 중 웨이퍼 위에 복잡한 패턴을 반복적으로 복사해내는 공정을 무엇이라 하는가?
① CMP ② Photo
③ ETCH ④ CVD

37 반도체 제조공정 시 사진(Photo) 공정의 순서가 알맞은 것은?
① 도포단계 → 노광단계 → 현상단계 → 검사단계
② 노광단계 → 도포관계 → 현상당계 → 검사단계
③ 검사단계 → 도포관계 → 노광단계 → 현상단계
④ 현상단계 → 검사단계 → 노광단계 → 도포단계

> **해설**
> 포토공정은 감광액 도포단계, 마스크를 통한 노광단계, 현상단계, 마지막으로 검사하는 단계를 통해 재작업을 결정한다.

38 감광액(PR)의 종류 중 양성 감광액(Positive PR)의 설명에 알맞은 것은?
① 빛을 받은 부분의 조직이 붕괴되는 성질이 있다.
② 빛을 받은 부분의 조직이 강화되는 성질이 있다.
③ 빛을 안 받은 부분의 조직이 붕괴되는 성질이 있다.
④ 빛을 안 받은 부분의 조직이 강화되는 성질이 있다.

> **해설**
> 음성 감광액(Negative PR)의 설명이다.

39 반도체 제조공정 시 사진(Photo)공정의 검사단계에서 방식이 알맞지 않은 것은?
① Visual 검사 ② Overray 검사
③ CD 측정 ④ PR 측정

40 다음 중 사진공정(Photo Process)에 포함되는 공정이 아닌 것은?
① P.R Coating ② Implant
③ Exposure ④ Develop

> **해설**
> Photo Process에는 P.R Coating, Exposure, Develop으로 크게 나뉜다. Implant는 이온주입 시 사용되는 Process이다.

41 다음 중 감광액(Photo Resist)의 구성성분이 아닌 것은?

정답 32.④ 33.③ 34.① 35.④ 36.② 37.① 38.① 39.④ 40.②

① D.I Water
② P.A.C(Photo Active Compound)
③ Resin
④ Solvent

해설
D.I Water는 초순수 물로, Cleaning할 때 많이 사용된다.

42 다음 중 사진공정(Photo Process)에서 노광(Exposure)에 해당하지 않는 것은?

① Contact형 ② Community형
③ Proximity형 ④ Projection형

해설
Exposure 발전단계에 따라 Contact형, Proximity형, Projection형으로 크게 3가지로 나뉜다.

43 다음 중 사진공정에서 현상(Develop) 공정의 설명으로 옳은 것은?

① 웨이퍼의 도포(Coating) 불량 등을 검사하는 육안검사(Visual Inspection), 패턴(Pattern)의 크기 및 형성된 상태를 검사하는 CD 측정 등이 있다.
② 웨이퍼 위에 감광액을 도포하는 공정이다.
③ 빛과 그림자를 이용하여 패턴(Pattern)을 복사하는 공정이다.
④ 감광액을 선택적으로 제거하여 얻고 싶은 패턴(Pattern)만 남기는 공정이다.

해설
①번은 Inspection, ②번은 P.R Coating, ③번은 Exposure를 설명한 것이다.

44 다음 중 사진공정(Photo Process)에 사용되는 반도체 설비가 아닌 것은?

① Stepper ② Developer
③ Sputter ④ Coater

해설
Sputter라는 반도체 설비는 금속막 증착장치로 Metal Process에 사용된다.

45 다음 중 사진공정 시 PR(Photo-Resist, 감광물질)을 웨이퍼의 전면에 고르게 덮는 공정을 고르시오.

① 도포단계(PR Coating)
② 노광단계(Exposure)
③ 현상단계(Develop)
④ 검사단계(Inspection)

46 다음 중 사진공정 시 노광공정을 거친 감광액은 빛의 간섭으로 인해 단면에 파장형태의 굴곡을 남기게 된다. 노광(Exposure) 직후에 일정온도로 가열해 줌으로써 단면에 생긴 굴곡을 완만하게 해주는 공정은?

① Soft Bake
② Hard Bake
③ Post Exposure Bake
④ HMDS

47 다음 중 사진공정 시 현상(Develop)공정은 웨이퍼를 회전시키면서 현상액(Developer)을 회전분사(Spin Spray) 방식이 보편화되어 있다. 분사노즐(Nozzle)의 종류로 옳지 않은 것은?

① E2 Nozzle
② Stream Nozzle
③ H Nozzle
④ K3 Nozzle

48 다음 중 웨이퍼 위에 복잡한 패턴을 반복적으로 복사해내는 공정을 고르시오.

① Photo ② Etch
③ CMP ④ Diffusion

정답 41.① 42.② 43.④ 44.③
45.① 46.③ 47.④ 48.①

49 사진공정 중에 노광(Exposure)공정은 빛과 그림자를 이용해 패턴(Pattern)을 복사하는 공정이다. 노광(Exposure)공정의 종류로 옳지 않은 것은?

① Projection 방식
② Proximity형
③ Copy형
④ Contact형

50 사진공정에 대한 설명으로 다음 중 올바르지 않은 것은?

① 라틴어로 Lithography라고 하며 웨이퍼 위에 복잡한 회로 패턴을 반복적으로 복사해 내는 공정이다.
② 검사공정은 웨이퍼 위에 패턴이 올바르게 형성되었는지 검사하는 공정이다.
③ 노광공정은 도포(Coating)된 감광액 위에 빛을 쪼여서 반응시키는 공정이다.
④ 재작업(Rework)은 반응한 감광물질 중 필요치 않는 부분을 녹여서 제거하는 공정이다.

> 해설
> 재작업(Rework)은 잘못 형성된 Pattern을 Wafer 위에 모두 제거하는 공정을 말하며 Thinner 등 화학물질이 사용된다.

51 Photo공정은 크게 5가지 과정이 있다. 다음 중 순서대로 올바르게 나열된 것은?

① PR Coating - Develop - Exposure - Inspection - Rework
② PR Coating - Exposure - Develop - Rework - Inspection
③ PR Coating - Rework - Develop - Exposure - Inspection
④ PR Coating - Exposure - Develop - Inspection - Rework

> 해설
> Photo공정은 크게 1. PR Coating(도포단계) 2. Exposure(노광단계) 3. Develop(현상단계) 4. Inspection(검사단계) 5. Rework(재작업단계)으로 구성된다.

52 다음 사진(Photo)공정에 대한 설명으로 올바른 것은?

① 도포(Coating)공정의 중심단계 PR Coating방식은 Stepper장비에서 사용한다.
② 양성 감광액(Positive PR)은 빛을 받은 부분의 조직이 견고해지는 성질이 있다.
③ 노광(Exposure)공정에서는 Contact, Proximity, Projection 3가지 방식이 있다.
④ 검사(Inspection)공정에서는 EBR과 PEB과정을 거쳐야 한다.

> 해설
> Coating 공정의 중심단계 PR Coating 방식은 Track 장비를 사용한다. Positive PR은 빛을 받은 부분이 붕괴되는 성질이 있다. 견고해지는 성질은 Negative PR이다. Inspection 공정에서는 육안으로 하는 Visual Inspection, Overlay, CD측정을 거쳐야 한다. Rework에서 이상이 없을 시 Etch 공정으로 넘어간다.

53 다음 중 사진(Photo)공정에서 쓰이는 장비가 아닌 것은?

① Track
② Stepper
③ Scanner
④ EPD(End Point Detector)

> 해설
> EPD는 식각공정에 사용되는 장치이다.

정답 49.③ 50.④ 51.④ 52.③ 53.④

54 "노광(Exposure)공정을 거친 PR은 빛의 간섭으로 인해 단면에 파장형태의 굴곡을 남긴다. 일정한 온도로 가열해 줌으로써 단면에 생긴 굴곡을 완만하게 해주는 역할"을 무엇이라고 하는가?

① HMDS ② EBR
③ PAC ④ PEB

> **해설**
> PEB(Photo Exposure Bake) : Exposure 공정을 거친 PR은 빛의 간섭으로 인해 단면에 파장 형태의 굴곡을 남기게 된다. PEB는 Exposure 직후에 일정온도로 가열해 줌으로써 단면에 생긴 굴곡을 완만하게 해주는 역할을 한다.

54 다음 중 렌즈(Lens)를 사용하여 노광(Exposure)하는 방법을 고르시오.

① Projection ② proximity
③ Contact ④ Scanner

> **해설**
> Projection형은 Lens를 사용하여 빛을 쪼여주게 된다. 이로써 Wafer에 Mask의 이미지를 축소 투영할 수 있게 된다.

56 감광액(Photo Resist) 종류 중 빛을 받은 부분이 남게 되는 성질을 가지는 것은?

① Negative ② Positive
③ proximity ④ Projection

> **해설**
> 감광액의 종류에는 Positive와 Negative가 있다. Positive는 빛을 받은 부분이 붕괴되고, Negative는 빛을 받은 부분이 남게 되는 성질을 가지고 있다.

57 포토공정에 쓰이는 장비가 아닌 것은?

① Track ② Furnace
③ Scanner ④ Stepper

> **해설**
> Furnace는 주로 박막증착에 쓰이는 장비이다.

58 사진공정에서 재작업(Rework)이 가능한 공정을 고르시오.

① CVD ② Photo
③ Etch ④ CMP

> **해설**
> 모든 공정을 통틀어 재작업(Rework)이 가능한 공정은 사진공정이다.

59 포토공정에서 감광액을 웨이퍼에 도포 후에 빛을 주사해주는 공정을 고르시오.

① P.R코팅 ② Exposure
③ Develop ④ Inspection

> **해설**
> 노광이라고도 한다. 도포된 Wafer에 빛을 쪼여줌으로써 회로패턴을 새기는 공정단계이다.

60 스핀 디밸로퍼 장치의 주 구성으로 바른 것을 고르시오.

① 언로더(UNLOADER), 마스크(MASK)
② 언로더(UNLOADER), 스핀 스테이지(SPIN STAGE)
③ 챔버(CHAMBER), 가스 컨트롤러(GAS CONTROLLER)
④ 챔버(CHAMBER), RF전원(RF POWER)

> **해설**
> 스핀 디배로퍼 장치의 구성 요소로는 로더, 스핀 스테이지, 로더, 현상액 공급, 순수공급, 현상컵, 배기 시스템으로 이루어진다.

61 노광된 부분의 포토레지스트를 현상액으로 용해시켜 포토레지스트 패턴을 만드는 공정은?

① 베이크(Bake)
② 식각(Etch)
③ 현상(Develop)
④ 확산(Diffusion)

> **해설**
> 현상공정

정답 54.④ 55.① 56.① 57.②
58.② 59.② 60.② 61.③

62 포토레지스트를 도포한 웨이퍼를 질소 분위기에서 가열 처리하여 포토레지스트에 잔존하는 유기용제를 위발시켜 제거하는 공정을 무엇이라 하는가?

① 현상(Develop)
② 굽기(Baker)
③ 노광(Exposure)
④ 식각(Etch)

해설
굽기(Baker)라고 한다.

63 포토레지스트(Photo Resist) 도포(Coating) 공정을 바르게 나열한 것은?

① 세정 → 표면처리 → 포토레지스트 도포 → 베이크
② 베이크 → 식각 → 포토레지스트 도포 → 표면처리
③ 세정 → 포토레지스트 도포 → 식각 → 표면처리
④ 베이크 → 포토레지스트 도포 → 표면처리 → 식각

해설
포토레지스트의 도포는 웨이퍼를 세정한 후에 웨이퍼 뒷면에 소수성을 부여하기 위하여 표면처리를 우선 수행하고, 이후에 스핀코터를 이용하여 도포한 후 포토레지스트에 포함되어 있는 유기물을 제거하기 위한 소프트 베이크 공정을 실시한다.

정답 62. ② 63. ①

03 식각공정

반도체장비유지보수기능사

1 반도체 제조공정에서 식각(Etch)공정에 대해 다음 중 틀린 것을 고르시오.
① 습식 식각(Wet Etch)은 생산성이 높은 장점을 갖고 있다.
② 건식 식각(Dry Etch)은 정밀도가 높은 장점을 갖고 있다.
③ 식각(Etch)공정 후 부적합 판정이 나면 재작업(Rework)이 가능하다.
④ 식각(Etch)공정은 사진(Photo)공정 후에 진행한다.

해설
식각공정 후 재작업을 통해 부적합 패턴공정을 회복할 수가 없다.

2 다음 반도체 제조공정에서 습식 식각(Wet Etch)에 대한 설명 중 옳은 것은?
① 이방성 식각의 특성을 갖고 있다.
② 단위시간당 처리하는 웨이퍼의 생산성이 낮은 단점이 있다.
③ 식각 종료점을 확인하기 어렵다.
④ 폐액 처리가 비교적 용이하다.

해설
습식은 등방성 식각특성이 있고, 다량 웨이퍼를 처리가 가능하여 생산성이 우수하다. 화학용액을 사용하기 때문에 폐액처리에 비용이 든다.

3 다음 건식 식각(Dry Etch)에 대한 설명 중 틀린 것은?
① 반응성 가스를 이용한다.
② 미세회로 패턴 가공이 가능하다.
③ 폴리머에 의한 오염 발생이 없다.
④ 화학적, 물리적 반응을 모두 이용한다.

해설
건식 식각은 반응성가스를 사용하여 이방성 식각특성이 있다. 프로파일 또는 CD 조절이 비교적 안정적이지만, 이온에 의한 하부 막에 손상을 줄 수 있고 폴리머나 식각 잔유물들이 발생하는 문제가 있어서 적절한 공정 변수를 찾아야 한다.

4 반도체 제조공정 시 식각공정을 한 후에 웨이퍼 내의 두께를 측정하였다. 측정값이 아래와 같이 위치별로 값을 나타냈다. 이때 이 웨이퍼의 식각공정에 대한 균일도를 계산하시오.

①	5500Å
②	5400Å
③	5600Å
④	5700Å
⑤	5300Å
평균: 5500	

① 0.36% ② 0.7%
③ 3.6%   ④ 7%

해설
UNIFORMITY = MAX−MIN/2 × AVE. ×100 이다.

5 다음 반도체 제조 시 식각공정에 대한 설명 중 틀린 것을 고르시오.
① 식각율은 분당 식각량으로 정의하며 Å/min의 단위를 이용한다.
② 건식 식각(Dry Etch)는 플라즈마(Plasma)를 이용한다.
③ 하부 막질이 식각되는 것을 과도 식각(Over Etch)이라 하며 이는 전량 폐기된다.
④ 습식 식각(Wet Erch) 시 수세(Rinse)를 한 후 건조(Dry)과정을 거치게 된다.

해설
웨이퍼상의 균일도가 완전히 고르지 않기 때문에 식각공정 조건에 따라서는 적정량의 과도 식각(Over Etch)이 기본적으로 필요하다.

정답 1.③ 2.③ 3.③ 4.③ 5.③

6 반도체 제조공정의 사진(Photo)공정에서 감광액을 이용하여 형성된 마스크(Mask)지역 이외의 드러난 막질을 제거하는 공정은?
① CVD ② Etch
③ Diffusion ④ Metal

7 반도체 제조공정 시 건식 식각(Dry Etch)에 대한 설명으로 옳지 않은 것은?
① 가스(Gas) 이용
② 등방성 식각(Isotropic Etch) 특성
③ 하부막질에 대한 Damage가 발생
④ 폴리머(Polymer) 발생

> **해설**
> 건식 식각은 반응성가스를 사용하여 이방성 식각특성이 있다. 프로파일 또는 CD 조절이 비교적 안정적이지만, 이온에 의한 하부 막에 손상을 줄 수 있고 폴리머나 식각 잔유물들이 발생하는 문제가 있어서 적절한 공정 변수를 찾아야 한다.

8 반도체 제조공정 시 식각(Etch)공정에서 금속막질의 경우에 사용하는 가스의 종류는?
① Cl_2 ② CF_4
③ CHF_3 ④ SF_6

9 반도체 제조공정 시 식각(Etch)의 특성 중 식각하고자 하는 막질에 수직으로 직진성을 가지며 식각되는 특성은 무엇인가?
① 이방성(Anisotropic)
② 라디칼(Radical)
③ 등방성(Isotropic)
④ 선택비

> **해설**
> 이방성 식각은 수직으로 직진성 식각 특성이 있고, 등방성 식각은 횡축으로 식각되는 특성이다.

10 반도체 제조공정 시 기체 상태의 가스 분자에 전기적 에너지를 가하면 가스 분자들은 이온화, 분해 과정을 거쳐 활성화된 이온, 라디칼, 전자 등이 생성되는데, 물질 고유의 중성 상태에서 이온화된 제4의 물질 상태를 무엇이라 하는가?
① 이온(Ion) ② 라디칼(Radical)
③ 고주파 ④ 플라즈마(Plasma)

11 반도체 제조공정 시 식각(Etch)공정에서 1분간 식각되어진 양을 환산 표시하는 용어는?
① 균일도(Uniformity)
② 과도 식각(Over Etch)
③ 식각율(Etch Rate)
④ 정지점(EOP)

12 반도체 제조공정 시 화학용액을 이용한 식각(Etch)공정을 고르시오.
① 산화(Oxidation)
② 습식 식각(Wet Etch)
③ 플라즈마 식각(Plasma Etch)
④ 건식 식각(Dry Etch)

13 반도체 제조공정 시 습식 식각(Wet Etch)에 대한 설명으로 옳지 않은 것은?
① 화학(Chemical) 용액 이용
② 등방성 식각(Isotropic Etch) 특성
③ 클리닝 공정에 사용
④ 폴리머(Polymer) 발생

14 반도체 제조공정 시 식각공정에서 산화막질의 경우에 사용하는 가스의 종류는?
① Cl ② C-F
③ Chemical ④ SiO_2

> **해설**
> 식각공정의 반응가스로 산화막은 CHF_3, CF_4, C_4F_8, SF_6 등의 FLUORINE계 가스를 사용한다. POLY-Si이나 금속박막은 Cl_2, BCl_3 등의 Chlorine계 가스를 사용한다.

정답 6.② 7.② 8.① 9.① 10.④ 11.③ 12.② 13.④ 14.②

15 반도체 제조공정 시 플라즈마 상태에서 나오는 이온(Ion)과 라디칼(Radical)을 사용하여 식각해주는 방식을 무엇이라 하는가?

① 화학적 식각(Chemical Etch)
② 물리적 식각(Physical Etch)
③ 습식 식각(Wet Etch)
④ 건식 식각(Dry Etch)

16 반도체 제조공정 시 두 막질 간의 식각 비율을 뜻하는 용어를 고르시오.

① 식각율(Etch Rate)
② 과도식각(Over Etch)
③ 균일도(Uniformity)
④ 선택비(Selectivity)

> **해설**
> 식각율은 식각된 막질의 두께량을 말하며, 1분간 식각되는 양으로 환산표시한다. 식각 균일도는 웨이퍼 내의 위치별로 얼마나 일정하게 식각되었는지 나타낸 것이다. 식각 선택비는 두 막질 사이의 식각 비율을 말한다.

17 반도체 제조공정 시 웨이퍼 내에서 얼마나 일정하게 식각되었는가를 나타내는 용어를 고르시오.

① 균일도(Uniformity)
② 과도식각(Over Etch)
③ 식각율(Etch Rate)
④ 식각정지점(EOP)

18 다음은 반도체 제조공정 중 식각공정의 작업단위를 나타낸 것이다. 올바른 순서로 나열된 항목을 고르시오.

> 가. 사진공정(Photo)
> 나. 식각공정(Etch)
> 다. PR 제거(Ashing)
> 라. 세정공정(Wet Cleaning)
> 마. 측정, 검사공정

① 가 - 나 - 다 - 라 - 마
② 가 - 다 - 나 - 라 - 마
③ 다 - 가 - 나 - 라 - 마
④ 다 - 가 - 라 - 나 - 마

> **해설**
> 사진공정 후에 식각 물질을 이용하여 마스크 지역외의 드러난 막질을 제거한다.
> 식각 후에는 감광액을 제거하는 애싱 공정을 하고 잔유물 제거를 위한 세정을 하게 된다.

19 반도체 제조공정 시 습식 식각에 비교한 건식 식각의 특성은 다음 중 어느 것인가?

① 화공 약품을 이용하여 선택비가 탁월한 공정을 나타낸다.
② 이방성 식각 특성을 갖는다.
③ 하부 막질에 대한 물리적 손상(Damage)이 습식 식각에 비해 거의 없다.
④ 진공 상태에서 플라즈마를 발생하여 사용하기 때문에 폴리머 찌꺼기가 전혀 없다.

20 다음 중 반도체 제조공정 시 플라즈마에 대한 설명 중 틀린 것은?

① 제4의 물질 상태라고 말한다.
② 전체적으로는 양성 전극을 띤다.
③ 기체 상태의 분자에 전기적 에너지를 가하면 가스 분자들은 분해 과정을 거쳐 이온, 라디칼, 전자 등을 생성하게 되는데 이를 플라즈마라고 한다.
④ 이러한 플라즈마는 덩어리, 즉 클러스터의 성격을 나타낸다.

21 다음 중 플라즈마 식각(Plasma Etch)의 반응 과정을 순서에 따라 각 단계별로 보기에 나타내었다. 올바른 메카니즘 순서로 나열된 것은 다음 중 어느 것인가?

> 가. 화학 가스 주입 및 플라즈마 생성
> 나. 막질표면에 확산
> 다. 표면 흡착 및 반응
> 라. 물리적 이온 충돌
> 마. 배기(Exhaust)

정답 15.④ 16.④ 17.① 18.① 19.② 20.② 21.①

① 가 - 나 - 다 - 라 - 마
② 가 - 다 - 나 - 라 - 마
③ 가 - 라 - 나 - 다 - 마
④ 가 - 마 - 나 - 라 - 다

해설
반응입자 생성, 반응입자 이동, 표면반응, 반응물 생성, 반응생성물 제거 순이다.

22 반도체 제조공정 시 식각 전 산화막의 두께는 10,000Å이며 2분간 식각공정 진행 후 측정된 두께는 4,000Å이었다. 식각률은 얼마인가?

① 3,000 Å/min   ② 4,000 Å/min
③ 5,000 Å/min   ④ 6,000 Å/min

해설
식각율은 1분당 식각되는 식각량이다. 단위로는 (Å/min)이다.

23 아래는 반도체 제조공정에서 어느 식각공정의 동일한 공정 조건 하에서 두막에 대한 식각률의 차이를 나타낸 것이다. 이 공정의 산화막에 대한 질화막의 식각률 선택비는 얼마인가?

- 산화막의 식각률 : 5,000 Å/min
- 질화막의 식각률 : 1,000 Å/min

① 3 : 1   ② 4 : 1
③ 5 : 1   ④ 6 : 1

해설
식각되는 막질과 하부막질과의 식각율의 비율이다.

24 다음 중 반도체 제조의 식각공정 시에 발생하는 문제로써 패턴 밀도에 따라 식각 속도가 달라지는 현상을 무엇이라 하는가?

① 정지점(EOP : End of Point)
② 로딩 효과(Loading Effect)
③ 폴리머(Polymer) & 잔유물(Residue)
④ 종횡비(Aspect Ratio)

25 다음 중 반도체 제조공정 시 산화막 식각에 주로 사용되는 가스는 무엇인가?

① Cl_2 등의 Chlorine계 가스
② O_2 등의 산소계 가스
③ SiH_4의 싸일렌 가스계
④ CF_4, C_4F_8, SF_6 등의 Fluorine계

해설
식각공정의 반응가스로 산화막은 CHF_3, CF_4, C_4F_8, SF_6 등의 Fluorine계 가스를 사용한다. POLY-Si이나 금속박막은 Cl_2, BCl_3 등의 Chlorine계 가스를 사용한다.

26 다음 중 반도체 제조공정 시 건식 식각 장치의 구성품에 해당하지 않는 것은?

① 프로세스 챔버
② 진공 펌프(Vaccum Pump)
③ 투사 렌즈(Projection Lens)
④ 고주파 전력(RF) 발생 장치

27 반도체 제조공정 시 챔버 내에 인가되는 필요한 가스 유량을 정밀하게 조절하는 장치는 다음 중 어느 것인가?

① 진공 게이지
② 유량조절장치(MFC : Mass Flow Controller)
③ 정지점 검출기(EPD : End Point Detector)
④ 정전 척(ESC : Electro-Static Chuck)

해설
EPD는 식각의 종료점을 감지하는 방법이다. ESC는 전기적인 흡인력을 이용하여 챔버 내부의 스테이지 바닥에 웨이퍼를 고정시켜 주기 위한 장치이다.

28 반도체 제조공정 중에 감광액 애싱(PR Ashing) 공정 시 주로 사용되는 가스는 무엇인가?

① O_2 ② Cl_2
③ CF_4 ④ SiH_4

정답 22. ① 23. ③ 24. ② 25. ④ 26. ③ 27. ② 28. ①

29 반도체공정 중 감광액을 이용하여 형성된 마스크(Mask) 지역 이외의 드러난 막질을 물질을 이용하여 제거하는 공정을 무엇이라 하는가?
① CMP   ② Photo
③ Etch   ④ CVD

30 반도체 제조공정 중에서 식각의 특성 중 등방성 식각에 해당하는 것은?
① 습식 식각   ② 건식 식각
③ Plasma 식각   ④ Suputter 식각

31 반도체공정에서 식각의 용어 중 웨이퍼 내의 위치별로 얼마나 일정하게 식각(Etch)되었는가를 나타내는 것을 무엇이라 하는가?
① Etch Rate   ② Selectivity
③ Uniformity   ④ Over Etch

> 해설
> ① Etch Rate : 식각된 막질의 두께량
> ② Selectivity : 두 막질 사이의 식각 비율을 말함
> ④ Over Etch : 두께치보다 더 많이 식각하는 것

32 반도체 제조공정 시 건식 식각(DRY Etch)의 특성 중 알맞은 것은?
① 등방성 식각 특성을 갖는다.
② 찌꺼기가 발생하지 않는다.
③ CD 조절이 어렵다.
④ GAS를 이용한다.

> 해설
> ①, ②, ③는 습식 식각에 대한 설명이다.

33 반도체공정에서 식각 방법의 종류 중 화학용액에 웨이퍼를 일정시간 담구어 식각하고자 하는 막질을 필요한 만큼 제거하는 방법의 종류를 무엇이라고 하는가?
① Cleaning   ② Wet Etch
③ Plasma Etch   ④ 초음파 Etch

34 다음 중 습식 식각(Wet Etch)에 대한 설명으로 옳지 않은 것은?
① 화학물질(Chemical) 용액을 이용하여 식각한다.
② 등방성 식각(Isotropic Etch) 특성을 갖는다.
③ Polymer 찌꺼기 등이 발생한다.
④ Profile(또는 Control Dimension) 조절이 어렵다.

> 해설
> Wet Etch는 Chemical 용액을 이용하여 식각하기 때문에 Polymer 찌꺼기가 발생하지 않는다. Polymer 찌꺼기가 발생하는 Etch는 Dry Etch이다.

35 다음 중 산화막(SiO_2)을 건식 식각(Dry Etch)할 경우, 사용해야 할 가스(Gas)는?
① CF 계열 가스(Gas)
② O_2 계열 가스(Gas)
③ CI 계열 가스(Gas)
④ CG 계열 가스(Gas)

> 해설
> SiO_2(산화막)을 Etch하는 경우 CF계열 Gas를 사용한다. Metal이나 Poly-Si에는 Cl계열의 Gas를 사용한다.

36 다음 중 건식 식각(Dry Etch)에 대한 설명으로 옳지 않은 것은?
① 반응성 가스를 이용하여 식각한다.
② 이방성 식각(Anisotropic Etch)의 특성을 갖는다.
③ 플라즈마(Plasma)에 의한 손상이 발생할 수 있다.
④ 높은 선택비(High Selectivity)를 갖는다.

> 해설
> 높은 선택비를 갖는 Etch는 Wet Etch이다.

37 다음 Etch에 사용되는 용어설명 중 틀린 것은?
① 플라즈마(Plasma) - 물질 고유의 중성 상태에서 이온화 된 제4의 물질 상태를 말한다.

정답 29.③ 30.① 31.③ 32.④ 33.②
34.③ 35.① 36.④ 37.②

② 화학적 식각(Chemical Etch) - 주로 Radical에 의한 반응으로 하부 막질의 손상이 크고, 선택비가 낮다.
③ 물리적 식각(Physical Etch) - 외부에서 인가된 에너지를 가지고 웨이퍼 표면에 물리적 충돌을 일으켜 막질의 결정 구조를 깨트리며 식각을 한다.
④ 반응성 이온식각(Reactive Ion Etch) - 물리적 반응과 화학적 반응의 효과를 동시에 이용하는 식각방법이다.

해설
Chemical Etch는 하부 막질의 손상이 거의 없고 선택비가 높은 장점이 있으나, 등방성 식각의 단점을 갖는다.

38 다음 Etch에 사용되는 용어설명 중 틀린 것은?
① 식각률(Etch Rate) - 식각된 막질의 두께량을 말하며, 보통 1분당 식각되어진 양으로 환산 표시한다.
② 균일도(Uniformity) - 웨이퍼 내의 위치별로 얼마나 일정하게 Etch 되었는가를 나타내는 것으로서 반도체 제조공정에서 중요시 평가되는 항목이다.
③ 선택비(Selectivity) - 두 막질 사이의 식각 비율을 말한다. 반도체의 집적화가 높을수록 높은 선택비의 공정 조건이 요구된다.
④ 과도식각(Over Etch) - 식각될 막질의 두께가 필요치보다 적게 식각하는 것을 말한다.

해설
식각될 막질의 두께가 필요치보다 적게 식각하는 것은 Under Etch이며, Over Etch는 식각될 막질의 두께치보다 더 많이 식각하는 것을 말한다.

39 다음 중 사진공정에서 감광액(Photo Resist)를 이용하여 형성된 마스크(Mask) 지역 이외의 드러난 막질(Poly, Oxide, Metal)을 식각 물질(Gas, Chemical용액 등)을 이용하여 제거하는 공정은?
① CMP ② Metal
③ Etch ④ CVD

40 다음 중 식각공정 시 습식 식각(Wet Etch)의 특성으로 옳지 않은 것은?
① 하부 막질에 손상이 없다.
② 폴리머(Polymer)가 발생한다.
③ 등방성 식각의 특성을 갖는다.
④ 화학물질(Chemical) 용액을 이용한다.

41 다음 중 식각율은 플라즈마 식각(Plasm Etch)에 의하여 식각된 막질의 두께량을 말하며 보통 1분간 식각되어진 양으로 환산 표시한다. 식각율의 단위로 알맞은 것을 고르시오.
① Å/min ② cm³/min
③ N/min ④ m³/min

42 반도체 제조공정 중에 식각공정은 막질에 따라 종류가 나뉜다. 다음 중 막질의 종류로 옳지 않은 것은?
① Poly Etch ② Metal Etch
③ Oxide Etch ④ Plasma Etch

43 고주파 전력(R.F Power)이 인가되는 전극으로 웨이퍼 놓이는 아래쪽 전극을 하부전극이라 하고 위쪽은 상부 전극이라 한다. 이에 해당하는 장비로 알맞은 것은?
① Chiller
② Electrode
③ MFC
④ ESC(Electro-Static Chuck)

44 반도체 제조공정에서 식각(Etch) 특성에 대한 설명 중 올바르지 않은 것은?
① Isotropic Etch는 등방성 식각으로 주로 화학 용액으로 습식 식각을 한다.
② Anisotropic Etch는 이방성 식각으로 주로 가스를 이용하여 건식 식각을 한다.

정답 38. ④ 39. ③ 40. ② 41. ① 42. ④ 43. ② 44. ④

③ Isotropic Etch는 식각하고자 하는 막질이 드러난 부분에 모두 용액이 침투하여 식각되는 특성을 갖는다.
④ 오늘날 널리 사용되고 있는 식각방법은 Isotropic Etch 방식이다.

> **해설**
> 오늘날 널리 사용되고 있는 Etch 방법은 Anisotropic Etch 방식이다.

45 다음 건식 식각(Dry Etch)에 대한 설명으로 올바르지 않은 것은?

① 가스를 사용하여 플라즈마 반응을 발생시켜 식각하는 것을 말한다.
② 산화막일 경우 C, F계열 가스를 사용하고 금속 혹은 폴리실리콘(Poly_Si)인 경우 Cl 계통 가스를 사용한다.
③ 프로파일(Profile) 또는 CD 조절이 쉽다.
④ 하부 막질에 대한 손상이 발생하지 않는다.

> **해설**
> 하부 막질에 대한 Damage가 발생한다.

46 다음 습식 식각(Wet Etch)에 대한 설명으로 올바른 것은?

① 필요한 막질만 선택적으로 제거하는데 선택비가 낮은 것이 장점이다.
② 이방성 식각 특성을 갖는다.
③ 현재 세정(Cleaning) 공정에서 많이 이용한다.
④ 화학용액과 가스를 동시에 사용해야 한다.

> **해설**
> ① 원하는 막질만 선택적으로 제거하는데 선택비가 높은 것이 장점이다. ② 등방성 식각 특성을 갖는다. ④ 화학 용액을 사용한다. 동시에 사용할 수 없다.

47 반도체 식각공정에서 A라는 막질의 초기 두께가 10000Å인 경우 4분간 식각을 실시한 후 두께를 측정한 결과 4000Å이었다. 그렇다면 이 막질의 식각율(Etch Rate)은?

① 1000Å
② 1200Å
③ 1300Å
④ 1500Å

> **해설**
> 10000-4000 / 4 = 1500Å이 된다.

48 다음 중 반도체 제조공정 중 건식 식각(Dry Etch) 장비에 대한 구조로 올바르지 않은 것은?

① Vacuum Pump
② Critical Dimension
③ R.F Generator
④ Chiller

> **해설**
> ② Critical Dimension(CD)는 임계 치수를 말하며 형성되어지는 선폭이나 홀의 치수를 의미한다. 따라서 Dry Etch 장비와는 무관하다.

49 반도체 제조공정에서 식각공정 시 화학용액을 이용한 식각공정을 고르시오.

① Oxidation
② Wet Etch
③ Plasma Etch
④ DRY Etch

> **해설**
> Dry Etch는 Gas와 Plasma를 이용한 식각 방법이고, Wet Etch는 케미컬용액을 이용한 식각 방법이다.

50 반도체 제조공정 중에서 습식 식각(Wet Etch)에 대한 설명으로 옳지 않은 것은?

① Chemical 용액 이용
② Isotropic Etch 특성
③ 클리닝 공정에 사용
④ Polymer 발생

> **해설**
> Polymer는 발생하지 않는다. 단 Dry Etch의 경우에는 Polymer가 발생한다.

정답 45. ④ 46. ③ 47. ④ 48. ② 49. ② 50. ④

51 반도체 제조공정 중 식각해야 할 박막이 산화막질의 경우에 적합한 가스는?

① Cl
② C, F
③ Chemical
④ SiO₂

해설
산화막질의 경우 -C,F계열의 Gas를 사용하고, 금속막질의 경우 -Cl계열의 Gas를 사용한다.

52 반도체 제조공정 중에서 두 막질 간의 식각율(Etch Rate) 비를 뜻하는 용어를 고르시오.

① Under Etch
② Over Etch
③ Uniformity
④ Selectivity

해설
서로 다른 막질 간의 Etch Rate의 비를 Selectivity 라고 하며 클수록 좋다.

53 반도체 제조공정 중에서 얼마나 균일하게 식각되었는가를 나타내는 용어를 고르시오.

① Uniformity
② Over Etch
③ Etch Rate
④ EOP

해설
식각공정을 진행 후 웨이퍼 표면에 여러 부분의 식각량을 측정하여 전체적인 균일도(Uniformity)를 구한다. 균일도가 높을수록 식각이 잘 된 것이다.

54 가스 등을 이용해서 포토레지스트를 분해, 휘발시키는 건식 박리 장치는 무엇인가?

① UV장치
② 애싱장치
③ 에피장치
④ 노광장치

해설
애싱은 가스 등을 이용하여 포토레지스트를 제거하는 공정을 말한다.

55 애싱 장치의 분류와 특징으로 연결한 것 중 특징의 설명이 바르지 않은 것은?

① 플라즈마 애싱(매엽식) : 균일성 높음, 대전손상 저감
② 플라즈마 애싱(배럴형) : 생산성 우수, 대전손상 및 막질 열화
③ 광 애싱 : 금속 오염 및 막질 열화, 대전손상
④ 오존 애싱 : 대전손상 저감

해설
광 애싱은 금속 오염 및 막질 열화가 없는 장점이 있다.

56 습식 식각의 설명으로 바르지 못한 것은?

① 습식 식각은 용매를 이용한 식각의 총칭으로, 딥방식, 스프레이방식, 스핀방식이 있다.
② 습식 식각은 생산성이 우수하지만 높은 비용이 든다.
③ 습식 식각은 가공의 정밀도가 좋지 않기 때문에 미세한 패턴 가공에는 적합하지 않다.
④ 습식 식각에서 딥방식은 배치 처리로 생산성이 우수하다.

해설
습식 식각은 생산성이 높고, 낮은 비용으로 가능한 공정이다.

57 식각공정의 설명 중 바르지 않은 것은?

① 마스크를 사용하는 선택 식각과 마스크를 사용하지 않는 전면 식각으로 나눌 수 있다.
② 식각의 방법으로는 건식 방식과 습식 방식으로 나눌 수 있다.
③ 건식 식각은 습식 식각에 비하여 가스의 선택 및 조절이 어려워 정확한 패턴 형성이 안 된다.
④ 건식 식각에서 사용하는 것은 활성화된 가스이고, 습식 식각에서는 용액성 화학약품을 사용한다.

해설
건식 식각은 습식 식각에 비하여 가스의 선택 및 조절이 비교적 쉽기 때문에 정확한 패턴 형성이 가능하다.

정답 51. ② 52. ④ 53. ① 54. ② 55. ③ 56. ② 57. ③

04 산화확산공정

반도체장비유지보수기능사

1 다음 중 반도체 제조공정 시 산화막(SiO)의 목적으로 볼 수 없는 것은?
① 물리적인 오염으로부터 웨이퍼 표면을 보호한다.
② 각 소자 간의 통전을 원활히 하는 역할을 한다.
③ 산화막의 속성을 이용하여 캐패시터의 역할을 수행한다.
④ 불순물 주입 시 원치 않는 부분의 마스킹(Masking) 역할을 한다.

해설
산화막은 ㉠ 표면보호, ㉡ 소자 간의 절연(Isolation), ㉢ 이온주입 시 마스크, ㉣ 유전체로 사용된다.

2 다음 중 반도체 제조공정 시 CVD의 분류 중 옳지 않은 것은?
① 열 분해식 ② 화학반응식
③ 적층식   ④ Plasma식

해설
㉠ 열 분해식: 고온으로 열을 가하여 주입되는 가스를 분해시켜 박막을 형성시킴(620℃~850℃) HTO, POLY-Si
㉡ 플라즈마식: RF(Radio Frequency) 전압을 이용 플라즈마를 형성하여 박막을 성장시킴(PE-OXIDE, P-TEOS)
㉢ 화학반응식: 가스들의 화학적 반응성질을 이용 박막을 형성(BPSG, WSi)

3 다음 중 반도체 제조공정 시 박막 형성에서 절연체의 박막이 아닌 것을 고르시오.
① BPSG   ② PSG
③ TiN   ④ Oxide

해설
절연막과 금속막을 구별하라.

4 반도체 제조공정 시 박막을 형성할 때 이용하는 CVD의 특징으로 틀린 것은?
① 저온에서도 고온의 공정에서 얻을 수 있는 박막을 얻을 수 있다.
② 박막의 성분비율을 조정하는 것이 용이하다.
③ 절연박막공정에 주로 사용하고, 금속 박막 공정을 대기압에서 진행할 수 있다.
④ 신 물질의 형성별 신 공정의 형성이 가능하다.

해설
금속박막공정은 진공상에서 주로 이루어진다.

5 반도체 제조공정 시 CVD공정의 진행 중 안전에 관한 대책은?
① 가스 누출 감지 시스템을 설치한다.
② 비상 표시등, 유도등을 설치한다.
③ 소화수에 의한 화학반응을 피하기 위해 스프링 클러를 설치하지 않는다.
④ 화재경보기를 설치한다.

6 반도체 제조공정 시 산화막을 이용하는 이유로 옳지 않은 것은?
① 표면보호
② 소자 간의 절연
③ 증폭
④ 이온주입 시 마스크(Mask) 역할

해설
산화막은 ㉠ 표면보호, ㉡ 소자 간의 절연(Isolation), ㉢ 이온주입 시 마스크, ㉣ 유전체로 사용된다.

정답 1.② 2.③ 3.③ 4.③ 5.③ 6.③

7 반도체 제조공정 시 건식 산화(Dry Oxidation)에 대한 설명으로 옳지 않은 것은?

① 산소를 실리콘과 반응시켜 산화막(SiO)을 형성한다.
② 산화속도가 빠르다.
③ 얇은 산화막 형성에 사용한다.
④ 게이트 산화막(Gate Oxide)에 사용한다.

해설
건식 산화는 산화속도가 느려서 얇은 산화막 형성에 이용하고 유전체에 많이 사용한다.

8 반도체 제조공정 시 습식 산화(Wet Oxidation) 설명으로 옳지 않은 것은?

① 수증기를 실리콘과 반응시켜 SiO_2를 형성한다.
② 산화속도가 빠르다.
③ 얇은 산화막 형성에 사용한다.
④ 필드산화막(Field Oxide)에 사용한다.

해설
습식 산화는 산화 속도가 매우 빨라 두꺼운 산화막 형성에 주로 사용한다.

9 다음중 반도체 제조공정 시 산화의 속도를 빠르게 하는 요인이 아닌 것을 고르시오.

① 불순물을 주입하면 빠르다.
② 고온일수록 빠르다.
③ 압력이 높을수록 빠르다.
④ Si원자가 적을수록 빠르다.

해설
산화막 속도에는 산화온도, 산화재, 압력, 실리콘 결정 방위, 불순물에 의한 영향을 받는다.

10 반도체 제조공정 시 습식 산화(Wet Oxidation) 공정에 의한 설명으로 옳지 않은 것은?

① 건식 산화(Dry Oxidation)에 비해 두께가 두꺼운 공정에 사용한다.
② 건식 산화(Dry Oxidation)에 비해 산화속도가 빠르다.
③ 건식 산화(Dry Oxidation)에 비해 산화막 특성이 우수하지 못한다.
④ 건식 산화(Dry Oxidation)에 비해 유전체 물질로 많이 쓰인다.

해설
건식 산화는 산화속도가 느려서 얇은 산화막 형성에 이용하고 유전체에 많이 사용한다. 습식 산화는 산화속도가 매우 빨라 두꺼운 산화막 형성에 주로 사용한다.

11 반도체 제조공정 시 건식 산화(Dry Oxidation) 설명으로 옳지 않은 것은?

① 산화의 속도가 느리다.
② 산화막 품질이 우수하다
③ 두꺼운 산화막 형성에 사용한다.
④ 유전체 막질에 사용한다.

해설
건식 산화는 산화속도가 느려서 얇은 산화막 형성에 이용하고 유전체에 많이 사용한다. 습식 산화는 산화 속도가 매우 빨라 두꺼운 산화막 형성에 주로 사용한다.

12 반도체 제조공정 시 매질을 통하여 고농도에서 저농도로 퍼져나가는 성질을 이용하여 불순물을 침투시키는 공정을 고르시오.

① CVD
② Diffusion
③ Metal
④ Photo

13 반도체 제조공정 시 불순물 확산(Diffusion) 공정의 특징으로 알맞은 것은?

① 단위 이온주입량의 조절이 용이하다.
② 수평적 확산이 적다.
③ 실리콘(Si) 격자에 손상이 없다.
④ 열처리를 통한 Si 격자 재배열이 필요하다.

정답 7. ② 8. ③ 9. ④ 10. ④ 11. ③ 12. ② 13. ③

14 다음 중 확산공정에 대한 설명으로 적절치 않은 것은?

① 제조공정상의 석영로(Furnace) 공정은 일반적으로 금속배선공정 이전의 산화공정, 열처리공정 및 필름증착공정을 주로 담당한다.
② 산화공정은 사용하는 산화제에 따라 건식 산화와 습식 산화의 두 가지로 분류된다.
③ 습식 산화는 반응로 내부로 산소를 주입하여 웨이퍼 표면의 실리콘과 반응시켜 실리콘 산화막을 형성하는 방법이다.
④ 건식 산화는 산화 속도가 느려서 얇은 산화막 형성에 사용한다.

해설
③은 건식 산화에 대한 설명이다.

15 다음 중 반도체 제조공정 시 산화막의 용도와 거리가 먼 설명은 무엇인가?

① 외부 전기 신호의 칩 내 유입
② 표면 보호
③ 이온주입 시의 마스크
④ 유전체 물질로의 사용

해설
산화막은 ㉠ 표면보호, ㉡ 소자 간의 절연(Isolation), ㉢ 이온주입 시의 마스크, ㉣ 유전체로 사용된다.

16 반도체 제조공정 시 산화 속도에 영향을 주는 요소로 적절하지 않은 것은 다음 중 무엇인가?

① 반응로 온도   ② 산화제
③ 반응로 압력   ④ 전압

해설
산화막 속도에는 산화온도, 산화제, 압력, 실리콘 결정 방위, 불순물에 의한 영향을 받는다.

17 반도체 제조공정 시 산화법에 의한 막 성장과 달리 저압 화학기상 증착법(LP-CVD)만의 특징에 대한 설명으로 바르지 않은 것은?

① 가스를 사용한다.
② 반응로 내부를 저압 상태로 유지하기 위한 진공 펌프가 설치되어 있다.
③ 유량조절기(MFC)를 통해 가스를 조절한다.
④ 반응 온도는 실온에서 진행한다.

18 다음 중 반도체 제조공정 시 저압화학 기상증착법(LP-CVD)으로 형성하지 않는 막은 무엇인가?

① 질화막
② 다결정 실리콘막
③ 게이트(Gate) 산화막
④ 구리 배선막

해설
④는 금속박막으로 도금법에 의해 형성된다.

19 반도체 제조공정 중 산화막 형상에 대해 산화 속도에 영향을 주는 요소 중 아닌 것은?

① 산화온도   ② 불순물
③ 압력   ④ 빛

해설
산화막 속도는 산화온도, 산화재, 압력, 실리콘 결정 방위, 불순물에 영향을 받는다.

20 반도체 제조공정 시 산화막을 이용하는 이유로 옳지 않은 것은?

① 소자 간의 절연   ② 유전체
③ 표면보호   ④ 정류

해설
정류 : 직류를 교류로 교류를 직류를 바꿔주는 역할

21 반도체 제조공정 중에 석영로(Furnace) 공정에 해당되지 않는 것은?

① 산화공정   ② 확산공정
③ LP-CVD   ④ HP-CVD

정답 14.③ 15.① 16.④ 17.④
18.④ 19.④ 20.④ 21.④

22 반도체 제조공정 시 건식 산화(Dry Oxidation) 설명으로 옳지 않은 것은?

① 산화속도가 느림
② 산소를 실리콘과 반응시켜 산화막(SiO) 형성
③ 얇은 산화막 형성에 사용
④ Field ox, 희생산화에 사용

　해설
④는 습식 산화에 대한 설명이다.

23 반도체 석영로(Furnace) 제조공정 중 반응 가스를 반응로 내로 주입하여 650~800℃ 온도의 저압 상태에서 여러 가지 종류의 막질을 실리콘 웨이퍼 표면에 증착하는 공정을 무엇이라 하는가?

① AP-CVD　　② LP-CVD
③ SA-CVD　　④ PE-CVD

24 다음 반도체 제조공정 중 석영로(Furnace) 제조공정에 해당되지 않는 공정은?

① 산화(Oxidation)
② 확산(Diffusion)
③ 감광액 코팅(P.R Coating)
④ 감압 증착(LP-CVD)

　해설
감광액 코팅(P.R Coating)은 Photo Process에 해당하는 공정이다.

25 반도체 제조공정에서 산화막의 목적이 아닌 것은?

① 평탄화(CMP)
② 소자 간의 절연(Isolation)
③ 표면 보호
④ 유전체

　해설
평탄화(CMP)는 미세한 회로설계로 인해 원하는 Pattern을 형성하기 위해서 Wafer 표면의 막을 평탄하게 연마해주는 공정이다.

26 다음 중 건식 산화(Dry Oxidation)에 대한 특징으로 옳지 않은 것은?

① 산화막 형성시간이 오래 걸린다.
② 유전체 막질로 사용된다.
③ 두꺼운 산화막에 사용된다.
④ Gate Oxidation, CAP Oxidation 공정에 사용된다.

　해설
Dry Oxidation은 산화막 형성시간이 길어 얇은 산화막에 사용된다.

27 반도체 제조공정 시 산화 속도에 영향을 주는 요소로 적절하지 않은 것은 다음 중 무엇인가?

① 반응로의 압력　② 산화제
③ 불순물　　　　④ 화학 반응제

28 반도체 제조공정 시 산화막의 용도와 거리가 먼 것은 무엇인가?

① 표면보호　　　② 소자 간의 절연
③ 불순물 생성　　④ 유전체

29 반도체 제조공정 시 건식 산화(Dry Oxidation) 의 설명으로 옳지 않은 것은?

① 산화 속도가 느리다.
② 얇은 산화막을 형성한다.
③ Field, 희생산화 등에 사용된다.
④ Pad Ox, Gate Ox 등에 사용된다.

　해설
Field, 희생산화 등은 습식 산화(Wet Oxidation)에 대한 설명이다.

30 다음 중 반도체 제조공정 시 산화의 속도를 빠르게 하는 요인이 아닌 것을 고르시오.

① 고온일수록 빠르다.
② 압력이 낮을수록 빠르다.
③ 불순물을 주입하면 빠르다.
④ Si 원자가 많을수록 빠르다.

정답　22. ④　23. ②　24. ③　25. ①　26. ③　27. ④　28. ③　29. ③　30. ②

31 반도체 제조공정 시 습식 산화(Wet Oxidation)에 대한 설명으로 옳지 않은 것은?
① 두꺼운 산화막 형성에 사용한다.
② Field Ox에 사용한다.
③ 산화속도가 느리다.
④ 수증기를 실리콘과 반응시켜 SiO₂를 형성한다.

32 반도체 확산(Diffusion)공정에서 산화막이 꼭 필요한 이유에 대한 설명으로 올바르지 않은 것은?
① 표면을 보호
② 이온주입 시 마스크
③ 소자 간의 절연/격리
④ 폭발 방지

> **해설**
> 산화막이 꼭 필요한 이유
> ㉠ 표면보호 - 외부의 물리적인 오염(긁힘, 먼지, 오염 등)으로부터 Wafer 표면을 보호
> ㉡ 소자 간의 절연 - 소자들을 서로 전기적으로 절연/격리시키는 역할
> ㉢ 이온주입 시의 마스크 - Wafer에 이온주입시 원하지 않는 부분을 산화막으로 막고, 산화막이 없는 부분에만 이온주입하는 이온주입 시의 마스크 역할
> ㉣ 유전체 - 트렌지스터의 Gate 유전체 물질 및 Capacitor에서의 유전체 물질로 사용

33 다음 반도체 제조공정 중 산화 속도에 영향을 주는 요소가 아닌 것은?
① 산화 온도
② 산화제
③ 압력
④ 산화막

> **해설**
> 산화 속도에 영향을 주는 요소 : 산화 온도, 산화제, 압력, 실리콘 결정 범위, 불순물, CI이 있다.

34 반도체공정에서 석영로(Furnace)의 구조에 대한 설명으로 올바르지 않은 것은?
① 반응 가스는 MFC를 통과하면서 지정된 양만큼 공급하게 된다.
② 실리콘 웨이퍼를 탑재하는 장치를 토치(Torch)라 한다.
③ 가스는 반응로의 상부로부터 주입되어 Wafer가 탑재되어 있는 영역을 거쳐 하부로 배기된다.
④ 건식 산화일 경우에는 산소만 공급되며, 습식 산화일 때에는 산소와 수소가 같이 공급된다.

> **해설**
> 실리콘 Wafer를 탑재하는 장치는 Boat이다. Torch는 수소와 산소를 반응시켜 수증기를 발생시키는 장치를 말한다.

35 반도체 제조공정에서 LP-CVD 구조에 대한 장치로 올바르지 않은 것은?
① Heater
② Tube
③ APC
④ Gate

> **해설**
> LP-CVD 구조는 MFC, Heater, Inner Tube, Outer Tube, APC 등이 있다.

36 LP-CVD 막의 종류 중 올바르지 않은 것은?
① Nitride
② Poly si
③ Profile
④ HTO

> **해설**
> LP_CVD 막의 종류에는 Gas Source 및 증착 조건에 따라 Poly si, Amorphous si, Nitride, HTO/MTO 등이 있다.

정답 31.③ 32.④ 33.④ 34.② 35.④ 36.③

37 다음 중 산화의 속도를 빠르게 하는 요인이 아닌 것을 고르시오.

① 불순물 투입
② 고온일수록
③ 압력이 높을수록
④ Si 원자가 적을수록

해설
반응하는 Si 원자의 개수가 많을수록 산화의 속도는 빨라지게 된다.

38 반도체 제조공정 중에 습식 산화(Wet Oxidation)에 대한 설명으로 옳지 않은 것은?

① 건식 산화(Dry Oxidation)에 비해 두껍다.
② 산화속도가 빠르다.
③ 품질이 안 좋다.
④ 유전체에 쓰인다.

해설
Wet Oxidation의 경우 품질이 떨어지고 두껍다. 고로, 유전체에는 얇으면서 품질이 좋은 Dry Oxidation을 사용한다.

39 반도체 제조공정에서 건식 산화(Dry Oxidation)의 설명으로 옳지 않은 것은?

① 산화의 속도가 느리다.
② 품질이 좋다.
③ 두꺼운 산화막 형성에 사용한다.
④ Pad OX에 사용된다.

해설
Dry Oxidation의 경우 얇은 산화막을 형성하며, 형성하는 데 시간이 많이 걸린다.

40 반도체 제조공정에서 매질을 통하여 고농도에서 저농도로 퍼져나가는 성질을 이용하여 불순물을 침투시키는 공정을 고르시오.

① CVD   ② Diffusion
③ Metal   ④ Photo

해설
확산은 잉크를 물이 차있는 수조에 뿌렸을 때처럼 고농도에서 저농도로 이동하는 물리적인 현상을 반도체 제조에서 사용하는 것을 말하며, 불순물의 첨가에 사용한다.

41 반도체 제조공정에서 Diffusion 공정의 특징으로 알맞은 것은?

① 단위 이온주입량의 조절이 용이하다.
② 수평적 확산이 적다.
③ Si 격자에 손상이 없다.
④ 열처리를 통한 Si 격자 재배열이 필요하다.

해설
Implant 공정과는 다르게 Si 격자 사이 사이로 이동하여 Si 격자의 손상이 없다.

정답 37. ④ 38. ④ 39. ③ 40. ② 41. ③

05 이온주입공정

반도체장비유지보수기능사

1 반도체 제조공정 시 다음 보기에 들어갈 용어를 순서대로 연결한 것을 고르시오.
① 도펀트(Dopant) – 에너지(Energy) – 도우즈(Dose)
② 도우즈(Dose) – 에너지(Energy) – 도펀트(Dopant)
③ 에너지(Energy) – 도우즈(Dose) – 도펀트(Dopant)
④ 도펀트(Dopant) – 도우즈(Dose) – 에너지(Energy)

해설
- 에너지(Energy): 불순물이 웨이퍼에 들어가는 깊이를 조절해준다.
- 도우즈(Dose): 단위면적당 주입되는 이온의 개수를 말한다.
- 도펀트(Dopant): 이온주입에 사용되는 불순물을 말한다.

2 반도체 제조공정 시 이온주입(Implant) 공정 후 실리콘 격자손상을 회복시키고 주입된 이온이 실리콘 속에서 전기적 특성을 잘 나타나도록 행하는 과정을 무엇이라고 하는가?
① 빔 전류(Beam Current)
② 감광액(P.R)
③ 현상(Develop)
④ 어닐링(Annealing)

해설
실리콘 웨이퍼에 이온주입을 실시하게 되면 이온주입된 실리콘 결정에 손상이 발생하고 이로 인하여 전기적으로 불활성이 되는데 이를 전기적으로 활성화하기 위해 800~1100℃ 열처리를 실시한다. 이를 RTA(Rapid Thermal Annealing)공정이라 한다.

3 반도체 제조공정 시 이온주입공정의 특징에 대해 옳은 것은?
① 불순물량의 조절이 비교적 쉽지 않다.
② 설비가 고가이나 구조는 간단하다.
③ 균일성 및 재현성이 좋다.
④ 고온에서 진행되는 공정이다.

4 반도체 제조공정 시 이온주입공정 시 웨이퍼로 입사되는 이온이 실리콘 격자에 의해 막히지 못하고 깊숙이 침투되는 현상을 무엇이라고 하는가?
① 레지스트(Resist)
② 접합깊이(Junction Depth)
③ 절연체(Isolation)
④ 채널링(Channealing)

5 반도체 제조공정 시 이온을 생성시킨 후 일정한 에너지로 가속시켜서 웨이퍼에 불순물을 균일하게 주입하는 공정은?
① CVD
② Implant
③ Metal
④ Photo

6 반도체 제조공정 시 이온주입(Implant) 공정의 특징으로 옳지 않은 것은?
① 단위 이온주입량의 조절이 용이하다.
② 수평적 확산이 적다.
③ Si 격자에 손상이 없다.
④ 저온공정이 가능하다.

7 반도체 제조공정 시 실리콘 웨이퍼(Silicon Wafer)에 이온주입을 실시하게 되면 이온주입된 실리콘(Si) 결정에 손상이 발생하고, 이

정답 1.① 2.④ 3.③ 4.④ 5.② 6.③ 7.④

로 인하여 전기적으로 불활성되는데 이를 전기적으로 활성화시키기 위해 800~1100도에서 행해지는 열처리는 무엇인가?
① RTT   ② Diffusion
③ Sputter   ④ RTA

8 반도체 제조공정 시 급속 열처리(RTA)에 대한 설명으로 옳지 않은 것은?
① 열적 버짓(Thermal Budget) 결점을 최소한 줄일 수 있다.
② 한 장비 내에서 멀티 챔버를 구성하여 공정을 수행할 수 있다.
③ 열처리효과가 석영로(Furnace)에 비해서 우수하다.
④ 웨이퍼 깨짐(Wafer Broken) 현상으로 인한 손실을 차단할 수 있다.

9 반도체 제조공정 시 급속열처리 방식을 뜻하는 공정을 고르시오.
① RTT   ② Diffusion
③ Furnace   ④ RTA

10 반도체 제조공정 시 이온주입장비의 구성요소가 아닌 것을 고르시오.
① 소스(Source)
② 빔 라인(Beam Line)
③ 엔드 스테이션(End Station)
④ 정지점(End of Point)

11 다음 중 반도체 제조공정 시 이온주입공정의 역할 및 설명으로 바르지 않은 것은?
① 반도체 소자인 트랜지스터의 전기적 특성을 제어하는 공정이다.
② 실리콘 기판 내로 불순물을 주입하는 기술이다.
③ LSI의 고집적화 고밀도화에 대응하여 점점 더 정밀한 불순물의 제어가 요구되

고 있다.
④ 표면 굴곡을 기계적 화학적인 힘으로 평탄화시키는 공정이다.

12 반도체 제조공정 중 이온주입공정 시 단위 면적당 주입되는 이온의 개수를 무엇이라 하는가?
① 도우즈(Dose)
② 도펀트(Dopant)
③ 에너지(Energy)
④ 빔 전류(Beam Current)

13 다음 반도체 제조공정 중 이온주입공정의 특징으로 맞는 것은?
① 단위이온주입량의 조절이 어렵다.
② 수평적 확산이 크다.
③ 상온에서 공정 효율이 떨어져 고온에서 진행된다.
④ 불순물 주입의 재현성이 우수하다.

14 반도체 제조공정 중 불순물 이온주입 시 보통 빔 전류가 1~6mA 정도에서 사용하고 Dose량은 보통 1E13~1E16 ions/cm^2 범위를 사용하는 이온주입장비는 다음 중 어느 것인가?
① 중전류(Mid Current) 이온주입장비
② 고전류(High Current) 이온주입장비
③ 고에너지(High Energy) 이온주입장비
④ 초고전류(Super High Current) 이온주입장비

15 다음 반도체 제조공정 중 이온주입장비의 구성요소가 아닌 것?
① 이온생성기(Source)
② 빔라인
③ 엔드스테이션
④ 반응로

정답 8.④ 9.④ 10.④ 11.④ 12.① 13.④ 14.② 15.④

16 반도체 제조공정 시 일정 에너지로 웨이퍼에 입사되는 이온이 실리콘 격자에 의해서 블록킹되지 못하고 깊숙한 곳까지 침투되는 현상을 무엇이라 하는가?

① 채널링 ② 어닐링
③ 마스킹 ④ 확산

17 반도체 제조공정 시 이온주입공정 진행 시 발생되는 실리콘 격자의 손상을 회복하고 주입된 이온을 활성화시키는데 필요한 과정을 무엇이라 하는가?

① 채널링 ② 어닐링
③ 마스킹 ④ 확산

18 반도체 제조공정 중 RTA(Rapid Thermal Annealing)의 특징으로 옳지 않은 것은?

① 가장 보통적인 방법으로 Uniformity가 우수하며 Annealing 시간이 4~5시간 정도 소요된다.
② Thermal Budget을 최소한으로 줄일 수 있다.
③ Multi-chamber를 사용함으로써 하나의 System 내에서 여러단위 공정을 수행할 수 있다.
④ Serial Type이며 열처리 효과가 Furnace에 비해서 우수하다.

> 해설
> RTA는 최근에 개발된 기술이며, 할로겐 램프를 사용하고 균일도(Uniformity)가 석영로(Furnace)와 거의 유사하며 공정시간은 수십 초 이내이다. 어닐링(Annealing) 시간이 4~5시간 정도 소요되는 것은 석영로(Furnace)를 이용한 어닐링(Annealing)이다.

19 다음 중 이온주입공정(Implant Process)의 특징이 아닌 것은?

① 단위 이온주입량의 조절이 용이하다.
② 수평적 확산이 적다.
③ 불순물 Doping의 정밀도, 제어능력, 재현성이 우수하다.
④ Silicon 격자에 손상을 주지 않으므로 열처리 공정을 생략해도 된다.

> 해설
> Implant Process는 에너지에 의한 물리적 강제 주입방식이므로 이온주입 후 열처리가 반드시 필요하다.

20 다음 세정공정 중 순수로부터 웨이퍼를 꺼낼 때 IPA 증기와 질소가스를 웨이퍼면과 평행하게 닿게 하여 순수가 웨이퍼를 따라 올라오지 않게 건조시키는 건조 기술을 나타내는 것은?

① 증기 건조
② 로타고니 건조
③ 마랑고니 건조
④ 스핀건조

21 이온주입(도핑) 장치의 주 구성 요소에 대한 설명으로 바르지 못한 것은?

① 이온원 : 분자와 전자를 충돌시켜 이온을 생성한다.
② 이온빔 가속기 : 고전압을 인가해서 이온을 가속한다.
③ 이온렌즈 : 이온빔의 형태를 집속한다.
④ 처리 챔버 : 전기적 고주파에 의해 이온빔을 스캔하여 웨이퍼의 전면에 주입한다.

> 해설
> • 처리 챔버 : 디스크 플레이트에 실은 여러 장의 웨이퍼에 이온주입 처리를 한다.
> • 스캔 플레이트 : 전기적 고주파에 의해 이온빔을 스캔하여 웨이퍼의 전면에 주입한다.

정답 16.① 17.② 18.① 19.④ 20.③ 21.④

06 CVD / PVD 공정

[CVD]

1 반도체 제조공정 시 CVD 공정 중 대기압 조건에서 공극 채우기(Gap Fill)에 장점을 가진 화학 기상 증착 방법은 무엇인가?

① AP CVD
② SA CVD
③ PE CVD
④ LP CVD

해설
AP CVD는 대기압 조건에서 빠른 증착 속도로 Gap Fill 능력이 우수하다.

2 CVD 공정 중 저압상태에서 불순물이 적고 두께 균일도가 좋은 장점을 가진 화학 기상 증착 방법은 무엇인가?

① AP CVD   ② SA CVD
③ PE CVD   ④ LP CVD

해설
LP CVD는 저압 조건에서 불순물이 적고, 두께 균일도가 뛰어나다.

3 CVD 공정 중 고밀도 플라즈마 상태에서 동일 챔버에서 증착과 식각을 반복적으로 수행하여 공극 채우기(Gap Fill)가 우수한 화학 기상 증착 방법은 무엇인가?

① AP CVD   ② HDP CVD
③ PE CVD   ④ LP CVD

해설
HDP CVD는 고밀도 플라즈마 상태로 증착하며 증착과 Sputter Etch를 반복하여 Gap Fill 능력이 우수하다.

4 화학 기상 증착 공정으로 박막을 형성 과정에서 일어나는 동종(Homogeneous)반응에 대한 설명으로 틀린 것은?

① Gas Phase에서 일어나는 반응이다.
② Wafer 표면에서 일어나는 반응이다.
③ 박막의 품질이 나쁘다.
④ Particle이 많다.

해설
CVD 박막을 형성 과정에서 일어나는 동종(Homogeneous)반응으로 Gas Phase에서 일어나는 반응이다. 박막의 품질이 나쁘며 Particle이 많다.

5 반도체 박막 제조공정에서 상압인(760Torr) 챔버에서 공정이 진행되고 BPSG박막이나 O3-TEOS 박막을 증착하는 화학 기상 증착 공정은 무엇인가?

① AP CVD   ② SA CVD
③ PE CVD   ④ LP CVD

해설
AP CVD는 대기압 조건에서 빠른 증착 속도로 Gap Fill 능력이 우수하다.

6 반도체 제조공정에서 SOG 공정에 대한 설명으로 틀린 것을 고르시오.

① 공극 채우기(Gap Fill) 능력이 우수하다.
② 액체(Liquid) 성분으로 공정한다.
③ 회전 분사(Spin Spray) 방식으로 도포한다.
④ 고순도 가스를 사용한다.

해설
SOG(Spin On Glass) 공정은 Liquid Source Coating으로 이루어졌다. 중간 절연막으로 Gap Fill 능력이 우수하다.

정답 [CVD] 1.① 2.④ 3.② 4.② 5.① 6.④

7 다음 중 화학 기상 증착 장치에 대한 설명으로 바르지 못한 것은 어느 것인가?
① CVD(화학 기상 증착) 장치 유형은 크게 상압CVD, 감압CVD 그리고 플라즈마 CVD로 나눌 수 있다.
② 상압 CVD의 단점을 보완한 SA CVD, 플라즈마 CVD와 Sputter Etch를 일체화시킨 HDP CVD가 주력 장비로 많은 FAB에 보급되어 사용되어지고 있다.
③ CVD(화학 기상 증착) 장치는 대부분 진공상태에서 반응이 이루어지도록 구성된다.
④ 장치는 고온을 사용할 수 있는 할로겐 램프로 구성되어 있으며 급속열처리가 가능한 어닐링 공정으로 사용한다.

> 해설
④는 RTP 관련 설명이다.

8 다음 화학 기상 증착 장치 유형 중 반응 에너지가 다른 한 가지는 어느 것인가?
① AP CVD ② LP CVD
③ HDP CVD ④ SA CVD

> 해설
AP CVD, LP CVD, SA CVD는 Thermal(열반응)반응이고, HDP CVD, PE CVD는 플라즈마 반응으로 하는 방식이다.

9 다음 막들은 화학 기상 증착 공정을 통해 형성된 막이다. 다음 중 SiH_4 가스를 이용해 만들 수 없는 막은 어느 것인가?
① SiON ② SiO_2
③ SiN ④ Al-Si

10 정전기를 이용해 웨이퍼를 움직이지 않게 척(Chuck)에 고정시키는 장치는 다음 중 어느 것인가?
① ESC ② Load Lock
③ RF 발생기 ④ 진공 펌프

11 화학 기상 증착(CVD) 공정으로 형성하는 박막의 용도가 아닌 것은?
① 절연막 ② 금속배선막
③ 보호막 ④ SOG막

12 화학 기상 증착(CVD) 공정 방법의 특징으로 아닌 내용은?
① 저온에서도 고온의 공정에서 얻을 수 있는 박막을 얻을 수 있다.
② 박막의 성분의 비율을 조정하는 것이 용이하다.
③ 막 두께 및 막질의 균일성이 비교적 좋지 않다.
④ 신물질과 신공정 형성이 비교적 가능하다.

13 반도체 제조공정 중 화학물질을 기화시켜 화학반응에 의한 증착 막을 구현하는 공정은 무엇인가?
① PVD ② CVD
③ CMP ④ IMPLANT

14 CVD 막의 용도 중 옳지 않은 것은?
① 절연막 ② 금속배선막
③ 보호막 ④ 평탄막

> 해설
평탄막은 CMP 공정으로 이루어진다.

15 CVD 분류법 중 반응방법에 따른 분류 중 알맞지 않은 것은?
① 전기 작동식 ② 열분해식
③ PLASMA식 ④ 화학 반응식

16 CVD 막의 성장은 Gas 상태의 원재료를 가지고 생성시키는데 사용 Gas 중 대기 중에 나오면 폭발성을 가장 크게 지닌 Gas는?

정답 7.④ 8.③ 9.④ 10.① 11.④ 12.③
13.② 14.④ 15.① 16.①

① SIH₄ ② WF₆
③ PH₃ ④ NH₃

[해설]
② WF₆ : 호흡시 폐나 장기를 치명적으로 손상시킴
③ PH₃ : 생명에 치명적인 독성을 지님
④ NH₃ : 심폐기능에 영향을 끼침

17 CVD 분류법 중 압력에 따른 분류가 있는데 상압과 감압 두 가지로 나눌수 있다. 이때 상압은 대기압 이상을 뜻하는데 대기압은 ( ) mmTorr인가?

① 560 mmTorr
② 460 mmTorr
③ 660 mmTorr
④ 760 mmTorr

18 다음 중 CVD를 설명한 것으로 옳지 않은 것은?

① 화학물질을 기화시켜 화학반응에 의해 증착막을 구현하는 공정이다.
② Film 형성과정은 Homogeneous 반응 위주로 공정 조건을 유도해야 한다.
③ CVD 장비유형은 크게 AP CVD, LP CVD, PE CVD, HDP CVD, SA CVD로 나뉜다.
④ 기체 상태를 취급하는 관계로 온도와 압력, 부피가 가장 큰 공정 제어요소이다.

[해설]
Film 형성되는 과정은 Homogeneous반응과 Heterogeneous 반응으로 나뉘는데 Homogeneous 반응은 Gas Phase에서 반응이 일어나 Film의 Quality가 나쁘고 Particle이 많은 반면에, Heterogeneous 반응은 Wafer 표면에서 반응이 일어나므로 Film의 Quality가 좋다. 그러므로 Heterogeneous 반응 위주로 공정 조건을 유도하여야 한다.

19 다음 중 CVD 종류에 대한 설명으로 옳지 않은 것은?

① AP CVD – 대기압 화학 기상 증착으로 Gap Fill이 우수하다.
② SA CVD – 저기압 화학 기상 증착으로 Film의 Uniformity가 우수하다.
③ PE CVD – 플라즈마 화학 기상 증착으로 낮은 온도로 진행하여 열적 Damage가 적다.
④ HDP – 고밀도 플라즈마 화학 기상 증착으로 증착과 식각을 동시에 진행한다.

[해설]
SA CVD는 준 대기압 화학 기상 증착으로 Metal 오염위험성이 적다.

20 다음 중 CVD에 사용되는 Gas의 종류 및 특징에 대한 설명으로 옳지 않은 것은?

① 실렌(SiH₄) – 주로 Si Source로 사용하며, 대기 중에서 폭발을 일으킨다.
② 디보렌(B₂H₆) – 비타민 냄새가 나며, 생명에 치명적인 독성을 갖고 있다.
③ 포스핀(Ph₃) – Tungsten 막을 생성하는데 사용되며 액화성 Gas이다.
④ 암모니아(NH₃) – 자극적인 냄새이며 심폐기능에 영향을 끼친다.

[해설]
포스핀(Ph₃)는 마늘냄새가 나는 것이 특징이며, Tungsten 막을 생성하는 Gas는 WF₆이다.

21 반도체 제조공정 중에 화학 기상 증착(CVD) 공정으로 형성하는 박막의 용도가 아닌 것은?

① 금속배선막 ② 보호막
③ 실리콘막   ④ 절연막

22 반도체 제조공정에서 상압(760Torr)인 챔버에서 공정이 진행되고 BPSG박막이나 O3-TEOS박막을 증착하는 화학 기상 증착 공정은 무엇인가?

① LP CVD   ② AP CVD
③ SA CVD   ④ HDP CVD

정답 17.④ 18.② 19.② 20.③ 21.③ 22.②

23 반도체 제조공정에서 CVD 공정 중 고밀도 플라즈마 상태에서 챔버에서 증착과 식각을 반복적으로 수행하여 공극 채우기(Gap Fill)가 우수한 화학 기상 증착방법은 무엇인가?
① AP CVD ② PE CVD
③ HDP CVD ④ LP CVD

24 다음 중 반도체공정에서 화학 기상 증착공정이 아닌 것을 고르시오.
① AP CVD ② LP CVD
③ HDP CVD ④ IP CVD

25 다음 중 화학물질을 기화시켜 화학반응에 의한 증착 막을 구현하는 반도체 칩 제조공정 중 하나로, 박막이 형성되는 과정에는 동종(Homogeneous) 반응과 이종(Heterogeneous) 반응이 있는 공정은 무엇인가?
① CVD ② Photo
③ Metal ④ CMP

26 반도체 제조공정 중에 CVD 장비 유형에 대한 것으로 올바르지 않은 것은?
① AP-CVD ② PE-CVD
③ HBP-CVD ④ LP-CVD

해설
CVD 장비 유형에는 AP-CVD, LP-CVD, PE-CVD, HDP-CVD, SA-CVD 등이 있다.

27 반도체 제조공정 중에 CVD 장비에 대한 설명 중 올바른 것은?
① 준대기압 화학 기상 증착(LP-CVD)
② 플라즈마 화학 기상 증착(PE-CVD)
③ 대기압 화학 기상 증착(SA-CVD)
④ 고밀도 플라즈마 화학 기상 증착(AP-CVD)

해설
① AP-CVD(Atmosphere Pressure CVD) : 대기압 화학 기상 증착
② LP-CVD(Low Pressure CVD) : 저기압 화학 기상 증착
③ SA-CVD(Sub Atmosphere Pressure CVD) : 준 대기압 화학 기상 증착
④ PE-CVD(Plasma Enhanced CVD) : 플라즈마 화학 기상 증착

28 반도체 제조공정 중에 Liquid Source Coating으로 형성하는 박막은?
① LP-CVD
② AP-CVD
③ SOG(Spin On Glass)
④ HDP-CVD

해설
SOG(Spin On Glass) 공정은 Liquid Source Coating으로 형성하는 절연막이다.

29 다음 중 보기에 해당하는 CVD장비는?

"단순 반응, 빠른 증착속도, Gap Fill 능력 우수"

① LP-CVD ② HDP-CVD
③ PE-CVD ④ AP-CVD

해설
다음 보기에 대한 내용은 대기압 화학 기상 증착 AP-CVD 장점에 대한 설명이다.

30 다음 중 보기에 해당하는 CVD 장비는?

"Crack 발생, Poisson Via 불량, Reliability Issue"

① 저기압 화학 기상 증착
② 대기압 화학 기상 증착
③ 플라즈마 화학 기상 증착
④ 준 대기압 화학 기상 증착

해설
다음 보기에 대한 내용은 공극을 채우기 위해 사용하는 SOG에 대한 설명이다.

정답 23.③ 24.④ 25.① 26.③ 27.② 28.③ 29.④ 30.④

31 반도체 제조공정에서 박막형성 과정에서 일어나는 이종(Heterogeneous) 반응에 대한 설명은?

① 가스계면(Gas Phase)에서 일어나는 반응이다.
② 웨이퍼 표면에서 일어나는 반응이다.
③ 박막의 품질이 나쁘다.
④ 파티클(Particle)이 많다.

해설
Homogeneous 반응의 경우에는 Gas Phase에서 일어나며 이때 형성된 Film은 품질이 나쁘고 Particle이 많은 반면에 Heterogeneous 반응은 Wager 표면에서 일어나는 반응으로 좋은 품질의 Film을 형성할 수 있다.

32 반도체 제조공정 중에 대기압 화학 기상 증착을 뜻하는 용어를 선택하시오.

① AP CVD ② SA CVD
③ PE CVD ④ LP CVD

해설
AP CVD : Atmosphere Pressure CVD

33 반도체 제조공정 중에 SOG 대한 설명으로 틀린 것을 고르시오.

① Gap Fill에 사용된다.
② Liquid 성분이다.
③ 액체 성분으로 흘러나오는 문제점을 안고 있다.
④ SOG를 대신하여 도금법을 이용하고 있다.

해설
SOG의 경우 새어나와 메탈과 반응하는 문제와 증발하는 문제가 있어서 현재는 HDP CVD를 이용하고 있다.

34 다음 중 가스를 기화시켜 화학반응에 의한 증착막을 구현하는 반도체 제조공정을 고르시오.

① CVD ② CMP
③ Cleaning ④ Etch

해설
CVD(Chemical Vapor Deposition) 화학 기상 증착으로 가스에 의한 증착막 구현에 사용된다.

35 반도체 제조공정 중에 준대기압 화학 기상 증착을 고르시오.

① SA CVD ② AP CVD
③ PE CVD ④ HDP CVD

해설
Sub Atmosphere pressure Chemical Vapor Deposition 준대기압 화학 증기 증착

36 반도체 제조공정 중 저압 CVD (LP CVD) 장치의 설명으로 올바르지 않은 것은?

① 통상 대기압 이하의 압력에서 반응을 함으로 반등 가스의 평균 자유행정이 길고 확산 속도가 빠르다.
② 양질의 증착막을 한꺼번에 많은 양의 웨이퍼(50~200장) 위에 증착시킬 수 있어, 생산 원가를 낮출 수 있다.
③ 상압 CVD에 비하여 매우 낮은 저온에서 (100~300℃)에서 증착 공정을 할 수 있다.
④ 저온벽(Cold-wall) 방식과 고온벽(Hot-wall) 방식으로 나누어진다.

해설
플라즈마 CVD(PE CVD)는 높은 열에너지를 반응에 필요한 에너지원으로 사용하는 상압 CVD나 저압 CVD에 비하여 플라즈마를 이용함으로써 저온(300℃)에서 증착 공정을 수행할 수 있다.

37 반도체 제조공정 중 CVD 장치의 주요 구성 요소로 옳지 않은 것은?

① 로더, 언로더
② 반응 챔버
③ 가스공급 시스템
④ 슬러리공급 시스템

정답 31. ② 32. ① 33. ④ 34. ① 35. ① 36. ③ 37. ④

> **해설**
> CVD 장치의 주요 구성은 로더, 언로더, 반응실, 진공 배기 시스템, 가스공급 시스템, 컨트롤 시스템이다.

38 반도체 제조공정 중 CVD방법에 의한 박막 형성 기술이 반도체 제조에 널리 이용되는 이유로 틀린 것은?
① 다양한 종류의 균일한 박막의 두께와 저항을 얻을 수 있다.
② 양질의 다양한 박막을 저비용으로 대량 생산 공정에 적용할 수 있다.
③ 보호막용 실리콘 산화막이나 실리콘 질화막을 높은 온도에서 증착시킬 수 있다.
④ 박막의 화학량론적 구성을 쉽게 조절할 수 있다.

> **해설**
> 보호막용의 실리콘 산화막이나 실리콘 질화막을 낮은 온도에서도 증착시킬 수 있어, 반도체 제조공정에 널리 이용된다.

[PVD]

1 반도체 제조공정 중에 금속배선(Metal Interconnect)의 역할로 옳지 않은 것은?
① 전원 공급
② 전기신호의 전달
③ Chip과 외부를 연결
④ 이온 이동 통로

> **해설**
> 반도체 칩에서 금속배선역할은 전원공급(전류이동 통로), 전기신호의 전달, 칩과 외부를 연결에 있다.

2 반도체 제조공정 중에 하부구조가 완성된 상태의 반도체 표면에 금속배선을 형성하기 위한 금속막을 얇게 입히는 공정은 무엇인가?
① CVD   ② Etch
③ Diffusion   ④ Metal

3 반도체 제조공정 중에 Si 상부에 금속을 증착한 후 열처리를 실시하여 접합(Junction)과 게이트(Gate)의 Si와 금속의 반응으로 저항이 작은 혼합물을 형성시키는 기술로서 형성되는 금속막은 무엇인가?
① Barrier Metal
② Silicide
③ Plug W CVD
④ RTP

4 반도체 제조공정 완료 후 테스트(Test) 및 조립(Package) 진행하기 전에 웨이퍼 뒷면을 연마하는 공정은 무엇인가?
① Back Grind
② Barrier metal
③ Silicide
④ Step Coverage

5 반도체 제조공정 중에 금속배선 형성을 위해 금속 막을 얇게 입히는 공정을 무엇이라 하는가?
① Etch 공정   ② DIffusion 공정
③ CMP 공정   ④ Sputter 공정

6 반도체 금속배선 공정으로 사용되는 스퍼터링(Sputtering)의 방법에 있어서 가장 극복해야 할 단점은 무엇인가?
① 증착률(Deposition Rate)
② 선택비(Selectivity)
③ 균일도(Uniformity)
④ 고른 덮힘률(Step Coverage)

7 반도체 제조공정 중에 실리사이드(Silicide) 형성 목적이 아닌 것을 고르시오.
① 낮은 접촉 저항
② 저항성 접촉
③ 확산 장벽
④ Step Coverage 해결

정답 38.③ [PVD] 1.④ 2.④ 3.② 4.① 5.④ 6.④ 7.④

8 반도체 제조공정 중에 웨이퍼 뒷면 연마(Back Grind)의 목적이 아닌 것을 고르시오.

① 웨이퍼 뒷면의 오염(Contamination)을 줄이기 위해
② 소자의 저항을 줄이기 위해서
③ 소자의 작동 시 발생하는 열을 쉽게 방출하기 위해서
④ 웨이퍼 앞면에 공정 소자를 보호하기 위해서

9 반도체 칩(Chip)에서 금속배선의 역할로 바르지 않은 것은 어느 것인가?

① 전원 공급
② 누설 전류 방지
③ 전기신호 전달
④ 칩(Chip)과 외부 연결

> **해설**
> 반도체 칩에서 금속배선역할은 전원공급(전류이동 통로), 전기신호의 전달, 칩과 외부를 연결에 있다.

10 반도체 제조공정 중에 챔버 내의 불순물을 제거하여 고순도의 금속 막을 얻기 위해 진공이 필요한데, 다음 중 반도체공정에서 사용하는 진공 펌프가 아닌 것은?

① 고속이온주입 펌프
② Cryo 펌프
③ 터보분자 펌프
④ 확산 펌프

11 반도체 제조공정 중에 스퍼터 공정에서 웨이퍼에 입힐 금속막의 원료가 되는 원형의 금속 덩어리를 무엇이라 하는가?

① 슬러리
② 타겟
③ 웨이퍼
④ 마스크

> **해설**
> 스퍼터에 사용되는 금속 원재료이다.

12 반도체 제조공정 중에 스퍼터 타겟과 웨이퍼 사이에 설치되는 벌집 모양의 구멍이 뚫린 원판으로 이는 타겟에서 이탈되어 웨이퍼상으로 떨어지는 금속 입자의 직진성을 향상시키기 위해 타겟 낭비에도 불구하고 사용한다. 이는 무엇인가?

① 콜리메이트(Collimator)
② 챔버(Chamber)
③ 마그넥트론(Magnetron)
④ 플라즈마(Plasma)

13 다음 반도체 PVD 금속배선 공정에 막질에 영향을 주는 변수로 알맞지 않은 것은?

① 아르곤 압력
② 기판(Substrate) 온도
③ 후속 열처리
④ 화학물질(Chemical) 공급 유량

14 반도체 제조공정에서 금속배선의 신뢰성은 반도체 칩(Chip)의 품질을 대표한다. 대표적인 문제가 EM불량인데, 이를 개선하는 방법이 아닌 것은?

① 알루미늄(Al) 배선 내에 미량(~4wt%)의 Cu나 Ti을 첨가한다.
② 알루미늄(Al) 배선 형성 시 Bamboo Grain구조의 Grain을 형성시킨다.
③ 알루미늄(Al) 배선의 그레인(Grain)을 가능한 조밀하게 만든다.
④ 알루미늄(Al)의 상하부에 Ti을 증착하여 $TiAl_3$를 형성한다.

정답 8.④ 9.② 10.① 11.② 12.① 13.④ 14.③

15 반도체 제조공정 중에 다음 보기의 스퍼터(Sputter) 설비 공정(Process) 순서를 옳게 연결한 것은?

> ㉠ 타켓에 전기를 공급한다.
> ㉡ 진공상태에서 Ar Gas를 챔버 내로 주입한다.
> ㉢ Ar 이온과 Target이 충돌한다.
> ㉣ Ar gas가 이온화되어 Plasma 상태가 된다.
> ㉤ Target에서 이탈된 입자가 웨이퍼에 쌓인다.

① ㉠-㉤-㉣-㉢-㉡
② ㉠-㉡-㉢-㉤-㉣
③ ㉡-㉠-㉣-㉢-㉤
④ ㉡-㉢-㉠-㉣-㉤

16 다음 중 반도체 칩(Chip)에서 금속배선의 역할이 아닌 것은?

① 전원 공급(전류 이동 통로)
② 반도체 Chip 보호
③ 전기 신호의 전달
④ Chip과 외부를 연결

> **해설**
> 모든 전기 제품이 전선을 통해 전기를 공급해야 작동하듯이, 반도체 칩도 외부로부터 전원을 내부 소자에 전달해야 동작한다.

17 다음 중 반도체 금속공정(Metal Process)에 사용되는 용어 설명이 올바른 것은?

① PVD - 화학적 기상 도포, 가스의 화학 반응을 이용
② CVD - 물리적 기상 도포, 플라즈마를 이용하거나 금속 재료를 가열하여 금속막을 웨이퍼에 Deposition하는 방식
③ Turbo Pump - 초저온으로 냉각 압축된 He을 이용하여 가스를 얼어붙게 함
④ Evaporation - 금속을 고온으로 가열하여 기체 상태로 증발시켜서 금속막을 입히는 방법

> **해설**
> ①번-CVD, ②번-SPUTTER
> ③번-Cryo Pump에 대한 설명이다.

18 다음 반도체공정에서 금속막 공정과 관련이 없는 것은?

① 실리사이드 금속(Silicide)
② 장벽 금속막(Barrier Metal)
③ 질화막(Nitride Film)
④ 플러그 텅스텐(Plug W)

19 반도체 금속공정인 스퍼터(Sputter) 공정에 사용 방법이 아닌 것은?

① DC Sputtering
② Magnetron Sputtering
③ RF Sputtering
④ Ion Sputtering

> **해설**
> 금속막 스퍼터 방법으로는 DC Sputtering, Magnetron Sputtering, RF Sputtering, Bias Sputtering, Reactive Sputtering이 있다.

20 반도체 금속공정에서 물리적 기상도포, 플라즈마를 이용하거나 금속재료를 가열하여 금속막을 웨이퍼에 증착하는 방식을 무엇이라 하는가?

① PVD(Physical Vapor Deposition)
② CVD(Chemical Vapor Deposition)
③ CMP(Chemical Mechanical Polishing)
④ RTA(Rapid Thermal Annealing)

21 반도체 제조공정 중인 실리사이드(Silicide) 막이 아닌 것은?

① TiSix(티타늄 실리사이드)
② CoSix(코발트 실리사이드)
③ WSix(텅스텐 실리사이드)
④ CuSix(구리 실리사이드)

정답 15.③ 16.② 17.④ 18.③ 19.④ 20.① 21.④

> 해설

실리사이드 종류는 티타늄(Ti) 실리사이드, 코발트(Co) 실리사이드, 타이타늄(Ta) 실리사이드, 텅스텐(W) 실리사이드 등이 있다.

22 반도체공정 중 실리사이드(Silicide)의 형성 목적이 아닌 것은?

① 낮은 접촉저항(Low Contact Resistance)
② 칩 배선(Chip Contact)
③ 확산장벽(Diffusion Barrier)
④ 옴접촉(Ohmic Contact)

> 해설

실리사이드 형성 목적은 낮은 접촉저항(Low Contact Resistance), 확산장벽(Diffusion Barrier), 옴접촉(Ohmic Contact)이다.

23 전원 방식에 의한 스퍼터 장치의 종류와 그 특징을 서술하였다. 그 특징으로 잘못된 것은?

① DC 전원 방식 – 전류가스, 플라즈마 손상, 웨이퍼 온도 상승
② RF 전원 방식 – 플라즈마 손상, 높은 스퍼터 속도
③ 마그네트론 방식 – 절연막 스퍼터 가능
④ ECR 방식 – 플라즈마 손상 억제 가능

> 해설

RF 전원 방식은 DC 전원 방식의 단점이 없다.

24 박막을 형성 하는 PVD 장치의 설명으로 바르지 못한 것을 고르시오.

① PVD 방법에는 스퍼터, 진공 증착, 이온 플레이트 등이 있다.
② 스퍼터에서는 감압한 진공 챔버 내에 부착시킬 재료로 만들어진 타겟과 반대편에 웨이퍼를 위치한다.
③ 타겟을 음극으로 사용하여 플라즈마를 여기시켜 아르곤 이온을 생성한다.
④ 스퍼터는 진공 증착에 비해 부착되는 입자의 에너지가 낮다.

> 해설

스퍼터는 진공 증착에 비해 부착되는 입자의 에너지가 높다(수 10eV).

정답 22. ② 23. ② 24. ④

07 CMP / 세정(Cleaning)

반도체장비유지보수기능사

[CMP]

1 반도체 소자가 점차 미세화가 되고 다층구조로 진행됨에 따라 필요하게 된 표면 평탄화하는 공정은 무엇인가?

① CVD(Chemical Vapor Deposition)
② CMP(Chemical-Mechanical Polishing)
③ Cleaning
④ PMD(Pre-Metal-Dielectric)

해설
CMP공정의 정의를 말한다.

2 반도체 제조공정 시 CMP 장비의 구성요소 중 패드(Pad)의 표면 상태를 초기상태로 유지시켜주는 장치는?

① Pad reset   ② Polishing Head
③ Slurry   ④ Pad Conditioner

3 반도체 제조공정 시 다음 보기의 설명 중 괄호 안에 들어갈 단어를 순서대로 옳게 쓴 것을 고르시오.

> 산화막 연마용 슬러리는 주로 (　　)용액을 쓰며, 금속막 연마용 슬러리는 주로 (　　)용액을 사용한다.

① 염기성, 산성   ② 중성, 염기성
③ 산성, 중성   ④ 산성, 염기성

4 반도체 제조공정 시 금속라인과 금속라인 사이의 절연층 평탄화를 위한 공정은 무엇인가?

① PMD CMP   ② IMD CMP
③ Cu CMP   ④ w CMP

5 반도체 제조공정 시 CMP장비의 구성요소 중 웨이퍼 헤드 내부에서 웨이퍼 뒷면을 가압해 주는 것은?

① 헤드 다운포스(Head Down Force)
② 웨이퍼 백 압력(Wafer Back Pressure)
③ 웨이퍼 센터 압력(Wafer Center Pressure)
④ 패드 컨디셔닝 다운포스(Pad Conditioner Force)

6 반도체 제조공정 시 CMP 장비에 대해 틀린 설명을 고르시오.

① 웨이퍼 헤드는 다운포스를 이용한다.
② 패드 컨디셔너는 다이아몬드 디스크로 이루어져 있다.
③ 웨이퍼 헤드는 회전하나 폴리싱 패드는 회전하지 않는다.
④ 패드는 미세구멍이 존재하는 포아(Pore)구조이다.

7 반도체 제조공정 시 연마해서 웨이퍼 표면을 평탄하게 만들어주는 공정은 무엇인가?

① CMP   ② CVD
③ Etch   ④ Implant

8 반도체 제조공정 중 CMP 공정 시 웨이퍼를 보유하면서 회전/가압하는 장치는 무엇인가?

① Pad
② Wafer Head
③ Slurry
④ Pad Conditioner

정답 [CMP] 1.② 2.④ 3.① 4.② 5.② 6.③ 7.① 8.②

9 다음 반도체 제조공정 중 산화막(Oxide) CMP 공정으로 게이트(Gate) 소자와 금속 라인(Line) 사이의 절연층 평탄화를 위한 공정은?

① STI CMP   ② PMD CMP
③ IMD CMP   ④ W CMP

해설
- STI CMP Process : 소자(Device)와 소자 사이의 절연층 형성을 위한 평탄화 공정
- PMD CMP Process : 소자(Device)와 금속 Line 사이의 절연층 평탄화를 위한 공정
- IMP CMP Process : 금속 Line과 금속 Line 사이의 절연층 평탄화를 위한 공정
- W(Tungsten) CMP Process : CVD W 증착 이후 Via Hole 외부의 불필요한 W 제거를 위한 공정

10 다음 반도체 제조공정 중 Oxide CMP에 해당되지 않는 것은?

① STI CMP   ② PMD CMP
③ IMD CMP   ④ W CMP

해설
W(Tungsten) CMP Process : CVD W 증착 이후 Via Hole 외부의 불필요한 W 제거를 위한 금속막 CMP 공정이다.

11 다음 반도체 제조공정 중 Metal CMP에 해당되지 않는 것은?

① Ti/Ta CMP   ② CU CMP
③ IMD CMP   ④ W CMP

해설
- STI CMP Process : 소자(Device)와 소자 사이의 절연층 형성을 위한 평탄화 공정
- PMD CMP Process : 소자(Device)와 금속 Line 사이의 절연층 평탄화를 위한 공정
- IMP CMP Process : 금속 Line과 금속 Line 사이의 절연층 평탄화를 위한 공정
- W(Tungsten) CMP Process : CVD W 증착 이후 Via Hole 외부의 불필요한 W 제거를 위한 공정

12 반도체 제조공정 중 소자와 소자 사이의 절연층 형성을 위한 CMP 공정은 무엇인가?

① STI CMP   ② PMD CMP
③ IMD CMP   ④ W CMP

해설
STI CMP Process : 소자(Device)와 소자 사이의 절연층 형성을 위한 평탄화 공정

13 반도체 제조공정 중 CMP 공정의 소모품이 아닌 것을 고르시오.

① 슬러리(Slurry)
② 웨이퍼 헤드(Wafer Head)
③ 패드(Pad)
④ 패드 컨디셔너(Pad Conditioner)의 Diamond Disk

해설
CMP 공정의 소모성 파트는 슬러리(Slurry), 패드(Pad), Diamond Disk 등이 있다.

14 반도체 제조공정 중 CMP 공정에서 패드(Pad)를 초기 상태로 만들어주는 역할을 하는 장치는 무엇인가?

① 슬러리(Slurry)
② 패드 컨디셔닝(Pad Conditioner)
③ 연마판(Platen)
④ 웨이퍼 헤드(Wafer Head)

해설
CMP 장치의 기본 구성
- Wafer Head : Wafer를 보유 하면서 회전/가압, Polishing Head
- 연마판(Platen) : Wafer 표면을 직접 접촉하는 패드를 부착하는 연마판 장치
- 연마제(Slurry) : SiO_2를 주성분으로 하는 연마 용액($SiO_2 + H_2O$) – 소모성 재료이지 장치는 아니다.
- Pad Conditioner : Pad 표면 상태를 초기 상태로 유지시켜 주는 장치

15 반도체 제조공정에서 CMP 공정 중에 공정에 영향을 주는 웨이퍼 뒷면 가압(Back Pressure)이 기여하는 역할을 고르시오.

정답 9.② 10.④ 11.③ 12.① 13.② 14.② 15.④

① 선택비(Selectivity)
② 연마(Polishing)
③ 전면 식각(Etch Back)
④ 균일도(Uniformity)

> **해설**
> Back Pressure의 경우에는 Wafer가 전체적으로 균일하게 연마되도록, 상대적으로 연마가 덜 되는 가성이 부분에 가하여 주는 공압을 말한다. 이로써 전체적인 연마가 균일하게 되도록 도움을 준다. 고로, Uniformity와 관계가 깊다.

16 반도체 제조공정 시 CMP 공정에서 웨이퍼를 직접 소유하며 Back Pressure와 Down Force를 가해주는 장치는?
① 슬러리(Slurry)
② 패드 컨디셔닝(Pad Conditioner)
③ 웨이퍼 헤드(Wafer Head)
④ 패드(Pad)

17 반도체 제조 웨이퍼 표면의 광역 평탄화를 목적으로 하는 CMP 공정은 반도체 칩(Chip)의 미세화에 따른 무슨 문제로 등장하게 되었는가?
① 표면오염 문제 ② Resolution 문제
③ 초점심도 문제 ④ CD 문제

> **해설**
> 반도체 소자가 점점 집적화됨에 따라 다층화가 되어가고 단차가 심해진다. 이에 사진공정에서 초점심도가 요구된다.

18 다음 반도체 제조 중 CMP 공정의 기본적인 장치에 해당하지 않는 것은?
① 웨이퍼 헤드(Wafer Head)
② 패드 컨디셔닝(Pad Conditioner)
③ 연마판(Polish Platen)
④ 진공 챔버

19 다음 보기는 CMP 공정의 산화막에 대한 화학적 연마 메커니즘에 대한 설명을 순서적으로 나열한 것이다. 순서가 바른 것은?

> 가. 물과 알칼리 슬러리 용액의 화학적 극성으로 인해 산화막 표면과 실리카 Slurry 표면에 수산화기(-OH)형성
> 나. 산화막 표면 수산화기와 실리카 표면 수산화기의 화학적 수소결합
> 다. 기계적 압력/마찰에 의한 실리카 입자와 산화막 표면의 직접적인 화학 결합 생성
> 라. 계속되는 기계적 마찰에 의해 웨이퍼 표면의 실리콘 산화막 입자들이 표면에서 떨어지면서 산화막이 점차 제거

① 가 - 나 - 다 - 라
② 가 - 다 - 나 - 라
③ 다 - 가 - 나 - 라
④ 다 - 가 - 라 - 나

20 다음 반도체 제조공정 중 CMP 공정에 의해 연마되는 막이 아닌 것은?
① 산화막(SiO_2)   ② W 박막
③ 감광액막(PR)   ④ Cu 박막

21 다음 반도체 제조공정 중 CMP 공정의 소모성(Consumable)이 아닌 것은?
① 슬러리(Slurry)
② 연마 패드(Polish Pad)
③ 타겟(Target)
④ 패드 컨디셔너(Pad Conditioner)

22 반도체 제조공정 시 넓은 패턴 영역에서 주변과의 제거속도 차이에 의해 생성된 접시 모양의 패임 현상을 무엇이라 하는가?
① Erosion   ② Dishing
③ Step Height ④ 균일도

23 반도체 제조공정 중 연마해서 웨이퍼 표면을 평탄하게 만들어 주는 공정을 무엇이라 하는가?
① CVD   ② ETCH
③ PVD   ④ CMP

24 반도체의 제조공정 중 CMP 장치의 기본구성이 알맞지 않은 것은?

정답 16.③ 17.③ 18.④ 19.① 20.③ 21.③ 22.② 23.④ 24.④

① 연마 PAD   ② Slurry
③ Diamond pad   ④ Furnace

해설
④는 Diffusion 공정에서 사용된다.

25 다음 중 CMP 장치의 기본 구성으로 Wafer를 보유하면서 회전/가압을 하는 장치는?

① Wafer Head   ② 연마 Pad
③ 연마제(Slurry)   ④ Pad Conditioner

해설
Wafer Head는 Polishing Head라고도 불린다.

26 다음 중 CMP에 대한 설명으로 옳지 않은 것은?

① CMP란 연마해서 웨이퍼 표면을 평탄하게 만들어주는 공정이다.
② CMP의 기본 원리는 연마제에 의한 화학반응과 연마장치의 기계적인 반응으로 평탄화하는 것이다.
③ CMP 공정의 종류에 따라 크게 Oxide CMP와 Metal CMP로 나뉜다.
④ 산화막의 제거 속도는 웨이퍼에 가해지는 압력과 속도와는 무관하다.

해설
일반적인 산화막의 제거 속도에 대한 기본이론인 Preston 법칙에 따라 산화막의 제거 속도는 Wafer에 가해지는 압력과 Wafer/Pad 간의 상대 속도에 비례한다.

27 CMP 장치에 대한 것으로 올바른 것은?

① Wafer Head   ② Slurry
③ Zone   ④ Track

해설
CMP장치 기본 구성
㉠ Wafer Head : Wafer를 보유하면서 회전/가압, Polishing Head
㉡ 플레이튼(Platen) : Wafer 표면을 직접 접촉하는 패드를 부착하는 연마판 장치
㉢ 연마제(Slurry) : SiO_2를 주성분으로 하는 연마 용액(SiO_2+H_2O) - 소모성 재료이지 장치는 아니다.
㉣ Pad Conditioner : Pad 표면 상태를 초기 상태로 유지시켜 주는 장치

28 CMP 공정의 역할에 대한 것으로 올바르지 않은 것은?

① STI CMP   ② PMD CMP
③ IMD CMP   ④ IPA CMP

해설
㉠ STI CMP Process - 소자(Device)와 소자 사이의 절연층 형성을 위한 평탄화 공정
㉡ PMD CMP Process - 소자(Device)와 금속 Line 사이의 절연층 평탄화를 위한 공정
㉢ IMP CMP Process - 금속 Line과 금속 Line 사이의 절연층 평탄화를 위한 공정
㉣ W(Tungsten) CMP Process - CVD W 증착 이후 Via Hole 외부의 불필요한 W 제거를 위한 공정
㉤ Cu(Copper) CMP Process - Metal(W, Ai.) CMP와 동일하되, 기존 Metal 대신 Cu(구리)를 사용하는 공정, 최근 반도체 Chip의 고속화/다층배선 구조화에 따라 기존의 Al(알루미늄)보다 전기 전도도가 훨씬 우수한 Cu(구리)로 대체되어가고 있다.

29 CMP 공정의 소모품이 아닌 것을 고르시오.

① Slurry   ② Wafer Head
③ Pad   ④ Pad Conditioner

해설
Slurry, Pad, Pad Conditioner 모두 소비재이지만 Wafer Head는 장비의 일부분이다.

30 반도체 제조 CMP 공정에서 후면 압력(Back Pressure)이 가장 민감하게 기여하는 역할을 고르시오.

① Selectivity
② Wafer Head Speed
③ Etch Back
④ Uniformity

해설
Back Pressure의 경우에는 Wafer가 전체적으로 균일하게 연마되도록, 상대적으로 연마가 덜 되는 가성이 부분에 가하여 주는 공압을 말한다. 이로써 전체적인 연마가 균일하게 되도록 도움을 준다. 고로, Uniformity와 관계가 깊다.

정답 25.① 26.④ 27.① 28.④ 29.② 30.④

[세정(Cleaning)]

1 다음 반도체 제조공정 중 습식 세정 공정에 의해 제거되는 것이 아닌 것은?

① 먼지
② 절연막 내 금속 불순물
③ 유기오염물
④ 절연막 내 산소량

2 반도체 제조공정 시 질화막 식각에 사용되는 화공 약품은 다음 중 어느 것인가?

① H_2SO_4
② H_3PO_4
③ HCl
④ HNO_3

3 다음 반도체 제조공정 중 세정 장비의 일반적인 종류가 아닌 것은?

① 욕조형(Immersion Tank Type)
② 원심분리형(Centrifugal Spray Type)
③ 공기냉식형(Air Cooling Sytem Type)
④ 밀폐형(Closed System Type)

> **해설**
> 세정방비는 Immersion Tank Type, Centrifugal Spray Type, Closed System Type이 있다.

4 반도체 제조공정 중 고출력 자외선 램프와 산소(O_2)가스를 사용하여 활성 산소(O) 및 오존(O_3)을 만들어 표면의 유기 오염 물질을 제거하는 방식의 세정법은 다음 중 어느 것인가?

① 아르곤에어로졸 세정
② 레이저 세정
③ 드라이아이스 세정
④ 자외선 세정

5 반도체 제조공정 시 암모니아, 과산화수소 그리고 물을 일정한 비율로 혼합하여 파티클과 유기 오염물을 제거하는 화공약품은?

① APM
② HPM
③ SPM
④ DHF

> **해설**
> SC-1 Cleaning은 APM(Ammonium Peroxide Mixture), SC-2 Cleaning는 HPM(Hydrochloric Peroxide Mixture), Piranha Cleaning는 SPM(Sulfuric Peroxide Mixture)이라한다.

6 다음 반도체 제조공정 시 IPA 건조기에 대한 설명으로 적합하지 않은 것은?

① 기존 RCA세정의 근간으로 사용되는 과산화수소(H_2O_2)의 사용을 대체하기 위해 사용되어졌다.
② IPA Vapor를 이용하여 웨이퍼를 건조하는 방식이다.
③ IPA Vapor는 Cooling Coil에 의하여 일정영역에만 존재하고 이 영역에 웨이퍼가 머물며 표면의 DIW와 IPA Vapor가 치환하며 웨이퍼가 올라오게 되면 웨이퍼 표면에 있는 IPA는 휘발하게 되어 건조하는 방식이다.
④ IPA가 휘발성이 커서 화재 발생 위험성이 있으며 IPA 사용에 따른 유지비가 많이 드는 단점이 있다.

7 반도체 제조공정 시 물이나 용제를 진동시켜 복잡한 형상물의 세정이나 깨지기 쉬운 물체에 손상 없이 세정하는 방법은?

① 유기용제 세정
② 불산 세정
③ 초음파 세정
④ 인산 세정

8 반도체 제조공정 시 과산화수소(H_2O_2)를 근간으로 사용되는 세정방법은 무엇인가?

① RCA 세정(RCA Cleaning)
② 황산 세정(Piranha Cleaning)
③ 불산 세정(HF Cleaning)
④ 인산 세정(H_3PO_4 Cleaning)

정답 [세정(Cleaning)] 1.④ 2.② 3.③ 4.④
5.① 6.① 7.③ 8.①

9 반도체 제조공정 중 IPA(Isopropyl Alcohol) 건조기(Dryer)에 대한 설명으로 옳지 않은 것은?

① IPA Vapor를 이용하여 건조한다.
② Particle 발생이 적다.
③ 단차가 있는 곳의 건조가 용이하다.
④ 화재 위험성이 없다.

10 반도체 제조공정 중 RCA 세정의 근간인 과산화수소(H_2O_2)를 대체하기 위해 산화제로서 해로운 반응 생성물 형성이 없으며 화학액의 사용량과 폐수의 양을 획기적으로 절감할 수 있는 자연 친화적인 세정방법은 무엇인가?

① SC-1 세정   ② SC-2 세정
③ 오존(O_3) 세정   ④ HF 세정

> **해설**
> - RCA Cleaning : 반도체 Wafer 표면을 세정하기 위한 화학적 습식 Cleaning 방법
> - Piranha Cleaning : H_2SO_4(황산)과 H_2O_2(과산화수소)를 일정한 비율로 섞고 온도가 90~130℃ 정도에서 Wafer 표면의 유기 오염물을 제거하기 위한 Cleaning 방법
> - SC1 : NH_4OH(암모니아), H_2O_2(과산화수소) 그리고 H_2O(물)을 일정한 비율로 혼합하여 75~90℃ 정도의 온도에서 Particle과 유기 오염물을 제거하기 위한 Cleaning 방법
> - SC2 : HCl(염산), H_2O_2(과산화수소), 그리고 물을 일정한 비율로 혼합하여 75~90℃ 정도의 온도에서 천이성 금속 오염물을 제거하기 위한 Cleaning 방법
> - H_3PO_4(인산) Cleaning : 인산은 질화막(Si_3N_4)를 식각하는데 사용되는 용액이며, 주로 80~85%의 용액이 사용된다. 150℃ 이상의 고온에서 공정이 진행된다.

11 반도체 제조공정 중 질화막을 식각하는 데 사용하는 세정방법을 고르시오.

① 유기용제 세정   ② 불산 세정
③ 초음파 세정   ④ 인산 세정

12 반도체 제조공정 중 황산을 이용한 클리닝으로 유기오염물 제거와 감광액 제거에 쓰이는 세정방법을 고르시오.

① RCA Cleaning
② Piranha Cleaning
③ 불산 세정
④ 인산 세정

13 반도체 제조공정 중 표면장력의 차이를 이용해 웨이퍼표면을 건조시키는 건조기(Dryer)를 고르시오.

① Marangoni Dryer
② Air Dryer
③ Spin Dryer
④ Hand Dryer

14 반도체 세정 공정의 종류 중 RCA Cleaning이 있다. 이 종류는 어떤 용액을 근간으로 사용하는가?

① 인산   ② 불산
③ 황산   ④ 과산화수소

> **해설**
> ① 인산 : 질화막 식각하는 데 사용
> ② 불산 : 산화막 식각에 사용
> ③ 황산 : 유기 오염물을 제거하는 데 사용

15 새로운 개념의 세정 중 과산화수소의 사용을 대체하기 위해 만들어진 세정 기술은 무엇인가?

① 초음파 세정
② 오존 세정
③ 자외선 세정
④ 유기용제 세정

> **해설**
> 오존은 일반적으로 과산화수소보다 더 강력한 산화제로 알려져 있고, 용액 내에서 분해되어 해로운 반응 생성물을 형성하지 않는다.

정답 9.④ 10.③ 11.④ 12.② 13.① 14.④ 15.②

16 세정 공정 중 회전 분사 건조기(Spin Dryer)의 특징이 알맞지 않은 것은?

① 웨이퍼가 깨질 수 있는 확률이 높다.
② 유지 관리가 쉽다.
③ 단차가 있는 곳의 건조도 용이하다.
④ 유지비가 적게 든다.

해설
③는 IPA에 대한 설명이다.

17 다음 중 반도체 웨이퍼 표면을 세정하기 위한 화학적 습식 클리닝 방법으로 과산화수소(H_2O_2)를 근간으로 사용하고 있는 세정방법은?

① Piranha Cleaning
② RCA Cleaning
③ 인산(H_3PO_4) Cleaning
④ 불산(HF) Cleaning

해설
RCA Cleaning은 과산화수소를 근간으로 사용하는 세정방법으로 암모니아를 사용하는 SC1과 염산을 사용하는 SC2로 구분된다.

18 다음 중 건조기(Dryer)의 한 종류로 물과 IPA 간의 표면장력 차이에 의해 발생하는 마랑고니현상을 이용해 웨이퍼 표면을 건조시키는 건조기(Dryer)는?

① Spin Dryer-Batch Type
② Spin Dryer-Single Type
③ IPA Dryer
④ Marangoni Dryer

해설
Marangoni Dryer는 마랑고니 효과를 이용한 건조 방법으로 물과 IPA가 가진 서로 다른 밀도와 표면 장력을 이용한 것이다.

19 다음 중 새로운 개념의 세정으로 드라이아이스 미세 알갱이를 고압가스와 함께 분사시켜 작업물과 충돌시킴으로써 표면을 클리닝하는 세정방법은?

① 오존(O_3) 세정
② 아르곤(Ar) 에어로졸 세정
③ 레이저(Laser) 세정
④ 드라이아이스 세정

해설
저온 가압시켜 만든 액체 이산화탄소를 특수 설계된 고압 노즐을 통해 방출시킨다. 이때 노즐에서의 단열 팽창 원리에 의해 드라이아이스를 만들어 분사시킴으로써 기판 표면의 오염 물질을 제거한다.

20 다음 중 세정공정 시 황산과 과산화수소를 일정한 비율로 섞고, 온도가 90~130℃ 정도에서, 웨이퍼 표면의 유기오염물을 제거하기 위해 사용되는 세정방법은?

① 인산(H_3PO_4) Cleaning
② Piranha Cleaning
③ 불산(HF) Cleaning
④ 초음파 Cleaning

해설
- RCA Cleaning : 반도체 Wafer 표면을 세정하기 위한 화학적 습식 Cleaning 방법
- Piranha Cleaning : H_2SO_4(황산)과 H_2O_2(과산화수소)를 일정한 비율로 섞고 온도가 90~130℃ 정도에서 Wafer 표면의 유기 오염물을 제거하기 위한 Cleaning 방법
- SC1 : NH_4OH(암모니아), H_2O_2(과산화수소) 그리고 H_2O(물)을 일정한 비율로 혼합하여 75~90℃ 정도의 온도에서 Particle과 유기 오염물을 제거하기 위한 Cleaning 방법
- SC2 : HCl(염산), H_2O_2(과산화수소), 그리고 물을 일정한 비율로 혼합하여 75~90℃ 정도의 온도에서 천이성 금속 오염물을 제거하기 위한 Cleaning 방법
- H_3PO_4(인산) Cleaning : 인산은 질화막(Si_3N_4)를 식각하는데 사용되는 용액이며, 주로 80~85%의 용액이 사용된다. 150℃ 이상의 고온에서 공정이 진행된다.

21 다음 중 세정공정 시 염산(HCl), 과산화수소(H_2O_2), 그리고 물을 일정한 비율로 혼합하여 75~90℃ 정도의 온도에서 천이성 금속 오염물을 제거하기 위해 사용되는 세정방법은?

정답 16. ③ 17. ② 18. ④ 19. ④ 20. ② 21. ③

① 유제용제 Cleaning
② SC1(Standard Cleaning-1)
③ SC2(Standard Cleaning-2)
④ Piranha Cleaning

22 다음 중 세정공정 시 건조기(Dryer)의 종류로 옳지 않은 것은?

① Laser Dryer
② Marangoni Dryer
③ Spin Dryer
④ IPA Dryer

23 다음 중 세정공정 시 세정 장비의 종류로 올바르지 않은 것은?

① Immersion Tank Type
② Open System Type
③ Closed System Type
④ Centrifugal Spray Type

24 다음 중 반도체 세정공정의 종류로 거리가 먼 것은?

① 오존(O_3)세정
② 드라이아이스 세정
③ 아르곤(Ar)에어로졸 세정
④ 탄소 세정

25 다음 반도체 제조공정 중 세정 방법에 대한 것으로 올바르지 않은 것은?

① Piranha 세정
② RCA 세정
③ H_3PO_4 세정
④ Electronic 세정

> **해설**
> • RCA Cleaning : 반도체 Wafer 표면을 세정하기 위한 화학적 습식 Cleaning 방법
> • Piranha Cleaning : H_2SO_4(황산)과 H_2O_2(과산화수소)를 일정한 비율로 섞고 온도가 90~130℃ 정도에서 Wafer 표면의 유기 오염물을 제거하기 위한 Cleaning 방법
> • SC1 : NH_4OH(암모니아), H_2O_2(과산화수소) 그리고 H_2O(물)을 일정한 비율로 혼합하여 75~90℃ 정도의 온도에서 Particle과 유기 오염물을 제거하기 위한 Cleaning 방법
> • SC2 : HCl(염산), H_2O_2(과산화수소), 그리고 물을 일정한 비율로 혼합하여 75~90℃ 정도의 온도에서 천이성 금속 오염물을 제거하기 위한 Cleaning 방법
> • H_3PO_4(인산) Cleaning : 인산은 질화막(Si_3N_4)를 식각하는 데 사용되는 용액이며, 주로 80~85%의 용액이 사용된다. 150℃ 이상의 고온에서 공정이 진행된다.
> • HF(불산) Cleaning : 불산은 산화막 식각에 사용되는 대표적인 세정액이다. 주로 물에 희석시켜서 사용되고 있으며, 공정 온도는 상온에서 사용된다.
> • 이외에 유기용제 Cleaning, Ultrasonic Wave(초음파) Cleaning이 있다.

26 반도체 제조공정 중 건조기(Dryer)에 대한 설명으로 올바르지 않은 것은?

① Spin Dryer는 처리하는 Wafer의 매수에 따라, Batch Type과 Single Type으로 나뉜다.
② Spin Dryer는 회전 중에 Wafer가 깨질 수 있는 확률이 높다.
③ IPA Dryer는 IPA Vapor를 이용하여 Wafer를 건조하는 방식이다.
④ IPA Dryer는 가격이 저렴하여, 유지비가 적게 들고 유지관리가 쉽다.

> **해설**
> ④ 가격이 저렴하고 유지비가 적게 들며 사용이 용이하고 유지관리가 쉬운 장점을 가지고 있는 Dryer 방법은 Spin Dryer 방법이다.

정답 22. ① 23. ② 24. ④ 25. ④ 26. ④

27 다음 반도체 세정(Cleaning) 방법 중 올바르지 않은 것은?

① Dry Ice ② Laser
③ Polymer ④ UV

> 해설
> • O_3(오존) Cleaning : 기존 RCA Cleaning의 근간으로 사용되는 H_2O_2(과산화수소)의 사용을 대체하기 위해 산화력이 큰 O_3(오존)을 근간으로 사용하는 새로운 습식 세정 기술을 말한다.
> • Dry Ice(드라이아이스) Cleaning : 미세 알갱이를 고압가스와 함께 분사시켜 작업물과 충돌시킴으로써 표면을 Cleaning하는 방법을 말한다.
> • Ar Aerosol(아르곤 에어로졸) Cleaning : 초고순도 아르곤과 질소의 혼합물을 진공 상태로 기화 냉각시켜 Aerosol을 형성시키고, 이를 작업 시편에 분사하여 표면을 Cleaning하는 방법을 말한다.
> • Laser(레이저) Cleaning : 레이저 빔을 재료 표면에 조사하여 표면 위에 존재하는 오염 물질을 제거하는 공정 기술이다.
> • UV(자외선) Cleaning : 고출력 자외선 램프와 O_2(산소) Gas를 사용하여 활성 O(산소) 및 O_3(오존)을 만들어 표면의 유기오염 물질을 제거하는 방법을 말하며, 'UV/Ozone Cleaning'으로 불리기도 한다.

28 반도체 제조에서 질화막을 식각하는데 사용하는 세정방법을 고르시오.

① 유기용제 세정 ② 불산 세정
③ 초음파 세정 ④ 인산 세정

> 해설
> 질화막을 세정할 때는 인산(H_3PO_4)을 사용하여 세정하여 준다.

29 반도체 제조공정 중에 황산을 이용한 클리닝으로 유기오염물 제거와 감광액 제거에 쓰이는 세정방법을 고르시오.

① RCA Cleaning
② Piranha Cleaning
③ 불산 세정
④ 인산 세정

> 해설
> 황산스트립이라고도 부른다. 황산(H_2SO_4)을 이용하여 감광액과 유기오염물을 제거해준다.

30 반도체 제조공정 중 표면장력의 차이를 이용해 웨이퍼표면을 건조시키는 건조기(Dryer)를 고르시오.

① Marangoni Dryer
② IPA Dryer
③ Spin Dryer
④ Hand Dryer

> 해설
> 물과 IPA 간의 표면장력 차이에 의해 발생하는 Marangoni 현상을 이용해 웨이퍼 표면을 건조시키는 방법이다.

정답 27. ③ 28. ④ 29. ② 30. ①

08 반도체 조립

반도체장비유지보수기능사

1 반도체 후공정의 작업을 보기에 나타냈다. 순서대로 바르게 나열된 것은 어느 것인가?

> 가. 웨이퍼 절단(Sawing)
> 나. 칩 접착(Die Attach)
> 다. 금속연결(Wire Bonding)
> 라. 성형(Molding)
> 마. 마킹(Marking)

① 가 - 나 - 다 - 라 - 마
② 가 - 다 - 나 - 라 - 마
③ 다 - 가 - 나 - 라 - 마
④ 다 - 가 - 라 - 나 - 마

2 반도체 부품의 전극에 리드선 등을 붙이는 공정으로 가열된 펠릿(Pellet)에 리드선(가는 금선)을 얹고 순간적으로 가열 압착하는 공정은 다음 중 무엇이라 하는가?

① Sawing　　② Wire Bonding
③ Die Attache　　④ Molding

3 웨이퍼 두께를 패키지 규격에 맞도록 하기 위해 웨이퍼 뒷면을 연마하여 원하는 두께를 만들어 주는 공정을 무엇이라 하는가?

① 웨이퍼 백 그라인딩 공정(Wafer Back Grinding)
② 웨이퍼 쏘잉 공정(Wafer Sawing)
③ 다이 본딩 공정(Die Bonding)
④ 와이어 본딩 공정(Wire Bonding)

> **해설**
> • 웨이퍼 백 그라인딩 공정 : 웨이퍼 두께를 패키지 규격에 맞도록 하기 위해 웨이퍼의 뒷면을 연마하여 원하는 두께를 만드는 공정이다.
> • 웨이퍼 쏘잉 공정 : 웨이퍼상에 형성된 각각의 칩을 패키징 공정을 진행하기 위해 분리시키는 공정이다.
> • 다이본더 공정 : 쏘잉 공정을 통해 개별화된 칩을 하나씩 분리하여 PCB 또는 리드프레임 형태의 기판에 붙이는 공정이다.
> • 와이어본딩 공정 : 다이 본딩이 완료된 상태에서 칩과 기판을 전기적으로 연결하기 위해 칩의 패드와 기판위의 패드를 와이어를 이용하여 연결하는 공정이다.
> • 몰딩 공정 : 다이 본딩, 와이어 본딩이 진행된 반도체소자의 외형을 형성하고 열 및 습기 등의 외부 환경으로부터 제품을 보호하기 위해 열경화성 수지인 EMO를 고체상태에서 175℃로 유지하여 변환시킨 후 성형하는 공정이다.
> • 마킹공정 : 반도체 패키지의 마킹은 생산한 패키지의 표면에 회사명, 제품명, 규격, 제품의 생산 시기, 생산 정보 등의 생산코드를 기록하는 공정이다.
> • 소우 앤 소터 : 리드프레임을 사용하는 반도체 소자는 웨이퍼를 개별 칩으로 자른 후 리드프레임/PCB 본딩, 와이어 본딩, EMC 몰딩, 드리밍, 포밍의 개별화공정, 레이저를 사용하는 마킹공정을 통해 완성된다.

4 웨이퍼 상에 형성된 수백 개, 또는 수천 개의 칩을 패키징 공정을 진행하기 위해 자르는 공정을 무엇이라 하는가?

① 웨이퍼 백 그라인딩 공정(Wafer Back Grinding)
② 웨이퍼 쏘잉 공정(Wafer Sawing)
③ 다이 본딩 공정(Die Bonding)
④ 와이어 본딩 공정(Wire Bonding)

5 웨이퍼에 쏘잉(Sawing) 공정을 통해 개별화된 칩을 하나씩 분리하여 PCB 또는 리드프레임(Lead Frame) 형태의 기판에 붙이는 공정을 무엇이라 하는가?

정답 1.① 2.② 3.① 4.② 5.③

① 웨이퍼 백 그라인딩 공정(Wafer Back Grinding)
② 웨이퍼 쏘잉 공정(Wafer Sawing)
③ 다이 본딩 공정(Die Bonding)
④ 와이어 본딩 공정(Wire Bonding)

6 웨이퍼에 다이 본딩(Die Bonding)이 완료된 상태에서 칩과 기판을 전기적으로 연결하기 위해 칩의 패드와 기판 위의 패드를 와이어를 이용하여 연결하는 공정을 무엇이라 하는가?

① 웨이퍼 백 그라인딩 공정(Wafer Back Grinding)
② 웨이퍼 쏘잉 공정(Wafer Sawing)
③ 다이 본딩 공정(Die Bonding)
④ 와이어 본딩 공정(Wire Bonding)

7 웨이퍼에 다이 본딩(Die Bonding), 와이어 본딩이 진행된 반도체 소자의 외형을 형성하고 열 및 습기 등의 외부 환경으로부터 제품을 보호하기 위해 성형하는 공정을 무엇이라 하는가?

① 몰딩 공정(Molding)
② 마킹공정(Marking)
③ 마운팅 공정(Mounting)
④ 소우 앤 소터 공정(Saw & Sorter)

8 반도체 조립공정 중에 생산한 패키지의 표면에 회사명, 제품명, 규격, 제품의 생산시기, 생산정보 등의 생산코드를 기록한 공정을 무엇이라 하는가?

① 몰딩 공정(Molding)
② 마킹공정(Marking)
③ 마운팅 공정(Mounting)
④ 소우 앤 소터 공정(Saw & Sorter)

9 반도체 조립공정 중에 웨이퍼 두께를 패키지 규격에 맞도록 하기 위해 웨이퍼 뒷면을 연마하여 원하는 두께를 만들어 주는 공정을 웨이퍼 백 그라인딩 공정(Wafer Back Grinding)이다. 이 공정에 해당되지 않은 과정은?

① 레미네이션(Lamination)
② 백 그라인딩 공정(Wafer Back Grinding)
③ 웨이퍼 마운팅 공정(wafer mounting)
④ 레이저 다이싱(Laser dicing)

10 반도체 조립공정 중에 웨이퍼 상에 형성된 수백 개, 또는 수천 개의 칩을 패키징 공정을 진행하기 위해 자르는 공정을 웨이퍼 쏘잉 공정(Wafer Sawing)이라 한다. 이 공정에 해당되지 않은 방법은?

① 스크라이브(Scribe) & 브레이크(Break)
② 블레이드 다이싱(Blade Dicing)
③ 레이저 다이싱(Laser dicing)
④ 다이 이젝터(Die Ejector)

11 반도체 조립공정 중에 웨이퍼에 쏘잉(Sawing) 공정을 통해 개별화된 칩을 하나씩 분리하여 PCB 또는 리드프레임(Lead Frame) 형태의 기판에 붙이는 공정을 다이 본딩 공정(Die Bonding)이라 한다. 이에 해당되지 않은 공정 단계는?

① 기판(리드프레임 또는 PCB) 로딩
② 열 경화공정(Curing)
③ 디스펜싱(Dispensing)
④ 열-음파 볼 본딩(Thermo-sonic Ball Bonding)

> **해설**
> 다이 본딩 공정은 기판(리드프레임 또는 PCB) 로딩, 다이 이젝터와 픽업, 디스펜싱, 다이본딩, 열경화공정(Curing), 외관검사공정이 있다.

정답 6.④ 7.① 8.② 9.④ 10.④ 11.④

12 반도체 조립공정 중에 웨이퍼에 다이 본딩(Die Bonding)이 완료된 상태에서 칩과 기판을 전기적으로 연결하기 위해 칩의 패드와 기판 위의 패드를 와이어를 이용하여 연결하는 공정을 와이어 본딩 공정(Wire Bonding)이라 한다. 이 공정에 해당되지 않은 방식은 무엇인가?

① 열-음파 볼 본딩(Thermo-sonic Ball Bonding)
② 초음파 압축 본딩(Ultrasonic-compression Bonding)
③ 초음파 웻지 본딩(Ultrasonic-wedge Bonding)
④ 열-압축 본딩(Thermo-compression Bonding)

해설
Thermo-sonic Ball Bonding, Ultrasonic-wedge Bonding, Thermo-compression Bonding이 있다.

13 반도체 조립공정 중에 웨이퍼에 다이 본딩(Die Bonding), 와이어 본딩이 진행된 반도체 소자의 외형을 형성하고 열 및 습기 등의 외부 환경으로부터 제품을 보호하기 위해 성형하는 공정을 몰딩 공정(Molding)이라 한다. 다음 중 이 공정에 해당되는 공정은?

① 압축 몰드
② 열 몰드
③ 초음파 몰드
④ 레이저 몰드

해설
진공 몰드와 압축 몰드가 있다.

14 반도체 조립공정 중에 생산한 패키지의 표면에 회사명, 제품명, 규격, 제품의 생산시기, 생산정보 등의 생산코드를 기록한 공정을 마킹공정(Marking)이라 한다. 이 공정장비의 구성 부분이 아닌 것은?

① 로더부(Loader)
② 인덱스부(Index)
③ 비전부(Vision)
④ 브레이커부(Breaker)

해설
로더부와 핸들러 및 마킹PC, 인덱스(Index)부, 비전부, 오프 로더(Off Loader)부로 구성되었다.

15 웨이퍼상에 형성된 각각의 칩을 패키징 공정을 진행하기 위해 분리시키는 공정을 무엇이라 하는가?

① 웨이퍼 쏘잉 공정
② 레미네이션 공정
③ 웨이퍼 백그라인딩 공정
④ 웨이퍼 마운틴 공정

해설
• 레미네이션 공정 : 웨이퍼의 회로 층을 외부 충격으로부터 보호하기 위해 테이프를 붙이는 공정
• 웨이퍼 백그라인딩 공정 : 레미네이션이 끝난 웨이퍼의 뒷면을 연삭하는 공정
• 웨이퍼 마운틴 공정 : 연삭한 웨이퍼 뒷면에 다시 다이싱 테이프를 붙여주는 공정

16 다이 본딩이 완료된 상태에서 칩과 기관을 전기적으로 연결하기 위해 칩의 패드와 기판 위의 패드를 와이어를 이용하여 연결하는 공정은 무엇이라 하는가?

① 웨이퍼 백 그라인딩 공정
② 쏘잉 공정
③ 와이어 본딩(Wire Bonding) 공정
④ 금속(Metal) 공정

17 웨이퍼 백 그라인딩 공정의 종류 중 알맞지 않은 것은?

① 레미네이션 공정
② 웨이퍼 그라인딩 공정
③ 웨이퍼 마운팅 공정
④ 와이어 본딩 공정

정답 12. ② 13. ① 14. ④ 15. ① 16. ③ 17. ④

해설

④ 와이어 본딩 공정 : 다이 본딩이 완료된 상태에서 칩과 기판을 전기적으로 연결하기 위해 칩의 패드와 기판 위의 패드를 와이어를 이용하여 연결하는 공정이다.

18 생산한 패키지의 표면에 회사명, 제품명, 규격 제품의 생산시기, 생산 정보 등의 생산코드를 기록하는 공정을 무엇이라 하는가?

① 웨이퍼 백 그라인딩 공정
② 웨이퍼 쏘잉 공정
③ Wire Bonding 공정
④ Marking 공정

19 마킹공정의 특징 중 알맞지 않은 것은?

① 대량생산이 가능하다.
② 설비 가격이 싸다.
③ 신뢰성이 높다.
④ 재작업이 불가능하다.

해설

② 설비 가격이 비싸다.

20 다음 중 반도체 조립공정으로 틀린 것은?

① 웨이퍼 쏘잉 공정
② 웨이퍼 백 그라인딩 공정
③ 다이본더 공정
④ 커넥션 공정

해설

- 웨이퍼 백 그라인딩 공정 : 웨이퍼 두께를 패키지 규격에 맞도록 하기 위해 웨이퍼의 뒷면을 연하하여 원하는 두께를 만드는 공정이다.
- 웨이퍼 쏘잉 공정 : 웨이퍼상에 형성된 각각의 칩을 패키징 공정을 진행하기 위해 분리시키는 공정이다.
- 다이본더 공정 : 쏘잉 공정을 통해 개별화된 칩을 하나씩 분리하여 PCB, 또는 리드프레임 형태의 기판에 붙이는 공정이다.
- 와이어본딩 공정 : 다이 본딩이 완료된 상태에서 칩과 기판을 전기적으로 연결하기 위해 칩의 패드와 기판 위의 패드를 와이어를 이용하여 연결하는 공정이다.

21 반도체 조립공정순서로 올바른 것은?

① 웨이퍼 백 그라인딩 – 다이본더 – 웨이퍼 쏘잉 – 와이어 본딩 – 몰딩 – 마킹 – 소우 앤 소터
② 웨이퍼 백 그라인딩 – 웨이퍼 쏘잉 – 다이본더 – 와이어 본딩 – 몰딩 – 마킹 – 소우 앤 소터
③ 웨이퍼 쏘잉 – 웨이퍼 백 그라인딩 – 다이본더 – 몰딩 – 마킹 – 웨이퍼 쏘잉 – 소우 앤 소터
④ 웨이퍼 쏘잉 – 웨이퍼 백 그라인딩 – 몰딩 – 마킹 – 다이본더 – 와이어 본딩 – 소우 앤 소터

22 반도체 레미네이션 공정순서로 올바른 것은?

① Wafer 정렬하는 곳으로 이동 – Wafer 정렬 – Wafer를 들어올림 – Wafer를 작업 테이블로 이동 – 테잎 붙이기/자르기 – Wafer를 카세트로 옮기기 – Wafer 제자리 놓기
② Wafer를 작업 테이블로 이동 – 테잎 붙이기/자르기 – Wafer 정렬하는 곳으로 이동 – Wafer 정렬 – Wafer를 들어올림 – Wafer를 카세트로 옮기기 – Wafer 제자리 놓기
③ Wafer를 들어올림 – Wafer를 정렬하는 곳으로 이동 – Wafer 정렬 – Wafer 작업 테이블로 이동 – 테잎 붙이기/자르기 – Wafer를 카세트로 옮기기 – Wafer 제자리 놓기
④ Wafer를 들어올림 – Wafer 작업 테이블로 이동 – Wafer를 정렬하는 곳으로 이동 – Wafer를 정렬 – 테잎 붙이기/자르기 – Wafer를 카세트로 옮기기 – Wafer 제자리 놓기

정답 18. ④ 19. ② 20. ④ 21. ② 22. ③

> **해설**

레미네이션 공정순서
㉠ Wafer 들어올림, ㉡ Wafer 정렬하는 곳으로 이동, ㉢ Wafer 정렬, ㉣ Wafer를 작업 테이블로 이동, ㉤ 테잎 붙이기, ㉥ 테잎 자르기, ㉦ Wafer를 카세트로 옮기기, ㉧ Wafer 제자리 놓기

23 다음 중 다이 본딩 공정이 아닌 것은?
① Leadframe Loading
② Die Eject and Pick Up
③ Cure in the Oven
④ Low-k Grooving

> **해설**

다이 본딩 공정
㉠ Leadframe Loading, ㉡ Die Eject and Pick Up, ㉢ Adhesive Dispensing, ㉣ Die Bonding, ㉤ Cure in the Oven, ㉥ Visual Inspection(DST)

24 반도체 조립 공정 중 다음 보기에 해당하는 공정은?

"쏘잉 공정을 통해 개별화된 칩을 하나씩 분리하여 PCB 또는 리드프레임 형태의 기판에 붙이는 공정이다."

① 다이 본딩 공정
② 웨이퍼 쏘잉 공정
③ 몰딩 공정
④ 웨이퍼 백 그라인딩 공정

> **해설**

다이 본딩 공정 : 쏘잉 공정을 통해 개별화된 칩을 하나씩 분리하여 PCB 또는 리드프레임 형태의 기판에 붙이는 공정이다.

25 웨이퍼 두께를 패키지 규격에 맞도록 하기 위해 웨이퍼의 뒷면을 연마하는 공정을 고르시오.
① CMP
② 백 그라인딩
③ 세정공정
④ CVD

> **해설**

백 그라인딩은 웨이퍼 두께를 패키지 규격에 맞도록 하기 위해 웨이퍼 뒷면을 연마하여 원하는 두께를 만드는 공정이다.

26 웨이퍼상에 형성된 개개의 칩을 패키징 공정을 진행하기 위해 분리시키는 공정을 고르시오.
① Wafer Sawing
② IPA Dryer
③ Back Grinding
④ Die Bonder

> **해설**

웨이퍼 쏘잉 공정은 웨이퍼상에 형성된 각각의 칩을 패키징 공정을 진행하기 위해 분리시키는 공정이다. 쏘잉은 수만 rpm으로 회전하는 휠이나 레이저를 사용해서 절단한다.

27 쏘잉 공정을 통해 개별화된 칩을 하나씩 분리하여 PCB 또는 리드프레임 형태의 기판에 붙이는 공정을 고르시오.
① Back Grinding
② Wire Bonding
③ Wafer Sawing
④ Die Bonder

> **해설**

다이 본딩 공정은 Sawing 공정을 통해 개별화된 칩을 하나씩 분리하여 PCB, 또는 리드프레임 형태의 기판에 붙이는 공정이다. 다이를 기판에 올린 후 온도를 올리면 기판 위의 접착제 또는 접착테이프에 의해 본딩이 이루어진다.

28 다이 본딩 후 칩과 기판을 전기적으로 연결하기 위해 칩의 패드와 기판위의 패드를 와이어를 이용하여 연결하는 공정을 고르시오.
① Back Grinding
② Die Bonder
③ Wafer Sawing
④ Wire Bonding

정답 23. ④ 24. ① 25. ② 26. ① 27. ④ 28. ④

해설
와이어 본딩 공정은 다이 본딩이 완료된 상태에서 칩과 기판을 전기적으로 연결하기 위해 칩의 패드와 기판 위의 패드를 와이어를 이용하여 연결하는 공정이다. 모든 패드를 연결해야 하는 작업이어서 소요되는 시간이 다른 공정에 비해 길고, 필요로 하는 장비의 수도 후공정 장비 중에서 가장 많다.

29 다이 본딩, 와이어 본딩이 진행된 반도체 소자의 외형을 형성하고 열 및 습기 등의 외부 환경으로부터 제품을 보호하기 위한 공정을 고르시오.

① Grinding ② Sawing
③ Bonding   ④ Molding

해설
열경화성 수지인 EMC를 고체 상태에서 175도로 유지하여 Gel상태로 변환시킨 후 성형하는 공정으로 다이 본딩, 와이어 본딩 후 외부로부터 칩을 보호해주는 외형을 형성해 주는 공정이다.

30 반도체 칩 제조공정에서 웨이퍼상의 칩을 개개로 잘라서 리드프레임과 결합하여 완제품으로 조립하는 과정을 무엇이라 하는가?

① 검사(Test)
② 조립(Assembly)
③ 웨이퍼 가공(Fabrication)
④ 회로 설계(Chip Design)

31 반도체 조립 과정의 흐름에서 다이 본딩 공정 다음에 이루어지는 작업 공정은 무엇인가?

① 웨이퍼 분리   ② 와이어 본딩
③ 패키지 봉입   ④ 몰딩

해설
반도체 조립 과정은 웨이퍼 선별 → 웨이퍼 분리 → 다이 본딩 → 와이어 본딩 → 봉입 전 검사 → 패키지봉입 → 성형(몰딩) → 전기적 특성 시험 → 마킹으로 이루어진다.

32 와이어 본딩의 설명으로 바른 것은?

① 다이를 밀봉해서 보호하기 위해 패키지에 보호 수지를 입힌다.
② 웨이퍼를 스크라이빙에 의해 절단하여 분할한다.
③ 칩을 리드 프레임에 접착시키는 과정이다.
④ 금이나 알루미늄의 가는 선으로 본딩 패드와 패키지의 접속 단자를 연결한다.

해설
와이어 본딩은 가는 선으로 본딩 패드와 패키지의 접속 단자를 연결하는 것을 말한다.

33 완성된 반도체 칩을 PCB나 소켓 등에 접속하기 위해 사용되는 하나의 구조물을 무엇이라 하는가?

① 본딩 와이어   ② 연결 모듈
③ 리드 프레임   ④ 리드 피치

해설
리드 프레임은 반도체 칩을 PCB나 소켓 등에 접속하기 위해 사용되는 구조물이며, 접속, 방열 기능도 한다.

34 다음은 반도체 조립공정의 흐름도를 나타내고 있다. 빈칸에 들어갈 용어는 무엇인가?

웨이퍼선별 → 웨이퍼분리 → ( ) → 선접착 → 봉입 전 검사 → 패키지 봉입 → 성형 → 검사 → 마킹

① 웨이퍼 프로브   ② 웨이퍼 쏘잉
③ 다이 접착   ④ 열압착

해설
다이 접착(Die Bonding) : 다이를 리드프레임에 붙이는 공정

35 다이 본딩에 대한 설명으로 바르지 못한 것은?

① 다이를 리드 프레임, PCB 또는 회로 테이프 위에 붙이는 공정을 다이 접착(Die Bonding)이라고 한다.

정답 29.④ 30.② 31.② 32.④ 33.③ 34.③ 35.②

② 최근 다이의 크기가 증가하는 추세에 따른 접착 위치와 각도의 정밀성이 요구된다.
③ 통상적으로 다이의 뒷면은 Au로 증착되어 있다.
④ 다이를 리드 프레임에 접착시키기 위해 에폭시나 폴리이미드 등의 중합체를 사용한다.

해설
다이의 크기가 작아지는 추세이므로 접착 위치와 각도의 정밀성이 더욱 요구된다.

36 반도체 패키징 기술에 대한 요구 조건으로 바르지 못한 것은?
① 입출력핀의 다핀화
② 고밀도 실장에 적합한 패키지의 다양화
③ 열발산성의 감소화
④ 내열성의 향상

해설
반도체는 열에 취약하여 열발산성이 향상되는 패키징 기술을 적용해야 한다.

37 디바이스의 전기적 성능, 신뢰성, 생산성 및 전자시스템의 소형화를 결정짓는 핵심기술에 해당하는 것은?
① 본딩 기술   ② 세정 기술
③ 패키징 기술   ④ 에칭 기술

해설
패키징 기술은 전공정이 끝난 반도체 칩을 최종적으로 제품화하는 일련의 공정으로, 전자시스템의 소형화를 결정짓는 핵심기술이다.

38 테이프에 접착된 웨이퍼를 고속으로 회전하는 다이아몬드 휠을 이용하여 개별의 반도체 칩으로 절단시키는 공정은 무엇인가?
① 쏘잉(Sawing)   ② 포팅(Potting)
③ 마킹(Marking)   ④ 패킹(Packing)

해설
절단하는 공정을 쏘잉(Sawing)이라고 한다.

39 웨이퍼 가공 공정이 진행되는 라인을 무엇이라고 하는가?
① 공정 라인   ② 조립 라인
③ FAB 라인   ④ 검사 라인

해설
웨이퍼 가공 공정이 진행되는 라인을 FAB 라인이라고 한다.

40 습식 세정의 마감 공정으로 진행한 순수 세정의 물방울이 실리콘 노출면에 건조가 불균일하게 되어 부분적으로 남아 있는 얼룩을 무엇이라 하는가?
① 임계 마크   ② 베리어 마크
③ 워터 마크   ④ 증기 마크

해설
웨이퍼 포면에 순수 물방울이 건조가 잘못된 경우 생기는 얼룩을 워터 마크라고 한다.

정답 36.③ 37.③ 38.① 39.③ 40.③

09 자동화 기초, 공유압 일반

반도체장비유지보수기능사

1 다음 공기압 기호의 명칭은?
① 단동 실린더
② 복동 실린더
③ 요동 실린더
④ 공압 모터

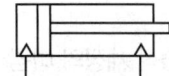

2 유량제어 밸브를 실린더에서 유출되는 유량을 제어하도록 설치하여 피스톤의 속도를 제어하며 밀링머신, 보링머신 등에 사용되는 회로는?
① 미터 인 회로   ② 미터 아웃 회로
③ 블리드 오프 회로   ④ 언로딩 회로

> **해설**
> • 미터 인 회로 : 유량 제어 밸브를 실린더의 입구 측에 설치한 회로로서, 이 밸브가 압력 보상형이면 실린더의 속도는 펌프 송출량에 무관하게 일정하다.
> • 미터 아웃 회로 : 유량 제어 밸브를 실린더 출구 측에 설치한 회로로서 실린더에서 유출되는 유량을 제어하여 피스톤 속도를 제어하는 회로이다.
> • 블리드 오프 회로 : 실린더 입구의 분기 회로에 유량 제어 밸브를 설치하여 실린더 입구 측의 불필요한 압류를 배출시켜 작동 효율을 증진시킨 회로이다.
> • 언로딩 회로 : 펌프의 수명 연장, 동력비의 절감, 열발생 방지, 조작의 안전성 등을 위해 작업을 하지 않는 동안 펌프를 무부하 상태로 유지할 수 있는 회로이다.

3 압축공기 중 포함된 수분을 제거하는 공기건조기의 종류에 해당되지 않는 것은?
① 냉동식 공기건조기
② 흡착식 공기건조기
③ 흡수식 공기건조기
④ 히터식 공기건조기

> **해설**
> 공기건조기의 건조 방식은 저온 건조식(냉각식), 흡착식(물리적 방식), 흡수식이 있다.

4 다음 중 오일 탱크의 구비 조건으로 틀린 것은?
① 스트레이너의 유량은 유압 펌프 토출량과 같을 것
② 유면을 흡입 라인 위까지 항상 유지할 것
③ 공기나 이물질을 오일로부터 분리할 수 있을 것
④ 공기청정기의 통기용량은 유입 펌프 토출량의 2배 이상일 것

> **해설**
> 유압계에 필요한 작동유를 축척하는 용기로서, 기름 속에 혼입되어 있는 불순물이나 기포의 분리 및 제거, 운전 중에 발생하는 열을 방출하는 유온 상승을 완화시키고, 장착대 등의 목적으로 사용한다.

5 온도가 일정할 경우 가스의 처음 상태에서 체적(V1)이 0.5m³, 압력(P1)이 2[atm]일 때, 압축 후 체적이 0.2m³가 되었다. 이때의 압력(P2)은 몇 atm인가?
① 10   ② 8
③ 6   ④ 5

6 단면적이 20cm²인 배관을 통해서 20cm/sec의 속도로 흐르던 오일이 단면적이 40cm²가 되면 배관에서 오일의 속도는 얼마가 되는가?
① 10cm/sec   ② 20cm/sec
③ 40cm/sec   ④ 80cm/sec

정답 1. ② 2. ② 3. ④ 4. ① 5. ④ 6. ①

7 자중에 의한 낙하나 운동 물체의 관성에 의한 액추에이터의 낙하를 방지하기 위해 배압이 생기게 하는 유압밸브는?

① 감압 밸브
② 디셀러레이션 밸브
③ 카운터밸런스 밸브
④ 유량조절 밸브

> **해설**
> - 감압 밸브 : 회로의 일부에 감압한 압력을 가하는 기능을 지니는 압력 제어 밸브이다. 설정된 2차 압력 이상의 1차 압력 변동에 대해서 2차 압력은 변화를 받지 않고 언제나 설정된 일정한 압력을 유지한다.
> - 디셀러레이션 밸브 : 액추에이터를 감속시키기 위해서 캠 조작 등으로 유량을 서서히 감소시키는 밸브
> - 카운터 밸런스 밸브 : 부하가 급격히 제거되었을 때 그 자중이나 관성력 때문에 소정의 제어를 못하게 된다거나 램의 자유 낙하를 방지하기 위하여 귀환유의 유량에 관계없이 일정한 배압을 걸어주는 역할을 한다. 주로 배압 제어용으로 사용된다.
> - 유량조절 밸브 : 밸브 내의 통과 유량을 무단계로 제어하여 액추에이터의 속도 조정, 각종 밸브의 개폐 속도의 변경, 가변 용량 펌프, 모터의 밀어내는 용적 변경, 속도의 조정 등에 사용된다.

8 공압 모터에 대한 설명으로 맞는 것은?

① 과부하 시 위험성이 거의 없다.
② 폭발 위험이 있는 장소에서는 사용할 수 없다.
③ 에너지 변환 효율이 매우 높다.
④ 소음이 적다.

> **해설**
> - 공압 모터의 장점
>   - 회전수, 토크를 자유로 조절할 수 있다.
>   - 과부하 시 위험성이 없다.
>   - 기동, 정지, 역회전 시 자연스럽게 작동된다.
>   - 폭발의 위험성이 없어 안전하다.
>   - 에너지 축적으로 정전 시에도 작동이 가능하다.
> - 공압 모터의 단점
>   - 에너지 변환 효율이 낮다.
>   - 압축성 때문에 제어성이 나쁘다.
>   - 회전속도의 변동이 크다.
>   - 고정도를 유지하기 힘들다.
>   - 소음이 크다.

9 단면적이 500㎠인 유선 관로를 흐르는 유체의 속도가 10m/s일 때의 유량(㎥/s)은?

① 0.5 ② 5
③ 50   ④ 500

10 자동화 시스템에서 일감 공급 장치로 사용할 수 없는 것은?

① 컨베이어
② 진동식 공급기(Parts Feeder)
③ 작교 로봇
④ PLC

> **해설**
> PLC(Programmable Logic Controller)란 종래에 사용하던 제어반 내의 릴레이 타이머, 카운터 등의 기능을 LSI, 트랜지스터 등의 반도체 소자로 대체시켜, 기본적인 시퀀스 제어 기능에 수치 연산 기능을 추가하여 프로그램 제어가 가능하도록 한 자율성이 높은 제어 장치이다.

11 저투자성 자동화(LCA ; Low Cost Automation)에 대한 설명 중 틀린 것은?

① 단계별 자동화를 구축한다.
② 원리가 간단하고 확실하여 스스로 자동화 장치를 설계 및 시설할 수 있어야 한다.
③ 초기부터 완전한 자동화를 시도한다.
④ 자신이 직접 자동화를 한다.

12 논리식 $\overline{\overline{AB} \cdot \overline{AC} \cdot \overline{BC}}$을 드모르간 정리에 의해 변환하면 어떻게 되는가?

① $AB + \overline{AC}$
② $AB + AC + BC$
③ $AB \cdot AC \cdot BC$
④ $A \cdot (B+C)$

정답 7. ③ 8. ① 9. ① 10. ④ 11. ③ 12. ②

13 되먹임 제어계에서 제어대상으로부터 나오는 출력을 측정하여 기준압력과 비교될 수 있게 하는 장치를 무엇이라 하는가?

① 제어요소
② 조작부
③ 제어대상
④ 검출부(되먹임 요소)

해설
시스템의 출력신호를 입력신호로 되먹임시켜 출력값을 입력값과 비교하여 항상 출력이 목표값에 이르도록 제어하는 것을 되먹임 제어(Feedback Control) 또는 귀환 제어라고 한다.

14 PLC의 주변장치를 사용하여 프로그램을 PLC의 메모리에 기억시키는 작업을 무엇이라고 하는가?

① 로딩
② 코딩
③ 입력할당
④ 출력할당

해설
필요한 프로그램이나 데이터를 보조 기억 장치나 입력 장치로부터 주기억 장치로 옮기는 일을 로딩이라 한다.

15 시퀀스 제어에서 액추에이터로 사용되지 않는 것은?

① 모터
② 솔레노이드
③ 리밋 스위치
④ 전자밸브

해설
시퀀스 제어 입력요소로는 푸시버튼 스위치, 선택 스위치, 토글 스위치, 리밋 스위치, 광전 스위치, 근접 스위치 등이 있다.

16 불연속 동작의 대표적인 것으로 제어량이 목표 값에서 어떤 양만큼 벗어나면 미리 정해진 일정한 조작량이 대상에 가해지는 제어는?

① 온 오프 제어
② 비례 제어
③ 미분동작 제어
④ 적분동작 제어

해설
• 온 오프 제어 : 일정한 크기의 양으로 증가하면 자동적으로 끊어지고 감소하면 이어지는 자동 제어 동작 방식
• 비례 제어 : 조작된 위치가 제어량의 편차의 크기에 비례하여 위치를 취하는 동작
• 미분동작 제어 : 편차의 변화 속도에 비례하여 가하는 제어 동작
• 적분동작 제어 : 자동 제어계에서 제어 편차의 시간 적분값에 비례하는 크기의 출력 신호를 내는 제어 동작

17 PLC 프로그램 명령어 중에서 논리합(병렬) 조건으로 접속되어 있는 경우에 사용하는 명령어는?

① LOAD
② AND
③ OR
④ NOT

18 PLC 기능 중에서 특정한 입·출력 상태 및 연산 결과 등을 기억하는 것은?

① 레지스터
② 연산기능
③ 카운터기능
④ 인터럽트

해설
극히 소량의 데이터나 처리 중인 중간 결과를 일시적으로 기억해 두는 고속의 전용 영역을 레지스터라고 한다.

19 미리 정해진 프로그램에 따라 제어량을 변화시키는 것을 목적으로 하는 제어로 열처리 노의 온도 제어 등에 이용되는 제어는?

① 정치 제어
② 프로그램 제어
③ 추종 제어
④ 비율 제어

해설
정치 제어계 목표치가 일정한 경우를 정치 제어라고 한다. 추치 제어계 목표치가 변화하는 경우를 추치 제어라고 한다. 이 경우 목표치 변화의 상태를 미리 알고 있는 경우를 프로그램 제어라고 하며, 미리 알고 있지 않은 경우를 추종 제어라고 한다.

정답 13. ④ 14. ① 15. ③ 16. ①
17. ③ 18. ① 19. ②

20 PLC의 중앙처리장치와 가장 관계가 깊은 것은?
① ALU   ② RAM
③ ROM   ④ CRT

> 해설
> • ALU : 중앙처리장치 속에서 연산을 하는 부분
> • RAM : 메모리에 정보를 수시로 읽고 쓰기가 가능하며 정보를 일시 저장하는 용도로 사용되나, 전원이 끊어지면 기억시킨 정보 내용을 상실하는 휘발성 메모리이다.
> • ROM : 읽기 전용으로 메모리 내용을 변경할 수 없으며, 고정된 정보를 저장한다. 이 영역의 정보는 전원이 끊어져도 기억 내용이 보존되는 불휘발성 메모리이다.
> • CRT : 전기신호를 전자빔의 작용에 의해 영상이나 도형, 문자 등의 광학적인 영상으로 변환하여 표시하는 특수진공관이다.

21 리드 스위치의 특성 중 맞는 것은?
① 회로의 구성이 복잡하다.
② 동작수명이 짧다.
③ 내전압특성이 우수하다.
④ 반복정밀도가 낮다.

> 해설
> • 리드 스위치의 특성
> - 구조가 간단하며, 저렴하다.
> - 리밋 스위치를 설치하기 힘든 곳에 설치가 가능하다.
> - 주변에 다른 강자성이 형성되지 않는 곳에 설치해야 한다.
> - 자석의 자력에 따라 설치 간격을 결정한다.
> - 보통 1ms 이하의 응답속도를 갖는다.
> - 먼지, 모래, 습기 등 외부환경에 강하다.
> - 충격과 진동에 약하다.

22 자동화시스템의 구성에서 인간의 신체를 자동화요소와 비교하였을 때 잘못된 것은?
① 눈 – 감지기
② 귀 – 감지기
③ 팔, 다리 – 액추에이터
④ 신경계통 – 제어신호처리장치

23 되먹임 제어에서 목표값과 다르게 제어량을 변화시키는 요소는?
① 동작신호   ② 기준입력
③ 외란   ④ 출력

> 해설
> 정량적 자동 제어는 세부적으로 피드백(Feedback) 제어와 피드포워드 제어(Feedforward)로 구분할 수 있다. 피드백 제어는 항상 제어대상의 제어량을 살펴서 이를 지속적으로 검출하여 목표치와 차이가 발생할 경우, 그 차이가 "0"이 되도록 제어대상에 조작을 가하는 것이다. 그리고 외란을 검출하여 이에 의한 영향을 없애도록 조작을 가하는 것이 피드포워드 제어이다.

24 유도형 센서의 특징이 아닌 것은?
① 신호의 변환이 빠르다.
② 소모 전력이 적다.
③ 강자성체의 검출이 가능하다.
④ 자석효과가 없다.

> 해설
> 검출코일에서 발생되는 고주파 자계중에 검출물체(금속)가 접근하면 전자유도 현상에 의하여 검출물체(금속)에 와전류가 발생하며, 발생된 와전류는 검출코일에서 발생하는 자속의 변화를 방해하는 방향으로 발생하게 되어 발진 진폭이 감쇠 또는 정지하는 것을 이용하여 검출한다.

25 다음 접점 심볼이 나타내는 신호의 접점은?
① 한시동작 a접점
② 한시동작 b접점
③ 순시동작 a접점
④ 순시동작 b접점

26 다음 중 순서 논리 회로의 특징에 해당하는 것은?
① 현재의 출력이 현재의 입력에만 의존한다.
② 메모리 성분을 포함하지 않는다.
③ 출력은 현재의 압력뿐만 아니라 현재의 상태, 과거의 입력에 따라 달라진다.
④ 같은 압력에 대해서는 항상 같은 출력이 나온다.

정답 20.① 21.③ 22.④ 23.③ 24.③ 25.② 26.③

27 1 또는 0과 같이 하나의 입력에 대하여 항상 그에 대응하는 출력을 발생하게 하고, 다음에 새로운 입력이 주어질 때까지 그 상태를 안정적으로 유지하는 회로로서 컴퓨터 직접 회로 속에서 기억소자로 사용되는 것은?

① 금지 회로
② 플립-플롭 회로
③ 인터록 회로
④ 자기 유지 회로

해설
- 인터록 회로 : 서로 반대되는 신호가 존재할 때 어느 한 신호가 유효하게 되면 그 반대되는 신호가 더 이상 입력될 수 없도록 인위적으로 차단시켜 주는 회로이다.
- 자기유지회로 : 릴레이의 접점을 이용하여 스위치에 병렬로 연결하여 그 회로의 신호를 기억하게 하는 회로이다.

28 어떤 기계장치의 시퀀스 제어에 있어서 단선 등 전기회로의 고장진단을 하기 위하여 주로 사용되는 계측기는?

① 오실로스코프   ② 주파수 계전기
③ 회로 시험기   ④ 타코메타

해설
- 오실로스코프 : 시간에 따른 입력전압의 변화를 화면에 출력하는 장치이다.
- 주파수 계전기 : 주파수가 미리 정해진 값에 도달했을 때 동작하는 계전기이다.
- 타코메타 : 전동기와 발전기 등의 회전 속도를 측정하는 장치이다.

29 3상 유도전등기의 정·역운전에 관한 설명으로 거리가 먼 것은?

① 정·역 방향전환은 3상의 결선에서 임의의 2상을 서로 바꿔주면 된다.
② 인터록 회로는 정회전 전자접촉기가 동작하면 역회전 전자접촉기가 동작하지 않도록 하기 위한 것이다.
③ 인터록 회로로 인해 3상 유도 전동기는 정지 동작 없이 정회전에서 역회전으로 바로 변환이 가능하다.
④ 3상 유도전동기를 역회전시키려면 회전 자장의 방향을 반대로 하면 된다.

30 입력이 주어지면 순시에 출력을 내고 입력을 제거해도 설정시간까지는 계속 출력을 내며, 설정 시간 후 작동이 정지되는 회로는?

① 지연 작동 회로
② 한시 복귀 회로
③ 지연작동 한시 복귀 회로
④ 간격 작동 회로

31 다음 그림에 대한 논리식으로 맞는 것은?

① Y = A · B   ② Y = A + B
③ Y = A + B   ④ Y = A − B

32 입력신호가 하이(High)이면 출력은 로우(Low)이고, 입력신호가 로우(Low)이면 출력이 하이(High)가 나오는 논리회로는?

① AND   ② OR
③ NOT   ④ NAND

해설
- AND : 모든 입력이 1일 때만 1을 출력하는 논리회로이다.
- OR : 입력들 중 하나라도 1이면 출력이 1인 회로이다.
- NOT : 하나의 입력을 가지는 장치로 출력이 입력의 보수를 가지는 게이트이다. 즉, 입력을 반전시킨다.
- NAND : 입력이 모두 1일 때만 0을 출력하는 회로이다.

정답 27. ② 28. ③ 29. ③ 30. ② 31. ① 32. ③

33 입력과 출력을 비교하는 장치를 반드시 필요로 하는 제어는?

① 시퀀스 제어 ② on-off 제어
③ 불완전 제어 ④ 되먹임 제어

해설
되먹임 제어는 제어 지령에 의해 수행 후 발생한 피드백에 의해 제어량값과 목표값을 비교하여 제어량의 값이 목표값에 도달하도록 정정동작을 하는 제어이다.

34 제어 지시에 사용되는 신호의 크기, 시간적 변화가 연속적으로 변화하는 양으로 제어되는 방식은?

① 디지털 제어 ② 2진 제어
③ 자동 제어   ④ 아날로그 제어

해설
제어를 지령할 때 사용되는 신호가 연속적으로 변화되는 제어 방식을 아날로그 제어라 한다.

35 다음 중 기계적 에너지를 유압 에너지로 바꾸는 유압기기는?

① 공기 압축기 ② 유압 펌프
③ 오일 탱크   ④ 유압제어 밸브

해설
유압 펌프
기계적 에너지를 유체의 압력 에너지로 변환한다.

36 파스칼의 원리를 올바르게 설명한 것은?

① 정지 유체 내에 가해진 압력은 깊이에 비례하여 전달된다.
② 정지 유체 내에 가해진 압력은 깊이에 반비례하여 전달된다.
③ 정지 유체 내에 가해진 압력은 길이의 제곱에 비례 전달된다.
④ 밀폐된 용기 내에 가해진 압력은 모든 방향으로 균등하게 전달된다.

해설
파스칼의 원리
• 모든 부분에 동일한 힘으로 동시에 전달된다.

• 경계를 이루고 있는 어떤 표면 위에 정지하고 있는 유체의 압력은 그 표면에 수직으로 작용한다.
• 정지 유체 내의 점에 작용하는 압력의 크기는 모든 방향으로 같게 작용한다.
• 정지하고 있는 유체중의 압력은 그 무게가 무시될 수 있으면, 그 유체 내의 어디에서나 같다.

37 압력의 표시단위가 아닌 것은?

① Pa   ② bar
③ atm   ④ N·m

38 공압 실린더의 공기를 급속히 방출시켜서 실린더의 속도를 증가시키고자 할 때 사용되는 밸브는?

① 속도제어 밸브 ② 급속배기 밸브
③ 스로틀 밸브   ④ 스톱 밸브

해설
• 속도제어 밸브 : 교축 밸브와 체크 밸브가 병렬로 조합되어 일체화된 것으로 주로 공기압 실린더의 속도 제어에 사용되고 있다.
• 스로틀 밸브 : 기화기 또는 스로틀 보디를 통과하는 공기량을 조절하기 위해 여닫는 밸브
• 스톱 밸브 : 유체의 흐름 방향과 평행하게 개폐되는 밸브

39 공기 압축기의 선정 시 고려되어야 할 사항을 설명한 것으로 틀린 것은?

① 압축기의 송출압력과 이론 공기공급량을 정하여 산정한다.
② 소용량의 압축기를 병렬로 여러 대 설치하는 것이 대용량 1대보다 효율적이다.
③ 사용 공기량의 수요 증가 또는 공기 누설을 고려하여 1.5~2배 정도 여유를 둔다.
④ 대용량 압축기 1대로 집중공급 시 불시의 고장으로 작업 중단을 예방하기 위해 2대 설치하는 것이 좋다.

해설
공압 시스템은 압축 공기를 에너지원으로 이용하기 때문에 공기를 압축시키기 위한 압축기가 필요하게 된다. 압축 공기를 생산하기 위해서는 공기 압축기

정답 33. ④ 34. ④ 35. ② 36. ④
         37. ④ 38. ② 39. ②

나 송풍기가 필요한데, 송출 압력이 1kgf/cm² 미만이면 송풍기라 하고, 1kgf/cm² 이상이면 압축기라 한다. 일반적으로 산업현장에서 사용하는 압력이 5~7kgf/cm² 정도이기 때문에 공압 시스템에서는 공기 압축기가 사용된다.

40 축압기(어큐뮬레이터)의 용도로 적합하지 않은 것은?

① 에너지 축척용
② 펌프 맥동 흡수용
③ 유압제어 밸브
④ 오일 탱크

> **해설**
> • 축압기(어큐뮬레이터)의 용도
>   - 에너지 축적용
>   - 펌프 맥동 흡수용
>   - 충격 압력의 완충용
>   - 유체 이송용

41 유압장치의 기본적인 구성요소가 아닌 것은?

① 유압 펌프   ② 에어 컴프레셔
③ 유압제어 밸브 ④ 오일 탱크

> **해설**
> 공압 에너지는 동력원에서 공기압 발생부, 제어부, 작동부 순으로 동작을 하고 공압 에너지의 발생원으로는 전동기 콤프레셔, 에어 탱크가 있다.

42 유량을 제어하는 교축 밸브 중 유압구동에서 가장 많이 사용되고 있는 밸브로서, 기름의 흐름 방향에 관계없이 두 방향의 흐름을 항상 제어하는 밸브는?

① 스톱 밸브   ② 스로틀 밸브
③ 스로틀 체크 밸브 ④ 서보유압 밸브

> **해설**
> • 스톱 밸브 : 유체의 흐름 방향과 평행하게 개폐되는 밸브
> • 체크 밸브 : 한쪽 방향의 유동은 허용하고 반대 방향의 흐름은 차단하는 밸브로서 역류 방지용으로 사용된다.
> • 서보유압 밸브 : 서보 기구에 의한 피드백 제어가

가능하게 되고 항공기, 미사일 선박 차량 등의 자동조정, 공작 기계, 그 밖의 일반 산업용 기계의 제어에 널리 사용되기에 이르렀다.

43 일반적으로 공압 액추에이터나 공압 기기의 작동압력(kgf/cm²) 으로 가장 알맞은 압력은?

① 1~2   ② 4~6
③ 10~15   ④ 40~55

44 스트레인 게이지와 로드 셀은 무슨 종류의 센서와 관계가 있는가?

① 온도센서   ② 자기센서
③ 압력센서   ④ 관센서

> **해설**
> • 온도센서 : 검출한 온도를 전기 신호로 변환하여 전송하고, 검출 소자에는 서미스터, 백금, 니켈, 열전쌍 등이 쓰인다.
> • 자기센서 : 자기장 또는 자력선의 크기와 방향을 측정하는 센서
> • 광센서 : 빛 자체 또는 빛에 포함되는 정보를 전기 신호로 변환하여 검지하는 소자

45 공장 자동화의 단계에서 가장 발전된 단계는?

① CAD   ② CAM
③ DNC   ④ CIM

> **해설**
> 공장 생산 부분의 자동화뿐만 아니라 자재의 발주나 품질 관리, 생산 관리 등을 공장 내의 네트워크로 연결하여 종합적으로 관리하는 공장의 자동화 시스템을 CIM이라 한다.

46 물체가 방사하고 있는 각종 적외선을 검출하는 비접촉식 센서로 최근에는 TV나 VTR 등 가전제품의 리모컨, 자동문의 스위치, 방사 온도계 등에 사용되고 있는 것은?

① 자기 센서
② 초음파 센서
③ 적외선 센서
④ 열전대

정답 40.④ 41.② 42.② 43.② 44.③ 45.④ 46.③

해설
- 자기센서 : 자기장 또는 자력선의 크기와 방향을 측정하는 센서
- 초음파 센서 : 초음파의 특성을 이용하거나 초음파를 발생시켜 거리나 두께, 움직임 등을 검출하는 센서
- 열전대 : 2종의 금속선의 접합점을 가열시킬 때 제백 효과로 말미암아 발생하는 열기전력을 이용한 온도 센서

47 PLC의 제어기능과 관계없는 것은?
① 노이즈 방지 기능
② 시퀀스 처리 기능
③ 자기진단 기능
④ 연산 처리 기능

48 유연생산시스템(FMS)의 특징이라 볼 수 없는 것은?
① 단일 제품을 대량으로 생산하는 방식이다.
② 제품의 수명이 짧아지고 고객의 요구가 다양해짐에 따라 이에 적절히 대처할 수 있다.
③ 다양한 제품을 동시에 처리하므로 수요의 변화에 유연하게 대처할 수가 있다.
④ FMS의 형태는 생산되는 대상 제품의 종류와 양에 따라 다양한 형태가 된다.

49 감지기, 측정 장치 등과 같이 제어대상으로부터 나오는 출력을 측정하여 기분입력과 비교할 수 있게 하여 주는 것은?
① 제어 요소
② 동작 신호
③ 제어 대상
④ 되먹임 요소

해설
시스템의 출력신호를 입력신호로 되먹임시켜 출력값을 입력값과 비교하여 항상 출력이 목표값에 이르도록 제어하는 것을 되먹임 제어(Feedback Control) 또는 귀환 제어라고 한다.

50 다음 회로의 명칭은?

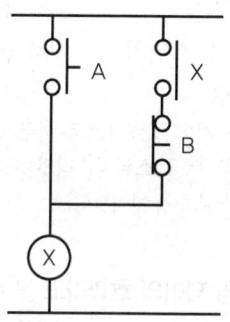

① 기동우선 회로   ② AND 회로
③ 인터록 회로   ④ 정지우선 회로

51 CAD 시스템은 컴퓨터에 의한 도형묘사를 설계자와 컴퓨터 간 대화를 통해 수행하는 대화형 컴퓨터그래픽에 기초를 둔 시스템인데, 이를 이용하여 설계의 자동화를 시행하는 이유가 아닌 것은?
① 설계자의 생산성 증가
② 설계의 품질 향상
③ 정확한 도안의 작도
④ 공정 중 재고량의 감축

52 자동화의 목적과 가장 거리가 먼 것은?
① 생산성이 향상된다.
② 제품 품질의 균일화되어 불량품이 감소한다.
③ 적정한 작업 유지를 위한 원자재, 연료 등이 증가한다.
④ 신뢰성이 높고 고속 동작이 가능하다.

53 릴레이제어와 비교한 PLC 제어의 장점 중 틀린 것은?
① 동작 실행에 대한 내용 변경이 용이하다.
② 프로그램 된 내용을 확인할 수 없다.
③ 제어기능량에 비해 설치 면적이 적다.
④ 신뢰성이 높고 고속 동작이 가능하다.

정답 47.① 48.① 49.④ 50.① 51.④ 52.③ 53.②

54 PLC의 입력기기로 가장 적합한 것은?
① 표시등 ② 전자개폐기
③ 리밋 스위치 ④ 솔레노이드 밸브

> **해설**
> 시퀀스 제어 입력요소로는 푸시버튼 스위치, 선택 스위치, 토글 스위치, 리밋 스위치, 광전 스위치, 근접 스위치 등이 있다.

55 되먹임 제어의 효과라고 볼 수 없는 것은?
① 외부 조건의 변화에 대한 영향을 줄일 수 있다.
② 정확도가 증가한다.
③ 대역폭이 증가한다.
④ 시스템이 작아지고 값이 싸진다.

56 무인 반송차의 유도방식 중 경로에 매설한 유도선의 자계를 검출하여 경로를 인식하는 방식은?
① 전자유도방식 ② 광학방식
③ 자이로방식 ④ 마크추적방식

57 정전용량형 감지기의 검출거리에 영향을 미치는 요소가 아닌 것은?
① 검출제의 두께 ② 검출제의 색깔
③ 검출제의 유전율 ④ 검출제의 크기

58 푸시버튼 스위치 a 접점 기호인 것은?

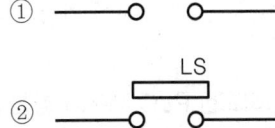

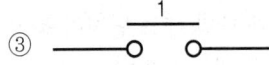

59 전자개폐기의 철심이 진동할 경우 예상되는 원인으로 가장 가까운 것은?
① 가동 철심과 고정 철심 접촉부위에 녹이 발생했다.
② 전자개폐기의 코일이 단선되었다.
③ 전자개폐기 주위의 습기가 낮다.
④ 접촉단자에 정격전압 이상의 전압이 가해졌다.

60 다음 중 NAND 소자를 나타내는 논리 소자는?

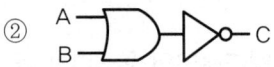

61 2개 이상의 회로에서 1개의 회로만 동작을 시키고, 나머지 회로는 동작이 될 수 없도록 해주는 회로는?
① 자기유지 회로 ② 순차동작 회로
③ 인터로크 회로 ④ 시한동작 회로

> **해설**
> • 자기유지회로 : 릴레이의 접점을 이용하여 스위치에 병렬로 연결하여 그 회로의 신호를 기억하게 하는 회로
> • 시한동작 회로 : 어떤 시간 간격을 취하여 상태를 판단한다든지 다음 동작에 들어가는 경우에 이 시간 간격을 작성하는 회로

62 다음 카르노맵의 간략식으로 맞는 것은?

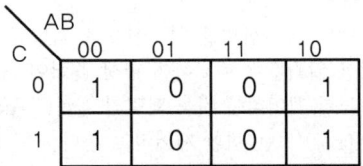

① $\overline{A} \cdot \overline{B} + A \cdot \overline{B}$ ② $A \cdot \overline{B} \cdot C$
③ $\overline{B}$ ④ $\overline{A} \cdot \overline{B} \cdot C$

63 Flip-Flop의 종류에 속하지 않는 것은?
① RS Flip-Flop ② T Flip-Flop
③ D Flip-Flop ④ K Flip-Flop

64 논리 회로를 간략화 하는데 있어서 0과 1을 연산하고자 할 때 틀린 것은?
① $0 + 0 = 0$ ② $1 + 0 = 1$
③ $1 \cdot 1 = 1$ ④ $1 \cdot 0 = 1$

65 그림과 같은 무접점 시퀀스의 출력(Y)의 값으로 알맞은 것은?
① $\overline{A}$
② A
③ 0
④ 1

66 검출 스위치의 종류가 아닌 것은?
① 리밋 스위치 ② 근접 스위치
③ 온도 스위치 ④ 전자 계전기

해설
파일럿 램프, 부저, 솔레노이드밸브, 전자 계전기는 출력요소에 해당한다.

67 반도체 논리소자를 사용한 무접점식 시퀀스 제어를 명령처리에 따라 분류할 때 해당하지 않는 것은?
① 조건제어 ② 순서제어
③ 시한제어 ④ 직선제어

68 시퀀스 제어에서 사용하는 문자 기호와 그 해당 용어로 틀린 것은?
① OPM : 조작용 전동기
② COS : 전환 스위치
③ LVS : 리밋 스위치

④ CTR : 제어기

69 미리 정해진 순서 또는 일정한 논리에 의해 정해진 순서에 따라 제어의 각 단계를 순차적으로 진행하는 제어는?
① 매뉴얼 제어 ② 프로그램 제어
③ 프로세스 제어 ④ 시퀀스 제어

해설
시퀀스 제어는 미리 정해진 순서에 따라 제어의 각 단계를 순차대로 진행해 가는 제어를 말하며, 신호 전달 방법에서 제어 신호가 제어계를 전부 순환하지 않고 회로가 한 방향으로 진행되므로 시퀀스 제어는 개회로 제어(Open-loop)라 할 수 있다.

70 다음 중 부하의 이상에 의한 정상전류의 증가를 검출하고 회로를 차단하는 과부하 보호 장치의 대표적인 것은?
① Thermal Relay
② Electromagnetic Contractor
③ Timer
④ Counter

해설
• Electromagnetic Contractor : 전자력으로 개폐 조작을 하게 하는 스위치로, 일종의 자동 개폐기
• Timer : 설정된 시간이 경과하면 스위치를 개폐하고 리셋되는 장치

71 유압 기기에서 작동유의 기능에 대한 설명으로 가장 바르지 않은 것은?
① 압력 전달 기능 ② 윤활 기능
③ 방청 기능 ④ 필터 기능

72 압축공기의 건조방식이 아닌 것은?
① 흡수식 ② 흡착식
③ 냉동식 ④ 가열식

해설
공기건조기의 건조 방식은 저온 건조식(냉각식), 흡착식(물리적 방식), 흡수식이 있다.

정답 63. ④ 64. ④ 65. ③ 66. ④ 67. ④
68. ③ 69. ④ 70. ① 71. ④ 72. ④

73 다음 중 유압유의 온도 변화에 대한 정도의 변화량을 표시하는 것은?

① 밀도　　② 점도지수
③ 비체적　④ 비중량

해설
온도 변화에 따른 윤활유의 점성률 변화를 표시하는 지수를 점도지수라고 한다.

74 포핏 밸브의 특징이 아닌 것은?

① 구조가 간단하여 먼지 등의 이물질의 영향을 잘 받지 않는다.
② 짧은 거리에서 밸브를 개폐할 수 있다.
③ 밀봉효과가 좋고 복귀스프링이 파손되어도 공기압력으로 복귀된다.
④ 큰 변화 조작이 필요하고, 다 방향 밸브로 되면 구조가 단순하다.

해설
포핏 밸브는 추력을 평형시키는 방법이 곤란하고 조작의 자동화가 어려우므로 고압용 유압 방향 전환 밸브로서는 널리 사용되지 않는다. 그러나 밀봉이 극히 우수하고 이물질에 민감하지 않아 공압 방향 전환 밸브로는 사용되며 수명이 길다.

75 다음 중 어큐뮬레이터(축압기)의 용도로 적당하지 않은 것은?

① 펌프 맥동 흡수
② 충격압력의 완충
③ 작동유 점도 향상
④ 유압 에너지 축적

해설
• 축압기(어큐뮬레이터)의 용도
  - 에너지 축적용
  - 펌프 맥동 흡수용
  - 충격 압력의 완충용
  - 유체 이송용

76 다음 중 공압 모터의 특징을 설명한 것으로 틀린 것은?

① 폭발의 위험이 있는 곳에서도 사용할 수 있다.
② 회전수, 토크를 자유로이 조절할 수 있다.
③ 과부하 시 위험성이 없다.
④ 에너지 변환 효율이 높다.

해설
• 공압 모터의 장점
  - 회전수, 토크를 자유로 조절할 수 있다.
  - 과부하 시 위험성이 없다.
  - 기동, 정지, 역회전 시 자연스럽게 작동된다.
  - 폭발의 위험성이 없어 안전하다.
  - 에너지 축적으로 정전 시에도 작동이 가능하다.
• 공압 모터의 단점
  - 에너지 변환 효율이 낮다.
  - 압축성 때문에 제어성이 나쁘다.
  - 회전속도의 변동이 크다.
  - 고정도를 유지하기 힘들다.
  - 소음이 크다.

77 다음 중 공압장치의 특징이 아닌 것은?

① 동력전달 방법이 간단하다.
② 힘의 증폭이 용이하다.
③ 유압장치에 비해 응답성이 우수하다.
④ 에너지의 축적이 용이하다.

해설
• 공압장치의 장점
  - 레귤레이터를 이용하여 실린더의 출력을 간단하게 조절할 수 있다.
  - 폭넓게 무단계로 속도 조절을 함으로써 실린더 속도를 제어할 수 있다.
  - 공기는 압축성 유체이므로 충격적인 과부하가 가해져도 실린더 내의 공기가 압축되어 압력이 커질 뿐이고 충격력은 흡수된다.
  - 공기는 점성이 작으므로 배관 도중에 압력 강하가 적고 유속이 높으므로 고속 작동이 가능하다.
  - 압축이 가능하다는 것은 반대로 압력을 축적할 수 있다는 것으로 공기탱크만으로 축적이 가능하며, 정전시 비상운전이나 단시간 내 고속 운전, 축압을 이용한 프레스의 다이쿠션 등에 이용되고 있다.
  - 유압과 같이 서지 압력이 발생하지 않으므로 과부하에 대해 안전하다.
  - 에너지가 풍부하며 기구가 간단하고 보수 점검

정답　73. ②　74. ④　75. ③　76. ④　77. ③

이 용이하다. 또한 원격 조정이 자유로우며 환경오염이 적은 특징이 있다.
- 공압장치의 단점
  - 공기는 압축 및 팽창하는 성질이 있으므로 정밀한 속도 조절을 하기 어렵다.
  - 압축 공기가 대기 중으로 배기될 때 큰 소리를 내므로 쾌적한 작업 환경을 유지하기가 곤란하다.
  - 공압은 압축성 유체이므로 액추에이터의 위치 제어가 곤란하고, 부하 변동 시 작동속도가 영향을 받기 때문에 정밀한 속도 제어가 어렵다.

78 다음 중 캐비테이션(공동현상)의 발생 원인으로 잘못된 것은?

① 흡입필터가 약하거나 급격히 유로를 차단한 경우
② 패킹부의 공기 흡입
③ 펌프를 정격속도 이하로 저속회전시킬 경우
④ 과부하이거나 오일의 점도가 클 경우

해설
캐비테이션은 유수 중 어느 부분의 정압이 물의 온도에 해당하는 증기압 이하로 되어 물이 증발하고 수중에 용입되어 있던 공기가 낮은 압력으로 기포가 발생하는 현상으로 공동 현상이라고도 한다.

79 방향 제어 밸브의 조작방식 중 기계조작 방식에 속하지 않는 것은?

① 플런저 방식   ② 페달 방식
③ 롤러 방식   ④ 스프링 방식

80 편심 로터가 흡입과 배출구멍이 있는 하우징 내에서 회전하는 형태의 압축기는?

① 피스톤 압축기
② 격판 압축기
③ 미끄럼 날개 회전 압축기
④ 축류 압축기

해설
- 피스톤 압축기 : 낮은 압력에서부터 높은 압력까지 사용할 수 있다. 피스톤이 하강하면서 흡입밸브를 열고 공기를 흡입하는 행정이고, 피스톤이 상승하면서 흡입된 공기를 압축하는 과정이다.
- 격판 압축기 : 피스톤이 격판에 의해 흡인실로부터 분리되어 있으므로 공기가 왕복 운동을 하는 피스톤 부분과 직접 접촉하지 않기 때문에 공기에 기름이 섞이지 않게 된다. 압축 공기 중에 이물질이 섞이지 않기 때문에 식료품 가공, 제약 회사, 화학 공업 등에 사용된다.
- 축류 압축기 : 외부 에너지로 공기가 가속되면 임펠러로 흡입되고 흡입된 공기는 가속되어 디퓨저 쪽으로 흘러 들어가 단면적 변화에 따른 팽창의 영향으로 감속이 되면서 압력이 증가하게 된다.

81 자동화시스템의 주요 3요소에 속하지 않는 것은?

① 입력부   ② 출력부
③ 제어부   ④ 전원부

82 다음 중 PLC 제어 방식에 대한 설명으로 틀린 것은?

① 고장진단과 점검이 용이하다.
② 제어회로의 변경이 어렵다.
③ 산술, 비교연산과 데이터 처리가 가능하다.
④ 신뢰성이 높고 고속 동작이 가능하다.

83 다음 중 조작용 스위치가 아닌 것은?

① 누름버튼 스위치
② 셀렉터 스위치
③ 로터리 스위치
④ 타이머

해설
타이머 : 설정된 시간이 경과하면 스위치를 개폐하고 리셋되는 장치

84 일상생활에서 사용되는 엘리베이터, 자동판매기와 같이 정해진 순서에 의해 제어되는 방식은?

① 시퀀스 제어   ② ON 제어
③ 전압 제어   ④ 되먹임 제어

해설
시퀀스 제어는 미리 정해진 순서에 따라 제어의 각 단계를 순차대로 진행해 가는 제어를 말하며, 신호 전달 방법에서 제어 신호가 제어계를 전부 순환하지 않고 회로가 한 방향으로 진행되므로 시퀀스 제어는 개회로 제어(Open-loop)라 할 수 있다.

85 다음 중 로봇의 구동요소 중에서 피드백 신호 없이 구동축의 정밀한 위치 제어가 가능한 것은?
① 스테핑 모터　② DC 모터
③ 공압 구동장치　④ 유압 구동장치

해설
입력 펄스 수에 대응하여 일정 각도씩 움직이는 모터로, 펄스 모터 혹은 스텝 모터라고 한다.

86 자동화시스템의 구성요소 중 서보모터(Servo Motor)는 주로 어디에 속하는가?
① 메카니즘(Mechanism)
② 액추에이터(Actuator)
③ 파워서플라이(Power Supply)
④ 센서(Sensor)

87 다음 중 기계적 위치, 방향, 자세 등을 제어량으로 하는 제어는?
① 자동조정　② 서보기구
③ 시퀀스 제어　④ 프로세스 제어

해설
서보기구는 물체의 위치, 방위, 자세 등을 제어하여 목표치를 임의의 변화에 추종하도록 구성된 제어계를 말한다.

88 PLC의 프로그램 중 계전기 시퀀스도를 직접 기입 또는 표시할 수 있는 장점 때문에 최근에 가장 많이 사용되며 프로그램을 작성하면 사다리 모양이 되는 프로그램 방식은 어느 것인가?
① 래더도 방식　② 명령어 방식
③ 논리도 방식　④ 논리식 방식

해설
PLC는 시퀀스 제어를 소프트웨어로 처리하기 위한 장치를 컴퓨터와 비슷한 구조로 만들었으나, 외부의 입출력장치를 용이하게 연결하여 제어할 수 있고, 래더 다이어그램에 의한 시퀀스 제어를 할 수 있도록 설계되어 있다.

89 어떤 신호가 입력되어 출력 신호가 발생한 후에는 입력신호가 제거되어도 그 때의 출력 상태를 계속 유지하는 제어방법은?
① 파일럿 제어　② 메모리 제어
③ 프로그램 제어　④ 조합 제어

90 다음 중 평상시 닫혀 있다고 해서 NC (Normal Closed)접점이라고 하는 것은?
① a접점　② b접점
③ c접점　④ T접점

91 PLC에서 외부기기와 내부회로를 전기적으로 절연하고 노이즈를 막기 위해 입력부와 출력부에 주로 이용하는 소자는?
① 사이리스터　② 포토다이오드
③ 포토커플러　④ 트랜지스터

해설
- 사이리스터 : pnpn접합의 4층구조 반도체 소자의 총칭인데, 일반적으로 SCR이라고 불리는 역저지 3단자 사이리스터를 가리키며, 실리콘 제어 정류 소자를 말한다.
- 포토다이오드 : 반도체 다이오드 일종으로 광다이오드라고도 하며, 빛에너지를 전기에너지로 변환한다.
- 트랜지스터 : 반도체를 세 겹으로 접합하여 만든 전자회로 구성요소이며 전류나 전압흐름을 조절하여 증폭, 스위치 역할을 한다.

92 "작업의 전부 또는 일부를 사람이 직접 조작하지 않고 컴퓨터 시스템 등을 이용한 기계장치에 의하여 자동적으로 작동하도록 하는 것"을 무엇이라 정의하는가?
① 자동화(Automation)

정답 85.① 86.② 87.② 88.①
89.② 90.② 91.③ 92.①

② 기계화(Mechanization)
③ 제어(Control)
④ 수치제어선반(CNC)

93 다음 중 되먹임 제어의 단점을 나타낸 것은?

① 제어계의 특성을 향상시킬 수 있다.
② 외부 조건의 변화에 대한 영향을 줄일 수 있다.
③ 목표값에 정확히 도달할 수 있다.
④ 제어계가 복잡해진다.

> **해설**
> 되먹임 제어는 제어 지령에 의해 수행 후 발생한 피드백에 의해 제어량값과 목표값을 비교하여 제어량의 값이 목표값에 도달하도록 정정동작을 하는 제어이다.

94 다음 중 전자력에 의하여 접점을 개폐하는 기능을 가진 제어기기를 무엇이라고 하는가?

① 전자 계전기   ② 선택 스위치
③ 나이프 스위치   ④ 리밋 스위치

95 제어계의 입력신호에 대한 출력신호의 관계를 나타낸 것은?

① 목표값   ② 전달함수
③ 제어대상   ④ 제어량

96 배타적 OR회로(EX-OR 회로)의 설명으로 올바른 것은?

① 모든 입력이 0일 때에만 출력이 1인 회로
② 서로 다른 입력이 가해질 때에만 출력이 1인 회로
③ 모든 입력이 1인 경우만큼 제외하고 출력이 1인 회로
④ 입력이 0이면 출력이 1이고, 입력이 1이면 출력이 0인 회로

> **해설**
> 배타적 OR회로는 2입력 게이트로 입력이 다를 때 1을, 입력이 같을 때 0을 출력한다.

97 시퀀스 제어용 문자 기호 중 차단기 및 스위치류의 기호에서 압력 스위치에 해당하는 것은?

① PF   ② PRS
③ PCT   ④ SPS

98 다음 중 논리식이 틀린 것은?

① A + B = B + A   ② A · B = B · A
③ A + A = A   ④ A · 1 = 1

99 시퀀스 제어용 기기로서 제어회로에 신호가 들어오더라도 바로 동작하지 않고 설정시간만큼 지연동작을 시키려 할 때 사용되는 제어용 기기는?

① 한시 계전기   ② 전자 릴레이
③ 전자 개폐기   ④ 열동 계전기

> **해설**
> - 전자 릴레이 : 입력이 어떤 값에 도달하였을 때 작동하여 다른 회로를 개폐하는 장치
> - 전자 개폐기 : 전자력으로 개폐 조작을 하게 하는 스위치로, 일종의 자동 개폐기이다.
> - 열동 계전기 : 전류의 열효과에 의해서 동작하는 계전기이다.

100 트랜지스터를 이용한 무접점 릴레이의 장점이 아닌 것은?

① 동작속도가 빠르다.
② 노이즈의 영향을 거의 받지 않는다.
③ 소형이고 가볍게 제작 가능하다.
④ 수명이 길다.

101 자기유지기억회로를 구성하려 할 때 (   )에 알맞은 기호는?

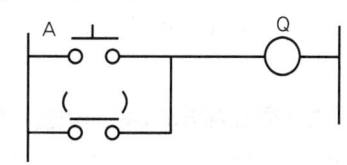

① $\overline{\dfrac{A}{A}}$ ② $\overline{\dfrac{Q}{Q}}$
③ $\overline{A}$ ④ $\overline{Q}$

정답 93. ④ 94. ① 95. ② 96. ② 97. ②
98. ④ 99. ① 100. ② 101. ②

102 시퀀스 제어기기 중에서 검출용 기기에 속하는 것은?

① 누름버튼 스위치　② 리밋 스위치
③ 릴레이　　　　　④ 램프

> **해설**
> 시퀀스 제어는 미리 정해진 순서에 따라 제어의 각 단계를 순차대로 진행해 가는 제어를 말하며, 신호 전달 방법에서 제어 신호가 제어계를 전부 순환하지 않고 회로가 한 방향으로 진행되므로 시퀀스 제어는 개회로 제어(Open-loop)라 할 수 있다.

103 전자 접촉기(MC) b접점의 KS 기호는?

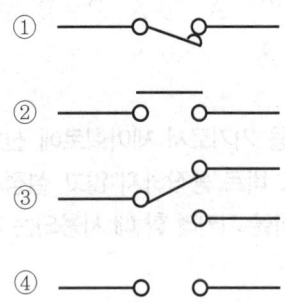

108 내경이 20mm인 실린더에 6kgf/㎠의 유압이 공급될 때 실린더 로드에 작용하는 힘(kgf)은 약 얼마인가? (단, 내부 마찰력은 무시한다)

① 9.9　　　　② 18.8
③ 24.4　　　④ 37.6

104 논리식 F = (A·B + A·$\overline{B}$)·C를 간단히 하면?

① A + B　　② A + C
③ A·B　　　④ A·C

109 전진운동과 후진운동을 할 때 실린더 피스톤이 낼 수 있는 힘의 크기가 같은 실린더는?

① 단동 실린더
② 편로드 복동 실린더
③ 양로드 복동 실린더
④ 쿠션 내장형 실린더

> **해설**
> • 복동실린더의 종류
>   - 양로드형 실린더 : 양방향 같은 힘을 낼 수 있다.
>   - 다위치 제어 실린더 : 정확한 위치를 제어할 수 있다.
>   - 탠덤 실린더 : 같은 크기의 복동 실린더에 의해 두 배의 힘을 낼 수 있다. 단계적 출력 제어가 가능하여 큰 힘을 얻을 수 있다.
>   - 충격 실린더 : 빠른 속도(7~10m/s)를 얻을 때 사용된다.
>   - 쿠션 내장형 실린더 : 충격을 완화할 때 사용된다.

105 유접점 시퀀스 제어회로의 b접점은 무접점 시퀀스 제어회로의 무슨 회로와 같은 역할을 하는가?

① AND 회로　② OR 회로
③ NOT 회로　④ NOR 회로

106 다음 중 무접점 방식과 비교하여 유접점 방식의 장점에 해당하지 않는 것은?

① 온도 특성이 양호하다.
② 전기적 잡음에 대해 안정적이다.
③ 동작상태의 확인이 용이하다.
④ 동작속도가 빠르다.

110 다음 그림의 밸브 기호에서 제어 위치의 개수는?

① 1개
② 2개
③ 3개
④ 4개

107 다음 중 시퀀스 제어와 같은 제어는 무엇인가?

① 되먹임 제어　② 피드백 제어
③ 개루프 제어　④ 폐루프 제어

정답 102. ② 103. ① 104. ④ 105. ③ 106. ④ 107. ③ 108. ② 109. ③ 110. ③

111 다음 중 "2압 밸브"를 "AND 밸브"라고도 하는 이유를 설명한 것이다. 옳은 것은?

① 공기 흐름을 정지 또는 통과시켜 주므로
② 2개의 공기 입구 모두에 공압이 작용해야만 출력이 나오므로
③ 독립적으로 사용되므로
④ 역류를 방지하기 때문에

112 다음 중 유압유에 비해 압축공기의 특성을 설명한 것으로 틀린 것은?

① 탱크 등에 저장이 용이하다.
② 온도에 극히 민감하다.
③ 폭발과 인화의 위험이 거의 없다.
④ 먼 거리일지라도 쉽게 이송이 가능하다.

113 다음 중 회로의 최고 압력을 제어하는 밸브로서, 유압 시스템 내의 최고 압력을 유지시켜 주는 밸브는?

① 릴리프 밸브
② 체크 밸브
③ 압력 스위치
④ 카운터 밸런스 밸브

[해설]
- 체크 밸브 : 한쪽 방향의 유동은 허용하고 반대 방향의 흐름은 차단하는 밸브로서 역류 방지용으로 사용된다.
- 압력 스위치 : 액체 또는 기압의 압력이 설정치 이상 또는 이하에 달하면 전기 접점을 개폐하는 스위치
- 카운터 밸런스 밸브 : 부하가 급격히 제거되었을 때 그 자중이나 관성력 때문에 소정의 제어를 못하게 된다거나 램의 자유 낙하를 방지하기 위하여 귀환유의 유량에 관계없이 일정한 배압을 걸어주는 역할을 한다. 주로 배압 제어용으로 사용된다.

114 다음 중 공압 조정 유닛의 구성요소에 속하지 않는 것은?

① 필터
② 냉각기
③ 압력 조정 밸브
④ 윤활기

[해설]
공압 시스템마다 배관 상류에 설치하여 공기의 질을 조장하는 기기로서 반드시 사용되는 것으로 KS기호에도 압축공기 필터, 압축공기 조절기, 압축공기 윤활기가 구성된다.

115 압축기로부터 토출되는 고온의 압축공기를 공기건조기 입구 온도 조건에 알맞게 냉각시켜 수분을 제거하는 장치는?

① 애프터 쿨러
② 자동 배출기
③ 스트레이너
④ 공기 필터

[해설]
- 스트레이너 : 배관 가운데 설치되어 공기와 함께 유동하는 먼지와 티끌이나 드레인(Drain)을 제거하는 장치, 설치 좌, 스테이러 본체, 스트레이너 받이로 구성되며, 스트레이너 받이의 소용돌이 모양의 리브에 의해서 압축유의 소용돌이를 발대시켜 먼지와 티끌, 드레인을 저부에 침전시킨다.
- 필터 : 표면식, 적층식, 자기식 등이 있고, 일반적으로 아주 작은 먼지를 제거할 목적으로 사용한다.

116 다음 중 유압 시스템의 압력 제어 밸브에 속하지 않는 것은?

① 릴리프 밸브
② 감압 밸브
③ 카운터 밸런스 밸브
④ 체크 밸브

[해설]
- 릴리프 밸브 : 회로 내의 유체 압력이 설정값을 초과할 때 배기시켜 회로 내의 유체 압력을 설정값 내로 일정하게 유지시킨다.
- 감압 밸브 : 회로의 일부에 감압한 압력을 가하는 기능을 지니는 압력 제어 밸브이다.
- 카운터 밸런스 밸브 : 부하가 급격히 제거되었을 때 그 자중이나 관성력 때문에 소정의 제어를 못하게 된다거나 램의 자유 낙하를 방지하기 위하여 귀환유의 유량에 관계없이 일정한 배압을 걸어주는 역할을 한다. 주로 배압 제어용으로 사용된다.

정답 111.② 112.② 113.① 114.② 115.① 116.④

117 다음 중 공압 장치의 특징을 설명한 것으로 틀린 것은?
① 압축공기의 에너지를 쉽게 얻을 수 있다.
② 동력 전달 방법이 간단하고 용이하다.
③ 힘의 증폭 및 속도 조절이 용이하다.
④ 정확한 위치 결정 및 중간 정지가 용이하다.

해설
- 공압장치의 장점
  - 레귤레이터를 이용하여 실린더의 출력을 간단하게 조절할 수 있다.
  - 폭넓게 무단계로 속도 조절을 함으로써 실린더 속도를 제어할 수 있다.
  - 공기는 압축성 유체이므로 충격적인 과부하가 가해져도 실린더 내의 공기가 압축되어 압력이 커질 뿐이고 충격력은 흡수된다.
  - 공기는 점성이 작으므로 배관 도중에 압력 강하가 적고 유속도가 높으므로 고속 작동이 가능하다.
  - 압축이 가능하다는 것은 반대로 압력을 축적할 수 있다는 것으로 공기탱크만으로 축적이 가능하며, 정전 시 비상운전이나 단시간 내 고속 운전, 축압을 이용한 프레스의 다이쿠션 등에 이용되고 있다.
  - 유압과 같이 서지 압력이 발생하지 않으므로 과부하에 대해 안전하다.
  - 에너지가 풍부하며 기구가 간단하고 보수 점검이 용이하다. 또한 원격 조정이 자유로우며 환경오염이 적은 특징이 있다.
- 공압장치의 단점
  - 공기는 압축 및 팽창하는 성질이 있으므로 정밀한 속도 조절을 하기 어렵다.
  - 압축 공기가 대기 중으로 배기될 때 큰 소리를 내므로 쾌적한 작업 환경을 유지하기가 곤란하다.
  - 공압은 압축성 유체이므로 액추에이터의 위치 제어가 곤란하고, 또한 부하 변동 시 작동속도가 영향을 받기 때문에 정밀한 속도 제어가 어렵다.

118 다음 중 수치제어 공작기계(NC 공작기계)는 자동생산 시스템의 어떤 분야에 속하는가?
① 자동 가공
② 자동 조립
③ 비전 센서
④ 근접 센서

119 CCD 카메라로 읽은 화상을 보고 대상 물체의 모양이나 양호 또는 불량 상태를 판별하는 센서는?
① 로드 셀
② 광전 센서
③ 비전 센서
④ 근접 센서

120 공장 자동화의 추진 목적과 가장 거리가 먼 것은?
① 생산성 향상
② 품질의 균일화
③ 제품 고급화
④ 원가 절감

121 산업용 다관절 로봇이 3차원 공간에서 임의의 위치와 방향에 있는 물체를 잡는데 필요한 자유도는?
① 3
② 4
③ 5
④ 6

122 산업 현장에서 사용되고 있는 로봇이 경제적이고 실질적으로 이용될 수 있는 분야에 대한 기준이 아닌 것은?
① 위험한 작업
② 간단한 반복 작업
③ 검사가 필요하지 않는 작업
④ 변화가 자주 일어나는 작업

123 불연속 동작의 대표적인 것으로 제어량이 목표값에서 어떤 양만큼 벗어나면 미리 정해진 일정한 조작량이 대상에 가해지는 제어는?
① 온 오프 제어
② 비례 제어
③ 미분 동작 제어
④ 적분 동작 제어

해설
- 비례 제어 : 조작된 위치가 제어량의 편차의 크기에 비례하여 위치를 취하는 동작
- 미분동작 제어 : 편차의 변화 속도에 비례하여 가하는 제어 동작
- 적분동작 제어 : 자동 제어계에서 제어 편차의 시간 적분값에 비례하는 크기의 출력 신호를 내는 제어 동작

정답 117.④ 118.① 119.③ 120.③
121.④ 122.④ 123.①

124 자동 제어의 종류를 신호 특성에 따라 분류할 때 이에 속하는 것은?

① 서보기구
② 아날로그 제어
③ 자력 제어
④ 타력 제어

125 PLC 프로그램에 대한 설명 중 틀린 것은?

① 입력 조건 없이는 모선에 출력을 지정할 수 없다.
② 동일한 출력 코일을 두 번 이상 사용할 수 있다.
③ 더미 접점을 사용하여 출력할 수 있다.
④ 신호의 흐름은 좌에서 우로 또는 위에서 아래로 흐르게 한다.

126 금속체나 자성체에서 발생되는 전계나 자계의 변화를 감지하여 접점을 개폐하며 물체와 직접 접촉하지 않고 검출하는 스위치는?

① 수동 스위치
② 근접 스위치
③ 광전 스위치
④ 액면 스위치

127 일반적인 PLC 제어와 릴레이 제어의 특성을 비교 설명한 것으로 틀린 것은?

① PLC 제어는 릴레이 제어보다 고장 부위 발견이 어렵다.
② PLC 제어는 릴레이 제어보다 제어반의 크기는 작다.
③ PLC 제어는 릴레이 제어보다 고속 동작이 가능하다.
④ PLC 제어는 릴레이 제어보다 시스템 구성 시간이 짧다.

128 다음 중 PLC의 기능이 아닌 것은?

① 입, 출력 데이터 처리 기능
② 서보 기능
③ 시퀀스 처리 기능
④ 타이머와 카운터 기능

129 시퀀스 제어와 되먹임 제어를 비교할 때 되먹임 제어계에서 반드시 필요한 제어요소는?

① 구동장치
② 신호처리 및 제어장치
③ 입·출력 비교장치
④ 응답속도 가속장치

해설
되먹임 제어는 제어 지령에 의해 수행 후 발생한 피드백에 의해 제어량값과 목표값을 비교하여 제어량의 값이 목표값에 도달하도록 정정동작을 하는 제어이다.

130 PLC 하드웨어 구조에서 외부 입·출력 기기의 노이즈가 PLC의 CPU 쪽에 전달되지 않도록 하기 위하여 사용되는 소자는?

① 다이오드
② 트랜지스터
③ LED
④ 포토 커플러

해설
- 다이오드 : 전류를 한 방향으로만 흐르게 하고, 그 역방향으로 흐르지 못하게 하는 성질을 가진 반도체 소자
- 트랜지스터 : 반도체를 세 겹으로 접합하여 만든 전자회로 구성요소이며 전류나 전압흐름을 조절하여 증폭, 스위치 역할을 한다.

131 자동화 시스템의 구성장치와 거리가 가장 먼 것은?

① 수치 제어 선반
② PLC
③ 무인 운반차
④ 범용 밀링

132 1 또는 0과 같이 하나의 입력에 대하여 항상 그에 대응하는 출력을 발생하게 하고, 다음에 새로운 입력이 주어질 때까지 그 상태를 안정적으로 유지하는 회로로서 컴퓨터 집적 회로 속에서 기억 소자로 사용되는 것은?

① 금지 회로
② 플립 플롭 회로
③ 인터록 회로
④ 선행 우선 회로

정답 124.② 125.② 126.② 127.① 128.②
129.③ 130.④ 131.④ 132.②

해설
인터록 회로
서로 반대되는 신호가 존재할 때 어느 한 신호가 유효하게 되면 그 반대되는 신호가 더 이상 입력될 수 없도록 인위적으로 차단시켜 주는 회로이다.

133 유접점 회로와 비교하여 무접점 회로의 특징을 설명한 것 중 옳지 않은 것은?
① 수명이 길다.
② 응답 속도가 빠르다.
③ 소형화에 적합하다.
④ 전기적 노이즈에 강하다.

134 그림과 같은 계전기 접점 회로를 간단히 한 논리식은?

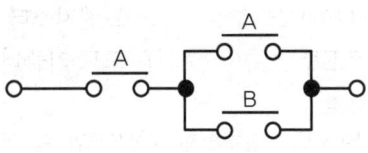

① A ② $\overline{A}$
③ A·B ④ A+B

135 전자석에 의해 접점을 개폐하는 전자 접촉기와 부하의 과전류에 의해 동작하는 열동 계전기가 조합된 장치는?
① 보조 계전기
② 시간 계전기
③ 플리커 계전기
④ 전자 개폐기

136 2개 이상의 전자 계전기가 동시에 동작하는 것을 방지하기 위해 사용하는 회로는?
① 자기 유지회로 ② 인터록 회로
③ 경보 회로 ④ 검출 회로

해설
자기유지회로 : 릴레이의 접점을 이용하여 스위치에 병렬로 연결하여 그 회로의 신호를 기억하게 하는 회로이다.

137 다음 중 입력 신호 주파수의 1/2의 출력 주파수를 얻는 플립 플롭은?
① JK 플립플롭 ② D 플립플롭
③ T 플립플롭 ④ RS 플립플롭

138 그림과 같은 기호의 명칭은?
① 수동 복귀 접점
② 한시 복귀 접점
③ 전자접촉기 접점
④ 제어기 접점(드럼형)

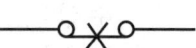

139 시퀀스 제어회로에서 기동 스위치를 ON하여도 제어회로가 인칭회로처럼 동작하여 연속적으로 정상 동작을 할 수 없다. 이때 어떤 회로를 추가로 구성하면 연속적으로 정상동작을 시킬 수 있는가?
① 인터록 회로 ② 자기유지 회로
③ 부정 회로 ④ 지연 회로

해설
인터록 회로
서로 반대되는 신호가 존재할 때 어느 한 신호가 유효하게 되면 그 반대되는 신호가 더 이상 입력될 수 없도록 인위적으로 차단시켜 주는 회로이다.

140 다음 그림에 대한 논리식으로 맞는 것은?

① Y = $\overline{A \cdot B}$
② Y = $\overline{\overline{A + B}}$
③ Y = $\overline{A + B}$
④ Y = A − B

141 다음 계전기 문자 기호에서 유지 계전기에 해당하는 것은?
① BR ② GR
③ KR ④ PR

정답 133.④ 134.① 135.④ 136.② 137.③
138.① 139.② 140.① 141.③

142 입력 신호가 하이(High)이면 출력은 로우(Low)이고, 입력 신호가 로우(Low)이면 출력이 하이(High)가 나오는 논리 회로는?

① AND   ② OR
③ NOT   ④ NAND

해설
- AND : 모든 입력이 1일 때만 1을 출력하는 논리회로이다.
- OR : 입력들 중 하나라도 1이면 출력이 1인 회로이다.
- NAND : 입력이 모두 1일 때만 0을 출력하는 회로이다.

143 다음 중 논리식이 틀린 것은?

① A + A · B = A
② A · (A + B) = B
③ (A · $\overline{B}$) + B = A + B
④ (A + B) + C = A + (B + C)

144 미리 정해진 순서에 따라 제어의 각 단계를 진행하는 제어방식은?

① 자동 제어   ② 시퀀스 제어
③ 조건 제어   ③ 피드백 제어

해설
시퀀스 제어는 미리 정해진 순서에 따라 제어의 각 단계를 순차대로 진행해 가는 제어를 말하며, 신호 전달 방법에서 제어 신호가 제어계를 전부 순환하지 않고 회로가 한 방향으로 진행되므로 시퀀스 제어는 개회로 제어(Open-Loop)라 할 수 있다.

145 다음 그림의 기호는 무엇을 나타내는가?

① 직류 전동기   ② 유도 전동기
③ 직류 발전기   ④ 교류 발전기

146 공압 회로에 다수의 에어 실린더나 액추에이터를 사용할 때 각 작동순서를 미리 정해두고 순차 제어시키고 싶을 때 사용하는 밸브는?

① 릴리프 밸브
② 시퀀스 밸브
③ 감압 밸브
④ 유량 제어 밸브

해설
- 릴리프 밸브 : 회로 내의 유체 압력이 설정값을 초과할 때 배기시켜 회로 내의 유체 압력을 설정값 내로 일정하게 유지시킨다.
- 감압 밸브 : 회로의 일부에 감압한 압력을 가하는 기능을 지니는 압력 제어 밸브이다.

147 다음 중 유압유의 온도 변화에 대한 점도의 변화를 표시하는 것은?

① 비중   ② 체적탄성계수
③ 비체적   ④ 점도지수

해설
온도 변화에 따른 윤활유의 점성률 변화를 표시하는 지수를 점도지수라고 한다.

148 온도가 일정할 때, 초기상태에서 공기의 체적이 10[m³], 압력이 5[atm]이었고, 압축 후의 체적이 2[m³]이 되었다면, 이때의 압력은 얼마인가?

① 10[atm]   ② 25[atm]
③ 50[atm]   ④ 100[atm]

149 교류 솔레노이드와 비교하였을 때 직류 솔레노이드의 특징으로 옳지 않은 것은?

① 간단하며 내구성이 있는 코어가 내장되어 있어 작동 중 발생한 열을 발산해 준다.
② 운전이 정숙하다.
③ 부드러운 스위칭 형태, 낮은 유지전력으로 수명이 길다.
④ 작동시간이 상대적으로 짧다.

정답 142. ③ 143. ② 144. ② 145. ②
146. ② 147. ④ 148. ② 149. ④

150 압축공기를 이용하는 방법 중에서 분출류를 이용하는 것과 거리가 먼 것은?
① 공기 커튼　② 공압 반송
③ 공압 베어링　④ 버스 출입문 개폐

151 유압기기에서 작동유의 기능에 대한 설명으로 틀린 것은?
① 압력 전달 기능　② 윤활 기능
③ 방청 기능　④ 필터 기능

152 공압 조정 유닛 구성요소로 맞는 것은?
① 필터-압력조절기-윤활기
② 공기건조기-냉각기-윤활기
③ 기름 분무 분리기-냉각기-건조기
④ 자동배수밸브-압력조절기-공기건조기

> **해설**
> 공압 시스템마다 배관 상류에 설치하여 공기의 질을 조장하는 기기로서 반드시 사용되는 것으로 KS기호에도 압축공기 필터, 압축공기 조절기, 압축공기 윤활기가 구성된다.

153 다음 중 공압 조정 유닛의 구성요소에 속하지 않는 것은?
① 필터　② 교축 밸브
③ 압력 조절 밸브　④ 윤활기

> **해설**
> 공압 시스템마다 배관 상류에 설치하여 공기의 질을 조장하는 기기로서 반드시 사용되는 것으로 KS기호에도 압축공기 필터, 압축공기 조절기, 압축공기 윤활기가 구성된다.

154 다음 중 "2압 밸브"를 "AND 밸브"라고도 하는 이유를 설명한 것으로 옳은 것은?
① 공기흐름을 정지 또는 통과시켜 주므로
② 압축공기가 2개의 입구에 모두 작용할 때만 출구에 압축공기가 흐르게 되므로
③ 2단계의 압력 제어가 가능하므로
④ 역류를 방지하기 때문에

155 다음 공압실린더의 지지 형식에 따른 분류 중 클레비스형의 기호는?
① FA　② CA
③ FB　④ TC

156 제어회로의 각 부분과 사용되는 소자의 연결이 올바르지 않은 것은?
① 입력 부분 → 리밋 스위치
② 입력 부분 → 푸시버튼 스위치
③ 논리 부분 → 압력 스위치
④ 출력 부분 → 램프

> **해설**
> • 시퀀스 제어 입력요소로는 푸시버튼 스위치, 선택 스위치, 토글 스위치, 리밋 스위치, 광전 스위치, 근접 스위치 등이 있다.
> • 파일럿 램프, 부저, 솔레노이드 밸브, 전자 계전기는 출력요소에 해당한다.

157 PLC 프로그램 작성 시 시퀀스 논리표현 방법으로 틀린 것은?
① 서식은 통상 가로 쓰기이다.
② 출력 코일은 좌측에 배치한다.
③ 연속이 안 되는 선의 교차는 허용되지 않는다.
④ 전류는 좌우 방향에 대해서 좌에서 우로 한 방향으로 흐르고, 상하 쪽에서는 양 방향으로 흐른다.

> **해설**
> PLC 프로그램에서 출력 코일은 우측에 배치한다.

158 제어 시스템의 분류 방법 중 제어정보 표시 형태에 의한 분류 방법으로 짝지어진 것은?
① 아날로그 제어, 2진 제어
② 아날로그 제어, 논리 제어
③ 논리 제어, 파일럿 제어
④ 파일럿 제어, 메모리 제어

159 로봇 매니퓰레이터(Manipulator)에 해당하는 것은?

150.④　151.④　152.①　153.②　154.②
155.②　156.③　157.②　158.①　159.①

① 로봇의 손, 손목, 팔
② 로봇 컨트롤러
③ 로봇의 눈
④ 로봇의 전원장치

160 PLC에서 CPU부의 내부 구성과 관계가 가장 적은 것은?

① 내부 릴레이 ② 타이머
③ 카운터 ④ 리밋 스위치

해설
PLC 입력요소로는 푸시버튼 스위치, 선택 스위치, 토글 스위치, 리밋 스위치, 광전 스위치, 근접 스위치 등이 있다.

161 자동 제어 종류 중 신호특성에 따라 분류할 때 이에 속하는 것은?

① 비율제어 ② 서보기구
③ 타력제어 ④ 디지털제어

162 프로세스 제어와 관계가 가장 적은 것은?

① 온도 제어 ② 유량 제어
③ 기계적 변위 제어 ④ 압력 제어

163 개방제어의 블록선도에서 ㉠과 ㉡에 들어갈 수 있는 구성요소는?

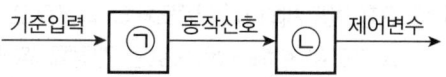

① ㉠ 비교부, ㉡ 조절부
② ㉠ 전원부, ㉡ 제어부
③ ㉠ 조절부, ㉡ 전원부
④ ㉠ 제어부, ㉡ 제어공정

164 다음 중 PLC의 연산처리 기능에 속하지 않는 것은?

① 산술, 논리 연산처리
② 데이터 전송
③ 타이머 및 카운터 기능
④ 코드 변환

해설
타이머 및 카운터는 PLC 명령어 기능에 속한다.

165 미리 정해놓은 순서 또는 일정한 논리에 의해 정해진 순서에 따라 진행하는 제어는?

① 정치 제어 ② 추종 제어
③ 시퀀스 제어 ④ 프로세스 제어

해설
시퀀스 제어는 미리 정해진 순서에 따라 제어의 각 단계를 순차대로 진행해 가는 제어를 말하며, 신호 전달 방법에서 제어 신호가 제어계를 전부 순환하지 않고 회로가 한 방향으로 진행되므로 시퀀스 제어는 개회로 제어(Open-loop)라 할 수 있다.

166 다음 중 자동화의 단점을 설명한 것으로 틀린 것은?

① 시설투자비, 운영비 등 자동화비용이 많이 필요하다.
② 설계, 설치, 운영 및 보수유지 등에 높은 기술수준을 요구한다.
③ 기계가 전문성을 갖게되는 것이므로 생산 탄력성이 결여된다.
④ 설비가 범용성을 갖게 되고 생산성이 향상되어 원가가 절감된다.

167 사람의 팔과 가장 비슷하게 움직일 수 있는 로봇은?

① 직교 좌표 로봇 ② 수평 다관절 로봇
③ 수직 다관절 로봇 ④ PTP 로봇

해설
• 직교 좌표 로봇 : 서로 직교하는 3개의 선형축을 가지고 있으며 이 로봇의 제어방식은 CNC 공작 기계와 비슷하며 로봇의 이송정밀도를 나타내는 것은 분해능(Resolution)이다.
• 수평 다관절 로봇 : 팔의 기계구조가 평행축인 회전 조인트를 가지며, 축에 직교하는 평면 내에서 동작하는 로봇

정답 160.④ 161.④ 162.③ 163.④
164.③ 165.③ 166.④ 167.③

168 PLC의 기종을 선택할 때 주의사항이 아닌 것은?
① 입·출력 점수의 확인
② PLC기기의 색상
③ 프로그램 메모리의 종류와 용량
④ 제어기능의 유무

169 다음 중 유도형 센서(고주파 발진형 근접 스위치)가 검출할 수 없는 물질은?
① 구리 ② 황동
③ 철   ④ 플라스틱

해설
유도형 센서는 도선이 감겨있는 자성체(철) 코어, 발진기, 감지기, 무접점 스위치 등으로 구성되어 있으며, 발진기를 통해 자성체 코어 축 주변을 중심으로 고주파 전자기장을 생성하여 센서 전면에 자기장을 집중시켜 대상을 검출하는 구조이다.

170 누름버튼 스위치에서 조작하는 힘이 가해지지 않았을 때 접점이 on 상태인 것은?
① a접점 ② b접점
③ c접점 ④ d접점

171 시퀀스 제어에 사용되는 검출용 스위치가 아닌 것은?
① 근접 스위치   ② 광전 스위치
③ 누름버턴 스위치 ④ 압력 스위치

172 다음 회로와 같은 논리식은?

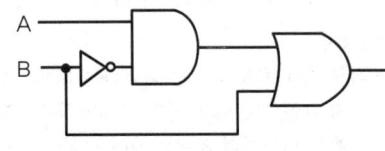

① $X = A + \overline{B}$ ② $X = \overline{A} + B$
③ $X = A + B$ ④ $X = A \cdot B$

173 다음 중 2개의 입력 A, B가 서로 다른 경우에만 출력이 1이 되고, 2개의 입력이 같은 경우에는 출력이 0으로 되는 회로를 무엇이라 하는가?
① 배타적 OR 회로 ② 일치 회로
③ 금지 회로   ④ 다수결 회로

174 시퀀스 제어계의 특징으로 거리가 먼 것은?
① 입력에서 출력까지 정해진 순서대로 제어된다.
② 명령에 의한 궤환이 없다.
③ 출력이 입력에 영향을 주지 않는다.
④ 일반적으로 정량적인 자동 제어가 많다.

해설
시퀀스 제어는 미리 정해진 순서에 따라 제어의 각 단계를 순차대로 진행해 가는 제어를 말하며, 신호 전달 방법에서 제어 신호가 제어계를 전부 순환하지 않고 회로가 한 방향으로 진행되므로 시퀀스 제어는 개회로 제어(Open-loop)라 할 수 있다.

175 다음 표시등 기호와 색상을 연결한 것 중 적합하지 않은 것은?
① WL → 백색 표시등
② RL → 적색 표시등
③ GL → 녹색 표시등
④ OL → 황색 표시등

176 P형 반도체와 N형 반도체의 집합으로 구성된 소자로서 한쪽 방향으로만 전류를 잘 통과시키는 정류 작용의 성질을 가진 정류회로에 주로 사용되는 소자는?
① 다이오드   ② 트랜지스터
③ 릴레이   ④ 타이머

해설
• 트랜지스터 : 반도체를 세 겹으로 접합하여 만든 전자회로 구성요소이며 전류나 전압흐름을 조절하여 증폭, 스위치 역할을 한다.
• 릴레이 : 입력이 어떤 값에 도달하였을 때 작동하여 다른 회로를 개폐하는 장치
• 타이머 : 설정된 시간이 경과하면 스위치를 개폐하고 리셋되는 장치

정답 168.② 169.④ 170.② 171.③ 172.③
173.① 174.④ 175.④ 176.①

177 전자접촉기(MC), 열동 계전기 등의 고장 시 이들 회로를 점검하기에 가장 적합한 계측기는?

① 멀티테스터 ② 오실로스코프
③ 신호발진기 ④ 전위차계

> **해설**
> • 오실로스코프 : 시간에 따른 입력전압의 변화를 화면에 출력하는 장치
> • 신호발진기 : 수신기, 증폭기를 시험하기 위하여 그에 필요한, 이미 알고 있는 전압의 각종 주파수를 발생하는 측정장치
> • 전위차계 : 전위차나 기전력 등을 표준 전지와 비교해서 정밀하게 측정하는 계기

178 전동기의 정·역 운전 회로 등에서 다른 계전기의 동시 동작을 금지시키는 회로는?

① 인터록 회로
② 정지 우선 기억 회로
③ 기동 우선 기억 회로
④ 선입력 우선 회로

> **해설**
> 인터록 회로
> 서로 반대되는 신호가 존재할 때 어느 한 신호가 유효하게 되면 그 반대되는 신호가 더 이상 입력될 수 없도록 인위적으로 차단시켜 주는 회로이다.

179 다음 중 검출용 스위치가 아닌 것은?

① 토글 스위치 ② 온도 스위치
③ 근접 스위치 ④ 광전 스위치

180 전기로 제어계와 같이 온도의 높고 낮음, 즉 크기 및 양에 대하여 제어명령이 내려지는 제어를 무엇이라 하는가?

① 정성적 제어 ② 정량적 제어
③ 비율 제어   ④ 추종 제어

181 $A + \overline{A}$의 출력값은?

① 1   ② 0
③ A   ④ $\overline{A}$

182 공압회로 구성에 사용되는 시간지연 밸브의 구성요소와 관계없는 것은?

① 압력 증폭기
② 공기 탱크
③ 3/2-way 방향 제어 밸브
④ 속도조절 밸브

183 다음 중 기계적 에너지를 유압 에너지로 바꾸는 유압기기는?

① 공기 압축기 ② 유압 펌프
③ 오일 탱크   ④ 유압제어 밸브

> **해설**
> 유압 펌프
> 기계적 에너지를 유체의 압력에너지로 변환한다.

184 어느 게이지의 압력이 8kgf/cm²이었다면 절대압력은 약 몇 kgf/cm²인가?

① 8.0332   ② 9.0332
③ 10.0332 ④ 11.0332

185 다음 중 어큐뮬레이터(축압기)의 용도로 적당하지 않은 것은?

① 맥동 제거   ② 압력 보상
③ 작동유 점도 향상 ④ 유압 에너지 축적

> **해설**
> 축압기(어큐뮬레이터)의 용도
> • 에너지 축적용
> • 펌프 맥동 흡수용
> • 충격 압력의 완충용
> • 유체 이송용

186 다음 중 공압장치의 특징으로 옳지 않은 것은?

① 동력전달 방법이 간단하다.
② 힘의 증폭이 용이하다.
③ 균일한 속도를 얻기 쉽다.
④ 에너지의 축적이 용이하다.

정답 177.① 178.① 179.① 180.② 181.①
182.① 183.② 184.② 185.③ 186.③

해설
- 공압장치의 장점
  - 레귤레이터를 이용하여 실린더의 출력을 간단하게 조절할 수 있다.
  - 폭넓게 무단계로 속도 조절을 함으로써 실린더 속도를 제어할 수 있다.
  - 공기는 압축성 유체이므로 충격적인 과부하가 가해져도 실린더 내의 공기가 압축되어 압력이 커질 뿐이고 충격력은 흡수된다.
  - 공기는 점성이 작으므로 배관 도중에 압력 강하가 적고 유속도가 높으므로 고속 작동이 가능하다.
  - 압축이 가능하다는 것은 반대로 압력을 축적할 수 있다는 것으로 공기탱크만으로 축적이 가능하며, 정전 시 비상운전이나 단시간 내 고속 운전, 축압을 이용한 프레스의 다이쿠션 등에 이용되고 있다.
  - 유압과 같이 서지 압력이 발생하지 않으므로 과부하에 대해 안전하다.
  - 에너지가 풍부하며 기구가 간단하고 보수 점검이 용이하다. 또한 원격 조정이 자유로우며 환경오염이 적은 특징이 있다.
- 공압장치의 단점
  - 공기는 압축 및 팽창하는 성질이 있으므로 정밀한 속도 조절을 하기 어렵다.
  - 압축 공기가 대기 중으로 배기될 때 큰 소리를 내므로 쾌적한 작업 환경을 유지하기가 곤란하다.
  - 공압은 압축성 유체이므로 액추에이터의 위치 제어가 곤란하고, 또한 부하 변동 시 작동속도가 영향을 받기 때문에 정밀한 속도 제어가 어렵다.

187 유압 모터 중 구조면에서 가장 간단하며 출력 토크가 일정하고, 정회전과 역회전이 가능한 모터는?

① 기어 모터
② 베인 모터
③ 회전 피스톤 모터
④ 요동 모터

188 다음 중 보일의 법칙에 대한 설명으로 올바른 것은?

① 기체의 압력을 일정하게 유지하면서 체적 및 온도가 변화할 때, 체적과 온도는 서로 비례한다.
② 정지 유체 내의 점에 작용하는 압력의 크기는 모든 방향으로 길게 작용한다.
③ 기체의 온도를 일정하게 유지하면서 압력 및 체적이 변화할 때, 압력과 체적은 서로 반비례한다.
④ 기체의 압력, 체적, 온도 세 가지가 모두 변화할 때는 압력, 체적, 온도는 서로 비례한다.

해설
- 체적과 (절대)압력과의 관계(단, 온도는 일정)
- 온도가 일정할 때 주어진 공기의 체적은 절대압력에 반비례한다.

189 주회로의 압력보다 저압으로 감압시켜 분기회로 구성에 사용되는 밸브의 명칭은 무엇인가?

① 시퀀스 밸브
② 체크 밸브
③ 감압 밸브
④ 무부하 밸브

해설
- 시퀀스 밸브 : 공압 회로에 다수의 에어 실린더나 액추에이터를 사용할 때 각 작동순서를 미리 정해 두고 순차 제어 시 사용하는 밸브
- 체크 밸브 : 한쪽 방향의 유동은 허용하고 반대 방향의 흐름은 차단하는 밸브로서 역류 방지용으로 사용된다.
- 무부하 밸브 : 작동압이 규정 압력 이상으로 달했을 때 무부하 운전을 하여 배출하고 이하가 되면 밸브는 닫히고 다시 작동하게 된다.

190 나사형 회전자가 서로 맞물려 회전하면서 연속적으로 압축공기를 생산하는 압축기는?

① 격판 압축기
② 베인 압축기
③ 루트 블로어 압축기
④ 스크류 압축기

정답 187.① 188.③ 189.③ 190.④

해설
- 격판 압축기 : 피스톤이 격판에 의해 흡입실로부터 분리되어 있으므로 공기가 왕복 운동을 하는 피스톤 부분과 직접 접촉하지 않기 때문에 공기에 기름이 섞이지 않게 된다. 압축 공기 중에 이물질이 섞이지 않기 때문에 식료품 가공, 제약 회사, 화학 공업 등에 사용된다.
- 베인 압축기 : 베인식 압축기는 케이싱 내에 축과 편심된 로터(Rotor)를 갖고 있으며, 이 로터의 방사상 홈에 베인(Vane)이 삽입되어 있으며, 케이싱과 베인에 의해 둘러싸인 용적에 공기가 흡입되고 로터의 회전에 의해 압축되어 토출된다.
- 루트 블로어 압축기 : 케이스 내부에 서로 반대 방향으로 회전하는 임펠스가 케이스 내벽과 케이스 상호 간에 근소한 간격을 유지하며 회전한다.

191 자동화시스템을 구성하는 주요 3요소가 아닌 것은?
① 센서
② 네트워크
③ 프로세서
④ 액추에이터

해설
자동화시스템의 3요소는 센서, 프로세서, 액추에이터이다.

192 매우 큰 힘을 발생시킬 수 있고, 회전력과 직선력으로 사용할 수 있는 로봇 동력원은?
① 공기압식 동력원
② 전기식 동력원
③ 유압식 동력원
④ 기계식 동력원

193 자동 제어의 장점으로 옳지 않은 것은?
① 제품의 품질이 균일화되어 불량품이 감소한다.
② 연속 작업이 가능하다.
③ 위험한 사고의 방지가 가능하다.
④ 저속작업만 가능하다.

194 다음 중 PLC에서 사용하는 프로그래밍 방식이 아닌 것은?
① 래더도 방식
② 명령어 방식
③ 논리도 방식
④ 클램프 방식

195 작업내용을 미리 프로그램으로 작성하여 로봇의 동작을 결정하는 로봇은?
① 플레이 백 로봇
② NC 로봇
③ 지능로봇
④ 링크로봇

196 자동화의 목적과 관계가 적은 것은?
① 생산성 향상
② 품질의 균일화
③ 원가 절감
④ 고용의 촉진

197 PLC 회로도 프로그램 방식 중 접점의 동작 상태를 회로도 상에서 모니터링 할 수 있는 것은?
① 명령어 방식
② 로직 방식
③ 래더도 방식
④ 플로차트 방식

해설
PLC는 시퀀스 제어를 소프트웨어로 처리하기 위한 장치를 컴퓨터와 비슷한 구조로 만들었으나, 외부의 입출력장치를 용이하게 연결하여 제어할 수 있고, 래더 다이어그램에 의한 시퀀스 제어를 할 수 있도록 설계되어 있다.

198 다음 중 고속도로의 과적차량을 검출하기 위해 사용할 센서로 적합한 것은?
① 바리스터
② 로드셀
③ 리졸버
④ 홀소자

199 자동제조 시스템을 구성하는 주요 생산설비에 포함되지 않은 것은?
① 가공설비
② 조립설비
③ 운반설비
④ 일정계획설비

200 금속체나 자성체에서 발생되는 전계나 자계의 변화를 감지하여 접점을 개폐하며 물체와 직접 접촉하지 않고 검출하는 스위치는?
① 근접 스위치
② 전자 계전기
③ 광전 스위치
④ 리밋 스위치

 정답 191. ② 192. ③ 193. ④ 194. ④ 195. ②
196. ④ 197. ③ 198. ② 199. ④ 200. ①

201 어떤 목적의 상태 또는 결과를 얻기 위해 대상에 필요한 조작을 가하는 것은?
① 프로그램 ② 제어
③ 센서 ④ 서보기구

202 미리 정해 놓은 순서나 일정한 논리에 의하여 정해진 순서에 따라 제어의 각 단계를 차례로 진행하는 제어를 무엇이라 하는가?
① ON-OFF 제어
② 시퀀스 제어
③ 자동조정
④ 프로세스 제어

> **해설**
> 시퀀스 제어는 미리 정해진 순서에 따라 제어의 각 단계를 순차대로 진행해 가는 제어를 말하며, 신호 전달 방법에서 제어 신호가 제어계를 전부 순환하지 않고 회로가 한 방향으로 진행되므로 시퀀스 제어는 개회로 제어(Open-loop)라 할 수 있다.

203 공장 내의 생산현장에서 사람이 없이 무인으로 생산물을 운반하는 무인운반차를 무엇이라 하는가?
① CIM ② FMS
③ AGV ④ MAP

> **해설**
> 공장 생산 부분의 자동화뿐만 아니라 자재의 발주나 품질 관리, 생산 관리 등을 공장 내의 네트워크로 연결하여 종합적으로 관리하는 공장의 자동화 시스템을 CIM이라 한다.

204 감지기, 측정 장치 등과 같이 제어대상으로부터 나오는 출력을 측정하여 기준입력과 비교할 수 있게 하여 주는 것은?
① 제어 요소 ② 제어 신호
③ 시간지연 요소 ④ 되먹임 요소

> **해설**
> 시스템의 출력신호를 입력신호로 되먹임시켜 출력값을 입력값과 비교하여 항상 출력이 목표값에 이르도록 제어하는 것을 되먹임 제어(Feedback Control) 또는 귀환 제어라고 한다.

205 PLC 구성 중 시퀀스 회로의 프로그램 내용을 기록 저장하는 곳은?
① 중앙처리장치(CPU)
② 입·출력부
③ 기억부(Memory)
④ 전원부

206 계전기 자신의 접점에 의하여 작동회로를 구성하고, 스스로 작동을 유지하는 회로는?
① 순간동작 회로
② 우선접점 회로
③ 일치 회로
④ 자기유지 회로

> **해설**
> 자기유지회로
> 릴레이의 접점을 이용하여 스위치에 병렬로 연결하여 그 회로의 신호를 기억하게 하는 회로이다.

207 아래의 그림 기호는 어떤 접점을 나타낸 것인가?

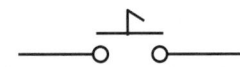

① 수동 조작 자동 복귀 접점
② 조작 스위치 잔류 접점
③ 한시 동작 접점
④ 기계적 접점

208 인터록(Inter-lock)회로를 바르게 설명한 것은?
① 기기의 보호나 작업자의 안전을 위해 기기의 동작상태를 나타내는 접점을 사용하여 관련된 기기의 동작을 금지하는 회로
② 정해진 순서에 따라 차례로 입력되었을 때에만 동작하는 회로
③ 릴레이 자기 자신의 접점을 이용하여 출력을 유지하는 회로
④ 두 입력의 상태가 같을 때에만 출력이 나타나는 회로

정답 201.② 202.② 203.③ 204.④ 205.③ 206.④ 207.② 208.①

해설
인터록 회로
서로 반대되는 신호가 존재할 때 어느 한 신호가 유효하게 되면 그 반대되는 신호가 더 이상 입력될 수 없도록 인위적으로 차단시켜 주는 회로이다.

209 RS플립플롭에서 불확실한 출력상태를 정의하여 사용할 수 있도록 개량된 것은?
① JK플립플롭
② 비동기식 RS플립플롭
③ T플립플롭
④ D플립플롭

210 다음 불 대수의 공식 중 옳지 않은 것은?
① $1 + X = 1$
② $X \cdot X = 1$
③ $X + X = X$
④ $X \cdot 1 = X$

211 동작순서의 시간적 변화를 알기 쉽게 나타낸 도면으로 동작 순서표로도 불리는 시퀀스 제어계의 표시도면은?
① 블록선도
② 플로차트
③ 타임차트
④ 논리 회로도

212 시퀀스 제어의 출력부에 해당되지 않는 것은?
① 광 센서
② 표시램프
③ 솔레노이드
④ 모터

해설
파일럿 램프, 부저, 솔레노이드 밸브, 모터, 전자 계전기는 출력요소에 해당한다.

213 시퀀스 제어의 주요 장점으로 거리가 먼 것은?
① 제품의 품질이 균일화되고 향상되어 불량품이 감소된다.
② 생산속도가 증가된다.
③ 작업의 확실성이 보장된다.
④ 피드백에 의한 목표값과의 비교에 의해 오차수정이 가능하다.

해설
시퀀스 제어는 미리 정해진 순서에 따라 제어의 각 단계를 순차대로 진행해 가는 제어를 말하며, 신호전달 방법에서 제어 신호가 제어계를 전부 순환하지 않고 회로가 한 방향으로 진행되므로 시퀀스 제어는 개회로 제어(Open-loop)라 할 수 있다.

214 유접점 방식과 비교하여 무접점 방식의 특징 설명으로 틀린 것은?
① 동작속도가 늦다.
② 전기적 노이즈에 약하다.
③ 수명이 길다.
④ 열(높은 온도)에 약하다.

215 전자계전기의 동작에서 코일이 여자되면 닫히는 접점은?
① a접점
② b접점
③ c접점
④ 한시 b접점

정답 209.① 210.② 211.③ 212.① 213.④ 214.① 215.①

10 안전관리

반도체장비유지보수기능사

1 가스(Gas)의 특성이 아닌 것은?
① 질식성 ② 가연성
③ 산화성 ④ 중화성

2 산업 안전에 대해 설명이 잘된 것은?
① 편안하고 쾌적하여 위험이 없고 안녕된 상태를 말한다.
② 근로자가 작업하는 현장에 산업재해를 유발하는 유해 위험 요인을 제거하고 근로자에게 편안하고 쾌적한 작업환경을 조성하는 것을 말한다.
③ 근로자가 업무에 관계되는 건설물, 설비, 원재료, 가스 증기, 분진 등에 의하거나 작업 기타업무에 기인하여 사망 또는 부상하거나 질병에 이환되는 것을 말한다.
④ 계획되지 않은 일이 돌발적으로 발생한 상태, 즉 원치 않는 사건(Unwanted Event)을 말한다.

3 안전의 필요성과 거리가 먼 것은?
① 정신적·육체적·사회 환경적 건강이 보장되어야 목표한 삶을 영위할 수 있다.
② 안전이 확보되지 않는다면 기업의 생산활동이 저하되고 기능 인력과 장비의 손실을 초래한다.
③ 안전과 자아실현은 하나이다.
④ 안전은 자신의 행복과 직접적인 연관이 있고 기업체의 생산성과는 관련이 멀다.

4 모든 사람들이 참가하여 현장의 위험요소를 사고로 이어지기 전에 사고뿐만 아니라 잠재위험까지 사전에 발견하여 산업재해의 뿌리부터 없애자는 의미로 무재해 운동을 실시한다. 해당사항이 아닌 것은?
① 무(無)의 원칙
② 선취(先取)의 원칙
③ 선보고의 원칙
④ 참가(參加)의 원칙

5 다음 설명 중 잘못된 것은?
① 신규채용 시 안전보건 교육 : 6개월 후 8시간 이상
② 정기안전보건 교육 : 월 2시간 이상(생산직), 월 1시간 이상(사무직)
③ 관리감독자 안전보건 교육 : 월 2시간 이상
④ 작업내용 변경 시 안전보건 교육 : 발생 시 8시간 이상

6 작업환경과 유해인자 중 물리적 인자가 아닌 것은?
① 불량조명 : 시력저하
② 특정화학물질 : 황산, 염산, 불산(화상, 폐결핵)
③ 소음 : 청력장애(소음성난청)
④ 진동 : 착암기, 진동공구작업(레이노씨 질병)

해설
②는 화학적 인자이다.

7 안전성 확보를 위한 작업환경 측정의 목적이 아닌 것은?
① 작업환경의 유해인자를 어느 수준 이하로 관리

정답 1.④ 2.② 3.④ 4.③ 5.① 6.② 7.③

② 신규설비, 원재료, 작업환경 등의 유해성 예측과 작업환경 개선의 효과 파악
③ 건강진단 결과에 따른 정기 교육 실시 여부 판단
④ 유해 위험한 장소의 출입금지 등 위험장치 조치의 필요성 결정

8 안전관리 측면에서 근로자가 해야 할 사항이 아닌 것은?
① 직업병 예방에 대한 철저한 인식과 주의를 한다.
② 자신이 사용하는 유해물질의 종류, 인체에 미치는 영향, 안전취급 요령 등을 숙지하고 안전 보건상의 조치를 준수한다.
③ 작업 시에는 국소배기장치 등 작업환경설비나 방호장치를 정상적으로 착용하여야 한다.
④ 자신이 어떤 종류의 건강진단 대상자인지 알고 건강진단에 이상이 발생 시에만 참여한다.

> **해설**
> 자신이 어떤 종류의 건강진단 대상자인지 알고 건강진단에 반드시 참여한다.

9 방사선의 인체에 미치는 영향에 대한 것이 아닌 것은?
① 급성 영향 : 피부의 홍반, 탈모, 백혈구 감소
② 만성 영향 : 암, 백내장
③ 유전적 영향 : 생식을 담당하는 기관
④ 습관적 영향 : 알레르기성, 아토피성

10 방사선 취급 시 주의사항이 아닌 것은?
① 방사선을 취급하는 작업 시에는 거리, 시간, 차폐의 3가지 요소를 고려해야 한다.
② 방사선이 존재하는 곳에서의 작업시간은 최대한 짧게 한다.
③ 방사선원과 작업자 사이의 차폐 물질을 두어 방사선에너지가 흡수, 감쇠토록 한다.
④ Survey Meter를 이용하여 1년에 1회 이상 노출량을 측정한다.

> **해설**
> ④ Survey Meter를 이용하여 1주일에 1회 이상 노출량을 측정한다.

11 보호장구 사용 시 주의사항이 틀린 것은?
① 사용자는 보호구의 정확한 사용방법을 숙지하고 사용한다.
② 사용자는 작업 전 보호구의 기능을 확인한 후 사용한다.
③ 기능이 상실되거나 파손된 보호구, 수명이 초과된 정화통은 즉시 수리하여 사용한다.
④ 회전체 근접 작업 시 장갑의 착용을 금한다.

> **해설**
> ③ 기능이 상실되거나 파손된 보호구, 수명이 초과된 정화통은 즉시 교환한다.

12 MSDS의 구성 항목에 해당되지 않은 것은?
① 화학제품과 제조회사에 관한 정보(Product and Company Identification)
② 구성성분의 명칭, 함유량 및 관련정보(Composition/Information on Ingredient)
③ 위험 · 유해성(Hazard Identification)
④ 물품 구매 절차 준수성

13 FAB의 위험성에 대한 내용이 아닌 것은?
① 에너지 밀도가 높다.
② 위험물을 사용한다.
③ 독성물질을 사용한다.
④ 개방공간이다.

> **해설**
> FAB은 폐쇄공간이다.

정답 8.④ 9.④ 10.④ 11.③ 12.④ 13.④

14 연소의 3요소가 아닌 것은?

① 가연물　　② 산소
③ 점화원　　④ 사람

> **해설**
> 연소의 3요소는 가연물, 산소, 점화원이다.

15 화재 발견 시 행동요령이 틀린 것은?

① 최초로 화재를 발견한 자는 큰 소리 또는 신호를 이용하여 불이 났음을 주변작업장에 알린다.
② 화재가 발생하면 소화기 등을 사용하여 신속하게 초기 소화한다.
③ 화재신고는 FMS Room로 신속히 연락하고 불이 난 장소를 명확히 전달한다.
④ 자체 소화가 불가능할 경우에는 현장에서 구조를 기다린다.

> **해설**
> ④ 자체 소화가 불가능할 경우에는 지체말고 신속히 대피한다.

16 소화기 사용법이 틀린 것은?

① 소화기를 화재가 발생한 지점으로 신속하게 옮긴다.
② 안전핀을 뽑는다.
③ 바람과 마주보고 분사노즐을 화점으로 향하게 한다.
④ 소화기 손잡이 레버를 힘껏 움켜쥐고 비로 쓸듯이 발사한다.

> **해설**
> ③ 바람을 등지고 분사노즐을 화점으로 향하게 한다.

17 전기적 위험성에 대한 요인이 아닌 것은?

① 누전　　　② Switch 조작
③ 과부하　　④ 고조파

> **해설**
> • 전기적 장애 : 정전, Noise, 고조파
> • 전기적 위험성 : 누전, Switch 조작, 과부하

18 화재가 나면 침착하고 신속하게 실행해야 하는 행동요령 중 틀린 것은?

① "불이야!"라고 소리쳐서 주변에게 알린다.
② 119로 전화를 걸어 위치와 상황을 신고한다.
③ 계단은 위험하니 가능한 빨리 엘리베이터를 이용하여 대피한다.
④ 가스 밸브를 차단한다.

> **해설**
> 가능한 계단을 이용하여 대피한다.

19 회재 시 대피유도 및 불이 난 건물 내에 갇혔을 때의 조치요령이 틀린 것은?

① 연기 속에서 수건 등으로 입을 막고 낮은 자세로 대피한다.
② 대피 시 방화문 통과 후에는 문을 다시 열어 놓는다.
③ 구조를 기다릴 경우 바람을 등지고 대기한다.
④ 엘리베이트는 화재 시 굴뚝 역할을 하므로 이용하지 않는다.

20 다음의 상처 처지 방법 중 바람직하지 않은 것은?

① 피가 나는 상처 부위에 거즈를 대고 5분간 압박하였다.
② 상처 난 부위를 수돗물로 깨끗이 씻은 후 항생제 연고를 발랐다.
③ 손바닥의 상처에서 피가 나서 손목에 끈을 단단히 매어 지혈을 하였다.
④ 녹슨 나사에 발바닥을 찔려서 상처치료를 위해 병원을 즉시 방문하였다.

> **해설**
> 상처의 윗부분을 단단한 끈으로 묶으면 혈액순환의 장애를 일으켜 가급적 피하는 것이 좋다.

정답　14. ④　15. ④　16. ③　17. ④　18. ③　19. ②　20. ③

21 심장마비와 심폐소생술의 설명 중 옳지 않은 것은?

① 심장마비의 주요 원인인 심근경색은 가슴의 통증이 특징적이다.
② 뇌는 혈액 공급이 4~5분만 중단되어도 영구적으로 손상될 수 있으므로 일반인이라도 심장마비를 목격한 사람은 심폐소생술을 시행해 주어야 한다.
③ 자동제세동기가 주변에 있다면 자동제세동기의 안내에 따라 심폐소생술을 시행하는 것이 좋다.
④ 가슴압박은 분당 70회 속도 정도로 시행한다.

> **해설**
> 가슴압박은 분당 100회 이상의 속도와 가슴이 5cm 깊이 이상 눌릴 정도로 강하고 빠르게 압박해야 한다.

22 안전교육의 필요성이 아닌 것은?

① 배운 만큼 행동한다.
② 위급상황에서 생존하기 위해서는 반복된 훈련이 중요하다.
③ 사고와 직업병에서 보호한다.
④ 법에 규정되어 있기 때문이다.

> **해설**
> 안전교육은 위험요인이 무엇인지를 알려주고 위급한 상황에서의 대처방법 및 행동 수칙을 알려줌으로써 연구자를 사고와 직업병에서 보호하고자 하는 목적으로 시행한다. 안전교육은 작업자 자신을 위한 것이지 법의 규정 때문만이 아니다.

23 작업 폐수 처리 원칙이 아닌 것은?

① 발생원에서 감량
② 폐산, 폐알칼리(염기)액은 중화처리 후 폐기물통에 수집
③ 성상별, 종류별 수집
④ 폐기물통은 유리 제품이 좋다.

> **해설**
> 폐기물통은 깨지지 않은 플라스틱 제품이 좋다. 유리 제품은 파괴되었을 때 조각 및 파편에 의한 부상 위험도가 높다.

24 재해 예방을 위한 설명 중 틀린 것은?

① 재해 예방을 위한 안전대책은 반드시 존재한다.
② 재해의 발생에는 반드시 원인이 존재한다.
③ 재해의 발생과 손실의 발생은 우연적이다.
④ 재해는 원인제거가 불가능하므로 예방만이 최우선이다.

> **해설**
> 재해 원인을 찾아내어 개선하여야 한다.

25 폐기된 화학물질의 처리방법이 아닌 것은?

① 수집용기에는 실험실명, 폐기물화학식, 특성, 주의사항 등을 적은 스티커를 붙여 놓아야 한다.
② 재활용이 가능한 폐기물은 수집상에게 판매한다.
③ 직사광선을 피하고 서늘한 곳에 보관하여야 한다.
④ 공병은 깨지지 않도록 보관 박스에 담아 잘 보관하여야 한다.

> **해설**
> 허가된 특정 폐기물 처리업자에게 인계한다.

26 다음 중 업무상 질병과 관계없는 것은?

① 각종 화학물질의 중독
② 근·골격계 질환
③ 흡연 및 음주 등 잘못된 생활 습관
④ 소음성 난청

> **해설**
> 업무상 질병으로 진폐증, 소음성 난청, 각종 화학물질 및 중금속 중독과 근·골격 및 뇌·심혈 관계 질환들이 해당되며, 개인질환에는 흡연 및 음주 등 잘못된 생활 습관 등의 생활환경 요인에 연유하여 발생하는 질환이 해당된다.

정답 21.④ 22.④ 23.④ 24.④ 25.② 26.③

27 업무상 질병 발생 가능 작업이 아닌 것은?

① 유해한 가스, 증기, 분진 등을 발산하는 작업
② 병원체에 오염되거나 위험이 있는 작업
③ 유해광선이나 방사선에 노출되는 작업
④ 화학물질 목록표 작성 작업

해설
유해한 화학물질을 취급하는 작업이 업무상 질병 발생 가능 작업에 해당된다.

28 다루는 화학물질의 유해성, 응급처치, 소화 방법, 취급 및 저장방법 등을 종합적으로 알 수 있는 정보원(Information Source)은?

① CAS
② MSDS
③ RTECS
④ Chemical Catalogue

해설
- CAS : 미국화학회에서 운영하는 Chemical Abstract에서 부여하는 화학물질의 고유번호
- MSDS : 화학물질의 안전관련 자료를 체계적으로 분류하여 제공하는 정보원
- RTECS : 독성에 관한 자료를 제공하는 정보원
- Chemical Catalogue : 화학물질 취급업체에서 제공하는 생산 또는 판매 가능한 물질을 고유의 체계로 분류하여 기재

29 화학물질의 표지방식 중에서 반응성을 나타내는 색과 가장 반응성이 큰 것을 나타내는 숫자를 기술한 것은?

① 흰색, 4   ② 파란색, 1
③ 붉은색, 1   ④ 노란색, 4

해설
- 흰색 : 물질의 특성(종류)
- 파란색 : 건강, 보건
- 붉은색 : 화재 위험성
- 노란색 : 반응성, 숫자가 클수록(1에서 4까지 표시) 위험성 증가

30 반도체 제조 현장에서 유해물질 가운데 실온에서 액체 또는 고체의 기체상 물질을 가르치는 용어는?

① 기체(Gas)   ② 증기(Vapor)
③ 먼지(Dust)   ④ 흄(Hume)

해설
- 기체 : 분자 간 거리가 상당히 커서 압축성이 큰 물질의 상태
- 증기 : 액체 또는 고체의 기체상 물질
- 먼지 : 작은 직경의 고체입자, 물리적으로 형성된 고형의 미립자
- 흄 : 기화된 후 응결되어 생성된 고형 미립자

31 흄 후드에서의 금지 행동이 아닌 것은?

① 스프레이 작업
② 물질 저장 또는 폐기물 저장 장소로 사용
③ 후드 안에 머리 넣기
④ 콘센트나 점화원을 후드 밖에 위치

32 MSDS에 기재되어 있지 않은 사항은?

① 위험, 유해성
② 응급조치 요령
③ 취급 및 저장방법
④ 취급대리점 연락처

해설
①, ②, ③은 반드시 기재되어야 할 주요 사항

33 화학물질의 노출허용기준(범위)이란?

① 감시농도에서 노출허용농도 사이 범위
② 감시농도에서 건강/생명에 즉각적인 위험농도(IDLH) 사이 범위
③ 노출허용농도에서 건강/생명에 즉각적인 위험농도(IDLH) 사이 범위
④ 감사농도에서 폭발농도 사이 범위

해설
화학물질의 노출 허용 기준은 취급하는 사람에게 유해를 가하지 않을 수 있는 농도 범위로 노출허용농도에서 위험농도 사이를 지칭한다.

정답 27.④ 28.② 29.④ 30.② 31.④ 32.④ 33.③

34 화학물질 저장에 있어서 고려할 사항이 아닌 것은?
① 보안과 접근성
② 공간
③ 환기
④ 장식

　해설
화학물질 저장 시 고려할 사항으로는 보안과 접근성, 공간, 환기 등이 있다.

35 화학물질 운반에 있어 주의할 사항이 아닌 것은?
① 품 안에 안고 운반
② 가연성 물질은 내압성 보관용기에 넣어 운반
③ 주변에 점화원 제거
④ 카트 등 안전한 운반기구 사용

36 반도체 제조공정의 폐기물 관리지침이 아닌 것은?
① 폐기물을 최소화하기 위한 노력
② 폐기물은 종류별, 성상별로 분류
③ 폐기물 수집 용기는 유리용기 사용
④ 수집된 폐기물 용기는 직사광선이 비치지 않고 통풍이 잘되는 지정된 장소에 보관

37 흔히 지적되는 화학물질 관리의 문제점이 아닌 것은?
① 인화성 물질 주변에 점화원 존재
② 시약선반 낙하 방지용 가이드 미설치
③ 시건장치 확보된 시약장에 독성물질 보관
④ 라벨 없는 화학약품

　해설
독성물질은 인가받지 않은 사람이 접근하는 것을 방지하기 위해 시건장치가 확보된 시약장에 보관하여야 한다.

38 연소가스가 아닌 것은?
① 수소　　　② 암모니아
③ 아세틸렌　④ 질소

　해설
질소 가스는 불활성 가스로 반응성이 없는 가스이다.

39 가스의 분류에서 상태에 따른 분류가 아닌 것은?
① 가연성 가스　② 압축 가스
③ 액화 가스　　④ 용해 가스

　해설
가연성 가스, 불연소 가스, 조연성 가스는 연소성에 따른 분류이다.

40 역화 발생의 원인이 아닌 것은?
① 가스를 사용하기 전이나 관이나 토치부분을 사용 전에 퍼지를 제대로 하지 않는다.
② 과다한 가스 압력, 잘못된 노즐크기, 파손된 토치 밸브
③ 사용관이 막히거나 꺾여진 경우
④ 과다한 질소의 공급

41 안전한 가스 사용과 관리를 위해서 필요한 사항이 아닌 것은?
① 가스를 사용하기 전에 항상 MSDS(Material Safety Data Sheets)를 숙지
② 가스 공급자 관리
③ 비상시 대처 능력
④ 가스 감독관의 상주

　해설
안전한 가스 사용과 관리를 위해서는 가스를 사용하기 전에 항상 MSDS를 숙지하고 안전관리조직을 확립하고, 가스공급자 관리를 강화하며, 마지막으로 자율 안전 관리 시스템을 구축한다.

정답　34. ④　35. ①　36. ③　37. ③　38. ④　39. ①　40. ④　41. ④

42 기계의 안전조건이 아닌 것은?
① 외형의 안전화 ② 기능의 안전화
③ 구조의 안전화 ④ 운전의 자동화

해설
자동운전은 편리성과 능률향상을 가져오지만 안전운전을 보장하지는 못한다.

43 원동기, 회전축 등의 위험 방지 설명 중 틀린 것은?
① 기계의 원동기, 회전축, 치차, 풀리, 플라이휠 및 벨트 등 근로자에게 위험을 미칠 우려가 있는 부위에는 덮개, 울, 슬리이브 및 건널다리 등을 설치하여야 한다.
② 회전축, 치차, 풀리 및 플라이휠 등에 부속하는 키 및 핀 등의 고정구에는 문힘형으로 하거나 해당 부위에 덮개를 설치하여야 한다.
③ 벨트 이음부분에는 돌출된 고정구를 사용하여서는 아니된다.
④ 건널 다리에는 높이 120cm 이상의 손잡이 및 미끄러지지 아니하는 구조의 발판을 설치하여야 한다.

해설
건널 다리에는 높이 90cm 이상의 손잡이 및 미끄러지지 아니하는 구조의 발판을 설치하여야 한다.

44 기계설비의 본질적인 안전화 방법이 아닌 것은?
① 조작상 위험이 없도록 설계할 것
② 안전가능이 기계설비 외부에 설치할 것
③ 페일세이프(Fail Safe)의 기능을 가질 것
④ 풀푸르프(Pool Proof)의 기능을 가질 것

해설
안전은 외형, 기능, 구조 등을 2중적이며, 계속적으로 개선하는 것이지 안전장치의 설치 장소가 중한 것은 아니다.

45 다음 중 전격(감전)의 정도(강도)를 평가하는 것으로 가장 적당한 것은?

① 전격전류
② 전격전압
③ 전격전류 × 전격시간
④ 전격전압 × 전격시간

해설
전격전류가 매우 큰 경우라 할지라도 전격시간이 짧은 경우는 전격의 강도가 약하며, 전격전압이 인가된 경우에도 전류가 흐르지 않는다면 전격은 발생하지 않는다. 또한 전격전류가 매우 적은 경우에는 통전시간이 길더라도 전격의 강도는 미미하다. 따라서 전격의 정도를 평가하는 경우에 전격전류 × 전격시간을 고려하는 것이 바람직하다.

46 인체 감전 시의 영향은 전류의 경로에 따라 그 위험성이 달라진다. 동일한 조건에서 위험성이 가장 높은 전류 경로는?
① 왼손-오른손 ② 왼손-가슴
③ 오른손-양발 ④ 양손-양발

해설
전격으로 인해 사망하는 경우에 심장의 이상증세(심실세동, 심장정지) 등으로 인한 경우가 일반적이다. 따라서 동일한 전기에 노출된 경우에는 심장 부근으로 전류가 어느 정도 흘렀는가에 따라 위험성이 달라진다.

47 정전기 사고를 예방하기 위한 대책으로 부적당한 것은?
① 부도체의 접지 및 본딩 실시
② 도전성 재료의 사용
③ 대전물체의 차폐
④ 가습이나 제전기의 사용

해설
접지 및 본딩은 도전성 물체가 대전되는 경우 전하를 완화하기 위하여 필요한 조치이며, 부도체의 대전 방지에는 효과가 없다.

48 누전으로 인한 감전사고를 방지하기 위하여 시설하는 누전차단기의 적절한 감도전류와 동작시간은?
① 감도전류 30[mA], 동작시간 0.03[초]
② 감도전류 50[mA], 동작시간 0.3[초]

정답 42.④ 43.④ 44.② 45.③ 46.② 47.① 48.①

③ 감도전류 100[mA], 동작시간 0.03[초]
④ 감도전류 1500[mA], 동작시간 0.3[초]

해설
누전으로 인한 감전사고를 방지하기 위하여 감도전류 30[mA], 동작시간 0.03[초] 이하인 누전차단기를 설치한다.

49 공기의 존재하에서 가연성 물질을 가열할 경우에 일정한 온도에 달하면 외부의 열원 공급 없이도 연소가 시작되는데, 이때의 최저온도를 무엇이라 하는가?

① 연소온도 ② 착화온도
③ 최소온도 ④ 연화온도

해설
공기의 존재 시 연소 개시 온도를 착화온도 또는 발화온도라고 한다.

50 수소, 산소, 액화암모니아, 아세틸렌 등 특정 고압가스 사용신고 대상자에 대한 설명 중 옳지 않은 것은?

① 저장 능력 250kg 이상인 액화가스저장설비를 갖추고 특정고압가스를 사용하고자 하는 자
② 저장능력 100 이상인 압축가스저장설비를 갖추고 특정고압가스를 사용하고자 하는 자
③ 배관에 의하여 특정고압가스를 공급받아 사용하고자 하는 자
④ 자동차연료용으로 특정고압가스를 사용하고자 하는 자

해설
저장능력 50m³ 이상인 압축가스저장설비를 갖추고 특정고압가스를 사용하고자 하는 자

51 다음은 반도체 일부 공정에서 사용되는 캐리어 가스에 대한 설명이다. 이에 알맞은 것은?

가. 수소와 반응시켜 암모니아를 만들 수 있음
나. 상온에서 화학적으로 비활성인 기체임
다. 액체화된 것은 냉각제로 사용됨

① O_2 ② C_2H_2
③ N_2 ④ H_2

해설
질소가스에 대한 설명이므로 N_2이다.

52 고압가스의 일반적 분류에 의한 압축가스가 아닌 것은?

① 수소 ② 산소
③ 메탄 ④ 산화에틸렌

해설
산화에틸렌은 액화가스로 분류된다.

53 고압가스 용기의 검사방법이 아닌 것은?

① 외관시험 ② 전도시험
③ 압궤시험 ④ 내압시험

해설
전도시험은 용기의 검사방법에 포함되지 않는다.

54 분진 폭발 물질 중 폭발성이 가장 낮은 물질은?

① 밀가루 ② 전분가루
③ 마그네슘 분말 ④ 산화알루미늄 분말

해설
산화알루미늄 분말은 안정된 분말로 분진 폭발성이 낮은 물질이다.

55 이상기체와 실제기체의 특성에 대한 설명으로 바르지 못한 것은?

① 이상기체와 실제기체는 질량과 에너지를 갖고 있다.
② 이상기체는 분자 간 상호작용을 하지만 실제기체는 작용하지 않는다.
③ 이상기체는 분자 간의 인력이 없지만, 실제기체는 있다.
④ 이상기체는 에너지 손실이 없지만, 실제기체는 있다.

해설
이상기체는 분자 간 상호작용이 존재하지 않으며, 실제기체는 존재한다.

정답 49.② 50.② 51.③ 52.④ 53.② 54.④ 55.②

56 다음은 가스법령에서 고압가스 분류를 설명한 것이다. 이에 해당하는 것은?

> 상용의 온도에서 2kg/cm² 이상이 되는 가스가 실제로 그 압력이 2kg/cm² 이상이거나, 2kg/cm²가 되는 경우의 온도가 35℃ 이하인 액화가스

① 액화가스 ② 압축가스
③ 용해가스 ④ 특수가스

해설
액화가스에 대한 설명이다.

57 다음은 가스의 어떤 상태에 대한 분류를 나타내는가?

> • 가연성 가스 • 불연성 가스 • 조연성 가스

① 가스 상태에 따른 분류
② 독성에 따른 분류
③ 연소성에 따른 분류
④ 용해성에 따른 분류

해설
연소성에 따른 분류로 가연성, 조연성, 불연성으로 나눈다.

58 가스관련 3대법에 포함되지 않는 것은?

① 고압가스안전관리법
② 특수가스안전관리법
③ 액화석유가스의 안전 및 사업관리법
④ 도시가스 사업법

해설
가스관련 3대법은 고압가스안전관리법, 액화석유가스의 안전 및 사업관리법 그리고 도시가스사업법이다.

59 전기설비의 점화원으로 현재적 점화원(정상 상태의 점화원)이 될 수 없는 것은?

① 직류전동기의 정류자
② 변압기의 권선
③ 전열기
④ 개폐기

해설
정상상태에서는 점화원이 되지 않으나 이상상태에서 점화원이 될 수 있는 점화원으로서, 전동기 및 변압기의 권선, 마그넷 코일, 전기적 광원, 케이블, 기타 배선 등이 그 예에 속한다.

60 정전기에 의한 장애와 재해에 속하지 않는 것은?

① 화재 ② 폭발
③ 전격 ④ 대전

해설
• 전격은 대전된 인체에서 도체로, 또는 대전물체에서 인체로 방전되는 현상에 의해 인체 내로 전류가 흘러 나타나는 현상으로 불쾌감, 공포감으로 생산성 저하를 일으키고, 큰 경우에는 추락 등의 2차 피해로 인명사고를 유발할 수 있다.
• 대전은 정전기 유도 현상으로 장애와 재해에 속하지는 않는다.

61 감전전류가 인체에 미치는 영향에 대한 국제전기기술위원회에 의한 기준으로 통전경로별 위험도가 가장 높은 경우를 고르시오.

① 왼손 → 가슴 ② 왼손 → 등
③ 오른손 → 등 ④ 왼손 → 오른손

해설
왼손 → 가슴의 통전경로가 가장 높은 위험도 1.5를 나타낸다.

62 다음 중 연삭기의 안전수칙 중 옳지 않은 것은?

① 연삭숫돌은 정해진 사용면만 사용하여 작업한다.
② 환기장치의 가동을 확인한 후 작업한다.
③ 공회전을 3분 정도 실시한 후 규정 속도로 사용한다.
④ 연마 금속에 따라 필요 시 보안경을 착용한다.

해설
연삭기 작업 시에는 반드시 보안경을 착용해야 한다.

63 작업자가 지켜야 할 사항이 아닌 것은?

정답 56.① 57.③ 58.② 59.②
60.④ 61.① 62.④ 63.④

① 기본 안전 장구류는 반드시 착용 후 작업한다.
② 작업 전 안전수칙 구호를 선창하고 안전장치 점검 후 작업에 임한다.
③ 안전일지는 매일 작성하고 작업반장으로부터 확인 받는다.
④ 안전규격품의 기계기구류를 구입하여 작업한다.

해설
④는 사업주체가 준수해야 할 사항이다.

64 다음 중 올바르지 않은 설명은?
① 고속으로 회전하는 벨트 등에는 덮개를 설치하여야 한다.
② 정전으로 인하여 기계작동이 중지되었을 때에는 스위치를 작동 위치로 전환하여야 한다.
③ 기계를 정지시킬 때 완전히 정지할 때까지 손을 대지 말아야 한다.
④ 기계 실험 시 반드시 2인 이상이 사용하여야 한다.

해설
정전으로 기계가 작동을 멈춤 후 스위치를 작동 정지 상태로 두지 않았을 경우 전기가 들어오면 기계가 작동하여 예기치 못한 사고가 발생할 수 있으므로, 정전이 되면 작동 스위치를 작동 정지 위치로 전환하여야 한다.

65 다음 설명 중 올바르지 않은 것은?
① 안경을 착용한 경우에도 작업장 내에서는 보안경을 착용하여야 한다.
② 가죽으로 만들어진 샌달은 안전화를 대신하지 못한다.
③ 작업장의 압축공기는 작업 후 옷의 먼지를 털어내는 용도로 사용하지 않는다.
④ 기계 가공의 경우에는 손을 보호하기 위해서 가능하면 장갑 등을 끼는 것이 좋다.

해설
기계 가공 중에 장갑을 낄 경우 장갑이 기계에 빨려 들어가면 손도 같이 빨려 들게 된다.

66 다음 설명 중 올바르지 않은 것은?
① 드릴 머신에 드릴을 고정할 때 드릴이 길게 나오도록 고정하는 것이 안전하다.
② 공구는 가동 중에 풀리지 않도록 충분히 고정한다.
③ 과도한 이송률은 공구의 파손을 초래할 수 있다.
④ 가공 도중에 기계로부터 관심을 돌리지 않는다.

해설
드릴을 길게 나오도록 고정할 경우 휘어지거나 부러져 위험하므로 적정 길이를 유지하여야 한다.

67 다음 중 실험실 안전보건점검 시 체크리스트에 포함되어야 할 항목으로 적절하지 않은 것은?
① 실험실 정리정돈   ② 연구원 건강상태
③ MSDS 비치상태   ④ 보호구 착용

해설
실험실 안전보건점검에 대한 체크리스트는 실험실 내의 시설에 관련된 것이지 인력에 관련된 사항이 아니다.

68 다음 중 2차재해 예방설비가 아닌 것은?
① 흡착재
② 눈 세척기
③ 칼날 폐기함
④ 락 아웃/태그 아웃

해설
눈 세척기는 화학물질이 눈에 노출되었을 때 응급조치를 하기 위한 설비이다.

69 다음 중 사다리 사용에 관한 설명 중 틀린 것은?
① 사다리의 측면에서 작업을 하면 자세가 불안정하여 추락의 위험이 있으므로 반드시 정면에서 작업해야 한다.
② 사다리는 승강도구이지 작업도구가 아니므로 30분 이상의 작업을 계속해야 한다

정답 64.② 65.④ 66.① 67.② 68.② 69.③

면 고소작업대나 작업발판을 갖춘 비계 등을 사용해야 한다.
③ 작업 중에도 추락방지를 위하여 반드시 2점접촉을 유지해야 한다.
④ A자형 사다리의 최상부에 서서 작업을 하다 보면 손으로 지지할 곳이 없어서 균형을 잃고 넘어질 수 있으므로 최상부에서 상부 3번째 발판까지는 작업을 금지하여야 한다.

> 해설
> 사다리 작업에서는 두 발과 한 손 혹은 두 손과 한 발 등으로 반드시 3점접촉을 유지해야 한다.

70 협착사고를 방지하기 위한 안전대책 중 틀린 것은?

① 동력으로 작동되는 공작기계에는 비상동력차단장치가 반드시 있어야 하며 제대로 기능하는지 항상 확인해야 한다.
② 무거운 시험체를 여러 사람이 운반하여 내려놓거나 거치시키는 과정에서 시험체 밑에 손이나 발이 끼지 않기 위해서는 모든 연구 활동 종사자들은 지휘자의 지시에 의해서만 움직여야 한다.
③ 하중가력 장치의 헤드 하단에서 작업을 실시할 때에는 유압이나 전기가 연결되지 않은 상황에서 가력장치의 액추에이터헤드가 하강할 경우를 대비하여 안전블록을 사용해야 한다.
④ 믹서 등 원심력을 이용하여 물질을 분쇄, 혼합하는 장치에서 내용물을 꺼내거나 정비, 청소 등을 위하여 손을 안으로 넣을 때에는 손이 협착될 우려가 있으므로 장갑을 착용하지 말아야 한다.

> 해설
> 원심력을 이용하여 물질을 분쇄, 혼합하는 장치에서 내용물을 꺼내거나 정비, 청소 등을 위하여 손을 안으로 넣을 때에는 손이 협착될 우려가 있으므로 기계의 운전을 정지해야 한다.

71 다음 중 전도 사고를 방지하기 위한 안전대책이 아닌 것은?

① 유압유나 모래 등 오염물질이 바닥에 떨어져 있으면 즉각 제거하여 미끄러지는 등의 위험이 없도록 실험실 바닥을 안전하고 청결한 상태로 유지하는 것이 중요하다.
② 구조물에 대한 하중재하 시험을 실시하면서 처짐이나 균열 확인 등을 위하여 시험체에 다가갈 필요가 있을 때 하중이 가력되는 동안에는 접근을 삼가야 한다.
③ 정리되지 않은 기구나 철강재, 혹은 전선 등이 있으면 이동 중에 걸려 넘어지는 경우가 발생하므로 통로와 작업공간을 안전하게 확보하는 것이 필요하다.
④ 작업발판 위에서 넘어지면 작업발판 밖으로 미끄러져서 추락으로 이어지는 등 2차적인 추락 사고를 유발할 우려가 크므로 난간이나 로프 등의 적정성을 확인해야 한다.

> 해설
> ②는 낙하/비래에 대한 안전대책이다.

72 다음 중 인화성 물질을 보관해야 할 장소는?

① 환기가 잘되는 장소
② 실험실 내 후드
③ 플라스틱 폐액통
④ 증기발산 억제 용기에 담아서 전용 캐비넷에 보관

> 해설
> 인화성 물질은 증기발산을 억제하는 용기에 담아서 전용 캐비닛에 보관하여야 한다.

73 MSDS를 통해서 확인할 수 있는 정보가 아닌 것은?

① 해당 물질의 물리화학적 특징
② 해당 물질 취급 시 주의사항
③ 해당 물질의 가격
④ 해당 물질의 노출기준

해설
MSDS를 통해서 확인할 수 있는 정보는 물리화학적 특징, 취급 시 주의사항, 건강영향, 법규정보(노출 기준 등)이다.

74 다음 중 선반의 안전수칙이 아닌 것은?
① 상의의 옷자락은 안으로 넣고 팔 토시를 착용한다.
② 편심된 가공물을 설치할 때는 균형추를 부착시킨다.
③ 손 보호를 위해 장갑을 착용한다.
④ 회전 중에는 가공품을 직접 만지지 않는다.

해설
선반적업 시에는 장갑을 착용하지 않거나 또는 얇은 가죽장갑을 착용해야 한다.

75 다음 중 액체 방사성 물질을 바닥에 엎질렀을 때의 대응으로 틀린 것은?
① 엎질러진 용액 주위에 종이타월 울타리를 두를 수 있다.
② 연구실을 나가기 전 손, 발 등 인체 오염을 검사한다.
③ 동료나 인근 연구실에 알려 오염 영역에 접근을 금지시킨다.
④ 물에 적신 종이 타월로 오염의 중심부에서 바깥쪽으로 충분히 제염한다.

해설
방사성물질의 오염제거는 바깥쪽에서 중심부로 실시해야 한다. 그렇지 않은 경우 오염물질은 줄지만 물에 적신 종이타월 등에 의해 오염지역이 확산될 수 있다.

76 기기 설비의 움직임이나 배치가 인간의 기대에 얼마나 잘 대응하는가 하는 성질을 가리키는 말은 무엇인가?
① 정확성   ② 상용성
③ 양립성   ④ 신뢰성

해설
양립성(Compatibility)이란 기기 설비의 움직임이나 배치가 인간의 기대에 얼마나 잘 대응하는가 하는 성질을 말한다. 양립성은 공간적 양립성, 개념적 양립성, 운동적 양립성으로 나눌 수 있다.

77 갑작스런 공포나 극도의 불안에 휩싸이는 경우, 평상시에는 절대로 하지 않을 것 같은 행동을 거의 무의식중에, 더구나 강력하게 행하기 쉬워지는 심리적 상태를 무엇이라 하는가?
① 스트레스(Stress)
② 경악(Panic)
③ 인간 과오(Human Error)
④ 각성(Arousal)

해설
경악(Panic)은 갑작스런 공포나 극도의 불안에 휩싸이는 경우, 평상시에는 절대로 하지 않을 것 같은 행동을 거의 무의식중에, 더구나 강력하게 행하기 쉬워지는 심리적 상태를 말한다. 사고 발생 시에 인간이 경험하게 되는 경악(Panic)은 인간의 올바른 판단을 상당 기간 정지시켜 버린다.

78 화학약품에 의한 화상에 대한 응급조치로서 올바른 방법이 아닌 것은?
① 화학약품이 묻거나 화상을 입었을 경우 즉각 물로 씻도록 한다.
② 화학약품에 의하여 오염된 의류는 입은 채 물로써 씻어내도록 한다.
③ 몸에 화학약품이 묻었을 경우 적어도 15분 이상 수돗물에 씻어내고, 응급조치를 한 후 전문의에게 질료를 받는다.
④ 눈에 들어갔을 때에는 세안장치로 15분 이상 씻어낸다.

해설
화학약품이 묻은 의류는 즉시 탈의하고 씻어내야 한다.

79 다음 중 외부피폭 방어원칙이 아닌 것은?
① 모의 훈련 등을 통해 숙련도를 높인다.
② 3단 필터 등의 여과장치를 설치한다.
③ 집개 등의 장비를 활용한다.
④ 감마선 작업 시 앞치마를 입고 작업한다.

해설
① 모의 시간, ③ 모의 거리, ④ 모의 차폐의 원칙에 해당한다. ②번은 농도의 희석에 해당하는 내부피폭 방어원칙에 해당한다.

정답 74. ③ 75. ④ 76. ③ 77. ② 78. ② 79. ②

80 다음중 방사선 작업 시 방사성 물질의 인체 내부 침투 경로가 아닌 것은?

① 호흡기 흡입 ② 소화기 섭취
③ 혈관으로의 주사 ④ 기공을 통한 흡수

해설
환자에게 진료의 목적으로 방사성 물질을 주사하는 경우는 있으나, 이는 방사선 작업 시의 인체흡수 경로에 해당하지 않는다.

81 설비의 전기 과부하 사고의 주된 요인은 오조작, 설계 그리고 기계의 과부하에서 비롯된다. 보기의 설명 중 과부하로 인한 설비사고의 예방대책 설명 중 바르지 않은 것은?

① 무자격자의 설비 개조개선을 금한다.
② 계절부하로 인한 전력수요 급증에 대처한다.
③ 3상 전원의 단상 운전을 활용한다.
④ 수시로 공장 가동률을 점검하여 설비 가동에 따른 과부하 요인을 파악한다.

해설
3상 전원의 단상 운전을 예방한다.

82 전기 감전사고의 형태로 바르지 않는 것은?

① 절연파괴로 인한 아크 감전
② 정전기에 의한 감전
③ 낙뢰에 의한 감전
④ 피로파괴에 인한 감전

해설
피로파괴는 전기 감전사고의 형태와 관련이 없다.

83 조작자의 신체 부위가 위험 한계 밖에 있도록 의도적으로 기계의 조작 장치를 일정거리 이상 떨어뜨리는 기계 설비의 방호 장치를 무엇이라 하는가?

① 격리형 방호장치
② 위치제한형 방호장치
③ 접근 반응형 반응장치
④ 포집형 반응장치

해설
위치제한형 방호장치는 조작자의 신체 부위가 위험 한계 밖에 있도록 의도적으로 기계의 조작 장치를 일정거리 이상 떨어뜨리는 것을 말한다(예를 들어, 프레스의 양수 조작 방호 장치).

84 기계 고장률의 일반적 3가지 기본 모형이 아닌 것은?

① 초기고장 ② 우발고장
③ 연속고장 ④ 마모고장

해설
고장율의 3가지 기본 모형은 초기고장, 우발고장, 마모고장이다.

85 기계 설비의 운전시 기본 원칙에 대한 설명 중 바르지 못한 것은?

① 작업 범위 이외에 기계는 허가 없이 사용하지 않도록 한다.
② 이상 발생 시 즉시 전원을 내린다.
③ 청소한 기름걸레는 일반 휴지통에 보관한다.
④ 기계 고장 시 정지한 후 고장 표시를 기계 설비의 메인 스위치에 부착한다.

해설
청소한 기름걸레는 불연재 용기 속에 보관한다.

86 기계 설비의 배치 시 유의사항으로 바르지 않은 것은?

① 기계 설비의 주위로는 충분한 공간을 둔다.
② 기계 설비의 설치 시에 보수 점검이 용이하도록 배치한다.
③ 불필요한 운반 작업을 하지 않도록, 작업의 흐름에 따라 기계 설비를 배치한다.
④ 공급 원료나 생산된 제품의 대기 장소는 최소한으로 한다.

해설
원료나 제품의 보관 장소는 충분하게 설정한다.

87 기계 설비의 표준 작업 안전 수칙으로 바르지 못한 것은?

① 자기 담당 기계 설비 이외는 손을 대지 않는다.
② 정전이 되면, 우선 스위치를 내린다.
③ 기계 설비를 청소할 경우, 손으로 직접 청소하는 것을 원칙으로 한다.
④ 기계 설비는 일일이 점검하고, 사용 전에 반드시 점검하여 이상 유무를 확인한다.

정답 80. ③ 81. ③ 82. ④ 83. ②
84. ③ 85. ③ 86. ④ 87. ③

2014 기출문제

반도체장비유지보수기능사

1 웨이퍼 상에 250개의 다이가 있고 그 중 225개의 다이가 양호할 때, 웨이퍼 수율은?
① 80%   ② 85%
③ 90%   ④ 95%

해설
수율 = (양호한 다이 수/전체 다이 수)×100(%)
     = 225/250×100(%) = 90%

2 노광공정이 끝난 후 이전 공정과 현 공정이 얼마나 정확하게 정렬되어 있는지를 나타내는 척도는?
① 오버레이(Overlay)
② 이멀전(Immersion)
③ 에큐러시(Accuracy)
④ CD(Critical Dimension)

해설
노광공정 검사단계
• 육안검사
• 오버레이(Overlay) : 패턴이 정확하게 정렬(Align)되어 있는지를 검사하는 단계
• CD측정 : 패턴의 크기를 측정하는 단계
※ 오버레이는 노광공정이 끝난 후 이전 공정과 현 공정이 얼마나 정확하게 정렬되어 있는지를 나타내는 척도이다.

3 반도체 제조공정 중 습식 식각에 대한 설명으로 틀린 것은?
① 용액을 이용한 등방성 식각이다.
② 최근 반도체공정에서 주로 사용되는 공정이다.
③ 선택성이 건식 식각에 비해 우수하다.
④ 등방성 식각 특성으로 인한 패턴의 크기 조절이 어렵다.

해설
화학약품을 사용하는 습식 식각은 건식 식각에 비해 식각막에 대한 우수한 선택성을 확보할 수 있으나, 등방성 식각 특성 때문에 정교한 패턴 식각에 사용하는 데는 문제가 있다.

4 반도체 금속박막을 형성하는 PVD 장치의 설명으로 옳지 않은 것은?
① PVD 방법에는 스퍼터링(Sputtering), 열증착(Evaporation) 등이 있다
② 스퍼터(Sputter)에서는 감압한 진공 챔버 내에 부착시킬 재료로 만들어진 타겟과 반대편에 웨이퍼를 위치한다.
③ 타겟을 음극으로 사용하여 플라즈마를 여기시켜 아르곤이온을 생성한다.
④ 스퍼터링(Sputtering)은 열증착(Evaporation)에 비해 박막 증착 균일도가 낮다.

해설
박막 증착 균일도
CVD법(가장 우수) > 스퍼터링 > 열증착법

5 반도체 패키징 기술에 대한 요구 조건으로 가장 거리가 먼 것은?
① 내열성의 향상
② 신호전달 경로의 축소
③ 열발산성의 감소화
④ 고밀도 실장에 적합한 패키지의 다양화

해설
반도체는 열에 취약하여 열발산성이 향상되는 패키징 기술을 적용하여야 한다.

정답 1. ③ 2. ① 3. ② 4. ④ 5. ③

6 반도체 노광공정 중 노광파장(λ)이 193nm, 개구수(NA)는 0.45, 해상도(R)가 257nm 일 때, 렌즈의 초점 깊이(Depth Of Focus)는 약 얼마인가?(단, K 값은 1이다)

① 268nm　　② 476nm
③ 507nm　　④ 901nm

해설
초점깊이 = $K \times (\lambda / (2 \times NA^2))$
　　　　 = $1 \times (193 / (2 \times 0.45^2))$ = 476nm

7 반도체 노광공정 중 PR 코팅의 균일도에 영향을 주는 요소가 아닌 것은?

① PR 노광　　② PR 점도
③ PR 온도　　④ PR 스핀속도

8 반도체 제조공정 중 식각공정의 설명으로 옳지 않은 것은?

① 식각의 방법으로는 건식 방식과 습식 방식으로 나눌 수 있다.
② 마스크를 사용하는 선택 식각과 마스크를 사용하지 않는 전면 식각으로 나눌 수 있다.
③ 건식 식각은 습식 식각에 비하여 가스의 선택 및 조절이 어려워 정확한 패턴 형성이 안 된다.
④ 건식 식각에서 사용하는 것은 활성화된 가스이고, 습식 식각에서는 용액성 화학 약품을 사용한다.

해설
건식 식각은 식각막에 대한 반응성 가스의 선택 및 이방성 식각 특성을 이용한 정확한 패턴 형성이 장점이다.

9 반도체 패키지 형태에서 리드프레임을 사용하는 패키지 종류가 아닌 것은?

① BGA　　② DIP
③ QFP　　④ TSOP

해설
전통적인 패키징 타입에는 리드프레임 타입과 Ball Grid Array 타입이 있으며, BGA가 후자의 가장 일반적인 형태의 타입이다. 최근에는 Ball을 사용하지 않는 Land Grid Array형태의 패키지도 그 적용이 증가하고 있으며, 리드프레임 타입에 비해 전기적 특성이 우수하고 경박 단소한 특성이 있다.

10 반도체 제조공정에서 웨이퍼를 작업단위로 작업하거나 이동시킬 때 사용하는 웨이퍼 캐리어(Wafer Carrier)는?

① 런(Run)
② 박스(Box)
③ 트위저(Tweezer)
④ 카세트(Cassette)

해설
런은 작업 단위이며, 트위저는 웨이퍼를 핸들링할 때 사용되는 기구이다. 카세트를 이용하여 웨이퍼를 이동하거나 작업을 진행한다.

11 실리콘 기판 위에 형성된 박막을 패턴 모양대로 화학적 반응 또는 물리적 반응을 통하여 선택적으로 두께를 얇게 하거나 불필요한 부분을 제거하는 공정은?

① 산화(Oxidation)
② 식각(Etching)
③ 확산(Diffusion)
④ 증착(Deposition)

12 다음 설명과 같은 습식 식각 방식은?

> "웨이퍼를 1장 또는 여러 장씩 에칭 챔버(Etching Chamber)에 넣고 웨이퍼를 회전시키면서 약액을 뿌려 웨이퍼 표면의 박막과 화학반응이 일어나 에칭이 진행되는 방식이다."

① 드라이 에칭(Dry Etching)
② 스핀 에칭(Spin Etching)
③ 블랭크 에칭(Blank Etching)
④ 스퍼터링(Sputtering)

정답　6. ②　7. ①　8. ③　9. ①　10. ④　11. ②　12. ②

> **해설**
> 약액 사용으로 습식 식각이며, 웨이퍼를 회전하는 챔버에 넣고 회전시키며 반응시키는 방식은 스핀에칭 방식에 해당한다.

13 확산장비 반응실의 내부 압력이 약 10^{-1} Torr이면 내부의 진공 상태는?

① 대기압　　　② 저진공
③ 중진공　　　④ 고진공

> **해설**
> - 대기압 = 1기압 = 760Torr
> - 저진공 = 대기압 ~ 1Torr
> - 중진공 = 1Torr ~ 10^{-3}Torr
> - 고진공 = 10 − 3 ~ 10^{-7}Torr

14 반도체공정에 사용되는 확산 시스템의 구조 및 소스에 대한 설명으로 틀린 것은?

① 전기로 구조의 형태별로 수평형과 수직형으로 나뉜다.
② 소스의 형태별로 가스(증기), 액체, 고체 타입으로 구분된다.
③ 수평형 구조의 경우 가스는 앞에서 뒤로 층류의 형태로 흐른다.
④ 수직형 구조의 경우 균일성을 확보하기 위한 온도 조절이 편리하다.

15 노광공정에서 사용되는 전원 방식에 의한 스퍼터 장치의 종류가 아닌 것은?

① ECR 방식
② RIE 방식
③ DC 전원 방식
④ RF 전원 방식

16 테이프 마운터의 구성 요소가 아닌 것은?

① 블레이드 장치
② 웨이퍼 스테이지
③ 라이너 커터
④ 마운트 테이프

17 산화막 성장에 영향을 주는 요소가 아닌 것은?

① 결정방향
② 압력
③ Halogenic Species의 첨가
④ Gas Cluster Ion Beam

18 포토공정 중 식각공정 이전에 103~140℃로 베이크 오븐에서 굽는 것은?

① Soft Bake　　② Hard Bake
③ Post Bake　　④ Depp Bake

> **해설**
> 하드베이크(Hardbake)
> 웨이퍼 위에 남아 있는 PR이 웨이퍼 표면에서 떨어지지 않도록 고정시키는 역할을 하는 동시에 PR의 조직을 견고히 한다.

19 CVD 장비의 반응실 내부 압력이 101325 Pa이다. 이는 몇 Torr인가?

① 7.6　　　② 76
③ 760　　　④ 7,600

> **해설**
> 1torr = 1mmHg = 133.332Pa(파스칼)

20 프로세스 챔버의 BM 또는 PM 후에 대기압 상태에서 진공상태로 만들기 위해 일정한 압력까지 펌핑(Pumping)을 시켜주기 위한 밸브는?

① APC 밸브
② ISO 밸브
③ Rough 밸브
④ TMP Manual Vent 밸브

21 웨이퍼 소잉 머신의 구성 요소와 가장 거리가 먼 것은?

① 척 테이블　　② 워터 게이지
③ 블레이드 장치　　④ 웨이퍼 스테이지

정답 13. ③　14. ④　15. ②　16. ①　17. ④　18. ②　19. ③　20. ③　21. ④

22 전기전도율의 측정 방법으로 옳지 않은 것은?

① 4-포인트 프로브는 반도체의 전도 형태를 확인하는데 사용할 수 있다.
② 전기전도율의 부호(+, -)는 반도체에 점 접촉된 곳에서의 정류된 AC 신호의 극성으로 알 수 있다.
③ 전류는 금속봉이 (+)일 때, N형 재료와 정류 접촉을 통해 흐른다.
④ P형은 금속봉이 (+)일 때 흐른다.

23 포토 공정의 작업단계 순서로 옳은 것은?

> 가. 현상(Develop)
> 나. 감광액도포(PR Coating)
> 다. 검사(Inspection)
> 라. 노광(Exposure)

① 가-나-다-라 ② 나-라-가-다
③ 다-가-나-라 ④ 라-가-다-나

> **해설**
> 노광공정 : 감광액도포 – 노광 – 현상 – 검사

24 산화막과 질화막의 식각률이 아래와 같을 때 선택비(산화막 : 질화막)는?

산화막의 식각률	10,000nm
질화막의 식각률	1,000nm

① 2 : 1 ② 5 : 1
③ 10 : 1 ④ 20 : 1

> **해설**
> 산화막 : 질화막 식각률 = 10,000 : 1,000
> = 10 : 1

25 세정용액 중 SC1에 해당하는 화학용액은?

① NH_4OH, H_2O_2, H_2O
② H_2SO_4, H_2O_2, H_2O
③ HCl, H_2O_2, H_2O
④ HF, H_2O

> **해설**
> • SC1 = NH_4OH : H_2O_2 : H_2O
> • SC2 = HCl : H_2O_2 : H_2O

26 위상 시프트 마스크(PSM)는 빛의 위상을 몇 도 시프트(Shift) 시키는가?

① 90 ② 180
③ 270 ④ 360

27 웨이퍼 소잉 장비의 조작법에서 테이프 마운트 작업 순서가 옳은 것은?

> 가. 테이프 마운트 장치 위에 프레임과 웨이퍼를 올려 놓는다.
> 나. 테이프 마운트 된 웨이퍼와 프레임을 꺼낸다.
> 다. 롤러를 누르며 밀어서 마운트 한다.
> 라. 테이프 끝단을 자른다.

① 가-나-다-라
② 가-다-라-나
③ 나-가-라-다
④ 나-라-다-가

28 I-Line 스탭퍼의 NA = 0.6, K = 0.6일 때, 분해능[nm]은?

① 193 ② 257
③ 365 ④ 486

> **해설**
> • 분해능 = K × (λ / NA)
>   = 0.6 × (365 / 0.6) = 365nm
> • I-Line : 365nm, DUV : 248nm

29 I-Line의 노광장비에 대한 설명으로 가장 거리가 먼 것은?

① ArF 광원
② 축소투영방식
③ 머큐리 램프광원
④ 스탭퍼(Stepper) 장비

정답 22. ④ 23. ② 24. ③ 25. ①
       26. ② 27. ② 28. ③ 29. ①

30 챔버 가스를 펌핑하여 진공으로 만들기 위해 필요한 진공 시스템 구성 중에 (가)의 명칭은?

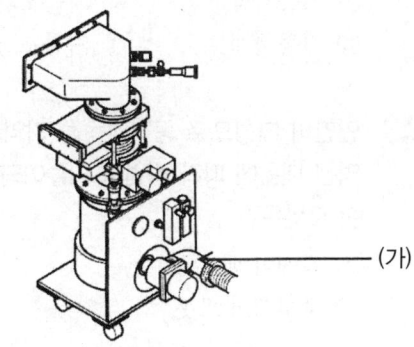

① CM Gauge
② Exhaust Port
③ Manifole부
④ EPD 시스템

31 고압가스 용기의 검사방법이 아닌 것은?
① 외관시험　② 전도시험
③ 압궤시험　④ 내압시험

32 접지저항이 100Ω 이하이고, 접지선의 굵기는 1.6mm 이상의 연동선을 사용하여야 하는 접지공사는?
① 제1종 접지공사
② 제2종 접지공사
③ 제3종 접지공사
④ 특별 제3종 접지공사

33 전기사용 정소의 저압회로에서 전선이나 전기기기가 지락사고를 일으켰을 때 자동으로 그 회로를 차단하거나 또는 인체가 전기회로에 감전되었을 때 쇼크정도로 끝나도록 하여 감전사고로부터 사람의 생명을 지켜주는 안전장치는?
① 과전류차단기　② 피뢰기
③ 퓨즈　④ 누전차단기

34 반도체 클린 룸(Clean Room)에서 사용하는 약품 중산류(ACID류)의 특성과 가장 거리가 먼 것은?
① 알칼리와 혼합하면 냉각된다.
② 금속과 반응하면 부식성 가스가 발생한다.
③ 물과 접촉 시 열이 난다.
④ 솔벤트류와 혼합되면 폭발한다.

35 기계 설비의 운전 시 기본 원칙에 대한 설명 중 틀린 것은?
① 작업 범위 이외의 기계는 허가없이 사용하지 않도록 한다.
② 이상 발생 시 즉시 전원을 내린다.
③ 청소한 기름걸레는 일반 휴지통에 보관한다.
④ 기계고장 시 정지한 후 고장 표시를 기계 설비의 메인 스위치에 부착한다.

36 자동화 시스템의 구성요소 중 서보모터(Servo Motor)는 주로 어디에 속하는가?
① 프로세서(Processor)
② 액추에이터(Actuator)
③ 릴레이(Relay)
④ 센서(Sensor)

37 공장 자동화의 단계에서 가장 발전된 단계로서 컴퓨터 통합 생산체계를 의미하는 것은?
① CAD　② CAM
③ FMS　④ CIM

해설
공장 생산 부분의 자동화 뿐만 아니라 자재의 발주나 품질 관리, 생산 관리 등을 공장 내의 네트워크로 연결하여 종합적으로 관리하는 공장의 자동화 시스템을 CIM이라 한다.

정답 30. ② 31. ② 32. ③ 33. ④ 34. ① 35. ③ 36. ② 37. ④

38 측정 대상물에 직접 접촉하지 않으면서 온도를 검출하는 비접촉식 온도센서는?
① 열전쌍　　② 서미스터
③ 측온저항체　　④ 적외선센서

> **해설**
> 적외선센서
> 적외선을 이용해 온도, 압력, 방사선의 세기 등의 물리량이나 화학량을 감지하여 신호처리가 가능한 전기량으로 변환하는 장치이다.

39 우선되는 회로가 동작할 때, 다른 회로의 동작을 금지 시키는 회로의 명칭은?
① 자기유지 회로　　② 인칭 회로
③ 인터록 회로　　④ 한시 회로

> **해설**
> 인터록 회로
> 서로 반대되는 신호가 존재할 때 어느 한 신호가 유효하게 되면 그 반대되는 신호가 더 이상 입력될 수 없도록 인위적으로 차단시켜 주는 회로이다.

40 출력의 일부를 입력방향으로 피드백 시켜 목표값과 비교되도록 폐루프를 형성하는 제어는?
① 되먹임 제어
② 순차 제어
③ On-Off 제어
④ 프로그램 제어

> **해설**
> 되먹임 제어
> 시스템의 출력신호를 입력신호로 되먹임시켜 출력값을 입력값과 비교하여 항상 출력이 목표값에 이르도록 제어하는 것을 되먹임제어(Feedback Control) 또는 귀환제어라고 한다.

41 자동 제어의 장점과 가장 거리가 먼 것은?
① 불량품이 감소한다.
② 원자재 및 연료 등이 절감된다.
③ 제품의 품질이 고급화된다.
④ 안전사고의 방지가 가능하다.

42 다음중 수치제어 공작기계(NC 공작기계)는 자동생산 시스템의 어떤 분야에 속하는가?
① 자동가공　　② 자동조립
③ 자동설계　　④ 자동포장

43 인간이 티칭으로 동작내용을 기억시키고 기억된 내용에 따라 작업이 되풀이되어 동작되는 로봇은?
① 플레이 백 로봇
② 수치제어 로봇
③ 가변 시퀀스 로봇
④ 수동 로봇

44 되먹임 제어가 적용되는 장치는?
① 자동판매기　　② 교통신호등
③ 항온항습기　　④ 엘리베이터

45 자동화 시스템과 가장 관계가 없는 것은?
① 수치제어 선반　　② PLC
③ 무인 운반차　　④ 범용 선반

46 부하의 과전류에 의한 열 발생이 바이메탈을 작동시켜 회로를 차단하는 제어용 기기는?
① EOCR　　② 열동계전기
③ 전자접촉기　　④ 한시계전기

47 유도탄, 대공포의 포신 제어에 사용되는 방법으로 목표값의 크기나 위치가 시간에 따라 변화하므로 이것을 제어량이 자동 제어 하는 것은?
① 정치제어　　② 전자제어
③ 추종제어　　④ 시퀀스제어

> **해설**
> 추종제어
> 목표치변화의 상태를 미리 알고 있지 않은 경우를 추종제어라고 한다.

정답 38.④　39.③　40.①　41.③　42.①
43.①　44.③　45.④　46.②　47.③

48 직류전압 300V를 발생하는 절연저항계를 가지고 절연저항을 측정하였더니 10MΩ이었다. 이 때 흐르는 누설전류는?

① 30mA ② 3A
③ 30μA ④ 50A

해설
I = R/V = 300/10000000 = 30μA

49 다음 래더 다이어그램을 PLC 명령문으로 코딩할 때 잘못된 것은?

① 001 : SET 001로 코딩한다.
② 002 : OR 002로 코딩한다.
③ 003 : AND NOT으로 코딩한다.
④ 012 : OUT 012로 코딩한다.

50 PLC에서 외부기기와 내부회로를 전기적으로 절연하고 노이즈를 막기 위해 입력부와 출력부에 주로 이용하는 소자는?

① 사이리스터   ② 릴레이
③ 포토커플러   ④ 트랜지스터

해설
- 사이리스터 : PNPN접합의 4층구조 반도체 소자의 총칭인데 일반적으로 SCR이라고 불리는 역저지 3단자 사이리스터를 가리키며, 실리콘 제어 정류 소자를 말한다.
- 릴레이 : 입력이 어떤 값에 도달하였을 때 작동하여 다른 회로를 개폐하는 장치
- 트랜지스터 : 반도체를 세 겹으로 접합하여 만든 전자회로 구성요소이며 전류나 전압흐름을 조절하여 증폭, 스위치 역할을 한다.

51 다음 그림과 같이 밀폐된 용기 속에 가해지는 압력에 대한 설명으로 옳은 것은?

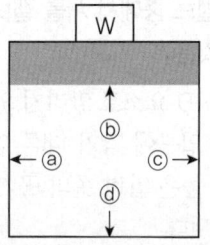

① ⓐ 방향에 가장 큰 압력이 발생한다.
② ⓑ 와 ⓓ 방향에 가장 큰 압력이 발생한다.
③ ⓒ 방향에 가장 큰 압력이 발생한다.
④ ⓐ, ⓑ, ⓒ, ⓓ 방향의 압력이 모두 같다.

해설
파스칼의 원리
- 모든 부분에 동일한 힘으로 동시에 전달된다.
- 경계를 이루고 있는 어떤 표면 위에 정지하고 있는 유체의 압력은 그 표면에 수직으로 작용한다.
- 정지 유체 내의 점에 작용하는 압력의 크기는 모든 방향으로 같게 작용한다.
- 정지하고 있는 유체중의 압력은 그 무게가 무시 될 수 있으면 그 유체 내의 어디에서나 같다.

52 그림과 같은 제어 밸브의 방식은?

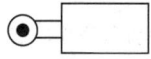

① 누름 스위치 방식 ② 공압 제어 방식
③ 페달 방식   ④ 롤러레버 방식

53 소요 공기량을 조절하기 위한 공기 압축기의 압축공기 생산 조절방식이 아닌 것은?

① 무부하 조절방식
② ON/OFF 조절방식
③ 저속 조절방식
④ 드레인 조절방식

54 다음 중 절대압력을 바르게 표현한 것은?

① 게이지압력 + 대기압
② 게이지 압력 × 대기압
③ 게이지압력 − 대기압
④ 게이지 압력 ÷ 대기압

정답 48.③ 49.① 50.③ 51.④ 52.④ 53.④ 54.①

55 공압 밸브 중에서 셔틀 밸브에 대한 설명으로 옳은 것은?

① AND 요소로 알려져 있다.
② 두 입구에 각기 다른 압력이 인가되었을 때 높은 압력 쪽의 공기가 우선적으로 출력된다.
③ 압축공기가 두 개의 입구에서 동시에 작용할 때에만 출구에 압축공기가 흐르게 된다.
④ 두 개의 압력 신호가 다른 압력일 경우 작은 쪽의 공기가 출구로 나가게 되어 안전제어, 검사기능 등에 사용된다.

56 미끄럼 날개 회전 압축기라고도 불리며 공기를 안정되고 일정하게 공급할 수 있는 회전식 공기압축기는?

① 베인형 압축기
② 원심식 압축기
③ 루트 블로워 압축기
④ 피스톤형 압축기

[해설]
- 루트 블로워 압축기 : 케이스 내부에 서로 반대 방향으로 회전하는 임펄스가 케이스 내벽과 케이스 상호간에 근소한 간격을 유지하며 회전한다.
- 피스톤형 압축기 : 낮은 압력에서부터 높은 압력까지 사용할 수 있다. 피스톤이 하강하면서 흡입 밸브를 열고 공기를 흡입하는 행정이고, 피스톤이 상승하면서 흡입된 공기를 압축하는 과정이다.

57 피스톤의 기계적 운동부와 공기 압축실을 격리시켜 이물질이 공기에 포함되지 않아 식품, 의약품, 화학 산업 등에 많이 사용되는 압축기는?

① 피스톤형 압축기
② 다이어프램형 압축기
③ 루트 블로워 압축기
④ 베인형 압축기

[해설]
- 피스톤형 압축기 : 낮은 압력에서부터 높은 압력까지 사용할 수 있다. 피스톤이 하강하면서 흡입 밸브를 열고 공기를 흡입하는 과정이며, 피스톤이 상승하면서 흡입된 공기를 압축하는 과정이다.
- 루트 블로워 압축기 : 케이스 내부에 서로 반대 방향으로 회전하는 임펄스가 케이스 내벽과 케이스 상호간에 근소한 간격을 유지하며 회전한다.
- 베인형 압축기 : 베인식 압축기는 케이싱 내에 축과 편심된 로터(Rotor)를 갖고 있다. 이 로터의 방사상 홈에 베인(Vane)이 삽입되어 있으며 케이싱과 베인에 의해 둘러싸인 용적에 공기가 흡입되고 로터의 회전에 의해 압축되어 토출된다.

58 그림과 같은 공압기호 명칭은?

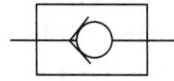

① 셔틀 밸브(OR 밸브)
② 2압 밸브(AND 밸브)
③ 체크 밸브
④ 급속배기 밸브

59 압축기로부터 토출되는 고온의 압축공기를 공기건조기 입구온도 조건에 알맞게 냉각시켜 수분을 제거하는 장치는?

① 윤활기   ② 자동배출기
③ 애프터 쿨러   ④ 공기 필터

60 설정 압력 이상이 되면 유량의 일부 또는 전부를 탱크로 보내어 회로 내의 최고 압력을 한정하는 밸브는?

① 릴리프 밸브   ② 무부하 밸브
③ 감압 밸브   ④ 시퀀스 밸브

[해설]
- 무부하 밸브 : 작동압이 규정 압력 이상으로 달했을 때 무부하 운전을 하여 배출하고, 이하가 되면 밸브는 닫히고 다시 작동하게 된다.
- 감압 밸브 : 회로의 일부에 감압한 압력을 가하는 기능을 지니는 압력 제어 밸브이다.
- 시퀀스 밸브 : 공압 회로에 다수의 에어 실린더나 액추에이터를 사용할 때 각 작동순서를 미리 정해 두고 순차 제어 시 사용하는 밸브이다.

정답 55. ② 56. ① 57. ② 58. ③ 59. ③ 60. ①

2015 기출문제

반도체장비유지보수기능사

1 반도체 포토 공정 중 PR코팅 과정에서 기판의 가장자리에 코팅된 PR을 제거하는 과정은?

① EBC ② EBD
③ EBE ④ EBR

해설
EBR-Edge Bead Removal, 웨이퍼 가장자리에 존재하는 감광액을 시너(Thinner) 등을 이용하여 제거하는 공정으로 도포와 동시에 진행된다.

2 박막장비의 가스누설 체크(Gas Leak Check) 중 초기 압력은 30psi였고, 200분 후 26psi 가 되었다면 누설률(Leak Rate)은?

① 0.01psi/min ② 0.02psi/min
③ 0.03psi/min ④ 0.04psi/min

해설
누설률 = (초기 압력 - 누설 후 압력)/시간
= (30 - 26)/200 = 0.02psi/min

3 반도체 제조공정 중 포토 공정의 장비가 아닌 것은?

① 트랙(Track)
② 스캐너(Scanner)
③ 스태퍼(Stepper)
④ 퍼니스(Furnace)

해설
퍼니스(Furnace)는 확산장치이다.

4 다음 그림의 (가)와 같이 소자와 금속라인을 연결하기 위한 컨텍 플러그(Contact Plug)용 금속 재료로 W막을 사용한다. 이 때 W막 증착 후 불필요한 부분의 W막을 제거하기 위해 사용되어지는 식각공정으로 옳은 것은?

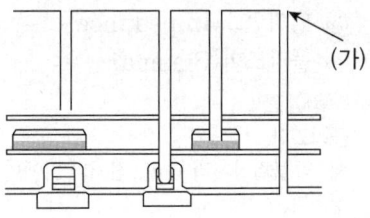

① 에치 백 공정 ② PMD 식각공정
③ IMD 식각공정 ④ SAC 식각공정

5 반도체 사진제조공정 중 헥사메틸 디실라젠(Hexamethyl Disilazane)으로 소수화 처리에 사용하고, 웨이퍼 표면과 PR간의 접착력을 증가시키기 위한 화합물은?

① N_2 ② H_2O
③ NH_2 ④ HMDS

6 다음 그림은 스핀 디벨로퍼를 나타내며, 장치의 주 구성은 로더 ( ), ( ), 현상액 공급, 순수 공급, 현상컵, 배기 시스템으로 이루어진다. ( ) 안에 들어갈 구성 요소를 순서대로 나열한 것은?

① 챔버, RF전원
② 언로더, 마스크
③ 챔버, 가스 컨트롤러
④ 언로더, 스핀 스테이지

7 반도체공정 중 LP-CVD의 특징과 가장 거리가 먼 것은?

① 높은 압력 ② 높은 온도
③ 높은 생산성 ④ 우수한 막 특성

해설
LP는 Low Pressure 즉, 낮은 압력의 약자이다.

정답 1. ④ 2. ② 3. ④ 4. ① 5. ④ 6. ④ 7. ①

8 기체 상태에서 전기 에너지를 가해주면 기체는 해리되어 여러 이온화된 입자들로 혼재하게 된다. 이러한 상태를 무엇이라 하는가?

① 리액턴스(Reactance)
② 바이어스(Bias)
③ 임피던스(Impedance)
④ 플라즈마(Plasma)

> 해설
> 플라즈마
> 제4의 물질상태라 하며, 전기나 열에너지에 의해 형성된다.

9 반도체 제조공정 중 이온주입(도핑) 장치의 주 구성 요소에 대한 설명으로 틀린 것은?

① 이온 렌즈(Ion Lens) : 이온빔의 형태를 집속한다.
② 이온 원(Ion Source) : 분자와 전자를 충돌시켜 이온을 생성한다.
③ 이온빔 가속기(Ion Beam Acceleration) : 고전압을 인가해서 이온을 가속한다.
④ 질량 분석기(Mass Analyzer) : 전기적 고주파에 의해 이온빔을 스캔하여 웨이퍼의 전면에 주입한다.

> 해설
> 질량 분석기
> 소스로부터 형성된 여러 가지 이온들을 휘어진 자장의 분석기 안으로 투과하면, 고유 질량에 따라 자장 속에서 휘어지는 양상이 달라지며, 이 원리를 이용하여 원하는 이온을 추출해 내는 장이다.

10 아래는 반도체 조립공정의 흐름도를 나타내고 있다. ⓐ에 들어갈 용어는?

| 웨이퍼 선별 → 웨이퍼 분리(소잉) → (ⓐ) → 선 접착 → 봉입 전 검사 → 패키지 봉입 (성형) → 검사 → 마킹 |

① 볼 접착
② 열 압착
③ 다이 접착
④ 웨이퍼 프로브

> 해설
> 소잉 – 다이 접착 – 선 접착 – 봉입 전 검사 – 성형 – 검사 – 마킹

11 반도체 포토 공정의 단위공정이 아닌 것은?

① 도포(Coating) 공정
② 노광(Exposure) 공정
③ 확산(Diffusion) 공정
④ 현상(Develope) 공정

12 반도체 VLSI급 소자 제조 시 사용되어지는 이온주입 공정의 적용 공정이 아닌 것은?

① Well 형성 공정
② Resistor 전극 형성 공정
③ 문턱 전압(VT) 형성 공정
④ 소스 및 드레인 형성 공정

13 반도체 웨이퍼의 칩 제조 후 전기적 기능에 따라 양품과 불량으로 구분하는 공정은?

① Dey Etcher
② Wafer Sort Test
③ Scanning System
④ Alignment Maker

> 해설
> Wafer Sort Test
> 양품과 불량으로 나누는 검사를 SORT 검사라 한다.

14 실리콘 웨이퍼에 대하여 설명한 것 중 틀린 것은?

① 전기전도율을 향상시키기 위해 의도적으로 불순물(B, P, Sb 등)을 첨가한다.
② 실리콘 웨이퍼는 공유결합을 이루고 있는 진성 반도체로 제조될 경우 전기가 통하지 않는다.
③ 반도체 소자 제조용 재료로서 광범위하게 사용되고 있는 웨이퍼는 다결정의 실리콘을 원재료로 하여 만들어진 다결정 실리콘 박판을 말한다.
④ 웨이퍼는 다결정 실리콘을 용융시켜 특정방향으로 성장시켜 만들며, 이 성장방향은 반도체공정에서 확산, 식각 등에 영향을 준다.

> 해설
> 반도체 소자 제조용 웨이퍼는 단결정 실리콘 박판을 그 원재료로 사용한다.

15 반도체 제조공정 시 노광장비의 광원 중에서 ArF의 파장은?

① 193nm
② 248nm
③ 365nm
④ 436nm

정답 8. ④ 9. ④ 10. ③ 11. ③ 12. ②
13. ② 14. ③ 15. ①

> 해설
ArF 파장
193nm, DUV KrF : 248nm
I-line : 365nm

16 플라즈마를 이용하여 웨이퍼에 회로패턴을 형성하는 공정은?
① 박막 공정 ② 에칭 공정
③ 포토 공정 ④ 확산공정

17 아래 가스박스 그림에서 (가)의 가스 제어 요소 명칭은?(단, 이 밸브의 심벌은 ⋈이다)

① Filter ② Regulator
③ Manual Valve ④ Pneumatic Valve

18 확산 장비의 가스 누설 체크(Gas Leak Check) 중 초기 압력이 50psi, 100분 후 누설률(Leak Rate)이 2%였다면, 이때의 최종 압력(psi)은?
① 40 ② 42
③ 45 ④ 48

> 해설
누설률 = (초기 압력 - 최종 압력)/시간
0.02 = (50 - 최종 압력)/100분, 48psi

19 노광된 상을 감광 여부에 따라 선택적 현상을 통해 마스크에 그려진 패턴과 동일한 패턴을 형성하는 공정은?
① 박막 공정 ② 에칭 공정
③ 포토 공정 ④ 확산공정

20 대기 상태의 압력이 760Torr인데 비해 에칭이 이루어지는 챔버의 압력은 보통 100mTorr 이하로 매우 저압력을 사용한다. 공정실의 압력을 맞추기 위하여 1개의 펌프만 사용하는 것이 아니라 여러 개의 펌프를 혼합해서 사용한다. 보통 TMP와 같이 사용되는 것은?
① Regulator ② Booster Pump
③ Compressor ④ Evaporator

21 노광 장치의 결함으로 패턴이 잘리는 현상은 어떤 원인에 의한 것인가?
① 마스크 결함 ② 마스크 불량
③ 블레이드 이상 ④ 주변 노광 이상

22 반도체 칩의 패드 전극에 가는 금속선을 연결하는 공정은?
① Sawing ② Molding
③ Die Attach ④ Wire Bonding

> 해설
Wire Bonding
제조된 IC Chip의 패드에 외부로부터의 신호나 전력을 공급 및 수급하기 위하여 금속선을 연결하는 공정이다.

23 반도체 포토 공정 중 현상공정에서 분사현상 방법의 특징으로 틀린 것은?
① 이머전 방법보다 약품 사용량이 많다.
② 하드 베이크 오븐과 결합되어 자동화가 가능하다.
③ 웨이퍼가 새 약품에 노출되기 때문에 오염이 줄어든다.
④ 분사 하에서 웨이퍼를 회전시키기 때문에 오염이 줄어든다.

24 1개의 웨이퍼에 150개의 다이가 생성되었고, 이 중 6개가 불량이었다면 수율(%)은?
① 92 ② 94 ③ 96 ④ 98

> 해설
수율(%) = 양품 수량/전체 수량 × 100

25 웨이퍼의 전기적 전도 형태 측정 방법으로 틀린 것은?
① 열 프로브를 가열하여 125℃ 정도까지 가열한다.
② 프로브를 준비된 웨이퍼의 앞면에 가볍게 접촉시킨다.
③ 상온 프로브를 전압계의 -측에, 열 프로브를 전압계의 +측에 각각 연결한다.
④ 전압계를 관측하여 전압이 +이면 P형, -이면 N형 웨이퍼이다.

✎ 정답 16. ② 17. ③ 18. ④ 19. ③ 20. ②
       21. ③ 22. ④ 23. ① 24. ③ 25. ④

26 식각 전 산화막의 두께는 500nm이며 2분간 식각공정 진행 후 측정된 두께는 100nm이었다. 식각률(nm/min)은?

① 200　② 400
③ 600　④ 80

> **해설**
> 식각률 = 식각량/시간

27 웨이퍼 표면의 이물질을 제거하기 위한 세정 방법으로 틀린 것은?

① 황산을 취급할 때에는 특별히 화상에 주의해야 한다.
② 항상 산에 물을 붓는 방식으로 수용액을 제조해야 한다.
③ 산과 용매는 혼합하지 말고, 동일한 핫플레이트에서 함께 가열하지 말아야 한다.
④ 아세톤이나 다른 용매를 과산화수소 용액과 함께 동일한 핫플레이트에서 가열하면 절대로 안된다.

28 습식 세정 공정에 의해 제거되는 것이 아닌 것은?

① 먼지　② 유기 오염물
③ 표면 불순물　④ 절연막 내 산소량

29 진공 증착 장비 사용 방법으로 틀린 것은?

① 5분 후에 확산 펌프의 냉각수를 끈다.
② 장비를 7×10^{-5} Torr 이상의 고진공으로 만든다.
③ 메인 밸브를 잠그고 확산 펌프를 끄고 10~20분 동안 냉각시킨다.
④ 확산 펌프가 냉각되면 러프 펌프 밸브를 열고 회전 펌프를 켜고 나서 회전 펌프의 배기 밸브를 잠근다.

30 가스 제어계에 사용되는 장치 중 가스 유량을 제어하는 것은?

① AVO　② MFC
③ Regulator　④ Solenoid Valve

31 다음 중 통전경로별 심장전류계수가 가장 높은 것은?

① 왼손 - 가슴　② 왼손 - 한발
③ 양손 - 양발　④ 오른손 - 가슴

32 우리나라에서 일반적으로 적용하고 있는 안전전압은?(단, 마른손 기준의 AC 전압이다)

① 30　② 50
③ 75　④ 100

33 작업환경 중 유해 요인으로는 물리적, 화학적, 생물학적 요인 및 분진으로 분류할 수 있다. 아래에서 물리적 요인으로 분류되는 항목을 옳게 짝지은 것은?

> a. 유해 가스　b. 소음　c. 유기용제
> d. 박테리아　e. 중금속　f. 진동

① a, b　② b, c
③ d, e　④ b, f

34 기계, 기구 설비의 안전에서 지게차의 안전운전과 가장 거리가 먼 것은?

① 제한속도 유지
② 급속한 선회금지
③ 적재하중 초과금지
④ 화물을 높이 들어 올린 후 주행

35 아래는 반도체 일부 공정에서 사용되는 캐리어 가스에 대한 설명이다. 이에 해당하는 기체는?

> - 수소와 반응시켜 암모니아를 만들 수 있음
> - 상온에서 화학적으로 비활성인 기체임
> - 액체화된 것은 냉각제로 사용됨

① H_2　② N_2
③ O_2　④ C_2H_2

36 PLC 프로그램의 작성 순서로 옳은 것은?

① 입·출력의 할당 → 내부 출력, 타이머, 카운터 할당 → Coding → Loading
② Coding → Loading → 입·출력의 할당 → 내부 출력, 타이머, 카운터 할당
③ Coding → Loading → 내부 출력, 타이머, 카운터 할당 → 입·출력의 할당

정답　26. ①　27. ②　28. ④　29. ④　30. ②　31. ①
32. ①　33. ④　34. ④　35. ②　36. ①

④ Loading → 입·출력의 할당 → 내부 출력, 타이머, 카운터 할당 → Coding

37 자동 제조 시스템을 구성하는 중요한 생산설비에 포함되지 않는 것은?

① 가공설비   ② 조립설비
③ 운반설비   ④ 환경설비

38 기능 다이어그램 형식의 PLC 프로그램 언어에서 다음 기호가 의미하는 것은?

① NOT 요소   ② AND 요소
③ OR 요소   ④ TIME 요소

39 용량형 센서에서 센서의 표면적을 2배로 하면 정전 용량은 몇배가 되는가?

① 1/2   ② 2
③ 4   ④ 변화 없다

40 시퀀스 제어계에서 제어량이 소정의 상태인지 표시하는 2진 신호가 발생하는 부분은?

① 제어부   ② 검출부
③ 조작부   ④ 명령처리부

해설
검출부 - 제어계에서 제어 대상으로부터 나오는 출력을 측정하여 기준 압력과 비교될 수 있게 하는 장치

41 되먹임 제어의 효과라고 볼 수 없는 것은?

① 대역폭이 증가한다.
② 정확도가 증가한다.
③ 외부의 영향을 줄일 수 있다.
④ 시스템이 작아지고 값이 싸진다.

42 로봇제어 방식 중 각부의 위치, 속도, 가속도, 힘 등의 제어량을 시시각각으로 변화하는 목표값에 추종하여 제어하는 방식은?

① CP제어   ② PTP제어
③ 동작제어   ④ 서보제어

43 PLC에 대한 설명으로 틀린 것은?

① PLC의 구성요소는 중앙처리장치, 전원장치, 입출력장치 및 주변 장치로 구성된다.
② PLC프로그램에서는 코일에 대한 보조 접점이 2개 이내로 제한된다.
③ PLC의 제어신호는 왼쪽에서 오른쪽으로 전달되도록 되어있다.
④ 국제표준 언어로는 문자기반으로 되어 있는 IL과 ST가 있다.

44 설비관리 효율을 최고로 하는 것을 목표로 설비의 수명을 대상으로 한 PM의 전체 시스템을 확립하는 것으로 옳은 것은?

① TPM   ② PMT
③ ISO   ④ ROT

45 공장자동화의 적용분야가 아닌 것은?

① 가공 공정   ② 물류 시스템
③ 제조생산 업무   ④ 개발설계 업무

46 다음 블록선도의 전달함수[CR]로 옳은 것은?

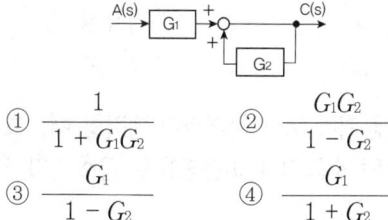

① $\dfrac{1}{1+G_1G_2}$ ② $\dfrac{G_1G_2}{1-G_2}$
③ $\dfrac{G_1}{1-G_2}$ ④ $\dfrac{G_1}{1+G_2}$

47 로봇의 관절을 구동하는 동력원 중에 가격이 저렴하고 쉽게 사용이 가능하고 속도가 빠르며 정밀제어가 가능한 동력원으로 가장 적합한 것은?

① 전기식   ② 유압식
③ 공압식   ④ 기계식

48 방향 제어 밸브만으로 구성된 것은?

① 감압 밸브, 스톱 밸브
② 셔틀 밸브, 체크 밸브
③ 감압 밸브, 스로틀 밸브
④ 체크 밸브, 스로틀 밸브

정답 37. ④ 38. ② 39. ② 40. ② 41. ④ 42. ④
43. ② 44. ① 45. ④ 46. ③ 47. ① 48. ②

49 비교적 소형으로 성형케이스에 접점 기구를 내장하고 밀봉되어 있지 않은 스위치로서, 물체의 움직이는 힘에 의하여 작동편이 눌러져서 접점이 개폐되며 물체에 직접 접촉하여 검출하는 스위치는?

① 광전 스위치 ② 근접 스위치
③ 온도 스위치 ④ 마이크로 스위치

50 시간과는 관계없이 입력 신호의 변화에 의해서만 제어가 행해지는 제어 시스템은?

① 논리 제어 ② 파일럿 제어
③ 비동기 제어 ④ 시퀀스 제어

51 공압 모터의 특징으로 틀린 것은?

① 과부하에 안전함
② 속도 범위가 넓음
③ 무단 속도 및 출력 조절이 가능
④ 일정 속도를 높은 정확도로 유지하기 쉬움

52 실린더 직경이 2cm이고, 압력이 6kgf/cm² 인 경우 실린더가 낼 수 있는 힘(kgf)은 약 얼마인가?(단, 내부 마찰력은 무시한다)

① 9.4 ② 18.8
③ 28.2 ④ 37.6

53 습공기를 어느 한계까지 냉각할 때, 그 속에 있던 수증기가 이슬방울로 응축되기 시작하는 온도는?

① 건구 온도 ② 노점 온도
③ 습구 온도 ④ 임계 온도

54 다음 중 에너지 축적용, 충격 압력의 흡수용, 펌프의 맥동 제거용으로 사용되는 유압기기는?

① 필터 ② 증압기
③ 축압기 ④ 커플링

55 공기 압축기의 설치 및 사용 시 주의점으로 틀린 것은?

① 가능한 한 온도 및 습도가 높은 곳에 설치할 것
② 공기 흡입구에 반드시 흡입필터를 설치할 것
③ 압축기의 능력과 탱크의 용량을 충분히 할 것
④ 지반이 견고한 장소에 설치하여 소음, 진동을 예방할 것

56 절대습도의 정의로 옳은 것은?

① 습공기 내에 있는 건공기의 비
② 습공기 10당 수증기의 비
③ 습공기 100당 수증기의 비
④ 습공기 1당 건공기의 중량과 수증기의 중량의 비

57 에어실린더 등에서 윤활유의 공급이 불충분하여 마모가 심한 경우에 PTEE와 O링을 조합시킨 슬리퍼 실을 사용하는데, 이에 대한 특징으로 틀린 것은?

① O링 단독 사용에 비해 수명이 길다.
② O링이 가진 특성이 거의 그대로 나타난다.
③ 에어 실린더 등 윤활없이 사용이 가능하다.
④ O링의 재질에 관계없이 넓은 온도 범위에서 사용이 가능하다.

58 다음 중 터보형 공기 압축기의 압축방식은?

① 원심식 ② 스크루식
③ 피스톤식 ④ 다이어프램식

59 다음 공기 건조기 중 화학적 건조 방식을 쓰는 것은?

① 가열식 에어 드라이어
② 냉동식 에어 드라이어
③ 흡수식 에어 드라이어
④ 흡착식 에어 드라이어

60 다음 중 캐비테이션(Cavitation, 공동 현상)의 발생원인이 아닌 것은?

① 유온이 하강한 경우
② 패킹부에 공기가 흡입된 경우
③ 과부하이거나 급격히 유로를 차단한 경우
④ 펌프를 규정속도 이상으로 고속회전 시킬 경우

정답 49.④ 50.③ 51.④ 52.② 53.② 54.③
55.① 56.④ 57.④ 58.① 59.③ 60.①

실전모의고사문제

반도체장비유지보수기능사

01 반도체 입문

1 실리콘 N-type 반도체에 대한 설명이다. 올바르지 않는 것은?

① 다수 운반자는 전자이다.
② 소수 운반자는 정공이다.
③ 도펀트로 사용하는 불순물 원자는 비소이다.
④ 도펀트로 사용하는 불순물 원자는 붕소이다.

해설
붕소는 P-type 도펀트로 사용되는 불순물 원자이다.

2 전계효과 트랜지스터에 대한 설명으로 올바른 것은?

① 베이스의 인가전압을 이용한 소자이다.
② 이미터의 전류제어를 이용한 소자이다.
③ 콜렉터의 전압을 제어하는 소자이다.
④ 게이트의 전압을 제어하는 소자이다.

해설
①, ②, ③은 모두 바이폴라 트랜지스터에 대한 설명이다.

3 반도체 제조공정으로 생산되는 제품이 아닌 것은?

① 태양전지   ② LED
③ 마이컴   ④ 인쇄회로기판

4 MOSFET 소자의 구성요소가 아닌 것은?

① 소스   ② 게이트
③ 베이스   ④ 드레인

해설
베이스는 바이폴라 트랜지스터의 구성요소이다.

5 바이폴라 트랜지스터와 전계효과 트랜지스터의 기능을 합한 소자를 무엇이라 하는가?

① BiCMOS   ② CIS
③ JFET   ④ 제너다이오드

해설
• BICMOS : 바이폴라 트랜지스터(Bipolar)에서 Bi, CMOSFET에서 CMOS 글자를 합성하여 BiCMOS 소자라 하고, 디지털 음향기기 소자에 응용되고 있다.
• CIS(CMOS Image Sensor)는 휴대폰 영상 적용 소자이다.
• JFET는 접합형 전계효과 트랜지스터이다.

02 사진공정

1 노광장치에서 해상도와 초점심도와의 관계를 서술한 내용 중 옳은 것은 무엇인가?

① 해상도와 초점심도는 반비례 관계이다.
② 해상도와 초점심도는 정비례 관계이다.
③ 해상도와 초점심도는 모두 상수이다.
④ 해상도와 초점심도는 무관한 독립적 관계이다.

해설
해상도가 좋아지면 분해능이 증가해 미세한 패턴을 만들 수 있으나 상대적으로 초점 심도는 작아져 공정 마진이 협소해진다.

2 스핀도포공정의 3단계에 속하지 않는 것은?
① 디스펜스 단계
② 세정 단계
③ 고속 스핀단계
④ 건조 단계

> **해설**
> ②의 세정 단계는 감광액 도포공정에는 없는 과정이다.

3 현상 후 감광막의 고형화, 잔여 용매 및 수분을 제거하는 베이크 공정을 무엇이라 하는가?
① HMDS   ② PEB
③ 소프트 베이크 ④ 하드 베이크

> **해설**
> ①은 전처리 ②는 노광 후 정현파 현상을 제거하기 위한 과정 ③은 도포 후 과정

4 사진공정 흐름도에서 베이크 후 시행되는 공정은 무엇인가?
① 노광   ② 도포
③ 쿨링(Cooling) ④ 현상

> **해설**
> 베이크 후에는 웨이퍼가 100℃ 이상에 존재해 식힌 후 이동을 해야 로봇 암 등 다른 기기에 영향을 주지 않는다.

5 레티클의 3가지 구성요소가 아닌 것은?
① 마스크
② 펠리클
③ 노광기 패턴인식 마크
④ 보호 렌즈

> **해설**
> 마스크는 회로도가 그려진 부분이고, 노광기 패턴이 주변에 그려지며, 불순물 입자의 침투를 막기 위해 매우 얇은 투영막인 펠리클로 덮어 마스크를 보호한다.

03 식각공정

1 감광막을 제거하는 건식 세정 방법은 무엇인가?
① 애싱(Ashing)
② 피라나(Piranha)
③ SC1
④ RIE

> **해설**
> ②, ③은 습식 세정 방법이고, ④는 건식 식각 방법이다.

2 식각 공정에서 물질에 따라 식각률이 달라지는 것은 무엇과 관계가 있는가?
① 균일도   ② 선택비
③ 마이크로 로딩 ④ 패턴 바이어스

> **해설**
> 균일도는 웨이퍼 전체의 식각률을 정하고, 마이크로 로딩은 패턴의 모양과 크기에 관여하며, 패턴 바이어스는 사진공정과의 패턴 크기의 차이를 말한다.

3 국제규격화된 플라즈마 허용 주파수가 아닌 것은?
① 13.56 Mhz   ② 27.12 Mhz
③ 27.21 Mhz   ④ 6.78 Mhz

> **해설**
> 국제규격화된 플라즈마 허용 주파수는 13.56 Mhz의 정수배의 값이다.

4 식각공정 시 공정이 끝나는 지점을 무엇이라 하는가?
① 안정점   ② 과도점
③ 정지점   ④ 종말점

> **해설**
> 종말점(Endpoint)라고 하며 메인 식각이 종료되고, 웨이퍼 전면에 충분한 식각을 위해 수행되는 과도 식각의 시작점이기도 하다.

5 건식 식각 장비 구성부 중 플라즈마 챔버와 RF 파워부의 저항값을 일정하게 해주는 부분을 무엇이라 하는가?

① 임피던스 정합부
② 진공 제어부
③ 가스 제어부
④ 자체 바이어스 공급부

해설
임피던스 정합부는 RF 발생장치에 출력되는 저항과 플라즈마 챔버에 입력되는 저항을 항상 일치시켜 플라즈마를 지속적으로 유지해주는 역할을 한다.

04 산화확산공정

1 확산로에서 보트(Boat)의 재질은 무엇인가?

① 석영   ② 유리
③ 세라믹   ④ 스테인레스

해설
확산로에서 보트의 재질은 내화학성과 고온에 강한 석영을 사용한다.

2 열 산화막 두께 조정변수가 아닌 것은?

① 압력   ② 부피
③ 온도   ④ 웨이퍼의 방향

해설
열 산화막은 온도와 압력이 증가함에 따라 증가하고, 실리콘 결정의 방향에 따라 성장속도가 다르다.

3 열 확산 단계과정으로 올바른 것은?

① 전 증착 – 구동 – 활성화
② 구동 – 활성화 – 전 증착
③ 구동 – 전 증착 – 활성화
④ 활성화 – 전 증착 – 구동

해설
확산하고자 하는 불순물을 기판에 증착시키는 공정을 전 증착 단계, 증착된 불순물이 침투하는 단계가 구동단계, 침투된 불순물이 전기적으로 작동할 수 있도록 재배열 되는 것을 활성화 단계라 한다.

4 실리콘 격자 내에서의 확산 방법 중 실리콘 빈자리로 이동하는 형태를 무엇이라 하는가?

① 공공자리 이동형
② 치환형
③ 역학적인 공공 침입형
④ 아웃 확산형

해설
공공자리 이동형은 실리콘 격자중심으로 이동, 치환형은 실리콘 원자와 자리바꿈, 아웃 확산형은 확산되지 못하고 표면에 밀려나는 형태이다.

5 실리콘 산화막의 역할이 아닌 것은?

① 표면보호
② 소자 분리
③ 이온주입 시 마스크
④ 수분 침투방지

해설
실리콘 산화막은 실리콘 표면에 부착되는 불순물의 침투를 막아주며, 소자 간 절연을 위해 사용되고, 이온주입 시 감광막 대용으로 사용한다.

05 이온주입

1 이온들의 실리콘 격자 사이를 진행하는 3가지 방법에 속하지 않는 것은?

① 탄성충돌
② 무작위 충돌
③ 채널링
④ 후면산란

해설
이온주입 시 실리콘 원자와 불순물 이온과의 충돌은 비탄성 충돌이고, 무작위로 발생하며, 원자와 충돌하지 않고 깊은 곳까지 통과되는 채널링, 표면 근처 원자와 충돌하여 뒤로 산란되는 후면산란이 있다.

2 이온주입 시 사용되는 열처리 장비는?
① 확산로
② RTP(Rapid Thermal Process)
③ 리플로우(Reflow)
④ 플라즈마 애셔(Asher)

해설
①은 확산 도핑공정에서 사용되고, ③은 패키지 공정, ④는 건식 세정에서 사용된다.

3 이온주입 장비분류에 속하지 않는 것은?
① 저전류
② 중전류
③ 고전압
④ 고전류

해설
이온주입 장비는 전류의 세기 기준으로 분류된다.

4 이온주입 장비 모듈 중 원하는 이온만 선택하는 모듈은?
① 이온 빔 편향부
② 이온 발생부
③ 패러데이컵
④ 질량분석기

해설
질량분석기는 자기장속의 운동을 이용해서 원자의 질량을 분석하고, 원하는 원자의 질량만 선택할 수 있는 모듈이다.

5 이온주입 장비의 특징이 아닌 것은?
① 회전 이온주입
② 경사 이온주입
③ 수평 주사
④ 동시 다 원자주입

해설
이온주입 장비는 회전과 경사와 수평과 수직 주사가 가능하지만 동시에 다종의 이온들을 주입할 수는 없다.

06 CVD/PVD 공정

1 금속막 스퍼터링(Sputtering) 공정에서 쓰이는 재료를 무엇이라 하는가?
① 타깃(Target)
② 이온
③ 합금
④ 유전체

해설
이온은 이온주입, 합금은 패키지, 유전체는 장비부품에 사용된다.

2 증착과 식각을 교대로하여 박막을 형성하는 방법은 무엇인가?
① APCVD
② HDPCVD
③ MOCVD
④ LPCVD

해설
①, ④는 산화막 증착에, ③은 화합물 반도체 증착에 사용되는 장비이다.

3 입자의 평균자유이동거리에 대한 설명이다. 옳은 것은?
① 입자의 평균적 이동거리
② 한 입자가 다른 입자와 충돌하기 전까지의 이동거리
③ 한 입자가 다른 입자와 충돌한 후 이동거리
④ 한 입자의 왕복 운동 거리

해설
입자의 평균자유이동거리란 한 입자가 다른 입자와 충돌하기 전까지의 이동거리를 말하고, 스퍼터링 공정처럼 이온들이 충돌 없이 타깃에 충돌하기 위한 중요한 변수이다. 즉 평균자유행로가 길어야한다.

4 HDPCVD 장비의 샤워헤드의 역할은 무엇인가?
① RF 파워를 일정하게 하는 부분
② 가스 배기를 균일하게 하는 부분
③ 가스 혼합을 하는 부분
④ 가스 유입을 균일하게 하는 부분

해설
플라즈마를 사용하는 장비의 샤워헤드의 역할은 가스 유입을 균일하게 하는 것이다.

5 박막공정 중 물리적인 방법을 이용한 증착공정기술이 아닌 것은?

① 이온 빔 증착　　② 스퍼터링
③ MOCVD　　　　④ EVAPORATION

해설
MOCVD 방법은 유기물 화학 기상반응으로 증착하는 CVD 기술이다.

07 CMP/세정(Cleaning) 공정

1 CMP 공정에서 사용되는 소모품이 아닌 것은?
① 슬러리
② 연마 패드
③ 다이아몬드 디스크
④ 몰드

해설
몰드는 패키지 시 사용하는 봉지재이다.

2 반도체 제조공정 중 광역(글로벌) 평탄화 공정에 속하는 것은?
① 에치 백(Etchback)
② 스핀 온
③ 유리환류(SOG)
④ CMP

해설
①, ②, ③은 모두 국소적인 평탄화 공정기술이다.

3 CMP 공정기술 중 구리도금 공정을 이용한 소자 제조하는 방법을 무엇이라 하는가?
① 다마신 CMP　　② 텅스텐 CMP
③ 옥사이드 CMP　④ 폴리실리콘 CMP

해설
다마신 공정에 의한 증착된 구리 박막의 CMP 공정기술을 다마신 CMP 공정기술이라 한다.

4 세정액 중 SC1과 SC2의 구성화학용액에 공통으로 사용되는 용액은 무엇인가?
① 암모니아　　② 황산
③ 과산화수소　④ 인산

5 초음파를 이용하여 입자를 세정하는 방법을 무엇이라 하는가?
① 브러쉬 세정　　② 젯트 세정
③ 프라즈마 세정　④ 메가소닉 세정

해설
브러쉬 세정은 표면의 입자를 브러쉬를 이용하여 세정하는 방법, 젯트 세정은 고압 분사로 표면의 입자를 제거하는 방법, 건식 세정은 플라즈마를 이용한 세정방법이다.

08 반도체 조립

1 반도체 칩 조립공정순서이다. 올바른 것은?
① 소잉 - 다이본딩 - 와이어 본딩 - 몰딩 - 트림 폼
② 다이본딩 - 소잉 - 와이어 본딩 - 몰딩 - 트림 폼
③ 소잉 - 다이본딩 - 와이어 본딩 - 트림 폼 - 몰딩
④ 다이본딩 - 소잉 - 와이어 본딩 - 트림 폼 - 몰딩

해설
칩 조립은 먼저 웨이퍼 상의 양호한 칩을 잘라 선택하여 리드프레임에 다이를 부착하고, 리드프레임 패드와 와이어를 이용해 본딩, 몰딩, 과정을 거쳐 리드선을 적당한 길이로 자르는 트림(Trim)과 형태를 갖추는 폼(Form)공정순서로 이루어진다.

2 반도체 칩의 표면에 전극이 되는 땜납 범프(Bump)를 형성하여, 칩과 기판상의 도체단자를 접속하는 기술은 무엇인가?
① 와이어 본딩　② 플립 칩 본딩
③ 리본 본딩　　④ 압착 본딩

해설
플립 칩 본딩은 반도체 칩의 표면에 전극이 되는 땜납 범프(Bump)를 형성하여, 리드선 사용 없이 범프를 매개로 하여 칩과 기판상의 도체단자를 접속하는 기술이다.

3 와이어 본딩 공정 시 사용되지 않는 금속 재료는 무엇인가?
① 금   ② 구리
③ 알루미늄   ④ 솔더 볼

해설
솔더 볼은 플립 칩 공정에 쓰이는 와이어 형태가 아닌 볼 형태의 금속 재료이다.

4 칩들을 수직 관통하는 비아 홀(Via Hole)을 형성하여 Chip 간의 전기적 신호를 전달하는 패키지 방식은?
① 플립 칩
② 관통 실리콘 비아(TSV)
③ 적층 와이어 본딩
④ 적층 리본 본딩

해설
TSV(Through Silicon Via)란 반도체 칩 적층 시 칩들을 수직 관통하는 비아 홀(Via Hole)을 형성하여 칩 간의 전기적 신호를 전달하는 패키지 방식으로 칩 간 연결경로 감소로 고밀도, 저 전력, 고속, 보다 얇은 패키지 구현이 가능한 기술이다.

5 반도체 패키지의 기본 목적에 속하지 않는 경우는?
① 칩과 보드까지 전기적인 신호 연결
② 깨지기 쉬운 칩 보호
③ 고객의 다양한 외관 디자인 기능성
④ 다양한 환경 하에서 장시간 보호할 수 있는 신뢰성 확보

해설
반도체 패키지는 ③ 미적 감각 추구보다는 ①, ②, ④의 목적이 우선이다.

09 공유압

1 자동화를 위한 폐회로 제어 방식에 대한 설명으로 틀린 것은?
① 설비의 출력신호를 입력신호로 피드백 한다.
② 설비 시스템의 특성을 정확히 알고 있는 경우에 제어가 가능하다.
③ 설비의 출력값을 입력값과 비교하여 일정한 목표값을 유지하도록 제어 한다.
④ 설비의 아날로그 신호를 제어할 때 사용 한다.

해설
개회로 제어
대상 시스템의 특성을 잘 알고 있는 경우에 정확한 제어가 가능하다.

2 센서의 측정 정밀도 및 정확도를 결정하는 요소를 무엇이라 하는가?
① 감도   ② 열전대
③ 바이메탈   ④ 포토다이오드

해설
감도
측정대상 양이 변화했을 때 센서의 출력이 얼마나 많이 변화하느냐를 나타내는 것으로 측정 정밀도 및 정확도를 결정하는 중요한 요소이다.

3 센서에 물체가 접근하면 물체에 와전류가 발생하고 센서 코일의 자속의 변화를 방해하여 출력이 발생하는 센서를 무엇이라 하는가?
① 광 센서
② 조립 센서
③ 고주파 발진형 센서
④ 정전 용량형 센서

해설
고주파 발진형 센서
검출 코일에서 발생되는 고주파 자계 중에 금속 물체가 접근하면 전자유도 현상에 의하여 금속 물체에 와전류가 발생하며, 발생된 와전류는 검출 코일

에서 발생하는 자속의 변화를 방해하는 방향으로 발생한다.

4 투광기와 수광기를 서로 마주보게 설치해 두고 그 사이를 통화하는 물체에 의한 광량의 변화를 검출하는 센서는 무엇이라 하는가?

① 투과형 포토 센서
② 미러반사형 포토 센서
③ 직접반사형 포토 센서
④ 한정거리 포토 센서

해설
투과형 포토 센서
동일 광축선상에 투광기와 수광기를 서로 마주보게 설치하여, 그 사이를 통과하는 검출 물체에 의해 변하는 광량을 검출한다.

5 인간의 팔과 유사한 형태로 생산라인에서 조립, 도장, 용접에 사용되는 로봇을 무엇이라 하는가?

① 직교좌표 로봇　② 원통좌표 로봇
③ 극좌표 로봇　　④ 다관절 로봇

해설
다관절 로봇
사람의 어깨·팔·팔꿈치·손목과 같은 관절을 가지고 있고 공장의 생산라인에서 조립 작업을 하거나 도장·용접 등에 사용된다.

6 지정한 포인트만 유효하고 단순 이동시 사용하는 로봇 제어방식을 무엇이라 하는가?

① 서보 제어　　② PTP 제어
③ CP 제어　　 ④ 피드백 제어

해설
PTP 제어
프로그램 시 설정한 경로는 무시되고 지정한 포인트만 유효한 로봇 제어방식

7 공압 시스템의 구성요소에 대한 설명으로 틀린 것은?

① 공기압 발생부 : 압축기, 탱크
② 제어부 : 압력 제어 밸브, 유량 제어 밸브
③ 동력원 : 실린더, 공기압 모터
④ 청정화부 : 필터, 드라이어

해설
동력원 : 전동기, 엔진

8 방향 제어 밸브의 ISO 규정 연결포트 표시 방법으로 틀린 것은?

① 작업포트 : A, B, C
② 제어포트 : U, V, W
③ 에너지 공급 포트 : P
④ 배출 포트 : R, S, T

해설
제어포트 : Z, Y, X

9 유체 압력이 설정값을 초과할 때 배기시키는 밸브를 무엇이라 하는가?

① 릴리프 밸브　　② 시퀀스 밸브
③ 솔레노이드 밸브　④ 감압 밸브

해설
릴리프 밸브
회로 내의 유체 압력이 설정값을 초과할 경우 유체를 배기시켜 회로 내의 유체 압력을 설정값 내로 일정하게 유지시킨다.

10 밸브의 2개의 입력측에 같은 압력이 작용하여 늦게 입력된 신호가 출력되는 밸브를 무엇이라 하는가?

① 초크 밸브　　② 교축 밸브
③ OR 밸브　　 ④ AND 밸브

해설
AND 밸브
두 개의 입구는 X와 Y이고 출구는 A이다. 압축 공기 X와 Y의 두 곳에서 동시에 공급되어야만 출구 A에 압축 공기가 흐르고, 압축 신호가 동시에 작용하지 않으면 늦게 들어온 신호가 출구 A로 나가며, 두 개의 신호가 다른 압력일 경우 작은 압력쪽의 공기가 A로 나가게 된다.

실전모의고사문제 정답

반도체장비유지보수기능사

01 반도체 입문

1	2	3	4	5
④	④	④	③	①

02 사진공정

1	2	3	4	5
①	②	④	③	④

03 식각공정

1	2	3	4	5
①	②	③	④	①

04 산화 확산공정

1	2	3	4	5
①	②	①	③	④

05 이온주입

1	2	3	4	5
①	②	③	④	④

06 CVD/PVD 공정

1	2	3	4	5
①	②	③	④	③

07 CMP/세정(Cleaning) 공정

1	2	3	4	5
④	④	①	③	④

08 반도체 조립

1	2	3	4	5
①	②	④	②	③

09 공유압

1	2	3	4	5
②	①	③	①	④
6	7	8	9	10
②	③	②	①	④

반도체설비보전기능사
필기시험문제

발 행 일	2025년 6월 05일 개정6판 1쇄 인쇄
	2025년 6월 10일 개정6판 1쇄 발행
저 자	김상용·김종주 공저
발 행 처	크라운출판사 http://www.crownbook.co.kr
발 행 인	李尙原
신고번호	제 300-2007-143호
주 소	서울시 종로구 율곡로13길 21
공 급 처	(02) 765-4787, 1566-5937
전 화	(02) 745-0311~3
팩 스	(02) 743-2688, 02) 741-3231
홈페이지	www.crownbook.co.kr
I S B N	978-89-406-5009-7 / 13560

특별판매정가   30,000원

이 도서의 판권은 크라운출판사에 있으며, 수록된 내용은 무단으로 복제, 변형하여 사용할 수 없습니다.
Copyright CROWN, ⓒ 2025 Printed in Korea

이 도서의 문의를 편집부(02-6430-7006)로 연락주시면 친절하게 응답해 드립니다.